中国国家标准汇编

2009年修订-12

中国标准出版社　编

中国标准出版社
北京

图书在版编目（CIP）数据

中国国家标准汇编：2009 年修订.12/中国标准出版社编.—北京：中国标准出版社，2010

ISBN 978-7-5066-6042-6

Ⅰ.①中… Ⅱ.①中… Ⅲ.①国家标准-汇编-中国-2009 Ⅳ.①T-652.1

中国版本图书馆 CIP 数据核字（2010）第 170317 号

中国标准出版社出版发行
北京复兴门外三里河北街 16 号
邮政编码：100045

网址 www.spc.net.cn
电话：68523946 68517548
中国标准出版社秦皇岛印刷厂印刷
各地新华书店经销

*

开本 880×1230 1/16 印张 40.5 字数 1 198 千字
2010 年 9 月第一版 2010 年 9 月第一次印刷

*

定价 220.00 元

出 版 说 明

1.《中国国家标准汇编》是一部大型综合性国家标准全集。自1983年起，按国家标准顺序号以精装本、平装本两种装帧形式陆续分册汇编出版。它在一定程度上反映了我国建国以来标准化事业发展的基本情况和主要成就，是各级标准化管理机构，工矿企事业单位，农林牧副渔系统，科研、设计、教学等部门必不可少的工具书。

2.《中国国家标准汇编》收入我国每年正式发布的全部国家标准，分为"制定"卷和"修订"卷两种编辑版本。

"制定"卷收入上一年度我国发布的、新制定的国家标准，顺延前年度标准编号分成若干分册，封面和书脊上注明"20××年制定"字样及分册号，分册号一直连续。各分册中的标准是按照标准编号顺序连续排列的，如有标准顺序号缺号的，除特殊情况注明外，暂为空号。

"修订"卷收入上一年度我国发布的、修订的国家标准，视篇幅分设若干分册，但与"制定"卷分册号无关联，仅在封面和书脊上注明"20××年修订-1，-2，-3，……"字样。"修订"卷各分册中的标准，仍按标准编号顺序排列(但不连续)；如有遗漏的，均在当年最后一分册中补齐。需提请读者注意的是，个别非顺延前年度标准编号的新制定的国家标准没有收入在"制定"卷中，而是收入在"修订"卷中。

读者配套购买《中国国家标准汇编》"制定"卷和"修订"卷则可收齐上一年度我国制定和修订的全部国家标准。

3. 由于读者需求的变化，自1996年起，《中国国家标准汇编》仅出版精装本。

4. 2009年我国制修订国家标准共3158项。本分册为"2009年修订-12"，收入新制修订的国家标准40项。

中国标准出版社

2010年8月

目　　录

ICS 65.100
B 17

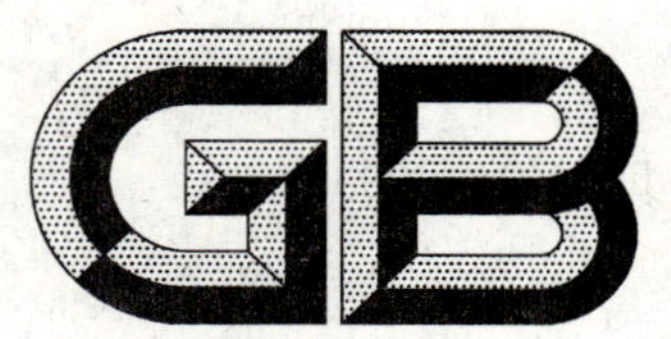

中华人民共和国国家标准

GB/T 8321.9—2009

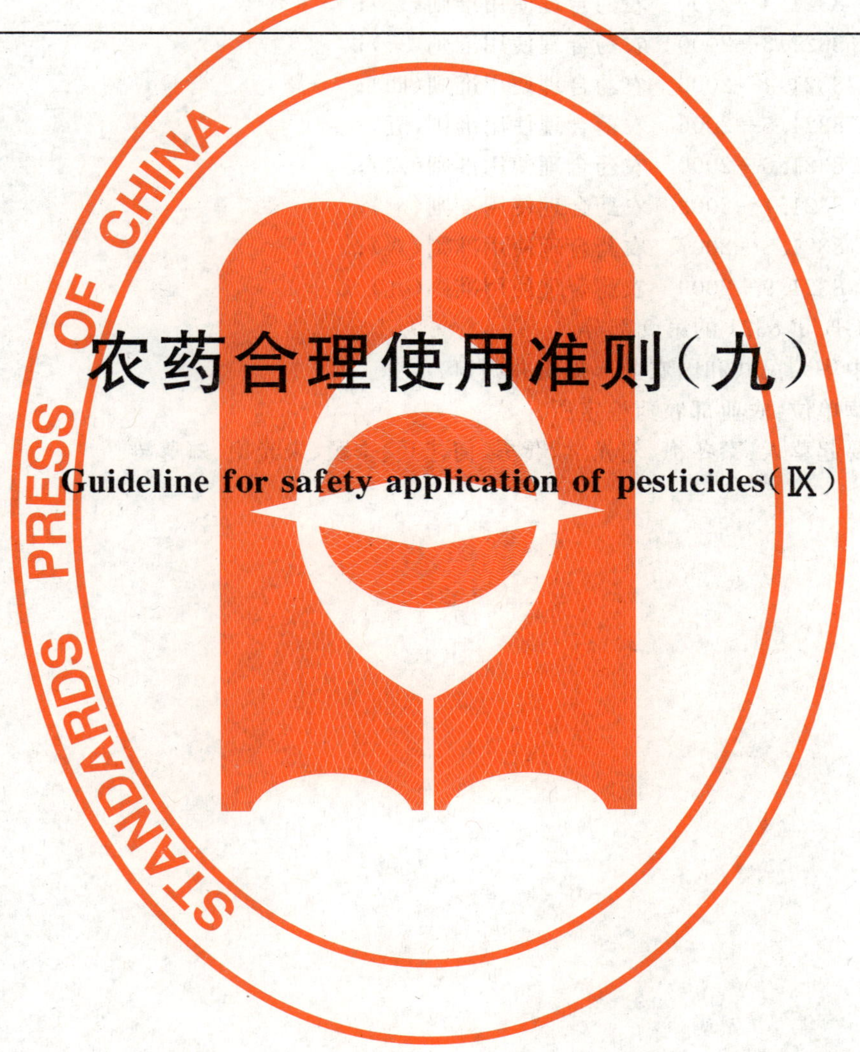

农药合理使用准则(九)

Guideline for safety application of pesticides(Ⅸ)

2009-10-30 发布

2009-12-01 实施

中华人民共和国国家质量监督检验检疫总局
中国国家标准化管理委员会 发布

前　言

GB/T 8321《农药合理使用准则》由下列几部分组成：

——GB/T 8321.1—2000　农药合理使用准则(一)；

——GB/T 8321.2—2000　农药合理使用准则(二)；

——GB/T 8321.3—2000　农药合理使用准则(三)；

——GB/T 8321.4—2006　农药合理使用准则(四)；

——GB/T 8321.5—2006　农药合理使用准则(五)；

——GB/T 8321.6—2000　农药合理使用准则(六)；

——GB/T 8321.7—2002　农药合理使用准则(七)；

——GB/T 8321.8—2007　农药合理使用准则(八)；

——GB/T 8321.9—2009　农药合理使用准则(九)。

本部分为 GB/T 8321 的第 9 部分。

本部分由中华人民共和国农业部提出并归口。

本部分起草单位:农业部农药检定所。

本部分主要起草人:秦冬梅、刘光学、龚勇、何艺兵、季颖、朱光艳、郑尊涛。

农药合理使用准则(九)

1 范围

GB/T 8321的本部分规定了56种农药在23种作物上69项合理使用准则。

本部分适用于农作物病、虫、草害的防治。

2 项目和技术指标

项目和技术指标见表1、表2、表3。

表 1　杀虫剂、杀螨剂

农药		适用作物	防治对象	每 667 m^2 每次制剂施用量或稀释倍数（有效成分浓度）	施药方法	每季作物最多使用次数	最后一次施药距收获的天数（安全间隔期）/d	实施要点说明	最大残留限量（MRL）参考值/（mg/kg）
通用名	剂型及含量								
啶虫脒 acetamiprid	20%可溶性粉剂	黄瓜	蚜虫	12 g～24 g	喷雾	3	1	—	5
	3%乳油	烟草	蚜虫	30 mL～40 mL			15		5
丁硫克百威 carbosulfan	5%颗粒剂	甘蔗	蔗龟	3 000 g～5 000 g	沟施	1	192	—	0.05
			蔗螟	3 000 g～4 000 g					
毒死蜱 chlorpyrifos	48%乳油	小麦	蚜虫	15 mL～25 mL	喷雾	2	14	—	0.1（籽粒）
甲基毒死蜱 chlorpyrifos-methyl	40%乳油	棉花	棉铃虫	100 mL～175 mL	喷雾	3	30	—	0.02（棉籽）
		甘蓝	菜青虫	60 mL～80 mL	喷雾	3	7	—	0.1
氯氰菊酯 cypermethrin	5%乳油	荔枝	荔枝蝽蟓	1 000 倍液～2 000 倍液（25 mg/L～50 mg/L）	喷雾	2	14	—	0.5
溴氰菊酯 deltamethrin	25%水分散片剂	甘蓝	菜青虫	3 g～4 g	喷雾	2	3	—	0.5
	2.5%乳油	油菜	蚜虫	10 mL～20 mL	喷雾	2	5	—	0.1（籽粒）
		花生	蚜虫	20 mL～25 mL			14	—	0.01
			棉铃虫	25 mL～30 mL					
氟虫腈 fipronil	25%悬浮种衣剂	水稻	稻瘿蚊、稻纵卷叶螟、稻蓟马	320 g/100 kg 种子～640 g/100 kg 种子	拌种	—	—	—	0.04（糙米）

表 1（续）

农药		适用作物	防治对象	每 667 m² 每次制剂施用量或稀释倍数（有效成分浓度）	施药方法	每季作物最多使用次数	最后一次施药距收获的天数（安全间隔期）/d	实施要点说明	最大残留限量（MRL）参考值/（mg/kg）
通用名	剂型及含量								
吡虫啉 imidacloprid	5%乳油	节瓜	蓟马	1 111 倍液～1 389 倍液（36 mg/L～45 mg/L）	喷雾	3	3	—	1
	60%悬浮剂种衣剂	棉花	棉蚜	350 g/100 kg 种子～500 g/100 kg 种子	拌种	1	—	—	1（棉籽）
	70%湿拌种剂	棉花	棉蚜	350 g/100 kg 种子～500 g/100 kg 种子					1
	20%浓可溶性液剂	番茄（保护地）	白粉虱	15 mL～20 mL	喷雾	2	7	—	0.1
杀虫单 monosultap	80%可溶性粉剂	水稻	二化螟	56.3 g～67.5 g	喷雾	2	30	—	0.2（糙米）
			稻纵卷叶螟	35 g～50 g					
甲基嘧啶磷 pirimiphos-methyl	50%乳油	稻谷原粮	玉米象	5 mg/L～10 mg/L	喷雾	1	90	—	2（糙米）
炔螨特＋唑螨酯 propargite＋fenpyroximate	13%水乳剂（炔螨特 10%＋唑螨酯 3%）	柑橘	红蜘蛛	1 000 倍液～1 450 倍液（86.7 mg/L～130 mg/L）	喷雾	2	14	—	炔螨特 5（全果）唑螨酯 2（果肉）

表 2 杀菌剂和杀线虫剂

农药		适用作物	防治对象	每 667 m^2 每次制剂施用量或稀释倍数（有效成分浓度）	施药方法	每季作物最多使用次数	最后一次施药距收获的天数（安全间隔期）/d	实施要点说明	最大残留限量（MRL）参考值/（mg/kg）
通用名	剂型及含量								
克菌丹 captan	80%可湿性粉剂	苹果	轮纹病	600 倍液～800 倍液（1 000 mg/L～1 333 mg/L）	喷雾	6	15	—	15
百菌清 chlorothalonil	40%悬浮剂	番茄	早疫病	150 mL～175 mL	喷雾	3	3	—	1
苯醚甲环唑 difenoconazole	10%水分散粒剂	梨	黑星病	6 000 倍液～7 000 倍液（14.3 mg/L～16.7 mg/L）	喷雾	3	14	—	0.2
咯菌腈 fludioxonil	2.5%悬浮种衣剂	棉花	立枯病	600 g/100 kg 种子～800 g/100 kg 种子	拌种	1	—	—	0.1（棉籽）
己唑醇 hexaconazole	5%悬浮剂	水稻	纹枯病	80 mL～100 mL	喷雾	2	45	—	0.1（糙米）
亚胺唑 imibenconazole	5%可湿性粉剂	柑橘	疮痂病	600 倍液～900 倍液（55 mg/L～83 mg/L）	喷雾	2	14	—	1
异菌脲 iprodione	50%悬浮剂	番茄	灰霉病、早疫病	50 g～100 g	喷雾	3	7	—	5
		苹果	斑点落叶病	1 000 倍液～2 000 倍液（250 mg/L～500 mg/L）			14	—	5
春雷霉素 kasugamycin	2%水剂	蕃茄	叶霉病	140 mL～175 mL	喷雾	3	4	—	0.05

表 2（续）

农药		适用作物	防治对象	每 667 m^2 每次制剂施用量或稀释倍数（有效成分浓度）	施药方法	每季作物最多使用次数	最后一次施药距收获的天数（安全间隔期）/d	实施要点说明	最大残留限量（MRL）参考值/（mg/kg）
通用名	剂型及含量								
代森锰锌 mancozeb	80%可湿性粉剂	荔枝	霜疫霉病	400 倍液～600 倍液（1 333 mg/L～2 000 mg/L）	喷雾	3	10	—	二硫化碳：2 乙撑硫脲：0.05
		烟草	赤星病	117 g～140 g	喷雾	2	21	—	二硫化碳：25 乙撑硫脲：1
		马铃薯	晚疫病	83 g～125 g	喷雾	3	3	—	二硫化碳：0.2 乙撑硫脲：0.05
		花生	叶斑病	50 g～67 g	喷雾	3	7	—	二硫化碳：0.1 乙撑硫脲：0.05
溴甲烷 methyl bromide	98%熏蒸剂	草莓	线虫	51 g/m^2～82 g/m^2	熏蒸	1	120	土壤熏蒸	30
腈菌唑 myclobutanil	40%可湿性粉剂	梨	黑星病	8 000 倍液～10 000 倍液（40 mg/L～50 mg/L）	喷雾	3	7	—	0.5
咪鲜胺 prochloraz	25%乳油	贮藏柑橘	炭疽病、蒂腐病、绿霉病、青霉病	500 倍液～1 000 倍液（250 mg/L～500 mg/L）	浸果	1	14	贮藏防腐	5（柑橘） 0.5（柑汁）
		贮藏芒果	炭疽病	250 倍液～1 000 倍液（250 mg/L～1 000 mg/L）	浸果或喷雾	1	20	—	2
	45%乳油	水稻	恶菌病	2 600 倍液～7 200 倍液（62.5 mg/L～173 mg/L）	浸种	—	—	浸种（南方 3 d，北方 5 d）	0.5（糙米）

表 2（续）

农药		适用作物	防治对象	每 667 m^2 每次制剂施用量或稀释倍数（有效成分浓度）	施药方法	每季作物最多使用次数	最后一次施药距收获的天数（安全间隔期）/d	实施要点说明	最大残留限量（MRL）参考值/（mg/kg）
通用名	剂型及含量								
咪鲜胺锰盐 prochloraz-manganese chloride	50％可湿性粉剂	贮藏芒果	炭疽病	500 倍液～2 000 倍液（250 mg/L～1 000 mg/L）	浸果或喷雾	1	10	—	2
		贮藏柑橘	炭疽病	1 000 倍液～2 000 倍液（250 mg/L～500 mg/L）	浸果	1	15	浸果 1 min	5
		黄瓜	炭疽病	37.5 g～75 g	喷雾	2	7	—	2
丙森锌 propineb	70％可湿性粉剂	黄瓜	霜霉病	150 g～214 g	喷雾	3	5	—	2
		番茄	早疫病、晚疫病、霜霉病	125 g～214 g	喷雾	3	7	—	2
嘧霉胺 pyrimethanil	40％悬浮剂	黄瓜	灰霉病	62.5 g～93.8 g	喷雾	2	3	—	2
烯肟菌酯	25％乳油	黄瓜	霜霉病	26.7 mL～53.3 mL	喷雾	3	3	—	1
噻菌灵 thiabendazole	40％可湿性粉剂	贮藏香蕉	贮藏病害	500 倍液～1 000 倍液（400 mg/L～800 mg/L）	浸果 1 min	1	14	—	5
噁唑菌酮＋代森锰锌 famoxadone＋mancozeb	68.75％水分散粒剂 ①6.25％ ②62.5％	苹果	斑点落叶病、轮斑病	1 000 倍液～1 500 倍液（458.3 g/L～687.5 g/L）	喷雾	3	7	—	噁唑菌酮:2
噁唑菌酮＋霜脲氰 famoxadone＋cymoxanil	52.5％水分散粒剂（噁唑菌酮 22.5％＋霜脲氰 30％）	黄瓜	霜霉病	23.33 g～35 g	喷雾	3	3	—	噁唑菌酮:0.3 霜脲氰:0.3

表 3 除草剂和植物生长调节剂

农药		适用作物	防治对象	每 667 m^2 每次制剂施用量或稀释倍数（有效成分浓度）	施药方法	每季作物最多使用次数	最后一次施药距收获的天数（安全间隔期）/d	实施要点说明	最大残留限量（MRL）参考值/（mg/kg）
通用名	剂型及含量								
莠灭净 ametryn	80%可湿性粉剂	菠萝	一年生单、双子叶杂草	120 g～150 g	喷雾	1	—	覆土后（或新移植苗地）杂草萌发前施药	0.2
四唑嘧磺隆 azimsulfuron	50%水分散粒剂	水稻	阔叶杂草和莎草	1.33 g～2.67 g	毒土撒施	1	—	用毒砂土法于水稻移栽后 7 d～12 d 撒施于水稻田中	0.1（糙米）
双丙氨膦 bialaphos-sodium	20%可溶性粉剂	柑橘	一年生和多年生禾本科杂草及阔叶杂草	333.3 g～666.7 g	喷雾	2	21	柑橘地杂草生长期施药	0.1
烯草酮 clethodim	12%乳油	油菜	一年生禾本科杂草	30 mL～40 mL	喷雾	1	—	于禾本科杂草 2 叶～4 叶期施药	0.5（籽粒）
精噁唑禾草灵 fenoxaprop-P-ethyl	6.9%水乳剂	花生	一年生禾本科杂草	43 mL～60 mL	喷雾	1	—	于禾本科杂草 2 叶～4 叶期喷雾	0.05
		棉花	一年生禾本科杂草	50 mL～60 mL	喷雾	1	—	棉花出苗后禾本科杂草 2 叶～4 叶期喷雾	0.05（棉籽）
	8.05%乳油	花生	一年生禾本科杂草	35 mL～52 mL	喷雾	1	—	于禾本科杂草 2 叶～4 叶期施药	0.05
草甘膦异丙胺盐 glyphosate-isopropyl ammonium	41%水剂	茶叶	一年生、多年生杂草	150 mL～400 mL	喷雾	2	3	杂草生长盛期施药	0.1
	74.7%水溶性粒剂	柑橘	一年生、多年生杂草	100 g～150 g	喷雾	2	35	于春、夏季杂草生长盛期各施药 1 次	0.1

表 3（续）

农药		适用作物	防治对象	每 667 m^2 每次制剂施用量或稀释倍数（有效成分浓度）	施药方法	每季作物最多使用次数	最后一次施药距收获的天数（安全间隔期）/d	实施要点说明	最大残留限量（MRL）参考值/（mg/kg）
通用名	剂型及含量								
甲咪唑烟酸 imazapic	24%水剂	花生	一年生禾本科杂草、阔叶杂草及莎草	20 mL～30 mL	喷雾	1	—	于花生 1.5 复叶期施药，茎叶施药	0.1
抑芽丹 maleic hydrazide	18%水剂	烟草	抑制腋芽的生长	1 mL/株	喷雾	1	30	于烟株现蕾初花期，打掉顶芽后 24 h内将药液兑水 25 倍～30 倍喷于烟株上部 1/3～1/2 处	100
二甲戊灵 pendimethalin	33%乳油	甘蓝	杂草	100 mL～150 mL	喷雾	1	—	于甘蓝移栽前土壤喷雾	0.2
吡草醚 pyraflufen-ethyl	2%悬浮剂	小麦	猪殃殃为主的阔叶杂草	30 mL～40 mL	喷雾	1	—	—	0.1（籽粒）
精喹禾灵 quizalofop-P-ethyl	5%乳油	芝麻	一年生禾本科杂草	50 mL～60 mL	喷雾	1	—	禾本科杂草 3 叶～6 叶期	0.2
喹禾糠酯 quizalofop-P-tefuryl	4%乳油	油菜	一年生禾本科杂草	60 mL～80 mL	喷雾	1	—	油菜 5 叶～6 叶期施药，茎叶喷雾	0.4
二氯喹啉酸 quinclorac	25%悬浮剂	水稻	稗草	53.3 mL～100 mL	喷雾	1	—	水稻移栽后 7 d～10 d 施药	0.5（糙米）
噻苯隆 thidiazuron	50%可湿性粉剂	棉花	棉花脱叶	20 g～40 g	喷雾	1	—	于棉桃开裂 70% 时施药	0.4（棉籽）
氟乐灵 trifluralin	48%乳油	棉花	一年生禾本科杂草及部分阔叶杂草	100 mL～150 mL	喷雾	1	—	播种前，一次喷施于土表，耙匀	0.05（棉籽）

表 3（续）

农药		适用作物	防治对象	每 667 m^2 每次制剂施用量或稀释倍数（有效成分浓度）	施药方法	每季作物最多使用次数	最后一次施药距收获的天数（安全间隔期）/d	实施要点说明	最大残留限量（MRL）参考值/（mg/kg）
通用名	剂型及含量								
苯哒嗪丙酯	10%乳油	冬小麦	诱导小麦雄性不育的作用	500 mL～666.7 mL	喷雾	1	—	小麦雌雄蕊分化期施药	0.05
双氟磺草胺＋2,4-滴异辛酯 florasulam＋2,4-D ethylhexyl	45.9%悬浮剂 ①0.6% ②45.3%	小麦	阔叶杂草	30 mL～40 mL	喷雾	1	—	小麦苗期施药	① 0.01 ② 0.1
双氟磺草胺＋唑嘧磺草胺 florasulam＋flumetsulam	17.5%悬浮剂（双氟磺草胺 7.5%＋唑嘧磺草胺 10%）	小麦	阔叶杂草	3 mL～4.5 mL	喷雾	1	—	小麦苗期施药	① 0.01 ② 0.1

ICS 65.020.01
B 16

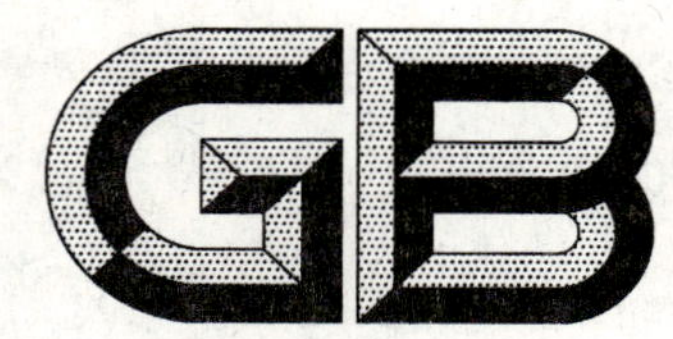

中华人民共和国国家标准

GB 8370—2009
代替 GB 8370—1987

苹果苗木产地检疫规程

Quarantine protocols for apple seedlings in producing areas

2009-04-27 发布　　2009-10-01 实施

中华人民共和国国家质量监督检验检疫总局
中国国家标准化管理委员会　发布

前　言

本标准的全部技术内容为强制性。

本标准代替 GB 8370—1987《苹果苗木产地检疫规程》。

本标准与 GB 8370—1987 相比，主要变化如下：

——修改了标准的英文名称、标准结构、部分术语；

——对苹果苗木产地检疫的程序，及其调查检测和疫情处理等方面进行了补充规定。

本标准的附录 A、附录 C、附录 F 和附录 H 为规范性附录，附录 B、附录 D、附录 E 和附录 G 为资料性附录。

本标准由全国植物检疫标准化技术委员会提出并归口。

本标准起草单位：全国农业技术推广服务中心、山东省植物保护总站。

本标准主要起草人：吴立峰、杨勤民、张德满、刘慧、朱莉。

本标准所代替标准的历次版本发布情况为：

——GB 8370—1987。

苹果苗木产地检疫规程

1 范围

本标准规定了苹果苗木产地检疫的程序和方法。

本标准适用于各级农业植物检疫机构对苹果苗木繁育基地实施产地检疫。

2 术语和定义

下列术语和定义适用于本标准。

2.1

产地检疫 quarantine in producing areas

农业植物检疫机构对植物及其产品(含种苗和其他繁殖材料)在原产地生产过程中的全部检疫工作,包括田间调查、室内检测、证书签发及监督生产单位做好选地、选种和疫情处理工作等。

2.2

苹果苗木 apple seedlings

具有根系和苗干的苹果树苗。

2.3

母本树 maternal plants

用于提供接穗的苹果母树。

3 应检疫的有害生物

3.1 国务院农业行政主管部门发布的农业植物检疫性有害生物。

3.2 省级农业行政主管部门发布的补充农业植物检疫性有害生物。

4 申请受理

4.1 选址受理

根据苹果苗木生产单位和个人的申请,依据常规普查和调查结果,决定是否出具产地选址合格检疫证明。

4.2 产地检疫受理

农业植物检疫机构审核苹果苗木生产单位和个人提出的申请和提供的相关资料,决定是否受理。《产地检疫申报单》见附录A。

5 准备与技术指导

农业植物检疫机构制定产地检疫计划,并对苹果苗木繁育基地进行检疫指导(参见附录B)。

6 调查检测

6.1 田间调查

6.1.1 调查时间

根据检疫性有害生物发生规律、气候条件和苹果苗木生育期确定调查时间和次数。

6.1.2 调查方法

母本园要逐株调查。

苗圃在普查的基础上，采取棋盘式取样，不少于9点，每点不少于50株。

6.1.3　田间检验

根据检疫性有害生物形态特征及为害症状进行田间现场初步检验。将田间调查取样结果填入《有害生物调查抽样记录表》(见附录C)。

调查过程中，检疫性有害生物特征参见附录D，危害症状识别参见附录E。对疑似检疫性有害生物或为害症状的植株取样，记载样品名称、采集地点、采集时间、采集人，带回室内检验检测。

6.2　室内检测

对检疫性有害生物或为害症状，有检测标准的按照标准进行鉴定，没有检测标准的按照常规方法进行鉴定。填写《有害生物样本鉴定报告》(见附录F)。

7　疫情处理

发现疫情，应立即采取有效措施进行防除，防除措施参见附录G。

8　签证

8.1　根据田间调查、室内检测鉴定结果，未发现检疫性有害生物的，或发现检疫性有害生物经除害处理合格的，由县级以上农业植物检疫机构签发《产地检疫合格证》(见附录H)，《产地检疫合格证》有效期1年。

8.2　发现检疫性有害生物，经检疫除害处理合格的，发给《产地检疫合格证》；经检疫除害处理不合格的，不签发《产地检疫合格证》，并告知产地检疫申请单位或个人。

9　档案管理

对在产地检疫工作中的原始调查数据、室内检测检验结果等资料要建立档案，并妥善保存，有条件的拍摄有关检疫性有害生物及其为害症状的照片进行保存，保存时间不少于2年。

附 录 A
（规范性附录）
产地检疫申请书

表 A.1 产地检疫申请书

编号： 年 月 日

<table>
<tr><td>植物名称</td><td colspan="2"></td></tr>
<tr><td>品种名称</td><td colspan="2"></td></tr>
<tr><td>种（苗）来源</td><td colspan="2"></td></tr>
<tr><td>生产面积</td><td colspan="2"></td></tr>
<tr><td>预计产量</td><td colspan="2"></td></tr>
<tr><td>生产地点</td><td colspan="2"></td></tr>
<tr><td>生产期限</td><td colspan="2">从 起，至 止</td></tr>
<tr><td rowspan="6">申请单位</td><td colspan="2">名称（盖章）：</td></tr>
<tr><td colspan="2">地址： 邮编：</td></tr>
<tr><td colspan="2">联系人（签名）： 联系电话： 传真：</td></tr>
<tr><td rowspan="3">要求批件发送方式</td><td>来人领取</td></tr>
<tr><td>特快专递邮寄</td></tr>
<tr><td>普通邮寄</td></tr>
</table>

附 录 B
（资料性附录）
苹果苗木繁育防疫措施

B.1 苗圃地选定

B.1.1 苗圃地的选定应在当地农业植物检疫机构的指导下，选在无检疫性有害生物发生区。

B.1.2 如果选在检疫性有害生物零星发生区，应在有自然隔离条件、无检疫性有害生物的地块。

B.2 繁殖材料的采集和处理

B.2.1 砧木种子的来源和处理

砧木种子应立足自给或从无检疫性有害生物发生区调入。从外地调入的砧木种子应附有植物检疫证书并报请当地农业植物检疫机构验证或复检。同时，应注意对包装材料进行检疫检验。

B.2.2 接穗的来源和处理

接穗应从本单位健康母本树上采集或从无检疫性有害生物发生区调入。从外地引进的良种接穗应附有植物检疫证书并报请当地农业植物检疫机构验证或复检。发现有检疫性有害生物的应销毁；科研用的少量良种接穗，可采用药剂除害处理，经过处理确认无检疫性有害生物后方可使用。

B.3 母本园的建立

B.3.1 在建立苗圃前，应建立健康的母本园，以提供健康的接穗。

B.3.2 母本园应建立在无检疫性有害生物发生的地区。

B.3.3 母本园内补栽的新母本树应采用无检疫性有害生物的良种接穗培育。

B.4 苗圃、母本园防疫措施

B.4.1 禁止携带未经检疫的砧木种子、砧木、接穗、苗木、果实和包装器材进入苗圃、母本园。

B.4.2 工具要消毒专用。

B.4.3 加强母本园、苗圃地的管理，及时防治其他病虫害。

附 录 C
（规范性附录）
有害生物调查抽样记录表

表 C.1 有害生物调查抽样记录表

编号：

<table>
<tr><td colspan="2">生产/经营者</td><td colspan="2"></td><td colspan="2">地址及邮编</td><td></td></tr>
<tr><td colspan="2">联系/负责人</td><td colspan="2"></td><td colspan="2">联系电话</td><td></td></tr>
<tr><td colspan="2">调查日期</td><td colspan="2"></td><td colspan="2">抽样地点</td><td></td></tr>
<tr><td>样品
编号</td><td colspan="2">植物名称（中文名和学名）</td><td>品种
名称</td><td>植物
生育期</td><td>调查代表
株数或面积</td><td>植物
来源</td></tr>
<tr><td></td><td colspan="2"></td><td></td><td></td><td></td><td></td></tr>
<tr><td></td><td colspan="2"></td><td></td><td></td><td></td><td></td></tr>
<tr><td></td><td colspan="2"></td><td></td><td></td><td></td><td></td></tr>
<tr><td></td><td colspan="2"></td><td></td><td></td><td></td><td></td></tr>
<tr><td colspan="7">症状描述：</td></tr>
<tr><td colspan="7">发生与防控情况及原因：</td></tr>
<tr><td colspan="7">抽样方法、部位和抽样比例：</td></tr>
<tr><td colspan="7">备注：</td></tr>
<tr><td colspan="4">抽样单位（盖章）：

填表人（签名）：

年 月 日</td><td colspan="3">生产/经营者

现场负责人

年 月 日</td></tr>
<tr><td colspan="7">注：本单一式两联，第一联抽样单位存档，第二联交受检单位。</td></tr>
</table>

附 录 D
（资料性附录）
部分检疫性有害生物的形态特征

D.1 苹果绵蚜

有翅胎生雌蚜体长 1.7 mm～2.0 mm，翅展 5.5 mm。身体暗褐色，头及胸部黑色。体表覆盖有白色绵状物比无翅胎生的少。复眼红黑色，有眼瘤。触角 6 节，第三节特别长，上面有不完全或完全的环状感觉孔 24 个～28 个，第四节长度次之，环状感觉孔 3 个～4 个，第五节长于第六节。翅透明，翅脉及翅痣棕色。腹管退化为环状黑色小孔。

无翅胎生雌蚜体长 1.8 mm～2.2 mm。身体近椭圆形，体侧有瘤状突起，着生短毛，身体被有白色蜡质绵状物。头部无额瘤。触角 6 节，第三节最长，超过第二节的 2 倍。复眼红黑色，有眼瘤。腹部背面有 4 条纵裂的泌蜡孔，分泌白色蜡质绵状物，腹管退化，呈半圆形裂孔，位于第五第六腹节间。

有性雌蚜长约 1 mm，身体淡黄褐色，触角 5 节，口器退化，腹部赤褐色，稍有绵毛。有性雄蚜长约 0.7 mm，黄绿色，触角 5 节，口器退化，腹部各节中央隆起，有明显沟痕。

卵椭圆形，长约 0.5 mm。初产时为橙黄色，后变为褐色，表面光滑，外覆白粉，较大一端精孔突出。

若虫共 4 龄。身体略呈圆桶形，体色赤褐。喙细长，向后延伸。触角 5 节。身体被有白色绵状物。

D.2 苹果蠹蛾

成虫：体长 8 mm，翅展 19 mm～20 mm。全体灰褐色而带紫色光泽。雄蛾色深，雌蛾色浅。复眼深棕褐色。头部具有发达的灰白色鳞片丛；下唇须向上弯曲，第二节最长，末节着生于第二节末端的下方。前翅无前缘褶；各脉彼此分离。R1 脉出自中室中部或稍前，R2 脉距 R3 脉比 R1 脉近。后翅 M2 脉和 M3 脉平行；M3 脉和 Cu1 脉共柄。前翅肛上纹大，深褐色，椭圆形，有三条青铜色条纹，其间显出 4 条～5 条褐色横纹，这是本种外形上的显著特征。另外，翅基部淡褐色；外缘突出略呈三角，在此区内杂有较深的斜行波状纹，翅的中部颜色最浅，也杂有波状纹。雄蛾前翅腹面中室后缘有一黑褐色条斑，雌蛾无。后翅深褐色，基部较淡。雄性外生殖器的抱器瓣在中间有明显颈部；抱器腹在中部有凹陷，其外侧有一指状尖突，抱器端圆形，具有许多长毛；阳茎短粗，基部稍弯；阳茎针 6 枚～8 枚，分两行排列。雌性外生殖器的产卵瓣内侧平直，外侧弧形；交配孔宽扁；后阴片圆大；囊导管短粗，在近口处强烈几丁质化，阔大呈半圆；囊突两枚，牛角状。

卵：扁平椭圆形，长 1.1 mm～1.2 mm，宽 0.9 mm～1.0 mm，中部略隆起，表面无明显花纹。出产时为半透明，随后发育成黄色和红色。

幼虫：幼虫初龄为黄白色，成熟幼虫体长 14 mm～18 mm 体呈红色，背面色深，腹面色浅，前胸盾淡黄色，并有褐色斑点臀板上有淡褐色斑点。头部黄褐色，单侧眼区深褐色，每侧有六个单眼，第 1、6 单眼较大，呈椭圆形，第 3、4 单眼较小；前胸气门最大，椭圆形；其次为第八节气门，其余大致相等，近乎圆形。腹部腹足 4 对，趾钩单序缺环；末端臀足一对，趾钩单行排列。

蛹：体长 7 mm～10 mm，黄褐色，复眼黑色，喙不超过前足腿节。雌虫触角较短，不及中足的末端；而雄虫的触角较长，接近中足的末端。中足基节显露，后足及翅均超过第三腹节而达第四腹节前端，臀棘共 10 根。

D.3 美国白蛾

成虫：翅展 23 mm～46 mm，头被白色长毛，复眼突出，有单眼。喙短而弱，具有小下颚须。雄虫触角双节齿状。前翅 R1 脉由中室单独发出，R1-R5 共柄；M1 由中室前角发出，M2、M3 由中室后角上方发出;Cu1 由中室后角发出;后翅 Sc+R1 由中室前缘中部发出 Rs+M1 由中室前角发出 M2、M3 有一短的共柄,由中室后角向上发出。前足基节及腿端部橘黄色。胫节端翅两个,一个短直,另一个长且弯曲。

卵:聚产,一块卵有数百粒单层排列,直径 0.4 mm～0.5 mm,卵面有规则的凹陷刻纹。

幼虫:发生在美国南部的为红头型。幼虫的头和背部毛瘤呈橘红色。发生在其他国家和地区的为黑头型,头和背部毛瘤呈黑色。

蛹:臀棘 8 根～17 根,棘的末端呈喇叭口状,中间凹陷。

D.4 苹果黑星病

分生孢子梗与菌丝区别明显或不明显,圆柱状,丛生,短而直立,不分枝,直或略弯,淡褐色至深褐色,或橄榄色,屈膝状或结节状,有时基部膨大,产孢细胞全壁芽生式产孢,环痕式延伸;分生孢子倒梨形或倒棒状,大小为(14 μm～24 μm)×(6 μm～8 μm),初生时无色,渐为淡青褐色、深褐色,孢基平截,顶部钝圆或略尖,表面光滑或具小疣突,0～1 个隔膜,偶具 2 个或 2 个以上隔膜,分隔处略缢缩。菌落呈不规则形或圆形,平铺状,橄榄色、灰色或黑色,有时被有茸毛。菌丝多数生于寄主角质层下或表皮层中,作放射状生长。子囊座初埋于基质内,后外露或近表生,子囊壳球形或近球形,有孔口,稍突起作乳头状,在孔口周缘长有刚毛。每个子囊壳一般可产生 50 个～100 个子囊,最多 242 个。子囊无色,圆筒状,大小为(55 μm～75 μm)×(6 μm～12 μm),具短柄,胞壁很薄。子囊内一般有 8 个子囊孢子,子囊孢子卵圆形,由 2 个大小不等的细胞组成,上面的细胞较小而稍尖,下面的细胞较大而圆,子囊孢子大小为(11 μm～15 μm)×(5 μm～7 μm),成熟时为青褐色。

D.5 李属坏死环斑病毒

病毒为等轴对称球状体,直径 23 nm、25 nm 和 27 nm,无包膜。有些粒体为准等轴球状到短棒状(轴比为 1.01～1.5),有些株系的病毒粒体呈明显棒状(轴比大于 2.2),有的棒状粒体长达 70 nm,棒状粒体的有无及比例因株系而异。病毒在磷钨酸中易解,一定要用 1%戊二醛固定。

纯化的病毒有三个沉降组分,沉降系数为 95S(B),72S(T),90S(M,B 和 M 是侵染必需的)。分子量:5.2×10^6～7.3×10^6。CsCl 浮力密度是 1.35 gcm～3.260 gcm,在 280 nm 吸收光谱比值约 1.56。病毒含核酸 6%,蛋白质 84%,不含脂类。

病毒核酸为单链 RNA,三个组分,分别为 3.66 kb,2.50 kb,1.88 kb;蛋白亚基分子量大约 2.5×10^4,有 196 个氨基酸残基。

病毒具有中等免疫原性,用福氏不完全佐剂乳化病毒制剂,注射家兔可获得特异抗血清。PNRSV 与苹果花叶病毒(Apple mosaic virus)有一定的血清学关系。而与烟草线条病毒(Tobacco streak virus)、石刁柏 2 号病毒(Asparagus virus 2)、柑桔粗叶病毒(Citrus leaf rugose virus)、柑桔杂色病毒(Citrus variegation virus)、榆树斑驳病毒(Elm mottle virus)、图拉苹果花叶病毒(Tulare apple mosaic virus)和李矮缩病毒(Prune dwarf virus)无血清学关系。

体外存活期:0.4 d～0.75 d(6 h～18 h),随浓度而异,未稀释的汁液几分钟内侵染性大多丧失;稀释限点为 10^{-2}～10^{-3};钝化温度为 55 ℃～62 ℃,随株系不同而异。

附 录 E
（资料性附录）
部分检疫性有害生物的田间为害症状

E.1 苹果绵蚜

苹果绵蚜以无翅胎生成虫及幼虫在苹果背阴枝干的愈合伤口、剪锯口、新梢、短果枝端的叶丛中、果梗、萼洼以及地下的根部或露出地表的根际等处寄生危害。被害处出现大量体背披有白色绵状物的虫体。刺吸吸取树液，消耗树体营养，使树势衰弱。被害部分的组织因受刺激，渐成病状虫瘿，久则虫瘿破裂，造成深浅大小不等的伤口，更有利于它继续为害及越冬。苹果绵蚜的为害结果，严重影响苹果树的生长发育和花芽分化，因而使树势衰弱，树龄缩短，产量及品质降低。幼树受害后，枝条发育不良，推迟结果。其次，由于瘤状虫瘿的破裂，容易招致其他病虫害的侵袭。果树严重被害时，遇严寒或干旱，可导致树体的死亡。5 月～7 月上旬和 9 月中旬～10 月为发生盛期，是田间调查的最适时期。

E.2 苹果蠹蛾

苹果蠹蛾主要是以幼虫蛀食果实为害，每年在各地发生一至多个世代不等。以苹果为例，每个世代的大部分初孵幼虫均自果实表面蛀入果实内部，初龄幼虫在果实表面以下取食果肉，并向种室方向做不规则的蛀道，三龄幼虫时进入种室，取食果实的种子。果实表面蛀孔随虫龄的增加不断增大，其外部常有大量褐色的虫粪堆积。幼虫发育成熟后向果实表面方向做一较直的蛀道脱果。另外苹果蠹蛾幼虫有转果为害的习性，一头苹果蠹蛾幼虫可以蛀食 2 个～4 个果实，一般一个果实内仅有一头幼虫，少数情况会出现 2 头乃至多头。被苹果蠹蛾蛀食的果实往往容易脱落，因此该虫在为害严重时往往会造成大量落果。每年发生 2 代～3 代，世代重叠 5 月下旬～8 月下旬是各代幼虫发生盛期，此时是田间调查的最适时期。

E.3 美国白蛾

美国白蛾的幼虫取食叶肉，吐丝做网幕，有的网幕长达 1m 以上。幼虫群集网幕中为害。1 龄～2 龄幼虫只取食叶肉，严重时全株树叶被吃光，只留下叶脉，整个叶片呈透明的纱网状。3 龄幼虫开始将叶片咬成缺刻，4 龄幼虫开始分成若干个小的群体，形成几个网幕，4 龄末幼虫食量大增，5 龄后进入单个取食的暴食期。整个幼虫期间取食量极大，造成植物长势衰弱，抗逆力低下，果实品质降低，部分枝条甚至整株死亡。每年发生 2 代，6 月中旬至 7 月下旬为第 1 代幼虫为害盛期。8 月下旬至 9 月下旬为第 2 代幼虫为害盛期。6 月中、下旬和 8 月中、下旬是调查的适宜时期。

E.4 苹果黑星病

能侵染叶片、果实、花及嫩枝等部位，但主要为害叶片及果实，症状在叶片及果实上也特别明显。此病于 5 月中、下旬开始发生，7 月中、下旬为发病盛期，是田间调查的适宜时期。叶片：病斑先从正面发生，也可在背面先发生。病斑初为淡黄绿色，后渐变褐色，最后变为黑色；圆形或放射状，直径 3 mm～6 mm 或更大；病斑周围有明显的边缘，老叶上更明显。病斑表面产生茂密的黑褐色至黑绿色绒状霉层。叶片受害严重时变小、变厚，呈卷曲或扭曲状。有时叶片上病斑很多，且常常数斑融合，致使叶片干枯脱落。有些情况下叶片上病斑向上突起呈泡状。叶柄受害后，病斑呈长条形，突破寄主表皮后露出黑霉，当叶柄上病斑多或环绕叶柄时，可引起落叶。果实：幼果期易感病，病斑圆形或椭圆形，初为淡黄绿色，后渐变褐色至黑色，表面生绒状霉层，随着果实膨大，病部渐凹陷、硬化、龟裂。幼果染病后因发育受阻而呈畸形。果实成熟期受害，病斑小而密集，黑色或咖啡色，角质层不破裂。果梗受害状和叶柄相似。花序：病菌可侵害花瓣、萼片的尖端使其褪色。花梗被害后呈黑色，造成落花落果。枝条：枝条不常染病，但在条件适宜时，当年新梢可被侵染，侵染点在枝端，病斑很小，枝条长大后病斑消失，在特别感病的品种上，有时造成新梢的泡状肿大。

附 录 F
（规范性附录）
有害生物样本鉴定报告

表 F.1 有害生物样本鉴定报告

编号：

植物名称				品种名称	
植物生育期		样品数量		取样部位	
样品来源		送检日期		送检人	
送检单位				联系电话	
检测鉴定方法：					
检测鉴定结果：					
备注：					
鉴定人(签名)： 审核人(签名) 鉴定单位盖章： 年 月 日					
注：本单一式三份，检测单位、受检单位和检疫机构各一份。					

附 录 G
（资料性附录）
部分检疫性有害生物的除害处理方法

G.1 苹果绵蚜

敌敌畏加热熏蒸法：在体积为 1 m^3 的聚乙烯塑料棚内分三格，底格离地面 10 cm，各间隔距离 30 cm。每格放苹果接穗 3 捆～4 捆（每捆不宜超过 150 支）。棚内一角放 1 个三角架，架上放 1 个罐头盒，盒内注入 80%敌敌畏乳油 50 mL，架下面放一盏酒精灯加热 5 min～10 min，使原液蒸发完毕。在棚内温度 36 ℃条件下，熏蒸 30 min，取出在阴凉处放 4 h 后可全部杀死苹果绵蚜。

敌敌畏浸泡法：用 80%敌敌畏乳油 1 000 倍稀释液，在液温 25 ℃～30 ℃条件下，浸泡 5 min～10 min，取出在阴凉处放 18 h 后可全部杀死苹果绵蚜。

G.2 苹果蠹蛾

溴甲烷熏蒸法：除国光、倭锦等个别对溴甲烷敏感的品种外，该方法对多数果实及包装材料均适用，具体熏蒸剂量为 10 ℃～15 ℃时为 48 g；15.5 ℃～20.5 ℃时为 40 g；21 ℃～26 ℃时为 32 g；26.5 ℃～31.5 ℃时为 24 g；熏蒸时间均为 2 h。

低温冷藏处理：在－4 ℃～－10 ℃条件下冷藏 20 d～30 d，可杀死绝大部分的一、二龄幼虫及部分三龄幼虫，在 0 ℃左右条件下冷藏 30 d 可杀死所有的虫卵。该方式对老龄幼虫的效果不佳。

高温处理：以温度 48 ℃、相对湿度为 98%或温度 44 ℃、相对湿度为 100%的条件在水浴系统中处理果实 4 h～8 h，均可使苹果蠹蛾幼虫的死亡率达到 100%。但该法对一些耐热性较差的水果并不适用。

γ-射线处理：苹果蠹蛾的卵对 γ-射线最为敏感，剂量 60 gr，照射 24 h 可使初产（＜24 h）的虫卵的孵化率降至 1%，剂量 100 gr，照射 24 h，可以使被照射的虫卵在发育至化蛹之前 100%的死亡。

低氧高二氧化碳处理：处于滞育状态的苹果蠹蛾幼虫对二氧化碳最为敏感，27 ℃条件下 95%二氧化碳浓度处理 48 h 可使该时期幼虫死亡率达 99%，然而这种方式对于一些对二氧化碳敏感的水果种类并不适用。

G.3 美国白蛾

熏蒸处理：对带虫原木用磷化铝片剂（15 g/m^3）或溴甲烷（20 g/m^3）等熏蒸剂处理，熏蒸时间分别为 72 h 和 24 h，杀虫效果可达 100%。由于美国白蛾具有较强的爬行能力，可以爬到路过疫区的交通工具上而作远距离的传播，因此必需对来自疫区的各种交通工具进行严格的检疫或消毒处理。

G.4 苹果黑星病

苹果黑星病以生长期间的产地检疫为主，苹果黑星病的远距离传播主要是靠调运带菌的苗木和接穗。菌丝在其芽鳞内越冬，检验芽鳞尚无好的方法，故需严格封锁已发病的苹果园，禁止从已发病的果园调出苗木和接穗。有病的果实也不要运至外地销售。

G.5 李属坏死环斑病毒

对引进的苗木和种子应隔离种植观察 1 年～3 年，无毒即可放行，对带毒的贵重种苗可以施行脱毒和热处理后归还用户。

附 录 H
（规范性附录）
产地检疫合格证

表 H.1 产地检疫合格证

编号：

<table>
<tr><td>植物或产品名称</td><td></td><td>品种名称</td><td></td></tr>
<tr><td>面 积</td><td></td><td>数 量</td><td></td></tr>
<tr><td>产 地</td><td colspan="3"></td></tr>
<tr><td>生产单位或户主</td><td></td><td>联系人</td><td></td></tr>
<tr><td>单位地址</td><td></td><td>电 话</td><td></td></tr>
<tr><td colspan="4">产地检疫结果：
检疫员（签名）：
年 月 日</td></tr>
<tr><td colspan="4">植物检疫机构审定意见
植物检疫机构（检疫专用章）
年 月 日</td></tr>
<tr><td colspan="4">注：此证有效期 1 年，请妥善保存，不得转让，需调运该植物或产品时，凭此证向植物检疫机构办理《植物检疫证书》。</td></tr>
</table>

产地检疫合格证（存根）

编号：

<table>
<tr><td>植物或产品名称</td><td></td><td>品种名称</td><td></td></tr>
<tr><td>面 积</td><td></td><td>数 量</td><td></td></tr>
<tr><td>产 地</td><td colspan="3"></td></tr>
<tr><td>生产单位或户主</td><td></td><td>联系人</td><td></td></tr>
<tr><td>单位地址</td><td></td><td>电 话</td><td></td></tr>
<tr><td colspan="4">产地检疫结果：
检疫员（签名）：
年 月 日</td></tr>
<tr><td colspan="4">植物检疫机构审定意见
植物检疫机构（检疫专用章）
年 月 日</td></tr>
</table>

ICS 65.020.01
B 16

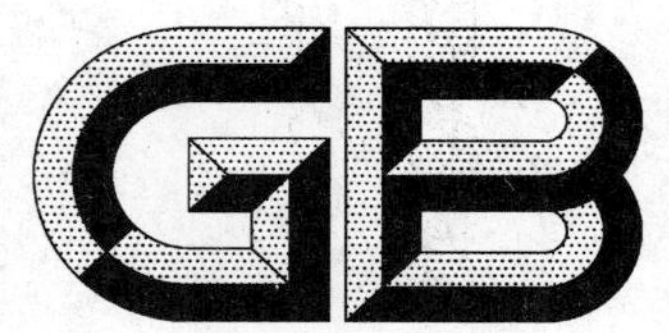

中华人民共和国国家标准

GB 8371—2009
代替 GB 8371—1987

水稻种子产地检疫规程

Quarantine protocols for rice seeds in producing areas

2009-04-27 发布

2009-10-01 实施

中华人民共和国国家质量监督检验检疫总局
中国国家标准化管理委员会
发布

前言

本标准的全部技术内容为强制性。

本标准代替GB 8371—1987《水稻种子产地检疫规程》。

本标准与GB 8371—1987相比，主要变化如下：

——修改了标准的英文名称、标准结构、部分术语；

——对水稻种子产地检疫的程序，及其调查检测和疫情处理等方面进行了补充规定。

本标准的附录C、附录D、附录E、附录F和附录G为规范性附录，附录A和附录B为资料性附录。

本标准由全国植物检疫标准化技术委员会提出并归口。

本标准起草单位：全国农业技术推广服务中心、湖南省植保植检站、湖南农业大学生物安全科技学院。

本标准主要起草人：王玉玺、周社文、刘年喜、朱景全、李一平、廖晓兰、肖启明。

本标准所代替标准的历次版本发布情况为：

——GB 8371—1987。

水稻种子产地检疫规程

1 范围

本标准规定了水稻种子产地检疫的程序和方法。

本标准适用于各级植物检疫机构对水稻种子繁育基地实施产地检疫。

2 规范性引用文件

下列文件中的条款通过本标准的引用而成为本标准的条款，凡是注日期的引用文件，其随后所有的修改单(不包括勘误的内容)或修订版均不适用本标准，然而，鼓励根据本标准达成协议的各方研究是否可使用这些文件的最新版本。凡是不注日期的引用文件，其最新版本均适用于本部分。

NY/T 1482 稻水象甲检疫鉴定方法

3 术语和定义

下列术语和定义适用于本标准。

3.1

检疫性有害生物 quarantine pests

对受其威胁的地区具有潜在经济重要性、但未在该地区发生，或虽已发生但分布不广并进行官方防治的有害生物。

3.2

检测 test

为确定是否存在有害生物或为鉴定有害生物种类而进行的，除目测以外的检查。

3.3

产地检疫 quarantine in producing areas

植物检疫机构对植物及其产品(含种苗及其他繁殖材料)在原产地生产过程中的全部检疫工作，包括田间调查、室内检测、签发证书及监督生产单位做好选地、选种和疫情处理工作。

4 应检疫的有害生物

4.1 国务院农业行政主管部门公布的全国农业植物检疫性有害生物。

4.2 省级农业行政主管部门公布的补充农业植物检疫性有害生物。

5 水稻种子生产防疫措施

水稻种子生产防疫措施参见附录A。

6 原理

水稻种子繁育基地检疫性有害生物的形态学特征和危害症状(参见附录B)是该标准的科学依据。

7 受理申请

7.1 选址受理

根据水稻种子生产单位和个人的申请，依据调查结果，决定是否出具产地选址合格检疫证明。

7.2 产地检疫受理

植物检疫机构审核水稻种子生产单位和个人提出的申请(参见附录C)和提供的相关资料,决定是否受理。

8 调查检测

8.1 田间调查

8.1.1 调查时期

8.1.1.1 水稻病害

秧田期调查1次。本田期在拔节期至齐穗期检查不少于2次。

8.1.1.2 水稻害虫

秧田在插秧前调查1次。本田期检查2次,根据害虫发生特点和当地水稻生育期选择最易调查时期进行。

8.1.2 调查方法

在巡查(田间危害状识别参见附录B)的基础上,对疑似发生检疫性有害生物的田块采取棋盘式调查方法进行重点调查,0.3 hm^2 以下的地块取样数不少于10点;0.3 hm^2 以上的地块,取样数不少于15点,每点面积为0.5 m^2～1.0 m^2,每个点调查20穴。对田间可疑样本取样,带回室内检测。记录样品品种名称、种植地点、采集时间、采集人等,填入《有害生物调查抽样记录表》(参见附件D)。

8.2 室内检测

对田间调查带回的样本在室内进一步检测,必要时繁育地收获的种子可抽样进行室内检测,室内检测结果进行详细记载(见附件E)。

9 疫情处理

经田间调查或室内检测发现检疫性有害生物的,指导生产单位和个人实施检疫处理。

10 签证

10.1 凡经田间调查和室内检测未发现检疫性有害生物的,签发《产地检疫合格证》(见附件F),《产地检疫合格证》有效期1年。

10.2 发现检疫性有害生物,经检疫除害处理合格的,发给《产地检疫合格证》;经检疫除害处理不合格的,不签发《产地检疫合格证》,并告知产地检疫申请单位或个人。

11 档案管理

对于在产地检疫工作中的原始调查数据、表格、标本等资料档案要妥善保存,填写水稻种子产地检疫档案卡(见附件G),保存时间不少于2年。

附 录 A
（资料性附录）
水稻种子生产防疫措施

A.1 选地

水稻种子的地块与其他水稻田之间应具有一定的隔离条件，秧田要选择在灌水系统上游，距村庄较远的地势高的地方。

A.2 选种及种子消毒处理

A.2.1 繁殖地应选用健康种子。当地植物检疫机构对调入的种子验证或复检。

A.2.2 播种前要进行种子精选，用风选、筛选、泥水选等方法汰除秕粒、虫瘿。

A.2.3 细菌性条斑病浸种处理

A.2.3.1 温汤浸种

先将稻种在清水中预浸 12 h～24 h，然后用竹箩滤水后，放入 54 ℃～55 ℃的温水中浸泡 10 min，边浸边搅动稻种，使种子受热均匀，捞出后放入冷水中冷却后即可催芽播种。

A.2.3.2 强氯精浸种

先将稻种用清水预浸 12 h，再放入 40％强氯精 200 倍液中浸种 12 h，捞出用清水冲洗干净后，再用清水浸种 12 h 后催芽播种。

A.2.3.3 抗菌素浸种

用 70％抗菌素“402”200 倍液浸种 48 h，捞出催芽播种。

A.2.3.4 叶枯净浸种

用 10％叶枯净 2 000 倍液浸种 24 h～48 h，捞出后即可催芽播种。

A.3 栽培防疫措施

A.3.1 选用无病虫材料捆秧苗。

A.3.2 在秧田二叶期和移栽前 3 d～5 d 用药剂防治 1 次～2 次。

A.3.3 排灌分家，浅水勤灌，严禁串灌及漫灌，及时晒田。

A.3.4 基肥充分腐熟，防止偏施氮肥，氮、磷、钾要合理配比，防止水稻贪青诱发病虫害。生产地不得使用病虫田桔杆饲喂牲口的粪肥和用病虫田秸秆沤制的粪肥。

A.3.5 繁殖地收获的种子应单收、单打、单贮，并防止污染。检疫性有害生物发生的地块生产的水稻种子应做除害处理。

A.3.6 病虫稻草处理：病虫稻草作燃料烧掉，或作其他灭菌、灭虫处理。不得用病虫稻草捆秧和禁止带虫病肥料施入稻田。

附 录 B
（资料性附录）
部分水稻检疫性有害生物的危害状识别

B.1 水稻细菌性条斑病

水稻细菌性条斑病在叶片上形成暗绿色或黄褐色的狭窄条斑。初发期为暗绿色水渍状半透明小斑点，很快在叶脉之间伸展，形成宽约 1/3 mm～3/4 mm，长约 14 mm 的条斑，可扩大到宽 1 mm 、长 10 mm 以上，转为黄褐色。病斑上带有成串的黄色珠状细菌溢出，形小而量多。严重时病斑增多而融聚一起，局部呈不规则的黄褐色至枯白斑块，对光观察，病斑部半透明，水浸状。病部菌胶多，色深，不易脱落。秧苗期即可见到典型症状。

B.2 稻水象甲

稻水象甲以成虫及幼虫为害水稻，尤以幼虫为害最烈。成虫沿水稻叶脉啃食叶肉或幼苗叶鞘，被取食的叶片仅存透明的表皮，在叶片上形成宽 0.38 mm～0.8 mm，通常为 0.5 mm，长不超过 30 mm，两端钝圆的白色长条斑；稻水象甲为害水稻叶片则形成一横排小孔。低龄幼虫在稻根内蛀食，高龄幼虫在稻根外咬食。

稻水象甲的形态识别见 NY/T 1482。

附　录　C
（规范性附录）
产地检疫申请书

表 C.1　产地检疫申请书

编号：　　　　　　　　　　　　　　　　　　　　　　　　　　　　　　年　　月　　日

<table>
<tr><td>植物名称</td><td colspan="2"></td></tr>
<tr><td>品种名称</td><td colspan="2"></td></tr>
<tr><td>种（苗）来源</td><td colspan="2"></td></tr>
<tr><td>生产面积</td><td colspan="2"></td></tr>
<tr><td>预计产量</td><td colspan="2"></td></tr>
<tr><td>生产地点</td><td colspan="2"></td></tr>
<tr><td>生产期限</td><td colspan="2">从　　　　　　起，至　　　　　　止</td></tr>
<tr><td rowspan="6">申请单位</td><td colspan="2">名称（盖章）：</td></tr>
<tr><td colspan="2">地址：　　　　　　　　　　　　　　　　邮编：</td></tr>
<tr><td colspan="2">联系人（签名）：　　　　联系电话：　　　　传真：</td></tr>
<tr><td rowspan="3">要求批件发送方式</td><td>来人领取</td></tr>
<tr><td>特快专递邮寄</td></tr>
<tr><td>普通邮寄</td></tr>
</table>

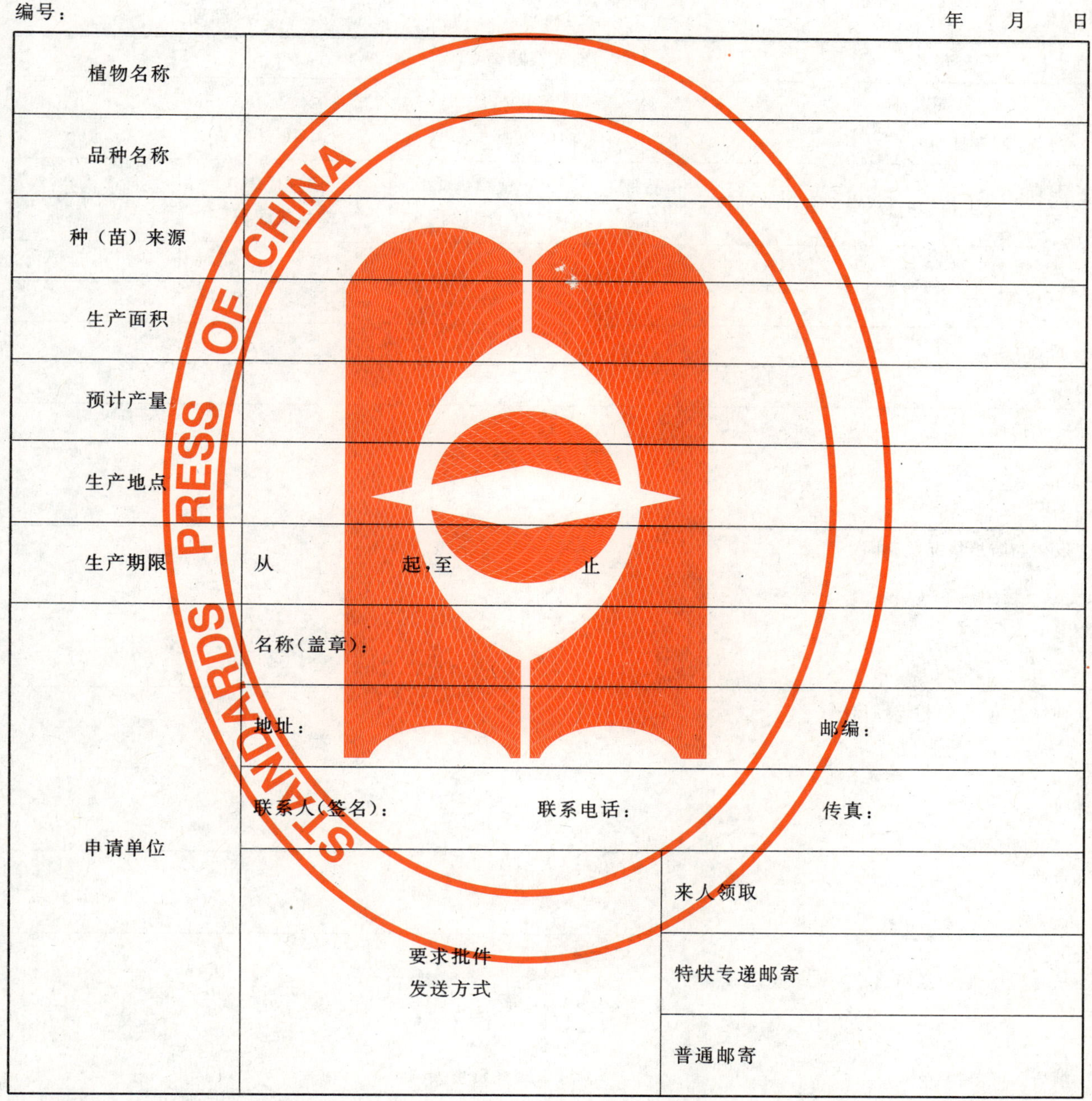

附 录 D
（规范性附录）
有害生物调查抽样记录表

表 D.1 有害生物调查抽样记录表

编号：

<table>
<tr><td colspan="2">生产/经营者</td><td colspan="2"></td><td>地址及邮编</td><td colspan="2"></td></tr>
<tr><td colspan="2">联系/负责人</td><td colspan="2"></td><td>联系电话</td><td colspan="2"></td></tr>
<tr><td colspan="2">调查日期</td><td colspan="2"></td><td>抽样地点</td><td colspan="2"></td></tr>
<tr><td>样品编号</td><td colspan="2">植物名称（中文名和学名）</td><td>品种名称</td><td>植物生育期</td><td>调查代表株数或面积</td><td>植物来源</td></tr>
<tr><td></td><td colspan="2"></td><td></td><td></td><td></td><td></td></tr>
<tr><td></td><td colspan="2"></td><td></td><td></td><td></td><td></td></tr>
<tr><td></td><td colspan="2"></td><td></td><td></td><td></td><td></td></tr>
<tr><td></td><td colspan="2"></td><td></td><td></td><td></td><td></td></tr>
<tr><td colspan="7">症状描述：</td></tr>
<tr><td colspan="7">发生与防控情况及原因：</td></tr>
<tr><td colspan="7">抽样方法、部位和抽样比例：</td></tr>
<tr><td colspan="7">备注：</td></tr>
<tr><td colspan="4">植物检疫机构（盖章）：

填表人（签名）：

年 月 日</td><td colspan="3">生产/经营者

现场负责人

年 月 日</td></tr>
<tr><td colspan="7">注：本单一式两联，第一联植物检疫机构存档，第二联交受检单位。</td></tr>
</table>

附 录 E
（规范性附录）
有害生物样本鉴定报告

表 E.1 有害生物样本鉴定报告

编号：

植物名称				品种名称	
植物生育期		样品数量		取样部位	
样品来源		送检日期		送检人	
送检单位				联系电话	
检测鉴定方法：					
检测鉴定结果：					
备注：					
鉴定人(签名)： 审核人(签名)： 鉴定单位盖章： 年 月 日					
注：本单一式三份，检测单位、受检单位和检疫机构各一份。					

附　录　F
（规范性附录）
产地检疫合格证

表 F.1　产地检疫合格证

编号：

植物或产品名称		品种名称	
面　　积		数　　量	
产　　地			
生产单位或户主		联系人	
单位地址		电　　话	
产地检疫结果： 检疫员（签名）： 年　　月　　日			
植物检疫机构审定意见： 植物检疫机构（检疫专用章） 年　　月　　日			
注：此证有效期1年，请妥善保存，不得转让，需调运该植物或产品时，凭此证向植物检疫机构办理《植物检疫证书》。			

产地检疫合格证（存根）

编号：

植物或产品名称		品种名称	
面　　积		数　　量	
产　　地			
生产单位或户主		联系人	
单位地址		电　　话	
产地检疫结果： 检疫员（签名）： 年　　月　　日			
植物检疫机构审定意见： 植物检疫机构（检疫专用章） 年　　月　　日			

附　录　G
（规范性附录）
水稻种子产地检疫档案卡

表 G.1　水稻种子产地检疫档案卡

地块：

<table>
<tr><td rowspan="3">检测日期</td><td rowspan="3">作物</td><td rowspan="3">品种</td><td rowspan="3">种苗来源</td><td rowspan="3">播种日期</td><td colspan="8">田间检查发现病(虫)株率</td><td>室内检测结果</td></tr>
<tr><td colspan="8">检疫性有害生物编号</td><td>阳性编号</td></tr>
<tr><td>1</td><td>2</td><td>3</td><td>4</td><td>5</td><td>6</td><td>7</td><td>8</td><td>检查人</td></tr>
<tr><td></td><td></td><td></td><td></td><td></td><td></td><td></td><td></td><td></td><td></td><td></td><td></td><td></td><td>备注</td></tr>
<tr><td colspan="14">注：检疫性有害生物编号为：
1——水稻细菌性条斑病；2——水稻稻水象甲。</td></tr>
</table>

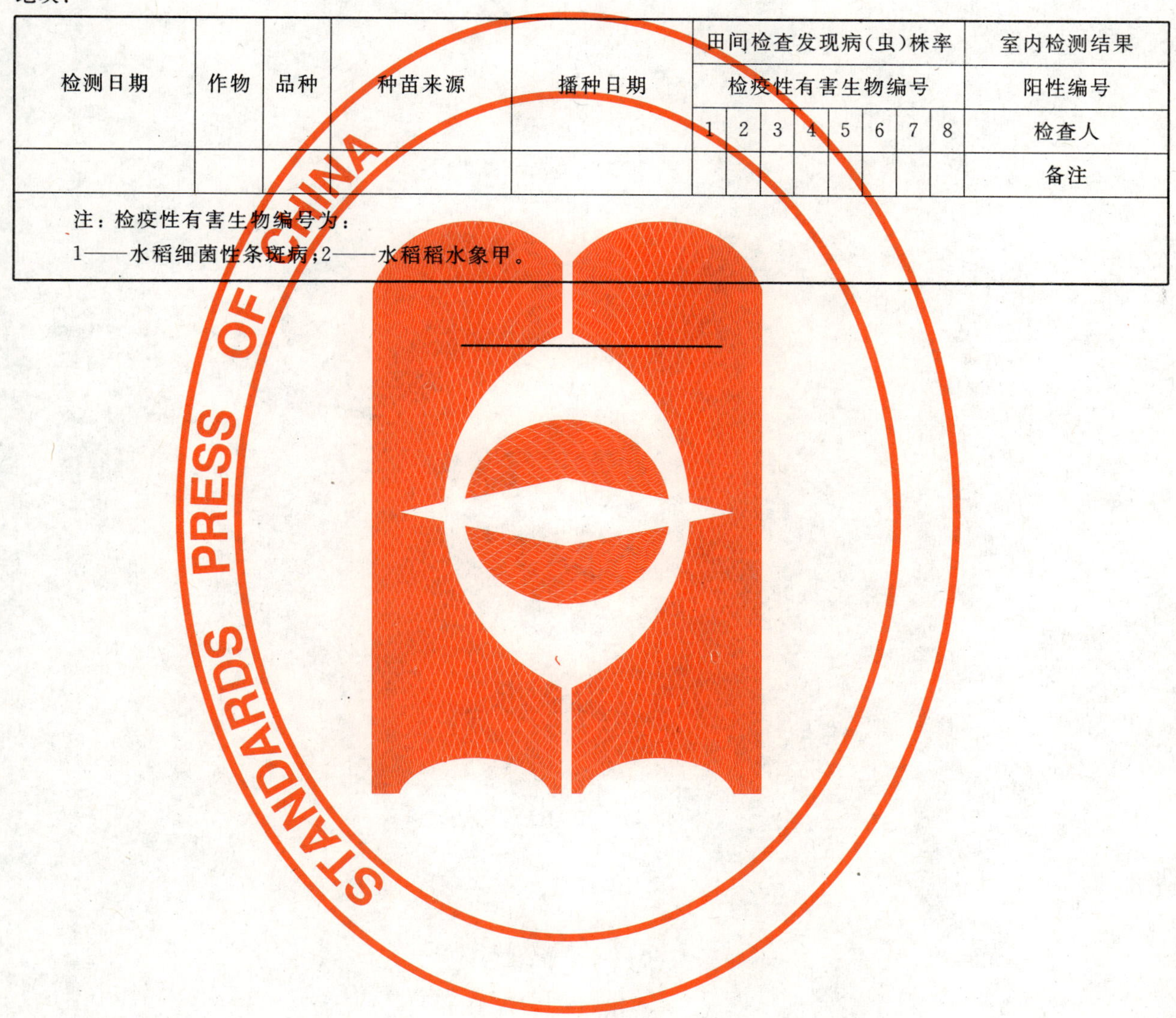

ICS 65.120
B 46

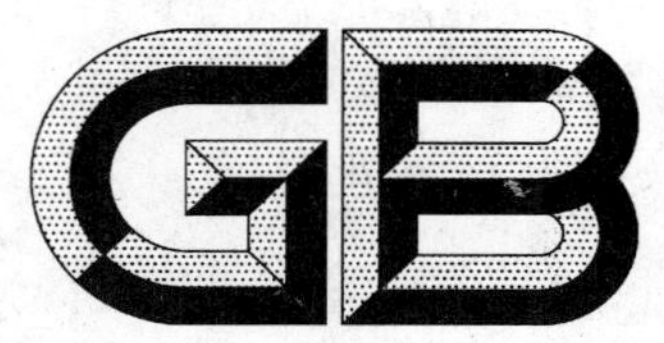

中华人民共和国国家标准

GB/T 8381.7—2009
代替 GB/T 8381.7—2005

饲料中喹乙醇的测定 高效液相色谱法

Determination of olaquindox in feed—High performance liquid chromatography

2009-05-12 发布 2009-09-01 实施

中华人民共和国国家质量监督检验检疫总局
中国国家标准化管理委员会 发布

前　言

本标准代替 GB/T 8381.7—2005《饲料中喹乙醇的测定　高效液相色谱法》。

本标准与 GB/T 8381.7—2005 相比主要变化如下：

——在试样提取过程中增加了固相萃取净化方法，流动相不再做 pH 调整。

本标准由全国饲料工业标准化技术委员会(SAC/TC 76)提出并归口。

本标准负责起草单位：农业部饲料工业中心、农业部饲料效价与安全监督检验测试中心(北京)、中国农业大学。

本标准主要起草人：杨文军、张丽英、王宗义、贺平丽。

本标准所代替标准的历次版本发布情况为：

——GB/T 8381.7—2005。

饲料中喹乙醇的测定 高效液相色谱法

1 范围

本标准规定了以高效液相色谱测定饲料中喹乙醇的方法。

本标准适用于配合饲料、浓缩饲料和添加剂预混合饲料中喹乙醇的测定，最低定量限为 1 mg/kg，检出限为 0.1 mg/kg。

2 规范性引用文件

下列文件中的条款通过本标准的引用而成为本标准的条款。凡是注日期的引用文件，其随后所有的修改单(不包括勘误的内容)或修订版均不适用于本标准，然而，鼓励根据本标准达成协议的各方研究是否可使用这些文件的最新版本。凡是不注日期的引用文件，其最新版本适用于本标准。

GB/T 6682 分析实验室用水规格和试验方法(GB/T 6682—2008,ISO 3696:1987,MOD)

3 原理

试样中的喹乙醇以甲醇溶液提取，固相萃取小柱净化，反相液相色谱柱分离测定，紫外检测器检测，外标法定量分析。

4 试剂和溶液

除非另有规定，在分析中仅使用确认为分析纯的试剂和符合 GB/T 6682 规定的三级用水。

警告——喹乙醇对光敏感，应避光操作及使用棕色容器。

4.1 甲醇(色谱纯)。

4.2 提取液：甲醇+水=5+95。

4.3 高效液相色谱流动相：甲醇和超纯水(采用二元梯度)。

4.4 淋洗液 1：0.02 mol/L 盐酸。移取 1.67 mL 盐酸定容至 1 000 mL。

4.5 淋洗液 2：0.1 mol/L 盐酸。移取 8.33 mL 盐酸定容至 1 000 mL。

4.6 淋洗液 3：甲醇+水=5+95。

4.7 洗脱液：甲醇+水=40+60。

4.8 喹乙醇标准储备液：准确称取喹乙醇标准品 0.050 20 g(含量≥99.6%)，于 50 mL 棕色容量瓶中，超声溶解，冷却至室温，定容至刻度，摇匀，使其溶液浓度为 1 mg/mL，储存于−18 ℃冰箱中，可使用一个月。

4.9 喹乙醇标准工作液：准确量取标准储备液(4.8)于容量瓶中，用洗脱液(4.7)稀释，依次配制成浓度为 0.1 μg/mL、1.0 μg/mL、5.0 μg/mL、10.0 μg/mL、20.0 μg/mL、50.0 μg/mL、100.0 μg/mL 的标准溶液，现配现用。

5 仪器

5.1 离心机：3 500 r/min。

5.2 摇床：转速可达 110 r/min。

5.3 螺口离心管：50 mL。

5.4 超声波清洗器。

5.5 微孔有机相滤膜:孔径 0.22 μm。

5.6 固相萃取小柱(SPE):Oasis HLB 1 mL(30 mg)或性能相当者。

5.7 固相萃取仪。

5.8 恒温振荡器。

6 试样制备

选取有代表性饲料样品至少 500 g,四分法缩减至 100 g,磨碎,全部通过 0.42 mm 孔径筛,混匀,装入密闭容器中,避光低温保存,备用。

7 分析步骤

7.1 试液的制备

7.1.1 提取

称取 5 g 试样(准确至 0.1 mg)于具塞锥形瓶中,加入 50 mL 提取液(4.2),具塞置入摇床中,室温下恒温振荡器振荡速度 110 r/min,避光振荡 45 min。提取液在 3 500 r/min 下离心 10 min,上清液经滤纸过滤,滤液作为 SPE 小柱净化使用。

7.1.2 净化

SPE 小柱的活化:临用前分别向 SPE 小柱中加入 2 mL 甲醇(4.1)和 2 mL 超纯水,对小柱进行活化。将滤液(7.1.1)2 mL 加入活化好的 SPE 小柱,分别用 2 mL 淋洗液 1(4.4)、淋洗液 2(4.5)和淋洗液 3(4.6)淋洗小柱,并将小柱吹干。最后用 2 mL 洗脱液(4.7)洗脱。

7.1.3 上机

洗脱液过 0.22 μm 有机相滤膜,滤液上机测定。

7.2 色谱条件

7.2.1 色谱柱:具有 C_{18} 填料的柱子(粒度为 5 μm),柱长 250 mm,内径 4.6 mm。

7.2.2 流动相及洗脱程序:如表 1。

表 1 梯度洗脱程序

时间/min	超纯水/%	甲醇/%
0	85	15
5	85	15
10	30	70
14	30	70
18	85	15
25	85	15

7.2.3 流速:1.00 mL/min。

7.2.4 进样体积:10 μL~20 μL。

7.2.5 检测器:紫外检测器,检测波长 260 nm。

8 定量测定

按高效液相色谱仪说明书调整仪器操作参数。向液相色谱柱中注入待测定喹乙醇标准工作液及试样溶液(7.1.3),得到色谱峰面积响应值,用外标法定量。

9 结果计算

9.1 试样中喹乙醇的质量分数 w_i(mg/kg)按式(1)计算：

$$w_i = \frac{P_i \times V \times c_i \times V_{st}}{P_{st} \times m \times V_i} \qquad (1)$$

式中：

P_i——试样溶液峰面积值；

V——样品的总稀释体积，单位为毫升(mL)；

c_i——标准溶液浓度，单位为微克每毫升(μg/mL)；

V_{st}——标准溶液进样体积，单位为微升(μL)；

P_{st}——标准溶液峰面积平均值；

m——试样质量，单位为克(g)；

V_i——试样溶液进样体积，单位为微升(μL)。

9.2 平行测定结果用算术平均值表示，保留三位有效数字。

10 重复性

同一分析者对同一试样同时两次平行测定结果的相对偏差不大于10%。

ICS 29.035.30
K 15

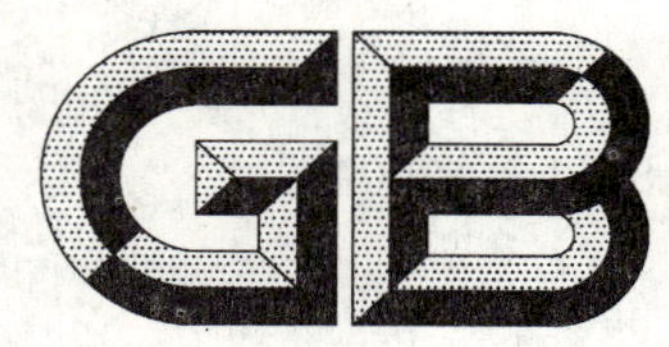

中华人民共和国国家标准

GB/T 8411.3—2009

陶瓷和玻璃绝缘材料 第3部分：材料性能

Ceramic and glass insulating materials—Part 3: Specifications for individual materials

(IEC 60672-3:1997,MOD)

2009-05-06 发布 2009-11-01 实施

中华人民共和国国家质量监督检验检疫总局
中国国家标准化管理委员会 发布

前　言

GB/T 8411《陶瓷和玻璃绝缘材料》分为三部分：

——第1部分：定义和分类；

——第2部分：试验方法；

——第3部分：材料性能。

本部分为GB/T 8411的第3部分。

本部分修改采用了IEC 60672-3：1997《陶瓷和玻璃绝缘材料　第3部分：材料性能》（英文版）。

本部分的章条编号、标准结构与IEC 60672-3：1997完全对应。

本部分所采用的术语、符号、单位与IEC 60672-3：1997一致。

本部分与IEC 60672-3：1997的主要差异是：

——删除了IEC 60672-3：1997的前言；

——用小数点“.”代替了作为小数点的逗号“，”；

——在表1 C 100组中增加了C 121亚组，并增加表注说明与原分类的关系。

增加C 121亚组的原因是：C121中强度铝质瓷在我国大量使用，但IEC 60672将其粗略地归类为C120，实际使用时会产生不便。增加的C121亚组铝质瓷，技术参数对应于GB/T 8411.1—1987Ⅳ类瓷的技术参数。

本标准代替GB/T 8411—1987《电瓷材料》，与GB/T 8411—1987相比主要变化如下：

——将原标准名称《电瓷材料》按照IEC 60672改为《陶瓷和玻璃绝缘材料》。

——为适应文本采标的需要，按照IEC 60672的结构，改原来的两部分为三部分。

——将GB/T 8411的适用范围从单纯的电瓷材料扩展到电气绝缘用陶瓷、玻璃陶瓷、玻璃结合云母和玻璃材料。

本部分代替GB/T 8411.1—1987《电瓷材料　第1部分：定义、分类和性能》中的材料性能部分。

本部分与GB/T 8411.1—1987相比主要变化如下：

——在材料种类上，完全按IEC 60672-3的材料种类，从原标准的单一电瓷材料扩充为9类陶瓷绝缘材料和7类玻璃绝缘材料；

——将名词术语与同类专业或行业的统一，如“抗热震性”、“电气强度”等；

——材料分类的编号改为与IEC 60672相一致。

本部分由中国电器工业协会提出。

本部分由全国绝缘子标准化技术委员会（SAC/TC 80）归口。

本部分起草单位：西安电瓷研究所、西安西电高压电瓷有限责任公司、南京电器集团有限责任公司、湖南大学、抚顺电瓷制造有限公司、大连电瓷有限公司。

本部分主要起草人：谢清云、罗汉英、姚君瑞、袁枫、万隆、蔡克非、张海滨、郭鹏。

陶瓷和玻璃绝缘材料
第3部分:材料性能

1 范围

GB/T 8411的本部分规定了各类陶瓷和玻璃绝缘材料的特性和最低性能参数。

GB/T 8411的本部分适用于电气绝缘用陶瓷、玻璃陶瓷、玻璃结合云母和玻璃材料。作为指南,本部分列出了一般电气绝缘用材料的分类,同时还列出了用GB/T 8411.2规定的试验方法测定的每一亚组或类型材料相关性能的典型数值。这些数值仅适用于特定的试样和试验方法,不能当然地推广应用于其他形状、尺寸或生产方法制备的试样和产品。

2 分类、特性、最低性能参数

各个亚组(或类型)材料性能参数的典型数值列于各表,表1是各种陶瓷绝缘材料的性能参数,表2为玻璃陶瓷和玻璃结合云母绝缘材料的性能参数,表3为玻璃绝缘材料的性能参数。

在材料应用中,往往有一些比较重要的特性,而这些特性构成了该材料性能的最基本要求,表中有下划线的黑体数值就是这类性能参数。

某些性能用“最大值”或“最小值”加以注明,这些性能通常在合理选择绝缘材料时极为重要。因此建议把这些特性作为关键性评价指标。

与标准本部分要求一致的材料符合标准本部分给定的特性水平。特性水平是在试样上测得的结果,适于材料选用。但是,使用者针对特定应用场合选择材料时,应根据应用场合所必需的实际要求来确定,而不能仅仅根据标准的本部分来确定。

表 1 陶瓷绝缘材料的性能

(带下划线的黑体数值,见本部分第 2 章)

				组	C 100						
1				组	C 100						
2				种类	碱金属铝硅酸盐瓷						
3				亚组	C110	C111	C112	C120	C121[b]	C130	C140
4				名称	硅质瓷湿法	硅质瓷压制	方石英瓷湿法	铝质瓷	铝质瓷中强度	铝质瓷高强度	锂质瓷
	性能		符号	单位							
5	开口(显)孔隙率,最大值		P_a	Vol%	**0.0**	**3**	**0.0**	**0.0**	**0.0**	**0.0**	**0.5**
6	体积密度,最小值		ρ_a	Mgm^{-3}	**2.2**	**2.2**	**2.3**	**2.3**	**2.4**	**2.5**	**2.0**
7	弯曲强度,最小值	未上釉	σ_{ft}	MPa	**50**	**40**	**80**	**90**	**120**	**140**	**50**
8	弯曲强度,最小值	上釉	σ_{fg}	MPa	60	—	100	110	140	160	60
9	弹性模量,最小值		E	GPa	60	—	70	—	80	100	—
10	平均线热膨胀系数	$\alpha_{30\sim100}$ (30 ℃～100 ℃)		$10^{-6}K^{-1}$	3～6	3～5	6～8	3～6	3～6	4～7	1～3
11	平均线热膨胀系数	$\alpha_{30\sim300}$ (30 ℃～300 ℃)		$10^{-6}K^{-1}$	3～6	3～6	6～8	3～6	4～7	4～7	1～3
12	平均线热膨胀系数	$\alpha_{30\sim600}$ (30 ℃～600 ℃)		$10^{-6}K^{-1}$	**4～7**	**4～7**	**6～8**	4～7	5～7	5～7	**1～3**
13	平均线热膨胀系数	$\alpha_{30\sim1\,000}$ (30 ℃～1 000 ℃)		$10^{-6}K^{-1}$	—	—	—	—	—	—	—
14	比热容 30 ℃～100 ℃		$C_{p30\sim100}$	$Jkg^{-1}K^{-1}$	750～900	800～900	800～900	750～900	800～900	800～900	750～900
15	热导率 30 ℃～100 ℃		$\lambda_{30\sim100}$	$Wm^{-1}K^{-1}$	1～2.5	1～2.5	1.4～2.5	1.2～2.6	1.5～4.0	1.5～4.0	1.0～2.5
16	抗热震性,最小值		ΔT	K	150	150	150	150	150	150	**250**
17	电气强度,最小值[a]		E_d	$kVmm^{-1}$	**20**	—	**20**	**20**	**20**	**20**	**15**
18	耐受电压,最小值		U	kV	30	—	30	30	30	30	20
19	相对介电常数 48 Hz～62 Hz		ε_r	—	6～7	—	5～6	6～7	6～7.5	6～7.5	5～7
20	介电常数温度系数		$TK\varepsilon$	$10^{-6}K^{-1}$	+600～+500	—	+600～+500	+600～+500	+600～+500	+600～+500	—
21	损耗因子 20 ℃时,最大值	48 Hz～62 Hz	$\tan\delta_{pf}$	10^{-3}	**25**	—	**25**	**25**	**25**	**30**	**10**
22	损耗因子 20 ℃时,最大值	1 kHz	$\tan\delta_{1k}$	10^{-3}	—	—	—	—	—	—	—
23	损耗因子 20 ℃时,最大值	1 MHz	$\tan\delta_{1M}$	10^{-3}	12	—	12	12	12	15	10
24	体积电阻率,直流,最小值	30 ℃	$\rho_{V,30}$	Ωm	**10^{11}**	**10^{10}**	**10^{11}**	**10^{11}**	**10^{11}**	**10^{11}**	**10^{11}**
25	体积电阻率,直流,最小值	200 ℃	$\rho_{V,200}$	Ωm	10^6	**10^6**	10^6	10^6	10^6	10^6	10^7
26	体积电阻率,直流,最小值	600 ℃	$\rho_{V,600}$	Ωm	10^2	10^2	10^2	10^2	10^2	10^2	10^2
27	相应电阻率的温度最小值	1 MΩm	$T_{\rho1}$	℃	200	200	200	200	200	200	200
28	相应电阻率的温度最小值	0.01 MΩm	$T_{\rho0.01}$	℃	350	350	350	350	350	350	350

a 按 GB/T 8411.2—2008 中图 6 的试样所测得的值。

b 该亚组为根据我国情况列入,IEC 60672 中没有 C 121 亚组。

表 1（续）

（带下划线的黑体数值，见本部分第 2 章）

1				组	C 200					
2				种类	镁硅酸盐瓷					
3				亚组	C210	C220	C221	C230	C240	C250
4				名称	低压滑石瓷	普通滑石瓷	低损耗滑石瓷	多孔滑石瓷	多孔橄榄石瓷	致密橄榄石瓷
	性能		符号	单位						
5	开口(显)孔隙率，最大值		P_a	Vol%	**0.5**	**0.0**	**0.0**	**35**	**30**	**0.0**
6	体积密度，最小值		ρ_a	Mgm^{-3}	**2.3**	**2.6**	**2.7**	**1.8**	**1.9**	**2.8**
7	弯曲强度，最小值	未上釉	σ_{ft}	MPa	**80**	**120**	**140**	**30**	**35**	**140**
8		上釉	σ_{fg}	MPa	—	—	—	—	—	—
9	弹性模量，最小值		E	GPa	60	80	110	—	—	—
10	平均线热膨胀系数	$\alpha_{30\sim100}$(30 ℃～100 ℃)		$10^{-6}K^{-1}$	6～8	7～9	6～8	8～10	8～10	9～11
11		$\alpha_{30\sim300}$(30 ℃～300 ℃)		$10^{-6}K^{-1}$	6～8	7～9	7～9	8～10	8～10	9～11
12		$\alpha_{30\sim600}$(30 ℃～600 ℃)		$10^{-6}K^{-1}$	**6～8**	**7～9**	**7～9**	**8～10**	**8～10**	**9～11**
13		$\alpha_{30\sim1000}$(30 ℃～1 000 ℃)		$10^{-6}K^{-1}$	6～8	8～10	8～10	—	8～10	10～11
14	比热容 30 ℃～100 ℃		$C_{p30\sim100}$	$Jkg^{-1}K^{-1}$	800～900	800～900	800～900	800～900	800～900	800～900
15	热导率 30 ℃～100 ℃		$\lambda_{30\sim100}$	$Wm^{-1}K^{-1}$	1～2.5	2～3	2～3	1.5～2	1.4～2	3～4
16	抗热震性，最小值		ΔT	K	80	80	100	—	—	80
17	电气强度，最小值		E_d	$kVmm^{-1}$	—	**15**	**20**	—	—	**20**
18	耐受电压，最小值		U	kV	—	20	30	—	—	30
19	相对介电常数		ε_r	—	**6**	**6**	**6**	—		**7**
20	介电常数温度系数		$TK\varepsilon$	$10^{-6}K^{-1}$	+160～+70	+160～+70	+160～+70	—	—	—
21	损耗因子 20 ℃时，最大值	48 Hz～62 Hz	$\tan\delta_{pf}$	10^{-3}	25	5	1.5	—	—	1.5
22		1 kHz	$\tan\delta_{1k}$	10^{-3}	—	—	—	—	—	—
23		1 MHz	$\tan\delta_{1M}$	10^{-3}	7	**3**	**1.2**	—	—	**0.5**
24	体积电阻率，直流，最小值	30 ℃	$\rho_{V,30}$	Ωm	**10^{10}**	**10^{11}**	**10^{11}**	—	—	**10^{11}**
25		200 ℃	$\rho_{V,200}$	Ωm	10^{7}	10^{8}	10^{9}	10^{8}	10^{9}	10^{9}
26		600 ℃	$\rho_{V,600}$	Ωm	**10^{3}**	**10^{3}**	**10^{5}**	**10^{5}**	**10^{5}**	10^{5}
27	相应电阻率的温度，最小值	1 MΩm	$T_{\rho1}$	℃	200	350	500	500	500	500
28		0.01 MΩm	$T_{\rho0.01}$	℃	400	530	800	800	800	800

表 1（续）

（带下划线的黑体数值，见本部分第 2 章）

					C310	C320	C330	C331	C340	C350	C351
1				组	C 300						
2				种类	钛酸盐和其他高介陶瓷						
3				亚组	C310	C320	C330	C331	C340	C350	C351
4				名称	氧化钛基	钛酸镁	氧化钛和其他氧化物		Sr、Ca、Bi 钛酸盐	铁电钙钛矿基 中 ε_r	铁电钙钛矿基 高 ε_r
	性能		符号	单位							
5	开口(显)孔隙率，最大值		P_a	Vol%	**0.0**	**0.0**	**0.0**	**0.0**	**0.0**	**0.0**	**0.0**
6	体积密度，最小值		ρ_a	Mgm^{-3}	**3.5**	**3.1**	**4.0**	**4.5**	**3.0**	**4.0**	**4.0**
7	弯曲强度，最小值	未上釉	σ_{ft}	MPa	**70**	**70**	**80**	**80**	**70**	**50**	**50**
8		上釉	σ_{fg}	MPa	—	—	—	—	—	—	—
9	弹性模量，最小值		E	GPa	—	—	—	—	—	—	—
10	平均线热膨胀系数	$\alpha_{30\sim100}$(30 ℃～100 ℃)		$10^{-6}K^{-1}$	6～8	6～10	—	—	—	—	—
11		$\alpha_{30\sim300}$(30 ℃～300 ℃)		$10^{-6}K^{-1}$	—	—	—	—	—	—	—
12		$\alpha_{30\sim600}$(30 ℃～600 ℃)		$10^{-6}K^{-1}$	—	—	—	—	—	—	—
13		$\alpha_{30\sim1\,000}$(30 ℃～1 000 ℃)		$10^{-6}K^{-1}$	—	—	—	—	—	—	—
14	比热容 30 ℃～100 ℃		$C_{p30\sim100}$	$Jkg^{-1}K^{-1}$	700～800	900～1 000	—	—	—	—	—
15	热导率 30 ℃～100 ℃		$\lambda_{30\sim100}$	$Wm^{-1}K^{-1}$	3～4	3.5～4	—	—	—	—	—
16	抗热震性，最小值		ΔT	K	—	—	—	—	—	—	—
17	电气强度，最小值		E_d	$kVmm^{-1}$	8	8	10	10	6	2	2
18	耐受电压，最小值		U	kV	15	15	15	15	8	2	2
19	相对介电常数 48 Hz～62Hz		ε_r	—	40～**100**	12～**40**	25～**50**	30～**70**	100～**700**	350～**3 000**	**>3 000**
20	介电常数温度系数		$TK\varepsilon$	$10^{-6}K^{-1}$	−280～−900	+130～−150	+70～−120	−120～−700	−1 200～−6 000	—	—
21	损耗因子 20 ℃时，最大值	48 Hz～62 Hz	$\tan\delta_{pf}$	10^{-3}	—	—	—	—	—	—	—
22		1 kHz	$\tan\delta_{1k}$	10^{-3}	6.5	2	20	7	—	—	—
23		1 MHz	$\tan\delta_{1M}$	10^{-3}	**2**	1.5	0.8	1.0	**5**	35	35
24	体积电阻率，直流，最小值	30 ℃	$\rho_{V,30}$	Ωm	10^{10}	10^{9}	10^{9}	10^{9}	10^{9}	10^{8}	10^{8}
25		200 ℃	$\rho_{V,200}$	Ωm	—	—	—	—	—	—	—
26		600 ℃	$\rho_{V,600}$	Ωm	—	—	—	—	—	—	—
27	相应电阻率的温度，最小值	1 MΩm	$T_{\rho1}$	℃	—	—	—	—	—	—	—
28		0.01 MΩm	$T_{\rho0.01}$	℃	—	—	—	—	—	—	—

表 1（续）

（带下划线的黑体数值，见本部分第 2 章）

1				组	C 400				C 500				
2				种类	碱土金属铝硅酸盐和锆英石瓷				多孔铝硅酸盐和镁铝硅酸盐瓷				
3				亚组	C 410	C 420	C 430	C 440	C 510	C 511	C 512	C 520	C 530
4				名称	致密堇青石	致密钡长石	致密石灰石基	致密锆英石基	铝硅酸盐基	镁铝硅酸盐基		堇青石基	铝硅酸盐基
	性能		符号	单位									
5	开口(显)孔隙率，最大值		P_a	Vol%	0.5	0.5	0.5	0.5	30	20	40	20	30
6	体积密度，最小值		ρ_a	Mgm^{-3}	2.1	2.7	2.3	2.5	1.9	1.9	1.8	1.9	2.1
7	弯曲强度最小值	未上釉	σ_{ft}	MPa	60	80	80	100	25	25	15	30	30
8		上釉	σ_{fg}	MPa	—	—	—	—	—	—	—	—	—
9	弹性模量，最小值		E	GPa	—	—	80	130	—	—	—	40	—
10	平均线热膨胀系数	$\alpha_{30\sim100}$(30 ℃～100 ℃)		$10^{-6}K^{-1}$	1～3	3～5	5～7	5～7	3～5	3～6	3～5	1.5～3.5	3.5～5
11		$\alpha_{30\sim300}$(30 ℃～300 ℃)		$10^{-6}K^{-1}$	1～3	3～5	5～7	5～7	3～5	3～6	3～5	1.5～3.5	3.5～5
12		$\alpha_{30\sim600}$(30 ℃～600 ℃)		$10^{-6}K^{-1}$	2～4	3.5～6	—	—	3～6	4～6	3～6	2～4	4～6
13		$\alpha_{30\sim1\,000}$(30 ℃～1 000 ℃)		$10^{-6}K^{-1}$	2～4.5	4～7	—	—	3～6	4～6	3.5～6	2.5～5	4～7
14	比热容 30 ℃～100 ℃		$C_{p30\sim100}$	$Jkg^{-1}K^{-1}$	800～1 200	800～1 000	700～850	550～650	750～850	750～850	750～900	750～900	800～900
15	热导率 30 ℃～100 ℃		$\lambda_{30\sim100}$	$Wm^{-1}K^{-1}$	1.2～2.5	1.5～2.5	1～2.5	5～8	1.2～1.7	1.3～1.8	1～1.5	1.3～1.8	1.4～2.0
16	抗热震性，最小值		ΔT	K	250	200	150	150	150	200	250	300	350
17	电气强度，最小值		E_d	$kVmm^{-1}$	10	20	15	15	—	—	—	—	—
18	耐受电压，最小值		U	kV	15	30	20	20	—	—	—	—	—
19	相对介电常数 48 Hz～62 Hz		ε_r	—	5	7	6～7	8～12	—	—	—	—	—
20	介电常数温度系数		$TK\varepsilon$	$10^{-6}K^{-1}$	+600～+500	+100～+30	—	—	—	—	—	—	—
21	损耗因子 20 ℃时，最大值	48 Hz～62 Hz	$\tan\delta_{pf}$	10^{-3}	25	10	5	5	—	—	—	—	—
22		1 kHz	$\tan\delta_{1k}$	10^{-3}	—	12	—	—	—	—	—	—	—
23		1 MHz	$\tan\delta_{1M}$	10^{-3}	7	0.5	5	5	—	—	—	—	—
24	体积电阻率，直流，最小值	30 ℃	$\rho_{V,30}$	Ωm	10^{10}	10^{12}	10^{11}	10^{11}	—	—	—	—	—
25		200 ℃	$\rho_{V,200}$	Ωm	10^{6}	10^{11}	10^{8}	10^{8}	10^{7}	10^{7}	10^{7}	10^{7}	10^{8}
26		600 ℃	$\rho_{V,600}$	Ωm	10^{3}	10^{7}	10^{2}	10^{2}	10^{3}	10^{3}	10^{3}	10^{3}	10^{4}
27	相应电阻率的温度，最小值	1 MΩm	$T_{\rho1}$	℃	200	600	200	200	—	—	—	—	—
28		0.01 MΩm	$T_{\rho0.01}$	℃	400	900	350	350	500	500	500	500	600

表 1（续）

（带下划线的黑体数值，见本部分第 2 章）

1				组	C 600		C700			
2				种类	低碱莫来石瓷		高铝瓷			
3				亚组	C 610	C 620	C 780	C 786	C 795	C 799
4				名称	Al_2O_3 含量%		Al_2O_3 含量%			
	性能		符号	单位	50～65	65～80	80～86	86～95	95～99	＞99
5	开口(显)孔隙率，最大值		P_a	Vol%	**0.0**	**0.0**	**0.0**	**0.0**	**0.0**	**0.0**
6	体积密度，最小值		ρ_a	Mgm^{-3}	**2.6**	**2.8**	**3.2**	**3.4**	**3.5**	**3.7**
7	弯曲强度，最小值	未上釉	σ_{ft}	MPa	**120**	**150**	**200**	**250**	**280**[a]	**300**
8		上釉	σ_{fg}	MPa	—	—	—	—	—	—
9	弹性模量，最小值		E	GPa	100	150	200	220	280	300
10	平均线热膨胀系数	$\alpha_{30\sim100}$(30 ℃～100 ℃)		$10^{-6}K^{-1}$	5～6	5～6	5～7	5.5～7.5	5～7	5～7
11		$\alpha_{30\sim300}$(30 ℃～300 ℃)		$10^{-6}K^{-1}$	5～6	5～6	5～7	6～8	6～7.5	6～8
12		$\alpha_{30\sim600}$(30 ℃～600 ℃)		$10^{-6}K^{-1}$	**5～7**	**5～7**	**6～8**	**6～8**	**6～8**	**7～8**
13		$\alpha_{30\sim1\,000}$(30 ℃～1 000 ℃)		$10^{-6}K^{-1}$	5～7	5～7	7～8	7～8	7～9	7～9
14	比热容 30 ℃～100 ℃		$C_{p30\sim100}$	$Jkg^{-1}K^{-1}$	850～1 050	850～1 050	850～1 050	850～1 050	850～1 050	850～1 050
15	热导率 30 ℃～100 ℃		$\lambda_{30\sim100}$	$Wm^{-1}K^{-1}$	2～6	6～15	10～16	14～24	16～28	19～30
16	抗热震性，最小值		ΔT	K	**150**	**150**	**140**	**140**	**140**	**150**
17	电气强度，最小值		E_d	$kVmm^{-1}$	17	15	10	15	15	17
18	耐受电压，最小值		U	kV	25	20	15	18	18	20
19	相对介电常数		ε_r	—	8	8	8	9	9	9
20	介电常数温度系数		$TK\varepsilon$	$10^{-6}K^{-1}$	—	—	—	—	—	—
21	损耗因子 20 ℃时，最大值	(48～62)Hz	$\tan\delta_{pf}$	10^{-3}	—	—	1	0.5	0.5	0.2
22		1 kHz	$\tan\delta_{1k}$	10^{-3}	—	—	1.5	1	1	0.5
23		1 MHz	$\tan\delta_{1M}$	10^{-3}	—	—	1.5	1	1	1
24	体积电阻率，直流，最小值	30 ℃	$\rho_{V,30}$	Ωm	10^{11}	10^{11}	10^{12}	10^{12}	10^{12}	10^{12}
25		200 ℃	$\rho_{V,200}$	Ωm	**10^{9}**	**10^{9}**	**10^{10}**	**10^{10}**	**10^{10}**	**10^{10}**
26		600 ℃	$\rho_{V,600}$	Ωm	**10^{4}**	**10^{4}**	**10^{5}**	**10^{6}**	**10^{6}**	**10^{6}**
27	相应电阻率的温度，最小值	1 MΩm	$T_{\rho 1}$	℃	300	300	400	500	500	500
28		0.01 MΩm	$T_{\rho 0.01}$	℃	600	600	700	800	800	800

[a] 某些用于金属化的大晶粒材料可能满足不了本强度水平。

表 1(续)

(带下划线的黑体数值,见本部分第 2 章)

1				组	C 800		C900			
2				种类	非氧化铝单一氧化物陶瓷		非氧化物绝缘用陶瓷			
3				亚组	C 810	C820	C 910	C 920	C 930	C 935
4				名称	氧化铍瓷致密	氧化镁瓷多孔	氮化铝瓷	氮化硼瓷	氮化硅瓷反应烧结	氮化硅瓷致密
	性能		符号	单位						
5	开口(显)孔隙率,最大值		P_a	Vol%	**0.0**	**30**	**0.0**	**2.0**	**40**[a]	**0.0**
6	体积密度,最小值		ρ_a	Mgm^{-3}	**2.8**	**2.5**	**3.0**	**2.5**	**1.9**	**3.0**
7	弯曲强度最小值	未上釉	σ_{ft}	MPa	**150**	**50**	**200**	**20**	**80**[a]	**300**
8		上釉	σ_{fg}	MPa	—	—	—	—	—	—
9	弹性模量,最小值		E	GPa	300	90	300	—	80[a]	250
10	平均线热膨胀系数	$\alpha_{30\sim100}$(30 ℃~100 ℃)		$10^{-6}K^{-1}$	5~7	8~9	2.5~4	—[b]	1~2	1~2
11		$\alpha_{30\sim300}$(30 ℃~300 ℃)		$10^{-6}K^{-1}$	5.5~7.5	10~12	4~4.5	—[b]	2~3	2~3
12		$\alpha_{30\sim600}$(30 ℃~600 ℃)		$10^{-6}K^{-1}$	**7~8.5**	**11~13**	4.5~5	—[b]	2.5~3.5	2.5~3.5
13		$\alpha_{30\sim1\,000}$(30 ℃~1 000 ℃)		$10^{-6}K^{-1}$	8~9.5	12~14	5.5~6	—[b]	3.0~3.5	2.5~3.5
14	比热容 30 ℃~100 ℃		$C_{p30\sim100}$	$Jkg^{-1}K^{-1}$	1 000~1 250	850~1 050	800~900	900~1 050	750~850	750~850
15	热导率 30 ℃~100 ℃		$\lambda_{30\sim100}$	$Wm^{-1}K^{-1}$	150~220	6~10	**≥100**	10~50[b]	5~15[a]	15~45
16	抗热震性,最小值		ΔT	K	**180**	—	200	—	**250**	**250**
17	电气强度,最小值		E_d	$kVmm^{-1}$	**13**	—	**20**	—	—	**20**
18	耐受电压,最小值		U	kV	20	—	30	—	—	30
19	相对介电常数		ε_r	—	7	10	—	—	—	8~12
20	介电常数温度系数		$TK\varepsilon$	$10^{-6}K^{-1}$	—	—	—	—	—	—
21	损耗因子 20 ℃时,最大值	48 Hz~62 Hz	$\tan\delta_{pf}$	10^{-3}	1	—	**2**	**2**	**2**	**2**
22		1 kHz	$\tan\delta_{1k}$	10^{-3}	1	—	—	—	—	—
23		1 MHz	$\tan\delta_{1M}$	10^{-3}	1	—	2	2	2	2
24	体积电阻率,直流,最小值	30 ℃	$\rho_{V,30}$	Ωm	10^{12}	—	10^{12}	10^{12}	—	10^{11}
25		200 ℃	$\rho_{V,200}$	Ωm	**10^{10}**	—	**10^{10}**	**10^{10}**	—	**10^{7}**
26		600 ℃	$\rho_{V,600}$	Ωm	10^{7}	—	10^{6}	10^{6}	—	10^{2}
27	相应电阻的温度,最小值	1 MΩm	$T_{\rho1}$	℃	600	600	500	500	—	200
28		0.01 MΩm	$T_{\rho0.01}$	℃	900	1 000	800	800	—	300

a 与体积密度有关。

b 与是否按热压方向进行测量有关。

表 2 玻璃陶瓷和玻璃结合云母材料的性能

（带下划线的黑体数值，见本部分第 2 章）

			组	GC 100		GM 100	
			种类	玻璃陶瓷材料		玻璃结合云母材料	
			亚组	GC 110	GC 120	GM 110	GM 120
			名称	玻璃陶瓷整体型	玻璃陶瓷烧结型	玻璃结合云母	云母玻璃陶瓷
性能		符号	单位				
开口(显)孔隙率，最大值		P_a	Vol%	**0.0**	**0.0**	**0.5**	**0.5**
体积密度，最小值		ρ_a	Mgm^{-3}	—	—	2.2	2.2
弯曲强度最小值	未上釉	σ_{ft}	MPa	**50**	**50**	**50**	**50**
	上釉	σ_{fg}	MPa	—	—	—	—
弹性模量，最小值		E	GPa	50	50	40	50
平均线热膨胀系数	$\alpha_{30\sim100}$(30 ℃～100 ℃)		$10^{-6}K^{-1}$	—[a]	—[a]	7～12	7～12
	$\alpha_{30\sim300}$(30 ℃～300 ℃)		$10^{-6}K^{-1}$	—[a]	—[a]	7～12	7～12
	$\alpha_{30\sim600}$(30 ℃～600 ℃)		$10^{-6}K^{-1}$	—[a]	—[a]	—	—
	$\alpha_{30\sim1\,000}$(30 ℃～1 000 ℃)		$10^{-6}K^{-1}$	—[a]	—[a]	—	—
比热容，30 ℃～100 ℃		$C_{p30\sim100}$	$Jkg^{-1}K^{-1}$	—	—	—	—
热导率，30 ℃～100 ℃		$\lambda_{30\sim100}$	$Wm^{-1}K^{-1}$	1～5	1～5	1～5	1～5
抗热振性，最小值		ΔT	K	—	—	100	100
电气强度，最小值		E_d	$kVmm^{-1}$	**20**	**15**	**10**	**10**
耐受电压，最小值		U	kV	30	20	15	15
相对介电常数，48 Hz～62 Hz		ε_r	—	—	—	—	—
介电常数温度系数		$TK\varepsilon$	$10^{-6}K^{-1}$	—	—	—	—
损耗因子，30 ℃，最大值	48 Hz～62 Hz	$\tan\delta_{pf}$	10^{-3}	—	—	—	—
	1 kHz	$\tan\delta_{1k}$	10^{-3}	—	—	—	—
	1 MHz	$\tan\delta_{1M}$	10^{-3}	—	—	—	—
体积电阻率，直流，最小值	30 ℃	$\rho_{V,30}$	Ωm	10^{10}	10^{10}	10^{9}	10^{10}
	200 ℃	$\rho_{V,200}$	Ωm	—	—	—	—
	600 ℃	$\rho_{V,600}$	Ωm	—	—	—	—
相应电阻率的温度，最小值	1 MΩm	$T_{\rho1}$	℃	200	200	150	200
	0.01 MΩm	$T_{\rho0.01}$	℃	300	300	200	300

a 取决于化学成分和热处理，有时可控。

表 3 玻璃绝缘材料的性能

（带下划线的黑体数值，见本部分第 2 章）

性能		符号	组	G 100		G 200			G 400	G 500	G 600	G 700	
			名称	钠钙硅玻璃		硼硅酸盐玻璃			铝钙硅玻璃	铅碱硅玻璃	钡碱硅玻璃	高硅玻璃	
			亚组	G 110	G 120	G 220	G 231	G 232				G 795	G 799
			名称	退火	钢化	抗化学腐蚀	低损耗	高电压				氧化硅含量 95%～99%	氧化硅含量 >99%
			单位										
体积密度，最小值		ρ_a	Mgm^{-3}	2.4	2.4	2.2	2.2	2.3	2.5	2.8	2.6	2.1	2.1
弯曲强度，最小值		σ_{ft}	MPa	**30**	**150**	**30**	**30**	**30**	**40**	**30**	**30**	**30**	**30**
弹性模量，最小值		E	GPa	70	70	60	60	70	80	60	70	70	70
平均线热膨胀系数	$\alpha_{30\sim100}$（30 ℃～100 ℃）		$10^{-6}K^{-1}$	8～9.5	8～9.5	3～5	—	—	—	—	—	0.5～1.0	0.5～0.7
	$\alpha_{30\sim300}$（30 ℃～300 ℃）		$10^{-6}K^{-1}$	**8.5～10**	**8.5～10**	**3～5**	**4.6～5.1**	**4.6～5.5**	**4～4.6**	**8～10**	**9～10**	**0.5～1.0**	**0.5～0.7**
玻璃转变温度		T_g	℃	500～560	500～560	520～560	**480～510**	—	**620～730**	**430～470**	**430～500**	**600～700**	**>700**
电气强度，最小值		E_d	$kVmm^{-1}$	**25**	**25**	**30**	**30**	**30**	**30**	—	—	**30**	**30**
耐受电压，最小值		U	kV	25	25	30	30	30	30	—	—	30	30
相对介电常数，1 MHz 30 ℃		ε_r	—	6.5～7.6	7.3～7.6	4.0～5.5	4.9～5.5	5～6	5.5～7.5	6～8	6.5～7.5	3.5～4	3.7～3.9
相对介电常数温度系数		$TK\varepsilon$	$10^{-3}K^{-1}$	3～20	3～20	2～10	—	—	—	—	—	0.1	0.1
损耗因子 20 ℃，最大值	48 Hz～62 Hz	$\tan\delta_{pf}$	10^{-3}	30	60	20	**3.5**	30	2.5	3	4	**1.0**	**0.5**
	1 kHz	$\tan\delta_{1k}$	10^{-3}	20	60	10	**2.5**	12	2.5	2.5	—	**1.0**	**0.5**
	1 MHz	$\tan\delta_{1M}$	10^{-3}	10	60	10	2	8	3	2	2.5	1.0	0.5
体积电阻率，直流，最小值	30 ℃	$\rho_{V,30}$	Ωm	10^{10}	10^{10}	10^{12}	10^{12}	10^{12}	10^{12}	10^{12}	10^{12}	10^{12}	10^{12}
	200 ℃	$\rho_{V,200}$	Ωm	**10^{7}**	**10^{7}**	**10^{7}**	**10^{10}**	**10^{7}**	**10^{10}**	**10^{8}**	**10^{8}**	**10^{9}**	**10^{10}**
	600 ℃	$\rho_{V,600}$	Ωm	—	—	—	—	—	—	—	—	**10^{3}**	**10^{4}**
相应电阻率的温度，最小值	1 MΩm	$T_{\rho1}$	℃	170	170	250	350	200	430	280	250	350	450
	0.01 MΩm	$T_{\rho0.01}$	℃	280	280	400	480	350	600	430	400	450	600

ICS 77.140.80
J 31

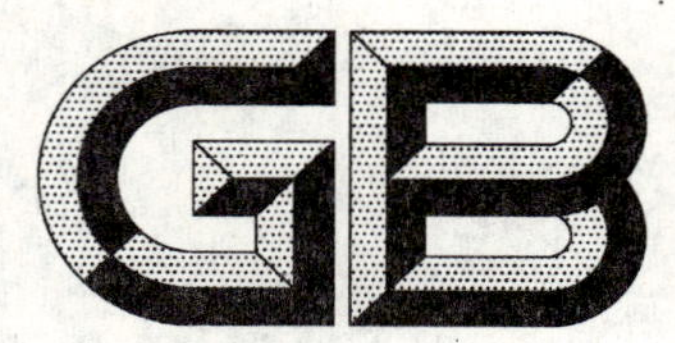

中华人民共和国国家标准

GB/T 8491—2009
代替 GB/T 8491—1987

高硅耐蚀铸铁件

Corrosion resistant high silicon iron castings

2009-04-01 发布　　　　2009-12-01 实施

中华人民共和国国家质量监督检验检疫总局
中国国家标准化管理委员会　发布

前　言

本标准修改采用 ASTM A 518/A 518M-99(2008)《高硅耐蚀铸铁件标准规范》。

本标准和 ASTM A 518/A 518M-99(2008)相比，在主要技术内容上存在如下差异：

——在结构上作了较大的编辑性修改；

——删除了 ASTM A 518/A 518M-99(2008)的第 6 章化学成分分析，改用我国的化学成分分析方法；

——以我国的相对应的铸铁牌号替代了 ASTM 的铸铁牌号；

——删除了 ASTM A 518/A 518M-99(2008)的附录。

本标准代替 GB/T 8491—1987《高硅耐蚀铸铁件》。

本标准与 GB/T 8491—1987 相比，主要技术内容变化如下：

——删除了原标准的四个牌号的材料及其相应的化学成分和力学性能；

——增加了三个新牌号材料及其相应的化学成分和力学性能；

——更改了材料牌号的表示方法；

——删除了原标准的表 3 铸件的机械加工余量；

——删除了原标准的表 4 铸件的允许缺陷范围；

——增加了弯曲试验试棒规格。

本标准的附录 A 为资料性附录。

本标准由中国机械工业联合会提出。

本标准由全国铸造标准化技术委员会(SAC/TC 54)归口。

本标准起草单位：安徽省机械科学研究所、马鞍山市海天重工科技发展有限公司、沈阳铸造研究所、南车集团戚墅堰机车车辆工艺研究所有限公司、上海材料研究所、南京万福龙机械制造有限公司等。

本标准主要起草人：宋量、孙爱民、张寅、钱坤才、杨力、王滨、张宏鹤、王延双。

本标准所代替标准的历次版本发布情况：

——GB/T 8491—1987。

高硅耐蚀铸铁件

1 范围

本标准规定了高硅耐蚀铸铁的技术要求、试验方法、取样及检验规则、铸件标记、包装和储运要求。

本标准适用于含硅 10.00%～15.00%的高硅耐蚀铸铁件。

2 规范性引用文件

下列文件中的条款通过本标准的引用而成为本标准的条款。凡是注日期的引用文件，其随后所有的修改单(不包括勘误的内容)或修订版均不适用于本标准，然而，鼓励根据本标准达成协议的各方研究是否可使用这些文件的最新版本。凡是不注日期的引用文件，其最新版本适用于本标准。

GB/T 223.3 钢铁及合金化学分析方法 二安替比林甲烷磷钼酸重量法测定磷量

GB/T 223.11 钢铁及合金化学分析方法 过硫酸铵氧化容量法测定铬量

GB/T 223.12 钢铁及合金化学分析方法 碳酸钠分离-二苯碳酰二肼光度法测定铬量

GB/T 223.18 钢铁及合金化学分析方法 硫代硫酸钠分离-碘量法测定铜量

GB/T 223.19 钢铁及合金化学分析方法 新亚铜灵-三氯甲烷萃取光度法测定铜量

GB/T 223.26 钢铁及合金 钼含量的测定 硫氰酸盐分光光度法

GB/T 223.53 钢铁及合金化学分析方法 火焰原子吸收分光光度法测定铜量

GB/T 223.58 钢铁及合金化学分析方法 亚砷酸钠-亚硝酸钠滴定法测定锰量

GB/T 223.59 钢铁及合金化学分析方法 锑磷钼蓝光度法测定磷量

GB/T 223.60 钢铁及合金化学分析方法 高氯酸脱水重量法测定硅含量

GB/T 223.61 钢铁及合金化学分析方法 磷钼酸铵容量法测定磷量

GB/T 223.64 钢铁及合金 锰含量的测定 火焰原子吸收光谱法

GB/T 223.68 钢铁及合金化学分析方法 管式炉内燃烧后碘酸钾滴定法测定硫含量

GB/T 223.69 钢铁及合金 碳含量的测定 管式炉内燃烧后气体容量法

GB/T 5612 铸铁牌号表示方法

GB/T 5677 铸钢件射线照相检测

GB/T 5678 铸造合金光谱分析取样方法

GB/T 6060.1 表面粗糙度比较样块 铸造表面

GB/T 6414 铸件 尺寸公差与机械加工余量

GB/T 7233 铸钢件超声探伤及评级方法

GB/T 9444 铸钢件磁粉检测

GB/T 11351 铸件重量公差

GB/T 14203 钢铁及合金光电发射光谱分析法通则

GB/T 20066 钢和铁 化学成分测定用试样的取样和制样方法

GB/T 20123 钢铁 总碳硫含量的测定 高频感应炉燃烧后红外吸收法(常规方法)

GB/T 20125 低合金钢 多元素的测定 电感耦合等离子体发射光谱法

JB/T 7945 灰铸铁力学性能试验方法

3 订货信息

3.1 下列订货信息由需方提供：

a) 执行的标准号。

b) 高硅铸铁牌号。

c) 铸件数量。

d) 铸件重量。

e) 标明规格、形状及尺寸的图样,铸件清理说明,图样应指明关键尺寸并给出所有尺寸公差。如需方提供模型,铸件尺寸应和模型预留尺寸相符。

3.2 订货信息中的可选项:

a) 铸件交付时的热处理状态;

b) 是否向需方提供化学成分分析报告;

c) 是否要求做弯曲试验;

d) 是否要求做液压试验,如果是,应标明测试的压力和允许的渗漏程度。

e) 任何特殊的包装、标识等。

4 生产方法

除另有规定外,熔化方式和铸造工艺由供方自行决定。

5 技术要求

5.1 高硅耐蚀铸铁牌号及化学成分

5.1.1 高硅耐蚀铸铁的牌号表示方法符合 GB/T 5612 的规定,共分为四个牌号。

高硅耐蚀铸铁牌号及其相应的化学成分见表 1。

表 1 高硅耐蚀铸铁的化学成分

牌号	化学成分(质量分数)/%								
	C	Si	Mn≤	P≤	S≤	Cr	Mo	Cu	R 残留量≤
HTSSi11Cu2CrR	≤1.20	10.00~12.00	0.50	0.10	0.10	0.60~0.80	—	1.80~2.20	0.10
HTSSi15R	0.65~1.10	14.20~14.75	1.50	0.10	0.10	≤0.50	≤0.50	≤0.50	0.10
HTSSi15Cr4MoR	0.75~1.15	14.20~14.75	1.50	0.10	0.10	3.25~5.00	0.40~0.60	≤0.50	0.10
HTSSi15Cr4R	0.70~1.10	14.20~14.75	1.50	0.10	0.10	3.25~5.00	≤0.20	≤0.50	0.10
注:本标准的所有牌号都适用于腐蚀的工况条件,HTSSi15Cr4MoR 尤其适用于强氯化物的工况条件,HTSSi15Cr4R适用于阳极电板,适用条件见附录 A。									

5.1.2 高硅耐蚀铸铁以化学成分作为验收依据,化学成分应符合表 1 的规定。

5.2 力学性能

高硅耐蚀铸铁的力学性能一般不作为验收依据。如需方有要求时,则应对其试棒进行弯曲试验,以测定其抗弯强度和挠度,试验结果应符合表 2 的规定。

表 2 高硅耐蚀铸铁的力学性能

牌号	最小抗弯强度 σ_{dB}/MPa	最小挠度 f/mm
HTSSi11Cu2CrR	190	0.80
HTSSi15R	118	0.66
HTSSi15Cr4MoR	118	0.66
HTSSi15Cr4R	118	0.66

5.3 试棒

5.3.1 高硅耐蚀铸铁弯曲试验采用直径为 30 mm，长度为 330 mm，不经机械加工的单铸试棒，其规格如图 1 所示。

单位为毫米

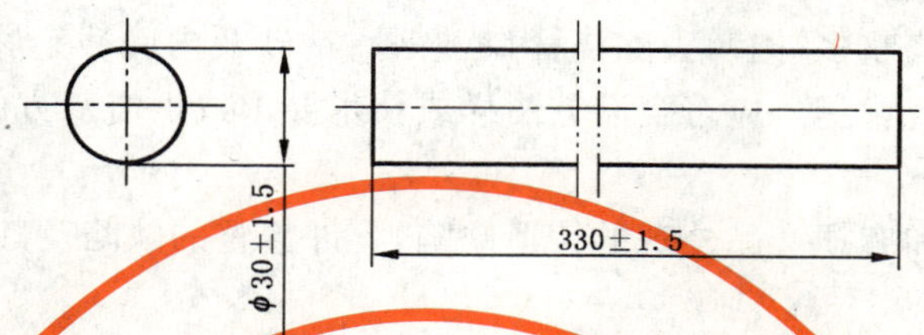

注：推荐的试棒铸造尺寸，落砂前在铸型中冷却至 540 ℃，在做抗弯试验前要进行消除残余应力处理。

图 1 弯曲试棒尺寸

5.3.2 单铸试棒应与铸件同一批铁液(不应用最初和最末包)浇注。同一铸型内，可同时浇注多根试棒，其参考工艺如图 2 所示。

单位为毫米

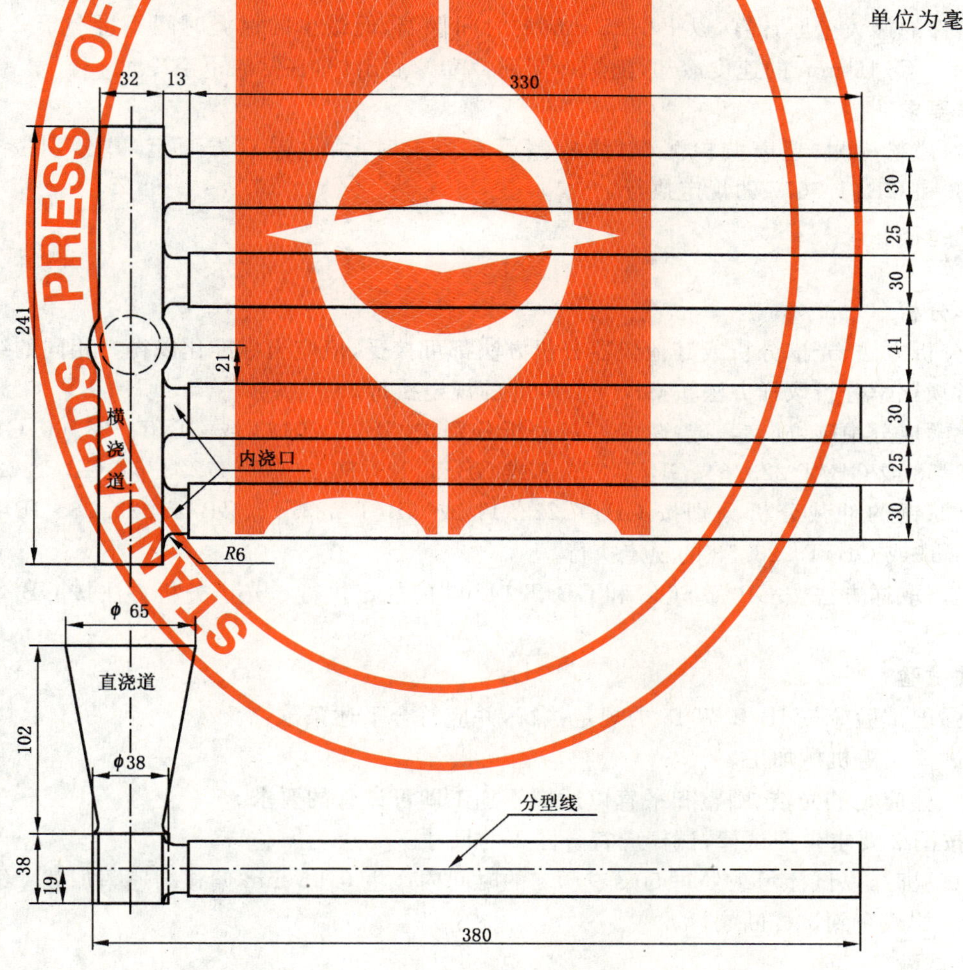

图 2 抗弯强度试棒铸型(水平铸造)

5.4 几何形状及尺寸公差

高硅耐蚀铸铁是一种较脆的金属材料，在其铸件的结构设计上不应有锐角和急剧的截面过渡。铸件的几何形状、尺寸应符合需方图样或技术要求。如需方对铸件尺寸公差无特殊要求时，则按 GB/T 6414的有关规定执行。

5.5 重量偏差

铸件重量偏差如需方无特殊要求时，则按 GB/T 11351 的有关规定执行。

5.6 表面质量

5.6.1 铸件的表面粗糙度应符合 GB/T 6060.1 的规定或需方的图样或技术要求。

5.6.2 铸件应清理干净，修整多"肉"，去除浇冒口、芯骨、粘砂及内腔残余物等。铸件允许的浇冒口残余、披缝、飞刺残余、内腔清洁度等，应符合需方图样或技术要求或供需双方的订货协定。

5.7 铸造缺陷

铸件不应有降低强度和有损产品外观的铸造缺陷，允许修整的缺陷及其修整方法由供需双方商定。

5.8 热处理

5.8.1 高硅铸铁通常在热处理状态（消除残余应力）下应用。简单形状的小铸件如在铸态下供货，须供需双方商定。

5.8.2 铸件应经去除残余应力热处理，若需方无特殊要求时，可参照下列方式进行：

铸件在红热状态下落砂，迅速地排除一切阻碍铸件自由收缩的机械阻力，消除浇冒口，将红热铸件直接装入预热高于 600 ℃的热处理炉内，随即缓慢地加热，最低保温温度为 870 ℃。在高于 870 ℃的温度下，按铸件的最大壁厚计算，以 1 h/25 mm 的时间保温，但最少的保温时间不得小于 2 h。然后以最大不超过 55 ℃/15 min 的速度冷却，随炉冷却到 205 ℃后出炉，在常温下空冷。

5.9 特殊要求

需方对磁粉检测、超声波检测、射线检测等有要求时，由供需双方商定，并分别按 GB/T 9444、GB/T 7233和 GB/T 5677 的规定执行。

6 试验方法

6.1 化学分析

常规分析方法、光谱分析或其他仪器分析方法都可接受，但应当标准化以得出相同的结果。

6.1.1 常规化学分析取样方法按 GB/T 20066 的规定执行。

6.1.2 化学成分中碳、硅、锰、硫、磷的仲裁分析分别按 GB/T 20123 或 GB/T 223.69、GB/T 223.60、GB/T 223.58 或 GB/T 223.64、GB/T 223.3 或 GB/T 223.59 或 GB/T 223.61、GB/T 223.68 的规定执行；铬、钼、铜的仲裁分析分别按 GB/T 223.11 或 GB/T 223.12、GB/T 223.26、GB/T 223.18 或 GB/T 223.19或 GB/T 223.53 的规定执行。

6.1.3 光谱取样方法按 GB/T 5678 和 GB/T 14203 的规定执行。光谱分析方法按 GB/T 20125 的规定执行。

6.2 弯曲试验

抗弯强度试验应按 JB/T 7945 的规定执行，并应符合下述条款：

a) 试棒无需机械加工。

b) 试棒应足够光洁、圆整和平直以适应不加工即可试验的要求。

c) 按图 2 要求生产试棒，试棒应符合图 1 的尺寸。

d) 试验时，以试棒承载处每 50 s～70 s 的时间内产生 0.65 mm 偏移的速率加载。继续以相同速率加载直到试样断裂。

6.3 液压试验

6.3.1 铸件需做水压试验时，应在图样或订货技术文件中规定。

6.3.2 承受液压的铸件，可用常温清水进行水压试验，其试验压力为工作压力的 1.5 倍，最小试验压力是 0.275 MPa，且保压的时间应不少于 10 min。

6.3.3 对进行水压试验的受压件，应逐件检查。在试验压力持续时间内，如铸件出现漏水或冒汗等任何渗漏显示，则判定该铸件为不合格。

7 取样批次的划分及检验规则

7.1 化学分析取样

7.1.1 炉前分析取样：供方应做每一炉的化学成分分析（或连续熔化时的每一包），以确定表1中各元素的含量。

7.1.2 产品分析取样：产品分析由供方从每一炉（或连续熔化时的每一包）浇注的铸件上取样分析。用于分析的样品按需方的技术要求选取。

7.2 抗弯强度试验取样

7.2.1 当需方要求做弯曲试验时，每一炉（连续熔化时的每一包）都应在浇注铸件的同时浇注试棒。

7.2.2 在规定的熔化工艺规程和炉料固定的情况下，每批量铸件以清理后的2 000 kg为限度，作为一个取样批次。

7.2.3 测试试棒和铸件以同样的工艺方式进行热处理。

7.2.4 每一个试棒应当清晰地标识浇注的炉次或包次。

7.2.5 每一批量至少进行一组（3根）试棒做抗弯强度试验。

7.2.6 为了保证铸件与试棒的炉次或包次相同，应在试样与铸件的非重要面上标识出清晰的炉次或包次编号。

7.3 铸件外观检查

7.3.1 铸件的外观质量应逐件检查，其表面粗糙度应进行抽检，抽检方法由供需双方商定。

7.3.2 首批铸件和重要铸件应逐件检查尺寸和几何形状，一般铸件可以抽检。检查方法由供需双方商定。

7.4 检验结果的评定

7.4.1 检验抗弯强度时，先用一组（3根）试棒进行试验。如至少有两根符合要求，则该批铸件在材质上即为合格；若试验结果只有一根达到要求时，则应从同一批的试棒中，另取一组（3根）进行重复试验。试验结果如有两根达到要求，则该批铸件仍为合格。若3根都不符合要求时，则该批铸件在材质上即为不合格。

7.4.2 试验由于下列原因之一而引起检验不合格时，则试验无效。

a） 试样在试验机上安装不当或试验机操作不当。

b） 试样拉断后断口上有铸造缺陷。

7.4.3 供方按本标准进行检查，并对完成的所有测试结果的准确性和真实性负责，试验和检查要使用自有的或其他可靠的设备，保存所有完整的试验和检查记录，留客户复查。

7.4.4 需方没有特殊规定时，同一批次的试棒和未做试验的试棒应自填写试验报告之日起至少保存3个月。

7.5 检验规则

当需方要求时，需方的检查员有权利获得被检验材料的信息，并现场验证试样的选取，制备及检测结果。根据本检验条款，对于这种检测，检查员有权从试样中指定需检测的样件。

7.6 拒收和复检

7.6.1 拒收

当需方对检测出的不合格项提出任何拒收要求时，需方应在开具检测报告之日起30天内通知供方。供方收到通知一周内回复。同时需方自提出拒收要求之日起，应至少为供方保留该批产品30天。

7.6.2 复检

对按本标准检测出的不合格项而提出拒收的样品，需方在开具检测报告之日起，应将其保存2周，在此期间，供方以对检测结果如有异议，可以要求复验。

8 证书、标记、包装、运输和保管

8.1 每批铸件出厂时，应附有质量合格证明书，其内容包括：

a) 产品标识；

b) 供方代码；

c) 供方名称；

d) 图样号与零件号；

e) 高硅耐蚀铸件牌号；

f) 检测报告；

g) 本标准号。

8.2 铸件的包装由供需双方商定。

8.3 铸件在运输、保管、安装和使用时，应避免碰撞和锤击损坏。

附 录 A
（资料性附录）
高硅耐蚀铸铁件的性能适用条件及应用举例

表 A.1 高硅耐蚀铸铁的性能及适用条件举例

牌 号	性能和适用条件	应用举例
HTSSi11Cu2CrR	具有较好的力学性能，可以用一般的机械加工方法进行生产。在浓度大于或等于10%的硫酸、浓度小于或等于46%的硝酸或由上述两种介质组成的混合酸、浓度大于或等于70%的硫酸加氯、苯、苯磺酸等介质中具有较稳定的耐蚀性能，但不允许有急剧的交变载荷、冲击载荷和温度突变	卧式离心机、潜水泵、阀门、旋塞、塔罐、冷却排水管、弯头等化工设备和零部件等
HTSSi15R	在氧化性酸（例如：各种温度和浓度的硝酸、硫酸、铬酸等）各种有机酸和一系列盐溶液介质中都有良好的耐蚀性，但在卤素的酸、盐溶液（如氢氟酸和氯化物等）和强碱溶液中不耐蚀。不允许有急剧的交变载荷、冲击载荷和温度突变	各种离心泵、阀类、旋塞、管道配件、塔罐、低压容器及各种非标准零部件等
HTSSi15Cr4R	具有优良的耐电化学腐蚀性能，并有改善抗氧化性条件的耐蚀性能。高硅铬铸铁中和铬可提高其钝化性和点蚀击穿电位，但不允许有急剧的交变载荷和温度突变	在外加电流的阴极保护系统中，大量用作辅助阳极铸件
HTSSi15Cr4MoR	适用于强氯化物的环境	

ICS 65.080
G 20

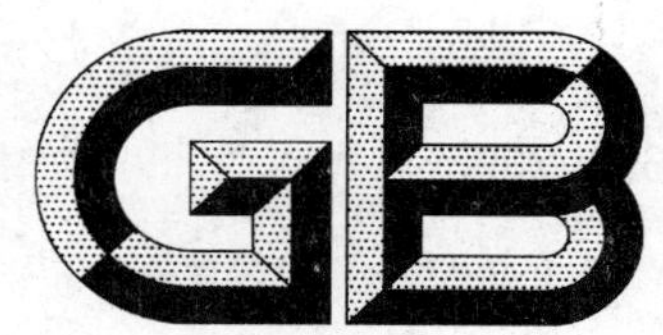

中华人民共和国国家标准

GB 8569—2009
代替 GB 8569—1997

固体化学肥料包装

Packing of solid chemical fertilizers

2009-11-30 发布　　　　2010-06-01 实施

中华人民共和国国家质量监督检验检疫总局
中国国家标准化管理委员会　发布

前　言

本标准 4.2.2、4.4 为强制性条款，其余为推荐性条款。

本标准代替 GB 8569—1997《固体化学肥料包装》。

本标准与 GB 8569—1997 相比主要差异如下：

——将属于危险货物的与不属于危险货物的固体化学肥料、包装材料分开要求；

——用塑料编织袋或复合塑料编织袋包装时，内装物为 50 kg 的袋型要求改为“B 型袋或 C 型袋”；

——包装件的上缝口针数和上缝口强度的技术指标要求作了调整；

——增加了包装件的上缝口针数检测方法；

——包装件跌落试验要求作了修改；

——推荐了两类可降解塑料作为化肥包装内袋的材料；

——固体化学肥料包装件抽样表进行了修改。

本标准的附录 A 为规范性附录。

本标准由中国石油和化学工业协会提出。

本标准由全国肥料和土壤调理剂标准化技术委员会(SAC/TC 105)归口。

本标准起草单位：国家化肥质量监督检验中心(上海)、山东雷华塑料工程有限公司、史丹利化肥股份有限公司、湖北新洋丰肥业有限公司。

本标准主要起草人：商照聪、王寅、高华、高进华、朱佳明、陈平、黄勇、李国祥、武娟。

本标准所代替标准的历次版本发布情况为：

——GB 8569—1997。

固体化学肥料包装

1 范围

本标准规定了固体化学肥料的包装材料及包装件的要求、试验方法、检验规则、标识、运输和贮存。

本标准适用于氮肥、磷肥、钾肥、复混肥料(复合肥料)及其他种类的固体化学肥料的包装。

2 规范性引用文件

下列文件中的条款通过本标准的引用而成为本标准的条款。凡是注日期的引用文件,其随后所有的修改单(不包括勘误的内容)或修订版均不适用于本标准,然而,鼓励根据本标准达成协议的各方研究是否可使用这些文件的最新版本。凡是不注日期的引用文件,其最新版本适用于本标准。

GB/T 1040 塑料 拉伸性能的测定

GB/T 4456 包装用聚乙烯吹塑薄膜

GB/T 4857.1 包装 运输包装件 试验时各部位的标示方法

GB/T 8946 塑料编织袋

GB/T 8947 复合塑料编织袋

GB 12268 危险货物品名表

GB 18382 肥料标识 内容和要求(neq ISO 7409:1984)

GB/T 20197 降解塑料的定义、分类、标识和降解性能要求

QB 1257 软聚氯乙烯吹塑薄膜

WJ 9050 农用硝酸铵抗爆性能试验方法及判定

3 术语和定义

下列术语和定义适用于本标准。

3.1

危险货物 dangerous goods

本标准中危险货物是指 GB 12268 中列名的产品。

4 要求

4.1 规格

固体化学肥料包装规格按内装物料净含量一般分为 50 kg、40 kg、25 kg 和 10 kg 四种。其他规格可以由供需双方协商确定。

4.2 包装材料的技术要求

4.2.1 不属危险货物的固体化学肥料包装材料的技术要求

按表 1 的规定选用包装材料。

用于包装固体化学肥料的塑料编织袋应符合 GB/T 8946 标准的规定;复合塑料编织袋应符合 GB/T 8947 标准的规定。多层袋中内袋采用聚乙烯薄膜时,应符合 GB/T 4456 标准规定;采用聚氯乙烯薄膜时厚度应大于(或等于)0.06 mm,并符合 QB 1257 标准规定。

可以使用生物分解塑料或可堆肥塑料制作肥料包装的内袋材料,其技术指标应符合 GB/T 20197 中的要求。

表 1 固体化学肥料包装材料选用

化肥产品名称	多层袋		复合袋	
	外袋:塑料编织袋 内袋:聚乙烯薄膜袋	外袋:塑料编织袋 内袋:聚氯乙烯薄膜袋	二合一袋(塑料编织布/膜)	三合一袋(塑料编织布/膜/牛皮纸)
尿素	√	—	√	—
硫酸铵	√	—	√	—
碳酸氢铵	√	√	—	—
氯化铵	√	—	√	—
重过磷酸钙	√	—	√	—
过磷酸钙	√	—	√	—
钙镁磷肥	√	—	—	√
磷酸铵	√	—	√	—
硝酸磷肥	√	—	√	—
复混肥料	√	—	√	—
氯化钾	√	—	√	—
注:表中带“√”者,为可以使用的包装材料;表中带“—”者,为不推荐使用的包装材料。				

4.2.2 属于危险货物的固体化学肥料包装材料的技术要求

4.2.2.1 氰氨化钙包装材料的技术要求

氰氨化钙包装为以下三种:

——全开口或中开口钢桶(钢板厚 1.0 mm),内包装为袋厚 0.1 mm 以上的塑料袋;

——外包装为塑料编织袋或乳胶布袋,内包装为两层塑料袋(每层袋厚 0.1 mm);

——外包装为复合塑料编织袋,内包装袋为 0.1 mm 以上的塑料袋。

4.2.2.2 含硝酸铵的固体化学肥料包装材料的技术要求

对于含有硝酸铵的固体化学肥料,根据 WJ 9050 检测判定为具备抗爆性能的,其包装材料应选用以下三种之一:

——外袋:塑料编织袋,内袋:聚乙烯薄膜袋;

——二合一袋(塑料编织布/膜);

——三合一袋(塑料编织布/膜/牛皮纸)。

4.3 灌装温度及袋型选择

4.3.1 采用塑料编织袋与高密度聚乙烯(包括改性聚乙烯)薄膜袋组成的多层袋灌装时,物料温度应小于 95 ℃。

4.3.2 采用塑料编织袋与低密度聚乙烯薄膜袋组成的多层袋灌装时,物料温度应小于 80 ℃。

4.3.3 采用复合塑料编织袋灌装时,物料温度应小于 80 ℃。

4.3.4 采用塑料编织袋或复合塑料编织袋包装,内装物料质量 10 kg 时,选用 TA 型袋;内装物料质量 25 kg 时,选用 A 型袋;内装物料质量 40 kg 时,选用 B 型袋;内装物料质量 50 kg 时,选用 B 型袋或C 型袋(其中 TA、A、B、C 型袋按 GB/T 8946 或 GB/T 8947 规定)。

4.4 包装件的技术要求

4.4.1 包装件应符合表 2 的规定。

4.4.2 上缝口应折边(卷边)缝合。当多层袋内衬聚乙烯薄膜袋采用热合封口或扎口时,外袋可不折边(卷边)。

4.4.3　缝线应采用耐酸、耐碱合成纤维线或相当质量的其他线。

4.4.4　按5.6规定的方法进行试验后化肥包装件应不破裂，撞击时若有少量物质从封口中漏出，只要不出现进一步渗漏，该包装也应视为试验合格。

表2　固体化学肥料包装件的要求

项目名称			技术要求
上缝口针数/(针/10 cm)			9～12
上缝口强度/(N/50 mm)	内装物料质量10 kg	≥	250
	内装物料质量25 kg	≥	300
	内装物料质量40 kg	≥	350
	内装物料质量50 kg	≥	400
薄膜内袋封口热合力/(N/50 mm)		≥	10
折边宽度/mm		≥	10
缝线至缝边距离/mm		≥	8

5　试验方法

5.1　上缝口针数

用精确至1 mm的直尺，由一个针眼开始取缝合线100 mm长度内，所包含的针数的整数值作为测量结果。以包装件上缝口中间和距包装件侧边100 mm为测量中心点，共测量三处，三处的测量结果均需符合表2规定的上缝口针数要求。

5.2　上缝口强度

按GB/T 1040的规定进行测试。

5.3　薄膜袋封口热合力

按GB/T 1040的规定进行测试。

5.4　折边宽度

用精确至1 mm的直尺，在包装件上缝口中间和距包装件侧边100 mm处共量三处，直尺与袋侧边平行，测量包装件上端边至折边的距离。三处的测量结果均需符合表2规定的折边宽度要求。

5.5　缝线至缝边距离

用精确至1 mm的直尺，在包装件上缝口中间和距包装件侧边100 mm处共量三处，直尺与袋侧边平行，测量缝线至缝边距离。三处的测量结果均需符合表2规定的缝线至缝边距离要求。

5.6　跌落试验

5.6.1　试验用化肥包装件各部位的标示按GB/T 4857.1规定。

5.6.2　采用试验架或人工方法做跌落试验时，应做到化肥包装件垂直自由落体运动，跌落面能水平地接触地面。

5.6.3　化肥包装件的跌落高度1.2 m。

5.6.4　试验条件为常温、常压。跌落靶面应是坚硬、无弹性、平坦和水平的表面。

5.6.5　试验步骤(使用同一件)：

第一次：跌落面1或面3；

第二次：跌落面2或面4；

第三次：跌落面5或面6。

6 检验规则

6.1 每批化肥包装件的技术要求测试，除上缝口强度及跌落试验项目外，其他项目的测试应按附录A规定中“特殊检验”进行。当检验按“合格质量水平”判断为不合格时，应按“加严一次抽验”进行。当加严抽验仍不合格时，则该批化肥包装件为不合格包装。

6.2 上缝口强度的测试，每月至少进行一次。由6.1检验判断为合格的批中抽取样品，抽样及合格判断同6.1。

6.3 应对化肥包装件每月至少进行一次跌落试验。由6.2检验判断为合格的批中按随机抽样原则抽取三个包装件。有一个包装件经检验判断为不合格时，即判该批化肥包装件为不合格包装。

7 标识

化肥包装件应根据内装物料的性质，按GB 18382规定进行标识。

8 运输和贮存

8.1 化肥包装材料的运输工具应干净、平整、无突出的尖锐物，以免刺穿刮破包装件。

8.2 化肥包装件应贮存于场地平整、阴凉、通风干燥的仓库内。不允许露天贮存，防止日晒雨淋。有特殊要求的产品贮存，应符合相应的产品标准规定。堆置高度应小于7 m。

附 录 A
（规范性附录）
固体化学肥料包装件抽样表

固体化学肥料包装件抽样数与合格质量水平的判断，按表 A.1 规定进行。

表 A.1　化肥包装件抽样数与合格质量水平的判断

批量范围	特殊检验				加严一次抽验			
	检查水平 S-2 字母	样本大小	合格质量水平 AQL=6.5		检查水平 S-3 字母	样本大小	合格质量水平 AQL=6.5	
			合格	不合格			合格	不合格
≤15	A	2	0	1	A	2	0	1
16～25	A	2	0	1	B	3	0	1
26～50	B	3	0	1	B	3	0	1
51～90	B	3	0	1	C	5	1	2
91～150	B	3	0	1	C	5	1	2
151～500	C	5	1	2	D	8	1	2
501～1 200	C	5	1	2	E	13	1	2
1 201～3 200	D	8	1	2	E	13	1	2
3 201～10 000	D	8	1	2	F	20	2	3
10 001～35 000	D	8	1	2	F	20	2	3
35 001～500 000	E	13	2	3	G	32	3	4
>500 001	E	13	2	3	H	50	5	6

ICS 59.080.30
W 04

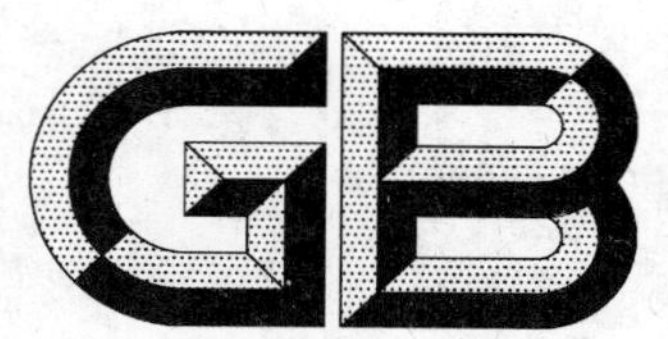

中华人民共和国国家标准

GB/T 8683—2009
代替 GB/T 8683—1988

纺织品　机织物
一般术语和基本组织的定义

Textiles—Woven fabric—Definitions of general terms and basic weaves

(ISO 3572:1976,MOD)

2009-06-15 发布　　　　2010-02-01 实施

中华人民共和国国家质量监督检验检疫总局
中国国家标准化管理委员会　发布

前　言

本标准修改采用ISO 3572:1976《纺织品　织物组织　一般术语和基本组织的定义》。

本标准与ISO 3572:1976相比主要有如下差异：

——增加了“穿筘图”和“上机图”2个术语(见2.21和2.22)；

——删除了2.2的注；

——删除了2.4的注；

——2.5的注增加了“一般指织纹明显、图案清晰的一面”；

——删除了2.8中的注；

——2.9补充了完全组织(或组织循环)经(纬)纱数的说明；

——2.12中注的内容纳入2.12的定义中；

——2.16中注的内容纳入2.16的定义中。

本标准代替GB/T 8683—1988《机织物　一般术语和基本组织的定义》。本标准与GB/T 8683—1988的主要差异如下：

——调整了术语顺序；

——修改了“织物正面”的定义(见2.5)；

——明确了经(纬)浮长的定义(见2.12)；

——将3.2中“每根经纱(纬纱)上只能有一个纬(经)组织点”改为“在该组织中每根经(纬)纱只能交织一次”；

——将3.3中“且每根经纱(纬纱)上只能有一个纬(经)组织点”改为“在该组织中每根经(纬)纱只能交织一次”;并将“飞数要大于一”改为“飞数要大于1且小于组织循环经(纬)纱数减1”。

本标准由中国纺织工业协会提出。

本标准由全国纺织品标准化技术委员会基础分会(SAC/TC 209/SC 1)归口。

本标准起草单位:纺织工业标准化研究所、中纺标(北京)检验认证中心有限公司。

本标准主要起草人:王欢、郑宇英。

本标准所代替标准的历次版本发布情况为：

——GB/T 8683—1988。

纺织品　机织物
一般术语和基本组织的定义

1　范围

本标准给出了描述机织物的一般术语和三个基本组织的定义。

2　一般术语

2.1

机织物　woven fabric

通常是由相互垂直的一组经纱和一组纬纱，在织机上按一定规律交织而成的织物。

2.2

经纱　warp

沿织物织造长度方向排列的纱线。

2.3

纬纱　weft；filling

沿织物织造宽度方向排列的纱线。

2.4

投纬　pick

在连续的两次打纬之间，即织造的一个循环中，由相应的引纬机构将一根纬纱或多根纬纱引入织物。

2.5

织物正面　face

被用于展示的织物表面。

注：一般指织纹明显、图案清晰的一面。如果织物的两面没有明显区别，则任一面可以作为织物的正面。

2.6

织物反面　back

与织物正面相反的一面。

2.7

组织点　interlacing

经纱与纬纱相互沉浮的交叉处。

2.8

织物组织　weave

机织物中经纱和纬纱相互交织的规律。

2.9

完全组织　weave repeat

组织循环

由最少根数的经纱和纬纱构成的可重复的织物组织叫作完全组织。构成一个完全组织所需的最少经（纬）纱数，叫作完全组织（或组织循环）经（纬）纱数。

2.10

第一根经纱　first warp thread

构成完全组织的左侧的第一根经纱。

2.11

第一根纬纱　first weft thread

构成完全组织的最下面的一根纬纱。

2.12

浮长　float

一根纱线上相邻两个相同组织点之间的纱线长度。经(纬)浮长以经(纬)纱跨越纬(经)纱的根数表示。

2.13

接结点　stitch；binder；binding；point

为以下目的设计的组织点：

a) 加固单层组织结构中的长浮线；

b) 将双层组织的表里两层连接在一起；

c) 多层组织结构中层与层之间的连接。

2.14

斜纹纹路　twill line

组织纹路形成的斜线。一般用字母“S”或“Z”表示斜纹纹路的斜向。

注：字母 S 表示左斜纹(↖),字母 Z 表示右斜纹(↗)。

2.15

意匠纸　design paper

由规则的水平细线和竖直细线构成的适合表征织物组织和图案的纸。

注：通常纵行格子表示一根经纱,横行格子表示一根纬纱。一般用的意匠纸有纵横细线组成的相等的小格以代表经纬纱外,还有较粗的线条划分的适当尺寸的大格。

2.16

组织图　weave diagram

在意匠纸上表示织物中经纬纱线相互交织规律的图形。经纱浮在纬纱上时,通常在意匠纸的方格上画一个符号,这个符号表示“经组织点”,不画符号的空格表示“纬组织点”。

2.17

织物截面图　weave cross-section diagram

织物经(纬)向的剖视图,从织物侧面观察的一根经(纬)纱与纬(经)纱的交织情况。

例如：

经向截面　　　　纬向截面

注：使用时,经向截面画在组织图的左侧,纬向截面画在组织图的下面。有关的经纬纱应有标记或者根数。织物的正面用经向截面的左侧和纬向截面的上面来表示。

2.18

飞数　step number;move number

在一个完全组织内相邻两根经(纬)纱上相应组织点间隔的纬(经)纱根数。

2.19

穿综图　drafting plan

表示经纱穿入每页综片顺序的图。

2.20

提综图　lifting plan

表示织造时每页综片提升顺序的图。

2.21

穿筘图　denting plan

表示穿入同一筘齿内的经纱根数的图。

2.22

上机图　looming draft

表示织物上机织造工艺条件的图,由织物组织图、穿筘图、穿综图、提综图四个部分按一定的位置排列而组成。

3　基本组织

基本组织有三种,即:平纹组织,斜纹组织和缎纹组织,规定如下:

3.1

平纹组织　plain weave

每根纬纱一上一下交替穿过每根经纱且每根经纱一上一下交替穿过每根纬纱构成的织物组织(见图1)。

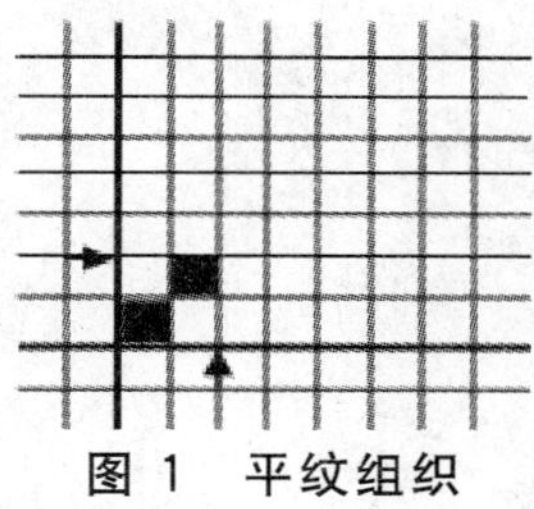

图1　平纹组织

3.2

斜纹组织　twill weave

一个完全组织中至少有三根纬纱与三根经纱相互交织构成的织物组织。在该组织中每根经(纬)纱只能交织一次,在织物表面由连续的组织点构成斜向纹路(见图2)。

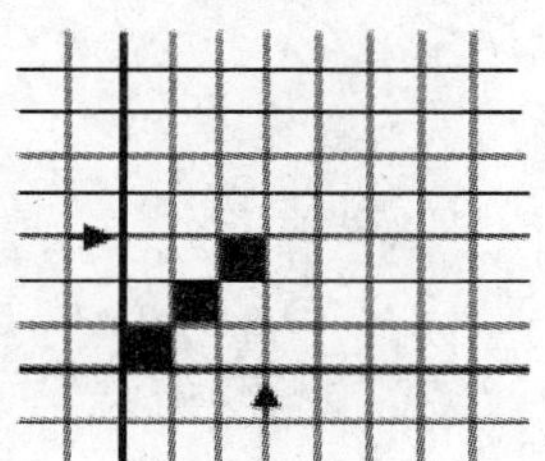

a) 纬面"Z"向斜纹组织

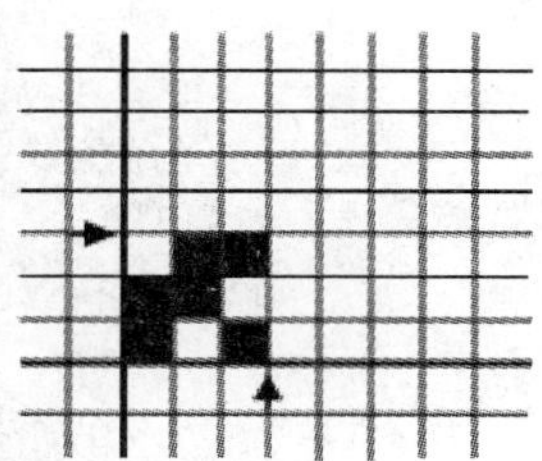

b) 经面"Z"向斜纹组织

图2　斜纹组织

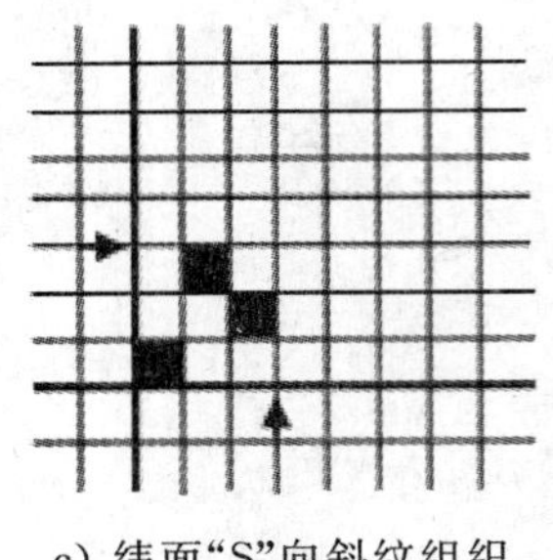

c）纬面“S”向斜纹组织

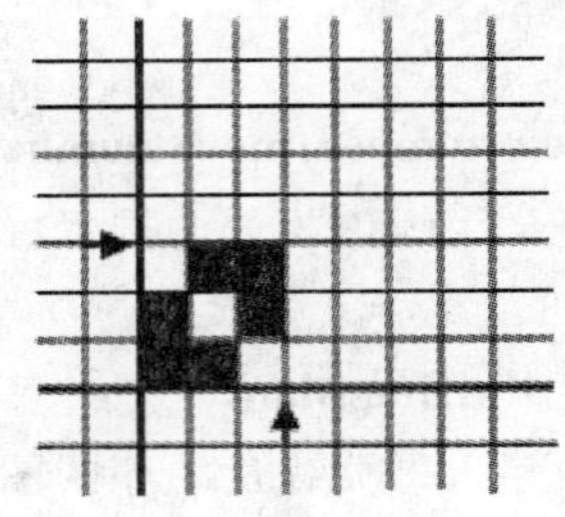

d）经面“S”向斜纹组织

图 2（续）

3.3

缎纹组织　sateen weave

一个完全组织中至少有五根经纱和五根纬纱相互交织构成的织物组织。在该组织中每根经(纬)纱只能交织一次，飞数要大于 1 且小于组织循环经(纬)纱数减 1，组织循环经(纬)纱数与飞数不能有公约数(见图 3)。

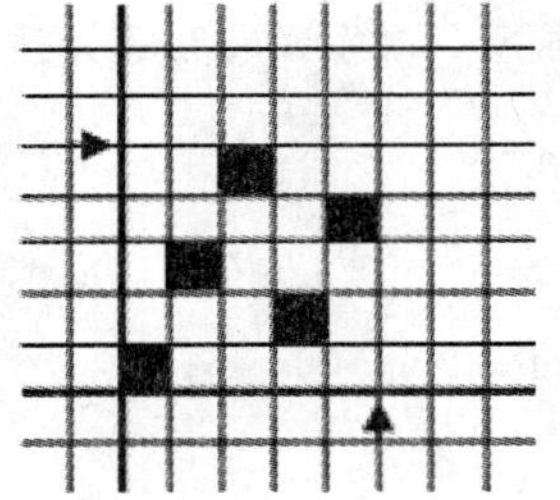

a）缎纹(纬面)

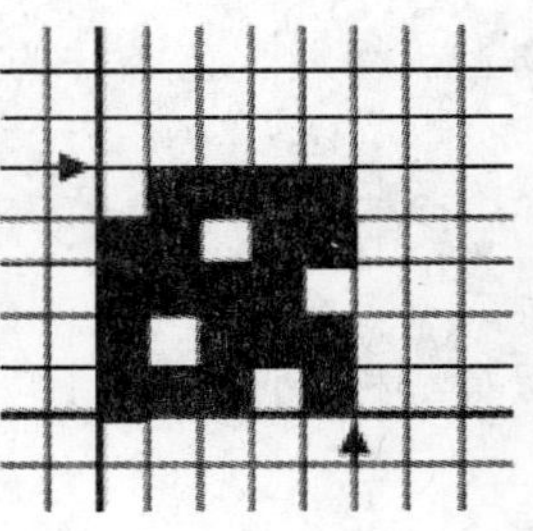

b）缎纹(经面)

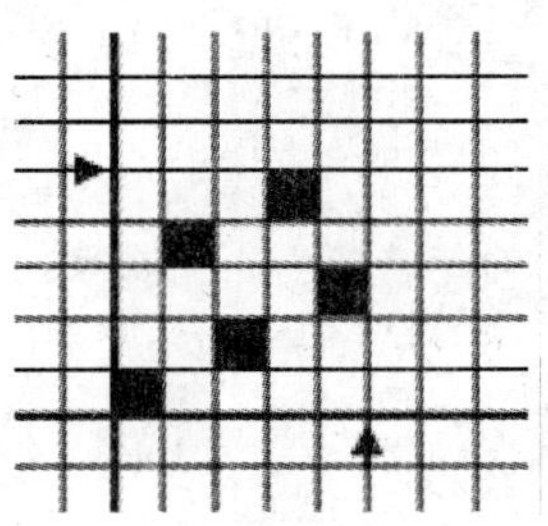

c）缎纹(纬面)

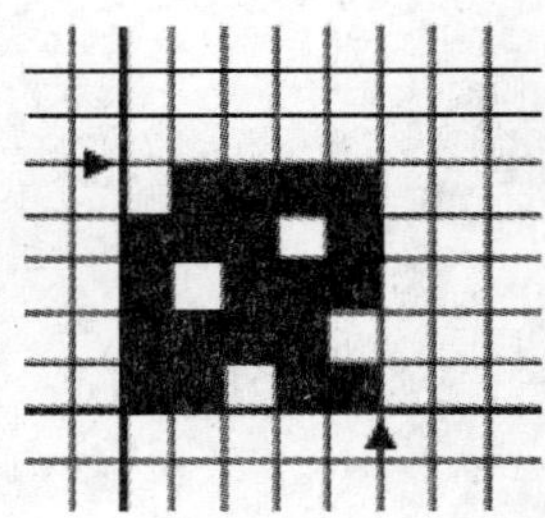

d）缎纹(经面)

图 3　缎纹组织

ICS 77.100
H 11

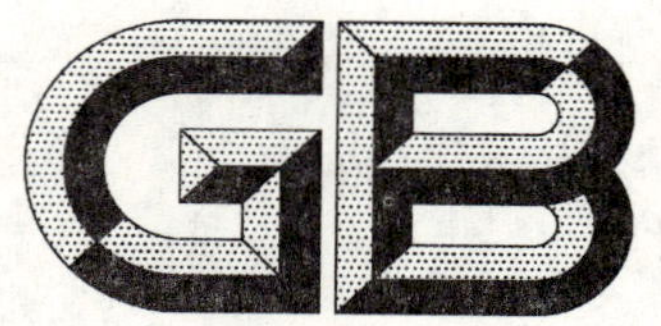

中华人民共和国国家标准

GB/T 8704.1—2009
代替 GB/T 8704.1—1997

钒铁 碳含量的测定 红外线吸收法及气体容量法

Ferrovanadium—Determination of carbon content—The infrared absorption method and the gasometric method

2009-07-08 发布　　2010-04-01 实施

中华人民共和国国家质量监督检验检疫总局
中国国家标准化管理委员会 发布

前　言

本部分代替 GB/T 8704.1—1997《钒铁化学分析方法　红外线吸收法及气体容量法测定碳量》。

本部分与 GB/T 8704.1—1997 比较，主要变化为：

——将方法一中称样量由 0.500 g 调整为 0.200 g；

——将方法一中的铁助熔剂加入量由 0.50 g 调整为 0.20 g；

——将方法一中一、二档允许差合并为碳含量 0.025%～0.070%，允许差 0.006%。

本部分由中国钢铁工业协会提出。

本部分由全国生铁及铁合金标准化技术委员会归口。

本部分起草单位：四川川投峨眉铁合金(集团)有限责任公司。

本部分主要起草人：唐华应、方艳、薛秀萍。

本部分所代替标准的历次版本发布情况为：

——GB/T 8704.1—1988；GB/T 8704.2—1988；GB/T 8704.1—1997。

钒铁　碳含量的测定
红外线吸收法及气体容量法

警告——使用本部分的人员应有正规实验室工作的实践经验。本部分并未指出所有可能的安全问题。使用者有责任采取适当的安全和健康措施，并保证符合国家有关法规规定的条件。

1　范围

本部分规定了用红外线吸收法及气体容量法测定钒铁中的碳含量。

本部分适用于钒铁中碳含量的测定。其中红外线吸收法测定范围(质量分数)：0.025%～1.200%；气体容量法的测定范围(质量分数)：0.400%～1.200%。

2　规范性引用文件

下列文件中的条款通过本部分的引用而成为本部分的条款。凡是注有日期的引用文件，其随后所有的修改单(不包括勘误的内容)或修订版均不适用于本部分，然而，鼓励根据本部分达成协议的各方研究是否可使用这些文件的最新版本。凡是不注日期的引用文件，其最新版本适用于本部分。

GB/T 223.69—2008　钢铁及合金　碳含量的测定　管式炉内燃烧后气体容量法

GB/T 4010　铁合金化学分析用试样的采取和制备

3　方法一：红外线吸收法

3.1　原理

试料于高频感应炉的氧气流中加热燃烧，生成的二氧化碳由氧气载至红外线分析器的测量室，二氧化碳吸收某特定波长的红外能，其吸收能与碳的浓度成正比，根据检测器接受能量的变化可测得碳含量。

3.2　试剂和材料

3.2.1　丙酮：蒸发后的残余物含碳量小于0.000 5%。

3.2.2　高氯酸镁：无水、粒状。

3.2.3　烧碱石棉：粒状。

3.2.4　玻璃棉。

3.2.5　钨粒：碳量小于0.002%，粒度0.8 mm～1.4 mm。

3.2.6　锡粒：碳量小于0.002%，粒度0.4 mm～0.8 mm。必要时应用丙酮(3.2.1)清洗表面，并在室温下干燥。

3.2.7　纯铁：纯度大于99.8%，碳量小于0.002%，粒度0.8 mm～1.6 mm。

3.2.8　氧气：纯度大于99.95%，其他级别氧气若能获得低而一致的空白时，也可以使用。

3.2.9　动力气源：氮气或压缩空气，其杂质(水和油)含量小于0.5%。

3.2.10　瓷坩埚：直径×高度，23 mm×23 mm或25 mm×25 mm，并在高于1 200 ℃的高温加热炉中灼烧4 h或通氧灼烧至空白值为最低。

3.2.11　坩埚钳。

3.3　仪器及设备

3.3.1　红外线吸收定碳仪(灵敏度为0.1×10^{-6})，其装置如图1。

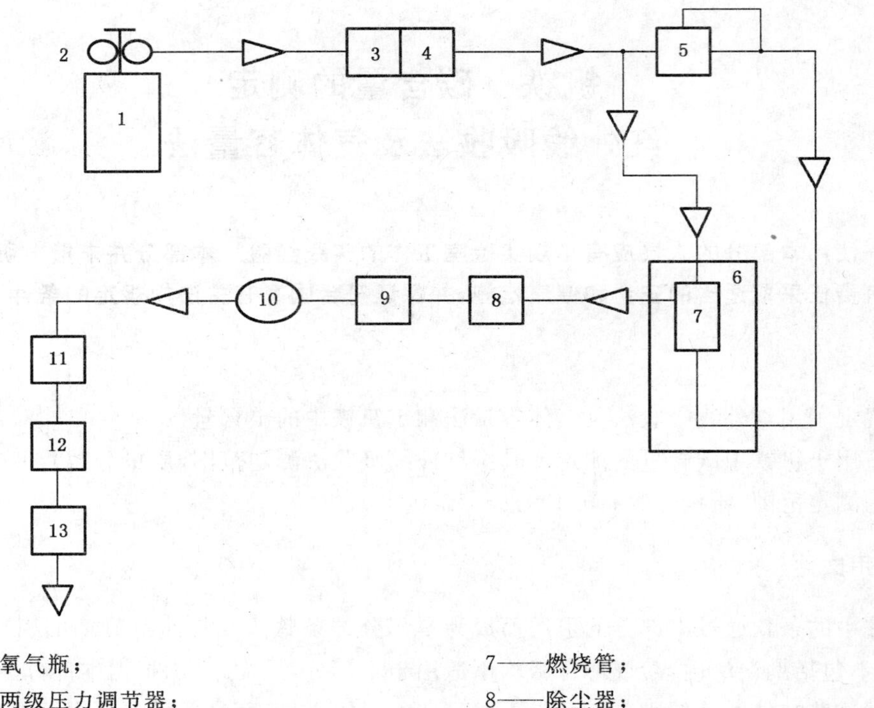

1——氧气瓶；
2——两级压力调节器；
3——洗气瓶；
4,9——干燥管；
5——压力调节器；
6——高频感应炉；
7——燃烧管；
8——除尘器；
10——流量控制器；
11——一氧化碳转换为二氧化碳的转换器；
12——除硫器；
13——二氧化碳红外检测器。

图 1　红外线吸收定碳仪方框图

3.3.1.1　洗气瓶，内装烧碱石棉(3.2.3)。

3.3.1.2　干燥管，内装高氯酸镁(3.2.2)。

3.3.2　气源

3.3.2.1　载气系统包括氧气容器、两级压力调节器及保证提供合适压力和额定流量的时序控制部分。

3.3.2.2　动力系统包括动力气(3.2.9)、两级压力调节器及保证提供合适压力和额定流量的时序控制部分。

3.3.3　高频感应炉

应满足试样熔融温度的要求。

3.3.4　控制系统

3.3.4.1　微处理机系统包括中央处理机、存储器、键盘输入设备、信息中心显示屏、分析结果显示屏、分析结果打印机等。

3.3.4.2　控制功能包括自动装卸坩埚和炉台升降、自动清扫、分析条件选择设置、分析过程的监控和报警中断、分析数据的采集、计算、校正及处理等。

3.3.5　测量系统

主要由微处理机控制的电子天平(感量不大于 1.0 mg)、红外线分析器及电子测量元件组成。

3.4　取制样

按照 GB/T 4010 的规定进行取制样，试样应通过 0.177 mm 筛孔。

3.5　分析步骤

3.5.1　试料量

称取 0.20 g 试样，准确至 0.001 g。

3.5.2 分析准备

按仪器使用说明书调试检查仪器,使仪器处于正常稳定状态,并选用最佳分析条件。

3.5.3 空白试验

随同试料做空白试验,重复足够次数,记录最小的、比较稳定一致的三次读数,计算平均值并输入到仪器中,在测定试样时仪器会自动扣除空白值。

3.5.4 校准曲线的绘制

根据待测试样的含碳量,选择相应的量程或通道,并选择三个同类型有证标准物质(待测试样含碳量应落在所选三个有证标准物质含碳量的范围内)依次进行校正,以确认系统的线性。校正后测得有证标准物质的结果波动应在允许差范围内。

3.5.5 测定

称取试料(3.5.1)置于预先盛有0.30 g锡粒(3.2.6)的坩埚(3.2.10)内,覆盖0.20 g纯铁(3.2.7)、1.50 g钨粒(3.2.5),进行分析测定,由校准曲线查得分析结果。

3.6 允许差

实验室之间分析结果的差值应不大于表1所列允许差。

表1 允许差

%

碳含量(质量分数)	允许差
0.025～0.070	0.006
>0.070～0.120	0.008
>0.120～0.400	0.012
>0.400～1.200	0.030

4 方法二:气体容量法

4.1 原理

试料于管式燃烧炉中通氧加热燃烧,生成的二氧化碳等混合气体经除硫后收集于量气管中,然后以氢氧化钾溶液吸收其中的二氧化碳,吸收前后体积之差即为二氧化碳体积,再换算为碳量。

4.2 试剂和材料

4.2.1 助熔剂:锡粒(0.4 mm～0.8 mm)、铜、铁粉、五氧化二钒等。助熔剂中含碳量不大于0.002%。

4.2.2 石棉纤维。

4.2.3 碱石灰或氢氧化钠。

4.2.4 氧化铝,活性、粒状。

4.2.5 二氧化锰,活性、粒状。

4.2.6 硫酸,ρ1.84 g/mL。

4.2.7 硫酸,(0.1+100)。滴加甲基红溶液呈红色。

4.2.8 铬酸饱和的硫酸溶液,于硫酸(4.2.6)中加入重铬酸钾或铬酸酐至饱和,使用其上部澄清溶液。

4.2.9 氢氧化钾溶液,400 g/L。贮于塑料瓶中。

4.2.10 氯化钠溶液,260 g/L。以甲基红溶液作指示剂,滴加硫酸(1+1)至酸性。

4.2.11 氧气:纯度大于99.5%。

4.3 仪器及设备

4.3.1 气体容量法定碳装置见图2。

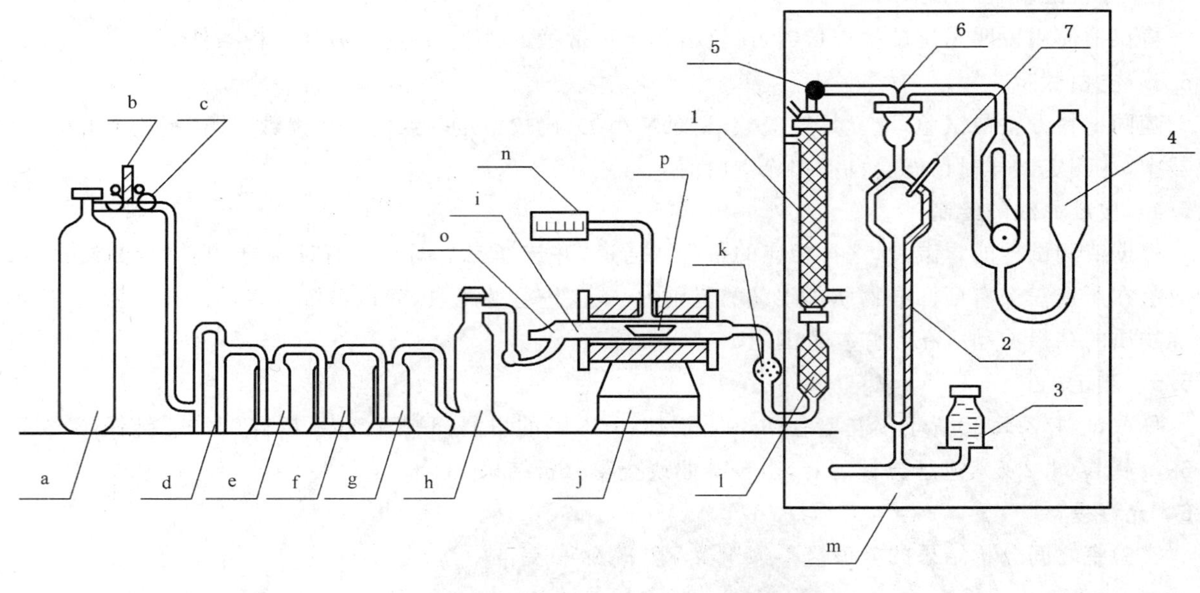

a——氧气瓶；
b——氧气表；
c——缓冲瓶；
d——微型转子流量计；
e、f——洗气瓶；
g、h——干燥塔；
i——高温燃烧管；
j——管式燃烧炉；
k——石棉纤维；
l——除硫管；
m——容量定碳仪（包括：冷凝管 1、量气管 2、水准管 3、吸收器 4、小活塞 5、三通活塞 6、温度计 7）；
n——高温控制器；
o——磨砂玻璃塞；
p——瓷舟。

图 2　气体容量法定碳装置

4.3.1.1　洗气瓶(e)：内盛铬酸饱和的硫酸溶液(4.2.8)。

4.3.1.2　洗气瓶(f)：内装碱石灰或氢氧化钠(4.2.3)。

4.3.1.3　干燥塔(g、h)：内装氧化铝(4.2.4)。

4.3.1.4　高温燃烧管(i)：直径×长度，20 mm×600 mm 或 24 mm×600 mm。

4.3.1.5　管式燃烧炉(j)：可调节电流以保证燃烧试样所需温度。

4.3.1.6　石棉纤维(k)：灼烧至无碳。

4.3.1.7　除硫管(l)：内装二氧化锰(4.2.5)。

4.3.1.8　瓷舟(p)：长 88 mm 或 97 mm，并在高于 1 200 ℃管式燃烧炉中通氧灼烧至无碳，也可于 1 000 ℃高温加热炉中灼烧 4 h 以上，冷却后贮于盛有碱石棉和无水氯化钙的未涂油脂的干燥器中。

4.3.1.9　量气管：内盛氯化钠溶液(4.2.10)或硫酸溶液(4.2.7)。每一格刻度为 0.05 mL，它是在 16 ℃、101.32 kPa(760 mmHg)标准状况下刻制的。

4.3.1.10　吸收器：内盛氢氧化钾溶液(4.2.9)。

4.3.1.11　小活塞：有一方可通大气。

4.3.2　长钩：用低碳镍铬丝或耐热合金钢制成。

4.3.3　水银气压计：气压值应按式(1)校正。

$$P = P'(1 - 0.000\,163t - 0.002\,6\cos 2\phi - 0.000\,000\,2H) \qquad \cdots\cdots(1)$$

式中：

P——校正后的气压值，单位为千帕(kPa)；

P'——水银气压计测得的气压值，单位为千帕(kPa)；

t——水银气压计所在处温度，单位为摄氏度（℃）；

ϕ——水银气压计所在处纬度，单位为度（°）；

H——水银气压计所在处海拔高度，单位为米（m）。

4.4 取制样

按照 GB/T 4010 的规定进行取制样，试样应通过 0.177 mm 筛孔。

4.5 分析步骤

4.5.1 试料量

按表 2 称取试样和助熔剂。

表 2 试料及助熔剂称取量

碳量/%	试料量/g	助熔剂量（任选其一）/g					
		锡粒	铜或氧化铜	五氧化二钒	氧化铜＋五氧化二钒（1＋1）	铁粉＋氧化铜（1＋1）	五氧化二钒＋铁粉（1＋1）
0.40～1.20	1.000 0	0.5	0.5～1.0	0.5～1.0	0.5～1.0	0.5～1.0	0.5～1.0

4.5.2 空白试验

随同试料进行空白试验。

4.5.3 分析前的准备

将炉温升至 1 200 ℃～1 350 ℃，检查管路及活塞是否漏气，装置是否正常，燃烧标准试样，检查仪器及操作。

4.5.4 测定

将试料（4.5.1）置于瓷舟（4.3.1.8）中，按表 2 覆盖助熔剂，将瓷舟推入高温燃烧管温度最高处，立即塞紧磨砂玻璃塞，将量气管上的三通活塞打开，调节氧气流速至 120 mL/min～140 mL/min，通氧约 3 min，使高温燃烧管中的温度恒定。

按容量定碳仪操作规程，将混合气体导入量气管，定容，吸收后，测量其读数，并确认残留的气体体积没有变化后，启开磨砂玻璃塞，用长钩（4.3.2）将瓷舟拉出，检查熔块，确认燃烧完全后，将残留气体放空。

4.6 计算

按式（2）计算碳的含量（质量分数）$w(\mathrm{C})$，数值以%表示：

$$w(\mathrm{C}) = \frac{(V - V_0) \cdot A \cdot f}{m} \times 100 \qquad \cdots\cdots(2)$$

式中：

A——温度 16 ℃、气压 101.32 kPa（760 mmHg），用酸性水作封闭液时，封闭液面上每毫升二氧化碳中含碳量 A 值为 0.000 500 0 g；用氯化钠酸性溶液作封闭液时 A 值为 0.000 502 2 g；

V——吸收前与吸收后气体的体积差，即二氧化碳体积，单位为毫升（mL）；

V_0——空白试验的气体体积，单位为毫升（mL）；

m——试样量，单位为克（g）；

f——温度、气压校正系数，见 GB/T 223.69—2008 附录 A 中表 A.1 或表 A.2。

4.7 允许差

实验室之间分析结果的差值应不大于表 3 所列允许差。

表 3 允许差 %

碳含量（质量分数）	允许差
0.400～1.200	0.030

5 试验报告

试验报告应包括下列内容：

a） 鉴别试料、实验室和分析日期等资料；

b） 遵守本部分规定的程度；

c） 分析结果及其表示；

d） 测定中观察到的异常现象；

e） 对分析结果可能有影响而本部分未包括的操作，或者任选的操作。

ICS 77.100
H 11

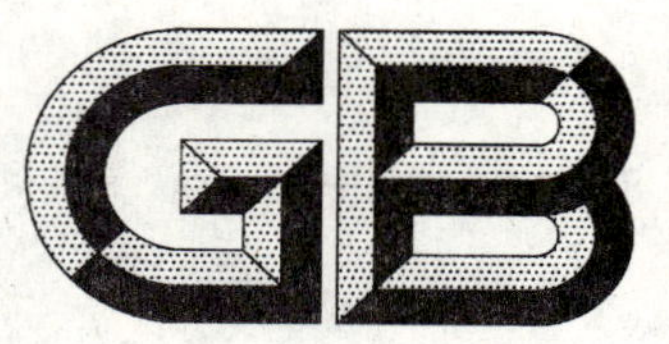

中华人民共和国国家标准

GB/T 8704.3—2009
代替 GB/T 8704.3—1997

钒铁 硫含量的测定 红外线吸收法及燃烧中和滴定法

Ferrovanadium—Determination of sulfur content—The infrared absorption method and the combustion-neutralization titration method

2009-07-15 发布　　2010-04-01 实施

中华人民共和国国家质量监督检验检疫总局
中国国家标准化管理委员会　发布

前　言

本部分代替 GB/T 8704.3—1997《钒铁化学分析方法　红外线吸收法及燃烧中和滴定法测定硫量》。

本部分与 GB/T 8704.3—1997 比较，主要变化为：

——将方法一中称样量由 0.500 g、0.200 g 两档调整为一档 0.200 g；

——将方法一中的铁助熔剂加入量由 0.50 g 调整为 0.20 g；

——将方法一中一、二档允许差合并为硫含量 0.005%～0.015%，允许差 0.002%；

——将方法二的测定范围由<0.120%改为 0.005%～0.120%。

本部分由中国钢铁工业协会提出。

本部分由全国生铁及铁合金标准化技术委员会归口。

本部分起草单位：四川川投峨眉铁合金(集团)有限责任公司。

本部分主要起草人：唐华应、方艳、薛秀萍。

本部分所代替标准的历次版本发布情况为：

——GB/T 8704.3—1988、GB/T 8704.4—1988、GB/T 8704.3—1997。

钒铁 硫含量的测定 红外线吸收法及燃烧中和滴定法

警告——使用本部分的人员应有正规实验室工作的实践经验。本部分并未指出所有可能的安全问题。使用者有责任采取适当的安全和健康措施，并保证符合国家有关法规规定的条件。

1 范围

GB/T 8704的本部分规定了用红外线吸收法及燃烧中和滴定法测定钒铁中硫含量。

本部分适用于钒铁中硫含量的测定。测定范围(质量分数)：0.005%～0.120%。

2 规范性引用文件

下列文件中的条款通过GB/T 8704的本部分的引用而成为本部分的条款。凡是注日期的引用文件，其随后所有的修改单(不包括勘误的内容)或修订版均不适用于本部分，然而，鼓励根据本部分达成协议的各方研究是否可使用这些文件的最新版本。凡是不注日期的引用文件，其最新版本适用于本部分。

GB/T 4010 铁合金化学分析用试样的采取和制备

3 方法一：红外线吸收法

3.1 原理

试料于高频感应炉的氧气流中加热燃烧，生成的二氧化硫由氧气载至红外线分析器的测量室，二氧化硫吸收某特定波长的红外能，其吸收能与硫的浓度成正比，根据检测器接受能量的变化可测得硫量。

3.2 试剂和材料

3.2.1 丙酮：蒸发后的残余物含硫量小于0.000 5%。

3.2.2 高氯酸镁，无水、粒状。

3.2.3 烧碱石棉，粒状。

3.2.4 玻璃棉。

3.2.5 钨粒：硫量小于0.000 2%，粒度0.8 mm～1.4 mm。

3.2.6 锡粒：硫量小于0.000 2%，粒度0.4 mm～0.8 mm。必要时应用丙酮(3.2.1)清洗表面，并在室温下干燥。

3.2.7 纯铁：纯度大于99.8%，硫量小于0.000 2%，粒度0.8 mm～1.6 mm。

3.2.8 氧气：纯度大于99.95%，其他级别氧气若能获得低而一致的空白时，也可以使用。

3.2.9 动力气源：氮气或压缩空气，其杂质(水和油)含量小于0.5%。

3.2.10 瓷坩埚：直径×高度，23 mm×23 mm或25 mm×25 mm，并在高于1 200 ℃的高温加热炉中灼烧4 h或通氧灼烧至空白值为最低。

3.2.11 坩埚钳。

3.3 仪器及设备

3.3.1 红外线吸收定硫仪(灵敏度为0.1×10^{-6})，其装置如图1。

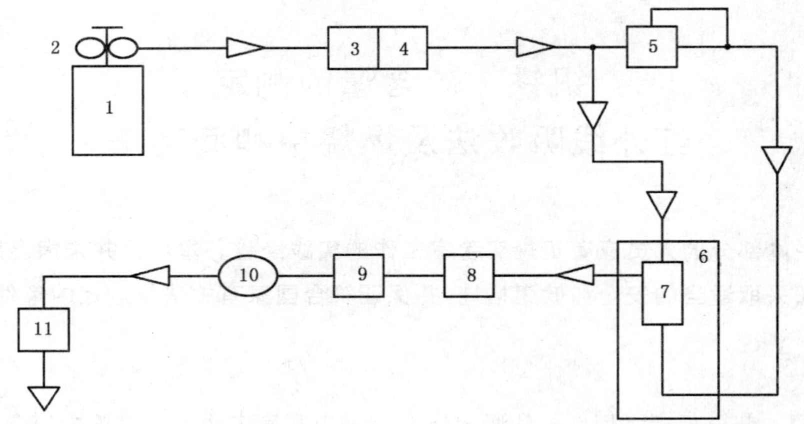

1——氧气瓶；

2——两级压力调节器；

3——洗气瓶；

4,9——干燥管；

5——压力调节器；

6——高频感应炉；

7——燃烧管；

8——除尘器；

10——流量控制器；

11——二氧化硫红外检测器。

图 1 红外线吸收定硫仪方框图

3.3.1.1 洗气瓶，内装烧碱石棉(3.2.3)。

3.3.1.2 干燥管，内装高氯酸镁(3.2.2)。

3.3.2 气源

3.3.2.1 载气系统包括氧气容器、两级压力调节器及保证提供合适压力和额定流量的时序控制部分。

3.3.2.2 动力系统包括动力气(3.2.9)、两级压力调节器及保证提供合适压力和额定流量的时序控制部分。

3.3.3 高频感应炉

应满足试样熔融温度的要求。

3.3.4 控制系统

3.3.4.1 微处理机系统包括中央处理机、存储器、键盘输入设备、信息中心显示屏、分析结果显示屏、分析结果打印机等。

3.3.4.2 控制功能包括自动装卸坩埚和炉台升降、自动清扫、分析条件选择设置、分析过程的监控和报警中断、分析数据的采集、计算、校正及处理等。

3.3.5 测量系统

主要由微处理机控制的电子天平(感量不大于 1.0 mg)、红外线分析器及电子测量元件组成。

3.4 取制样

按照 GB/T 4010 的规定进行取制样，试样应通过 0.177 mm 筛孔。

3.5 分析步骤

3.5.1 试料量

称取 0.20 g 试样，准确至 0.001 g。

3.5.2 分析准备

按仪器使用说明书调试检查仪器，使仪器处于正常稳定状态，并选用最佳分析条件。

3.5.3　空白试验

随同试料做空白试验，重复足够次数，记录最小的、比较稳定一致的三次读数，计算平均值并输入到仪器中，在测定试样时仪器会自动扣除空白值。

3.5.4　校准曲线的绘制

根据待测试样的含硫量，选择相应的量程或通道，并选择三个同类型有证标准物质(待测试样含硫量应落在所选三个有证标准物质含硫量的范围内)依次进行校正，以确认系统的线性。校正后测得有证标准物质的结果波动应在允许差范围内。

3.5.5　测定

称取试料(3.5.1)置于预先盛有0.30 g锡粒(3.2.6)的坩埚(3.2.10)内，覆盖0.20 g纯铁(3.2.7)、1.50 g钨粒(3.2.5)，进行分析测定，由校准曲线查得分析结果。

3.6　允许差

实验室之间分析结果的差值应不大于表1所列允许差。

表1　允许差

%

硫含量(质量分数)	允　许　差
0.005～0.015	0.002
>0.015～0.025	0.003
>0.025～0.045	0.004
>0.045～0.070	0.006
>0.070～0.120	0.008

4　方法二：燃烧中和滴定法

4.1　原理

试料于氧气流中燃烧，将硫全部氧化为二氧化硫，吸收于过氧化氢溶液中使其成为硫酸，用氢氧化钠标准滴定溶液滴定，计算得出试样中硫的含量。

4.2　试剂和材料

本部分中所用水均为煮沸驱尽二氧化碳并已冷却的蒸馏水。

4.2.1　氧气，纯度大于99.5%。

4.2.2　高温燃烧管，直径×长度，20 mm×600 mm或24 mm×600 mm。

4.2.3　瓷舟，预先在高于1 400 ℃高温燃烧管中通氧灼烧5 min，冷却备用。

4.2.4　硅胶、活性氧化铝或高氯酸镁。

4.2.5　碱石灰或氢氧化钠，粒状。

4.2.6　铬酸饱和的硫酸溶液：于硫酸(ρ1.84 g/mL)中加入重铬酸钾或无水铬酸使其饱和，使用上部澄清溶液。

4.2.7　吸收液，移取3.5 mL过氧化氢(ρ1.10 g/mL)用水稀释至1 000 mL，混匀。

4.2.8　混合指示剂，称取0.125 0 g甲基红和0.083 0 g次甲基蓝用无水乙醇溶解并稀释至100 mL。

4.2.9　氨基磺酸标准溶液，称取0.100 g(精确至0.1 mg)预先在真空硫酸干燥器中干燥约48 h、纯度大于99.90%的氨基磺酸(NH_2SO_3H)于300 mL烧杯中，用30 mL水使之完全溶解，移入500 mL棕色容量瓶中，以水稀释至刻度，混匀。

4.2.10　氢氧化钠标准滴定溶液，$c(NaOH)=0.005\ 000$ mol/L。

4.2.10.1　配制

称取0.200 0 g氢氧化钠溶解于1 000 mL水中，加入1 mL新配制的氢氧化钡饱和溶液，混匀，隔绝二氧化碳放置2 d～3 d，使用时取上部澄清液。

4.2.10.2 标定

移取 20.00 mL 氨基磺酸标准溶液(4.2.9)于 250 mL 锥形瓶中，加入 100 mL 水，加入 10 滴溴百里香酚蓝指示剂(1 g/L)，立即用氢氧化钠标准滴定溶液(4.2.10.1)滴定至溶液由黄色变为纯蓝色并保持 30 s 不褪为终点。

4.2.10.3 计算

用 120 mL 水按 4.2.10.2 中自加入 10 滴溴百里香酚蓝指示剂(1 g/L)起做空白试验。

按式(1)计算氢氧化钠标准滴定溶液的浓度：

$$c=\frac{1000\times m\times f\times \frac{20}{500}}{97.093\times (V_1-V_0)}=\frac{m\times f\times 40}{97.093\times (V_1-V_0)} \qquad (1)$$

式中：

c——氢氧化钠标准滴定溶液的物质的量浓度，单位为摩尔每升(mol/L)；

m——氨基磺酸的称取质量，单位为克(g)；

f——氨基磺酸的质量分数；

V_1——标定时所消耗的氢氧化钠标准滴定溶液的体积，单位为毫升(mL)；

V_0——标定时空白试验所消耗的氢氧化钠标准滴定溶液的体积，单位为毫升(mL)；

97.093——氨基磺酸的摩尔质量，单位为克每摩尔(g/mol)。

4.3 仪器及设备

4.3.1 燃烧中和滴定法定硫装置见图 2。

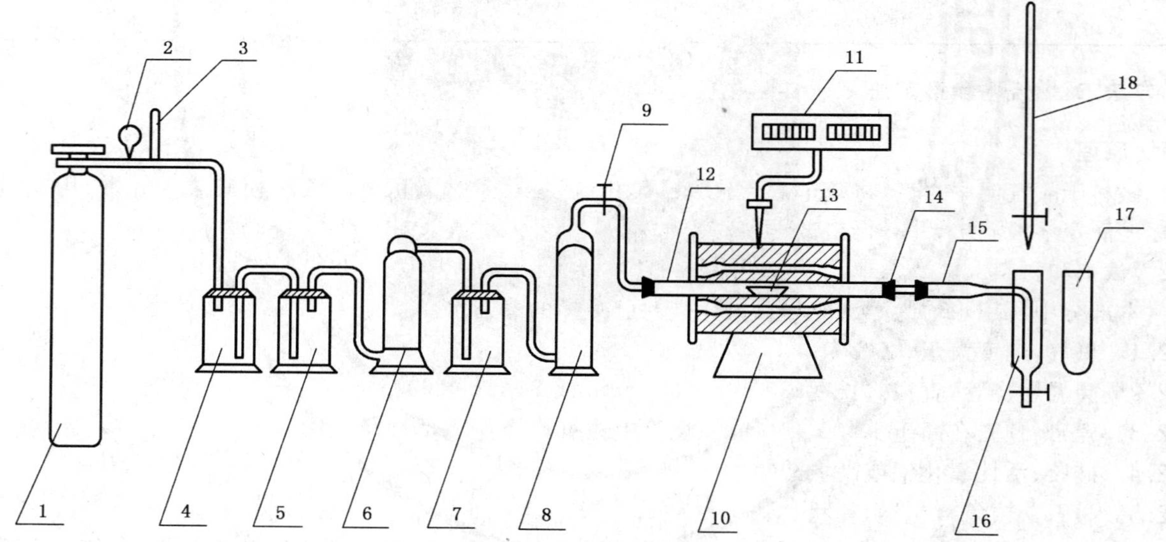

1——氧气瓶；
2——氧气压力表；
3——流量计；
4——缓冲瓶；
5——洗气瓶，内盛铬酸饱和硫酸；
6——干燥塔，内盛碱石灰或氢氧化钠(粒状)；
7——洗气瓶，内盛硫酸(ρ1.84 g/mL)；
8——干燥塔，内盛硅胶、活性氧化铝；
9——两通活塞；
10——高温燃烧炉(长约 300 mm)；
11——自动温度控制器(附热电耦)，控制炉温在 1 400 ℃～1 450 ℃；
12——高温燃烧管；
13——瓷舟；
14——硅胶塞；
15——干燥管；
16——吸收瓶(不带浮珠)；
17——参比液；
18——微量滴定管。

图 2 定硫装置示意图

4.3.2　吸收瓶见图3。

单位为毫米

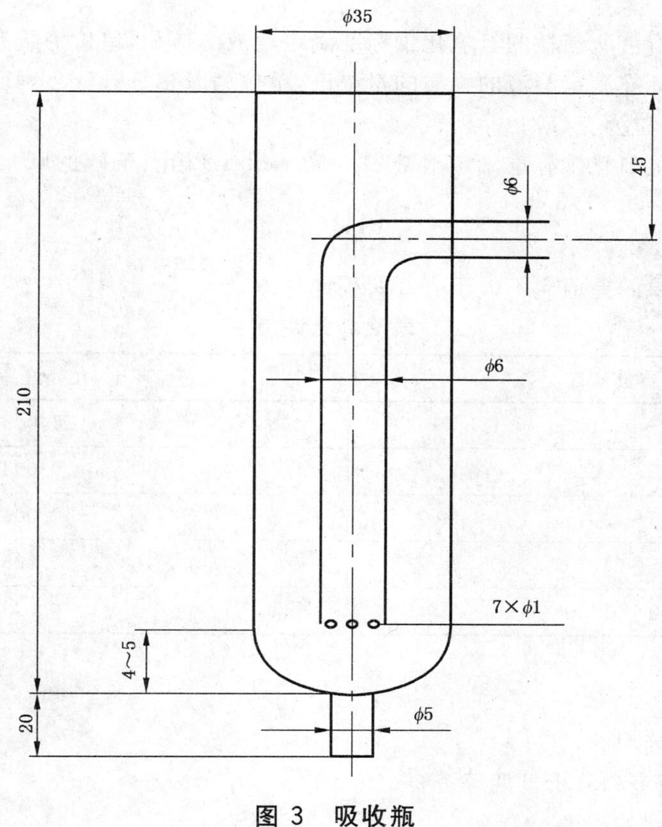

图3　吸收瓶

4.4　取制样

按照GB/T 4010的规定进行取制样，试样应通过0.177 mm筛孔。

4.5　分析步骤

4.5.1　试料量

称取0.500 g试样，准确至0.000 1 g。

4.5.2　测定

4.5.2.1　连接定硫装置各部分并检查气密性，加热高温燃烧管，使管内温度上升至1 400 ℃～1 500 ℃。

4.5.2.2　移取40 mL吸收液(4.2.7)于吸收瓶中，加入5滴混合指示剂(4.2.8)，以700 mL/min～900 mL/min的流量通氧约5 min，以赶尽溶液中二氧化碳，此时溶液如呈紫红色，则滴加氢氧化钠标准滴定溶液(4.2.10)至溶液呈亮绿色。

4.5.2.3　将试料(4.5.1)置于瓷舟(4.2.3)中，然后推入高温燃烧管的中心高温部位，塞紧硅胶塞(特别注意密封)，稍通入氧气使吸收液不回流。

4.5.2.4　以200 mL/min的流量通入氧气使试样燃烧5 min，再以700 mL/min～900 mL/min的流量(入口流量)导入吸收瓶使二氧化硫被吸收，燃烧10 min后，用氢氧化钠标准滴定溶液(4.2.10)滴定至溶液由紫红色变为亮绿色，然后以1 000 mL/min～1 200 mL/min的氧气流量由两通活塞控制间歇通氧5 min，如溶液呈紫色，则继续以氢氧化钠标准滴定溶液(4.2.10)滴定至亮绿色，停止通氧，再用上述吸收液洗涤干燥管及连接部位的管道，导入吸收瓶中，如溶液呈红紫色，则继续以氢氧化钠标准滴定溶液(4.2.10)滴定至亮绿色为终点。

4.6　分析结果的计算

按式(2)计算试样中硫的含量(质量分数)$w(S)$，数值以%表示：

$$w(S)=\frac{V\cdot c\times 0.01603}{m}\times 100 \qquad \cdots\cdots(2)$$

式中：

V——滴定试样溶液所消耗的氢氧化钠标准滴定溶液的体积，单位为毫升(mL)；

c——氢氧化钠标准滴定溶液的物质的量浓度，单位为摩尔每升(mol/L)；

m——试样量，单位为克(g)；

0.016 03——1.00 mL 氢氧化钠标准滴定溶液(1.000 mol/L)相当于硫的摩尔质量，单位为克每摩尔(g/mol)。

4.7 允许差

实验室之间分析结果的差值应不大于表 2 所列允许差。

表 2 允许差

%

硫含量(质量分数)	允 许 差
0.005～0.015	0.002
>0.015～0.025	0.003
>0.025～0.045	0.004
>0.045～0.070	0.006
>0.070～0.120	0.008

5 试验报告

试验报告应包括下列内容：

a) 鉴别试料、实验室和分析日期等资料；

b) 遵守本部分规定的程度；

c) 分析结果及其表示；

d) 测定中观察到的异常现象；

e) 对分析结果可能有影响而本部分未包括的操作，或者任选的操作。

ICS 77.100
H 11

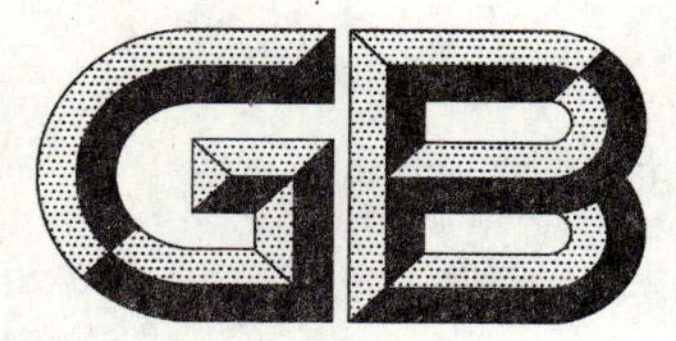

中华人民共和国国家标准

GB/T 8704.7—2009
代替 GB/T 8704.7—1994

钒铁　磷含量的测定　钼蓝分光光度法

Ferrovanadium—Determination of phosphorus content—The molybdenum blue photometric method

2009-07-15 发布　　2010-04-01 实施

中华人民共和国国家质量监督检验检疫总局
中国国家标准化管理委员会　发布

前　言

本部分代替GB/T 8704.7—1994《钒铁化学分析方法　钼蓝光度法测定磷量》。

本部分与GB/T 8704.7—1994比较，主要变化为：

——试料溶解后过滤不溶性残渣的洗液由"温水"改为"温热的稀硝酸"；

——将沉淀时过加氨水的量由"5 mL"，改为"10 mL"；

——沉淀时加入的载体氯化铁溶液的量由加入100 g/L的氯化铁溶液5 mL或8 mL，改为加入50 g/L的氯化铁溶液8 mL；

——将绘制校准曲线加入氯化铁溶液的量由加入100 g/L的氯化铁溶液2 mL，改为加入50 g/L的氯化铁溶液5 mL；

——将绘制校准曲线时"以空白调零"改为"以对应参比调零"；

——测定范围由"＜0.25％"改为"0.010％～0.25％"。

本部分由中国钢铁工业协会提出。

本部分由全国生铁及铁合金标准化技术委员会归口。

本部分起草单位：四川川投峨眉铁合金(集团)有限责任公司。

本部分主要起草人：唐华应、方艳、吴翠萍。

本部分所代替标准的历次版本发布情况为：

——GB/T 8704.7—1994。

钒铁　磷含量的测定 钼蓝分光光度法

警告——使用本部分的人员应有正规实验室工作的实践经验。本部分并未指出所有可能的安全问题。使用者有责任采取适当的安全和健康措施,并保证符合国家有关法规规定的条件。

1　范围

GB/T 8704 的本部分规定了用钼蓝分光光度法测定钒铁中的磷含量。

本部分适用于钒铁中磷含量的测定。测定范围(质量分数):0.010%～0.250%。

2　规范性引用文件

下列文件中的条款通过 GB/T 8704 的本部分的引用而成为本部分的条款。凡是注日期的引用文件,其随后所有的修改单(不包括勘误的内容)或修订版均不适用于本部分,然而,鼓励根据本部分达成协议的各方研究是否可使用这些文件的最新版本。凡是不注日期的引用文件,其最新版本适用于本部分。

GB/T 4010　铁合金化学分析用试样的采取和制备

3　原理

试料以硝酸、盐酸分解,在氨性介质中用过氧化氢氧化钒,同时磷以磷酸铁形式沉淀,过滤分离。以硝酸溶解沉淀,经高氯酸处理冒白烟后,加入亚硫酸氢钠还原铁,磷与钼酸铵、硫酸肼反应生成磷钼蓝,于分光光度计上 825 nm 波长处测量其吸光度。在校准曲线上查得磷的质量,计算得出试样中磷的含量。

4　试剂和材料

除非另有说明,在分析中仅使用确认为分析纯的试剂和蒸馏水或与其纯度相当的水。

4.1　硝酸,ρ1.42 g/mL。

4.2　盐酸,ρ1.19 g/mL。

4.3　高氯酸,ρ1.67 g/mL。

4.4　过氧化氢,ρ1.10 g/mL。

4.5　氢氧化铵,ρ0.90 g/mL。

4.6　硝酸,1+2。

4.7　硝酸,1+50。

4.8　硫酸,1+1。

4.9　亚硫酸氢钠溶液,100 g/L。称取 50 g 亚硫酸氢钠($NaHSO_3$)置于 600 mL 烧杯中,加入 500 mL 水溶解,混匀。

4.10　氯化铁溶液,50 g/L。称取 5 g 氯化铁($FeCl_3 \cdot 6H_2O$),置于 400 mL 烧杯中,加入 10 mL 盐酸(1+1)和 90 mL 水溶解,混匀。

4.11　显色剂溶液

4.11.1　钼酸铵溶液,20 g/L。称取 20 g 钼酸铵[$(NH_4)_6Mo_7O_{24} \cdot 4H_2O$]溶解于约 100 mL 温水中,加入 700 mL 硫酸(4.8),冷却后以水稀释至 1 000 mL,混匀。

4.11.2 硫酸肼溶液，1.5 g/L。称取 1.5 g 硫酸肼[$(NH_2)_2 \cdot SO_4$]，加水溶解后，以水稀释至 1 000 mL，混匀。

4.11.3 使用时，取 25 mL 钼酸铵溶液(4.11.1)、10 mL 硫酸肼溶液(4.11.2)及 65 mL 水，混匀。

4.11.4 移取 10 mL 硫酸肼溶液(4.11.2)加入 15 mL 硫酸(7+5)、75 mL 水，混匀。

4.12 磷标准溶液

称取 0.439 4 g 预先在 105 ℃～110 ℃烘至恒量并保存于干燥器中的磷酸二氢钾(KH_2PO_4，基准试剂)，置于 400 mL 烧杯中，加入适量水溶解后，移入 1 000 mL 容量瓶中，用水稀释至刻度，混匀。此溶液 1 mL 含磷 100 μg。

5 仪器

分析中使用通常的实验室仪器。

6 取制样

按照 GB/T 4010 的规定进行取制样，试样应通过 0.177 mm 筛孔。

7 分析步骤

7.1 试料量

称取 0.500 g 试样(含磷量大于 0.100%时，称取 0.250 g)，准确至 0.000 1 g。

7.2 空白试验

随同试料进行空白试验。

7.3 测定

7.3.1 将试料(7.1)置于 200 mL 烧杯中，盖上表皿，加入 10 mL 硝酸(4.1)、5 mL 盐酸(4.2)，低温加热至试样溶解，再加入 10 mL 硫酸(4.8)，继续加热蒸发至冒硫酸白烟约 2 min。

7.3.2 放置冷却后加入 8mL 氯化铁溶液(4.10)、50 mL 温水，加热溶解可溶性盐类，用中速定量滤纸过滤不溶性残渣。用温热的硝酸溶液(4.7)充分洗净，弃去残渣。

7.3.3 将滤液(7.3.2)收集于 300 mL 烧杯中，用水稀释至 200 mL，加入 5 mL 过氧化氢(4.4)，一边搅拌一边加入氢氧化铵(4.5)中和至沉淀刚好出现并过加 10 mL，搅拌，同时再加入 2 mL 过氧化氢(4.4)，立即用中速定量滤纸过滤，用温水充分洗净，弃去滤液和洗液。

7.3.4 分次加入 50 mL 温热硝酸(4.6)溶解滤纸上的沉淀于原烧杯中，用温热硝酸(4.7)洗净滤纸(洗至无铁离子反应)。加入 10 mL 高氯酸(4.3)，加热蒸发至高氯酸冒烟，并浓缩至溶液体积约为 5 mL。

7.3.5 取下冷却后，加入约 30 mL 温水加热溶解可溶性盐类、过滤，温水洗净，弃去残渣。滤液收集于 100 mL 容量瓶中，冷却至室温，以水稀释至刻度，混匀。

7.3.6 显色溶液：移取 10.00 mL 溶液(7.3.5)，置于 100 mL 容量瓶中，加入 10 mL 亚硫酸氢钠溶液(4.9)，摇匀，在沸水浴中加热溶液至无色，立即加入 25 mL 显色溶液(4.11.3)，摇匀，再于沸水浴中加热 15 min，取下，流水冷却至室温，以水稀释至刻度，混匀。

7.3.7 参比溶液：移取 10.00 mL 溶液(7.3.5)，置于 100 mL 容量瓶中，加入 10 mL 亚硫酸氢钠溶液(4.9)，摇匀，在沸水浴中加热溶液至无色，加入 25 mL 硫酸肼溶液(4.11.4)摇匀，再于沸水浴中加热 15 min，取下，流水冷却至室温，用水稀释至刻度，混匀。

7.3.8 将部分显色溶液(7.3.6)移入适当的吸收皿中，于分光光度计上 825 nm 波长处，以参比溶液(7.3.7)调零，测量其吸光度，减去随同试料空白溶液的吸光度得到试料溶液的净吸光度。从校准曲线上查得相应磷的质量。

7.4 校准曲线的绘制

7.4.1 移取 0 mL、1.00 mL、2.00 mL、4.00 mL、6.00 mL、8.00 mL 磷标准溶液(4.12)分别置于一组

200 mL 烧杯中，各加入 5 mL 高氯酸(4.3)和 5 mL 氯化铁溶液(4.10)，加热至高氯酸冒烟，取下，冷却后加入约 30 mL 水，加热溶解盐类，冷却至室温，移入 100 mL 容量瓶中，以水稀释至刻度，混匀。以下按分析步骤 7.3.6 和 7.3.7 进行。将部分显色溶液移入吸收皿中，于分光光度计上 825 nm 波长处，以参比液调零，测量其吸光度。

7.4.2 校准曲线系列每一溶液的吸光度减去零浓度溶液的吸光度，为磷校准曲线系列溶液的净吸光度，以磷的质量(μg)为横坐标，净吸光度为纵坐标，绘制校准曲线。

8 分析结果的计算

按式(1)计算试样中磷的含量(质量分数)$w(P)$，数值以%表示：

$$w(\mathrm{P}) = \frac{m_1 \cdot V}{m \cdot V_1 \times 10^6} \times 100 \qquad (1)$$

式中：

m_1——自校准曲线上查得磷的质量，单位为微克(μg)；

V——试液的总体积，单位为毫升(mL)；

m——试料量，单位为克(g)；

V_1——分取试液的体积，单位为毫升(mL)。

9 允许差

实验室之间分析结果的差值应不大于表1所列允许差。

表1 允许差

%

磷含量(质量分数)	允 许 差
0.010～0.040	0.006
>0.040～0.060	0.008
>0.060～0.100	0.010
>0.100～0.250	0.015

10 试验报告

试验报告应包括下列内容：

a) 鉴别试料、实验室和分析日期的资料；

b) 遵守本部分规定的程度；

c) 分析结果及其表示；

d) 测定中观察到的异常现象；

e) 对分析结果可能有影响而本部分未包括的操作或者任选的操作。

ICS 77.100
H 11

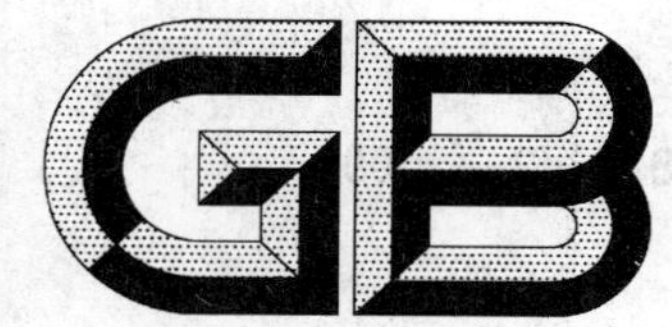

中华人民共和国国家标准

GB/T 8704.8—2009
代替 GB/T 8704.8—1994

钒铁　铝含量的测定 铬天青S分光光度法和EDTA滴定法

Ferrovanadium—Determination of aluminium content—The chromazurol S spectrophotometric method and EDTA titrimetric method

2009-07-15 发布　　　　2010-04-01 实施

中华人民共和国国家质量监督检验检疫总局
中国国家标准化管理委员会　发布

前　言

本部分代替 GB/T 8704.8—1994《钒铁化学分析方法　铬天青 S 光度法和 EDTA 容量法测定铝量》。

本部分与 GB/T 8704.8—1994 比较，其主要变化为：

——在“铬天青 S 光度法”中将“用随同试样空白溶液为参比”改为“以水为参比”。

本部分由中国钢铁工业协会提出。

本部分由全国生铁及铁合金标准化技术委员会归口。

本部分起草单位：四川川投峨眉铁合金（集团）有限责任公司。

本部分主要起草人：唐华应、方艳。

本部分所代替标准的历次版本发布情况为：

——GB/T 8704.8—1994。

钒铁 铝含量的测定 铬天青S分光光度法和EDTA滴定法

警告——使用本部分的人员应有正规实验室工作的实践经验。本部分并未指出所有可能的安全问题。使用者有责任采取适当的安全和健康措施,并保证符合国家有关法规规定的条件。

1 范围

GB/T 8704的本部分规定了用铬天青S分光光度法和EDTA滴定法测定钒铁中的铝含量。

本部分适用于钒铁中铝含量的测定。铬天青S分光光度法测定范围(质量分数):0.10%~0.80%;EDTA滴定法测定范围(质量分数):0.50%~3.50%。

2 规范性引用文件

下列文件中的条款通过GB/T 8704的本部分的引用而成为本部分的条款。凡是注日期的引用文件,其随后所有的修改单(不包括勘误的内容)或修订版均不适用于本部分,然而,鼓励根据本部分达成协议的各方研究是否可使用这些文件的最新版本。凡是不注日期的引用文件,其最新版本适用于本部分。

GB/T 4010 铁合金化学分析用试样的采取和制备

3 方法一:铬天青S分光光度法

3.1 原理

试料用硝酸分解,硫酸冒烟处理,过滤,滤液做主液保存。残渣灰化后用硫酸和氢氟酸除去二氧化硅,继用焦硫酸钾熔融,合并于主液中。然后用铜铁试剂和三氯甲烷萃取除去铁、钒等杂质离子。经硫酸冒烟,硝酸处理后,在盐酸羟胺存在下,用六次甲基四胺调节pH值,铝与铬天青S形成有色配位物,于分光光度计上550 nm波长处测量其吸光度。在校准曲线上查得铝的质量,计算得出试样中铝的含量。

3.2 试剂和材料

除非另有说明,在分析中仅使用确认为分析纯的试剂和蒸馏水或与其纯度相当的水。

3.2.1 焦硫酸钾,固体。

3.2.2 三氯甲烷。

3.2.3 氢氟酸,ρ1.15 g/mL。

3.2.4 硝酸,ρ1.42 g/mL。

3.2.5 硝酸,1+1。

3.2.6 硫酸,1+1。

3.2.7 硫酸,1+60。

3.2.8 硫酸,1+200。

3.2.9 氨水,1+1,贮于塑料瓶中。

3.2.10 铜铁试剂溶液,60 g/L,用时配制,过滤后使用。

3.2.11 六次甲基四胺溶液,400 g/L。称取200 g六次甲基四胺置于600 mL烧杯中,加入500 mL水溶解,混匀,贮于塑料瓶中。

3.2.12 盐酸羟胺溶液,80 g/L。用时配制。

3.2.13 2,4-二硝基酚溶液,2 g/L。

3.2.14 铬天青S溶液,0.6 g/L。

3.2.15 铝标准溶液。

3.2.15.1 称取0.100 0 g除去表面氧化物的高纯金属铝(≥99.99%)置于300 mL锥形瓶中,加入80 mL盐酸(1+1)于低温电热板上加热溶解完全后,冷却。移入1 000 mL容量瓶中,以水稀释至刻度,混匀。此溶液1 mL含铝100 μg 。

3.2.15.2 移取25.00 mL铝标准溶液(3.2.15.1)于500 mL容量瓶中,加入5 mL盐酸(1+1)后,以水稀释至刻度,混匀。此溶液1 mL含铝5 μg。

3.3 仪器

分析中使用通常的实验室仪器。

3.4 取制样

按照GB/T 4010的规定进行取制样,试样应通过0.177 mm筛孔。

3.5 分析步骤

3.5.1 试料量

按表1称取试样,准确至0.000 1 g。

表1 试料量

铝含量(质量分数)/%	试料量/g
0.10～0.35	0.25
>0.35～0.80	0.10

3.5.2 空白试验

随同试料进行空白试验。

3.5.3 测定

3.5.3.1 试料溶液的制备

3.5.3.1.1 将试料(3.5.1)置于250 mL烧杯中,加入10 mL硝酸(3.2.5),盖上表皿,于低温电热板缓慢加热使试样分解至无明显反应。取下,用水将表面皿上的液滴洗入相对应的烧杯中。加入15 mL硫酸(3.2.6),继续加热至冒硫酸烟约10 min(注意溅失),取下冷却。加入约30 mL水,微热溶解可溶性盐类。用中速定量滤纸过滤于250 mL烧杯中,用温水洗涤滤纸和残渣至无酸,滤液保留作为主液。

3.5.3.1.2 将过滤后所得残渣连同滤纸一同移入铂坩埚中,干燥、灰化后,冷却,加入5滴硫酸(3.2.6)润湿残渣,滴入约3 mL氢氟酸(3.2.3),于电热板上蒸发至冒尽硫酸烟,取下,冷却。加入1.0 g焦硫酸钾(3.2.1),于700 ℃高温炉中熔融至透至残渣全熔,取出,冷却。用主液(3.5.3.1.1)浸提熔块,以水洗净铂坩埚。将溶液浓缩,冷却至室温,转移入100 mL容量瓶中,用水稀释至刻度,混匀。

3.5.3.2 铜铁试剂、三氯甲烷萃取分离

3.5.3.2.1 移取10.00 mL上述溶液(3.5.3.1.2)于60 mL(或100 mL、120 mL)分液漏斗中,加入10 mL铜铁试剂溶液(3.2.10)和15 mL三氯甲烷(3.2.2),立即振荡1 min～2 min,静置分层后,弃去有机相;每次加入10 mL三氯甲烷(3.2.2),重复萃取操作,直到有机相无色,再加入10 mL三氯甲烷(3.2.2)萃取,弃去有机相。

3.5.3.2.2 将水相(3.5.3.2.1)移入200 mL烧杯中,用少量水洗涤分液漏斗内壁并合并于烧杯中,低温加热至刚冒硫酸烟,取下,立即沿杯壁加入2 mL～3 mL硝酸(3.2.4),继续加热至冒硫酸烟,取下,冷却,再加入2 mL～3 mL硝酸(3.2.4),继续加热至冒硫酸烟,取下,冷却,加入30 mL水,加热溶解盐类,取下,冷却至室温,转移入100 mL容量瓶中,用水稀释至刻度,混匀。

3.5.3.3 显色与测定

3.5.3.3.1 移取25.00 mL上述溶液 (3.5.3.2.2)于100 mL烧杯中,加入10 mL水,滴入2滴2,4-二

硝基酚溶液(3.2.13),用氨水(3.2.9)调至溶液呈黄色,再用硫酸(3.2.7)调至恰好无色,并过加 2.0 mL 硫酸(3.2.8)。加入 5.00 mL 铬天青 S 溶液(3.2.14)、2 mL 盐酸羟胺溶液(3.2.12),再加入 5.0 mL 六次甲基四胺溶液(3.2.11)立即转移入 100 mL 容量瓶中,用水稀释至刻度,混匀。

3.5.3.3.2 静置 10 min,于分光光度计上 550 nm 波长处,用适当吸收皿,以水为参比调零,测量其吸光度,减去随同试料空白溶液的吸光度,得到试料溶液的净吸光度,从校准曲线上查出相应的铝的质量(μg)。

3.5.4 校准曲线的绘制

3.5.4.1 移取 0 mL、1.00 mL、2.00 mL、3.00 mL、4.00 mL、5.00 mL 铝标准溶液(3.2.15.2),分别于一组 100 mL 烧杯中,加水控制体积至约 35 mL,以下按照 3.5.3.3.1 和 3.5.3.3.2 进行。于分光光度计上 550 nm 波长处,用适当吸收皿测量其吸光度。

3.5.4.2 校准曲线系列每一溶液的吸光度减去零浓度溶液的吸光度,为铝校准曲线系列溶液的净吸光度,以铝的质量(μg)为横坐标,净吸光度为纵坐标,绘制校准曲线。

3.6 分析结果的计算

按式(1)计算试样中铝的含量(质量分数)$w(\mathrm{Al})$,数值以%表示:

$$w(\mathrm{Al}) = \frac{m_1 \cdot V}{m \cdot V_1 \times 10^6} \qquad \cdots\cdots(1)$$

式中:

m_1——自校准曲线上查得的铝的质量,单位为微克(μg);

V——试液的总体积,单位为毫升(mL);

m——试料量,单位为克(g);

V_1——分取试液的体积,单位为毫升(mL)。

3.7 允许差

实验室之间分析结果的差值应不大于表 2 所列允许差。

表 2 允许差 %

铝含量(质量分数)	允 许 差
0.10~0.30	0.03
>0.30~0.50	0.04
>0.50~0.80	0.06

4 方法二:EDTA 滴定法

4.1 原理

试料用硝酸和盐酸分解,过滤出不溶残渣,残渣用碳酸钠-硼酸熔融。浸出与滤液合并,用氯化钡和氢氧化钠沉淀铁、钒等杂质元素与铝分离。在 pH3.0±0.2 的酸度下,加入过量的 EDTA,在 Cu-EDTA 存在下,以 PAN 为指示剂,用硫酸铜标准滴定溶液滴定过量的 EDTA,根据标准滴定溶液的消耗量,计算得出试样中铝的含量。

4.2 试剂和材料

除非另有说明,在分析中仅使用确认为分析纯的试剂和蒸馏水或与其纯度相当的水。

4.2.1 混合熔剂,2 份碳酸钠和 1 份硼酸研细混匀。

4.2.2 盐酸,ρ1.19 g/mL。

4.2.3 盐酸,1+1。

4.2.4 盐酸,1+50。

4.2.5 硝酸,1+1。

4.2.6　氯化钡溶液，250 g/L。

4.2.7　氢氧化钠溶液，500 g/L。贮于塑料瓶中。

4.2.8　2，4-二硝基酚溶液，2 g/L。

4.2.9　乙酸-乙酸钠缓冲溶液（pH 3.0±0.2），称取 12 g 无水乙酸钠于 500 mL 烧杯中，加水溶解后，加入 280.0 mL 冰乙酸（ρ1.05 g/mL），移入 1 000 mL 容量瓶中，用水稀释至刻度，混匀。

4.2.10　铝标准溶液

4.2.10.1　称取 1.000 g 除去表面氧化物的高纯金属铝（≥99.99%）置于 300 mL 锥形瓶中，加入 150 mL盐酸（4.2.3），低温加热溶解后，取下，冷却至室温，移入 500 mL 容量瓶中，以水稀释至刻度，混匀。此溶液 1 mL 含铝 2 mg。

4.2.10.2　移取 50.00 mL 铝标准溶液（4.2.10.1）于 500 mL 容量瓶中，用水稀释至刻度，混匀。此溶液 1 mL 含铝 0.2 mg。

4.2.11　硫酸铜标准滴定溶液，0.01 mol/L。

4.2.11.1　配制：称取 2.496 8 g 硫酸铜（$CuSO_4.5H_2O$）置于 300 mL 烧杯中，加水溶解后，移入 1 000 mL容量瓶中，以水稀释至刻度，混匀。

4.2.11.2　标定：移取 20.00 mL EDTA 标准溶液（4.2.12）三份分别置于三只 300 mL 锥型瓶中。随同标定做试剂空白。加入 50 mL 水、20 mL 乙酸-乙酸钠缓冲溶液（4.2.9），加热至沸，取下，趁热加入 7 滴～8 滴 PAN 指示剂（4.2.14），用硫酸铜标准滴定溶液（4.2.11）滴定至紫红色。三份 EDTA 标准溶液（4.2.12）所消耗的硫酸铜标准滴定溶液（4.2.11）的体积的极差值不超过 0.05 mL 时，取其平均值。

按式（2）计算硫酸铜标准滴定溶液换算为 EDTA 标准溶液的体积比例系数：

$$K = \frac{V_1}{V_2 - V_0} \qquad \cdots\cdots（2）$$

式中：

K——硫酸铜标准滴定溶液换算为 EDTA 标准溶液的体积比例系数；

V_1——移取 EDTA 标准滴定溶液的体积，单位为毫升（mL）；

V_2——标定时消耗硫酸铜标准滴定溶液体积的平均值，单位为毫升（mL）；

V_0——标定时试剂空白试验所消耗硫酸铜标准滴定溶液的体积，单位为毫升（mL）。

4.2.12　EDTA 标准滴定溶液，0.01 mol/L。

4.2.12.1　配制：称取 3.722 6 g EDTA（二水合乙二胺四乙酸二钠），置于 300 mL 烧杯中，加水溶解后，移入 1 000 mL 容量瓶中，以水稀释至刻度，混匀。

4.2.12.2　标定：移取 20.00 mL 铝标准溶液（4.2.10）三份，分别置于三只 300 mL 烧杯中。随同标定做试剂空白试验。加入 180 mL 水、3 滴 2，4-二硝基酚溶液（4.2.8），用氢氧化钠溶液（100 g/L）中和至黄色，再用盐酸（4.2.3）调至恰好无色，并过量 1 滴，加入 20 mL 乙酸-乙酸钠缓冲溶液（4.2.9）、2.0 mLCu-EDTA 溶液（4.2.13）和 7 滴～8 滴 PAN 指示剂（4.2.14），加热煮沸 1 min，取下，以下步骤按 4.5.3.5 进行。三份铝标准溶液（4.2.10）所消耗的 EDTA 标准滴定溶液（4.2.12）的实际体积的极差值不超过 0.05 mL 时，取其平均值。

按式（3）计算 EDTA 标准滴定溶液对铝的滴定度：

$$T = \frac{0.000\,2 \times V}{(V_3 - KV_4) - (V_{03} - KV_{04})} \qquad \cdots\cdots（3）$$

式中：

T——1 mL EDTA 标准滴定溶液相当于铝的质量，单位为克每毫升（g/mL）；

V——移取铝标准溶液的体积，单位为毫升（mL）；

V_3——加入 EDTA 标准滴定溶液的体积，单位为毫升（mL）；

V_4——标定时消耗硫酸铜标准滴定溶液的体积，单位为毫升（mL）；

(V_3-KV_4)——标定时所消耗EDTA标准滴定溶液的实际体积的平均值，单位为毫升(mL)；

V_{03}——试剂空白试验加入EDTA标准滴定溶液的体积，单位为毫升(mL)；

V_{04}——标定试剂空白时消耗硫酸铜标准滴定溶液的体积，单位为毫升(mL)；

$(V_{03}-KV_{04})$——标定试剂空白时所消耗EDTA标准滴定溶液的实际体积的平均值，单位为毫升(mL)。

K——硫酸铜标准滴定溶液换算为EDTA标准溶液的体积比例系数。

4.2.13 Cu-EDTA溶液，移取20 mL硫酸铜溶液(0.05 mol/L)，置于100 mL锥形瓶中，用乙酸钠溶液(400 g/L)调至pH=5～6，加入5滴PAN指示剂(4.2.14)，加热至60 ℃～70 ℃，取下，以EDTA标准溶液(0.025 mol/L)滴定至紫红色恰变为绿色为终点，冷却，即为Cu-EDTA溶液。

4.2.14 PAN指示剂，2 g/L，称取0.2 g[1-(2-吡啶偶氮)-2-萘酚]指示剂，溶于100 mL乙醇中。

4.3 仪器

分析中使用通常的实验室仪器。

4.4 取制样

按照GB/T 4010的规定进行取制样，试样应通过0.177 mm筛孔。

4.5 分析步骤

4.5.1 试料量

称取0.500 g试料，准确至0.000 1 g。

4.5.2 空白试验

随同试料进行空白试验。

4.5.3 测定

4.5.3.1 将试料(4.5.1)置于300 mL烧杯中，加入20 mL水、5 mL盐酸(4.2.3)和15 mL硝酸(4.2.5)，盖上表面皿，低温加热使试样溶解至无明显反应。取下，用温热盐酸(4.2.4)将表面皿洗净后取出，以定量中速滤纸过滤于300 mL烧杯内，并将酸不溶物转移到滤纸上，用温热的盐酸(4.2.4)洗净烧杯，并将酸不溶物和滤纸洗至无铁离子，再用温水洗涤至无酸，滤液保留作为主液。

4.5.3.2 将过滤后所得的酸不溶残渣及滤纸移入铂坩埚中，干燥、低温灰化后，取出冷却。加入5 g混合熔剂(4.2.1)，置于1 000 ℃高温炉中熔融5 min，使残渣完全熔融，取出稍冷，分次滴加盐酸(4.2.3)并加热浸取熔块，用水洗净铂坩埚，浸取液与主液(4.5.3.1)合并。

4.5.3.3 向溶液(4.5.3.2)中加入15 mL氯化钡溶液(4.2.6)，用水调至约150 mL，加热煮沸1 min～2 min，取下，稍冷。在不断搅拌下，一次快速加入40 mL氢氧化钠溶液(4.2.7)，加热煮沸3 min～5 min。取下冷却至室温，移入250 mL容量瓶中，以水稀释至刻度，混匀。用中速定量滤纸干过滤。弃去最初滤液。

4.5.3.4 移取100.00 mL上述滤液(4.5.3.3)于300 mL烧杯中，用水稀释至约220 mL，加入3滴2,4-二硝基酚溶液(4.2.8)，5 mL～6 mL盐酸(4.2.2)，再用盐酸(4.2.3)中和至恰好无色，并过量1滴，加入20 mL乙酸-乙酸钠缓冲溶液(4.2.9)、2.0 mL Cu-EDTA溶液(4.2.13)和7滴～8滴PAN指示剂(4.2.14)，加热煮沸1 min，取下。

4.5.3.5 趁热用EDTA标准滴定溶液(4.2.12)滴定至溶液由紫红色变为黄色，再过量2.00 mL～3.00 mL，煮沸10 min。(为防爆沸，可在玻璃棒下压一小片定量滤纸)取下，立即用硫酸铜标准滴定溶液(4.2.11)滴定至紫红色为终点。

4.6 分析结果的计算

按式(4)计算试样中铝的含量(质量分数)$w(\mathrm{Al})$，数值以%表示：

$$w(\mathrm{Al})=\frac{T\cdot[(V_5-KV_6)-(V_{05}-KV_{06})]}{m\cdot r}\times 100 \qquad \cdots\cdots(4)$$

式中：

T——1 mL EDTA 标准滴定溶液相当于铝的质量，单位为克每毫升(g/mL)；

V_5——试液中加入 EDTA 标准溶液的体积，单位为毫升(mL)；

V_6——滴定试液所消耗的硫酸铜标准滴定溶液的体积，单位为毫升(mL)；

V_{05}——试剂空白中加入 EDTA 标准溶液的体积，单位为毫升(mL)；

V_{06}——滴定试剂空白时消耗硫酸铜标准滴定溶液的体积，单位为毫升(mL)；

m——试料量，单位为克(g)；

K——硫酸铜标准滴定溶液换算为 EDTA 标准溶液的体积比例系数；

r——试液的分取比。

4.7 允许差

实验室之间分析结果的差值应不大于表 3 所列允许差。

表 3 允许差

%

铝含量(质量分数)	允 许 差
0.50～0.80	0.05
>0.80～1.50	0.07
>1.50～2.50	0.10
>2.50～3.50	0.12

5 试验报告

试验报告应包括下列内容：

a) 鉴别试料、实验室和分析日期等资料；

b) 遵守本部分规定的程度；

c) 分析结果及其表示；

d) 测定中观察到的异常现象；

e) 对分析结果可能有影响而本部分未包括的操作，或者任选的操作。

ICS 77.100
H 11

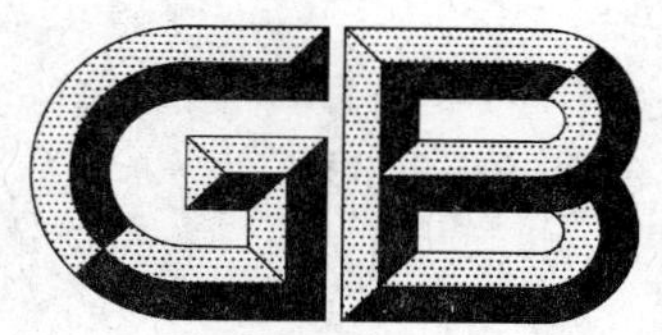

中华人民共和国国家标准

GB/T 8704.9—2009
代替 GB/T 8704.9—1994

钒铁　锰含量的测定 高碘酸钾光度法和火焰原子吸收光谱法

Ferrovanadium—Determination of manganese content—The potassium periodate oxidation photometric method and flame atomic absorption spectrometric method

2009-07-15 发布　　　　2010-04-01 实施

中华人民共和国国家质量监督检验检疫总局
中国国家标准化管理委员会　发布

前　言

本部分代替 GB/T 8704.9—1994《钒铁化学分析方法　高碘酸钾光度法和火焰原子吸收光谱法测定锰量》。

本部分与 GB/T 8704.9—1994 比较，其主要变化为：

——删除了火焰原子吸收光谱法的附录 A。

本部分由中国钢铁工业协会提出。

本部分由全国生铁及铁合金标准化技术委员会归口。

本部分起草单位：四川川投峨眉铁合金(集团)有限责任公司。

本部分主要起草人：唐华应、方艳。

本部分所代替标准的历次版本发布情况为：

——GB/T 8704.9—1994。

钒铁　锰含量的测定 高碘酸钾光度法和火焰原子吸收光谱法

警告——使用本部分的人员应有正规实验室工作的实践经验。本部分并未指出所有可能的安全问题。使用者有责任采取适当的安全和健康措施，并保证符合国家有关法规规定的条件。

1　范围

GB/T 8704的本部分规定了用高碘酸钾光度法和火焰原子吸收光谱法测定钒铁中的锰含量。

本部分适用于钒铁中锰含量的测定。高碘酸钾光度法测定范围(质量分数)0.05%～0.60%；火焰原子吸收光谱法测定范围(质量分数)0.10%～1.00%。

2　规范性引用文件

下列文件中的条款通过GB/T 8704的本部分的引用而成为本部分的条款。凡是注日期的引用文件，其随后所有的修改单(不包括勘误的内容)或修订版均不适用于本部分，然而，鼓励根据本部分达成协议的各方研究是否可使用这些文件的最新版本。凡是不注日期的引用文件，其最新版本适用于本部分。

GB/T 4010　铁合金化学分析用试样的采取和制备

3　方法一：高碘酸钾光度法

3.1　原理

试料用硫酸-磷酸溶解，以高碘酸钾将锰氧化成高锰酸，在分光光度计上525 nm波长处测量其吸光度。在校准曲线上查得锰的质量，计算得出试样中锰的含量。

3.2　试剂和材料

除非另有说明，在分析中仅使用确认为分析纯的试剂和蒸馏水或与其纯度相当的水。

3.2.1　高碘酸钾，固体。

3.2.2　磷酸，ρ1.70 g/mL。

3.2.3　硝酸，ρ1.42 g/mL。

3.2.4　氢氟酸，ρ1.15 g/mL。

3.2.5　硫酸，1+4。

3.2.6　EDTA(二水合乙二胺四乙酸二钠)溶液，100 g/L。称取100 g二水合乙二胺四乙酸二钠($C_{10}H_{14}N_2O_8Na_2 \cdot 2H_2O$)溶于含有5 mL氢氧化铵(ρ0.90 g/mL)的200 mL水中，用水稀释至1 000 mL。

3.2.7　不含还原性物质的水：在1 000 mL水中加入20 mL硫酸(1+1)，在微沸状态下加入少量(约2 g)高碘酸钾(3.2.1)，并保持约10 min。冷却，贮于玻璃瓶中，备用。

3.2.8　锰标准溶液：称取0.100 0 g金属锰[质量分数大于99.9%，预先在硫酸(5+95)中清洗除去表面氧化物，取出，立即用水洗涤干净，并用无水乙醇冲洗2次～3次，自然干燥后使用]置于300 mL烧杯中，加入20 mL盐酸(1+1)，20 mL硫酸(1+1)，加热溶解，蒸发至冒硫酸白烟驱除盐酸，冷却至室温。移入1 000 mL容量瓶中，以水稀释至刻度，混匀。此溶液1 mL含锰100 μg。

3.3　仪器

分析中使用通常的实验室仪器。

3.4 取制样

按照 GB/T 4010 的规定进行取制样。试样应通过 0.177 mm 筛孔。

3.5 分析步骤

3.5.1 试料量

按表 1 称取试样，准确至 0.000 1 g。

表 1 试料量

锰含量(质量分数)/%	试料量/g
0.05～0.30	0.20
>0.30～0.60	0.10

3.5.2 空白试验

随同试料进行空白试验。

3.5.3 测定

3.5.3.1 试料的分解

将试料(3.5.1)置于 250 mL 锥形瓶中，加入 25 mL 硫酸(3.2.5)、5 mL 磷酸(3.2.2)，低温加热溶解至试样分解完全时，加入 3 mL 硝酸(3.2.3)、5 滴～7 滴氢氟酸(3.2.4)，继续加热至冒硫酸烟 2 min～3 min，取下，稍冷。加入 50 mL 水，加热溶解盐类至溶液清澈。取下稍冷。

3.5.3.2 显色与测定

3.5.3.2.1 于试液(3.5.3.1)中加入 0.5 g 高碘酸钾(3.2.1)，低温加热煮沸至有紫红色的高锰酸出现并保持 3 min，取下。流水冷却至室温，移入 100 mL 容量瓶中，以不含还原性物质的水(3.2.7)稀释至刻度，混匀。

3.5.3.2.2 将部分溶液(3.5.3.2.1)移入适当吸收皿中，在剩余溶液中滴入 5 滴～8 滴 EDTA 溶液(3.2.6)，摇动使其紫红色褪去后作为参比溶液。于分光光度计上 525 nm 波长处，测量其吸光度，减去随同试料空白溶液的吸光度得到试料溶液的净吸光度。从校准曲线上查得相应的锰的质量(μg)。

3.5.4 校准曲线的绘制

3.5.4.1 分别移取 0 mL、0.50 mL、1.00 mL、2.00 mL、4.00 mL、5.00 mL、6.00 mL 锰标准溶液(3.2.8)分别置于一组 250 mL 的锥形瓶中，以下按分析步骤 3.5.3.1～3.5.3.2 进行，测量其吸光度。

3.5.4.2 校准曲线系列每一溶液的吸光度减去零浓度溶液的吸光度，为锰校准曲线系列溶液的净吸光度，以锰的质量(μg)为横坐标，净吸光度为纵坐标，绘制校准曲线。

3.6 分析结果的计算

按式(1)计算试样中锰的含量(质量分数)$w(\mathrm{Mn})$，数值以%表示：

$$w(\mathrm{Mn}) = \frac{m_1}{m \times 10^6} \times 100 \qquad \cdots\cdots(1)$$

式中：

m_1——自校准曲线上查得的锰的质量，单位为微克(μg)；

m——试料量，单位为克(g)。

3.7 允许差

实验室之间分析结果的差值应不大于表 2 所列允许差。

表 2 允许差 %

锰含量(质量分数)	允许差
0.05～0.30	0.02
>0.30～0.60	0.03

4 方法二:火焰原子吸收光谱法

4.1 原理

试料用硝酸-氢氟酸分解后,在盐酸介质中,二氯化锶存在时,于原子吸收光谱仪,波长 279.5 nm 处,用空气-乙炔火焰测定锰的吸光度,通过校准曲线计算试样中锰的含量。

为消除基体影响,绘制校准曲线时,应加入与试样溶液相近的钒量和铁量。

4.2 试剂和材料

除非另有说明,在分析中仅使用确认为分析纯的试剂和蒸馏水或与其纯度相当的水。

4.2.1 盐酸,ρ1.19 g/mL。

4.2.2 盐酸,1+1。

4.2.3 硝酸,1+1。

4.2.4 高氯酸,ρ1.67 g/mL。

4.2.5 氢氟酸,ρ1.15 g/mL。

4.2.6 二氯化锶溶液,50 g/L。称取 25 g 六水合二氯化锶($SrCl_2 \cdot 6H_2O$)置于 400 mL 烧杯中,加入 500 mL 水溶解完全,混匀。

4.2.7 钒溶液,称取 3.570 4 g 高纯五氧化二钒(≥99.99%)置于 400 mL 烧杯中,用少许水湿润后,加入 50 mL 盐酸(4.2.1)盖上表皿,加热溶解完全后,冷却至室温,移入 200 mL 容量瓶中,用水稀释至刻度,混匀。此溶液 1 mL 含钒 10 mg。

4.2.8 铁溶液,称取 2 g 高纯铁(≥99.98%)置于 300 mL 锥形瓶中,加入 25 mL 盐酸(4.2.2)于电热板上缓慢加热至溶解完全,取下,冷却至室温,移入 200 mL 容量瓶中,用水稀释至刻度,混匀。此溶液 1 mL 含铁 10 mg。

4.2.9 锰标准溶液

4.2.9.1 称取 0.100 0 g 金属锰[质量分数大于 99.9%,预先在硫酸(5+95)中清洗除去表面氧化物,取出,立即用水洗涤干净,并用无水乙醇冲洗 2 次~3 次,自然干燥后使用]置于 250 mL 烧杯中,加入 20 mL 盐酸(4.2.2),加热溶解,冷却至室温,移入 1 000 mL 容量瓶中,用水稀释至刻度,混匀。此溶液 1 mL 含锰为 100 μg。

4.2.9.2 移取 10.00 mL 锰标准溶液(4.2.9.1)至 100 mL 容量瓶中,用水稀释至刻度,混匀。此溶液 1 mL 含锰为 10 μg。

4.3 仪器与设备

分析中,除使用通常的实验室仪器、设备外,还使用原子吸收光谱仪。原子吸收光谱仪应备有空气-乙炔燃烧器,锰空心阴极灯。空气-乙炔气体要足够纯净以提供稳定清澈的贫燃火焰。

所用原子吸收光谱仪应达到下列技术指标:

4.3.1 精密度的最低要求

用最高浓度的校准溶液,测量 10 次吸光度,并计算其吸光度平均值和标准偏差。该标准偏差应不超过该吸光度平均值的 1.0%。

用最低浓度的校准溶液(不是零校准溶液),测量 10 次吸光度,并计算其标准偏差。该标准偏差应不超过最高浓度校准溶液的平均吸光度值的 0.5%。

4.3.2 特征浓度

本部分锰的特征浓度应小于 0.10 μg/mL。

4.3.3 检出限

本部分锰的检出限应小于 0.05 μg/mL。

4.3.4 校准曲线的线性

校准曲线按浓度等分为五段,最高段的吸光度差值与最低段的吸光度差值之比不应小于 0.7。

4.4 取制样

按照 GB/T 4010 的规定进行取制样。试样应通过 0.177 mm 筛孔。

4.5 分析步骤

4.5.1 安全措施

冒高氯酸烟时附近不能有氨及有机物存在,以防止爆炸。

4.5.2 试料量

称取 0.100 g 试样,准确至 0.000 1 g。

4.5.3 空白试验

随同试料进行空白试验。

4.5.4 测定

4.5.4.1 将试料(4.5.2)置于 300 mL 聚四氟乙烯烧杯中,加入 10 mL 硝酸(4.2.3)、2 mL 氢氟酸(4.2.5)和 2 mL 高氯酸(4.2.4)于电热板上缓慢加热,,冒烟至近干。取下。

注:电热板温度不得超过 350 ℃。

4.5.4.2 加入 10 mL 盐酸(4.2.2)继续加热溶解盐类,取下,冷却至室温,移入 100 mL 容量瓶中,加入 6 mL 二氯化锶溶液(4.2.6),用水稀释至刻度,混匀,待测。

4.5.4.3 将仪器调到最佳状态,在原子吸收光谱仪上,波长 279.5 nm 处,用空气-乙炔火焰,以水调零,测量其吸光度。将试料溶液的吸光度和随同试料空白溶液的吸光度,从校准曲线上查出对应的锰的质量浓度(μg/mL)。

注:试样含锰量大于 0.20%时,分取 20.00 mL 试样溶液于 100 mL 容量瓶中,加入 6 mL 二氯化锶溶液(4.2.6)、8 mL盐酸(4.2.2),用水稀释至刻度,混匀。

4.5.5 校准曲线的绘制

4.5.5.1 于 7 个 300 mL 聚四氟乙烯烧杯中,依次加入 0 mL、1.00 mL、2.00 mL、5.00 mL、10.00 mL、15.00 mL、20.00 mL 锰标准溶液(4.2.9.2),按表 3 分别加入与测量的试样溶液基体组成相近的钒溶液(4.2.7)、铁溶液(4.2.8)。

表 3 校准曲线的基体溶液加入量

钒含量(质量分数)/%	校准曲线的基体溶液加入量/mg	
	钒加入量	铁加入量
≥40～50	45	55
>50～75	60	40
>75	80	20

以下按 4.5.4.1 加入 10 mL 硝酸(4.2.4)以后的步骤进行。

4.5.5.2 在原子吸收光谱仪上,波长 279.5 nm 处,用空气-乙炔火焰,以水调零,测量其吸光度。

4.5.5.3 校准曲线系列每一溶液的吸光度减去零浓度溶液的吸光度,为锰校准曲线系列溶液的净吸光度,以锰的质量浓度(μg/mL)为横坐标,净吸光度为纵坐标,绘制校准曲线。

4.6 分析结果的计算

按式(2)计算试样中锰的质量分数$w(\mathrm{Mn})$,数值以%表示:

$$w(\mathrm{Mn})=\frac{(C-C_0)\cdot V\times V_2}{m\cdot V_1\times 10^6}\times 100 \quad \cdots\cdots(2)$$

式中:

C——自校准曲线上查得的试料溶液中锰的质量浓度,单位为微克每毫升(μg/mL);

C_0——自校准曲线上查得的随同试料空白溶液中锰的质量浓度,单位为微克每毫升(μg/mL);

V——试样溶液的定容体积,单位为毫升(mL);

V_2——最终测量试样溶液的体积，单位为毫升(mL)；

m——试料量，单位为克(g)；

V_1——试样溶液的分取体积，单位为毫升(mL)。

4.7 允许差

实验室之间分析结果的差值应不大于表 4 所列允许差。

表 4 允许差

%

锰含量(质量分数)	允许差
0.10～0.30	0.02
>0.30～0.60	0.03
>0.60～1.00	0.04

5 试验报告

试验报告应包括下列内容：

a) 鉴别试料、实验室和分析日期的资料；

b) 遵守本部分规定的程度；

c) 分析结果及其表示；

d) 测定中观察到的异常现象；

e) 对分析结果可能有影响而本部分未包括的操作或者任选的操作。

ICS 29.050
Q 52

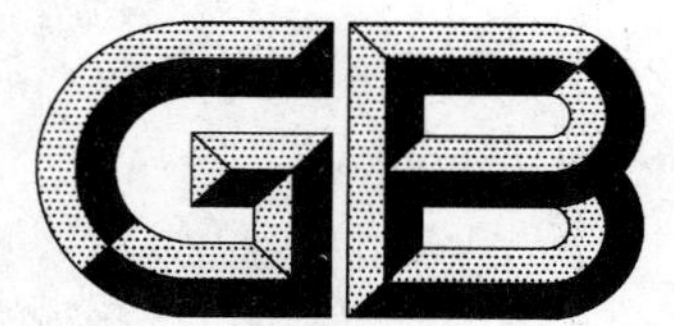

中华人民共和国国家标准

GB/T 8719—2009
代替 GB/T 8719—1997

炭素材料及其制品的包装、标志、储存、运输和质量证明书的一般规定

General rule for packing, marking, storage, transport and quality certificates of carbonaceous material and products

2009-07-08 发布　　2010-04-01 实施

中华人民共和国国家质量监督检验检疫总局
中国国家标准化管理委员会　发布

前　言

本标准代替 GB/T 8719—1997《炭素材料及其制品的包装、标志、储存、运输和质量证明书的一般规定》。

本标准对原标准下列内容进行了修改：

——包装用材料取消了柳条；

——增加了电极接头孔的保护内容；

——增加了石墨块的包装要求；

——增加了散装材料内衬塑料布的内容；

——增加了对电极包装现场、包装的要求；

——增加了成品电极安全线标识要求；

——增加了成品炭块的标记要求；

——修改了放置、码放要求。

本标准由中国钢铁工业协会提出。

本标准由全国钢标准化技术委员会归口。

本标准起草单位：冶金工业信息标准研究院、晋能集团大同能源发展有限公司炭素分公司。

本标准主要起草人：孙伟、张向军、张进莺。

本标准所代替标准的历次版本发布情况为：

——GB 8719—1988、GB/T 8719—1997。

炭素材料及其制品的包装、标志、储存、运输和质量证明书的一般规定

1 范围

本标准规定了炭素材料及其制品的包装用材料、包装方法、包装要求、标志、运输和质量证明书。

本标准适用于炭素材料及其制品的包装。

2 规范性引用文件

下列文件中的条款通过本标准的引用而成为本标准的条款。凡是注日期的引用文件，其随后所有的修改单(不包括勘误的内容)或修订版均不适用于本标准，然而，鼓励根据本标准达成协议的各方研究是否可使用这些文件的最新版本。凡是不注日期的引用文件，其最新版本适用于本标准。

GB/T 191 包装储运图示标志(GB/T 191—2008，ISO 780:1997，MOD)

3 包装

3.1 包装用材料

3.1.1 为了保证炭素材料及其制品的质量和使用性能，在装卸、运输、保管过程中不受损坏，应根据炭素材料及其制品种类、规格、性能和运输方法，分别确定其包装用材料。

3.1.2 包装用材料：木材、菱苦土垫木、铁箱(筒)、瓦楞纸、麻袋、泡沫塑料、塑料布袋、打包钢带、打包塑料编织带(框)、塑料胶带、软填料。

3.2 包装方法

3.2.1 电极用木箱、木框底托包装，接头孔用泡沫塑料盖保护，并用打包钢带捆扎。

3.2.2 电极接头用纸箱、泡沫塑料箱包装或集装成大木箱包装，并用打包钢带捆扎。同一纸箱内装有两只以上电极接头时，接头间用瓦楞纸或泡沫塑料板隔开。

3.2.3 电极和接头连接为一体时，电极接头孔和接头用泡沫塑料盖包装，再用木箱、木框底托包装，并用打包钢带捆扎。

3.2.4 石墨块用木箱、木框底托包装，并用打包钢带捆扎。

3.2.5 高纯石墨材料及其制品用木箱、内衬用瓦楞纸或软填料及塑料布，并用打包钢带捆扎。

3.2.6 石墨阳极的包装按有关标准的规定进行。

3.2.7 高炉用炭块、微孔炭砖用木箱、木框底托包装，内衬用塑料布包裹，并用打包钢带捆扎。

3.2.8 炭素散装材料用内衬塑料布的木箱、铁箱(筒)、麻袋或编织袋包装。

3.2.9 对包装材料和包装方法如用户有特殊要求按供需双方协议。

3.3 包装要求

3.3.1 高纯石墨材料及其制品：包装现场、工具、材料应严格清理干净，不使产品受尘土、污水沾污。易碎件和微型件包装时须用软填料填实，防止松动和运输过程中碰损，散装材料不允许有泄漏现象。

3.3.2 高炉用炭块、微孔炭砖：包装现场、工具、材料应清理干净，产品与木箱之间应用瓦楞纸或泡沫塑料等软填充料填实。木箱应牢固、不变形，防止松动和运输过程中碰损。

3.3.3 电极：包装现场、工具、材料应清理干净，包装箱所用木板要求干净整洁，不允许有贯通裂纹、明显的毛刺、包装各部件外观要对称均匀、不得有突出钉帽和钉尖、打包钢带要拉紧，不得有松弛现象。出口电极包装箱所用木板应经过熏蒸处理。

3.3.4 电极规格≤ϕ400 mm可三只包装；>ϕ400 mm两只包装。

3.3.5 其他炭素材料及其制品：包装现场、工具、材料应清理干净，产品包装时应加以固定，易碎件包装时须用软填料填实，防止松动和运输过程中碰损。散装材料不允许有泄漏现象。

3.3.6 人工装卸每件重量不超过25 kg，机械装卸每件重量不超过5 000 kg。

3.3.7 如用户有特殊要求，按供需双方协议。

4 标志

4.1 成品电极在与接头孔底相对应的电极表面上标出安全线标记。

4.1.1 成品电极安全线标记宽度应≥25 mm。

4.1.2 成品电极安全线标记要均匀、清晰，不得由粘涂现象，同一端不允许有双条及以上安全线标记。

4.2 在成品电极接头孔底须粘贴标签，标签上应标明品种、规格、体积密度、电阻率、重量、长度、生产日期等。端部须清晰标明品级、重量等。

4.3 成品炭块需作标记时不能使用易脱落材料，标记要清晰、牢固。

4.4 包装件应在外表面明显部位标明生产厂厂名、产品牌号、型号、规格、品级、数量、毛重、净重等，每件产品应附有合格证或合格标志。

4.5 运输标志和货件上的标记方法按GB/T 191的规定进行。

4.6 如用户有特殊要求按供需双方协议。

5 储存、运输

5.1 炭素材料及其制品应按类别、品种、规格、性能，分别放置在清洁的仓库内，码放整齐、码放高度应避免产品变形和垮塌，并要防止受潮和受外界沾污。各类炭糊可放置在室外清洁场地，按品种分开堆放，不得互混。

5.2 炭素材料及其制品应用遮盖或带有篷布的车、船运输，各类炭糊可用无遮盖或篷布的车、船运输。

5.3 装车、船前应将车、船底及接触部位清扫干净。

5.4 产品散装运输，在装卸时应轻起轻放，码放整齐，运输工具底部应铺软垫料，并用小木楔使产品固定，防止滑动造成产品撞击、碰损。

6 质量证明书

炭素材料及其制品按批量出厂时，应附有产品质量证明书。质量证明书中应包括以下项目：

a) 生产厂名称；

b) 需方名称；

c) 产品名称、型号、规格、品级；

d) 重量和件数；

e) 产品标准编号；

f) 理化指标检验结果；

g) 生产厂质量监督部门印记。

ICS 29.050
Q 52

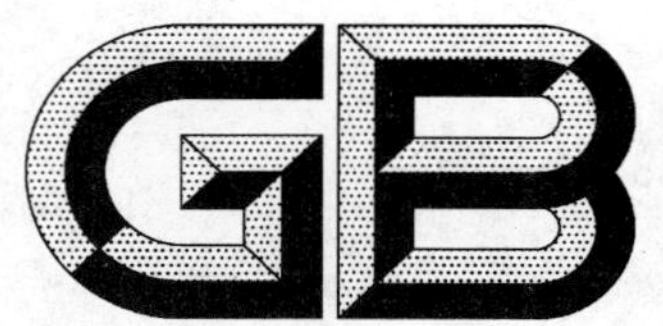

中华人民共和国国家标准

GB/T 8721—2009
代替 GB/T 8721—1988

炭素材料抗拉强度测定方法

Method for the determination of tensile strength of carbonaceous materials

2009-07-08 发布　　　　2010-04-01 实施

中华人民共和国国家质量监督检验检疫总局
中国国家标准化管理委员会　发布

前　　言

本标准代替 GB/T 8721—1988《炭素材料抗拉强度测定方法》。

本标准对 GB/T 8721—1988 主要进行了如下修订：

——增加了前言、范围、规范性引用文件、结果计算等条款；

——修改了原标准的格式；

——增加了对每批试样数量的要求；

——修改了对炭素材料组成中最大可见骨料粒度的要求；

——修改了试验步骤中试验机的控制速度；

——修改了试验结果计算的保留位数。

本标准由中国钢铁工业协会提出。

本标准由全国钢标准化技术委员会归口。

本标准起草单位：中钢集团吉林炭素股份有限公司、冶金工业信息标准研究院。

本标准主要起草人：景海斌、王军、朱洁、康健。

本标准所代替标准的历次版本发布情况为：

——GB/T 8721—1988。

炭素材料抗拉强度测定方法

1 范围

本标准规定了炭素材料抗拉强度测定原理、仪器设备、试样、试验步骤和结果计算。

本标准适用于室温下炭素材料抗拉强度的测定。试样测试区(试样中间平行段区域)直径应不小于被测材料中最大可见骨料粒度的三倍。

2 规范性引用文件

下列文件中的条款通过本标准的引用而成为本标准的条款。凡是注日期的引用文件,其随后所有的修改单(不包括勘误的内容)或修订版均不适用于本标准,然而,鼓励根据本标准达成协议的各方研究是否可使用这些文件的最新版本。凡是不注日期的引用文件,其最新版本适用于本标准。

GB/T 1427　炭素材料取样方法

GB/T 8170　数值修约规则与极限数值的表示和判定

3 原理

抗拉强度是材料受到唯一拉力作用时其单位横截面所能承受的最大负荷。

4 仪器设备

4.1　材料实验机:量程(0~4 900)N,精度 5 N。

4.2　标准夹具。

4.3　千分尺:测量范围(0~25)mm,精度 0.01 mm。

4.4　鼓风干燥箱:具有自动调温装置,能保持温度在(105~110)℃。

5 试样

5.1　按 GB/T 1427 规定进行取样、加工。

5.2　试样数量:每批试样数量应不少于两个。

5.3　加工方法:粒度组成小于 1 mm 的高强炭素制品按图 1 制样;粒度组成小于 1 mm 的炭素制品按图 2 制样;粒度组成为(1~6)mm 的炭素制品按图 3 制样。

5.4　加工精度按 GB/T 1427 中的规定执行。

单位为毫米

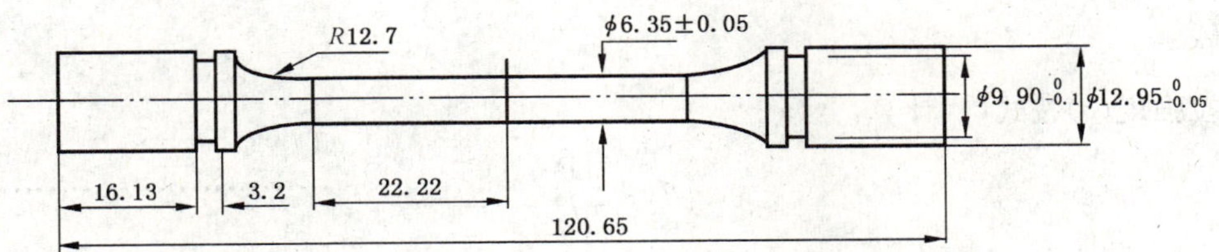

图 1

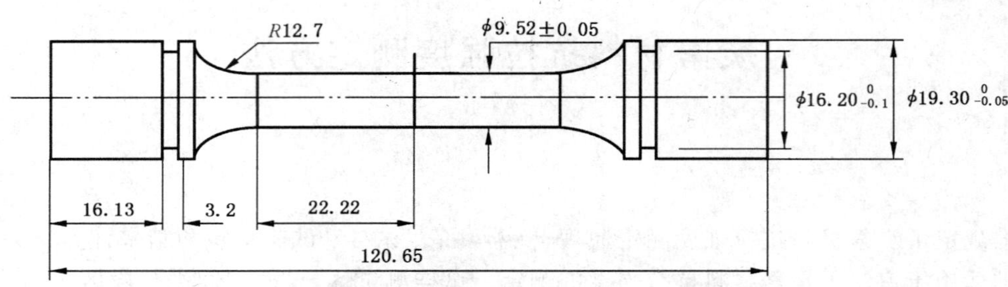

图 2

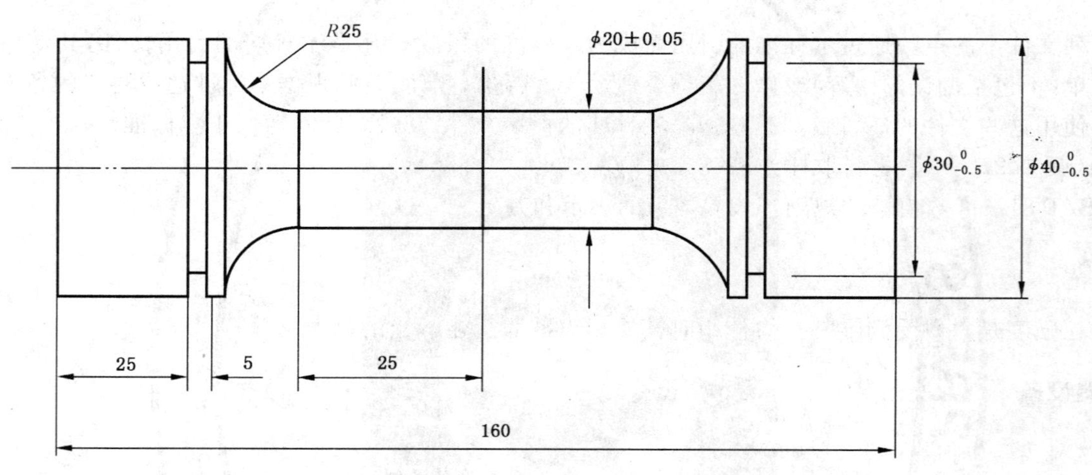

图 3

6 试验步骤

6.1 将试样放入(105～110)℃鼓风干燥箱内烘干 2 h,然后贮存于干燥器内冷却至室温备用。

6.2 用千分尺对试样所规定测试区的两端及中间 3 处测量试样直径,然后转动 90°在同一位置测量,取其 3 处测量平均值。

6.3 将试样放入相应的夹具中,先将试样装入实验机上端,使其自然下垂再夹入试验机下端。

6.4 将试验机空载速度调节至 1 mm/min,然后对试样施加拉伸力,直至试样断裂,记录最大负荷。

6.5 若被测试样在试样测试区以外断裂,此试样测试结果作废。

6.6 每次试样加载前应对试验机进行零点校正。

7 结果计算

试样抗拉强度(σ)按式(1)计算:

$$\sigma = \frac{4P}{\pi d^2} \qquad \cdots\cdots (1)$$

式中:

σ——试样的抗拉强度,单位为兆帕(MPa);

P——试样断裂时的最大负荷,单位为牛(N);

d——试样的直径平均值,单位为毫米(mm)。

结果保留小数点后一位,数值修约按 GB/T 8170 规定进行。

8 试验报告

试验报告应包括下列内容：

a） 委托单位；

b） 试样编号、名称及规格；

c） 试验结果的单值及其平均值；

d） 试验单位；

e） 审核人员；

f） 试验日期。

ICS 59.080.30;13.220.40
W 04

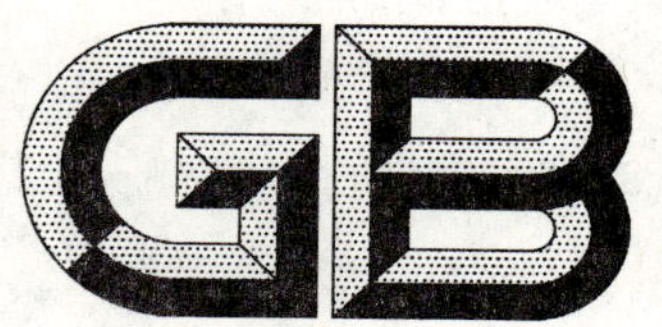

中华人民共和国国家标准

GB/T 8746—2009
代替 GB/T 8746—2001

纺织品　燃烧性能 垂直方向试样易点燃性的测定

Textiles—Burning behaviour—Determination of ease of ignition of vertically oriented specimens

(ISO 6940:2004,Textile fabrics—Burning behaviour—Determination of ease of ignition of vertically oriented specimens,MOD)

2009-03-19 发布　　2010-02-01 实施

中华人民共和国国家质量监督检验检疫总局
中国国家标准化管理委员会　发布

前　言

本标准修改采用国际标准 ISO 6940:2004《纺织织物　燃烧性能　垂直方向试样易点燃性的测定》。

本标准根据 ISO 6940:2004 重新起草，与 ISO 6940:2004 的主要差异如下：

——将“规范性引用文件”中的国际标准用相应的国家标准替换；

——在规范性引用文件中，删去了标准正文中未引用的 GB/T 5456(对应 ISO 6941)，增加了 GB/T 6529；

——将第 8 章的调湿用大气由“在温度 20 ℃±2 ℃，相对湿度 65%±5%下调湿 24 h”改为“在 GB/T 6529规定的标准大气条件下进行调湿”；

——删去了计时装置中的 5.6.2。

本标准代替 GB/T 8746—2001《纺织品　燃烧性能　垂直方向试样易点燃性的测定》，本标准与 GB/T 8746—2001 相比主要变化如下：

——范围中增加了关于接缝和装饰件的内容；

——删去了原“规范性引用文件”中引用的标准，增加两个引用标准：GB/T 3291.3 和 GB/T 6529；

——增加定义：3.4“持续燃烧”；

——将“试验人员的健康和安全”、“试验装置的构成”和“试验柜的放置”的内容都并入第 6 章“注意事项”；

——第 5 章“仪器”中补充了对计时装置的要求；

——将“试样及调湿”分成“试样”和“调湿和试验用大气”两个章节；

——将调湿由“在温度 20 ℃±2 ℃，相对湿度 65%±5%的标准大气中，平衡 24 h”改为“在 GB/T 6529规定的标准大气条件下进行调湿”；

——将“试验步骤”的内容分成两章：“仪器设置”和“试验步骤”；

——增加第 12 章“精密度”；

——将原附录 A 中点火器的图放入标准正文。

本标准的附录 A 为规范性附录，附录 B 和附录 C 为资料性附录。

本标准由中国纺织工业协会提出。

本标准由全国纺织品标准化技术委员会基础标准分会(SAC/TC 209/SC 1)归口。

本标准主要起草单位：纺织工业标准化研究所、浙江阻燃控股集团、中华人民共和国上海出入境检验检疫局、上海爱丽服装检验修理有限公司。

本标准主要起草人：徐路、孙一飞、梁国斌、孙荣昌、孙春根、陆维民、袁志磊。

本标准所代替标准的历次版本发布情况为：

——GB/T 8746—1988；GB/T 8746—2001。

纺织品 燃烧性能
垂直方向试样易点燃性的测定

1 范围

本标准规定了纺织品垂直方向易点燃性的试验方法。

本标准适用于各类单层或多层(如涂层、绗缝、多层、夹层和类似组合)纺织织物及其产业用制品。

本标准适用于评定在实验室控制条件下,纺织织物与火焰接触时的性能。但可能不适用于空气供给不足的场合或在大火中受热时间过长的情况。

接缝对于织物燃烧性能的影响可以用该方法测定,接缝位于试样上,以承受试验火焰。只要可行,装饰件宜作为织物组合件的一部分进行试验。

2 规范性引用文件

下列文件中的条款通过本标准的引用而成为本标准的条款。凡是注日期的引用文件,其随后所有的修改单(不包括勘误的内容)或修订版均不适用于本标准,然而,鼓励根据本标准达成协议的各方研究是否可使用这些文件的最新版本。凡是不注日期的文件,其最新版本适用于本标准。

GB/T 3291.3 纺织 纺织材料性能和试验术语 第3部分:通用

GB/T 6529 纺织品 调湿和试验用标准大气(GB/T 6529—2008,ISO 139:2005,MOD)

3 定义

GB/T 3291.3 确立的以及下列术语和定义适用于本标准。

3.1

点火时间 flame application time

点火源的火焰施加到试样上的时间。

3.2

续燃时间 afterflame time

在规定的试验条件下,移开点火源后材料持续有焰燃烧的时间。

注:续燃时间精确到整数,续燃时间小于 1.0 s 宜记录为 0。

3.3

点燃 ignition

燃烧开始。

3.4

持续燃烧 sustained combustion

续燃时间大于或等于 5 s,或者在 5 s 内续燃到达顶部或垂直边缘。

3.5

最小点燃时间 minimum ignition time

在规定的试验条件下,材料暴露于点火源中获得持续燃烧所需的最短时间。

4 原理

用规定点火器产生的火焰,对垂直方向的试样表面或底边点火,测定从火焰施加到试样上至试样被点燃所需的时间,并计算平均值。

5 仪器

5.1 支承架

支承架应能使气体点火器(5.2,见图1)和试样框架(5.3,见图2)之间保持规定的相对位置(见图3)。

单位为毫米

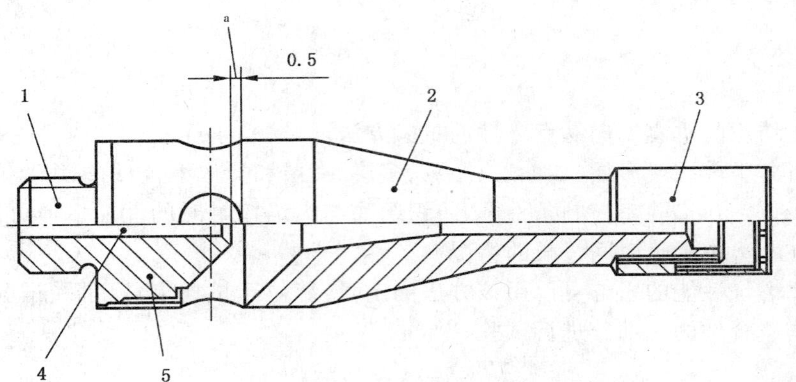

a) 气体点火器结构

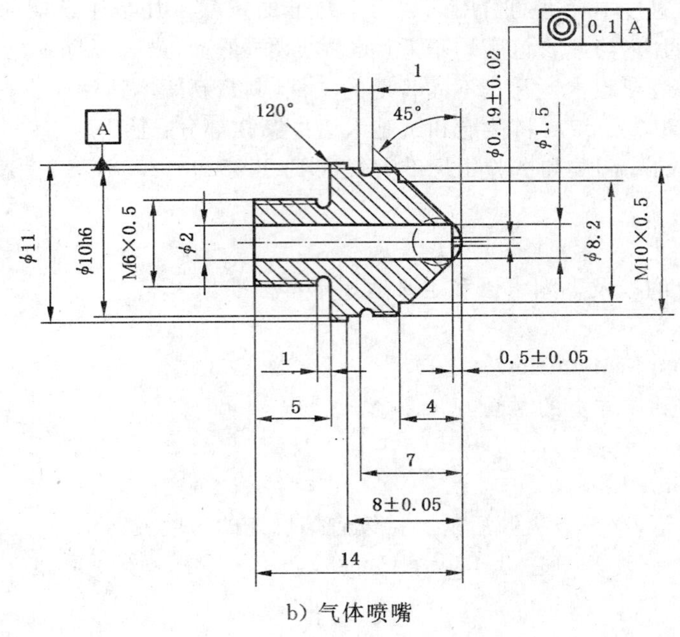

b) 气体喷嘴

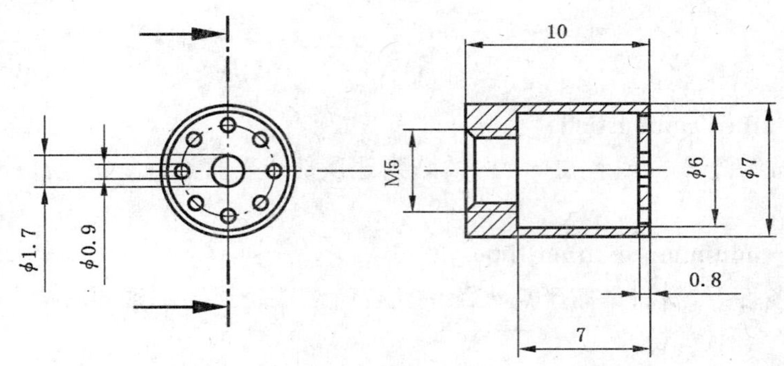

c) 火焰稳定器

图1 气体点火器

单位为毫米

d) 点火器管

1——喷气嘴；

2——点火器管；

3——火焰稳定器；

4——阻气管；

5——槽口；

6——气体混合区；

7——扩散区；

8——气体室；

9——气体出口。

[a] 各部件之间组装紧密。

图 1（续）

1——试样；

2——定位圆柱；

3——固定针。

图 2 试样框架

单位为毫米

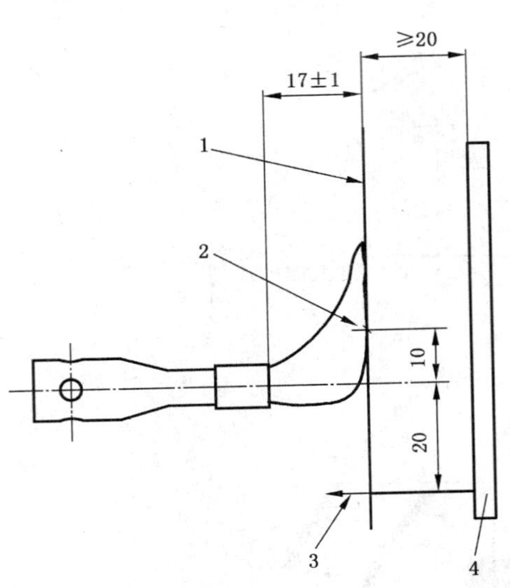

a) 表面点火

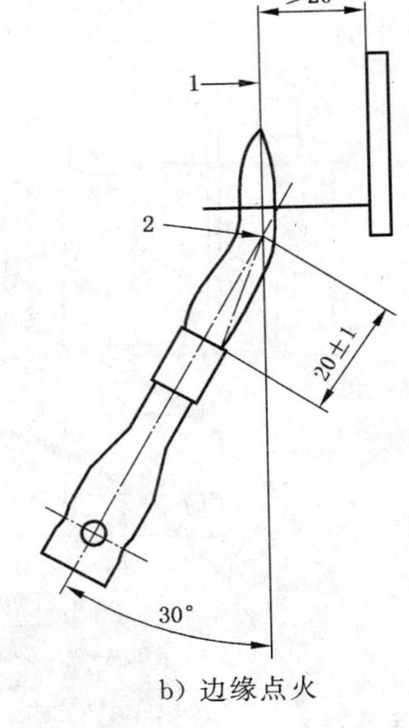

b) 边缘点火

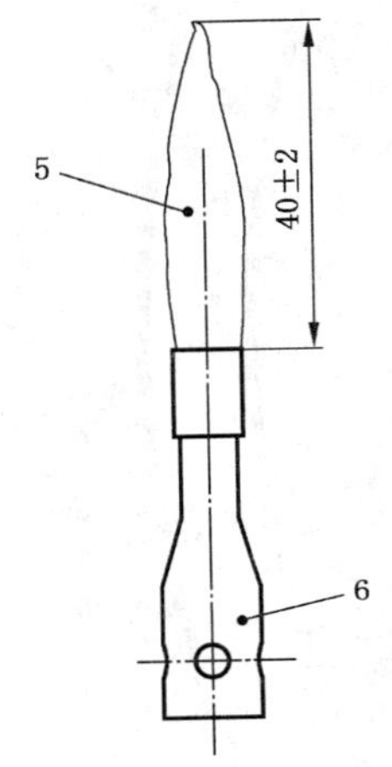

c) 垂直火焰高度

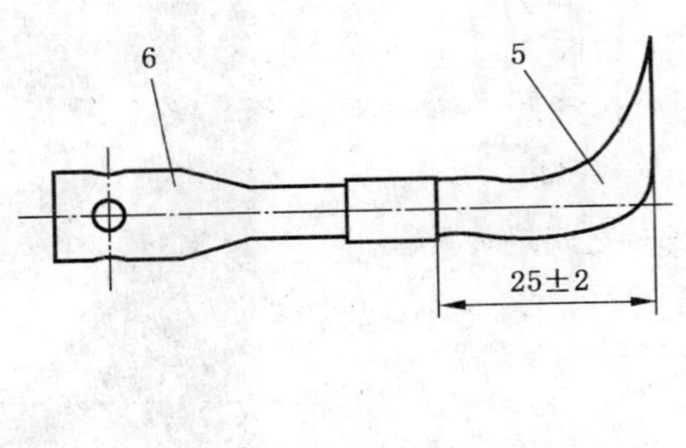

d) 火焰的水平延伸

1——织物试样；

2——名义上的点火点；

3——固定针；

4——支承架；

5——火焰；

6——点火器。

图 3 火焰位置和调节

5.2 气体点火器

气体点火器的描述见附录 A，点火器可以从预备位置移动到水平位置或者倾斜位置上（见图 3）。在预备位置时，点火器顶端距试样至少 75 mm。

5.3 试样框架

试样框架（见图 2）由 190 mm×70 mm 的矩形金属框架构成，它的四个角上都有支撑试样的固定针，固定针的最大直径是 2 mm，长度至少 26 mm。

注：对于较厚或多层试样需要加长固定针。

为了使试样平面距支承架至少 20 mm（见 9.1.1 和 9.1.2），在每个固定针的附近要安装直径为

2 mm，长度至少 20 mm 的定位圆柱。

5.4 模板

刚性平型模板由适当的材料构成，其大小与试样尺寸相适应。在模板的四个角上钻有直径约4 mm的小孔，孔与孔之间的距离和试样框架上固定针之间的距离一致（见图 2）。小孔位于模板的垂直中心线等距离处。

5.5 气体

工业用丙烷或丁烷或丙烷/丁烷混合气体。

注：推荐使用工业用丙烷，但也可用其他气体。

5.6 计时装置

计时装置用来控制和测定火焰施加时间，可以设定为 1 s，并能以 1 s 的间隔调节。精度至少 0.2 s。

6 注意事项

6.1 试验装置的构成

某些燃烧产物具有腐蚀性，试验装置应由不受烟雾侵蚀影响的材料构成。

6.2 试验仪器的放置

试验场所环境空气量应不对试验产生任何影响。试验柜为前开门式箱体，箱体的任一壁距离试样的位置至少 300 mm。

6.3 试验人员的健康和安全

纺织品的燃烧可能会产生影响操作人员健康的烟雾和有毒气体，试验场所周围应有足够的空间，两次试验之间，应使用排风扇或其他通风设备清除试验场所内的烟雾和有毒气体，以避免危及试验人员的健康。

注：烟尘和烟雾的排放需符合国家有关气体污染控制的规定。

7 试样

7.1 试样的数量

用模板(5.4)剪取 12 块试样，保证试验时获得至少 5 块试样点燃和 5 块试样未点燃的结果。

沿试样的长度方向进行试验，试样的外表面朝着点火源。如果预备试验表明，试样的纵向和横向燃烧性能不同，则应分别试验。如果试样的两面燃烧性能不同，并且预备试验表明两面的燃烧性能不同，那么在表面点火试验时应两面分别试验。

因需要进行重复试验，试样的确切数量无法确定，每个方向至少要准备 10 块试样。对于表面和底边点火试验（见 9.1 和 9.2）都要做的，则需要更多的试样。

7.2 试样上针位的标记

把模板（见 5.4）放在试样上，并用模板上的小孔对固定针须穿过的位置作出标记。

注：织物若是网眼结构（如：稀松窗帘布、纱罗织物），则需在固定针标记处贴一块胶布，并将针位也标记在胶布上。

7.3 试样的尺寸

每块试样的尺寸为(200 mm±2 mm)×(80 mm±2 mm)。

8 调湿和试验用大气

8.1 调湿

试样放置在 GB/T 6529 规定的标准大气条件下进行调湿。调湿之后如果不立刻进行试验，应将调湿后试样放在密闭容器中。每一块试样从调湿大气或密闭容器中取出后，应在 2 min 内开始试验。

注：在将试样安装到固定针上的时候要小心操作以避免损伤。如果有必要，在试样从标准环境中拿出之前，将其安装到试样框架上(5.3)。

8.2 试验用大气

在温度为 10 ℃～30 ℃，相对湿度为 15％～80％的大气环境中进行试验。

在试样开始试验时，点火处的空气流动速度应小于 0.2 m/s。在试验期间也不应受运转着的机械设备的影响。

注：如果需要，可以用气流防护罩来保持测试火焰的稳定。

9 仪器设置

9.1 程序 A(表面点火)

9.1.1 安装试样

将试样(见 7.1)放置在试样框架的固定针上，使固定针穿过试样上通过模板作的标记点，并使试样的背面距框架至少 20 mm。然后将试样框架装在支承架上，使试样呈垂直状态。

9.1.2 点火器的位置

将点火器垂直于试样表面放置，使点火器轴心线在下端固定针标记线的上方 20 mm 处，并与试样的垂直中心线在一个平面内。确保点火器的顶端距试样表面(17±1)mm[见图 3a)]。

9.1.3 水平火焰高度的调节

把点火器放在垂直预备位置上，点燃点火器并预热至少 2 min。将点火器移至水平预备位置，在黑色背景下调节水平火焰高度，使点火器顶端至黄色火焰尖端的水平距离为(25±2)mm[见图 3d)]。

在每组(6 块)试样试验前都应检查火焰高度。

注：如果实验仪器没有水平预备位置，那么在进行火焰调节之前就应将试样移开。

9.1.4 火焰的位置

将点火器从预备位置移到水平的试验位置(见 9.1.2)。确定火焰在正确的位置接触试样[见图 3a)]。

9.2 程序 B(底边点火)

9.2.1 安装试样

将试样(见 7.1)放置在试样框架的固定针上，使固定针穿过试样上通过模板作的标记点，并使试样的背面距框架至少 20 mm。然后将试样框架装在支承架上，使试样呈垂直状态。

9.2.2 点火器的位置

点火器放在试样前下方，位于通过试样的垂直中心线和试样表面垂直的平面中，其纵向轴与垂直线成 30°，与试样的底边垂直。确保点火器的顶端到试样底边的距离为(20±1)mm[见图 3b)]。

注：对于悬垂性较大的织物，保持上述要求可能比较难，这种织物更适合用表面点火。

9.2.3 垂直火焰高度的调节

把点火器放在垂直预备位置上，点燃点火器并预热至少 2 min。在黑色背景下调节垂直火焰高度，使点火器顶端到黄色火焰尖端的距离为(40±2)mm[见图 3c)]。

在每组(6 块)试样试验前都应检查火焰高度。

9.2.4 火焰的位置

将点火器从预备位置移到倾斜的试验位置(见 9.2.2)。确保试样的底边对分火焰[见图 3b)]。

10 试验步骤[1)]

10.1 表面点火

10.1.1 按照 9.1 所述设置试验仪器。

10.1.2 再取一块试样放到试样框架上(见 9.1.1)。记录试样的纵向还是横向是垂直的，以及试样的

1) 有关操作方面的要求参见附录 C。

哪一面朝向试验火焰。

10.1.3　对试样点火，点火时间要接近引起点燃的最小时间。

注：需要预备试验来确定点火时间。

10.1.4　记录点火时间及试样是否被点燃。

10.1.5　重新取一块相同方向的试样放在试样框架上，如果上一块试样已被点燃，则点火时间减少 1 s；如果上一块试样未点燃，则点火时间增加 1 s。记录点火时间及试样是否被点燃。

如果一块试样用 1 s 点火时间就被点燃，则将未点燃的点火时间记为“0”，并另取一块试样用 1 s 点火时间重试。如果一个试样用 20 s 点火时间未点燃，则另取一块试样用 20 s 重试。

10.1.6　按 10.1.5 继续试验，直到至少有 5 块试样点燃和 5 块试样未点燃。对于用 1 s 点火时间被点燃的试样，要继续用 1 s 试验，直到有 5 块试样点燃为止。对于在 20 s 点火时间未点燃的试样，要继续用 20 s 试验，直到有 5 块试样未点燃为止。

注：最大点火时间是 20 s，对于在这个点火时间未被点燃的试样，一般不再用更大的点火时间试验。如果需要做点火时间大于 20 s 的试验，则应在试验报告中注明(见第 13 章)。

10.2　底边点火

10.2.1　按照 9.2 所述设置试验仪器。

10.2.2　再取一块试样放到试样框架上(见 9.2.1)。记录是试样的纵向还是横向是垂直的，以及试样的哪一面朝向试验火焰。

10.2.3　对试样点火，点火时间要接近引起点燃的最小时间。

注：需要预备试验来确定点火时间。

10.2.4　记录点火时间及试样是否被点燃。

10.2.5　重新取一块相同方向的试样放在试样框架上，如果上一块试样已被点燃，则点火时间减少 1 s；如果上一块试样未点燃，则点火时间增加 1 s。记录点火时间及试样是否被点燃。

如果一块试样用 1 s 点火时间就被点燃，则将未点燃的点火时间记为“0”，并另取一块试样用 1 s 点火时间重试。如果一个试样用 20 s 点火时间未点燃，则另取一块试样用 20 s 重试。

10.2.6　按 10.2.5 继续试验，直到至少有 5 块试样点燃和 5 块试样未点燃。对于用 1 s 点火时间被点燃的试样，要继续用 1 s 试验，直到有 5 块试样点燃为止。对于在 20 s 点火时间未点燃的试样，要继续用 20 s 试验，直到有 5 块试样未点燃为止。

注：最大点火时间是 20 s，对于在这个点火时间未被点燃的试样，一般不再用更大的点火时间试验。如果需要做点火时间大于 20 s 的试验，则应在试验报告中注明。

11　结果的计算

取点燃或未点燃试样中发生次数少的计算点火时间的平均值。如果采用“未点燃”的次数，平均值要加 0.5 s，如果采用“点燃”的次数，平均值要减 0.5 s，最后修约到整数，该值为此方向的最小点燃时间。附录 B 为计算结果的示例。

12　精密度

该方法用于测定平均点燃时间，该时间是在规定的试验条件下，保持试样持续燃烧的最小火焰施加时间，计算至整数。该方法的精密度很大程度上依赖于被试材料的类型。

该方法适用于易燃材料，它们被点燃时持续燃烧。对于这类材料，该方法精确到最接近的秒。然而，由于平均点燃时间是点燃和未点燃的临界情况，所以当火焰施加时间为平均点燃时间时，两种燃烧类型都可能观察到，参见附录 B 的示例。

该方法不适用于仅产生有限燃烧而非持续燃烧的阻燃材料。这类材料的有限燃烧用该方法很难测定，阻燃材料一般记录为“20 s 未点燃”。这类织物的阻燃性能用其他试验方法测定。

某些中间状态的材料会出现极为不确定的结果。这类材料仅在某些特定情况下才能持续地燃烧，例如仅在很窄范围的火焰施加时间内能持续燃烧。这种燃烧的不一致性是材料的性能而不是本方法的特性。

13 试验报告

该试验报告应包括下列内容：

a) 试验是按本标准进行的以及任何偏离本标准的细节；

b) 使用的气体；

c) 试验日期及试验人员；

d) 试验时的温湿度；

e) 对于不能用固定针固定的织物，应说明所采用的固定方法(见 7.2)；

f) 试验样品的描述，包括任何预处理的详细信息，例如：清洗程序；

g) 试验时的点火方式：表面点火或底边点火；注明试样的受试方向以及表面点火的受试面；

h) 列表记录点火时间，以及每个试样点燃或未点燃的情况；

i) 每个方向试样的最小点火时间；

j) 若织物用 20 s 仍未点燃(或采用其他更大的点火时间)，应予以记录。

附　录　A
（规范性附录）
点火器的描述和结构

A.1　描述

点火器能提供适当尺寸的火焰，火焰高度可以在 10 mm～60 mm 间进行调节。

A.2　结构

点火器的结构如图 1a)所示，它由三部分组成：

a)　气体喷嘴

气体喷嘴[见图 1b)]的喷嘴口径是 0.19 mm±0.02 mm。

喷嘴口系钻成，钻加工后应将钻孔两端的所有毛刺磨去，但不要磨成圆角。

b)　点火器管

点火器管[见图 1d)]由四部分组成：

1)　空气室；

2)　气体混合区；

3)　扩散区；

4)　气体出口。

在空气室内，点火器管有四个直径为 4 mm 的空气入口小孔，孔的前部边缘与喷嘴的顶端接近水平。

扩散区呈锥形，其尺寸如图 1d)所示。点火器孔腔内径为 1.7 mm，出口内径为 3.0 mm。

c)　火焰稳定器

火焰稳定器如图 1c)所示。

附 录 B
（资料性附录）
点火时间平均值的计算举例

B.1 试验结果

表1给出的是试样在一个方向上的12个试验结果，其中“×”表示点燃，“0”表示未点燃。

表 B.1 试验结果

试样编号	点火时间/s	试验结果	试样编号	点火时间/s	试验结果
1	6	×	7	4	0
2	5	×	8	5	×
3	4	×	9	4	×
4	3	0	10	3	0
5	4	0	11	4	×
6	5	×	12	3	0

B.2 计算

根据试验结果，将每个点火时间的点燃或未点燃数统计在表B.2中。

表 B.2 结果统计

点火时间/s	点燃的次数	未点燃的次数
6	1	0
5	3	0
4	3	2
3	0	3

从表B.2中看出，未点燃的总次数较少（例如：点燃的总次数为7次，未点燃的总次数为5次），因此以未点燃的次数计算点火时间的加权平均值：

$$\frac{(4\times2)+(3\times3)}{5}=3.4\ \text{s}$$

平均点火时间为3.4+0.5=3.9 s，修约到整数位，平均点火时间为4 s。

注：如果点燃的总次数少，那么以点燃的次数计算点火时间的平均值，但应将计算所得值减去0.5，再精确到整数位，作为平均点火时间报出。

附 录 C
（资料性附录）
试验技术

燃烧试验所要求的试验技术质量，在很大程度上取决于试验仪器的设计。例如：仪器的自动化程度越差，要想达到高精度，对操作者熟练程度的要求就越高。

某些基本的操作要求如下：

a) 为安全起见，试验仪器应远离贮气钢瓶，钢瓶可放在建筑物的外面。在这种情况下，手工操作的开关阀门应当安装在放置仪器的室内，在进入该仪器的管道处。使用该仪器时应考虑气体达到点火器喷嘴所需的时间，从而提供稳定的火焰。

b) 安装与使用仪器应使会被热气带走或从试样上落下的冒烟微粒不致停留在可燃材料上。操作者应当备有防护服、灭火器和报警信号。

c) 保持仪器的清洁并确保安全是很重要的。

d) 某些未经整理的织物（例如单面针织品）容易发生卷边。通过进一步加工可以减轻这种倾向。因此在试验这类织物时最好用经过整理的。

e) 试验后，粘附在固定针上的残留物可用金属丝刷清除。任何还在冒烟的材料应先将其熄灭，再与其他废品一起放进一个不可燃的容器内。

f) 如果经过检查认为织物的两个表面可点燃性不同，或者两个表面不同，则织物的两面都应当进行试验。

ICS 47.020.20
U 44

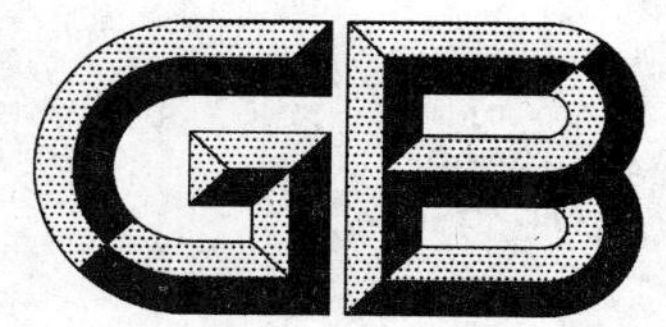

中华人民共和国国家标准

GB 8840—2009
代替 GB 8840—1988

船用柴油机排气烟度限值

Limit for exhaust smoke of marine diesel engine

2009-03-09 发布　　　　2009-08-01 实施

中华人民共和国国家质量监督检验检疫总局
中国国家标准化管理委员会　发布

前言

本标准的全部技术内容为强制性。

本标准代替GB 8840—1988《船用柴油机排气烟度限值》。

本标准与GB 8840—1988相比主要有下列技术变化：

——修改了烟度值的表示方法，将原来的波许烟度 R_B 修改为滤纸烟度 S_F；

——按照标准烟度值 S_F 与标准前版烟度值 R_B 对照表，修改了烟度的允许限值；

——删去了对部分负荷工况的测量要求。

本标准由中国船舶工业集团公司提出。

本标准由全国船用机械标准化技术委员会柴油机分技术委员会归口。

本标准起草单位：中国船舶工业综合技术经济研究院、大连海事大学、潍柴动力股份有限公司、中国船舶重工集团公司第七一一研究所。

本标准主要起草人：李军、陈志忠、唐金池、李斌、陈民忠。

本标准所代替标准的历次版本发布情况为：

——GB 8840—1988。

船用柴油机排气烟度限值

1 范围

本标准规定了船用柴油机(以下简称“柴油机”)稳态工况下排气烟度的允许限值。

本标准适用于对船用柴油机排气烟度的限制。

2 规范性引用文件

下列文件中的条款通过本标准的引用而成为本标准的条款。凡是注日期的引用文件,其随后所有的修改单(不包括勘误的内容)或修订版均不适用于本标准,然而,鼓励根据本标准达成协议的各方研究是否可使用这些文件的最新版本。凡是不注日期的引用文件,其最新版本适用于本标准。

GB/T 5741 船用柴油机排气烟度测量方法

3 术语和定义

GB/T 5741 确立的术语和定义适用于本标准。

4 要求

4.1 测量工况

柴油机的测量工况应为柴油机铭牌给定的额定工况或订货合同规定的持续运转功率工况。

4.2 允许限值

4.2.1 柴油机排气烟度的测量值不应超过表 1 规定的允许限值。

表 1 柴油机排气烟度允许限值

名义排气流量 G/(L/s)	滤纸烟度 S_F/FSN	名义排气流量 G/(L/s)	滤纸烟度 S_F/FSN
≤45	4.86	>290～350	3.27
>45～55	4.77	>350～400	3.08
>55～65	4.58	>400～500	2.99
>65～75	4.48	>500～600	2.90
>75～85	4.30	>600～700	2.71
>85～95	4.20	>700～900	2.62
>95～110	4.11	>900～1 150	2.43
>110～125	4.02	>1 150～1 500	2.24
>125～140	3.92	>1 500～2 000	2.05
>140～160	3.83	>2 000～3 000	1.96
>160～185	3.74	>3 000～5 000	1.77
>185～210	3.64	>5 000～7 000	1.59
>210～250	3.46	>7 000	1.40
>250～290	3.36		

4.2.2 自然吸气或增压柴油机的名义排气流量按公式(1)和公式(2)计算。

二冲程柴油机：

$$G=\frac{V\cdot n}{60} \quad \cdots\cdots(1)$$

四冲程柴油机：

$$G=\frac{V\cdot n}{120} \quad \cdots\cdots(2)$$

式中：

G——名义排气流量，单位为升每秒(L/s)；

V——气缸总排量，单位为升(L)；

n——测量烟度时柴油机转速，单位为转每分(r/min)。

4.3 测量方法

按 GB/T 5741 规定的方法进行柴油机排气烟度的测量。

ICS 59.080.30
W 63

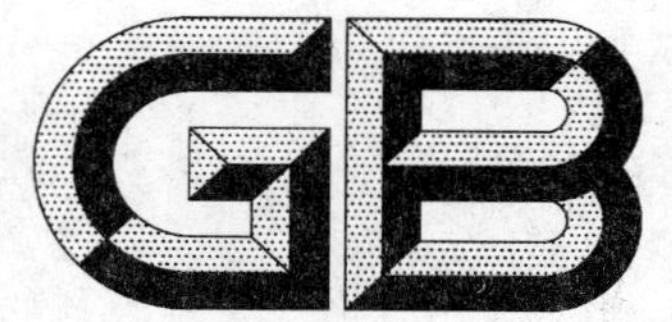

中华人民共和国国家标准

GB/T 8878—2009
代替 GB/T 8878—2002

棉 针 织 内 衣

Cotton knitted underwear

2009-04-21 发布 2009-12-01 实施

中华人民共和国国家质量监督检验检疫总局
中国国家标准化管理委员会 发布

前　言

本标准代替 GB/T 8878—2002《棉针织内衣》。

本标准与 GB/T 8878—2002 相比主要变化如下：

——内在质量考核项目增加可分解芳香胺染料、耐水色牢度；

——修改本身尺寸差异的考核方法；

——增加顶破强力试验方法，球的直径为(38±0.02)mm；

——简化缝制规定内容；

——耐皂洗色牢度试验方法由方法 3 改为耐皂洗色牢度 A(1)。

本标准由中国纺织工业协会提出。

本标准由全国纺织品标准化技术委员会针织品分技术委员会归口(SAC/TC 209/SC 6)。

本标准起草单位：国家针织产品质量监督检验中心、上海三枪集团针织九厂、江苏 AB 集团、北京铜牛集团有限公司、上海帕兰朵高级服饰有限公司、青岛即发集团股份有限公司、武汉爱帝集团有限公司等。

本标准主要起草人：邢志贵、薛继凤、吴鸿烈、漆小瑾、方国平、黄丰华、胡平。

本标准所代替标准的历次版本发布情况为：

——GB/T 8878—1988、GB/T 8878—1997、GB/T 8878—2002。

棉针织内衣

1 范围

本标准规定了棉针织内衣的产品分类、号型及规格、要求、检验规则、判定规则、产品使用说明、包装、运输、贮存。

本标准适用于鉴定棉针织内衣品质。棉混纺、交织的针织内衣可参照执行。

2 规范性引用文件

下列文件中的条款通过本标准的引用而成为本标准的条款。凡是注日期的引用文件，其随后所有的修改单(不包括勘误的内容)或修订版均不适用于本标准，然而，鼓励根据本标准达成协议的各方研究是否可使用这些文件的最新版本。凡是不注日期的引用文件，其最新版本适用于本标准。

GB/T 250 纺织品 色牢度试验 评定变色用灰色样卡(GB/T 250—2008,ISO 105-A02:1993,IDT)

GB/T 251 纺织品 色牢度试验 评定沾色用灰色样卡(GB/T 251—2008,ISO 105-A03:1993,IDT)

GB/T 1335(所有部分) 服装号型

GB/T 2910 纺织品 二组分纤维混纺产品定量化学分析方法(GB/T 2910—1997,eqv ISO 1833:1977)

GB/T 2911 纺织品 三组分纤维混纺产品定量化学分析方法(GB/T 2911—1997,eqv ISO 5088:1976)

GB/T 2912.1 纺织品 甲醛的测定 第1部分:游离水解的甲醛(水萃取法)

GB/T 3920 纺织品 色牢度试验 耐摩擦色牢度(GB/T 3920—2008,ISO 105-X12:2001,MOD)

GB/T 3921 纺织品 色牢度试验 耐皂洗色牢度(GB/T 3921—2008,ISO 105-C10:2006,MOD)

GB/T 3922 纺织品耐汗渍色牢度试验方法(GB/T 3922—1995,eqv ISO 105-E04:1994)

GB/T 4856 针棉织品包装

GB 5296.4 消费品使用说明 纺织品和服装使用说明

GB/T 5713 纺织品 色牢度试验 耐水色牢度(GB/T 5713—1997,eqv ISO 105-E01:1994)

GB/T 6411—2008 棉针织内衣规格尺寸系列

GB/T 7573 纺织品 水萃取液 pH 值的测定(GB/T 7573—2002,ISO 3071:1980,MOD)

GB/T 8170 数值修约规则与极限数值的表示和判定

GB/T 8629 纺织品 试验用家庭洗涤和干燥程序(GB/T 8629—2001,eqv ISO 6330:2000)

GB/T 14801 机织物和针织物纬斜和弓纬的试验方法

GB/T 17592 纺织品 禁用偶氮染料的测定

GB 18401 国家纺织品基本安全技术规范

GB/T 19976 纺织品 顶破强力的测定 钢球法

FZ/T 01026 纺织品 四组分纤维混纺产品定量化学分析方法

FZ/T 01053 纺织品 纤维含量的标识

FZ/T 01057(所有部分) 纺织品纤维鉴别试验方法

FZ/T 01095 纺织品 氨纶产品纤维含量的试验方法

GSB 16-2159-2007　针织产品标准深度样卡(1/12)
GSB 16-2500-2008　针织物表面疵点彩色样照

3　产品分类、号型及规格

3.1　棉针织内衣按织物组织结构分为单面织物、双面织物、绒织物三类产品。

3.2　产品号型

棉针织内衣号型按 GB/T 6411—2008 中第 4 章或 GB/T 1335(所有部分)的规定执行。

4　要求

4.1　要求内容

要求分为内在质量和外观质量两个方面，内在质量包括顶破强力、纤维含量、甲醛含量、pH 值、异味、可分解芳香胺染料、水洗尺寸变化率、耐水色牢度、耐皂洗色牢度、耐汗渍色牢度、耐摩擦色牢度等项指标；外观质量包括表面疵点、规格尺寸公差、本身尺寸差异、缝制规定。

4.2　分等规定

4.2.1　棉针织内衣分为优等品、一等品、合格品，低于合格品者为不合格品。

4.2.2　内在质量按批(交货批)评等。外观质量按件评等。二者结合以最低等级定等。

4.3　内在质量要求

4.3.1　内在质量要求见表 1。

表 1　内在质量要求

项　　目			优等品	一等品	合格品
顶破强力/N　≥		单面织物、罗纹织物、绒织物	150		
		双面	220		
纤维含量(净干含量)/%			按 FZ/T 01053 规定执行		
甲醛含量/(mg/kg)			按 GB 18401 规定执行		
pH 值					
异味					
可分解芳香胺染料/(mg/kg)					
水洗尺寸变化率/%	绒织物	直向　≥	−7.0	−8.0	−9.0
		横向	−4.0～+3.0	−5.0～+3.0	−6.0～+3.0
	双面织物	直向　≥	−5.0	−7.0	−9.0
		横向	−5.0～0.0	−8.0～+2.0	−10.0～+2.0
	单面织物	直向　≥	−5.0	−5.0	−6.0
		横向	−5.0～0.0	−6.5～+2.0	−8.0～+2.0
	弹力织物	直向　≥	−5.0	−6.0	−7.0
耐水色牢度/级		变色、沾色	4	3-4	3
耐皂洗色牢度/级　≥		变色	4	3-4	3
		沾色	4	3-4	3
耐汗渍色牢度/级　≥		变色	4	3-4	3
		沾色	3-4	3	3
耐摩擦色牢度/级　≥		干摩	4	3-4	3
		湿摩	3	3(深 2)	2-3(深 2)

表 1（续）

项目			优等品	一等品	合格品
印花耐皂洗色牢度/级	≥	变色、沾色	3-4	3	
印花耐摩擦色牢度/级	≥	干摩	3-4	3	
		湿摩	2-3	2	
色别分档按 GSB 16-2159-2007，>1/12 标准深度为深色，≤1/12 标准深度为浅色。 注：弹力织物指织物中加入弹性纤维或罗纹织物。					

4.3.2 短裤不考核水洗尺寸变化率。

4.3.3 镂空和氨纶织物不考核顶破强力。

4.3.4 内在质量各项指标，以试验结果最低一项作为该批产品的评等依据。

4.4 外观质量要求

4.4.1 外观质量分等规定

4.4.1.1 外观质量分等按表面疵点、规格尺寸偏差、本身尺寸差异、缝制规定执行。在同一件产品上发现属于不同品等的外观疵点时，按最低等疵点评定。

4.4.1.2 在同一件产品上只允许有两个同等级的极限表面疵点存在，超过者应降低一个等级。

4.4.1.3 内包装标志差错按件计算，不应有外包装差错。

4.4.1.4 表面疵点评等规定

4.4.1.4.1 表面疵点评等规定见表 2。

表 2 表面疵点评等规定

序号	疵点名称	优等品	一等品	合格品
1	粗纱、大肚纱、油纱、色纱、面子跳纱、里子纱露面	主要部位：不允许 次要部位：轻微者允许	轻微者允许	主要部位：轻微者允许 次要部位：超出明显者不允许
2	油棉、飞花	主要部位：不允许 次要部位：无洞眼者 0.5 cm 1 处		无洞眼者 0.5 cm 2 处或1 cm 1 处
3	油针	主要部位：不允许 次要部位：轻微者允许 1 针 8 cm 1 处		轻微者允许 1 针 15 cm 1 处
4	色差	主料之间 4 级	主料之间 3-4 级	主料之间 2-3 级
		主、辅料之间 3-4 级	主辅料之间 3 级	主、辅料之间 2 级
5	纹路歪斜/%	6		9
6	起毛露底、脱绒、起毛不匀、极光印、色花、风渍、折印、印花疵点（露底、搭色、套版不正等）	主要部位：不允许 次要部位：轻微者允许	轻微者允许	主要部位：轻微者允许 次要部位：超出明显者不允许
7	缝纫油污线	浅淡 1 cm 3 处或 2 cm 1 处，领圈部位不允许		浅淡的 20 cm 较深的 10 cm
8	缝纫曲折高低	0.5 cm	0.5 cm	1 cm
9	底边脱针	每面 1 针 2 处，但不得连续，骑缝处缝牢，脱针不超过 1 cm		不考核
10	底边明针	小于 0.2 cm，骑缝处 0.3 cm 单面长不超过 3 cm		允许
11	重针（单针机除外）	每个过程除合理接头外，限 4 cm 1 处（不包括领圈部位）		限 4 cm 2 处

表 2（续）

序号	疵点名称	优等品	一等品	合格品
12	浅淡油、污色渍	主要部位：不允许 次要部位：2 处累计 1 cm	主要部位：2 处累计 1 cm 次要部位：3 处累计 2 cm	累计 6 cm
	较深油、污色渍	主要部位：不允许 次要部位：2 处累计 0.5 cm	主要部位：2 处累计 0.5 cm 次要部位：3 处累计 1.5 cm	累计 2 cm
13	细纱、断里子纱、断面子纱、单纱、修疤、锈斑、烫黄、针洞、破洞	不允许		
注：主要部位是指上衣前身上部的三分之二（包括领窝露面部位），裤类无主要部位。				

4.4.1.4.2 测量表面疵点的长度以疵点最长长度（直径）计量，如遇有较细（0.1 cm）长的污渍疵点，应按表 2 规定加一倍计量。

4.4.1.4.3 表面疵点长度及疵点数量均为最大极限值。

4.4.1.4.4 表面疵点程度按 GSB 16-2500-2008 针织物表面疵点彩色样照执行。

4.4.1.4.5 凡遇条文未规定的表面疵点参照相似疵点酌情处理。

4.4.2 测量部位及规定

4.4.2.1 上衣测量部位见图 1。

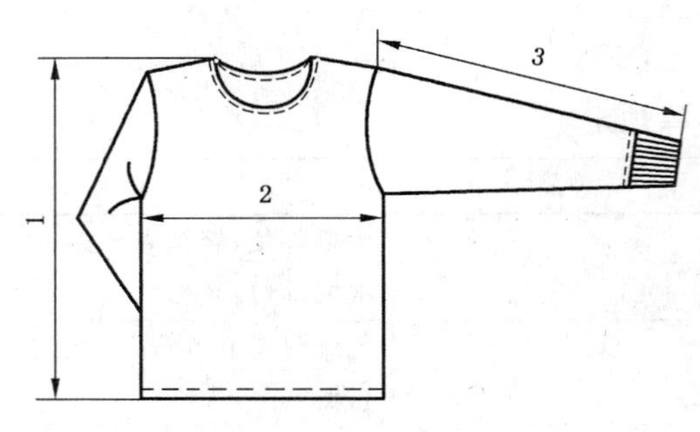

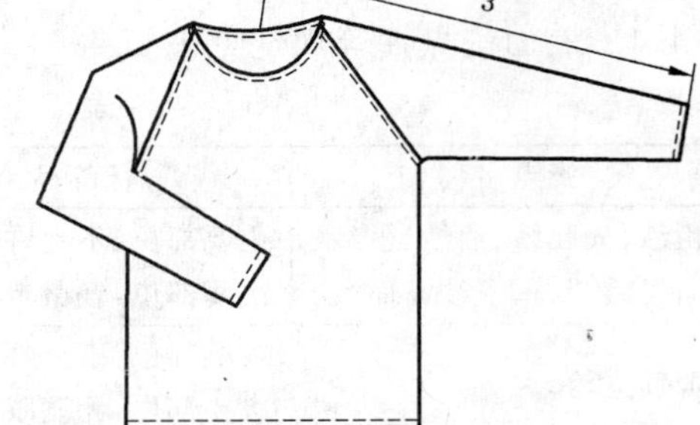

1——衣长；
2——1/2 胸围；
3——袖长。

图 1 上衣测量部位

4.4.2.2 裤子测量部位见图 2。

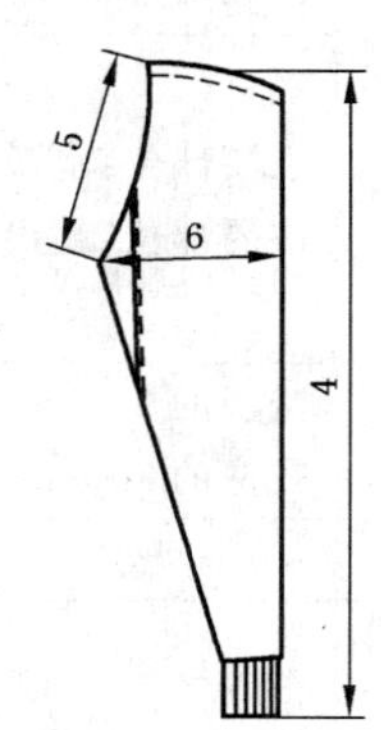

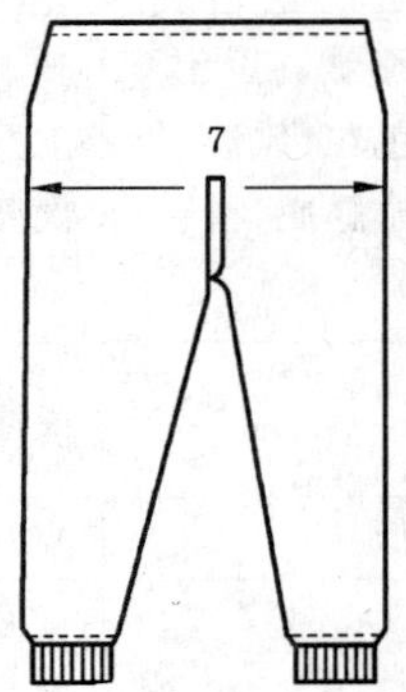

4——裤长；
5——直裆；
6——横裆；
7——1/2 臀围。

图 2 裤子测量部位

4.4.2.3 背心测量部位见图 3。

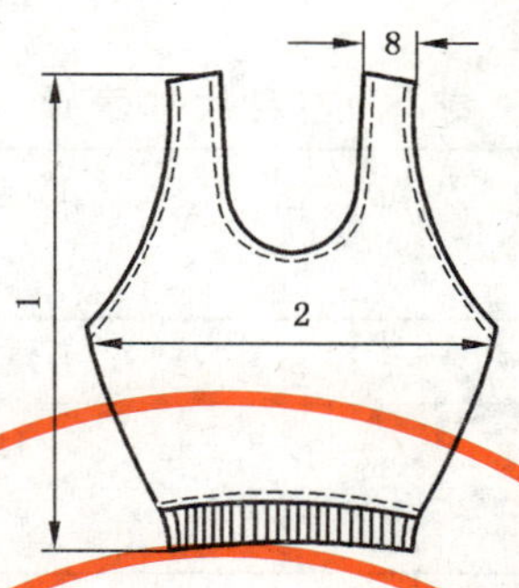

8——肩带宽。

图 3 背心测量部位

4.4.2.4 各部位的测量规定见表 3。

表 3 各部位的测量规定

类别	序号	部位	测量方法
上衣	1	衣长	由肩缝最高处量到底边
	2	1/2 胸围	由挂肩缝与侧缝缝合处向下 2 cm 水平横量
	3	袖长	由肩缝与袖笼缝的交点到袖口边,插肩式由后领中间量到袖口处
裤类	4	裤长	后腰宽的 1/4 处向下直量到裤口边
	5	直裆	裤身相对折,从腰边口向下斜量到裆角处
	6	横裆	裤身相对折,从裆角处横量
	7	1/2 臀围	由腰边向下至裆底 2/3 处横量
背心	8	肩带宽	肩带合缝处横量
注:各部位测量值精确至 0.1 cm。			

4.4.3 规格尺寸偏差

规格尺寸偏差见表 4。

表 4 规格尺寸偏差

单位为厘米

项目		儿童、中童			成人		
		优等品	一等品	合格品	优等品	一等品	合格品
衣长		−1.0		−2.0	±1.0	±1.5	−2.5
1/2 胸(腰)围		−1.0		−2.0	±1.0	±1.5	−2.0
挂肩(背心)		−1.0		−2.0	−1.5	−1.5	−2.5
背心肩带		−0.5		−1.0	−0.5	−0.5	−1.0
袖长	长袖	−1.0		−2.0	−1.5	−1.5	−2.5
	短袖	−1.0		−1.5	−1.0	−1.0	−1.5
裤长	长裤	−1.5		−2.5	±1.5	±2.0	−3.0
	短裤	−1.0		−1.5	−1.0	−1.5	2.0
直裆		±1.5		±2	±2.0	±2.0	±3
横裆		−1.5		−2.0	−2.0	−2.0	−3.0
注:凡圆筒合肩或印满身花产品胸宽公差增加 0.5 cm。							

4.4.4 本身尺寸差异

本身尺寸差异见表 5(对称部位)。

表 5 本身尺寸差异

单位为厘米

项 目	优等品 ≤	一等品 ≤	合格品 ≤
<15 cm	0.5	0.5	0.8
15 cm～76 cm	0.8	1.0	1.2
>76 cm	1.0	1.5	1.5

4.4.5 缝制规定(不分品等)

4.4.5.1 加固部位:合肩处、裤裆叉子合缝处、缝迹边缘。

4.4.5.2 加固方法:采用四线或五线包缝机缝制、双针绷缝、打回针、打套结或加辅料。

4.4.5.3 三线包缝机缝边宽度不低于 0.3 cm,四线不低于 0.4 cm,五线不低于 0.6 cm。

5 检验规则

5.1 抽样数量

5.1.1 外观质量按交货批分品种、色别、规格尺寸随机采样 1%～3%,但不得少于 20 件。

5.1.2 内在质量按交货批分品种、色别、规格尺寸随机采样 4 件,不足时可增加件数。

5.2 外观质量检验条件

5.2.1 一般采用灯光检验,用 40 W 青光或白光日光灯一支,上面加灯罩,灯罩与检验台面中心垂直距离为 80 cm±5 cm。

5.2.2 如在室内利用自然光,光源射入方向为北向左(或右)上角,不能使阳光直射产品。

5.2.3 检验时应将产品平摊在检验台上,台面铺白布一层,检验人员的视线应正视平摊产品的表面,目光与产品中间距离为 35 cm 以上。

5.3 准备和试验条件

5.3.1 所取的试样不应有影响试验的疵点。

5.3.2 进行顶破强力、水洗尺寸变化率试验前,需将试样平摊在平滑的平面上,实验室温度为(20±2)℃,相对湿度为(65±4)%,放置 4 h 再进行试验。

5.4 试验方法

5.4.1 顶破强力试验方法

按 GB/T 19976 执行。球的直径为(38±0.02)mm。

5.4.2 水洗尺寸变化率试验方法

5.4.2.1 测量部位:上衣取身长与胸围作为直向和横向的测量部位,身长以前后身左右四处的平均值作为计算依据,裤子取裤长与中腿作为直向和横向的测量部位,裤长以左右两处的平均值作为计算依据。并在测量时作出标记,以便水洗后测量,上衣测量部位见图 4,裤子测量部位见图 5,背心测量部位见图 6。

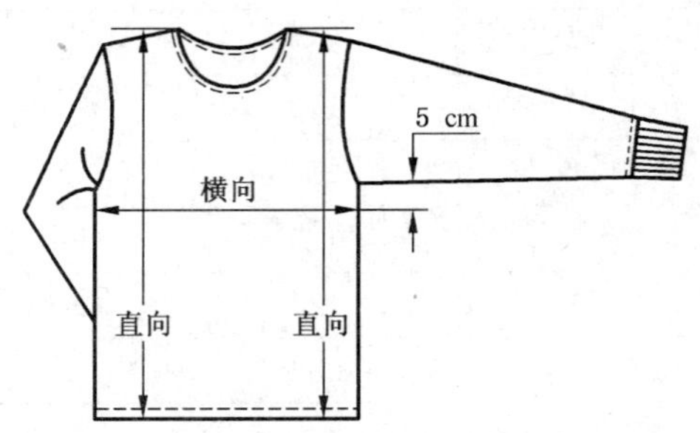

图 4 上衣水洗前后测量部位

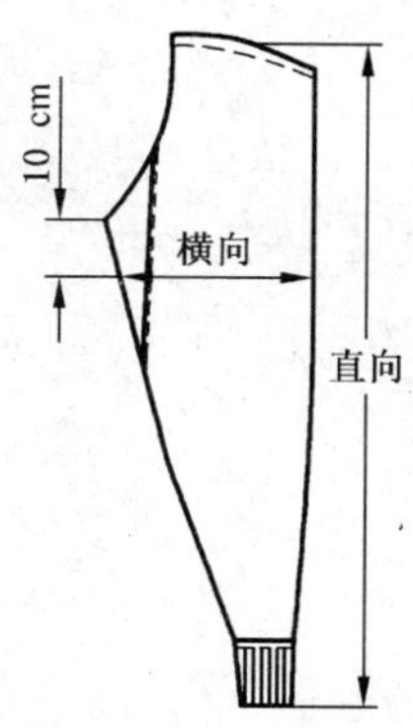

图 5　裤子水洗前后测量部位

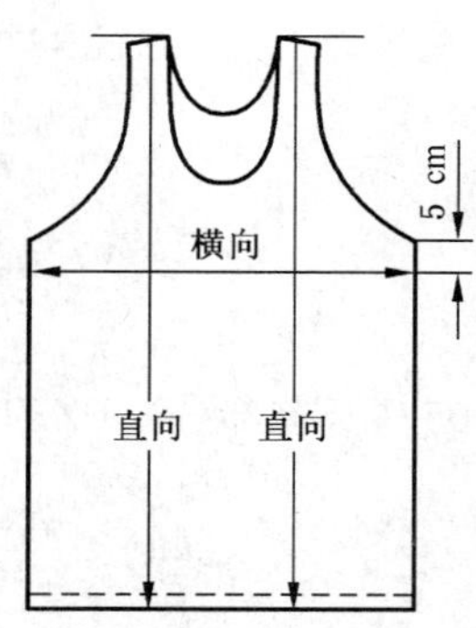

图 6　背心水洗前后测量部位

5.4.2.2　水洗尺寸测量说明见表 6。

表 6　水洗尺寸测量说明

类别	部位	测量方法
上衣	直向	连肩的由肩宽中间量到底边，合肩（挎肩）的由肩最高处量到底边
	横向	由挂肩缝向下 5 cm 处横量
裤类	直向	由后腰的 1/4 处向下直量到裤边
	横向	由横裆测量线向下 10 cm（儿童、中童 8 cm）处横量

5.4.2.3　洗涤和干燥试验

5.4.2.3.1　水洗尺寸变化率试验按 GB/T 8629 规定执行，采用 5A 洗涤程序，试验件数 3 件。

5.4.2.3.2　晾干：采用悬挂晾干法。上衣用竿穿过两袖，使胸围挂肩处保持平直，并从下端用手将两片分开理平。裤子对折搭晾，使横裆部位在晾竿上，并轻轻理平，将晾干后的试样，放置在温度为（20±2）℃，湿度为（65±4）%条件下的平台上，停放 2 h 以上，轻轻拍平折痕，再进行测量。

5.4.2.3.3　结果计算和表示：按式（1）计算直向或横向的水洗尺寸变化率，以负号（－）表示尺寸收缩，以正号（＋）表示尺寸伸长。最终结果按 GB/T 8170 修约，保留一位小数。

$$A = \frac{L_1 - L_0}{L_0} \times 100 \quad \cdots\cdots(1)$$

式中：

A——直向或横向水洗尺寸变化率，%；

L_1——直向或横向水洗后尺寸的平均值（精确至 0.1 cm），单位为厘米（cm）；

L_0——直向或横向水洗前尺寸的平均值（精确至 0.1 cm），单位为厘米（cm）。

5.4.3 耐水色牢度试验

按 GB/T 5713 规定执行。

5.4.4 耐皂洗色牢度试验

按 GB/T 3921 规定执行，试验条件按 A(1)执行。

5.4.5 耐摩擦色牢度试验

按 GB/T 3920 规定执行，试验只做直向。

5.4.6 耐汗渍色牢度试验

按 GB/T 3922 规定执行。

5.4.7 甲醛含量试验

按 GB/T 2912.1 规定执行。

5.4.8 pH 值试验

按 GB/T 7573 规定执行。

5.4.9 异味试验

按 GB 18401 规定执行。

5.4.10 可分解芳香胺染料试验

按 GB/T 17592 规定执行。

5.4.11 纤维含量试验

按 GB/T 2910、GB/T 2911、FZ/T 01057(所有部分)、FZ/T 01095、FZ/T 01026 规定执行。

5.4.12 纹路歪斜试验

按 GB/T 14810 规定执行，裤类不考核。

5.4.13 色牢度评级

按 GB/T 250 及 GB/T 251 评定。

5.4.14 色差评级

按 GB/T 250 评定。

6 判定规则

6.1 外观质量

外观质量按品种、色别、规格尺寸计算不符品等率。凡不符品等率在 5%以内者，判定该批产品合格；不符品等率在 5%以上者，判定该批产品不合格。

6.2 内在质量

6.2.1 顶破强力取全部被测试样的算术平均值，合格者判定全批合格。不合格者按该批不合格处理。

6.2.2 水洗尺寸变化率以全部试样的平均值作为试验结果，平均合格为合格。若同时存在收缩与倒涨试验结果时，其中两件试样在标准规定范围内，则判定为合格。超出标准范围按该批产品不合格处理。

6.2.3 纤维含量、甲醛含量、pH 值、异味、可分解芳香胺染料检验结果合格者，判定该批产品合格。不合格者判定该批产品不合格。

6.2.4 耐水、耐皂洗、耐汗渍、耐摩擦色牢度试验结果合格者，判定该批产品合格。不合格者，分色别按该批产品不合格处理。

6.3 严重影响服用性能的产品不允许。

6.4 复验

6.4.1 检验时任何一方对所检验的结果有异议时，或交货时未经验收的产品在规定期限内对所有异议的项目，均可要求复验。

6.4.2 提请复验时，应保留提请复验数量的全部。

6.4.3 复验时检验数量为验收时检验数量的 2 倍，复验结果按本标准 6.1、6.2 规定处理。

7 产品使用说明、包装、运输、贮存

7.1 产品使用说明按 GB 5296.4 规定执行。

7.2 包装按 GB/T 4856 或协议规定执行。

7.3 产品的运输应防潮、防火、防污染。

7.4 产品应存放在阴凉、通风、干燥、清洁的库房内，并防蛀、防霉。

ICS 67.180.20
X 11

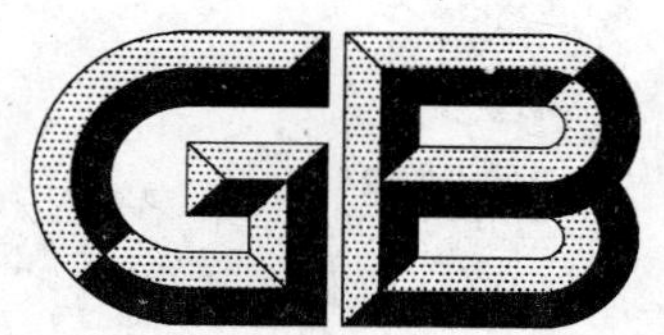

中华人民共和国国家标准

GB/T 8887—2009
代替 GB/T 8887—1988

淀 粉 分 类

Classification of starch

2009-06-12 发布 2009-12-01 实施

中华人民共和国国家质量监督检验检疫总局
中国国家标准化管理委员会 发布

前言

本标准代替 GB/T 8887—1988《淀粉分类》。

本标准与 GB/T 8887—1988 相比，主要修改如下：

——改“淀粉酯类”为“淀粉酯”和“淀粉醚类”为“淀粉醚”；

——删去了“原淀粉”、“变性淀粉”、“淀粉酯”、“淀粉醚”、“交联淀粉”的描述；

——增加了“生物变性淀粉”和“复合变性淀粉”；

——删去了附录 A。

本标准由中国商业联合会提出并归口。

本标准起草单位：中国商业联合会商业标准中心、江南大学。

本标准主要起草人：曹德胜、洪雁、靳晓蕾、刘振宇。

本标准所代替标准的历次版本发布情况为：

——GB/T 8887—1988。

淀 粉 分 类

1 范围

本标准规定了原淀粉、变性淀粉的具体分类。

本标准适用于以谷类、薯类、豆类及各种植物为原料,通过物理方法而生产的原淀粉,以及原淀粉经过某种方法处理,改变其原来的物理或化学特性的变性淀粉。

2 分类

2.1 原淀粉

2.1.1 谷类淀粉

2.1.1.1 大米淀粉

2.1.1.1.1 糯米淀粉

2.1.1.1.2 粳米淀粉

2.1.1.1.3 籼米淀粉

2.1.1.2 玉米淀粉

2.1.1.2.1 玉米淀粉

2.1.1.2.2 蜡质(糯)玉米淀粉

2.1.1.2.3 高直链玉米淀粉

2.1.1.3 高粱淀粉

2.1.1.4 麦淀粉

2.1.1.4.1 小麦淀粉

2.1.1.4.2 燕麦淀粉

2.1.1.4.3 荞麦淀粉

2.1.1.4.4 黑麦淀粉

2.1.2 薯类淀粉

2.1.2.1 木薯淀粉

2.1.2.2 马铃薯淀粉

2.1.2.2.1 马铃薯淀粉

2.1.2.2.2 蜡质马铃薯淀粉

2.1.2.3 甘薯(红薯)淀粉

2.1.2.4 竹芋淀粉

2.1.2.5 山药淀粉

2.1.2.6 芭蕉芋淀粉

2.1.2.7 芋头淀粉

2.1.3 豆类淀粉

2.1.3.1 绿豆淀粉

2.1.3.2 蚕豆淀粉

2.1.3.3 豌豆淀粉

2.1.3.4 豇豆淀粉

2.1.4 其他淀粉

2.1.4.1 菱淀粉

2.1.4.2 藕淀粉

2.1.4.3 荸荠淀粉

2.1.4.4 橡子淀粉

2.1.4.5 百合淀粉

2.1.4.6 葛根淀粉

2.1.4.7 蕨根淀粉

2.1.4.8 西米淀粉

2.1.4.9 何首乌淀粉

2.2 变性淀粉

2.2.1 酸变性淀粉

2.2.1.1 酸解淀粉

2.2.1.2 可溶性淀粉

2.2.2 焙炒糊精

2.2.2.1 白糊精

2.2.2.2 黄糊精

2.2.2.3 英国胶

2.2.3 氧化淀粉

2.2.3.1 氧化淀粉

2.2.3.2 双醛淀粉

2.2.4 淀粉酯

2.2.4.1 淀粉醋酸酯

2.2.4.2 淀粉月桂酸酯

2.2.4.3 淀粉磷酸酯

2.2.4.3.1 单淀粉磷酸酯

2.2.4.3.2 二淀粉磷酸酯

2.2.4.4 淀粉硫酸酯

2.2.4.5 淀粉硝酸酯

2.2.4.6 淀粉辛烯基琥珀酸酯

2.2.4.7 淀粉黄原酸酯

2.2.4.8 淀粉顺丁烯二酸酯

2.2.4.9 硬脂酸淀粉酯

2.2.4.10 淀粉己二酸酯

2.2.5 淀粉醚

2.2.5.1 阳离子淀粉

2.2.5.1.1 季铵型阳离子淀粉

2.2.5.1.2 叔胺型阳离子淀粉

2.2.5.2 烯丙基淀粉

2.2.5.3 羟乙基淀粉

2.2.5.4 羟丙基淀粉

2.2.5.5 羧甲基淀粉

2.2.5.6 氰乙基淀粉

2.2.5.7 丙烯酰胺淀粉

2.2.5.8 苯甲基淀粉

2.2.5.9 乙酰氰乙基淀粉

2.2.6 交联淀粉

2.2.6.1 甲醛交联淀粉

2.2.6.2 环氧氯丙烷交联淀粉

2.2.6.3 丙烯醛交联淀粉

2.2.6.4 磷酸盐交联淀粉

2.2.6.5 三氯氧磷交联淀粉

2.2.6.6 已二酸混合酸酐交联淀粉

2.2.7 接枝共聚淀粉

2.2.7.1 丙烯腈接枝共聚淀粉

2.2.7.2 丙烯酸接枝共聚淀粉

2.2.7.3 丙烯酰胺接枝共聚淀粉

2.2.7.4 甲基丙烯酸甲酯接枝共聚淀粉

2.2.7.5 乙二烯接枝共聚淀粉

2.2.7.6 苯乙烯接枝共聚淀粉

2.2.8 物理变性淀粉

2.2.8.1 预糊化淀粉

2.2.8.2 射线处理淀粉

2.2.8.3 高频处理淀粉

2.2.8.4 湿热处理淀粉

2.2.8.5 微球淀粉

2.2.9 生物变性淀粉

2.2.9.1 多孔淀粉

2.2.9.2 脂肪替代物

2.2.10 复合变性淀粉

2.2.10.1 抗性淀粉

2.2.10.2 乙酰化二淀粉磷酸酯

2.2.10.3 磷酸化二淀粉磷酸酯

2.2.10.4 羟丙基化二淀粉磷酸酯

2.2.10.5 乙酰化二淀粉已二酸酯

2.2.10.6 乙酰化二淀粉丙三醇

2.2.10.7 磷酸化二淀粉丙三醇

2.2.10.8 羟丙基化二淀粉丙三醇

参 考 文 献

[1] GB/T 12104 淀粉术语

ICS 25.220.10
A 29

中华人民共和国国家标准

GB/T 8923.3—2009/ISO 8501-3:2006

涂覆涂料前钢材表面处理 表面清洁度的目视评定 第3部分:焊缝、边缘和其他区域的表面缺陷的处理等级

Preparation of steel substrates before application of paints and related products—Visual assessment of surface cleanliness—Part 3: Preparation grades of welds, edges and other areas with surface imperfections

(ISO 8501-3:2006, IDT)

2009-03-09 发布　　2009-11-01 实施

中华人民共和国国家质量监督检验检疫总局
中国国家标准化管理委员会　发布

前　言

GB/T 8923《涂覆涂料前钢材表面处理　表面清洁度的目视评定》分为下列几部分：

——第1部分：未涂覆过的钢材表面和全面清除原有涂层后的钢材表面的锈蚀等级和处理等级；

——第2部分：已涂覆过的钢材表面局部清除原有涂层后的处理等级；

——第3部分：焊缝、边缘和其他区域的表面缺陷的处理等级；

——第4部分：与高压水喷射处理有关的初始表面状态、处理等级和除锈等级。

本部分为GB/T 8923的第3部分。

本部分等同采用ISO 8501-3:2006《涂覆涂料前钢材表面处理　表面清洁度的目视评定　第3部分：焊缝、边缘和其他区域的表面缺陷的处理等级》(英文版)。

本部分等同翻译ISO 8501-3:2006。

为便于使用，本部分做了下列编辑性修改：

——"本国际标准"一词改为"本部分"；

——用顿号"、"代替作为分述的逗号"，"；

——删除国际标准的前言和引言。

本部分由中国船舶工业集团公司提出。

本部分由全国涂料和颜料标准化技术委员会涂漆前金属表面处理及涂漆工艺分技术委员会(SAC/TC 5/SC 6)归口。

本部分起草单位：中国船舶工业综合技术经济研究院、江苏熔盛重工有限公司、中国船舶工业集团公司第十一研究所。

本部分主要起草人：宋艳媛、虞晓棣、于瑾维、傅建华。

涂覆涂料前钢材表面处理
表面清洁度的目视评定
第3部分:焊缝、边缘和其他区域
的表面缺陷的处理等级

1 范围

GB/T 8923的本部分规定了钢材表面焊缝、边缘和其他区域的表面缺陷的处理等级。这些缺陷在喷射清理前后可能存在并可见。

本部分规定的处理等级适用于涂覆涂料前应进行表面处理的带有缺陷的钢材表面,包括焊装表面。

2 规范性引用文件

下列文件中的条款通过GB/T 8923的本部分的引用而成为本部分的条款。凡是注日期的引用文件,其随后所有的修改单(不包括勘误的内容)或修订版均不适用于本部分,然而,鼓励根据本部分达成协议的各方研究是否可使用这些文件的最新版本。凡是不注日期的引用文件,其最新版本适用于本部分。

ISO 12944-2 色漆和清漆 钢结构的腐蚀防护涂料体系 第2部分:环境分类

ISO 12944-3 色漆和清漆 钢结构的腐蚀防护涂料体系 第3部分:设计内容

3 缺陷类型

本部分规定的缺陷分类如下:

——焊缝;

——边缘;

——一般表面。

各种缺陷类型图示和规定见表1。

4 处理等级

带有可见缺陷的钢材表面涂覆涂料前的处理等级共分三种:

——P1 轻度处理:在涂覆涂料前不需处理或仅进行最小程度的处理;

——P2 彻底处理:大部分缺陷已被清除;

——P3 非常彻底处理:表面无重大的可见缺陷。这种重大的缺陷更合适的处理方法应由相关各方依据特定的施工工艺达成一致。

处理等级要求见表1。

注1:达到这些处理等级的处理方法对钢材表面或焊缝区域的完整性无损是非常重要的。例如:过度的打磨可能导致钢材表面形成热影响区域,且依靠打磨清除缺陷可能在打磨区域边缘留下尖锐边缘。

注2:结构上的不同缺陷可能要求不同的处理等级。例如:在所有其他缺陷可能要求处理到P2等级时,咬边(表1中1.4)可能要求处理到P3等级,特别是当末道漆有外观要求时,即使无耐腐蚀性要求(见ISO 12944-2),也可能要求处理到P3等级。

注3:众所周知的NACE标准RP 0178给出了一个典型的焊缝缺陷及其处理等级的模板,需要时可以向NACE国际组织购买,邮政信箱为218340(PO Box 218340),地址为美国德克萨斯州休斯顿(Houston,Texas 77218-8340,USA)。

表 1 缺陷及处理等级

缺陷类型		处理等级		
名称	图示	P1	P2	P3
1 焊缝				
1.1 焊接飞溅物	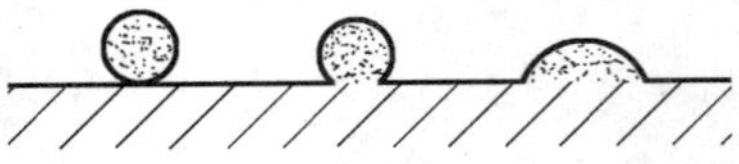 a) b) c)	表面应无任何疏松的焊接飞溅物[见图示a)]	表面应无任何疏松的和轻微附着的焊接飞溅物[见图示a)和b)],图示c)显示的焊接飞溅物可保留	表面应无任何焊接飞溅物
1.2 焊接波纹/表面成形	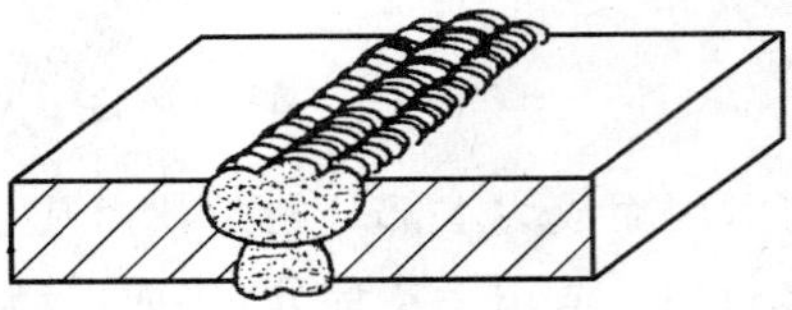	不需处理	表面应去除(如采用打磨)不规则的和尖锐边缘部分	表面应充分处理至光滑
1.3 焊渣	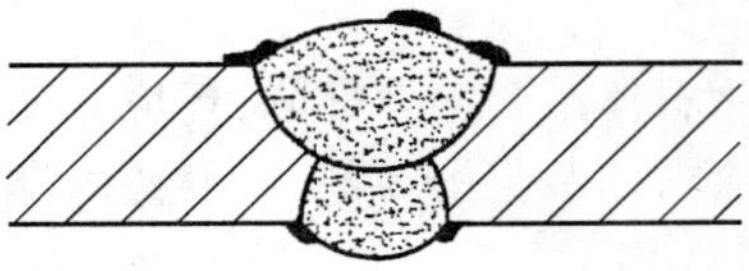	表面应无焊渣	表面应无焊渣	表面应无焊渣
1.4 咬边	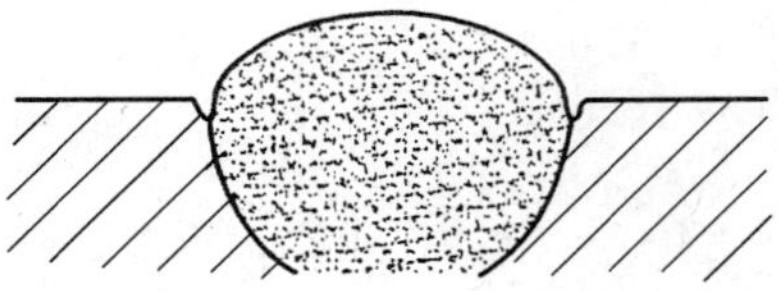	不需处理	表面应无尖锐的或深度的咬边	表面应无咬边
1.5 气孔	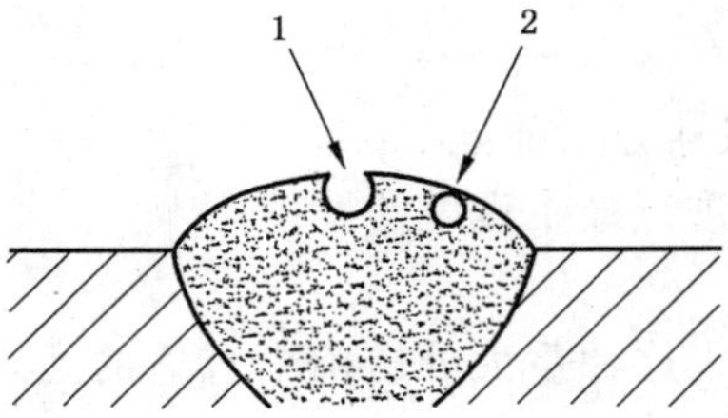 1——可见孔; 2——不可见孔(可能在磨料喷射清理后打开)。	不需处理	表面的孔应被充分打开以便涂料渗入,或孔被磨去	表面应无可见的孔
1.6 弧坑(端部焊坑)	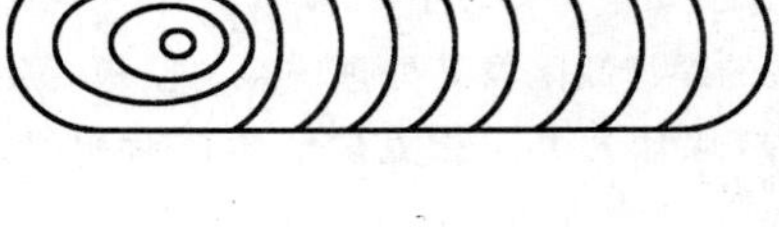	不需处理	弧坑应无尖锐边缘	表面应无可见的弧坑

表 1(续)

缺陷类型		处理等级		
名称	图 示	P1	P2	P3
2 边缘				
2.1 辊压边缘		不需处理	不需处理	边缘应进行圆滑处理,半径不小于 2 mm (见 ISO 12944-3)
2.2 冲、剪、锯或钻切边缘	1——冲压边缘; 2——剪切边缘。	无锐边;边缘无毛刺	无锐边;边缘无毛刺	边缘应进行圆滑处理,半径不小于 2 mm (见 ISO 12944-3)
2.3 热切边缘		表面应无残渣和疏松剥落物	边缘应无不规则粗糙度	切割面应被磨掉,边缘应进行圆滑处理,半径不小于 2 mm (见 ISO 12944-3)
3 一般表面				
3.1 麻点和凹坑		麻点和凹坑应被充分地打开以便涂料渗入	麻点和凹坑应被充分地打开以便涂料渗入	表面应无麻点和凹坑
3.2 剥落 注:“shelling”、“slivers”和“hackles”都可用来描述该类缺陷。		表面应无翘起物	表面应无可见的剥落物	表面应无可见的剥落物
3.3 轧制翘起/夹层		表面应无翘起物	表面应无可见的轧制翘起/夹层	表面应无可见的轧制翘起/夹层

表 1（续）

缺陷类型		处理等级		
名称	图　示	P1	P2	P3
3.4　辊压杂质		表面应无辊压杂质	表面应无辊压杂质	表面应无辊压杂质
3.5　机械性沟槽		不需处理	凹槽和沟半径应不小于 2 mm	表面应无凹槽，沟的半径应大于 4 mm
3.6　凹痕和压痕		不需处理	凹痕和压痕应进行光滑处理	表面应无凹痕和压痕

参 考 文 献

［1］ GB/T 18839.3—2002 涂覆涂料前钢材表面处理 表面处理方法 手工和动力工具清理(eqv ISO 8504-3:1993).

ICS 13.340.10
W 43

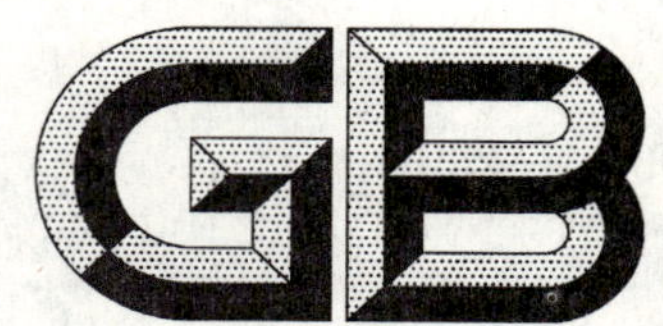

中华人民共和国国家标准

GB 8965.1—2009
代替 GB 8965—1998

防护服装 阻燃防护 第1部分:阻燃服

Protective clothing—Flame-retardant protection—Part 1:Flame-retardant protective clothing

2009-04-01 发布 2009-12-01 实施

中华人民共和国国家质量监督检验检疫总局
中国国家标准化管理委员会 发布

前　言

本部分的全部技术内容为强制性。

GB 8965—2008 分为两个部分：

——第 1 部分：阻燃服；

——第 2 部分：焊接服。

本部分是 GB 8965 的第 1 部分。

本部分代替 GB 8965—1998。

本部分与 GB 8965—1998 相比主要变化如下：

——增加了标准的适用范围内容；

——补充了规范性引用文件；

——5.1 材料部分采用了 GB/T 17591—2006《阻燃织物》有关阻燃防护服用织物内容；增加了耐久性阻燃材料指标和热防护系数指标、热稳定性指标；

——增加了安全性指标；

——增加了缝纫线阻燃指标、取消了缝纫线接焰次数；

——补充、修改了 5.2 款式、5.3 结构、5.5.2 缝制工艺、5.6 外观，增加了 5.4.2 规格尺寸、5.7 服装成品理化性能；

——补充、修改了 6 试验方法，取消了原附录 A，增加了现附录 A 热防护性能的试验方法；

——增加了服装接缝强力指标和安全指标；

——增加了辅料的要求；

——修改了 7 检验规则；增加了质量缺陷划分，质量缺陷判定依据；

——补充了 8.1 标识，8.2 包装；

——取消了 5.4 材料硬挺度试验方法，引用了 GB/T 18318《纺织品　织物弯曲长度的测定》中的相应方法。

本部分的附录 A、附录 B 为规范性附录。

本部分由全国个体防护装备标准化技术委员会提出并归口。

本部分主要起草单位：总后军需装备研究所。

本部分参与起草单位：烟台氨纶有限公司、广东奥山服饰有限公司、北京劳动保护研究所。

本部分主要起草人：张燕、宋西全、吴汉荣、杨文芬、施楣梧、张旭东。

本部分所代替标准的历次版本发布情况为：

——GB 8965—1988、GB 8965—1998。

防护服装　阻燃防护
第1部分:阻燃服

1　范围

GB 8965 的本部分规定了阻燃服的技术要求、检验(测试)方法、检验规则、标志、包装和贮存。

本部分适用于服用者从事有明火、散发火花、在熔融金属附近操作和有易燃物质并有发火危险的场所穿的阻燃服。

本部分不适用于消防救援中穿用的阻燃防护服。

2　规范性引用文件

下列文件中的条款通过 GB 8965 的本部分的引用而成为本部分的条款。凡是注日期的引用文件,其随后所有的修改单(不包括勘误的内容)或修订版均不适用于本部分,然而,鼓励根据本部分达成协议的各方研究是否可使用这些文件的最新版本。凡是不注日期的引用文件,其最新版本适用于本部分。

GB/T 250　评定变色用灰色样卡

GB/T 2912.1　纺织品　甲醛的测定　第1部分:游离水解的甲醛(水萃取法)

GB/T 3916—1997　纺织品　卷装纱　单根纱断裂强力和断裂伸长率的测定

GB/T 3917.3　纺织品　织物撕破性能　第3部分:梯形式样撕破强力的测定

GB/T 3920　纺织品　色牢度试验　耐摩擦色牢度

GB/T 3921.1　纺织品　色牢度试验　耐洗色牢度:试验1

GB/T 3921.3　纺织品　色牢度试验　耐洗色牢度:试验3

GB/T 3922　纺织品耐汗渍色牢度试验方法

GB/T 3923.1　纺织品　织物拉伸性能　第1部分:断裂强力和折裂伸长率的测定　条样法

GB/T 4802.1　纺织品　织物起球试验　圆轨迹法

GB 5296.4　消费品使用说明　纺织品和服装使用说明

GB/T 5455　纺织品　阻燃性能测试　垂直法

GB/T 5713　纺织品　色牢度试验　耐水色牢度

GB/T 7573　纺织品　水萃取液 pH 值的测定

GB/T 8628　纺织品　测定尺寸变化的试验中织物试样和服装的准备、标记及测量

GB/T 8629—2001　纺织品　试验用家庭洗涤和干燥程序

GB/T 8630　纺织品　洗涤和干燥后尺寸变化的测定

GB/T 13171　洗衣粉

GB/T 13640　劳动防护服号型

GB/T 12704　织物透湿量测定方法　透湿杯法

GB/T 12903　个人防护用品术语

GB/T 17591　阻燃织物

GB/T 17596—1998　纺织品　织物燃烧试验前的商业洗涤程序

GB/T 18318　纺织品　织物弯曲长度的测定

GB 18401　国家纺织产品基本安全技术规范

GB 20653—2006　职业用高可视性警示服

FZ/T 81007　单夹服

3 术语和定义

GB/T 12903 确立的以及下列术语和定义适用于 GB 8965 的本部分。

3.1

阻燃防护服 flame-retardant protective clothing

在接触火焰及炽热物体后，在一定时间内能阻止本身被点燃、有焰燃烧和阴燃的防护服。

3.2

续燃时间 afterflame time

在规定的试验条件下，移开(点)火源后材料持续有焰燃烧的时间。

3.3

阴燃时间 afterglow time

在规定的试验条件下，当有焰燃烧终止后，或者移开(点)火源后材料持续无焰燃烧的时间。

3.4

损毁长度 damage length

在规定的试验条件下，材料损毁面积在规定方向上的最大长度。

3.5

热防护性能 TPP Thermal protective performance

透过织物引起人体二度烧伤的热能值。[1)]

4 分级

阻燃防护服分为 A、B、C 三个级别。

a) A 级适用于服用者从事有明火、散发火花、在熔融金属附近操作有辐射热和对流热的场合穿用的阻燃服。A 级阻燃防护服的材料要求见表 1、表 2。

b) B 级适用于服用者从事在有明火、散发火花、有易燃物质并有发火危险的场所穿用的阻燃服。B 级阻燃防护服的材料要求见表 1、表 2。

c) C 级适用于临时、不长期使用的服用者从事在有易燃物质并有发火危险的场所穿用的阻燃服。C 级阻燃防护服的材料要求见表 1、表 2。

5 要求

5.1 材料

5.1.1 面料

5.1.1.1 阻燃性

面料阻燃性分为 A、B、C 三个等级。阻燃性能项目和指标见表 1。按附录 A、6.1、6.2 规定试验时，洗涤后的阻燃性应达到表 1 规定。

表 1 面料阻燃性能项目和指标

测试项目	防护等级	指 标	洗涤次数
热防护系数 TPP/(kW·s/m²)	A 级	皮肤直接接触：≥126 皮肤与服装间有空隙：≥250	50
	B 级	—	—
	C 级	—	—

1) 热防护性能的值越高，织物的热防护性能越强。

表 1（续）

测试项目	防护等级	指　　标	洗涤次数
续燃时间/s	A 级	≤2	50
	B 级	≤2	
	C 级	≤5	12
阴燃时间/s	A 级	≤2	50
	B 级	≤2	
	C 级	≤5	12
损毁长度/mm	A 级	≤50	50
	B 级	≤100	
	C 级	≤150	12
熔融、滴落	A、B、C	不允许	—
注 1：按照 GB/T 17596—1998 中第 7 章的洗涤条件洗涤 12.5 h，漂洗 1.5 h，漂洗过程中换水两次，然后脱水 4 min。整个过程为洗涤 50 次。 按照 GB/T 17596—1998 中第 7 章的洗涤条件洗涤 3 h，漂洗 0.5 h，漂洗过程中换水两次，然后脱水 4 min。整个过程为洗涤 12 次。 注 2：热防护系数对应的人体组织对二级烧伤的忍耐程度见表 A.1。			

5.1.1.2　内在质量

阻燃服材料内在质量应符合表 2 的要求。

表 2　面料理化性能项目和指标

项　　目		指　　标
断裂强力/N	洗前	≥450
	洗后	≥400
撕破强力（洗前）/N		≥25
透湿量/[g/(m² · 24 h)]		≥6 000
弯曲长度/cm		≤3
起球/级		≥3
水洗尺寸变化率/%		+2.5～−2.5
热稳定性/%		≤10
色牢度/级	耐洗（变色/沾色）	≥4/3-4
	耐水（变色/沾色）	≥4/3-4
	耐干摩擦	≥3-4
	耐湿摩擦	≥3
	耐汗渍（变色/沾色）	≥3-4/3-4
甲醛含量/(mg/kg)	直接接触皮肤	≤75
	非直接接触皮肤	≤300
pH	—	4.0～9.0

5.1.1.3 外观质量

阻燃服面料的外观质量应符合 GB/T 17591 中有关规定。

5.1.2 缝纫线

5.1.2.1 强力

按 6.13 规定试验时，单线强力不小于 10 N。

5.1.2.2 阻燃性

按 6.14 规定试验时，不熔融和烧焦现象。

5.1.3 附件、辅料与衬布

5.1.3.1 附件及辅料

a） 扣、钩、拉链应便于连接和解脱，扣、钩、拉链的材质不应使用易熔、易燃、易变形的材料，若必须使用时其表面需加阻燃衣料掩襟。

b） 金属部件不应与身体直接接触。如使用橡筋类材料，包覆材料必须阻燃。必须使用里料时，里料要求不熔融。

c） 使用反光带等配料，配料必须是阻燃材料，反光带的逆反射系数符合 GB 20653—2006 中 6.1 的 2 级以上反光材料的要求，阻燃性能符合本部分的相关要求。

5.1.3.2 衬布

涤棉、棉类面料的服装可敷热熔粘合衬；用于领子、褂面、袖头、下摆卡夫、裤腰、袋盖等部位。敷料部位不渗胶、水洗 20 次不起泡、不脱层。

5.2 款式

款式应简洁、实用、美观，宜在如下款式中选用：

a） 上、下装分离式；

b） 衣裤（帽）连体式等。

5.3 结构

5.3.1 安全、卫生，有利于人体正常生理要求与健康。

5.3.2 适应作业时肢体活动，便于穿脱。穿着尺寸要求宽松。

5.3.3 明衣袋必须带袋盖，上衣长度应盖住裤子上端 20 cm 以上，袖口、脚口、领子应收口，袋盖长度应大于袋口长度 2 cm。裤子两侧口袋不得用斜插袋，避免明省、活褶向上倒，以免飞溅熔融的金属、火花进入或积存。

5.3.4 在作业中不易引起钩、挂、绞、碾。

5.3.5 在适宜处可留有透气孔隙，以便排汗散湿调节体温。但通风孔隙不得影响服装强度，孔隙结构不得使外界异物进入服装内部。

5.4 号型及规格

5.4.1 号型

根据款式及使用要求，参照 GB/T 13640 选定，超出 GB/T 13640 范围按档差自行设置。

5.4.2 规格尺寸

根据防护要求、款式及适体情况参照 GB/T 13640 中控制部位，设定服装成品尺寸，成品尺寸测量位置应符合 FZ/T 81007 规定，尺寸极限偏差可根据不同款式参照表 3 确定，超出规定的可自行确定。

表 3 极限偏差

单位为厘米

部位名称		尺寸极限允许偏差
领大		±0.6
衣长	上衣	±1.0
	上、下装连体	±2.0

表 3（续）

单位为厘米

<table>
<tr><th colspan="2">部 位 名 称</th><th>尺寸极限允许偏差</th></tr>
<tr><td colspan="2">总肩宽</td><td>±0.8</td></tr>
<tr><td colspan="2">胸围</td><td>±2.0</td></tr>
<tr><td rowspan="2">袖长</td><td>装袖</td><td>±0.8</td></tr>
<tr><td>连肩袖</td><td>±1.2</td></tr>
<tr><td colspan="2">裤腰围</td><td>±1.0</td></tr>
<tr><td colspan="2">裤长</td><td>±1.5</td></tr>
</table>

5.5 缝制

5.5.1 针距

各种缝纫针距应符合表 4 规定。

表 4 缝纫针距

<table>
<tr><th colspan="2">项 目</th><th>针 距 密 度</th><th>备 注</th></tr>
<tr><td colspan="2">明暗线</td><td>3 cm 不少于 12 针</td><td>特殊需要除外</td></tr>
<tr><td colspan="2">包缝线</td><td>3 cm 不少于 9 针</td><td>—</td></tr>
<tr><td colspan="2">手工针</td><td>3 cm 不少于 7 针</td><td>肩缝、袖窿、领子不少于 9 针</td></tr>
<tr><td colspan="2">三角针</td><td>3 cm 不少于 5 针</td><td>以单面计</td></tr>
<tr><td rowspan="2">锁眼</td><td>细线</td><td>1 cm 不少于 12 针</td><td>机锁眼</td></tr>
<tr><td>粗线</td><td>1 cm 不少于 9 针</td><td>手工锁眼</td></tr>
<tr><td rowspan="2">钉扣</td><td>细线</td><td>每眼不少于 8 根</td><td rowspan="2">缠脚线高度与止口厚度相适应</td></tr>
<tr><td>粗线</td><td>每眼不少于 6 根</td></tr>
</table>

5.5.2 缝制工艺

5.5.2.1 各部位缝合平服，线路顺直、整齐、牢固，针迹均匀，上下线松紧要适宜，起止针处及袋口应回针缉牢。

5.5.2.2 商标位置端正，号型标志清晰、正确。

5.5.2.3 绱袖园顺，位置适宜。

5.5.2.4 领子平服，不反翘，领子部位明线不能有接线。绱袖园顺，位置适宜。

5.5.2.5 所有外露缝份应全部包缝。

5.5.2.6 各部位缝头不小于 0.8 cm。

5.5.2.7 裤后裆缝用双道线或链式线缝合。

5.5.2.8 眼位不偏斜，锁眼针迹美观、整齐、平服。

5.5.2.9 钉扣要牢固，不得钉在单层布上(装饰扣除外)。四合扣牢固，吻合适度，无变形或过紧现象。扣与扣眼及四合扣上下要对位。

5.5.2.10 绱门襟拉链平服，左右高低一致。

5.5.2.11 对称部位基本一致。

5.5.2.12 各部位 30 cm 内不得有两处跳线和连续跳线，链式线迹不允许跳线。

5.5.2.13 面里平服，不反翘，无明显抽皱。

5.5.2.14 左右对称，部件定位准确。

5.6 外观

5.6.1 整洁美观、熨烫平展、定型充分、整叠规整，无烫黄和水渍。

5.6.2 同色面料服装每套(件、条)各部位表面颜色互差不低于4级,非表面部位颜色不低于3-4级,色差评定级别应符合GB/T 250规定。

5.6.3 疵点、污渍对产品美观和牢固无影响,判定应在室内标准光照明条件下距产品1.5 m处观察,不允许断经断纬及破损。

5.7 服装成品理化性能

5.7.1 成品水洗后的尺寸变化率

成品水洗后的尺寸变化率按表5规定。

表5 水洗尺寸变化率

部　位	一　等　品	备　注
领大	≥−1.0	只考核立领
胸围	≥−2.0	
衣长	≥−2.5	
腰围	≥−1.0	
裤长	≥−2.5	

5.7.2 裤后裆接缝和肩缝强力

裤后裆接缝和肩缝接缝强力不小于320 N/(5.0 cm×10 cm)。

5.7.3 甲醛含量限量

成品释放甲醛含量限量应符合GB 18401,直接接触皮肤的服装不大于75 mg/kg,非直接接触皮肤的服装不大于300 mg/kg。

5.7.4 pH值限量

成品的pH值限量应符合GB 18401,为4.0~9.0。

6 试验方法

6.1 面料的热防护系数测定按附录A规定执行,其余阻燃性能试验方法按GB/T 5455执行。

6.2 阻燃性能试验前的洗涤程序按GB/T 17596—1998中"自动洗衣机(A型)缓和洗衣程序"执行,洗涤次数为50次或12次,详见表1注。洗衣粉按GB/T 13171的规定选择。

6.3 面料水洗尺寸变化率试验方法按GB/T 8628和GB/T 8630的规定执行,采用GB/T 8629—2001中的5A程序洗涤和程序A干燥。如果使用说明上为轻柔洗涤或手洗,则采用7A或仿手洗程序洗涤。

6.4 面料的热稳定性试验A级在(260 ℃±5 ℃)条件下、B、C级在(180 ℃±2 ℃)条件下按附录B执行。

6.5 面料的断裂强力试验按GB/T 3923.1执行。

6.6 面料的撕破强力试验按GB/T 3917.3执行。

6.7 面料的透湿量试验按GB/T 12704方法A规定执行。

6.8 面料的硬挺度试验按GB/T 18318规定执行。

6.9 面料起球试验按GB/T 4802.1规定执行。

6.10 耐洗色牢度的试验按GB/T 3921.1或GB/T 3921.3规定执行。

6.11 耐汗渍色牢度的试验按GB/T 3922规定执行。

6.12 耐摩擦色牢度的试验按GB/T 3920规定执行。

6.13 缝纫线强力试验按GB/T 3916—1997中7.5规定执行。

6.14 缝纫线的阻燃性试验按如下方法执行:高温烘箱加温至260 ℃稳定后,将100 m阻燃缝纫线放入烘箱5 min后取出。

6.15 耐水色牢度的试验按GB/T 5713规定执行。

6.16 成品水洗后的尺寸变化率按 GB/T 8628、GB/T 8629 和 GB/T 8630 规定执行。

6.17 成品裤后裆缝接缝强力取样按如下方法执行：取样要求接缝处于试样中心且垂直于受力方向，接缝两端缝纫线打结以防滑脱，试样尺寸、数量和测试方法按 GB/T 3923.1 的规定执行。

6.18 成品释放甲醛含量限量的测试方法按 GB/T 2912.1 规定执行。

6.19 成品的 pH 值限量的测试方法按 GB/T 7573 规定执行。

7 检验规则

7.1 检验分类

质量检验应分为材料检验、出厂检验和型式检验。

7.1.1 材料检验

材料检验由生产企业质检部门进行，材料检验包括面料、辅料、缝纫线、五金件和其他配料，如反光带的检验。检验项目包括面料的阻燃性、内在质量、外在质量；缝纫线及反光带的阻燃性和缝纫线强力、五金件和其他配料的外观检验。

7.1.1.1 面料检验

每批抽样 2 m，若每批大于 1 000 m 时，每 1 000 m 抽验 2 m。性能应符合 5.1.1 要求，不合格需加倍复检，仍不合格，此批面料停止使用。

7.1.1.2 缝纫线检验

每批抽 1 箱，若每批大于 20 箱小于 80 箱时每 20 箱抽 1 箱，80 箱以上的抽 5 箱，每箱抽检 2 轴。性能应符合 5.1.2 要求，不合格需加倍复检，仍不合格，此批缝纫线停止使用。

7.1.2 出厂检验(成品检验)

500 套(件、条)以下抽验 10 套(件、条)；500 至 1 000 套(件、条)抽验 20 套(件、条)；1 000 套(件、条)抽验 30 套(件、条)；1 000 套以上(件、条)抽验 40 套(件、条)。性能应符合 5.2、5.3、5.4、5.5、5.6、5.7 要求，质量判定按表 6 有关内容，判定规则按 7.1.3.6，不合格需加倍复检，复检后仍不合格，此批服装停止出厂。

7.1.3 型式检验

7.1.3.1 在下列情况之一时须进行型式检验：

——当材质、工艺、生产单位变化时；

——产品停产一年后恢复生产；

——一年或此后周期性的检验；

——主管部门提出或质量仲裁检验。

7.1.3.2 型式检验的项目包括材料(成衣中的材料)、款式、结构、号型规格、缝制、外观、理化性能。

7.1.3.3 抽样方法按 7.1.2，其中阻燃性及其他理化性能检测抽 2 套(件、条)成品。

7.1.3.4 质量缺陷划分

单套(件、条)产品不符合本标准规定的技术要求即构成缺陷。

a) 严重缺陷

不符合标准规定，且严重降低产品使用性能或影响产品外观的缺陷称为严重缺陷。

b) 重缺陷

不符合标准规定，且对产品的使用性能或产品外观造成一定影响的缺陷，称为重缺陷。

c) 轻缺陷

不符合本标准的规定，但对产品的使用性能或外观影响较小的缺陷，称为轻缺陷。

7.1.3.5 质量缺陷判定依据

质量判定依据见表 6。

7.1.3.6 判定规则

单件产品合格条件：严重缺陷数＝0　　重缺陷数＝0　轻缺陷数≤7　　或

严重缺陷数＝0　　重缺陷数≤1　轻缺陷数≤3

批量产品合格条件：样本中的合格品数≥90％，不合格品数≤10％

7.1.3.7 抽验中各批量判定数不符合标准时，应进行第二次抽验，抽验数量应增加一倍；如仍不符合标准规定，应全部整修或停止出厂。

8 标识、包装及储存

8.1 标识

产品标志应符合GB 5296.4有关规定，每套（件、条）服装应有认证许可标识及信息、产品执行标准、合格证、生产企业名称、厂址、产品名称、规格号型、材料组分、洗涤方法和检验章，每件产品应附有产品使用说明。

8.2 包装

产品包装容器应规整牢固、无破损、内外包装应设防潮层，组合尺寸配套，产品数量准确，整叠规整，码放整齐，箱内应放入承制方包装检验单，包装检验单应包括产品名称、号型、承制方名称、数量、检验员、检验日期，箱外注明产品名称、数量、质量、体积、生产日期、承制方名称。

8.3 储存

产品不得与有腐蚀性物品放在一起，存放处应干燥通风，避免阳光直晒，包装件距墙面及地面20 mm以上，防止鼠咬、虫蛀、霉变。

表6 质量判定依据

项目	序号	轻缺陷	重缺陷	严重缺陷	条款号
面料	1			阻燃性其中一项不合格	5.1.1.1
	2			经纬断裂强力、撕裂强力小于标准	5.1.1.2
	3	透湿量小于标准规定10％	超过轻缺陷		5.1.1.2
	4	抗弯度大于标准规定1 cm	抗弯度大于标准规定2 cm		5.1.1.2
	5	水洗尺寸变化率小于－2.5％，大于－3％	超出轻缺陷		5.1.1.2
	6	色牢度超出规定0.5级	色牢度超出规定1级		5.1.1.2
	7	色差超出规定0.5级	色差超出规定1级		5.1.1.2
	8	10％≤热稳定性≤12％	12％≤热稳定性≤15％	热稳定性≥15％	5.1.1.2
辅料	9	衬的色泽与面料不相匹配	缝纫线、衬料性能与面料不相适应。反光带不阻燃	扣、钩、拉链等附件与7.1.1要求不符，破损、脱落、锈蚀	5.1.3
	10			无商标及安全标识	5.5.2.2
	11	熨烫不平服	熨烫泛黄、变色	烫熔、烫焦、破损	5.6.1
	12	污渍面积小于0.5 cm^2，位置不明显，线头3根以上	明显污渍，大于0.5 cm^2	严重污渍，面积大于10 cm^2	5.6.3
	13	缝制轻微抽皱、面里不够平服、松紧不适宜、明显宽窄不一致	缝制抽皱明显、有死褶、明显不规整，面里布平服，毛脱漏大于1 cm	毛脱漏大于2 cm	5.5.2.1

表 6（续）

项　目	序号	轻　缺　陷	重　缺　陷	严 重 缺 陷	条款号
	14	主要部位 1 处跳一针，缝纫不顺直	30 cm 有 2 处跳一针	开断线，连续跳针，链式线迹跳针	5.5.2.12
	15	锁眼钉扣、封结不牢，扣和眼错位 0.5 cm 以内	扣和眼错位 0.6 cm 以上，扣眼偏歪影响美观		5.5.2.8
	16	领子面里不平服，偏歪，领尖互差大于 0.4 cm	领子反翘，领尖互差大于 0.6 cm		5.5.2.4
	17	绱袖不够园顺，吃势不均，前后不适宜，两袖位置互差大于 2 cm	超出轻缺陷		5.5.2.3
	18	缝纫针距超出标准每一处为一个轻缺陷			5.5.1
	20	前身止口里襟长于门襟 0.4 cm；止口反吐，门襟不顺直	里襟长于门襟 0.8 cm 以上		5.5.2.10
	21	肩缝不顺直，两肩宽窄互差 0.8 cm			5.5.2.14
	22	上拉链不平服，露牙不一致			5.5.2.10
	23	两裤腿长互差 0.8 cm，脚口互差 0.5 cm(双量)	裤脚明显歪斜		5.5.2.11
服装成品理化性能	25		一项不合格	二项不合格	5.7
甲醛含量	26			超出范围	5.7.3
规格尺寸	27	规格尺寸超出标准规定允差 50%以内	规格尺寸超出标准规定允差 50%以上	规格尺寸超出标准规定允差 100%以上	5.4.2
结构	28	与 5.3 不符			5.3
色差	29	每套(件、条)各部位表面颜色色差低于 4 级	每套(件、条)各部位表面颜色色差低于 3-4 级		5.6.2

注 1：以上各项缺陷按序号逐项累计计算。

注 2：阻燃性能其中一项不合格，即为该抽检批不合格。

注 3：凡属丢工、少序、错序均为重缺陷，缺少部件为严重缺陷。

注 4：本规则未涉及到的缺陷可根据标准规定，参照规则相似的情况判定。

附　录　A
（规范性附录）
热防护性能试验方法

A.1　范围

本方法规定了水平放置的阻燃防护服装面料暴露于辐射热源和对流热源的隔热性能的测试方法。

本方法适用于单层或多层阻燃材料的测试，不适用于非阻燃材料。

A.2　原理

阻燃材料样品水平放置，并距离对流/辐射混和热源一定距离，当透过的热量与引起人体组织二级烧伤相等时，记录暴露的时间。根据样品与测试传感器放置位置的不同，用直接接触来模拟阻燃防护服与身体接触穿着，用间隔 6.5mm 来模拟阻燃防护服与身体存在一定空间的情况。

A.3　测试装置（见图 A.1～图 A.4）

a）热源：包括一个辐射热源和两个对流热源，辐射热源使用一组 9 个 T-150 的红外石英灯管，放在水平放置样品的正下方一定距离，对流热源使用两个点火器，对称放置在样品下方，且与样品中垂线成 45°角。

b）防护栅：放置在热源和样品之间，利用防护栅的打开和关闭来控制样品能否接收到热源产生的热量。

c）试样支架及安装板：支架用于样品的定位，安装板规格为 150 mm×150 mm，厚度 1.6 mm，中间有一个 100 mm×100 mm 的孔，每个角垂直焊接一个 6.5 mm 高的角铁。

d）样品握持板：规格为 149 mm×149 mm×15 mm 的铁板，中间有 130 mm×130 mm 的孔，间隔装置和传感器组件应不必粘合就能安装在其上。

e）间隔装置：128 mm×128 mm×6.4 mm，中间有 110 mm×110 mm 的孔。

传感器组件由以下部分组成：

f）铜热量计：直径 40 mm，厚度 1.6 mm，有三个热电偶相连。

g）热量计安装模块：128 mm×128 mm×13 mm，非石棉材料制成的不燃热绝缘板。热量计用能耐 200 ℃的粘合剂固定，铜盘的正面喷涂一层黑胶并与安装模块的正面接触。整个传感器组件，包括铜热量计共重（1 000±10）g。

其他还包括记录仪、气体流量计和辐射仪。

A.4　样品

尺寸为（150 mm±2 mm）×（150 mm±2 mm）的样品三块（不能含有接缝部位）。如果阻燃防护服具有多层，则作为一个整体测试。按照 GB/T 17596 规定在洗涤 3 次前后分别测试。

A.5　试验准备

在一个标准大气压，20 ℃±2 ℃和 65%±4%的相对湿度条件下保持样品 24 h，拿出后 3 min 内进行测试。

A.6　试验步骤

所有试验和校准都应在一个通风橱内进行以便带走燃烧产物烟或烟气。将总热通量定在 83 kW/m^2±2 kW/m^2 相当于 2.0 cal/(cm^2·s)±0.1 cal/(cm^2·s)，其中辐射热源和对流热源产生的热通量各占50%，应用试验铜热量计测量总热通量。

样品的内表面与试验铜热量计直接接触或者是间隔一定的距离(根据需要选择)，打开百叶窗，开始试验，当传感器的值达到人体二级烧伤忍耐极限时(传感器温度上升35 ℃～40 ℃)，关闭百叶窗。

A.7 试验结论

从反应曲线和人体组织忍受曲线相交点(见表A.1)，读出二度烧伤的时间精确到0.1 s和相应的暴露热通量根据式(A.1)计算出热防护系数 TPP 值。

$$TPP = F \times T \qquad \cdots\cdots(A.1)$$

式中：

TPP——热防护系数，单位为千瓦秒每平方米(kW·s/m²)；

F——暴露热通量，单位为千瓦每平方米(kW/m²)；

T——导致烧伤的时间，单位为秒(s)。

取三块试样的平均值为计算结果。

A.8 实验报告

实验报告应包括以下内容：

a) 说明实验是按照本方法进行的。

b) 试样名称、规格及送检单位。

c) 测试条件及温湿度。

d) 注明每块导致烧伤的时间和热防护指数值及三块的平均值。

e) 实验日期及人员。

表A.1 人体组织对二级烧伤的忍耐程度

暴露时间 T/s	热通量 F/(kW/m²)	总热量/(kW·s/m²)	热量计数值	
			ΔT/℃	ΔU/mV
1	50	50	8.9	0.46
2	31	61	10.8	0.57
3	23	69	12.2	0.63
4	19	75	13.3	0.69
5	16	80	14.1	0.72
6	14	85	15.1	0.78
7	13	88	15.5	0.80
8	11.5	92	16.2	0.83
9	10.6	95	16.8	0.86
10	9.8	98	17.3	0.89
11	9.2	101	17.8	0.92
12	8.6	103	18.2	0.94
13	8.1	106	18.7	0.97
14	7.7	108	19.1	0.99
15	7.4	111	19.7	1.02

表 A.1（续）

暴露时间 T/s	热通量 F/(kW/m²)	总热量/(kW·s/m²)	热量计数值	
			ΔT/℃	ΔU/mV
16	7.0	113	19.8	1.03
17	6.7	114	20.2	1.04
18	6.4	116	20.6	1.06
19	6.2	118	20.8	1.08
20	6.0	120	21.2	1.10
25	5.1	128	22.6	1.17
30	4.5	134	23.8	1.23

单位为毫米

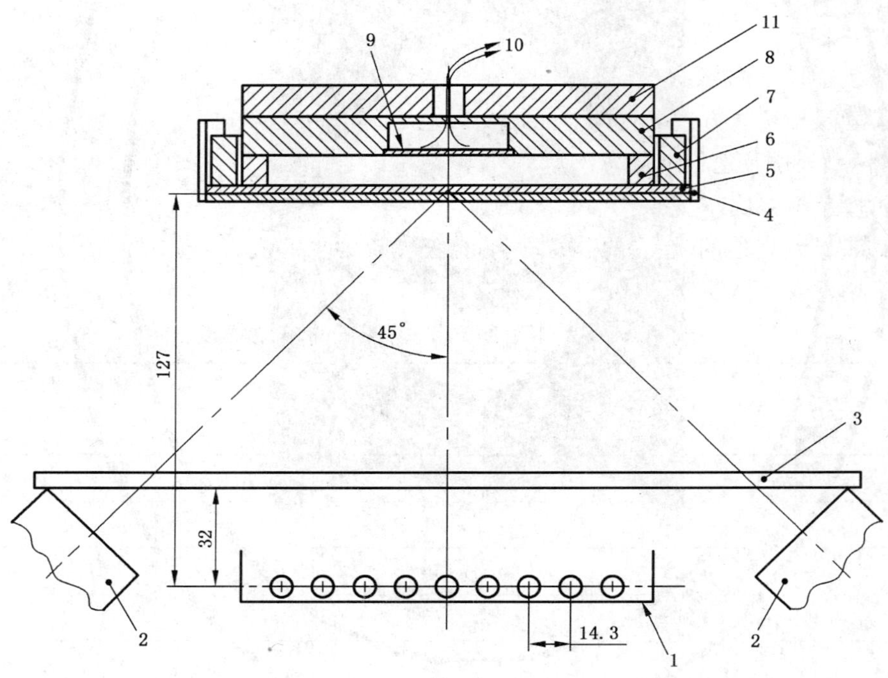

1——辐射热源；
2——对流热源；
3——防护百叶窗；
4——样品安装板；
5——测试样品；
6——空隙装置(如果使用非接触方法)；
7——样品固定板；
8——传感器模块；
9——铜热量计；
10——热电偶与记录仪的接线；
11——重物。

图 A.1 测试装置图解

单位为毫米

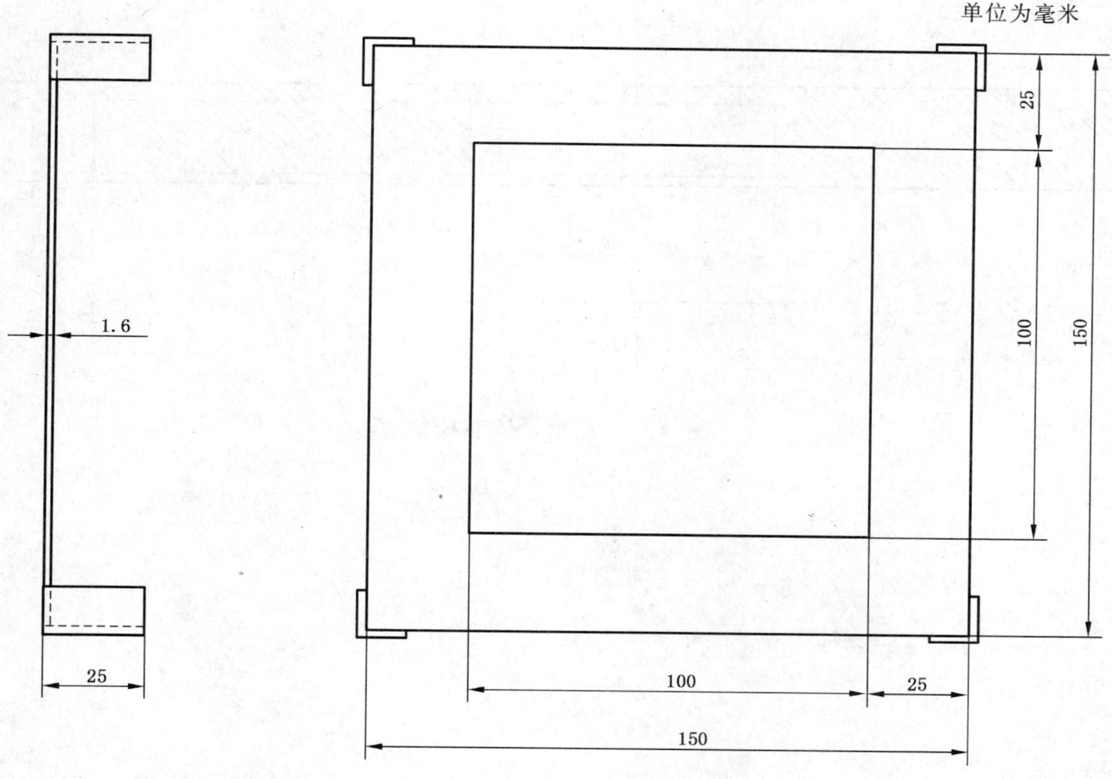

图 A.2 样品安装板的规格

单位为毫米

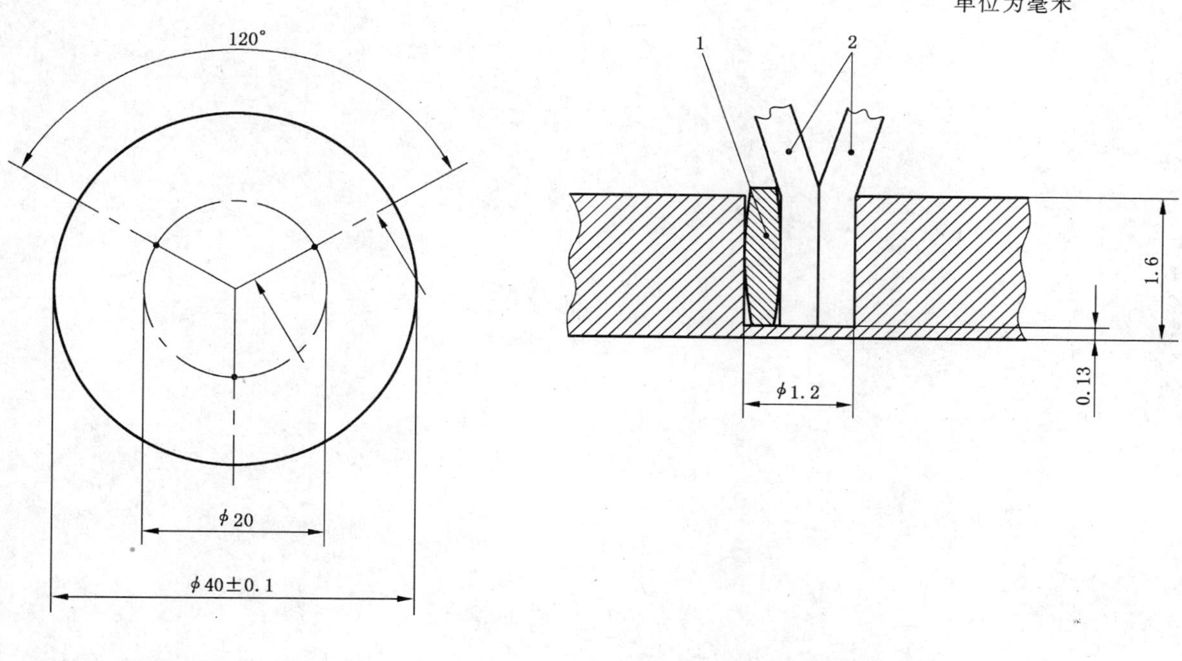

1 固定热电偶的铜块

2 热电偶的接线

图 A.3 热量计

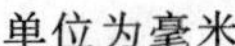
单位为毫米

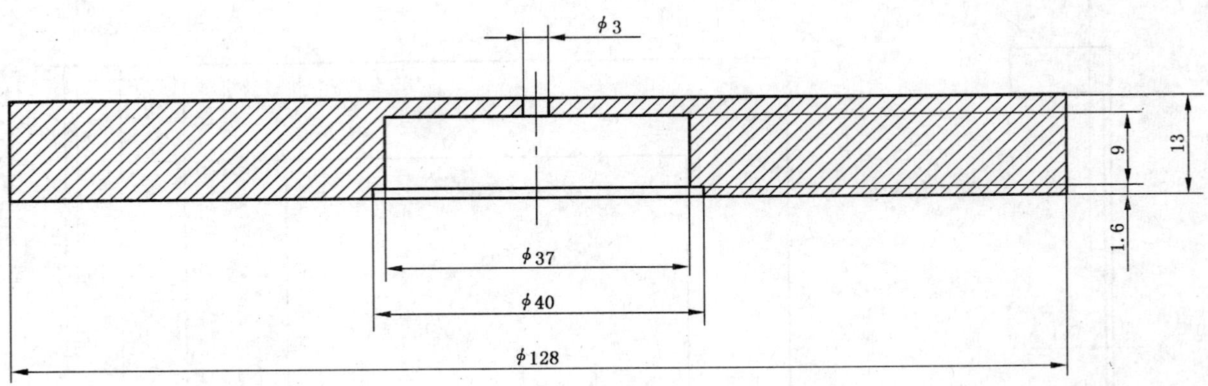

图 A.4 热量计安装模块

附　录　B
（规范性附录）
热稳定性试验方法

B.1　应用范围

本测试方法用于阻燃服装面料、辅料和组件的热稳定性测试。

B.2　样品

样品尺寸 100 mm×100 mm，沿经、纬向取样数量各为三块。如果阻燃防护服具有多层，则作为一个整体测试。根据要求若洗涤时为水洗的应按照标准 GB/T 17596 规定洗涤 3 次前后分别测试。

B.3　测试装置

B.3.1　干燥箱

温度范围：20 ℃～300 ℃；

温度波动度：±2.0 ℃；

有足够的容积使试验样品单独放置。

B.3.2　测量直尺

采用 1 m 长的毫米刻度尺。

B.4　试验准备

在一个标准大气压，温度 20 ℃±2 ℃和 65%±5%的相对湿度条件下将样品保持 24 h。

B.5　试验步骤

干燥箱加热至所需温度 A 级(260 ℃±2 ℃)，B、C 级(180 ℃±2 ℃)，迅速将悬挂样品放入干燥箱内，样品不应与干燥箱壁接触，关上干燥箱门起记录时间，5 min 后打开干燥箱门，取出样品。样品应在 2 min 以内，在常温环境下测量完长、宽方向的尺寸。

B.6　试验结论

按式(B.1)计算最大尺寸变化率，以三块试样的平均值为检验结果。

$$P = (D_1 - D_2)/D_1 \times 100\% \qquad \text{(B.1)}$$

式中：

P——尺寸变化率，单位为%；

D_1——加热前尺寸，单位为厘米(cm)；

D_2——加热后尺寸，单位为厘米(cm)。

ICS 13.340.10
W 43

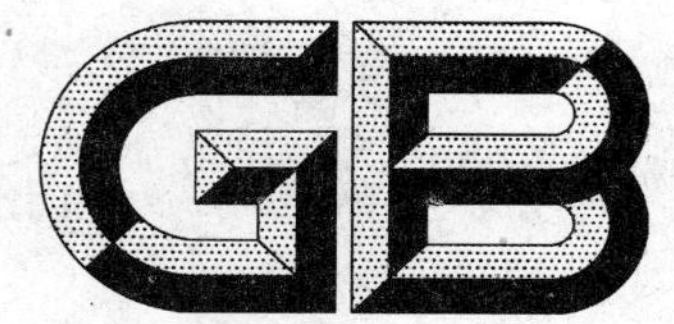

中华人民共和国国家标准

GB 8965.2—2009
代替 GB 15701—1995

防护服装 阻燃防护
第2部分:焊接服

Protective clothing—Flame-retardant protection—
Part 2:Protective clothing for welders

2009-04-01 发布　　2009-12-01 实施

中华人民共和国国家质量监督检验检疫总局
中国国家标准化管理委员会　发布

前　言

本部分的全部技术内容为强制性。

GB 8965《防护服装　阻燃防护》分两个部分：

——第 1 部分：阻燃服；

——第 2 部分：焊接服。

本部分为 GB 8965 的第 2 部分。

本部分代替 GB 15701—1995《焊接防护服》，本部分与 GB 15701—1995 相比主要变化如下：

——增加术语和定义（见第 3 章）；

——根据作业场所将防护服进行分级，并按不同级别给出不同的技术要求（见第 4 章）；

——结构设计中增加了提高安全性能的要求（见 5.3.1）；

——技术要求中增加了对防护服面料撕裂强力、透湿量、热稳定性、热防护性、甲醛含量及 pH 值的要求（见 5.5.1）；

——增加了对防护服附件的要求（见 5.5.2）；

——对检验规则进行了修改和补充（见第 7 章）；

——取消了原标准中作为补充件的附录 A。

本部分由全国个体防护装备标准化技术委员会提出。

本部分由全国个体防护装备标准化技术委员会防护服工作组归口。

本部分主要起草单位：中冶集团建筑研究总院。

本部分参与起草单位：中国安全生产科学研究院、奥山职业装研究所、烟台氨纶股份有限公司。

本部分主要起草人：刘景凤、赵阳、张友权、马德志、李双会、陆立平、洪军、邵正丽、吴汉荣、刘春。

本部分所代替标准的历次版本发布情况为：

——GB 15701—1995。

防护服装　阻燃防护
第2部分：焊接服

1　范围

GB 8965 的本部分规定了焊接及相关作业场所用防护服装的技术要求、试验方法、检验规则、标志、包装及储存。

本部分适用于焊接及相关作业场所，可能遭受熔融金属飞溅及其热伤害的作业人员用防护服。

2　规范性引用文件

下列文件中的条款通过 GB 8965 的本部分的引用而成为本部分的条款。凡是注明日期的引用文件，其随后所有的修改单(不包括勘误的内容)或修订版均不适用于本部分，然而，鼓励根据本部分达成协议的各方研究是否可使用这些文件的最新版本。凡是不注日期的引用文件，其最新版本适用于本部分。

GB/T 2912.1　纺织品　甲醛的测定　第1部分：游离水解的甲醛(水萃取法)

GB/T 3291　纺织　纺织材料性能和试验术语

GB/T 3917.3　纺织品　织物撕破性能　第3部分：梯形试样撕破强力的测定

GB/T 3923.1　纺织品　织物拉伸性能　第1部分：断裂强力和断裂伸长率的测定条样法

GB/T 5455　纺织品　阻燃性能测试　垂直法

GB/T 7573　纺织品　水萃取液 pH 值的测定

GB 8965.1　防护服装　阻燃防护　第1部分：阻燃服

GB/T 12704—1991　织物透湿量测定方法　透湿杯法

GB/T 13640　劳动防护服号型

GB/T 17596—1998　纺织品　织物燃烧试验前的商业洗涤程序

GB/T 17599　防护服用织物防热性能抗熔融金属滴冲击性能的测定

GB/T 20097　防护服　一般要求

FZ/T 81007　单、夹服装

QB/T 2710　皮革　物理和机械试验　抗张强度和伸长率的测定

3　术语和定义

GB/T 3291 和 GB 8965.1 确立的以及下列术语和定义适用于 GB 8965 的本部分。

3.1

熔融物质　molten substance

在高温、液化状态下的金属和同处高温状态下相关的非金属物质，例如矿渣、浮渣和盐。

3.2

燃烧特征　burning behavior

材料或产品暴露于特定火源条件下发生的所有变化。

3.3

滴落　dripping

测试耐热防护服时，衣物材料因受热而发生流动的现象。

3.4

耐热性能　heat resistance

材料暴露于特定的温度和环境中，在规定的时间后，测到的材料保留有用性能的程度。

3.5

熔融　melting

测试热防护服时，材料因受热产生流动或滴落的现象。

3.6

收缩　shrinkage

物体或材料的一个或多个尺寸降低的现象。

4　焊接服防护级别

焊接服根据使用场合及作业要求分为三个级别，各级别防护服的使用如表1。

表1　焊接及相关作业用防护服防护级别

防护级别	应用环境描述	使用场合
A	操作人员头部及躯干局部或整体暴露于焊接及相关作业过程中产生的由上而下坠落的熔滴飞溅环境之中，或操作人员囿于操作位置或空间的限制无法有效躲避熔滴飞溅和弧光辐射	各种仰焊位置、高空或狭窄空间操作的明弧焊接（自动焊除外）、火焰切割、碳弧气刨以及炉前工和其他接触高辐射热、明火、熔融金属飞溅的场合
B	操作人员身体局部暴露于焊接及相关作业过程中产生熔滴飞溅和弧光辐射中	除A级规定的操作位置及环境以外的明弧焊接（自动焊除外）、火焰切割、碳弧气刨等
C	焊接或切割操作过程中没有或很少火焰或弧光辐射，金属熔滴飞溅很少	除A、B级规定外的各种焊接及相关作业方法

5　要求

5.1　款式

防护服根据使用要求，可采用如下款式：

a)　上、下身分离式；

b)　衣裤（或帽）连体式；

c)　配用的围裙、套袖、披肩、鞋盖。

5.2　号型尺寸

防护服的号型应符合GB/T 13640的规定，超出GB/T 13640范围按档差自行设置。成品尺寸测量位置及主要部位允许公差符合FZ/T 81007的规定，衣裤（或帽）连体式服装应符合衣长的允许偏差±2 cm，配用的围裙、套袖、披肩、鞋盖及超出规定的可以自行确定。

5.3　结构设计

5.3.1　服装的结构应安全、卫生，有利于人体正常生理要求与健康。

5.3.2　防护服及配用的防护用品应尽可能少地影响工作，并完整地覆盖暴露区域。

5.3.3　防护服的设计及连接部位应能保证方便和快速的去除。

5.3.4　上衣长度应盖住裤子上端20 cm以上，袖口、脚口、领子应用可调松紧结构，尽可能不设外衣袋。明衣袋应带袋盖，袋盖长应超过袋盖口2 cm，上衣门襟以右压左为宜，裤子两侧口袋不得用斜插袋，避免明省、活褶向上倒，衣物外部接缝的折叠部位向下，以免集存飞溅熔融金属或火花。

5.3.5　在不影响设计强度及效果的情况下，尽量减轻防护服的质量。

5.3.6 防护服所必须的袋、闭合件等，应采用阻燃材料，外露的金属件应用阻燃材料完全遮盖，以免粘附熔融飞溅的金属。

5.3.7 防护服应为“三紧式”，与配用的防护用品接合部位，尤其是领口、袖口处应严格闭合，与配用的其他防护用品紧密配合，防止飞溅的熔融金属或火花从接合部位进入。

5.4 缝制

缝制应参照 FZ/T 81007 的规定。

5.5 性能要求

5.5.1 面辅料性能

防护服面料的性能应符合表 2 的要求。

表 2 面料的性能要求

性能参数		焊接服防护等级		
		A	B	C
面料强力(纺织物)	断裂强力(经、纬)/N	≥450		
	撕破强力(经、纬)/N	≥25		
面料抗张强力(皮革)	牛面革/(N/mm^2)	≥16		
	猪面革/(N/mm^2)	≥10		
阻燃性能 (洗涤 50 次后)	燃烧特征	燃烧不能蔓延至试样的顶部或两侧边缘 试样不能熔穿形成孔洞 试样不能产生有焰燃烧或熔融碎片		
	续燃时间/s	≤2	≤4	≤5
	阻燃时间/s	≤2	≤4	≤5
	损毁长度/mm	≤50	≤100	≤150
抗熔融金属冲击性能 (洗涤 50 次后)		经 15 滴金属熔滴冲击后，试样温升不超过 40 K		
透湿量/[g/(m^2 · 24 h)]		≥6 000(纺织物)		
热稳定性/%		(260±5)℃，5 min，尺寸变化≤10		
热防护性(kW · s/m^2) (洗涤 50 次后)		服装与皮肤直接接触，≥126 服装与皮肤间有空隙，≥250	—	
甲醛含量/(mg/kg)		≤75		
pH 值		4.0～9.0		
注：洗涤试验按照 GB/T 17596—1998 中第 7 章的洗涤条件洗涤 12.5 h，漂洗 1.5 h，漂洗过程中换水两次，然后脱水 4 min。整个过程为洗涤 50 次。				

5.5.2 附件

附件应符合 GB 8965.1 的规定。

5.5.3 成品

5.5.3.1 外观

成品外观应符合 GB 8965.1 的规定。

成品水洗后的尺寸变化率应符合表 3 规定。

表 3 成品水洗后尺寸变化率的要求

部位	水洗尺寸变化率/%
领大	≥−1.0
胸围	≥−2.0
衣长	≥−2.5
裤腰围	≥−1.0
裤长	≥−2.5

5.5.3.2 接缝强力

肩缝、袖子与衣身、裤后裆接缝强力不小于 140 N/(5 cm×10 cm)，其他部分接缝强力不小于 100 N/(5 cm×10 cm)。

6 试验方法

6.1 防护服纺织物面料断裂强力的检测按 GB/T 3923.1 执行。

6.2 防护服纺织物面料撕破强力的检测按 GB/T 3917.3 执行。

6.3 防护服皮革面料的抗张强度的检测按 QB/T 2710 执行。

6.4 防护服面料阻燃性能的检测按 GB/T 5455 执行。

6.5 防护服面料抗熔融金属冲击性能的检测按 GB/T 17599 执行。

6.6 面料的透湿量试验按 GB/T 12704—1991 方法 A 规定执行。

6.7 防护服面料的热稳定性能的检测按 GB 8965.1 执行。

6.8 防护服面料的热防护性能的检测按 GB 8965.1 执行。

6.9 防护服面料甲醛含量的检测按 GB 2912.1 执行。

6.10 防护服面料 pH 值的检测按 GB/T 7573 执行。

6.11 防护服缝合强度的试样尺寸、数量以及缝合强度的检测按 GB/T 3923.1 执行。按 5.5.3.2 要求的部位取样，接缝应处于试样中心且垂直于受力方向，接缝端线打上结以防滑脱。

6.12 防护服成品的水洗尺寸变化率的检测按 GB/T 20097 执行。

7 检验规则

7.1 检验分类及检验项目

质量检验应分为出厂检验和型式检验。

7.1.1 出厂检验

服装成品出厂检验由生产企业质检部门进行，以供货批为检查批，被检服装应从检查批中随机抽取。检验项目包括号型尺寸、缝制、外观、标志及包装。

7.1.2 型式检验

在下列情况之一时应进行型式检验：

——当材质、工艺、订购单位变化时。

——产品长期停产后恢复生产。

——定期或积累一定量后应周期性的检验。

——主管部门提出或质量仲裁检验。

检验项目包括面料、结构、号型尺寸、缝制、外观、理化性能、标志及包装。

7.2 抽样规定

抽样数量按生产批量，500 套(件、条)以下抽验 10 套(件、条)；500 至 1 000 套(件、条)抽验 20 套(件、条)；1 000 套(件、条)以上抽验 30 套(件、条)。其中阻燃性检测抽 2 套(件、条)。

7.3 检验项目分类

焊接防护服检验项目及其分类见表 4。

表 4 焊接防护服检验项目及其分类

检验项目			项目分类			条款号
			Ⅰ	Ⅱ	Ⅲ	
面料	面料强力(纺织物)	断裂强力(经、纬)/N	√			5.5.1
		撕破强力(经、纬)/N	√			
	抗张强力(皮革)	牛面革/(N/mm^2)	√			
		猪面革/(N/mm^2)	√			
	阻燃性能	燃烧特征	√			
		续燃时间/s	√			
		阴燃时间/s	√			
		损毁长度/mm	√			
	抗熔融金属冲击性能		√			
	透湿量/[g/(m^2·24 h)]			√		
	热稳定性/%			√		
	热防护性/(kW·s/m^2)		√			
	甲醛含量/(mg/kg)		√			
	pH 值		√			
辅料	附件			√		5.5.2
号型尺寸				√		5.2
结构				√		5.3
缝制				√		5.4
成品	外观	折叠清洁			√	5.5.3.1
		缺件漏损		√		
		上领上袖		√		
		对称互差			√	
	成品水洗后的尺寸变化率			√		5.5.3.1
	面料接缝强力		√			5.5.3.2
标志			√			8.1
包装					√	8.2

7.4 判定规则

7.4.1 单件产品合格条件：

Ⅰ类检验项目不合格数＝0　　Ⅱ类检验项目不合格数＝0　　Ⅲ类检验项目不合格数≤2　　或

Ⅰ类检验项目不合格数＝0　　Ⅱ类检验项目不合格数≤1　　Ⅲ类检验项目不合格数≤1

批量产品合格条件：样本中的合格品数≥90%，不合格品数≤10%(不含Ⅰ类检验项目不合格品)

7.4.2 抽检中各批量判定数符合上述规定判定为合格批出厂。

7.4.3 抽验中各批量判定数不符合标准时，应进行第二次抽验，抽验数量应增加一倍；如仍不符合标准规定，应全部整修或停止出厂。当判定的不合格批经整修后，应重新申报出厂检验。

7.4.4 服装生产厂应向用户提供省级以上检验机构出具的同类产品的型式检验报告。

8 标志、包装及储存

8.1 标志

每套焊接防护服上应有永久性标识，包括安全标志标识、合格证，合格证中的内容应有产品名称、产品类别、防护级别、生产日期、有效期、制造厂名、厂址等。

防护服标志除满足上述要求外，还应符合 GB/T 20097 的规定。

8.2 包装

产品包装容器应规整牢固、无破损，内外包装应设防潮层，组合尺寸配套，产品数量准确，整叠规整，码放整齐，箱内应放入承制方包装检验单，包装检验单应包括产品名称、号型、承制方名称、数量、检验员、检验日期，箱外注明产品名称、数量、质量、体积、生产日期、承制方名称。

8.3 储存

产品不得与有腐蚀性物品放在一起，存放处应干燥通风，包装件距墙面及地面 20 mm 以上，防止鼠咬、虫蛀、霉变。

ICS 71.100.20
G 86

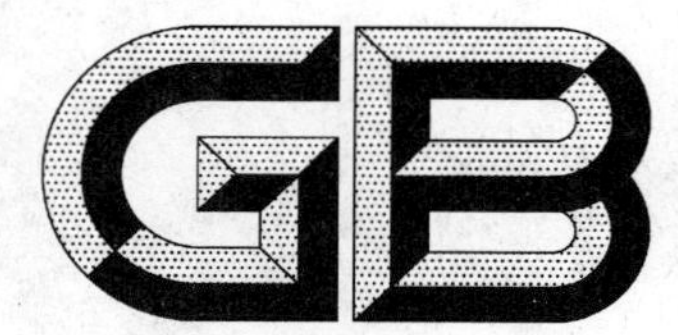

中华人民共和国国家标准

GB 8982—2009
代替 GB 8982—1998、GB 8983—1998

医用及航空呼吸用氧

Oxygen supplies for medicine and aircraft breathing

2009-06-21 发布　　　　2010-05-01 实施

中华人民共和国国家质量监督检验检疫总局
中国国家标准化管理委员会　发布

前言

本标准的第3章为强制性的，其余为推荐性的。

本标准代替GB 8982—1998《医用氧》和GB 8983—1998《航空呼吸用氧》，是对GB 8982—1998和GB 8983—1998的修订与合并。

本标准与GB 8982—1998和GB 8983—1998比较，主要差别如下：

——标准名称改为：医用及航空呼吸用氧；

——调整了规范性引用文件（本标准的第2章，GB 8982—1998的第2章、GB 8983—1998的第2章）；

——增加了医用氧中总烃和固体物质含量要求及其试验方法（本标准的表1、5.7、5.8）；

——修改了医用氧中一氧化碳、二氧化碳技术指标及其试验方法（本标准的表2、5.3，GB 8982—1998的第2章、5.3、5.4）；

——增加了航空呼吸用氧中一氧化碳、二氧化碳含量的技术指标要求及其试验方法（本标准的表2、5.3、5.4）；

——修改了检验规则（本标准的第4章，GB 8982—1998的第4章、GB 8983—1998的第5章）。

本标准由中国石油和化学工业协会提出。

本标准由全国气体标准化技术委员会归口。

本标准起草单位：杭州气体厂、成都新炬化工有限公司、宝钢股份上海五钢气体有限责任公司、中国科学院大连化物所科纳科技开发所、西南化工研究设计院、攀枝花新钢钒股份有限公司能源动力中心、成都航空四站总厂等。

本标准主要起草人：夏绍勇、沈建林、唐惠明、王贵悦、何道善、陈雅丽、何颖、汪晓鸥等。

本标准所代替标准的历次版本发布情况为：

——GB 8982—1988、GB 8982—1998；

——GB 8983—1988、GB 8983—1998。

医用及航空呼吸用氧

1 范围

本标准规定了医用氧及航空呼吸用氧产品的要求、检验规则、试验方法以及包装、标志、储存、运输与安全警示。

本标准适用于由分离空气制取的气态及液态医用氧、航空呼吸用氧。主要用于医疗、制备潜水呼吸混合气、航空飞行呼吸等。

分子式：O_2。

相对分子质量：31.998 8(按 2005 年国际相对原子质量计算)。

2 规范性引用文件

下列文件中的条款通过本标准的引用而成为本标准的条款。凡是注日期的引用文件，其随后所有的修改单(不包括勘误的内容)或修订版均不适用于本标准，然而，鼓励根据本标准达成协议的各方研究是否可使用这些文件的最新版本。凡是不注日期的引用文件，其最新版本适用于本标准。

GB/T 3863 工业氧

GB/T 5832.2 气体中微量水分的测定 第 2 部分：露点法

GB/T 8984 气体中一氧化碳、二氧化碳和碳氢化合物的测定 气相色谱法

JB/T 5905 真空多层绝热低温液体容器

3 要求

3.1 医用氧及航空呼吸用氧总的污染物应对使用者不产生毒性。

3.2 医用氧的技术要求应符合表 1 的规定。

3.3 航空呼吸用氧的技术要求应符合表 2 的规定。

表 1 医用氧技术要求

项目			指标
氧(O_2)含量(体积分数)/10^{-2}		≥	99.5
水分(H_2O)含量(露点)/℃		≤	−43
二氧化碳(CO_2)含量(体积分数)/10^{-6}		≤	100
一氧化碳(CO)含量(体积分数)/10^{-6}		≤	5
气态酸性物质和碱性物质含量			按 5.4 检验合格
臭氧及其他气态氧化物			按 5.5 检验合格
气味			无异味
总烃含量(体积分数)/10^{-6}		≤	60
固体物质	粒度/μm	≤	100
	含量/(mg/m^3)	≤	1
注：液态医用氧对气味、水分含量不作规定。			

表 2 航空呼吸用氧技术要求

项目			指标
氧(O_2)含量(体积分数)/10^{-2}		≥	99.5
水分(H_2O)含量(露点)/℃		≤	−65
二氧化碳(CO_2)含量(体积分数)/10^{-6}		≤	100
一氧化碳(CO)含量(体积分数)/10^{-6}		≤	5
气味			无异味
总烃含量(体积分数)/10^{-6}		≤	60
固体物质	粒度/μm	≤	100
	含量/(mg/m^3)	≤	1
注：液态航空呼吸用氧对气味、水分含量不作规定。			

4 检验规则

4.1 医用氧及航空呼吸用氧由生产厂负责进行出厂检验，签发产品质量合格证书，保证所有出厂的医用氧、航空呼吸用氧产品符合本标准要求并有可追踪性。

4.2 瓶装医用氧、航空呼吸用氧以生产厂一个操作班生产的或一次充灌的产品组批，用户以同一车载量或同批进货量组批，按批量的 2%随机抽样进行检验，抽样数量不应少于 2 瓶，也不多于 5 瓶。当检查结果有任何一项指标不符合本标准规定时，则自同批产品中重新加倍抽样检查。若仍有任何一项指标不符合本标准要求时，则该批产品不合格。

4.3 液态氧应从每个储运容器中采取液态样品经汽化后进行检查。当检查结果有任何一项指标不符合本标准要求时，则该产品不合格。

4.4 医用氧及航空呼吸用氧采样安全按 GB/T 3863 的规定执行。

5 试验方法

5.1 氧含量的测定

按 GB/T 3863 的规定执行。

5.2 水含量的测定

按 GB/T 5832.2 的规定执行。

5.3 一氧化碳、二氧化碳的测定

按 GB/T 8984 的规定执行。

5.4 气态酸性物质和碱性物质的测定

5.4.1 试剂和溶液

试剂和溶液要求如下：

——蒸馏水或去离子水；

——盐酸溶液：0.01 mol/L；

——乙醇溶液：60×10^{-2}(质量分数)；

——乙醇溶液：20×10^{-2}(质量分数)；

——甲基红指示剂：0.2×10^{-2}(质量分数)的乙醇溶液。将 0.2 g 甲基红溶于 100 mL 乙醇[60×10^{-2}(质量分数)]溶液制成；

——溴麝香草酚蓝指示剂：0.1×10^{-2}(质量分数)的酒精溶液。将 0.1 g 溴麝香草酚蓝溶于100 mL 乙醇[20×10^{-2}(质量分数)]溶液制成。

5.4.2 仪器

仪器要求如下：

——分度移液管：容量 1 mL；

——孟氏气体洗涤瓶：容量 100 mL；

——气体流量计；

——量筒：容量 100 mL。

5.4.3 测定

将减压后的医用氧气用采样管与气体洗涤瓶以及气体流量计连接起来。开启样气吹除洗涤瓶 1 min～2 min。

取甲基红指示液与溴麝香草酚蓝指示液各 0.3 mL，加入 400 mL 蒸馏水，煮沸 5 min，冷至室温后各取 100 mL 分别注入 1 号、2 号、3 号气体洗涤瓶。

用移液管往 2 号瓶加入 0.20 mL 盐酸溶液（0.01 mol/L），往 3 号瓶加入 0.40 mL 盐酸溶液（0.01 mol/L）。

在 30 min～35 min 内，让 2 000 mL 氧气通过 2 号瓶内的溶液。

将 2 号瓶的溶液颜色与 1 号瓶和 3 号瓶的溶液颜色加以比较。若 2 号瓶中溶液的颜色不深于 1 号瓶中溶液的绿色，则判定医用氧气中气态碱含量符合要求；若 2 号瓶中溶液的颜色淡于 3 号瓶中溶液的红色，则判定医用氧气中气态酸含量符合要求。

5.5 臭氧及其他气态氧化物的测定

5.5.1 试剂和溶液

试剂和溶液要求如下：

——蒸馏水或去离子水；

——乙酸：分析纯；

——碘化钾：分析纯；

——可溶性淀粉：分析纯；

——淀粉与碘化钾的混合液：将 0.5 g 碘化钾溶于 95 mL 加热的水中，然后将 0.5 g 淀粉与 5 mL 冷水混合后，在搅动的情况下将混合物慢慢注入沸腾的碘化钾溶液内，烧煮 2 min～3 min。

5.5.2 仪器

仪器要求如下：

——分度移液管：容量 1 mL；

——孟氏气体洗涤瓶：额定容量 100 mL；

——气体流量计；

——量筒：容量 100 mL。

5.5.3 测定

将减压后的医用氧气用采样管与气体洗涤瓶以及气体流量计连接起来。开启样气吹除洗涤瓶 1 min～2 min。

往气体洗涤瓶内注入 100 mL 新配制的淀粉与碘化钾的混合溶液，加入 1 滴乙酸。

在 30 min～35 min 内让 2 000 mL 氧气通过气体洗涤瓶。

观察洗涤瓶中的溶液，若仍保持无色，则判定臭氧和其他气态氧化剂检验合格。

5.6 气味的测定

通过嗅觉器官测定气味。微开瓶阀，流出的氧气应无异味。

5.7 总烃含量的测定

按 GB 8984 的相关规定进行。

5.8 固体物质的测定

5.8.1 方法提要

采用滤纸采样称量法进行测定。让一定量的样品气通过装有滤纸的粉尘捕集器，根据通过的样品气体体积、滤纸通气前后的质量差，计算出固体物质的含量。颗粒大小用显微镜测量。

5.8.2 仪器和材料

——气体流量计；

——分析天平：分度值不大于 0.1 mg；

——读数显微镜：放大倍数为 40 倍，标尺最小分度值不大于 0.1 μm；

——粉尘捕集器：如图 1 所示；

——滤纸：超细玻璃纤维滤纸或聚丙烯合成纤维滤纸。通过滤纸后的气体中不应含有大于 1 μm（包括 1 μm）的固体物质。

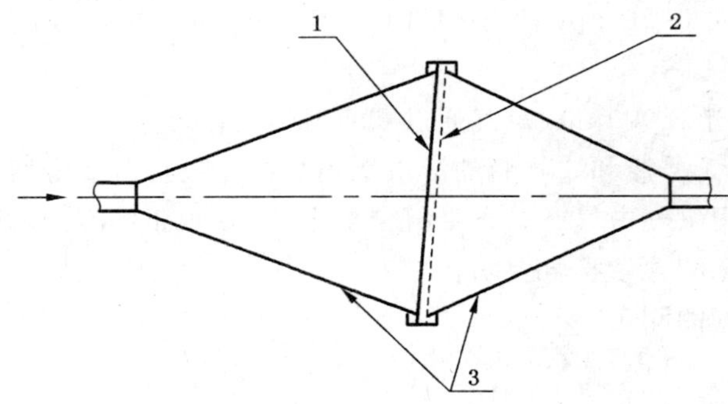

1——滤纸；

2——金属网；

3——滤纸夹持器。

图 1 粉尘捕集器

5.8.3 分析前的准备

将粉尘捕集器洗净烘干。

将滤纸剪成圆形，称量，然后放在滤纸夹持器中，称量后的滤纸应防止粘附粉尘及其他杂质（如水）。

将盛样品气的钢瓶、粉尘捕集器和流量计依次用没有粘附粉尘和水的管线连接起来。

5.8.4 分析

开启样品气钢瓶，调节流速在流量计的额定值内。

通样品气 1 m^3 以上，取出滤纸称量。

前后两次称量时天平室的相对湿度之差不应超过 100%。

5.8.5 结果处理

氧气中固体物质含量按式(1)计算：

$$X_1 = \frac{m_2 - m_1}{V} \quad \cdots\cdots(1)$$

式中：

X_1——固体物质含量，单位为毫克每立方米（mg/m^3）；

m_1——滤纸采样前的质量，单位为毫克（mg）；

m_2——滤纸采样后的质量，单位为毫克（mg）；

V——换算为 20 ℃和 101.3 kPa 压力下的采样体积，单位为立方米（m^3）。

5.9 固体颗粒大小的测定

将 5.8 中称量后的滤纸置于放大约 40 倍的显微镜下观测，不应有大于 100 μm 的颗粒。

6 包装、标志、储存、运输与安全警示

6.1 一般规定按 GB/T 3863、JB/T 5905 的规定执行。

6.2 进行压缩充装或增压输送的压缩机上的活塞密封件不应使用氟塑料或其他未经医疗监察部门检验合格的材料。

6.3 充装设施、包装容器、输送管道、库房等应为专用，有医用氧或航空呼吸用氧明显标识。不应使用盛装其他任何气体的容器改装。不应与工业氧一起混合充装、存放。

6.4 生产企业应对医用氧实施条码或电子标签等信息管理，建立充装、检验、流转各环节记录档案，使安全、质量均具有可追踪性。

6.5 新的或无余压的包装容器、经水压试验后首次充装的气瓶在充装前均应进行抽空、干燥、置换处理。

6.6 充装时，首先将气瓶内余气完全释放，并用合格氧气至少置换一次，置换压力不应低于 1.0 MPa。

6.7 航空呼吸用氧的氧气压力应能将航空器的氧气系统充至最大工作压力。

6.8 出厂前应对气瓶瓶嘴进行消毒处理并密封瓶嘴、戴上瓶帽（有防护罩者除外）和防振圈（集装除外）。

6.9 医用氧、航空呼吸用氧的有效期为 1 年。

ICS 55.120
A 82

中华人民共和国国家标准

GB/T 9106.1—2009
部分代替 GB/T 9106—2001

包装容器　铝易开盖铝两片罐

Packaging containers—Aluminum easy open end and aluminum two-piece can

2009-11-30 发布　　2010-05-01 实施

中华人民共和国国家质量监督检验检疫总局
中国国家标准化管理委员会　发布

前　言

本标准代替 GB/T 9106—2001《包装容器　铝易开盖两片罐》中铝易开盖和铝罐体部分。

本标准与 GB/T 9106—2001 相比，主要变化如下：

——标准名称改为《包装容器　铝易开盖铝两片罐》；

——适用范围为铝易开盖和铝罐体；

——罐体部分删除有关钢罐的相关规定；

——增加两片罐型号示例（见 4.4）；

——罐体、罐盖涂膜质量要求增加高温杀菌条件下的内容（见 5.2.2、5.3.2）；

——内外涂膜杀菌试验，增加高温杀菌的试验方法（见 6.9.2）；

——经高温杀菌灌装的罐体和易开盖涂膜质量、易开盖密封性及开启可靠性的不合格分类规定为 A 类不合格，接收质量限（AQL）为 0.65（见表 7）。

本标准由全国包装标准化技术委员会提出。

本标准由全国包装标准化技术委员会金属容器分技术委员会归口。

本标准负责起草单位：国家包装产品质量监督检验中心（广州）。

本标准参加起草单位：三水健力宝富特容器有限公司、柏华容器有限公司、青岛美特容器有限公司、波尔亚太（深圳）金属容器有限公司、太平洋制罐（北京）有限公司、华东联合制罐有限公司、苏州 PPG 包装涂料有限公司。

本标准主要起草人：朱丽萍、周锦昌、卢明、蔡健森、陈刚、金安民、刘泉生、路仕明、李丹禾。

本标准所代替标准的历次版本发布情况为：

——GB 9106—1988、GB 9106—1994、GB/T 9106—2001。

包装容器　铝易开盖铝两片罐

1　范围

本标准规定了铝易开盖铝两片罐(以下简称两片罐)的要求、试验方法、检验规则及标志、包装、运输、贮存。

本标准适用于盛装啤酒、充碳酸气及充氮饮料的未经使用的铝易开盖和铝罐体的制造、使用、流通和监督检验。

2　规范性引用文件

下列文件中的条款通过本标准的引用而成为本标准的条款。凡是注日期的引用文件,其随后所有的修改单(不包括勘误的内容)或修订版均不适用于本标准,然而,鼓励根据本标准达成协议的各方研究是否可使用这些文件的最新版本。凡是不注日期的引用文件,其最新版本适用于本标准。

GB/T 2828.1—2003　计数抽样检验程序　第1部分:按接收质量限(AQL)检索的逐批检验抽样计划(ISO 2859-1:1999,IDT)

GB 11677　水基改性环氧易拉罐内壁涂料卫生标准

GB/T 4122.1　包装术语　第1部分:基础

3　术语、定义和符号

3.1　术语和定义

GB/T 4122.1确立的术语和定义适用于本标准。

3.2　符号

下列符号适用于本标准。

3.2.1　缩颈翻边罐体

D_1——罐体外径;

D_2——缩颈内径;

H——罐体高度;

B——翻边宽度。

3.2.2　铝易开盖

d——钩边外径;

h_1——埋头度;

h_2——钩边高度;

b——钩边开度;

e——每50.80 mm盖钩边的重叠个数。

4　两片罐分类

4.1　两片罐按型号分为206/211×310(250 mL)、206/211×314(275 mL)、206/211×408(330 mL)、206/211×413(355 mL)、206/211×610(500 mL)。

4.2　铝易开盖分为拉环式和留片式易开盖,见图1。

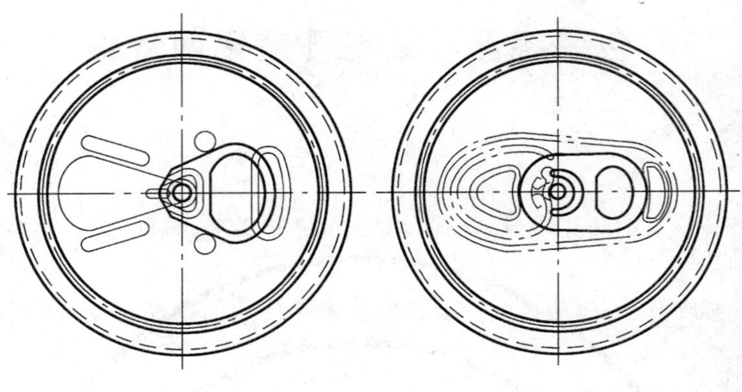

a) 拉环式　　　　b) 留片式

图 1　易开盖示图

4.3　结构尺寸

4.3.1　缩颈翻边罐体的主要尺寸应符合图 2 和表 1。

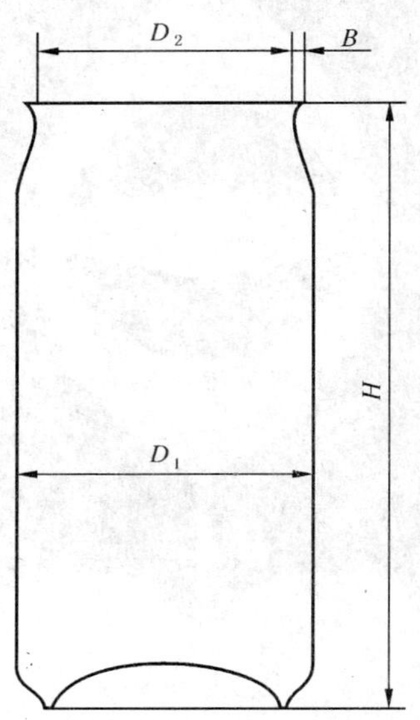

图 2　罐体主要尺寸示图

表 1　罐体主要尺寸

单位为毫米

名称	符号	公称尺寸					极限偏差
		250 mL	275 mL	330 mL	355 mL	500 mL	
罐体高度	H	90.93	98.95	115.20	122.22	167.84	±0.38
罐体外径[a]	D_1	66.04					—
缩颈内径	D_2	57.40					±0.25
翻边宽度	B	2.22					±0.25
[a] 工具保证尺寸。							

4.3.2　易开盖的主要尺寸应符合图 3 和表 2。

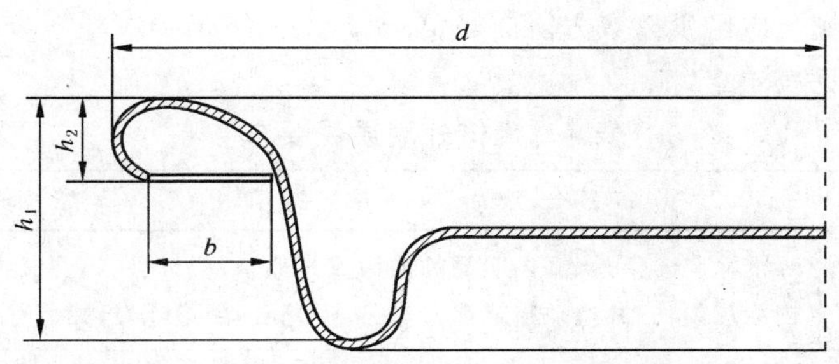

图 3 易开盖主要尺寸示图

表 2 易开盖主要尺寸

单位为毫米

名　称	符号	公称尺寸	极限偏差
钩边外径	d	64.82	±0.25
钩边开度	b	≥2.72	—
埋头度	h_1	6.35	±0.13
钩边高度	h_2	2.01	±0.20
每 50.80 mm 盖钩边的重叠个数	e	26±2	

4.4 两片罐型号示例：

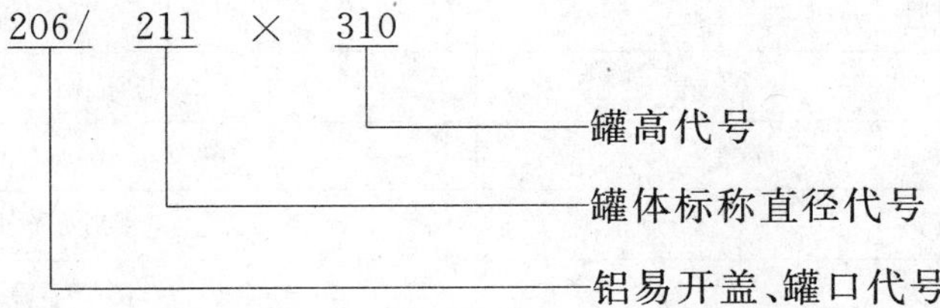

5 要求

5.1 基本要求

5.1.1 产品结构尺寸应符合 4.3 要求或由供需双方商定。

5.1.2 产品内壁涂料应符合 GB 11677 要求的规定。

5.1.3 产品灌装内容物的不同，对内涂膜及密封胶的理化性能要求各异，生产企业应向需方提供样品做灌装试验，并取得确认。

5.2 罐体

5.2.1 罐体的物理性能应符合表 3 的规定。

表 3 罐体物理性能

项　目		性能指标
轴向承压力		≥1.00 kN
耐压强度		≥610 kPa
内涂膜完整性	啤酒罐体	单个≤75 mA，平均≤50 mA
	饮料罐体	单个≤30 mA，平均≤8 mA

5.2.2 涂膜质量

罐体内外涂膜应固化、附着良好。根据内容物的杀菌工艺要求在经巴氏杀菌或 121 ℃高温杀菌后不得有脱落、变色和起泡等缺陷。

5.2.3 外观质量

5.2.3.1 产品的图案及颜色应由供需双方协商确定。

5.2.3.2 外观质量要求见表4。

表4 罐体外观质量要求

名称	不合格分类	缺陷内容	AQL
罐体	A类不合格	内涂膜含杂质、罐内明显的油污或其他杂物、针孔,罐身折曲或凹痕导致内涂层损伤、翻边缺损或撞凹,翻边不完全,翻边开裂,翻边有毛刺。	0.65
	B类不合格	涂料在罐内壁成滴状和斑点,底部内涂膜有大于2 mm气泡,底部变形、罐身折曲或凹痕长度大于10 mm且未导致内涂膜损伤,缩颈褶皱。	2.5
	C类不合格	内涂膜斑迹,印色轻微错位,印色以及罩光漆局部不完整、小划痕,印色与色版有轻微差别,缩颈部微折,底部金属轻微损伤。	4.0

5.3 易开盖

5.3.1 易开盖物理性能应符合表5的规定。

表5 易开盖物理性能

项目名称		性能指标
耐压强度		≥610 kPa
密封性		不允许泄漏
内涂膜完整性	啤酒盖	单个≤75 mA,平均≤50 mA
	饮料盖	单个≤30 mA,平均≤8 mA
启破力		≤31 N,平均≤20 N
全开力		≤45 N,平均≤36 N
开启可靠性		开启时拉环(片)不脱落及完全开启
封口胶干膜质量		25 mg~50 mg

5.3.2 涂膜质量

罐盖内外涂膜应固化、附着良好。根据内容物的杀菌工艺要求在经巴氏杀菌或121 ℃高温杀菌后不得有脱落、变色和起泡等缺陷。

5.3.3 外观质量要求见表6。

表6 易开盖外观质量要求

名称	不合格分类	缺陷内容	AQL
易开盖	A类不合格	破损,盖内侧明显油污、污染,未涂封口胶,涂膜起层或脱落,钩边严重皱折,无拉环(片)。	0.65
	B类不合格	封口胶粘连,局部漏涂大于2 mm^2,明显的钩边变形。	2.5
	C类不合格	内外涂膜划痕、擦伤但金属不裸露,钩边轻度皱折和变形,封口胶搭接不均匀。	4.0

6 试验方法

6.1 外观检验

用目视,在自然光线下,用正常视力相距60 cm检查。

6.2 尺寸检验

用专用或通用量具测量，量具最小读数值不大于0.01 mm。

6.3 罐体内涂膜完整性试验

使用最小读数值不大于0.1 mA的内涂膜完整性测试仪，在罐内加入电解液，液面距罐口3 mm，读取第4秒的电流值。

电解液为1%(质量浓度)氯化钠溶液。

6.4 罐体耐压强度试验

使用最小读数值不大于1 kPa的罐底耐压强度测试仪，读取罐底部变形的最大读数值。

6.5 罐体轴向承压力试验

使用最小读数值不大于10 N的罐体轴向承压力测试仪，读取罐体变形的最大读数值。

6.6 易开盖启破力、全开力试验

6.6.1 使用最小读数值不大于1 N的启破力/全开力测试仪，仪器的全行程时间为15 s。

6.6.2 拉环式启破力、全开力试验

把易开盖放在测量支架上，支架固定在后倾30°(即与水平成60°)位置，先后读取盖开启瞬间及拉环舌片完全撕离盖体时的读数值。

6.6.3 留片式启破力、全开力试验

把易开盖放入水平的支架，支架与拉力链成60°，先后读取盖开启瞬间及舌片按预刻线完全打开时的读数值。

6.7 易开盖耐压强度试验

使用最小读数值不大于1 kPa的易开盖耐压强度测试仪，读取盖变形时的读数值。

6.8 易开盖内涂膜完整性试验

使用最小读数值不大于0.1 mA的内涂膜完整性测试仪，对盖内涂膜测试，读取第4秒的电流值。

电解液为1%(质量浓度)氯化钠溶液。

6.9 内外涂膜杀菌试验

6.9.1 巴氏杀菌，使用恒温水浴箱，将试样放入温度为68 ℃±2 ℃的蒸馏水中，恒温30 min后取出，检查内外涂膜有无变色、起泡、脱落等现象。

6.9.2 高温杀菌，罐体采用80 ℃蒸馏水热灌装，并加盖封口密封，将试样放入高温蒸煮锅内，加入适量蒸馏水，加热至121 ℃并保持30 min，冷却后倒出蒸馏水，自然干燥后，检查内外涂膜有无变色、起泡、脱落等现象。

6.10 易开盖密封性试验

在进行6.7试验时将测试压力保持在610 kPa，观察试样有无漏气现象。

6.11 封口胶干膜质量

使用感量为0.1 mg的精密天平，把易开盖拉环除去，称重为m_1，再用溶剂除去封口胶，烘干后称重为m_2，封口胶干膜质量为m_1与m_2之差。

6.12 开启可靠性试验

用手或简单工具正向开启易拉盖，观察拉环(片)是否脱落及完全开启。

7 检验规则

7.1 产品质量按本标准规定的指标及方法进行检验，依照GB/T 2828.1—2003中11.1.2的二次抽样方案进行抽样检验。

7.2 生产厂质量部门应按本标准的规定对产品进行检验并出具合格证。

7.3 产品检验分出厂检验和型式检验。

7.3.1 出厂检验

本标准中 5.1.1、5.2.3、5.3.3 为出厂检验项目。

7.3.2 型式检验

7.3.2.1 本标准中第 5 章(5.1.3 除外)内容为型式检验项目。

7.3.2.2 有下列情况之一时,应进行型式检验:

a) 产品或老产品转产试制定型鉴定;
b) 当结构、材料、工艺改变,可能影响产品性能时;
c) 正常生产,每半年进行一次检验;
d) 长期停产后,恢复生产时;
e) 出厂检验结果与上次型式检验有较大差异时;
f) 国家质量监督机构提出进行型式检验的要求时。

7.3.3 抽样检验规定

出厂检验和型式检验按表 7 和表 8 所列的规定抽样检验。

表 7 检验项目 AQL 值

名称	检验项目	批检验水平(IL)	不合格分类	接收质量限(AQL)
罐体	外观	S-4	A 类不合格	0.65
			B 类不合格	2.5
			C 类不合格	4.0
	尺寸	S-3	C 类不合格	4.0
	耐压强度	S-1	B 类不合格	2.5
	轴向承压力	S-1	B 类不合格	2.5
	内涂膜完整性	S-1	A 类不合格	0.65
	涂膜质量	S-1	B 类不合格 A 类不合格(高温杀菌灌装)	2.5 0.65
易开盖	外观	S-4	A 类不合格	0.65
			B 类不合格	2.5
			C 类不合格	4.0
	尺寸	S-3	C 类不合格	4.0
	耐压强度	S-1	B 类不合格	2.5
	密封性	S-1	A 类不合格	0.65
	内涂膜完整性	S-1	A 类不合格	0.65
	启破力	S-1	B 类不合格	2.5
	全开力	S-1	B 类不合格	2.5
	开启可靠性	S-1	A 类不合格	0.65
	封口胶干膜质量	S-1	C 类不合格	4.0
	涂膜质量	S-1	B 类不合格 A 类不合格(高温杀菌灌装)	2.5 0.65

表 8 正常检验二次抽样方案

检查水平	批量范围	合格质量水平(AQL)	样本数	判定数组[Ac_1,Ac_2,Re_1,Re_2]
S-1	≥35 001	0.65	$n=20$	[0,1]
		2.5	$n=5$	[0,1]
		4.0	$n_1=n_2=8$	[0,1,2,2]
S-3	35 001～500 000	4.0	$n_1=n_2=20$	[1,4,3,5]
	≥500 001	4.0	$n_1=n_2=32$	[2,6,5,7]
S-4	≥35 001～500 000	0.65	$n_1=n_2=50$	[0,1,2,2]
		2.5		[2,6,5,7]
		4.0		[3,9,6,10]
	≥500 001	0.65	$n_1=n_2=80$	[0,3,3,4]
		2.5		[3,9,6,10]
		4.0		[5,12,9,13]

7.4 用户有权按表 7、表 8 所列的规定或订货合同进行检验，检验结果如果不合格数超过规定数时，可以拒收，但允许有缺陷的产品剔除后，再次提交验收，其严格程度不变，但仍不合格时，判定该批产品不合格。

8 标志

8.1 罐体及易拉盖应有制造厂家的标志。

8.2 产品的托盘包装或包装箱应附有检验合格证，合格证上应注明制造厂名、产品名称、规格、制造日期、批号、数量和检验标记。

9 包装

9.1 包装材料要求

包装材料应清洁、干燥，无毒、无害，不允许有异味和污染等。

9.2 罐体包装

9.2.1 罐体采用托盘包装。托盘尺寸根据用户与运输的要求确定。每层罐数及层数由供需双方商定，层与层之间用中性纸板或适宜的材料隔开，放上顶板后用打包带捆扎，然后用塑料薄膜包封。

9.2.2 顶板和托盘为木质或其他适宜的材料制造。

9.3 易开盖包装

9.3.1 易开盖采用中性包装纸袋或适宜材料包装，不允许用书钉、铁钉封袋。

9.3.2 易开盖装袋后用包装箱或托盘包装，也可用其他可靠的方式包装。

10 运输

10.1 运输工具应清洁、干燥，不允许有异味、污染等，采用集装箱方式装运或其他方式运输时，应避免雨淋、曝晒、受潮污染及损伤。

10.2 运输的其他要求按有关规定执行。

11 贮存

产品应贮存在干燥、通风、清洁的仓库内，不得有污染、损伤和阳光直照。

ICS 75.180.30
E 08

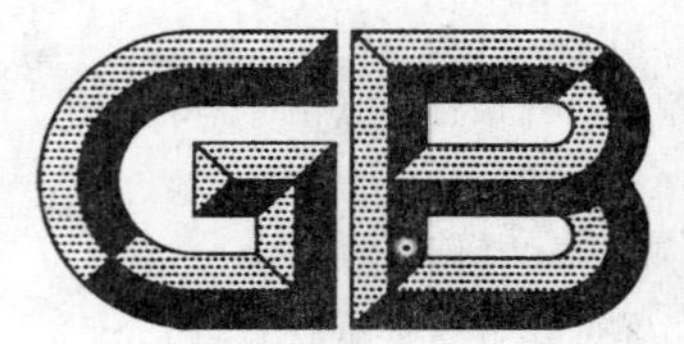

中华人民共和国国家标准

GB/T 9109.5—2009
代替 GB/T 9109.5—1988

石油和液体石油产品油量计算 动态计量

**Petroleum and liquid petroleum products—
Calculation of oil quantities—Dynamic measurement**

(ISO 4267-2:1988 Petroleum and liquid petroleum products—
Calculation of oil quantities—Part 2:Dynamic measurement,NEQ)

2009-03-16 发布　　2009-10-01 实施

中华人民共和国国家质量监督检验检疫总局
中国国家标准化管理委员会　发布

前　言

本标准与 ISO 4267-2:1988《石油和液体石油产品　油量计算　第 2 部分:动态测量》的一致性程度为非等效。本标准参考了美国石油学会(API)的“石油计量手册”(MPMS)第 12 章第 2 节“油量计算——动态测量”等标准的技术内容。

本标准与 ISO 4267-2:1988《石油和液体石油产品　油量计算　第 2 部分:动态测量》的主要差异如下:

——考虑到流量计系数的计算方法在国家已颁布的各类流量计检定规程中已经明确,故该标准删去了 ISO 4267-2:1988 和 API 石油计量手册第 12 章第 2 节中流量计系数的计算方法以及标准器具如体积管、标准金属量器标准容积的计算过程,只说明流量计系数的具体使用方法。

——油量计算标准参比条件仍按 GB/T 17291—1998《石油液体和气体计量的标准参比条件》执行,未采用 ISO 4267-2:1988 标准中规定的 15 ℃或 60 ℉标准温度。但在示例中给出了 15 ℃和 101.325 kPa 下体积值的计算过程。

——在 ISO 4267-2 标准中,油量计算结果为一定参比温度下体积,不涉及空气浮力修正或质量换算。而本标准油量计算中,不仅包括了参比体积计算,还主要包括了空气中重量计算,因此涉及空气浮力修正值或将(真空中)质量换算到空气中重量的换算系数。本标准提供了不同的修正方法,供不同计量方式的选择。

——结合我国国情和实际使用情况,调整了标准的部分章、节、条结构。

本标准代替 GB/T 9109.5—1988《原油动态计量　油量计算》,主要变化如下:

——考虑到我国目前原油内、外贸易计量现状,在油量计算方法中既包括国内现行的石油及液体石油产品在空气中的重量计算,还包括国际上通行的体积量计算,以适应不同贸易计量、结算方式的需要。

——本标准增加了成品油动态计量油量计算示例;还增加了油品空气中的重量换算到桶的计算示例。

——本标准增加了附录 D、附录 E、附录 F、附录 G。

本标准中的附录 B、附录 C、附录 D、附录 G 是规范性附录,附录 A、附录 E、附录 F 是资料性附录。

本标准由中国石油天然气集团公司提出。

本标准由全国石油天然气标准化技术委员会归口。

本标准负责起草单位:中国石油天然气股份有限公司计量测试研究所。

本标准参加起草单位:中国石油天然气股份有限公司管道分公司、锦州石化分公司、新疆油田分公司。

本标准主要起草人:郑琦、高军、潘丕武、罗再扬、吴德贵、缑庆玉、甘丛笑。

引　　言

国家标准GB/T 9109.5—1988《原油动态计量　油量计算》自1989年1月1日实施以来，在促进我国原油动态计量技术发展、规范油量计算方法等方面，起到了积极的推动作用。近二十年来，国内外液态烃动态测量技术和标准发生了新的变化，在适应我国具体国情的前提下，为了推进液态烃计量技术发展和油量计量方式与国际惯例接轨，有必要对GB/T 9109.5—1988标准进行修改。

考虑到标准的先进性、适用性和连续性，并结合近十几年我国在石油及石油产品动态计量方面积累的实践经验和具体做法，参照ISO 4267-2:1988《石油和液体石油产品　油量计算　第2部分:动态测量》，并参考API石油计量手册第12章《油量计算　第2部分:动态测量》的部分内容，特制定本标准，对有关石油及液体石油产品动态计量的油量计算方法进行规定。

石油和液体石油产品油量计算 动态计量

1 范围

本标准规定了石油和液体石油产品(以下简称油品)动态计量的油量计算方法,定义并解释了油品动态计量油量计算中使用的术语及符号,规定了配备不同计量器具油品在空气中的重量或在标准参比条件下体积的油量计算公式,并给出了油量计算所涉及的相关计量参数和修正系数及其相应的公式和数表。

本标准仅适用于单相油品的动态计量。本标准中规定的动态油量计算方法,不包括液化石油气和稳定轻烃的油量计算。

本标准油量计算采用的标准参比条件是:温度为 20 ℃,压力为 101.325 kPa。

2 规范性引用文件

下列文件中的条款通过本标准的引用而成为本标准的条款。凡是标注日期的引用文件,其随后所有的修改单(不包括勘误的内容)或修订版均不适用于本标准,然而,鼓励根据本标准达成协议的各方研究是否可使用这些文件的最新版本。凡是不注日期的引用文件,其最新版本适用于本标准。

GB/T 260 石油产品水分测定法

GB/T 1884 原油和液体石油产品密度实验室测定法(密度计法)

GB/T 1885—1998 石油计量表

GB/T 4756 石油液体手工法取样法

GB/T 6531 原油和燃料油中沉淀物测定法(抽提法)

GB/T 8170 数值修约规则与极限数值的表示和判定

GB /T 8927 石油和液体石油产品温度测量 手工法

GB/T 8929 原油水含量的测定 蒸馏法

GB/T 21450 原油和石油产品密度在 638 kg/m^3～1 074 kg/m^3 范围内的烃压缩系数

SH/T 0604 原油和石油产品密度测定法(U 型振动管法)

SY/T 5317 石油液体管线自动取样法

3 术语、定义和符号

下列术语、定义及符号适用于本标准。

3.1 术语和定义

3.1.1

指示体积或质量 indicated volume or mass

在计量期间,流量计计数器或其他显示单元所显示的油品数值,还包括通过流量计输送的所有水和沉淀物。

3.1.2

总计量体积或质量 total observed volume or mass

指示体积或质量乘以与油品及其流量相对应的流量计系数,该参数没有经过温度和压力修正。

3.1.3

毛标准体积　gross standard volume

修正到标准参比条件下的总计量体积。

3.1.4

净标准体积　net standard volume

毛标准体积减去水和沉淀物后的体积。

3.1.5

毛重量　gross weight

含有水和沉淀物的油品在空气中的重量。

3.1.6

净重量　net weight

扣除水和沉淀物后,油品在空气中的重量。

3.1.7

重量换算系数(F_w)　weight converting factor

将油品标准体积直接换算到空气中重量的换算系数。一般情况下该系数等于标准密度值减去平均空气浮力修正值 1.1 kg/m^3,即 $F_w=\rho_{20}-1.1$。

3.1.8

空气浮力修正系数(F_a)　mass converting factor

将油品在真空中质量换算到空气中重量的换算系数,(也称为质量换算系数)。

3.1.9

流量计系数(MF)　meter factor

它是油品通过流量计的实际体积(或质量)与流量计指示体积(或质量)的比值。

$$\text{流量计系数}=\frac{\text{通过流量计的实际体积(或质量)}}{\text{流量计指示的体积(或质量)}}$$

3.1.10

***K*-系数　*K*-factor**

单位体积(或质量),油品通过流量计时发出的脉冲数。

$$K\text{-系数}=\frac{\text{流量计发出的脉冲数}}{\text{通过流量计输送的体积(或质量)}}$$

3.1.11

流量计示值　value of flowmeter

在任意特定时刻,直接从流量计计数器或其他显示单元读取的体积数或质量数。

3.1.12

流量计累积示值　cumulat value of flowmeter

在计量期间,流量计终止读数与起始读数之差。

3.1.13

计量温度(t)　temperature of measurement

在计量期间,油品温度的算术平均值。

3.1.14

计量压力(p)　pressure of measurement

在计量期间,油品压力的算术平均值。

3.1.15

水和沉淀物　water and sediment

油品中的溶解水、悬浮水和悬浮沉淀物,总称为水和沉淀物(以下简称水)。本标准中分别用 V_{sw}、

m_{sw}、SW 表示水的体积量、质量和水含量(体积分数或质量分数)。

3.1.16

水的修正系数(C_{sw})　correction for water and sediment

为扣除油品中水的含量,将毛标准体积修正到净标准体积或将毛重量修正到净重量的修正系数。

3.2　符号

符号见表1。

表1　符号

符号	名　称	量纲	单位
V_{t1}	在计量期间,流量计 t1 时刻的指示体积	L^3	m^3
V_{t2}	在计量期间,流量计 t2 时刻的指示体积	L^3	m^3
V_t	在计量期间,油品累积的指示体积,$V_t=V_{t2}-V_{t1}$	L^3	m^3
V_{gs}	在标准参比条件下,油品的毛标准体积	L^3	m^3
V_{ns}	在标准参比条件下,油品的净标准体积	L^3	m^3
$V_{60\ ^\circ F}$	在 60 ℉、101.325 kPa 参比条件下,油品的体积	L^3	m^3
V_{15}	在 15 ℃、101.325 kPa 参比条件下,油品的体积	L^3	m^3
V_{sw}	油品毛标准体积扣水量	L^3	m^3
q_v	在计量期间,流量计的平均流量	L^3T^{-1}	m^3/h
Δt	在计量期间,流量计连续计量累积的时间	T	h
C_{tl}	油品体积温度修正系数	1	℃$^{-1}$
C_{pl}	油品体积压力修正系数	1	kPa^{-1}
MF	流量计系数	1	
N_{t1}	在计量期间,流量计在 t1 时刻累积的脉冲数	1	
N_{t2}	在计量期间,流量计在 t2 时刻累积的脉冲数	1	
N	在计量期间,流量计累积的脉冲数,$N=N_{t2}-N_{t1}$	1	
K	单位体积或质量,流量计发出的脉冲数表示的 K 系数	1	m^{-3},kg^{-1}
F	油品压缩系数		kPa^{-1}
F_w	油品重量换算系数	ML^{-3}	kg/m^3
F_a	油品空气浮力修正系数	1	
t	油品计量温度	θ	℃
t'	油品实验温度	θ	℃
p	油品计量压力(表压)	$ML^{-1}T^{-2}$	kPa
p_e	油品计量温度下饱和蒸汽压(表压)	$ML^{-1}T^{-2}$	kPa
ρ_{20}	油品标准密度	ML^{-3}	kg/m^3,g/cm^3
ρ_{15}	油品 15 ℃时密度	ML^{-3}	kg/m^3,g/cm^3

表 1（续）

符号	名　　称	量纲	单位
ρ_t	油品实验温度下密度(也称实验温度下的视密度)	ML^{-3}	kg/m^3, g/cm^3
m_g	在计量期间，油品累积的指示质量	M	kg
m_w	油品空气中重量	M	kg
m_{gm}	油品空气中毛质量	M	kg
m_{nm}	油品空气中净质量	M	kg
m_{gw}	油品空气中毛重量	M	kg
m_{nw}	油品空气中净重量	M	kg
m_{sw}	油品空气中毛油重量的扣水量	M	kg
SW	油品中水含量(体积分数或质量分数)	1	%
C_{sw}	油品水的修正系数(体积修正系数或质量修正系数)	1	
注：量纲中，M——质量；L——长度；θ——热力学温度。			

4　计量参数有效位数和数值修约

4.1　计量参数有效位数

为保证油量计算结果的一致性和准确度要求，给出了各计量参数有效位数的最低要求。

4.1.1　视密度读数、密度换算，保留 1 位小数，即 0.1 kg/m^3。

4.1.2　油品含水量(SW)测量(蒸馏法)，保留两位小数 0.01%。

4.1.3　温度读数保留两位小数，即 0.01 ℃。计量温度取两位小数，修约到 0.25 ℃。

4.1.4　压力读数以 kPa 为单位时取整数，计量压力修约到 50 kPa(表压)。

4.1.5　流量计累积体积值读数修约到 0.001 m^3，长输管道连续计量可修约到 1 m^3。

4.1.6　质量仪表累积质量值读数修约到 0.001 t，长输管道连续计量可修约到 1 t。

4.2　数值修约

4.2.1　数值修约的方法应符合 GB/T 8170 标准中的规定。在多数情况下，所使用的小数位数受数据来源的影响，在没有其他限制因素的情况下，应依照表 2 规定的小数位进行修约。但表 2 中的数据不是计量仪器的准确度要求，在检验计算法与本标准的一致性时，显示和打印硬件应具有至少 32 位二进制字长或能显示 10 位数。

4.2.2　流量计系数(MF)、温度修正系数(C_{tl})、压力修正系数(C_{pl})、含水系数(C_{sw})、空气浮力修正系数(F_a)，应遵循 GB/T 8170 的规定修约到小数点后第四位。

4.2.3　油量结算值遵循 GB/T 8170 的规定，体积值修约到 0.001 m^3，质量值修约到 0.001 t。

举例如下：

体积：88 256.788 5 m^3，修约后 88 256.788 m^3

　　8 332.575 5 t，修约后 8 332.576 t

流量计系数：1.001 65 修约后 1.001 6

　　1.001 55 修约后 1.001 6

密度(kg/m^3)：834.45 修约后 834.4

　　835.46 修约后 835.5

表 2 油量计算中相关量应保留的小数位数

序号	量和符号	单位	小数位数	序号	量和符号	单位	小数位数
1	体积 (V_t、V_{gs}、V_{ns}、V_{sw})	L	×××.×	8	温度修正系数 (C_{tl})		×.××××
		m^3	×××.×××				
2	质量 (m_g、m_{gm}、m_{nm})	kg	××××.×	9	压力修正系数 (C_{pl})		×.××××
		t	×××.×××				
3	重量 (m_{gw}、m_{nw}、m_{sw})	kg	××××.×	10	压缩系数 (F)	10^{-6} kPa^{-1}	×.×××
		t	×××.×××				
4	密度 (ρ_t、ρ_{20}、ρ_{15})	g/cm^3	×.××××	11	空气浮力修正系数 (F_a)		×.××××
		kg/m^3	×××.×				
5	计量压力(表压) (P)	kPa	×××.×××	12	含水百分数 (SW)	%	×.××
		MPa	××.××				
6	计量温度、实验温度 (t、t')	℃	×.××	13	含水修正系数 (C_{sw})		×.××××
7	流量计系数 (MF)		×.××××	14	重量换算系数 (F_w)	kg/m^3	×××.×

5 基础数据的准备

5.1 概述

为获得流量计所计量的油品数量(体积或质量)的准确结果,应首先保证计算油量的基础数据(如流量计指示体积、计量温度、计量压力、密度以及水含量等)是按标准方法(或规程)获得(参见附录 A),并记录在相应计量票据或计量报表上。

5.2 流量计

5.2.1 流量计必须符合国家规定的准确度等级,用作贸易交接计量的流量计的准确度等级应不低于 0.2 级。

5.2.2 流量计应按国家颁布的检定规程或校准方法进行检定或校准,并在其允许的误差限内运行。应尽量采用固定或移动式流量标准装置(如体积管)对流量计实施在线实流检定或校准。

5.3 计量温度

油品计量温度按 GB/T 8927 中规定的手工测量方法或其他满足准确度要求的自动测温方法测量或记录。

5.4 计量压力

油品计量压力使用 0.4 级压力表或不低于相同等级的其他类型压力变送器测量或纪录。

5.5 取样

为测定被计量油品通过流量计期间的密度、水和沉淀物的百分含量(或贸易双方合同规定的其他化验项目),应按 GB/T 4756 或 SY/T 5317 标准所规定的要求取样,以进行化验分析。

5.6 密度

5.6.1 视密度 ρ_t

油品在实验温度下的密度。通常由人工或自动取样，实验室化验得到，也可由密度测量仪表在线测得。

5.6.2 标准密度 ρ_{20}

按 GB/T 1884 或 SH/T 0604 标准规定的方法测定的标准密度。

5.6.3 15 ℃密度 ρ_{15}

油品在 15 ℃时的密度，通常由 20 ℃密度换算得到。

5.7 水的含量

按 GB/T 8929、GB/T 260 和 GB/T 6531 分别测定油品中水的含量。经贸易双方同意，也可采用准确度等级相当于上述方法的其他连续自动含水(或沉淀物)测定仪。

6 油量计算方法

6.1 方法概述

6.1.1 油品贸易结算依据分为空气中的重量或体积量，因此，油量计算亦分为两种方法：重量计量油量计算方法和体积计量油量计算法。目前，国内以油品在空气中的重量作为贸易结算依据。

6.1.2 油品动态计量分为基本误差法和流量计系数法两类。贸易交接双方签定油量交接协议确定油量计算中采用基本误差法或流量计系数法。

基本误差法是指流量计运行期间，如果其误差在允许的基本误差(±0.20%)限内，则流量计系数 MF 视同为 1.000 0，所计量的体积量经温度、压力等修正后的标准体积值即为贸易双方认可的交接数量。

流量计系数法是指在流量计计量期间，流量计所计量的体积量乘以流量计系数，还要经温度、压力等修正后得到毛标准体积，将毛标准体积扣除含水量后的净标准体积作为交接双方认可的油品交接数量。双方应在交接协议中明确流量计系数的具体确定方法和使用方法。

6.1.3 以体积-重量法为例(流量计系数法)，在计量期间，记录在计量温度、计量压力下流量计计量的指示体积(V_t)，并依据流量计不同运行流量下对应的流量计系数，将指示体积乘以流量计系数 MF、温度修正系数 C_{tl}、压力修正系数 C_{pl}，得到毛标准体积，如需要从中扣除水，则进行扣除，得到油品净标准体积作为计量结果。或将油品净标准体积乘以油品密度，再乘以空气浮力修正系数(F_a)，则得到油品在空气中的净标准重量作为计量结果。也可用油品净标准体积乘以重量换算系数(F_w)得到油品在空气中的净标准重量。

6.2 体积量结算

6.2.1 计算公式

计算公式为：

a) 空气中毛标准体积

$$V_{gs} = V_t \times (MF \times C_{tl} \times C_{pl}) \quad \cdots\cdots (1)$$

b) 空气中净标准体积

$$V_{ns} = V_{gs} \times C_{sw} \quad \cdots\cdots (2)$$

或者

$$V_{ns} = [V_t \times (MF \times C_{tl} \times C_{pl})] \times C_{sw} \quad \cdots\cdots (3)$$

注：C_{sw} 在此处是油品体积含水修正系数。

6.2.2 计算步骤

6.2.2.1 确定 V_t

$$V_t = V_{t2} - V_{t1} \quad (4)$$

如果流量计使用 K 系数，则依照式(5)计算：

$$V_t = (N_{t2} - N_{t1})/K \quad (5)$$

6.2.2.2 确定 MF

a) 采用基本误差法，则 $MF=1.000\ 0$；

b) 采用流量计系数法，根据流量计计量时间段内平均流量对应的流量计系数表，计算或查表得到 MF。

6.2.2.3 确定 C_{tl}

如果流量计读数经过温度补偿修正，则设 $C_{tl}=1.000\ 0$；否则，依据油品实验温度下的视密度值 ρ_t 和实验温度 t' 值，通过查石油计量表或依据公式确定标准密度值 ρ_{20}。由计量温度 t、标准密度值 ρ_{20}，见 GB/T 1885，得到油品体积温度修正系数 C_{tl}(C_{tl}=VCF20)。

6.2.2.4 确定 C_{pl}

如果流量计的读数经过压力补偿修正过，或低压下其影响小于 0.01%时，则设 $C_{pl}=1.000\ 0$；否则按下式计算：

$$C_{pl} = \frac{1}{1-(p-p_e)F} \quad (6)$$

在按式(6)计算 C_{pl} 时，油品的计量压力可取流量计出口压力的平均值计算；在计量温度下，如油品饱和蒸气压不大于 101.325 kPa 时，设 $p_e=0$（表压）。油品压力修正系数计算方法见本标准附录 B。其中，烃压缩系数可按照本标准附录 B 计算或查本标准附录 C，压缩系数计算公式中的 ρ_{15} 可经 ρ_{20} 由本标准附录 D 查得。

6.2.2.5 确定 C_{sw}

油品中水的体积百分数为 SW，则

$$C_{sw} = 1 - SW \quad (7)$$

6.2.2.6 确定 V_{sw}

$$V_{sw} = V_{gs} \times SW \quad (8)$$

6.2.3 质量流量计体积量

计算公式为：

$$V_{gs} = (m_g \times MF)/\rho_{20} \quad (9)$$

6.3 空气中重量结算

按计量方式分为三种，一是以体积计量的流量计配玻璃浮计计量方式；二是以体积计量的流量计配在线密度计计量系统，通常配备流量计算机；三是直接显示质量计量结果的质量流量计。

6.3.1 流量计配玻璃浮计计量方式

6.3.1.1 油量计算公式：

a) 空气中毛油质量

$$m_{gm} = V_{gs} \times \rho_{20} \quad (10)$$

b) 空气中毛油重量

$$m_{gw} = (V_{gs} \times \rho_{20}) \times F_a \quad (11)$$

c) 空气中净油质量

$$m_{nm} = V_{ns} \times \rho_{20} \quad \cdots\cdots(12)$$

d) 空气中净油重量

$$m_{nw} = (V_{ns} \times \rho_{20}) \times F_a \quad \cdots\cdots(13)$$

6.3.1.2 计算步骤：

a) 确定 V_{gs}、V_{ns}

由体积量计算式(1)、(2)得到 V_{gs}、V_{ns}；

b) 确定 ρ_{20}

依据油品实验温度的视密度值 ρ_t 和实验温度 t' 值，查石油计量表或依据公式确定标准密度值 ρ_{20}；

c) 确定 F_a

式(11)、(13)中($\rho_{20} \times F_a$)可用重量换算系数 $F_w = (\rho_{20} - 1.1)$代替计算，在有争议的情况下，建议使用($\rho_{20} \times F_a$)，F_a 由 ρ_{20} 通过查表确定(参见附录 E)。

6.3.2 流量计配在线密度计计量方式

6.3.2.1 油量计算公式

a) 毛油质量

$$m_{gm} = m_g \times MF \quad \cdots\cdots(14)$$

b) 空气中毛油重量

$$m_{gw} = m_g \times MF \times F_a \quad \cdots\cdots(15)$$

c) 净油质量

$$m_{nm} = m_{gm} \times C_{sw} \quad \cdots\cdots(16)$$

d) 空气中净油重量

$$m_{nw} = m_{nm} \times F_a \quad \cdots\cdots(17)$$

或者

$$m_{nw} = m_{gm} \times C_{sw} \times F_a \quad \cdots\cdots(18)$$

注：C_{sw} 在此处是质量含水修正系数。

6.3.2.2 计算步骤：

a) 确定 m_g

由流量计算机(或流量积算机)、质量仪表累积的油品指示质量 m_g；

b) 确定 MF

采用基本误差法，则 $MF = 1.0000$；采用流量计系数法，根据流量计计量期间平均流量对应的流量计系数表，计算或查表得到 MF；

c) 确定 F_a

F_a 由 ρ_{20} 通过查表确定；

d) 确定 C_{sw}

油品中水的质量分数为 SW，则油品质量含水修正系数：

$$C_{sw} = 1 - SW \quad \cdots\cdots(19)$$

6.3.3 质量流量计油量计量方式

6.3.3.1 油量计算公式

对于设置成质量输出的科氏力质量流量计，其所指示的是质量。油品油量的计算公式同公式(14)～(18)，只是此时的 K 系数和 MF 都是对应的质量系数。

6.3.3.2　**计算步骤**

a)　确定 m_g

$$m_g = (N_{t2} - N_{t1})/K \quad \cdots\cdots (20)$$

b)　确定 MF、F_a、C_{sw}

同 6.3.2.2 中 b)、c)、d)。

c)　确定 m_{gm}、m_{gw}

对应公式(14)、(15)，有：

$$m_{gm} = m_g \times MF \quad \cdots\cdots (21)$$

$$m_{gw} = m_g \times MF \times F_a \quad \cdots\cdots (22)$$

d)　确定 m_{nm}、m_{nw}

$$m_{nm} = m_{gm} \times C_{sw} \quad \cdots\cdots (23)$$

$$m_{nw} = m_{nm} \times F_a \quad \cdots\cdots (24)$$

或者

$$m_{nw} = m_{gm} \times C_{sw} \times F_a \quad \cdots\cdots (25)$$

当流量计采用基本误差法时，式(21)、(22)中 MF=1.000 0。采用流量计系数法，根据流量计计量期间平均质量对应的流量计系数表，计算或查表得到 MF。

注意，某些质量流量计的变送器具有 MF 组态修正功能，应事先确认变送器组态 MF 值(原始值应为 1.000 0)，防止进行二次 MF 修正流量计测量值。

6.3.4　**油品含水量计算公式**

$$m_{sw} = m_{gw} \times SW \quad \cdots\cdots (26)$$

7　计量票据

7.1　目的和意义

7.1.1　采用标准化的条件和规定的计算程序，同一组油量数据，得到一致的计算结果，其目的就是统一油品数量(体积量或质量)计算规则，避免贸易双方的争议。

7.1.2　计量票据是贸易双方确认接收或交付油品数量(亦含主要品质质量指标)的书面通知，是贸易双方财务结算的依据。

如昦在油品转运时所有权或保管权出现变化，计量票据将做为有关当事人授权代表之间，对转运油品在计量数量和品质检验的合同作用。

7.1.3　保证计量票据复印件(包括传真件)字迹清楚，除非有关的当事人同意在计量票据上进行修改或删除。如果出现此情况应在此计量票据上予以说明并签字。否则，禁止在计量票据上进行修改和删除。

7.1.4　如果计量票据出现错误，票据应标注“无效”字样，并制作新的票据。如果无效的计量票据有机械打印的编号，而在新的计量票据上才能打印这个编号，无效的计量票据要夹在新计量票据上(或贴附)，证明上述打印编号的有效性。

7.2　计量参数计算流程

油品计量计算过程中，各个计量参数排列顺序应遵照下列排列次序进行运算，如公式(3)油品净标准体积计算：

$$V_{ns} = [V_t \times (MF \times C_{tl} \times C_{pl})] \times C_{sw}$$

则各计量参数计算顺序为：

$$MF \longrightarrow C_{tl} \longrightarrow C_{pl} \longrightarrow V_t \longrightarrow C_{sw}$$

油品体积计量和质量计量计算流程分别见图 1、图 2。

流量计后底数V_{t2}
流量计前底数V_{t1}
指示体积$V_t=(V_{t2}-V_{t1})$
流量计系数MF
ρ_{20}
t℃
温度修正系数C_{t1}
ρ_{20}
ρ_{15}
F
压力修正系数C_{p1}
毛标准体积V_{gs}
体积含水修正系数C_{sw}
净标准体积V_{ns}

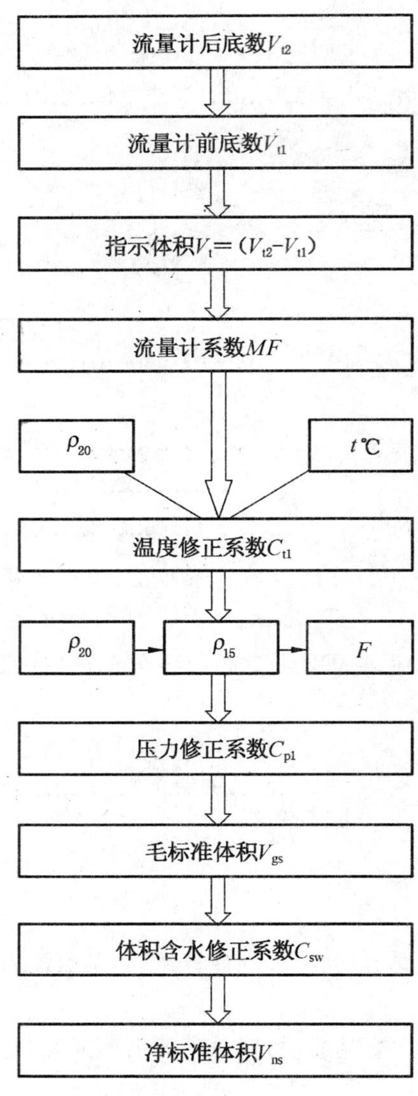

图 1 油品体积计量计算流程

流量计后底数V_{t2}
流量计前底数V_{t1}
指示体积$V_t=(V_{t2}-V_{t1})$
流量计系数MF
ρ_{20}
t℃
温度修正系数C_{t1}
ρ_{20}
ρ_{15}
F
压力修正系数C_{p1}
毛标准体积V_{gs}
ρ_{20}、F_a、(F_w)
空气中毛油质量m_{gw}
质量含水修正系数C_{sw}
空气中净油重量m_{nw}

图 2 油品质量计量计算流程

7.3 计量票据的格式与内容

计量票据的格式与内容参见附录 F。

8 油量计算示例

8.1 油品标准体积量计算法

某港口油库采用流量计配玻璃浮计的计量方式，接收油轮上岸原油，已知条件如下：

(1) 油品计量温度下饱和蒸气压低于标准大气压；

(2) 计量参数见表 3 所示；

(3) 流量计平均流量计系数计算方法见表 6。

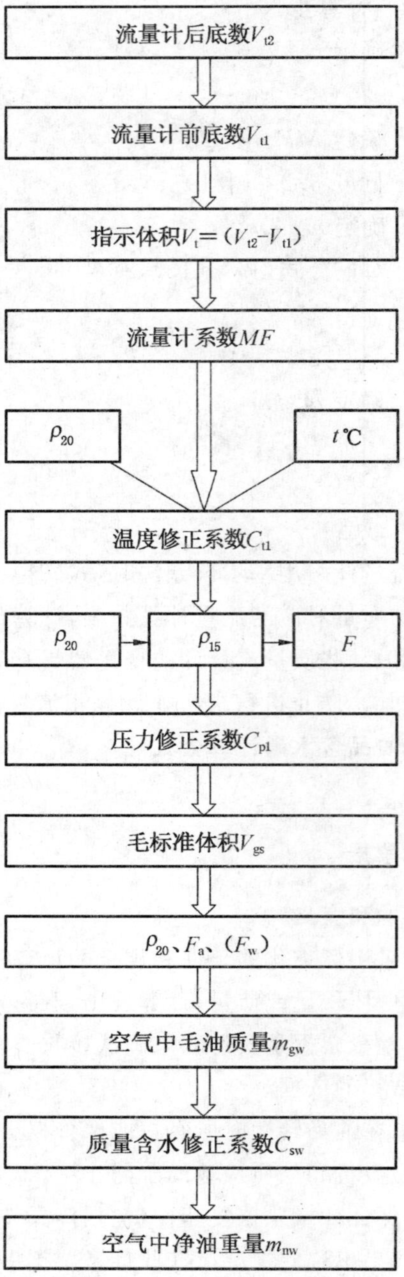

表 3　计量参数表

时间	计量温度 t/℃	计量压力 p(表压)/kPa	密度 ρ_t/(kg/m^3)	标准密度 ρ_{20}/(kg/m^3)	体积含水量 SW/%	流量计示值 V_t/m^3	平均流量 q_v/(m^3/h)
8：00	30.30	350	833.5	845.3	0.15	57 709	
10：00	30.70	360				58 629	450
12：00	30.40	350	833.5	845.3	0.175	59 729	550
14：00	30.40	400				60 949	510
16：00	30.40	360				61 889	470
平均	30.44	364		845.3	0.162 5		522.5
取值	30.50	350		845.3	0.16	4 180	

8.1.1　基本误差法计量油品体积量计算

依据公式(1)，计算油品净标准体积量。

a)　确定油品体积温度修正系数 C_{t1}(即 VCF_{20})。由 $t=30.50$ ℃，$\rho_{20}=845.3$ kg/m^3，见 GB/T 1885—1998 表 60 A“油品体积修正系数表”。

表 4　油品体积修正系数表(摘自 GB/T 1885 表 60 A)

t/℃	ρ_{20}/(kg/m^3)			
	844.0	846.0	848.0	850.0
	C_{t1}			
30.25	0.991 2	0.991 2	0.991 2	0.991 3
30.50	0.990 9	0.991 0	0.991 0	0.991 1
30.75	0.990 7	0.990 8	0.990 8	0.990 9

由于 845.3 kg/m^3 介于 844.0 和 846.0 之间，故用内插法计算：

$$C_{t1}=0.990\,9+\frac{0.991\,0-0.990\,9}{846.0-844.0}\times(845.3-844.0)\approx 0.991\,0$$

b)　确定压力修正系数 C_{p1}

由 ρ_{20} 查 ρ_{15}。由 ρ_{20} 见 GB/T 1885—1998 原油部分表 E1(见附录 D)，见表 5。

表 5　GB/T 1885—1998 表 E1(摘录)

20 ℃密度 ρ_{20}/(kg/m^3)	15 ℃密度 ρ_{15}/(kg/m^3)
844.0	847.6
845.0	848.6
846.0	849.6
847.0	850.6

因 $\rho_{20}=845.3$ kg/m^3 介于 845.0 和 846.0 之间，用内插法计算，

即 $\rho_{15}=848.6+\dfrac{849.6-848.6}{846.0-845.0}\times(845.3-845.0)=848.6+0.3=848.9$(kg/m^3)

再由 $t=30.50$ ℃，$\rho_{15}=848.9$ kg/m^3，见本标准附录 C，求得 $F=0.797\times10^{-6}$ kPa^{-1}。

将已知值代入公式(6)压力修正系数公式，得：

$$C_{p1}=\frac{1}{1-(p-p_e)\times F}=\frac{1}{1-(350-0)\times0.797\times10^{-6}}=\frac{1}{0.999\,72}=1.000\,28\approx1.000\,3$$

c) 净标准体积量

$$V_{ns} = 4\ 180 \times 0.991\ 0 \times 1.000\ 3 \times (1-0.001\ 6) = 4\ 136.993(m^3)$$

d) 折合(美)桶

先由公式(13)计算出油品在空气中的净油重量(商业质量):

$m_{nw} = (V_{ns} \times \rho_{20}) \times F_a = (4\ 136.993 \times 845.3) \times 0.998\ 70 = 3\ 492.454(t)$

然后根据15 ℃密度848.9 kg/m^3 见GB/T 1885—1998原油部分附表E3(见附录G),查得桶/t系数为7.421。则有:

桶数=3 492.454吨×7.421桶/t=25 917.5(美)桶

e) 折合60 ℉体积$V_{60\ ℉}$

若需要折合60 ℉体积数,则可根据(美)桶数,按同温下1(美)桶=158.984 L,按下式计算:

$V_{60\ ℉}$ = (美)桶数 × 158.984 L/桶 = 25 917.5 × 158.984 = 4 120.468(m^3)

f) 折合15 ℃体积V_{15}

先由式(12)计算出油品的净质量:

$m_{nm} = V_{ns} \times \rho_{20} = 4\ 136.993 \times 845.3 = 3\ 497\ 000(kg)$

然后根据15 ℃密度848.9 kg/m^3,按下式计算:

$V_{15} = m_{nm}/\rho_{15} = 3\ 497\ 000/848.9 = 4\ 119.449(m^3)$

8.1.2 流量计系数法计量油品体积量计算

a) 确定流量计系数

表6 流量计各检定点对应流量计系数及适用范围表

检定点/(m^3/h)	300	500	700	900
流量计系数 *MF*	1.001 5	1.000 5	0.999 0	0.999 5
适用范围 q_v/(m^3/h)	$200<q_v\leqslant400$	$400<q_v\leqslant600$	$600<q_v\leqslant800$	$800<q_v\leqslant1\ 000$

根据流量计各检定点对应的流量计系数,规定其适用范围,见表6所示。

流量计系数一般按计量时间段内的平均流量就近靠取确定(也可采用其他方法确定,如加权算术平均法、普通算术平均法等)。

b) 求平均流量

$q_v = V_t/\Delta t$

本例中为从8:00~16:00时,白班8 h流量计连续计量平均体积流量。

$q_v = 4\ 180\ m^3/8\ h = 522.5\ m^3/h$

c) 求标准体积量

由q_v=522.5 m^3/h,对应500 m^3/h流量点,靠取流量计系数 *MF*=1.000 5,则依据公式(3)得:

V_{ns}=4 180×1.000 5×0.991 0×1.000 3×(1−0.001 6)=4 139.061(m^3)

d) 折合(美)桶或其他参比体积,可按本例基本误差法中的方法计算,结果区别只是相差流量计系数。

8.2 油品质量及空气中重量计算

原油长输管道连续计量,采用流量计配玻璃浮计人工测定密度的计量方式,并使用了流量计系数,计算其空气中油品重量。

8.2.1 计量参数测量值见表7所示。

8.2.2 油品计量温度下饱和蒸气压低于标准大气压,流量计系数 *MF*=1.001 5。

表 7　计量参数测量值表

次数	计量温度 t/℃	计量压力 p(表压)/kPa	密度 ρ_t/(kg/m^3)	标准密度 ρ_{20}/(kg/m^3)	含水系数 SW/%	空气浮力修正系数 F_a
一	37.80	550	833.5	845.3	0.150	0.998 7
二	37.70	550				
三	37.70	550	833.5	845.3	0.175	0.998 7
四	37.60	600				
平均	37.70	562.5		845.3	0.162 5	0.998 7
取值	37.75	550		845.3	0.16	0.998 7

8.2.3　8 h 流量计指示体积值

结束时读数 40 086.465 m^3，修约后 40 086.5 m^3。

开始时读数 24 315.456 m^3，修约后 24 315.5 m^3。

累积总计量体积 15 771.0 m^3。

8.2.4　温度修正系数 C_{t1}

由 t=37.75 ℃和 ρ_{20}=845.3 kg/m^3，见 GB/T 1855—1998 表 60 A“油品体积修正系数表”，见表 8。

由于 845.3 kg/m^3 介于 844.0 和 846.0 之间，故用内插法计算：

$$C_{t1}=0.984\ 7+\frac{0.984\ 7-0.984\ 7}{846.0-844.0}\times(845.3-844.0)=0.984\ 7$$

表 8　油品体积修正系数表(摘自 GB/T 1885 表 60 A)

t/℃	ρ_{20}/(kg/m^3)			
	840.0	842.0	844.0	846.0
	C_{t1}			
37.50	0.984 7	0.984 8	0.984 9	0.985 0
37.75	0.984 5	0.984 6	0.984 7	0.984 7
38.00	0.984 3	0.984 4	0.984 4	0.984 5

8.2.5　压力修正系数 C_{p1}

a)　由 ρ_{20} 查 ρ_{15}。由 ρ_{20} 见 GB/T 1885—1998 油品表 E1，或见本标准附录 D。

因 ρ_{20}=845.3 kg/m^3 介于 845.0 和 846.0 之间，用内插法计算，

$$即\ \rho_{15}=848.6+\frac{849.6-848.6}{846.0-845.0}\times(845.3-845.0)=848.6+0.3=848.9(\mathrm{kg/m^3})$$

b)　依 t=37.75 ℃，ρ_{15}=848.9 kg/m^3，见本标准附录 C，求得 $F=0.832\times10^{-6}\mathrm{kPa}^{-1}$。

c)　依据公式(6)压力修正系数计算公式，将已知值代入，得：

$$C_{p1}=\frac{1}{1-(p-p_e)\times F}=\frac{1}{1-(550-0)\times0.832\times10^{-6}}=\frac{1}{0.999\ 54}=1.000\ 46\approx1.000\ 5$$

8.2.6　将已知用于油量计算的计量参数列表 9 中。

表 9 油量计算表

序号	计量参数名称	符号	单位	数值
1	流量计累积计量体积	V_t	m^3	15 771.0
2	流量计系数	MF		1.001 5
3	温度修正系数	C_{t1}		0.984 7
4	压力修正系数	C_{p1}		1.000 5
5	标准密度	ρ_{20}	kg/m^3	845.3
6	空气浮力修正系数	F_a		0.998 7
7	水的体积分数	SW	%	0.16
8	体积含水修正系数	C_{sw}		0.998 4
9	毛标准体积[1×(2×3×4)]	V_{gs}	m^3	15 560.775
10	净标准体积(8×9)	V_{ns}	m^3	15 535.878
11	扣水量 (7×9)	V_{sw}	m^3	24.897
12	毛油质量 (5×9)	m_{gm}	kg	13 153 523.1
13	净油质量 (5×10)	m_{nm}	kg	13 132 477.7
14	空气中毛油重量 (6×12)	m_{gw}	kg	13 136 423.5
15	空气中净油重量 (6×13)	m_{nw}	kg	13 115 405.5

8.3 采用质量流量计计量油品计算

某计量站汽油采用质量流量计计量，计量参数测量值及计算程序见表 10。

8.4 采用 *K*-系数法计量油品计算

某计量站柴油采用涡轮流量计计量，计量参数测量值及计算程序见表 11。

表 10 油量计算表

基础计量数据				
序号	计量数据	符号	单位	数值
1	质量流量计始读数	m_{g1}	kg	120 452
2	质量流量计末读数	m_{g2}	kg	904 891
3	流量计系数	MF		1.001 1
4	标准密度	ρ_{20}	kg/m^3	732.5
5	水的质量分数	SW	%	痕迹
6	空气浮力修正系数	F_a		0.998 5
计算交接油量				
7	流量计计量总质量(2−1)	m_g	kg	784 439
8	质量含水系数(1.00−5)	C_{sw}		1.000 0
9	毛质量 (7×3)	m_{gm}	kg	785 302
10	净质量(7×3×8)	m_{nm}	kg	785 302
11	空气中净重量(10×6)	m_{nw}	kg	784 124
12	净标准体积(10/4)	V_{ns}	m^3	1 072.085

表 11 计量参数

序号	计量参数名称	符号	单位	数值
1	流量计计数器开始时的读数	N_{t1}	1	5 054 295
2	流量计计数器结束时的读数	N_{t2}	1	51 487 530
3	K-系数	K	1/m³	2 850
4	计量温度下体积[(2−1)/3]	V_t	m³	16 292.363
5	流量计系数	MF		1.001 5
6	标准密度	ρ_{20}	kg/m³	848.4
7	油品平均温度	t	℃	31.0
8	流量计出口压力(表压)	p	kPa	2 550
9	温度修正系数	C_{t1}		0.990 8
10	压力修正系数	C_{p1}		1.002 0
11	水的体积分数	SW	%	0.15
12	体积含水修正系数(1.00−11)	C_{sw}		0.998 5
13	毛标准体积[4×(5×9×10)]	V_{gs}	m³	16 199.020
14	净标准体积[4×(5×9×10)×12]	V_{ns}	m³	16 174.721
15	扣水量(13×11)	V_{sw}	m³	24.299
16	油品毛质量(13×6)	m_{gm}	kg	13 743 249
17	油品净质量(14×6)	m_{nm}	kg	13 722 633
18	空气中毛油重量[13×(6−1.1)]	m_{gw}	t	13 725.430
19	空气中净油重量[14×(6−1.1)]	m_{nw}	t	13 704.841

8.4.1 计量温度:取计量时间段内油品温度的算术平均值。

8.4.2 计量压力:取计量时间段内油品压力的算术平均值。

8.4.3 计算 C_{t1}。由 $\rho_{20}=848.4\ \mathrm{kg/m^3}$,$t=31.0$ ℃,见 GB/T 1885—1998 产品部分表 60 B“油品体积温度修正系数表”,得 $C_{t1}=0.990\ 8$。

8.4.4 计算 C_{p1}。由 $\rho_{20}=848.4\ \mathrm{kg/m^3}$,见 GB/T 1885—1998 产品部分表 E1(或见本标准附录 D),得 $\rho_{15}=852.0\ \mathrm{kg/m^3}$。再依 $\rho_{15}=852.0\ \mathrm{kg/m^3}$,$t=31.0$ ℃,查本标准附录 C,得油品压缩系数 $F=0.791\times10^{-6}\ \mathrm{kPa^{-1}}$。因油品蒸汽压 p_e 小于大气压,故 $p_e=0$,将已知参数带入公式(6),得

$$C_{p1}=\frac{1}{1-(2\ 550-0)\times0.791\times10^{-6}}=1.002\ 0$$

8.4.5 所计量的油品为贸易交接油品,故应扣除含水量。

8.4.6 不同标准参比条件下计算体积量。

8.4.6.1 20 ℃、101.325 kPa 体积计算

计量原始数据及计量程序见表 12。

表 12　20 ℃、101.325 kPa 体积计算程序表

计量日期		2004/12/8		
计量介质		93＃无铅车用汽油		
仪表编号		454443		
流量计型号				
基础计量数据				
序号	计量数据	符号	单位	数值
1	质量流量计始读数	m_{t1}	kg	120 452
2	质量流量计末读数	m_{t2}	kg	904 891
3	流量计系数	MF		1.001 1
4	标准密度	ρ_{20}	kg/m^3	732.5
5	含水量	SW	%	痕迹
6	空气浮力修正系数	F_a		0.998 5
计算交接油量				
7	流量计总计量质量(2－1)	m_g	kg	784 439
8	真空中质量(7×3×(1.00－5))	m_{gm}/m_{nm}	kg	785 302
9	空气中重量(8×6)	m_{gw}/m_{nw}	kg	784 124
10	20 ℃油品体积(8/4)	V_{ns}	m^3	1 072.085

8.4.6.2　15 ℃、101.325 kPa 体积计算

计量原始数据及计量程序见表 13。

表 13　15 ℃、101.325 kPa 体积计算程序表

计量日期		2004/12/8		
计量介质		93＃无铅车用汽油		
仪表编号		454443		
流量计型号				
基础计量数据				
序号	计量数据	符号	单位	数值
1	质量流量计始读数	m_{t1}	kg	120 452
2	质量流量计末读数	m_{t2}	kg	904 891
3	流量计系数	MF		1.001 1
4	20 ℃密度	ρ_{20}	kg/m^3	732.5
5	15 ℃密度	ρ_{15}	kg/m^3	737.1
6	含水量	SW	%	痕迹
7	空气浮力修正系数	F_a		0.998 5
计算交接油量				
8	流量计总计量质量(2－1)	m_g	kg	784 439
9	真空中质量(8×3×(1.00－6))	m_{gm}/m_{nm}	kg	785 302
10	空气中重量(9×7)	m_{gw}/m_{nw}	kg	784 124
11	15 ℃油品体积(9/5)	V_{15}	m^3	1 065.394

由 ρ_{20} 见 GB/T 1885—1998 产品部分表 E1，计算 15 ℃密度。

因 ρ_{20} = 732.5 kg/m³ 介于 732.0 和 733.0 之间，用内插法计算，

即 $\rho_{15} = 736.6 + \frac{737.6 - 736.6}{733.0 - 732.0} \times (732.5 - 732.0) = 736.6 + 0.5 = 737.1 (kg/m^3)$

8.4.6.3 60 ℉、101.325 kPa 体积计算

计量原始数据及计量程序见表 14。

表 14 60 ℉、101.325 kPa 体积计算程序表

计量日期		2004/12/8		
计量介质		93＃无铅车用汽油		
仪表编号		454443		
流量计型号				
基础计量数据				
序号	计量数据	符号	单位	数值
1	质量流量计始读数	m_{t1}	kg	904 891
2	质量流量计末读数	m_{t2}	kg	120 452
3	流量计系数	MF	1	1.001 1
4	20 ℃密度	ρ_{20}	kg/m³	732.5
5	15 ℃密度	ρ_{15}	kg/m³	737.1
6	桶/t 系数			8.552
7	含水量	SW	%	痕迹
8	空气浮力修正系数	F_a		0.998 5
计算交接油量				
9	流量计总计量质量(2－1)	m_g	t	784.439
10	真空中质量(9×3×(1.00－7))	m_{gm}/m_{nm}	t	785.302
11	空气中重量(10×8)	m_{gw}/m_{nw}	t	784.124
12	油品体积(11×6)	(美)桶	桶	6 705.828
13	油品体积(12×158.984)	L	l	1 066 119

a) 计算桶/t 系数

由 15 ℃的密度，见 GB/T 1885—1998 产品部分表 E3 对应的桶/t 系数(本标准附录 G)。

因为 ρ_{15} = 737.1 kg/m³，介于 737.0 和 738.0 之间，用内插法计算：

$$桶/t系数 = 8.553 + \frac{8.541 - 8.553}{738.0 - 737.0} \times (737.1 - 737.0) = 8.553 - 0.012 \times 0.1 = 8.552$$

b) 计算桶数

$V_{60℉}$ = 油品空气中的重量×桶/t 系数 = 784.124×8.552 = 6 705.828(美桶)

当需要计算毛油桶数时，其桶/吨系数仍依据油品 15 ℃密度值查表，但是需要换算的油品质量数一定应是毛油质量(即真空中质量数)，而不能采用油品在空气中的重量数(或习惯定义的商业质量数)，这个要求同样适应于净油桶数的换算，必须在计算中注意。

c) 计算升数

因为，1 桶 = 158.984 L，则同温度下换算结果：

$V_{60℉}$ = 桶数×158.984 L/桶 = 6 705.828×158.984 = 1 066 119.359(L)

附 录 A
（资料性附录）
计量数据读取规则

A.1 流量计读数

A.1.1 对流量计配玻璃密度浮计的计量站(点)，当计量时间不大于 8 h 时，仅记录流量计始末体积指示值。当计量时间大于 8 h 时，需记录计量始末读数和每 8 h 的流量计体积指示值。有些计量站(点)每 2 h 记录一次流量计累积值，每 8 h 一结算。

A.1.2 对流量计配在线密度计的计量站(点)，应按 A.1.1 所要求记录流量计表头指示的体积值和质量仪表显示的质量值。有些计量站(点)每 2 h 记录一次流量计累积值，每 8 h 一结算。

A.2 测温、测压

A.2.1 测温方法应符合 GB/T 8927 的规定，温度计分度值不大于 0.5 ℃。测压方法应符合有关标准的规定，压力仪表(包括压力变速器)的准确度等级不低于 0.5 级。

A.2.2 测温、测压点应选在距离流量计的出口最近处。

A.2.3 对装车计量，应在计量开始后(罐内油品流过流量计)10 min 和计量结束前 10 min 以及计量中间各测温、测压一次，取三次温度和压力的算术平均值作为油品的平均温度和压力。

A.2.4 对装船计量，应在计量开始后(罐内油品流过流量计)10 min 和计量结束前 10 min 以及每间隔 1 h 各测温、测压一次，以计量时间内各次所测温度、压力的算术平均值作为油品的平均温度和压力。

A.2.5 对管道连续输油计量，每 2 h 测温、测压一次，以 8 h 内四次测温、测压的算术平均值作为 8 h 内油品的平均温度和压力。

A.3 取样

A.3.1 自动取样应符合 SY/T 5317 的规定，人工取样应符合 GB/T 4756 的规定。

取样部位应设在靠近流量计出口端管线上。有争议时应以流量比例样为准。

A.3.2 对未配自动取样器的装车计量，取样应在计量开始、中间和结束前 10 min 各取样一次，并将所取样以相等体积(或质量)搀和成一份组合试样。

A.3.3 对未配自动取样器的装船计量，应在计量开始、罐内油品流到取样器时取样一次，以后每隔 1 h(装船流量大于 2 000 m^3/h)或 2 h(装船流量不大于 2 000 m^3/h)以及计量结束前 10 min 各取样一次，并将所取样以相等体积(或质量)搀和成一份组合试样。

A.3.4 对管线连续输油计量，每 2 h 取样一次，每 4 h 掺合成一份组合试样。

A.4 用玻璃密度浮计测定油品密度

A.4.1 测定方法应符合 GB/T 1884 的规定。

A.4.2 对装车、装船计量，整个计量过程做一个组合试样，测定密度。

A.4.3 对管道连续输油计量，每 4 h 做一个组合试样，将 8 h 内的二次组合试样所测结果的算术平均值作为 8 h 的密度测定结果。也可加密 8 h 内取样次数。

A.5 原油含水测定

A.5.1 原油含水测定应符合 GB/T 8929 的规定。

A.5.2 对装车、装船计量，整个计量过程做一个组合试样。

A.5.3 对管道连续输油计量，每 4 h 做一个组合试样，测定其体积(或质量)含水量，将 8 h 内的二次组合试样所测结果的算术平均值作为 8 h 油品的含水测定结果。也可加密 8 h 内取样次数。

附 录 B
（规范性附录）
油品体积压力修正系数计算方法

B.1 油品压缩系数 F 的计算

B.1.1 计算公式

$$F = e^x \times 10^{-6} \qquad \text{(B.1.1)}$$

$$x = -1.620\,80 + [21.592\,t + 0.5 \times (\pm 1.0)] \times 10^{-5} + [87\,096.0/\rho_{15}{}^2 + 0.5 \times (\pm 1.0)] \times 10^{-5} + [420.92\,t/\rho_{15}{}^2 + 0.5 \times (\pm 1.0)] \times 10^{-5}$$

e^x 计算值应由下式准确到 0.001：

$$(e^x \times 1\,000 + 0.5) \times 0.001 \qquad \text{(B.1.2)}$$

式中：

(± 1.0) ——当 $t \geqslant 0$ 时为 $+1.0$，当 $t < 0$ 时为 -1.0。

B.1.2 计算示例

已知油品 $\rho_{20} = 0.845\,3\ \mathrm{g/cm^3}$，$t = 37.75$ ℃，求 F 值。

查 GB/T 1885 表 E1（或见本标准附录 D）得 $\rho_{15} = 0.849\,0\ \mathrm{g/cm^3}$，根据式（B.1.1）：

$$\begin{aligned} x &= -1.620\,80 + [21.592 \times 37.75 + 0.5 \times (1.0)] \times 10^{-5} \\ &\quad + [87\,096.0/0.849\,0^2 + 0.5 \times (1.0)] \times 10^{-5} \\ &\quad + [420.92 \times 37.75/0.849\,0^2 + 0.5 \times (1.0)] \times 10^{-5} \\ &= -0.183\,867 \end{aligned}$$

$$e^x = e^{-0.183\,867} = 0.832\,047$$

将 e^x 计算值精确到 0.001：

$$\begin{aligned} e^x &= (0.832\,047 \times 1\,000 + 0.5) \times 0.001 \\ &= 0.832 \end{aligned}$$

$$F = e^x \times 10^{-6} = 0.832 \times 10^{-6}\ \mathrm{kPa^{-1}}$$

B.2 油品体积压力修正系数的计算

$$C_{pl} = \frac{1}{1 - (p - p_e) \times F} \qquad \text{(B.2)}$$

附 录 C
(规范性附录)
烃压缩系数表

表 C.1 15 ℃时密度所对应的烃压缩系数表(摘录) 10^{-6} kPa^{-1}

温度/℃	15 ℃时密度/(kg/m³)								
	836	838	840	842	844	846	848	850	852
30.00	0.829	0.823	0.818	0.812	0.807	0.802	0.796	0.791	0.786
30.25	0.830	0.825	0.819	0.814	0.808	0.803	0.798	0.793	0.787
30.50	0.832	0.826	0.820	0.815	0.810	0.804	0.799	0.794	0.789
30.75	0.833	0.827	0.822	0.816	0.811	0.805	0.800	0.795	0.790
31.00	0.834	0.829	0.823	0.817	0.812	0.807	0.801	0.796	0.791
31.25	0.836	0.830	0.824	0.819	0.813	0.808	0.803	0.797	0.792
31.50	0.837	0.831	0.826	0.820	0.815	0.809	0.804	0.799	0.793
31.75	0.838	0.832	0.827	0.821	0.816	0.810	0.805	0.800	0.795
32.00	0.839	0.834	0.828	0.823	0.817	0.812	0.806	0.801	0.796
32.25	0.841	0.835	0.829	0.824	0.818	0.813	0.807	0.802	0.797
32.50	0.842	0.836	0.831	0.825	0.820	0.814	0.809	0.803	0.798
32.75	0.843	0.838	0.832	0.826	0.821	0.815	0.810	0.805	0.799
33.00	0.845	0.839	0.833	0.828	0.822	0.817	0.811	0.806	0.801
33.25	0.846	0.840	0.835	0.829	0.823	0.818	0.812	0.807	0.802
33.50	0.847	0.842	0.836	0.830	0.825	0.819	0.814	0.808	0.803
33.75	0.849	0.843	0.837	0.831	0.826	0.820	0.815	0.809	0.804
34.00	0.850	0.844	0.838	0.833	0.827	0.822	0.816	0.811	0.805
34.25	0.851	0.845	0.840	0.834	0.828	0.823	0.817	0.812	0.807
34.50	0.853	0.847	0.841	0.835	0.830	0.824	0.819	0.813	0.808
34.75	0.854	0.848	0.842	0.837	0.831	0.825	0.820	0.814	0.809
35.00	0.855	0.849	0.844	0.838	0.832	0.827	0.821	0.815	0.810
35.25	0.857	0.851	0.845	0.839	0.833	0.828	0.822	0.817	0.811
35.50	0.858	0.852	0.846	0.840	0.835	0.829	0.824	0.818	0.813
35.75	0.859	0.853	0.848	0.842	0.836	0.830	0.825	0.819	0.814
35.00	0.861	0.855	0.849	0.843	0.837	0.832	0.826	0.821	0.815
35.25	0.862	0.856	0.850	0.844	0.839	0.833	0.827	0.822	0.816
35.50	0.863	0.857	0.851	0.846	0.840	0.834	0.829	0.823	0.818
35.75	0.865	0.859	0.853	0.847	0.841	0.835	0.830	0.824	0.819
37.00	0.866	0.860	0.854	0.848	0.842	0.837	0.831	0.826	0.820

表 C.1（续）

10^{-6} kPa^{-1}

温度/℃	15 ℃时密度/(kg/m^3)								
	836	838	840	842	844	846	848	850	852
37.25	0.867	0.861	0.855	0.850	0.844	0.838	0.832	0.827	0.821
37.50	0.869	0.863	0.857	0.851	0.845	0.839	0.834	0.828	0.822
37.75	0.870	0.864	0.858	0.852	0.846	0.841	0.835	0.829	0.824
38.00	0.872	0.865	0.859	0.853	0.848	0.842	0.836	0.831	0.825
38.25	0.873	0.867	0.861	0.855	0.849	0.943	0.837	0.832	0.826
38.50	0.874	0.868	0.862	0.856	0.850	0.844	0.839	0.833	0.827
38.75	0.876	0.869	0.863	0.857	0.851	0.846	0.840	0.834	0.829
39.00	0.877	0.871	0.865	0.859	0.853	0.847	0.841	0.836	0.830
39.25	0.878	0.872	0.866	0.860	0.854	0.848	0.842	0.837	0.831
39.50	0.880	0.874	0.867	0.861	0.855	0.850	0.844	0.838	0.832
39.75	0.881	0.875	0.869	0.863	0.857	0.851	0.845	0.839	0.834
见 GB/T 21450。									

附 录 D
（规范性附录）
石油及液体石油产品20 ℃密度到15 ℃密度换算表

表 D.1 石油及液体石油产品20 ℃密度到15 ℃密度换算表

20 ℃密度	15 ℃密度	20 ℃密度	15 ℃密度	20 ℃密度	15 ℃密度	20 ℃密度	15 ℃密度	20 ℃密度	15 ℃密度
610.0	615.0	657.0	661.6	704.0	708.3	751.0	755.1	798.0	801.8
611.0	616.0	658.0	662.6	705.0	709.3	752.0	756.1	799.0	802.8
612.0	617.0	659.0	663.6	706.0	710.3	753.0	757.1	800.0	803.8
613.0	618.0	660.0	664.6	707.0	711.3	754.0	758.1	801.0	804.8
614.0	619.0	661.0	665.6	708.0	712.3	755.0	759.1	802.0	805.8
615.0	620.0	662.0	666.6	709.0	713.3	756.0	760.0	803.0	806.8
616.0	621.0	663.0	667.6	710.0	714.3	757.0	761.0	804.0	807.8
617.0	621.9	664.0	668.6	711.0	715.3	758.0	762.0	805.0	808.8
618.0	622.9	665.0	669.6	712.0	716.3	759.0	763.0	806.0	809.8
619.0	623.9	666.0	670.6	713.0	717.3	760.0	764.0	807.0	810.8
620.0	624.9	667.0	671.6	714.0	718.3	761.0	765.0	808.0	811.8
621.0	625.9	668.0	672.6	715.0	719.3	762.0	766.0	809.0	812.8
622.0	626.9	669.0	673.6	716.0	720.3	763.0	767.0	810.0	813.8
623.0	627.9	670.0	674.6	717.0	721.3	764.0	768.0	811.0	814.8
624.0	628.9	671.0	675.6	718.0	722.3	765.0	769.0	812.0	815.8
625.0	629.9	672.0	676.5	719.0	723.3	766.0	770.0	813.0	816.8
626.0	630.9	673.0	677.5	720.0	724.2	767.0	771.0	814.0	817.8
627.0	631.9	674.0	678.5	721.0	725.2	768.0	772.0	815.0	818.8
628.0	632.9	675.0	679.5	722.0	726.2	769.0	773.0	816.0	819.7
629.0	633.9	676.0	680.5	723.0	727.2	770.0	774.0	817.0	820.7
630.0	634.8	677.0	681.5	724.0	728.2	771.0	775.0	818.0	821.7
631.0	635.8	678.0	682.5	725.0	729.2	772.0	776.0	819.0	822.7
632.0	636.8	679.0	683.5	726.0	730.2	773.0	777.0	820.0	823.7
633.0	637.8	680.0	684.5	727.0	731.2	774.0	778.0	821.0	824.7
634.0	638.8	681.0	685.5	728.0	732.2	775.0	778.9	822.0	825.7
635.0	639.8	682.0	685.5	729.0	733.2	776.0	779.9	823.0	826.7
636.0	640.8	683.0	687.5	730.0	734.2	777.0	780.9	824.0	827.7
637.0	641.8	684.0	688.5	731.0	735.2	778.0	781.9	825.0	828.7
638.0	642.8	685.0	689.5	732.0	736.2	779.0	782.9	826.0	829.7
639.0	643.8	686.0	690.5	733.0	737.2	780.0	783.9	827.0	830.7
640.0	644.8	687.0	691.4	734.0	738.2	781.0	784.9	828.0	831.7
641.0	645.8	688.0	692.4	735.0	739.2	782.0	785.9	829.0	832.7
642.0	646.8	689.0	693.4	736.0	740.2	783.0	786.9	830.0	833.7
643.0	647.7	690.0	694.4	737.0	741.1	784.0	787.9	831.0	834.7
644.0	648.7	691.0	695.4	738.0	742.1	785.0	788.9	832.0	835.7
645.0	649.7	692.0	696.4	739.0	743.1	786.0	789.9	833.0	836.7
646.0	650.7	693.0	697.4	740.0	744.1	787.0	790.9	834.0	837.7
647.0	651.7	694.0	698.4	741.0	745.1	788.0	791.9	835.0	838.7
648.0	652.7	695.0	699.4	742.0	746.1	789.0	792.9	836.0	839.7
649.0	653.7	696.0	700.4	743.0	747.1	790.0	793.9	837.0	840.7
650.0	654.7	697.0	701.4	744.0	748.1	791.0	794.9	838.0	841.7
651.0	655.7	698.0	702.4	745.0	749.1	792.0	795.9	839.0	842.6
652.0	655.7	699.0	703.4	746.0	750.1	793.0	795.9	840.0	843.6
653.0	657.7	700.0	704.4	747.0	751.1	794.0	797.9	841.0	844.6
654.0	658.7	701.0	705.4	748.0	752.1	795.0	798.8	842.0	845.6
655.0	659.7	702.0	706.4	749.0	753.1	796.0	799.8	843.0	846.6
656.0	660.7	703.0	707.3	750.0	754.1	797.0	800.8	844.0	847.6

表 D.1（续）

20 ℃密度	15 ℃密度	20 ℃密度	15 ℃密度	20 ℃密度	15 ℃密度	20 ℃密度	15 ℃密度	20 ℃密度	15 ℃密度
845.0	848.6	892.0	895.4	939.0	942.3	986.0	989.1	1 033.0	1 036.0
846.0	849.6	893.0	896.4	940.0	943.3	987.0	990.1	1 034.0	1 037.0
847.0	850.6	894.0	897.4	941.0	944.3	988.0	991.1	1 035.0	1 038.0
848.0	851.6	895.0	898.4	942.0	945.3	989.0	992.1	1 036.0	1 039.0
849.0	852.6	896.0	899.4	943.0	946.2	990.0	993.1	1 037.0	1 040.0
850.0	853.6	897.0	900.4	944.0	947.2	991.0	994.1	1 038.0	1 041.0
851.0	854.6	898.0	901.4	945.0	948.2	992.0	995.1	1 039.0	1 041.9
852.0	855.6	899.0	902.4	946.0	949.2	993.0	996.1	1 040.0	1 042.9
853.0	856.6	900.0	903.4	947.0	950.2	994.0	997.1	1 041.0	1 043.9
854.0	857.6	901.0	904.4	948.0	951.2	995.0	998.1	1 042.0	1 044.9
855.0	858.6	902.0	905.4	949.0	952.2	996.0	999.1	1 043.0	1 045.9
856.0	859.6	903.0	906.4	950.0	953.2	997.0	1 000.1	1 044.0	1 046.9
857.0	860.6	904.0	907.4	951.0	954.2	998.0	1 001.1	1 045.0	1 047.9
858.0	861.6	905.0	908.4	952.0	955.2	999.0	1 002.1	1 046.0	1 048.9
859.0	862.6	906.0	909.4	953.0	956.2	1 000.0	1 003.1	1 047.0	1 049.9
860.0	863.6	907.0	910.4	954.0	957.2	1 001.0	1 004.1	1 048.0	1 050.9
861.0	864.6	908.0	911.4	955.0	958.2	1 002.0	1 005.1	1 049.0	1 051.9
862.0	865.6	909.0	912.4	956.0	959.2	1 003.0	1 006.1	1 050.0	1 052.9
863.0	866.5	910.0	913.4	957.0	960.2	1 004.0	1 007.1	1 051.0	1 053.9
864.0	867.5	911.0	914.4	958.0	961.2	1 005.0	1 008.0	1 052.0	1 054.9
865.0	868.5	912.0	915.0	959.0	962.2	1 006.0	1 009.0	1 053.0	1 055.9
866.0	869.5	913.0	916.4	960.0	963.2	1 007.0	1 010.0	1 054.0	1 056.9
867.0	870.5	914.0	917.3	961.0	964.2	1 008.0	1 011.0	1 055.0	1 057.9
868.0	871.5	915.0	918.3	962.0	965.2	1 009.0	1 012.0	1 056.0	1 058.9
869.0	872.5	916.0	919.3	963.0	966.2	1 010.0	1 013.0	1 057.0	1 059.9
870.0	873.5	917.0	920.3	964.0	967.2	1 011.0	1 014.0	1 058.0	1 060.9
871.0	874.5	918.0	921.3	965.0	968.2	1 012.0	1 015.0	1 059.0	1 061.9
872.0	875.5	919.0	922.3	966.0	969.2	1 013.0	1 016.0	1 060.0	1 062.9
873.0	876.5	920.0	923.3	967.0	970.2	1 014.0	1 017.0	1 061.0	1 063.9
874.0	877.5	921.0	924.3	968.0	971.2	1 015.0	1 018.0	1 062.0	1 064.9
875.0	878.5	922.0	925.3	969.0	972.2	1 016.0	1 019.0	1 063.0	1 065.9
876.0	879.5	923.0	926.3	970.0	973.2	1 017.0	1 020.0	1 064.0	1 065.9
877.0	880.5	924.0	927.3	971.0	974.2	1 018.0	1 021.0	1 065.0	1 067.9
878.0	881.5	925.0	928.3	972.0	975.2	1 019.0	1 022.0	1 066.0	1 068.9
879.0	882.5	926.0	929.3	973.0	976.1	1 020.0	1 023.0	1 067.0	1 069.9
880.0	883.5	927.0	930.3	974.0	977.1	1 021.0	1 024.0	1 068.0	1 070.9
881.0	884.5	928.0	931.3	975.0	978.1	1 022.0	1 025.0	1 069.0	1 071.9
882.0	885.5	929.0	932.3	976.0	979.1	1 023.0	1 026.0	1 070.0	1 072.9
883.0	886.5	930.0	933.3	977.0	980.1	1 024.0	1 027.0	1 071.0	1 073.9
884.0	887.5	931.0	934.3	978.0	981.1	1 025.0	1 028.0	1 072.0	1 074.9
885.0	888.5	932.0	935.3	979.0	982.1	1 026.0	1 029.0	1 073.0	1 075.9
886.0	889.5	933.0	936.3	980.0	983.1	1 027.0	1 030.0	1 074.0	1 076.9
887.0	890.5	934.0	937.3	981.0	984.1	1 028.0	1 031.0	1 075.0	1 077.9
888.0	891.4	935.0	938.3	982.0	985.1	1 029.0	1 032.0		
889.0	892.4	936.0	939.3	983.0	986.1	1 030.0	1 033.0		
890.0	893.4	937.0	940.3	984.0	987.1	1 031.0	1 034.0		
891.0	894.4	938.0	941.3	985.0	988.1	1 032.0	1 035.0		

注：摘自 GB/T 1885—1998 油品部分表 E.1。

附 录 E
（资料性附录）
空气浮力修正系数表

表 E.1 空气浮力修正系数表

20 ℃密度/(g/cm^3)	修正系数，F_a
0.500 0～0.509 3	0.997 70
0.509 4～0.531 5	0.997 80
0.531 6～0.555 7	0.997 90
0.555 8～0.582 2	0.998 00
0.582 3～0.611 4	0.998 10
0.611 5～0.618 6	0.998 20
0.618 7～0.679 5	0.998 30
0.679 6～0.719 5	0.998 40
0.719 6～0.784 5	0.998 50
0.784 6～0.815 7	0.998 60
0.815 8～0.874 1	0.998 70
0.874 2～0.941 6	0.998 80
0.941 7～1.020 5	0.998 90
1.020 6～1.100 0	0.999 00

附　录　F

（资料性附录）

计量票据的格式与内容

表 F.1　××××××××××××（　）计量凭证

计量站名称：　　　　　收油单位：　　　　　凭证编号：　　　　　流量计号：　　　　　年　月　日

<table>
<tr><td>项　目</td><td>数值</td><td>项　目</td><td>数值</td><td colspan="3" rowspan="5">备　注</td></tr>
<tr><td>流量计前底数
V_{t1}/m^3</td><td></td><td>压力修正系数
C_{p1}</td><td></td></tr>
<tr><td>流量计后底数
V_{t2}/m^3</td><td></td><td>空气中净标准体积
V_{ns}/m^3</td><td></td></tr>
<tr><td>计量体积
V_t/m^3</td><td></td><td>毛油质量
m_{gm}/t</td><td></td></tr>
<tr><td>流量计系数
MF</td><td></td><td>空气浮力修正系数
F_a</td><td></td></tr>
<tr><td>平均计量温度
t/℃</td><td></td><td>空气中毛油重量
m_{gw}/t</td><td></td><td>发油单位</td><td colspan="2">收油单位</td></tr>
<tr><td>平均计量压力
p/kPa</td><td></td><td>含水系数（体积/质量）
C_{sw}</td><td></td><td rowspan="3">计量员________
班长________</td><td rowspan="3">驻在员</td><td rowspan="3"></td></tr>
<tr><td>标准密度
$\rho_{20}/(kg/m^3)$</td><td></td><td>空气中净油重量
m_{nw}/t</td><td></td></tr>
<tr><td>温度修正系数
C_{t1}</td><td></td><td>扣水（沉淀物）量
m_{sw}/t</td><td></td></tr>
<tr><td colspan="7">注：SW 为含水体积分数或质量分数，含水系数 $C_{sw}=1-SW$。</td></tr>
</table>

附　录　G
（规范性附录）
15 ℃密度到桶/t系数换算表

表 G.1　15 ℃密度到桶/t系数换算表

15 ℃密度	桶/t	15 ℃密度	桶/t	15 ℃密度	桶/t	15 ℃密度	桶/t	15 ℃密度	桶/t
600.0	10.513	640.0	9.854	680.0	9.272	720.0	8.755	760.0	8.293
601.0	10.496	641.0	9.838	681.0	9.258	721.0	8.743	761.0	8.282
602.0	10.478	642.0	9.823	682.0	9.245	722.0	8.731	762.0	8.271
603.0	10.461	643.0	9.807	683.0	9.231	723.0	8.719	763.0	8.260
604.0	10.443	644.0	9.792	684.0	9.218	724.0	8.707	764.0	8.250
605.0	10.426	645.0	9.777	685.0	9.204	725.0	8.695	765.0	8.239
606.0	10.409	646.0	9.762	686.0	9.191	726.0	8.683	766.0	8.228
607.0	10.391	647.0	9.747	687.0	9.177	727.0	8.671	767.0	8.217
608.0	10.374	648.0	9.731	688.0	9.164	728.0	8.659	768.0	8.206
609.0	10.357	649.0	9.716	689.0	9.150	729.0	8.647	769.0	8.196
610.0	10.340	650.0	9.701	690.0	9.137	730.0	8.635	770.0	8.185
611.0	10.323	651.0	9.686	691.0	9.124	731.0	8.623	771.0	8.174
612.0	10.306	652.0	9.672	692.0	9.111	732.0	8.611	772.0	8.164
613.0	10.289	653.0	9.657	693.0	9.098	733.0	8.600	773.0	8.153
614.0	10.272	654.0	9.642	694.0	9.084	734.0	8.588	774.0	8.143
615.0	10.256	655.0	9.627	695.0	9.071	735.0	8.576	775.0	8.132
616.0	10.239	656.0	9.612	696.0	9.058	736.0	8.564	776.0	8.122
617.0	10.222	657.0	9.598	697.0	9.045	737.0	8.553	777.0	8.111
618.0	10.206	658.0	9.583	698.0	9.032	738.0	8.541	778.0	8.101
619.0	10.189	659.0	9.568	699.0	9.019	739.0	8.530	779.0	8.090
620.0	10.173	660.0	9.554	700.0	9.006	740.0	8.518	780.0	8.080
621.0	10.156	661.0	9.539	701.0	8.993	741.0	8.506	781.0	8.069
622.0	10.140	662.0	9.525	702.0	8.981	742.0	8.495	782.0	8.059
623.0	10.123	663.0	9.511	703.0	8.968	743.0	8.483	783.0	8.049
624.0	10.107	664.0	9.496	704.0	8.955	744.0	8.472	784.0	8.038
625.0	10.091	665.0	9.482	705.0	8.942	745.0	8.461	785.0	8.028
626.0	10.075	666.0	9.468	706.0	8.929	746.0	8.449	786.0	8.018
627.0	10.059	667.0	9.453	707.0	8.917	747.0	8.438	787.0	8.008
628.0	10.043	668.0	9.439	708.0	8.904	748.0	8.427	788.0	7.998
629.0	10.026	669.0	9.425	709.0	8.892	749.0	8.415	789.0	7.987
630.0	10.011	670.0	9.411	710.0	8.879	750.0	8.404	790.0	7.977
631.0	9.995	671.0	9.397	711.0	8.866	751.0	8.393	791.0	7.967
632.0	9.979	672.0	9.383	712.0	8.854	752.0	8.382	792.0	7.957
633.0	9.963	673.0	9.369	713.0	8.842	753.0	8.370	793.0	7.947
634.0	9.947	674.0	9.355	714.0	8.829	754.0	8.359	794.0	7.937
635.0	9.931	675.0	9.341	715.0	8.817	755.0	8.348	795.0	7.927
636.0	9.916	676.0	9.327	716.0	8.804	756.0	8.337	796.0	7.917
637.0	9.900	677.0	9.313	717.0	8.792	757.0	8.326	797.0	7.907
638.0	9.884	678.0	9.299	718.0	8.780	758.0	8.315	798.0	7.897
639.0	9.869	679.0	9.286	719.0	8.767	759.0	8.304	799.0	7.887

表 G.1（续）

15 ℃密度	桶/t	15 ℃密度	桶/t	15 ℃密度	桶/t	15 ℃密度	桶/t	15 ℃密度	桶/t
800.0	7.877	840.0	7.501	880.0	7.160	920.0	6.848	960.0	6.562
801.0	7.867	841.0	7.492	881.0	7.151	921.0	6.840	961.0	6.555
802.0	7.858	842.0	7.483	882.0	7.143	922.0	6.833	962.0	6.548
803.0	7.848	843.0	7.475	883.0	7.135	923.0	6.825	963.0	6.541
804.0	7.838	844.0	7.466	884.0	7.127	924.0	6.818	964.0	6.535
805.0	7.828	845.0	7.457	885.0	7.119	925.0	6.811	965.0	6.528
806.0	7.818	846.0	7.448	886.0	7.111	926.0	6.803	966.0	6.521
807.0	7.809	847.0	7.439	887.0	7.103	927.0	6.796	967.0	6.514
808.0	7.799	848.0	7.430	888.0	7.095	928.0	6.789	968.0	6.508
809.0	7.789	849.0	7.421	889.0	7.087	929.0	6.781	969.0	6.501
810.0	7.780	850.0	7.413	890.0	7.079	930.0	6.774	970.0	6.494
811.0	7.770	851.0	7.404	891.0	7.071	931.0	6.767	971.0	6.487
812.0	7.760	852.0	7.395	892.0	7.063	932.0	6.759	972.0	6.481
813.0	7.751	853.0	7.387	893.0	7.055	933.0	6.752	973.0	6.474
814.0	7.741	854.0	7.378	894.0	7.047	934.0	6.745	974.0	6.467
815.0	7.732	855.0	7.369	895.0	7.039	935.0	6.738	975.0	6.461
816.0	7.722	856.0	7.361	896.0	7.031	936.0	6.730	976.0	6.454
817.0	7.713	857.0	7.352	897.0	7.024	937.0	6.723	977.0	6.448
818.0	7.703	858.0	7.344	898.0	7.016	938.0	6.716	978.0	6.441
819.0	7.694	859.0	7.335	899.0	7.008	939.0	6.709	979.0	6.434
820.0	7.685	860.0	7.326	900.0	7.000	940.0	6.702	980.0	6.428
821.0	7.675	861.0	7.318	901.0	6.992	941.0	6.695	981.0	6.421
822.0	7.666	862.0	7.309	902.0	6.985	942.0	6.687	982.0	6.415
823.0	7.657	863.0	7.301	903.0	6.977	943.0	6.680	983.0	6.408
824.0	7.647	864.0	7.292	904.0	6.969	944.0	6.673	984.0	6.402
825.0	7.638	865.0	7.284	905.0	6.961	945.0	6.666	985.0	6.395
826.0	7.629	866.0	7.276	906.0	6.954	946.0	6.659	9860	6.389
827.0	7.619	867.0	7.267	907.0	6.946	947.0	6.652	987.0	6.382
828.0	7.610	868.0	7.259	908.0	6.938	948.0	6.645	988.0	6.376
829.0	7.601	869.0	7.250	909.0	6.931	949.0	6.638	989.0	6.369
830.0	7.592	870.0	7.242	910.0	6.923	950.0	6.631	990.0	6.363
831.0	7.583	871.0	7.234	911.0	6.915	951.0	6.624	991.0	6.356
832.0	7.574	872.0	7.225	912.0	6.908	952.0	6.617	992.0	6.350
833.0	7.564	873.0	7.217	913.0	6.900	953.0	6.610	993.0	6.343
834.0	7.555	874.0	7.209	914.0	6.893	954.0	6.603	994.0	6.337
835.0	7.546	875.0	7.201	915.0	6.885	955.0	6.596	995.0	6.331
836.0	7.537	876.0	7.192	916.0	6.878	956.0	6.589	996.0	6.324
837.0	7.528	877.0	7.184	917.0	6.870	957.0	6.582	997.0	6.318
838.0	7.519	878.0	7.176	918.0	6.863	958.0	6.576	998.0	6.312
839.0	7.510	879.0	7.168	919.0	6.855	959.0	6.569	999.0	6.305

表 G.1（续）

15 ℃密度	桶/t	15 ℃密度	桶/t	15 ℃密度	桶/t	15 ℃密度	桶/t	15 ℃密度	桶/t
1 000.0	6.299	1 025.0	6.145	1 050.0	5.998	1 075.0	6.859	1 100.0	6.725
1 001.0	6.293	1 026.0	6.139	1 051.0	5.993	1 076.0	6.853		
1 002.0	6.286	1 027.0	6.133	1 052.0	5.987	1 077.0	6.848		
1 003.0	6.280	1 028.0	6.127	1 053.0	5.981	1 078.0	6.842		
1 004.0	6.274	1 029.0	6.121	1 054.0	5.976	1 079.0	6.837		
1 005.0	6.268	1 030.0	6.115	1 055.0	5.970	1 080.0	6.832		
1 006.0	6.261	1 031.0	6.109	1 056.0	5.964	1 081.0	6.826		
1 007.0	6.255	1 032.0	6.103	1 057.0	5.959	1 082.0	6.821		
1 008.0	6.249	1 033.0	6.097	1 058.0	5.953	1 083.0	6.815		
1 009.0	6.243	1 034.0	6.091	1 059.0	5.947	1 084.0	6.810		
1 010.0	6.236	1 035.0	6.086	1 060.0	5.942	1 085.0	6.805		
1 011.0	6.230	1 036.0	6.080	1 061.0	5.936	1 086.0	6.799		
1 012.0	6.224	1 037.0	6.074	1 062.0	5.931	1 087.0	6.794		
1 013.0	6.218	1 038.0	6.068	1 063.0	5.925	1 088.0	6.789		
1 014.0	6.212	1 039.0	6.062	1 064.0	5.919	1 089.0	6.783		
1 015.0	6.206	1 040.0	6.056	1 065.0	5.914	1 090.0	6.778		
1 016.0	6.200	1 041.0	6.050	1 066.0	5.908	1 091.0	6.773		
1 017.0	6.193	1 042.0	6.045	1 067.0	5.903	1 092.0	6.767		
1 018.0	6.187	1 043.0	6.039	1 068.0	5.897	1 093.0	6.762		
1 019.0	6.181	1 044.0	6.033	1 069.0	5.892	1 094.0	6.757		
1 020.0	6.175	1 045.0	6.027	1 070.0	5.886	1 095.0	6.752		
1 021.0	6.169	1 046.0	6.021	1 071.0	5.881	1 096.0	6.746		
1 022.0	6.163	1 047.0	6.016	1 072.0	5.875	1 097.0	6.741		
1 023.0	6.157	1 048.0	6.010	1 073.0	5.870	1 098.0	6.736		
1 024.0	6.151	1 049.0	6.004	1 074.0	5.864	1 099.0	6.731		
注：摘自 GB/T 1885—1998 油品部分表 E.3。									

ICS 25.120.10
J 62

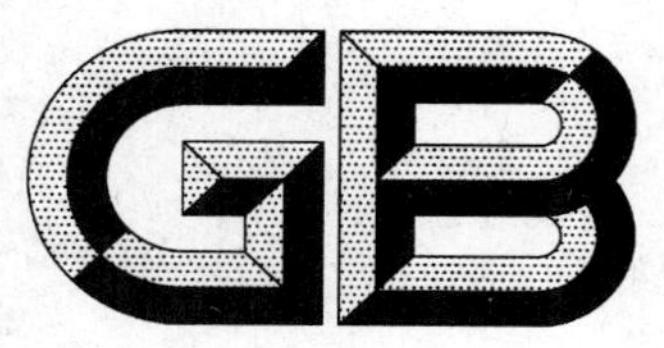

中华人民共和国国家标准

GB/T 9166—2009
代替 GB/T 9166—1988

四柱液压机　精度

Four-column hydraulic press—Testing of the accuracy

2009-04-02 发布　　2009-11-01 实施

中华人民共和国国家质量监督检验检疫总局
中国国家标准化管理委员会　发布

前　言

本标准与日本JIS B 6403—1994《液压机精度检查》的一致性程度为非等效。

本标准代替GB/T 9166—1988《四柱液压机　精度》。

本标准与GB/T 9166—1988相比，主要内容修改如下：

——增加了规范性引用文件一章；

——修改了精度检验方法。

本标准由中国机械工业联合会提出。

本标准由全国锻压机械标准化技术委员会归口。

本标准起草单位：合肥锻压机床有限公司、江苏扬力集团有限公司、湖州机床厂有限公司。

本标准主要起草人：丁跃梅、李贵闪、王玉山、骆桂林、郑建华。

本标准所代替标准的历次版本发布情况为：

——GB/T 9166—1988。

四柱液压机　精度

1　范围

本标准规定了四柱液压机的精度检验项目、检验工具、精度允差值和精度检验方法。

本标准适用于一般用途的四柱液压机。

2　规范性引用文件

下列文件中的条款通过在本标准中引用而成为本标准的条款。凡是注日期的引用文件，其随后所有的修改单(不包括勘误的内容)或修订版均不适用于本标准，然而，鼓励根据本标准达成协议的各方研究是否可使用这些文件的最新版本。凡是不注日期的引用文件，其最新版本适用于本标准。

GB/T 6092—2004　直角尺

GB/T 10923　锻压机械　精度检验通则

GB/T 16455—2008　条式和框式水平仪

JB/T 7977—1999　铸铁平尺

3　一般要求

3.1　工作台面是液压机精度检验的基准面。

3.2　精度检验前，液压机应调整水平，其工作台面纵横向水平偏差不得超过 0.20/1 000 mm。

3.3　装有移动工作台的，须使其处在液压机的工作位置并锁紧牢固。

3.4　液压机的精度检验应在空运转和满负荷运转试验后分别进行，以满负荷运转试验后的精度实测值作为合格与否的判定依据。

3.5　精度检验应符合 GB/T 10923 的规定，也可采用其他等效的检验方法。

3.6　在检验平面时，当被检测平面的最大长度 $L \leqslant 1\ 000$ mm 时，不检测长度 l 为 0.1 L；$L > 1\ 000$ mm 时，不检测长度 l 为 100 mm。

3.7　检验垂直度的实际长度应大于液压机最大行程的四分之一，但不小于 100 mm；液压机最大行程小于 100 mm 时按最大行程测量，滑块在起动、停止和反向运行时出现的瞬间跳动误差不计。

4　精度检验

4.1　工作台上平面及滑块下平面的平面度

4.1.1　检验方法

4.1.1.1　用平尺量块检验

此方法一般用于长度尺寸小于或等于 1 600 mm 的平面。

将三个等高量块放在被检测平面上选择的三个基准点 A、B、C 上。将平尺放在 A 和 C 上，在被检测平面上的 E 处放一可调量块使其与平尺下平面接触，再将平尺放在 B 和 E 上，在 D 处放一可调量块使其与平尺下平面接触。此时，A、B、C、D、E 量块的上平面同在一平面内，依次将平尺放在 AB、DC、AD、BC 上，即可测量平尺下平面与被检测平面之间各点的垂直偏差。用同样方法在被检测的 F、G 点检测，以各测点偏差的最大读数差值作为该平面的平面度误差[见图 1a)]。

对于中心有孔的平面使用本方法时，可通过孔周围的过渡点按同样方法测量[见图 1b)]。

4.1.1.2　用水平仪检验

此方法一般用于长度尺寸大于 1 600 mm 的平面。

通过被检测平面上的三点 A、B、D 的平面作为基准平面。先沿着 AB、AD 按图所示的箭头方向依次移动测量距离 d，采用作图的两点联锁法测定其轮廓，其他依次再按箭头方法测定它们的轮廓使得包括整个平面，这样被检测平面上的各测点到基准平面的坐标值，即为各测点相对于基准平面的偏差，其最大读数差值作为该平面的平面度误差(见图 2)。

注：d 为(0.1～0.2)L_1，且不大于 500 mm。

4.1.1.3 滑块下平面的平面度可在加工完成后按上述方法进行测量。

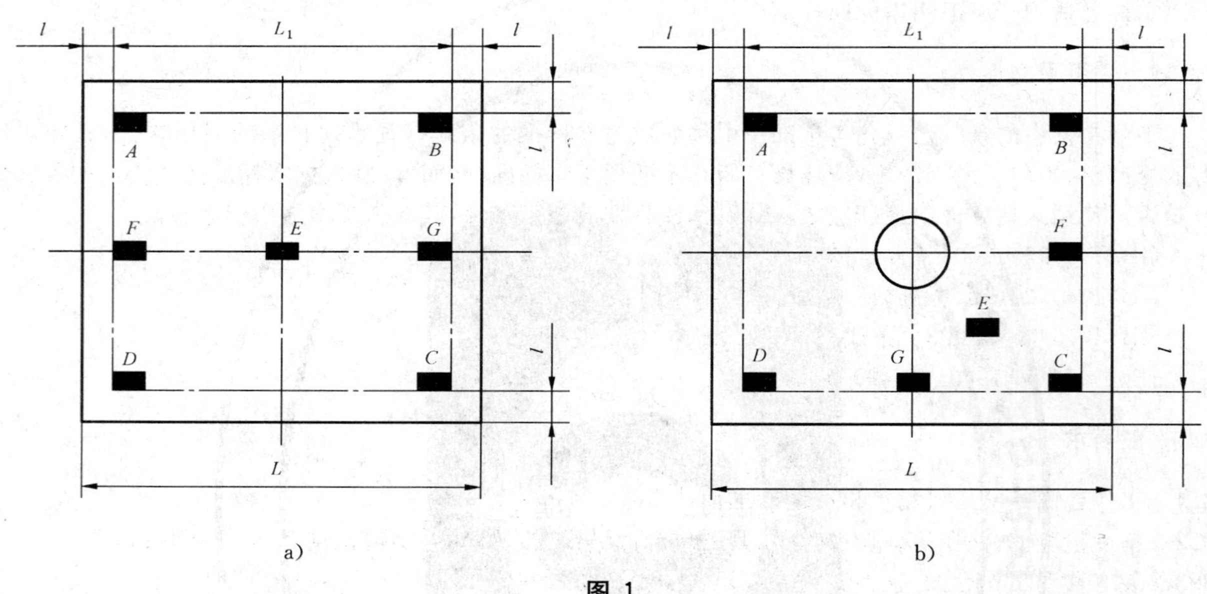

图 1

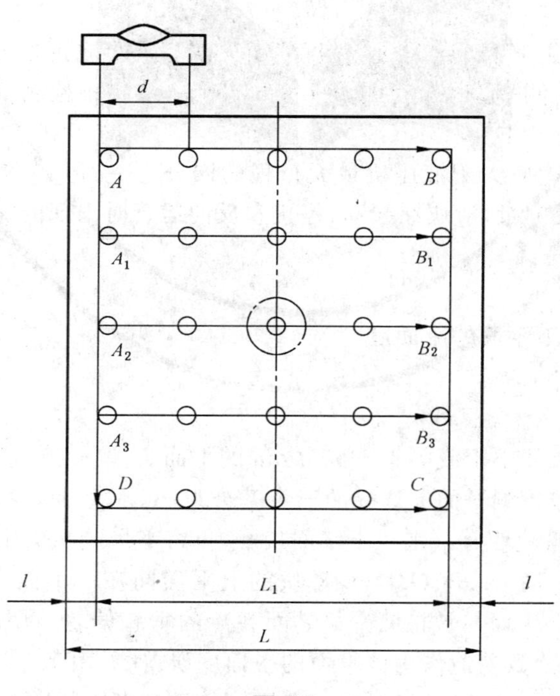

图 2

4.1.2 允差

工作台上平面及滑块下平面的平面度的允差值不应超过表 1 的规定。

表 1

单位为毫米

被测平面的有效长度	允　　差
$L \leqslant 1\ 000$	$0.02+\frac{0.045}{1\ 000}L_1$
$L>1\ 000 \sim 2\ 000$	$0.03+\frac{0.06}{1\ 000}L_1$
$L>2\ 000$	$0.04+\frac{0.075}{1\ 000}L_1$
注：L_1 为检测长度，$L_1=L-2l$。	

4.1.3　检验工具

平尺、等高量块、可调量块、水平仪、桥板。

铸铁平尺的精度不低于 JB/T 7977—1999 的 1 级精度；水平仪的精度不低于 GB/T 16455—2008 的 1 级精度。

4.2　滑块下平面对工作台上平面的平行度

4.2.1　检验方法

在工作台上可用支撑棒支在滑块下平面中心位置，指示表坐于工作台上的平尺上，按左右及前后方向四条线上测量，指示表读数的最大差值即为测定值(见图 2、图 3)。对角线方向不测。

在下限位置和下限位置前 1/3 行程位置处分别进行测量。

注：支撑棒与滑块下平面接触的部位，需选用带有铰接的支撑棒，支撑处有孔时，可用垫板覆盖后进行支撑。

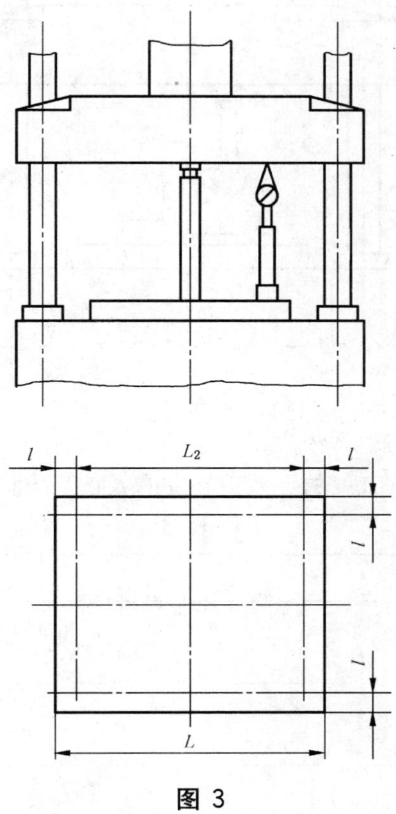

图 3

4.2.2　允差

滑块下平面对工作台上平面的平行度允差值在左右及前后方向均不应超过表 2 的规定。

表 2

单位为毫米

工作台面的有效长度	允　　差
$L \leqslant 1\,000$	$0.04+\frac{0.09}{1\,000}L_2$
$L>1\,000 \sim 2\,000$	$0.06+\frac{0.12}{1\,000}L_2$
$L>2\,000$	$0.08+\frac{0.15}{1\,000}L_2$
注：L_2 为检测长度，$L_2=L-2l$。	

4.2.3　检验工具

支撑棒、平尺、指示表。

铸铁平尺的精度不低于 JB/T 7977—1999 的 1 级精度。

4.3　滑块运动轨迹对工作台面的垂直度

4.3.1　检验方法

在工作台面上中央处放一平尺，直角尺放在平尺上，将指示表紧固在滑块下平面上，并使指示表触头触在直角尺上，当滑块上下运动时，在通过中心的左右和前后方向分别进行测量，指示表读数的最大差值即为测定值(见图 4)。

在下限位置前 1/2 行程范围内测量。

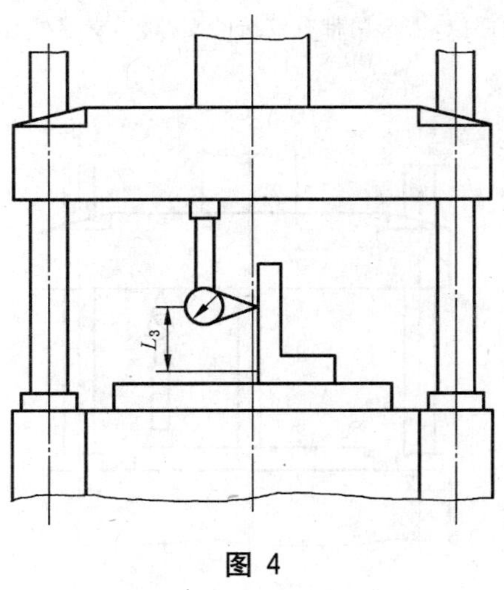

图 4

4.3.2　允差

滑块运动轨迹对工作台面的垂直度的允差值在左右及前后方向均不应超过表 3 的规定。

表 3

单位为毫米

工作台面的有效长度	允　　差
$L \leqslant 1\,000$	$0.02+\frac{0.025}{100}L_3$
$L>1\,000 \sim 2\,000$	$0.03+\frac{0.025}{100}L_3$
$L>2\,000$	$0.04+\frac{0.025}{100}L_3$
注：L_3 为滑块行程实际检测长度。	

4.3.3 检验工具

直角尺、平尺、指示表。

直角尺精度不低于 GB/T 6092—2004 的 0 级精度。铸铁平尺的精度不低于 JB/T 7977—1999 的 1 级精度。

4.4 由偏载引起的滑块下平面对工作台面的倾斜度

4.4.1 检验方法

在工作台面上，用带有铰接的支撑棒按图 5 所示位置点分别支撑在滑块下平面上，用指示表在支撑点旁及其对称点处测量，指示表读数的差值即为测定值。在图 5 所示各点处分别测量，按最大测定值计。

测量高度在滑块最大行程下限位置及下限位置前 1/3 行程处之间进行。

注：L_4 为 $1/3L$，L_5 为 $1/3L_6$。

图 5

4.4.2 允差

偏载引起的滑块下平面对工作台面的倾斜度允差为 $\frac{1}{1\,000}L_4$，单位为 mm。

4.4.3 检验工具

支撑棒、指示表。

ICS 87.040
G 50

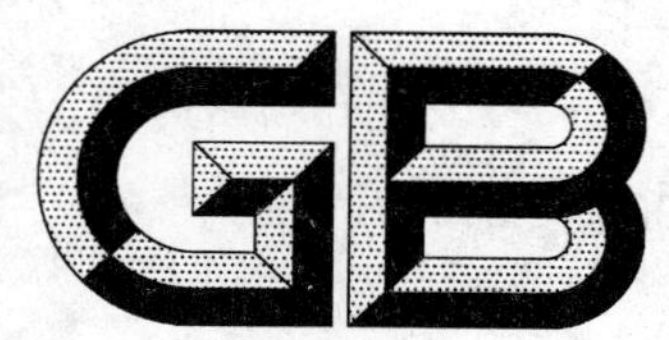

中华人民共和国国家标准

GB/T 9265—2009
代替 GB/T 9265—1988

建筑涂料 涂层耐碱性的测定

Determination for alkali resistance of film of architectural paints and coatings

2009-06-02 发布 2010-02-01 实施

中华人民共和国国家质量监督检验检疫总局
中国国家标准化管理委员会 发布

前言

本标准代替 GB/T 9265—1988《建筑涂料——涂层耐碱性的测定》。

本标准与前版 GB/T 9265—1988 的主要技术差异为：

——试板底材由石棉水泥板改为无石棉纤维水泥平板；

——在结果评定中增加了当出现起泡、剥落、粉化等涂层病态现象可按照 GB/T 1766 进行评定的规定。

本标准由中国石油和化学工业协会提出。

本标准由全国涂料和颜料标准化技术委员会归口。

本标准起草单位：中海油常州涂料化工研究院、昆山市世名科技开发有限公司。

本标准主要起草人：吴璇、石一磊。

本标准所代替标准的历次版本发布情况为：

——GB/T 9265—1988。

建筑涂料　涂层耐碱性的测定

1　范围

本标准规定了建筑涂料涂层耐碱(饱和氢氧化钙溶液)性的测定方法。

2　规范性引用文件

下列文件中的条款通过本标准的引用而成为本标准的条款。凡是注日期的引用文件,其随后所有的修改单(不包括勘误的内容)或修订版均不适用于本标准,然而,鼓励根据本标准达成协议的各方研究是否可使用这些文件的最新版本。凡是不注日期的引用文件,其最新版本适用于本标准。

GB/T 1766　色漆和清漆　涂层老化的评级方法

GB/T 3186　色漆、清漆和色漆与清漆用原材料　取样(GB/T 3186—2006,ISO 15528:2000,IDT)

GB/T 6682　分析实验室用水规格和试验方法(GB/T 6682—2008,ISO 3696:1987,MOD)

GB/T 9271　色漆和清漆　标准试板(GB/T 9271—2008,ISO 1514:2004,MOD)

JC/T 412.1—2006　纤维水泥平板　第1部分:无石棉纤维水泥平板

JG/T 23　建筑涂料　涂层试板的制备

3　取样

按 GB/T 3186 的规定,取受试产品(或多涂层体系中的每种产品)的代表性样品。

按 JG/T 23 的规定,检查和制备试验样品。

4　试板

4.1　材料和尺寸

除非另有规定,试板底材为符合 JC/T 412.1—2006 中 NAF H Ⅴ级的无石棉纤维水泥平板,应平整且没有变形。

除非另有规定,试板最小尺寸为 150 mm×70 mm,厚度为 3 mm～6 mm。

注:只要保证试板无变形,也可以待涂层干燥后将试板切割成所需的尺寸。

4.2　处理和制备

除非另有规定,试板应按 GB/T 9271 进行处理,然后根据规定的方法涂覆受试产品。与 GB/T 9271 中要求的任何不同之处,应在试验报告中注明(见第7章)。

4.3　干燥和状态调节

除非另有规定,涂漆的试板应在温度(23±2)℃,相对湿度(50±5)%的条件下干燥及养护至产品标准规定的时间。养护结束后试验应尽快进行。

5　操作步骤

5.1　试验环境条件

除非另有规定,试验应在温度(23±2)℃,相对湿度(50±5)%的条件下进行。

5.2　碱溶液(饱和氢氧化钙)的配制

在温度(23±2)℃条件下,在符合 GB/T 6682 规定的三级水中加入过量的氢氧化钙(分析纯)配制碱溶液并进行充分搅拌,密封放置 24 h 后取上层清液作为试验用溶液。

5.3 试验步骤

取三块制备好的试板，用石蜡和松香混合物(质量比为 1∶1)将试板四周边缘和背面封闭，封边宽度 2 mm～4 mm，在玻璃或搪瓷容器中加入氢氧化钙饱和水溶液(5.2)，将试板长度的 2/3 浸入试验溶液中，加盖密封直至产品标准规定的时间。

6 试板的检查与结果评定

浸泡结束后，取出试板用水冲洗干净，甩掉板面上的水珠，再用滤纸吸干。立即观察涂层表面是否出现变色、起泡、剥落、粉化、软化等现象。

以至少两块试板涂层现象一致作为试验结果。

对试板边缘约 5 mm 和液面以下约 10 mm 内的涂层区域，不作评定。

当出现变色、起泡、剥落、粉化等涂层病态现象可按照 GB/T 1766 进行评定。

7 试验报告

试验报告至少应包括下列内容：

a) 注明本标准编号；

b) 识别受试产品所必要的全部细节；

c) 按第 6 章规定所表示的试验结果；

d) 与规定试验方法的任何不同之处；

e) 试验日期。

ICS 87.040
G 50

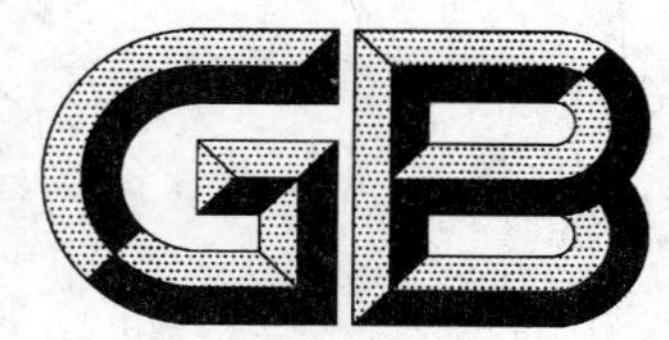

中华人民共和国国家标准

GB/T 9266—2009
代替 GB/T 9266—1988

建筑涂料　涂层耐洗刷性的测定

Determination of scrub resistance of film of architectural paints and coatings

2009-06-02 发布　　2010-02-01 实施

中华人民共和国国家质量监督检验检疫总局
中国国家标准化管理委员会　发布

前　言

本标准代替 GB/T 9266—1988《建筑涂料　涂层耐洗刷性的测定》。

本标准与前版 GB/T 9266—1988 的主要技术差异为：

——规定了洗刷介质 pH 值为 9.5～11.0，前版规定洗刷介质 pH 值为 9.5～10.0；

——规定了底材为无石棉纤维水泥板，前版规定底材为玻璃板；

——规定了两块样板进行平行试验，前版规定了三块样板进行平行试验；

——改变了试板的制备方法；

——增加了试验前预滴约 2 mL 洗刷介质于样板试验区域的规定；

——改变了结果评定的方式，本标准中试验终点为洗刷到规定次数涂层是否破损至露出底材或涂层刚好破损至露出底材的洗刷次数，前版为洗刷到规定次数涂层是否露出底漆颜色。

本标准由中国石油和化学工业协会提出。

本标准由全国涂料和颜料标准化技术委员会归口。

本标准起草单位：中海油常州涂料化工研究院、立邦涂料（广州）有限公司、昆山市世名科技开发有限公司、上海建科检验有限公司。

本标准主要起草人：陈刚、熊绍泊、石一磊、胡晓珍。

本标准所代替标准的历次版本发布情况为：

——GB/T 9266—1988。

建筑涂料　涂层耐洗刷性的测定

1 范围

本标准规定了能制成平面状涂层建筑涂料耐洗刷性的测定方法。

2 规范性引用文件

下列文件中的条款通过本标准的引用而成为本标准的条款。凡是注日期的引用文件，其随后所有的修改单(不包括勘误的内容)或修订版均不适用于本标准，然而，鼓励根据本标准达成协议的各方研究是否可使用这些文件的最新版本。凡是不注日期的引用文件，其最新版本适用于本标准。

GB/T 3186　色漆、清漆和色漆与清漆用原材料　取样(GB/T 3186—2006,ISO 15528:2000,IDT)

GB/T 9271　色漆和清漆　标准试板(GB/T 9271—2008,ISO 1514:2004,MOD)

GB/T 9278　涂料试样状态调节和试验的温湿度(GB/T 9278—2008,ISO 3270:1984,Paints and varnishes and their raw materials—Temperatures and humidities for conditioning and testing,IDT)

JC/T 412.1—2006　纤维水泥平板　第1部分:无石棉纤维水泥平板

3 仪器和材料

3.1 耐洗刷性试验仪

如图1所示。一种能使刷子在试验样板的涂层表面作直线往复运动，对其进行洗刷的仪器。刷子运动频率为每分钟往复(37±2)次循环，一个往复行程的距离为300 mm×2,在中间100 mm区间大致为匀速运动。夹具及刷子的总质量应为(450±10)g。

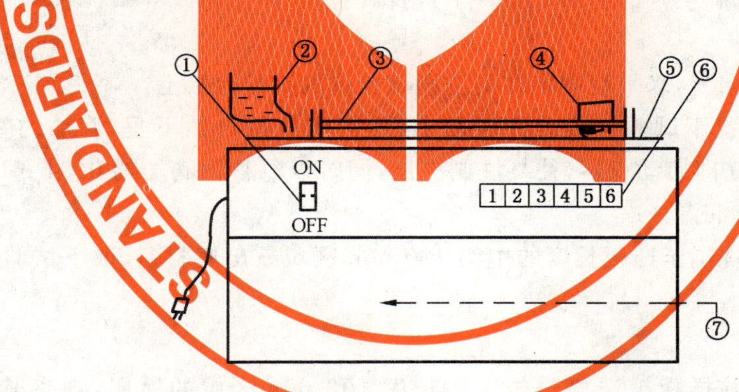

1——电源开关；

2——滴加洗刷介质的容器；

3——滑动架；

4——刷子及夹具；

5——试验台板；

6——往复次数显示器；

7——电动机。

图1　耐洗刷性试验仪

3.2 刷子

在90 mm×38 mm×25 mm的硬木平板(或塑料板)上，均匀地打(60±1)个直径约为3 mm的小孔，分别在孔内垂直地栽上黑猪棕，与毛成直角剪平，毛长约为19 mm。

使用前，将刷毛 12 mm 浸入(23±2)℃水中 30 min，取出用力甩净水，再将刷毛 12 mm 浸入符合 3.3 规定的洗刷介质中 20 min。刷子经此处理，方可使用。

刷毛磨损至长度小于 16 mm 时，须重新更换刷子。

3.3 洗刷介质

将洗衣粉溶于蒸馏水中，配制成质量分数为 0.5%的洗衣粉溶液，其 pH 值为 9.5～11.0。

注：洗刷介质也可以是按产品标准规定的其他介质。

4 取样

按 GB/T 3186 的规定，取受试产品的代表性样品。

5 试板的制备

5.1 底材

除另有规定或商定，底材为符合 JC/T 412.1—2006 中 NAF H Ⅴ级的无石棉纤维水泥平板，应平整且没有变形。尺寸为 430 mm×150 mm×(3～6)mm。

5.2 处理和涂装

除另有规定或商定，按 GB/T 9271 的规定处理每一块试板，然后按规定的方法涂覆受试产品或体系。

5.3 干燥和状态调节

除另有规定或商定，涂漆的试板应在 GB/T 9278 规定的条件下干燥 7 d。

6 操作步骤

6.1 试验环境条件

除另有规定或商定，在温度为(23±2)℃条件下进行试验。

6.2 测定

6.2.1 将试验样板涂漆面向上，水平地固定在耐洗刷试验仪的试验台板上。

6.2.2 将预处理过的刷子置于试验样板的涂漆面上，使刷子保持自然下垂，滴加约 2 mL 洗刷介质(3.3)于样板的试验区域，立即启动仪器，往复洗刷涂层，同时以每秒钟滴加约 0.04 mL 的速度滴加洗刷介质(3.3)，使洗刷面保持润湿。

6.2.3 洗刷至规定次数或洗刷至样板长度的中间 100 mm 区域露出底材后，取下试验样板，用自来水冲洗干净。

6.3 试板检查

在散射日光下检查试验样板被洗刷过的中间长度 100 mm 区域的涂层，观察其是否破损露出底材。

6.4 对同一试样采用两块样板进行平行试验。

7 结果评定

7.1 洗刷到规定的次数，两块试板中至少有一块试板的涂层不破损至露出底材，则评定为“通过”。

7.2 洗刷到涂层刚好破损至露出底材，以两块试板中洗刷次数多的结果报出。

8 试验报告

试验报告应包括以下内容：

a) 识别受试产品所必要的全部细节；

b） 注明本标准编号；

c） 试验结果；

d） 与规定的试验方法的任何不同之处；

e） 试验日期。

ICS 87.040
G 50

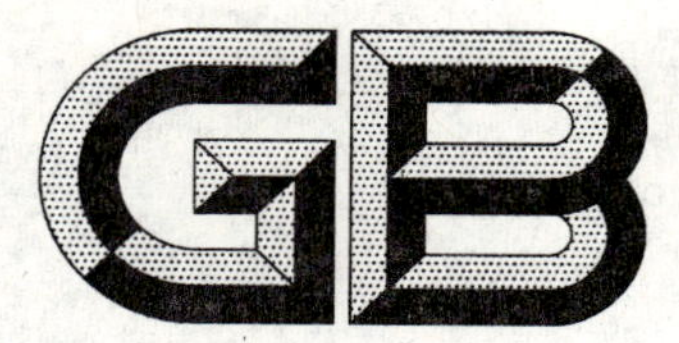

中华人民共和国国家标准

GB/T 9269—2009
代替 GB/T 9269—1988

涂料黏度的测定 斯托默黏度计法

Determination of viscosity of paints and coatings—Stormer viscosimeter method

2009-06-02 发布　　　　2010-02-01 实施

中华人民共和国国家质量监督检验检疫总局
中国国家标准化管理委员会　发布

前　言

本标准代替 GB/T 9269—1988《建筑涂料粘度的测定　斯托默粘度计法》。

本标准与 GB/T 9269—1988 相比，主要技术差异为：

——扩大了标准的适用范围，相应将标准名称改为《涂料黏度的测定　斯托默黏度计法》；

——本标准按使用的仪器不同分为 A 法（机械式黏度计法）和 B 法（数显式黏度计法），其中 B 法为新增方法；

——将原标准中的 A 法和 B 法改为步骤 A 和步骤 B，归入 A 法中；

——增加了对测量结果精密度和偏差的要求；

——在校准和试验步骤过程中增加了对温度偏离进行修正的要求；

——增加了附录 A（资料性附录）。

本标准的附录 A 为资料性附录。

本标准由中国石油和化学工业协会提出。

本标准由全国涂料和颜料标准化技术委员会归口。

本标准起草单位：中海油常州涂料化工研究院、昆山市世名科技开发有限公司。

本标准主要起草人：周文沛、石一磊。

本标准所代替标准的历次版本发布情况为：

——GB/T 9269—1988。

涂料黏度的测定　斯托默黏度计法

1　范围

本标准规定了涂料黏度的测定方法。

本标准适用于用斯托默黏度计测定涂料及相关产品的黏度。

本标准分为A法和B法，A法为机械式黏度计法，B法为数显式黏度计法。

2　规范性引用文件

下列文件中的条款通过本标准的引用而成为本标准的条款。凡是注日期的引用文件，其随后所有的修改单(不包括勘误的内容)或修订版均不适用于本标准，然而，鼓励根据本标准达成协议的各方研究是否可使用这些文件的最新版本。凡是不注日期的引用文件，其最新版本适用于本标准。

GB/T 3186　色漆、清漆和色漆与清漆用原材料　取样(GB/T 3186—2006，ISO 15528:2000，IDT)

3　术语和定义

下列术语和定义适用于本标准。

3.1

黏度　consistency

产生200 r/min(斯托默黏度计)转速所需要的负荷(g)，结果以KU值表示。

3.2

克雷布斯(Krebs)单位(KU)　krebs unit

一种量度值，通常用来表示施工方式为刷涂或辊涂时涂料的黏度。

注：这种量度是产生200 r/min转速所需负荷的函数。

4　需要的补充资料

对任一特定的应用而言，本标准规定的试验方法需要用补充资料来完善。补充资料的内容在附录A中列出。

5　原理

用一偏置型桨叶式转子浸入涂料中，使其产生200 r/min转速所需的负荷表示该涂料的黏度。

6　机械式黏度计法(A法)

6.1　仪器

6.1.1　黏度计，斯托默黏度计，带有桨叶式转子，如图1、图2所示。图1中附加的频闪计时器可被拆除，仪器如果没有这部分也可以使用，但是会降低转速和准确性。从频闪计时器上可以直接看到产生200 r/min的示意图。

6.1.2　容器，容量为500 mL，直径为85 mm。

6.1.3　温度计，量程为0 ℃～50 ℃，分度为0.1 ℃。

6.1.4　秒表，或其他合适的计时器，分度为0.2 s。

6.1.5　砝码，一套，范围从5 g～1 000 g。

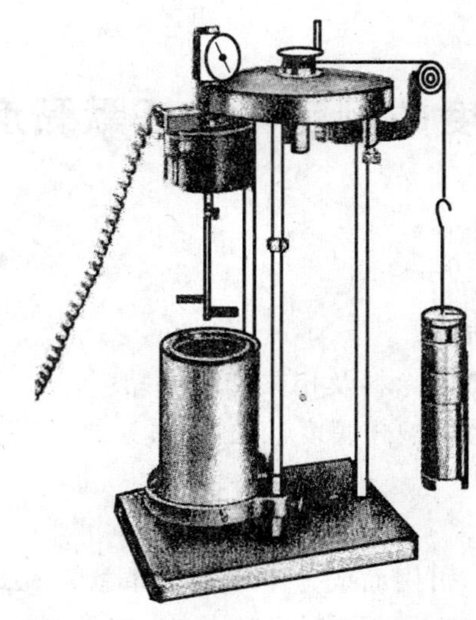

图 1 带桨叶式转子和频闪计时器的斯托默黏度计

单位为毫米

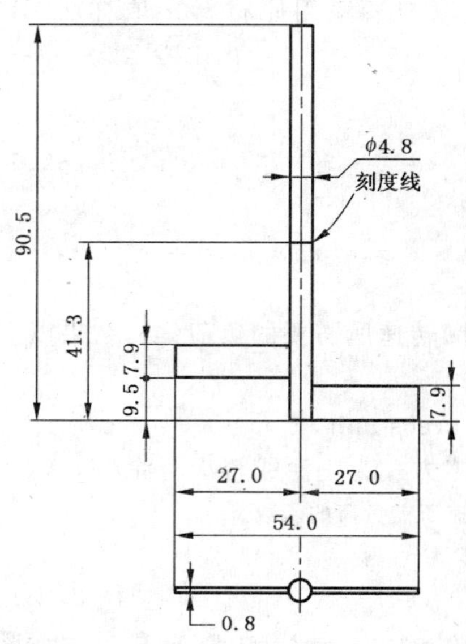

所有尺寸的允许误差为±0.1 mm

材料：不锈钢

图 2 斯托默黏度计使用的桨叶式转子

6.2 取样

按照 GB/T 3186 规定选取有代表性的待测试样。如果试样在静置时有沉淀或者分层的倾向，则将其搅拌均匀，注意不要混入气泡。试样中不应有外来杂质或结块。

6.3 材料

6.3.1 两种标准油，其黏度值在待测涂料黏度的范围内，且以绝对黏度（帕斯卡·秒）标定过标准值。这两种油的黏度值至少相差 0.5 Pa·s。

注：通常用黏度值范围为 0.4 Pa·s(70 KU)、1 Pa·s(85 KU)和 1.4 Pa·s(95 KU)的油。

6.3.2 合适的标准油有硅油、烃油、亚麻仁油及蓖麻油。以黏度单位泊定标过的硅油和烃油在市面有售。未被定标过的亚麻仁油及蓖麻油可以由能够提供绝对黏度测定的机构标定。

6.3.3 用式(1)可将泊黏度值换算成以克表示的负荷值，从而得出每种油产生 200 r/min 转速所需的负荷值：

$$L = (61\eta + 906.6D)/30 \quad \cdots\cdots(1)$$

式中：

L——产生 200 r/min 转速的负荷值，单位为克(g)；

η——油的黏度，单位为帕斯卡·秒(Pa·s)；

D——油的密度，单位为克每毫升(g/mL)。

6.4 校准

6.4.1 从黏度计上取下转子和砝码架，使绳子平坦地绕在圆轮上，不得重叠。

6.4.2 在绳子上系上 5 g 砝码，松开制动器。如黏度计从静止状态开始旋转并使绕绳的圆盘转动几圈，则认为黏度计可以使用，如果施加 5 g 砝码黏度计不转动，则应修理。

6.4.3 检查桨叶式转子的直径。与图 2 所示直径尺寸相差应在 0.1 mm 范围内。

6.4.4 选择两种已知产生 200 r/min 所需负荷的标准油，其值应在待测涂料黏度的范围内(见 6.3.1)。

6.4.5 将标准油的温度调节至(23±0.5)℃，斯托默黏度计的温度也应调节至此温度。如果达不到指定温度，则应记录测试开始和测试结束时的油温，准确至 0.5 ℃。

6.4.6 按 6.5 中步骤 A 或 6.6 中步骤 B 规定的步骤分别测定两种油产生 200 r/min 时所需的负荷，以克表示。如果测试过程中油温不是(23±0.5)℃，则应对测定的负荷(克)进行温度偏离的修正。

注：通过预先建立的油温与负荷对应表(见附录 A)可以得出从规定温度偏离的油温的负荷修正。

6.4.7 如果测得的负荷值(任何从标准温度偏离的修正)是在该油规定值的±15%范围内，则认为该仪器的校准是满意的。

6.5 步骤 A(无频闪装置)

6.5.1 将充分搅匀的试样倒入 500 mL 的容器中，使液面离容器顶部距离在 20 mm 之内。

6.5.2 将试样温度调节至(23±0.5)℃，并在试验过程中保持该温度。斯托默黏度计的温度也应调节至此温度。如果达不到规定温度，则记录试样开始和结束时的温度，精确至 0.5 ℃。

6.5.3 当试样温度达到平衡后，搅拌试样，但要小心避免带入空气。然后立即将容器放置在黏度计底部的平台上，并将桨叶式转子浸入试样中，使试样液面刚好达到转子轴上的刻度线。

6.5.4 将砝码置于黏度计的挂钩上并测定(25～35)s 内产生 100 r 时的负荷。

6.5.5 利用 6.5.4 得出的数据，选择两个负荷，这两个负荷在(27～33)s 内给出两个不同的时间读数(用秒表记下 100 r 时的时间)。试验时，在记录产生 100 r 时的时间前，转子至少转动 10 r 后再开始计时。

6.5.6 重复 6.5.5 的操作，直至每个负荷得出的两次时间读数相差不超过 0.5 s 为止。

6.6 步骤 B(带频闪计时器)

6.6.1 按步骤 A(6.5.1 至 6.5.3)规定制备试样。

6.6.2 将频闪装置中电灯线路与总电源连接。

6.6.3 将砝码置于黏度计的挂钩上并测定在(25～35)s 内产生 100 r 的负荷。

6.6.4 利用 6.6.3 得到的数据，选取在频闪计时器上显示 200 r/min 的图形(见图 3)的砝码克数(精确至 5 g)。此时频闪计时器上显示的条纹是固定的。线条沿桨叶转动方向移动，表示转速大于 200 r/min，应减少砝码；线条逆桨叶转动方向移动，表示转速小于 200 r/min，应添加砝码。

注：转速不是 200 r/min 时，频闪计时器会呈现其他图形(见图 4)。因此在进行任何试验前应测定产生 200 r/min 时对应的图形。

图 3 计时器调至 200 r/min 时的频闪线条

图 4 达到 200 r/min 前可以观察到的多重频闪线条

6.6.5 按 6.6.4 重复测定直至得到一致的负荷值(相差在 5 g 之内)。

6.7 计算

6.7.1 步骤 A

6.7.1.1 记录在 27 s～33 s 内产生 100 r 所需加的砝码克数(相差在 5 g 之内),根据表 1 确定在 30 s 内产生 100 r 所需负荷对应的 KU 值。

6.7.1.2 根据实际测试温度与规定温度的偏离,修正测定的负荷值(见附录 A)。

注:表 1 中提供的 KU 值是根据 27 s～33 s 内产生 100 r 所需负荷计算出来的,因此不再需要用内插法计算在 30 s 内产生 100 r 时所对应的 KU 值。

6.7.2 步骤 B

根据表 2 确定产生 200 r/min 所需负荷对应的 KU 值。

6.8 精密度

该测定是以 2 个操作者在 5 个实验室经不同的 2 天对 5 个色漆进行试验为基础的。按以下准则判定置信度为 95%的情况下结果的可接受性。

6.8.1 重复性

同一操作者在不同时间内测定同一种物质,得到两个结果(每个结果均为平行测定的平均值),如果差值超过 1.7%(以 KU 值计),则认为是可疑的。

6.8.2 再现性

不同实验室里的操作者测定同一种物质,得到两个结果(每个结果均为平行测定的平均值),如果差值超过 5.1%(以 KU 值计),则认为是可疑的。

6.9 试验报告

试验报告应至少包括下列内容:

a) 识别受试产品必要的全部细节;
b) 注明本标准编号;
c) 产生 200 r/min(100 r/30 s 时)的负荷,以克表示;
d) 计算得出的 KU 值;
e) 试验过程中的试样温度,以及是否提供了从 23 ℃偏离的修正;
f) 使用的是步骤 A 还是步骤 B;
g) 与本试验方法规定的任何不同之处;
h) 试验日期。

7 数显式黏度计法(B 法)

7.1 仪器

7.1.1 黏度计,数显式,带桨叶式转子,图 2 和图 5 所示。

7.1.2 容器,容量为 500 mL,直径 85 mm。

7.1.3 温度计,量程为 0 ℃～50 ℃,分度 0.1 ℃。

7.2 取样

同 6.2。

表 1 用内插法得出以克雷布斯(Krebs)单位表示的斯托默黏度表

产生100 r所需秒数	负荷/g																																			
	75	100	125	150	175	200	225	250	275	300	325	350	375	400	425	450	475	500	525	550	575	600	625	650	675	700	725	750	775	800	825	850	875	900	950	1 000
	KU值																																			
27	49	57	63	69	74	79	83	86	89	92	95	97	100	102	104	106	109	111	113	114	116	118	120	121	123	124	126	127	129	130	131	132	133	134	136	138
28	51	59	65	70	75	80	84	87	90	93	96	98	100	102	105	107	110	112	114	115	117	118	120	121	123	124	126	127	129	130	131	132	133	134	137	139
29	53	60	66	71	76	81	85	88	91	94	97	99	101	103	105	107	110	112	114	115	117	119	121	122	124	125	127	128	130	131	132	133	134	135	137	139
30	54	61	67	72	77	82	86	89	92	95	98	100	102	104	106	108	110	112	114	116	118	120	121	122	124	125	127	128	130	131	133	134	135	136	138	140
31	55	62	68	73	78	82	86	90	93	95	98	100	102	104	106	108	111	113	115	116	118	120	122	123	125	126	128	129	131	132	133	134	135	136	138	140
32	56	63	69	74	79	83	87	90	93	96	99	101	103	105	107	109	111	113	115	116	118	120	122	123	125	126	128	129	131	132	133	134	135	136	138	140
33	57	64	70	75	80	84	88	91	94	96	99	101	103	105	107	109	112	114	116	117	119	121	122	123	125	126	128	129	131	132	134	135	136	137	139	141

表 2　产生 200 r/min 所需负荷对应的 KU 值
（使用带频闪计时器的斯托默黏度计）

g	KU	g	KU	g	KU	g	KU	g	KU	g	KU	g	KU	g	KU	g	KU	g	KU	g	KU
		100	61	200	82	300	95	400	104	500	112	600	120	700	125	800	131	900	136	1 000	140
		105	62	205	83																
		110	63	210	83	310	96	410	105	510	113	610	120	710	126	810	132	910	136	1 010	140
		115	64	215	84																
		120	65	220	85	320	97	420	106	520	114	620	121	720	126	820	132	920	137	1 020	140
		125	67	225	86																
		130	68	230	86	330	98	430	106	530	114	630	121	730	127	830	133	930	137	1 030	140
		135	69	235	87																
		140	70	240	88	340	99	440	107	540	115	640	122	740	127	840	133	940	138	1 040	140
		145	71	245	88																
		150	72	250	89	350	100	450	108	550	116	650	122	750	128	850	134	950	138	1 050	141
		155	73	255	90																
		160	74	260	90	360	101	460	109	560	117	660	123	760	129	860	134	960	138	1 060	141
		165	75	265	91																
70	53	170	76	270	91	370	102	470	110	570	118	670	123	770	129	870	135	970	139	1 070	141
75	54	175	77	275	92																
80	55	180	78	280	93	380	102	480	110	580	118	680	124	780	130	880	135	980	139	1 080	141
85	57	185	79	285	93																
90	58	190	80	290	94	390	103	490	111	590	119	690	124	790	131	890	136	990	140	1 090	141
95	60	195	81	295	94																

7.3 材料

7.3.1 标准油，两种，以绝对黏度标定过标准值，且黏度值应在待测涂料黏度的范围内。这两种油的黏度值至少相差 25 KU。

7.3.2 合适的硅油，以 KU 值标定过，市面有售。

7.4 校准

7.4.1 检查桨叶式转子的直径。应与图 2 所示尺寸相符。

7.4.2 选择两种已知黏度(KU 值)的标准油，其值应在待测涂料黏度的范围内(见 7.3.1)。

7.4.3 将标准油的温度调节至(23±0.5)℃，黏度计的温度也应调节至此温度。如果达不到指定温度，则应记录测试开始和测试结束时的油温，准确至 0.5 ℃。

7.4.4 如果测试过程中油温不是(23±0.5)℃，则应对测得的 KU 黏度值进行温度偏离的修正。

注：通过预先建立的油温与负荷(克)的对应表(见附录 A)可以得出从规定温度偏离的油温的负荷修正。

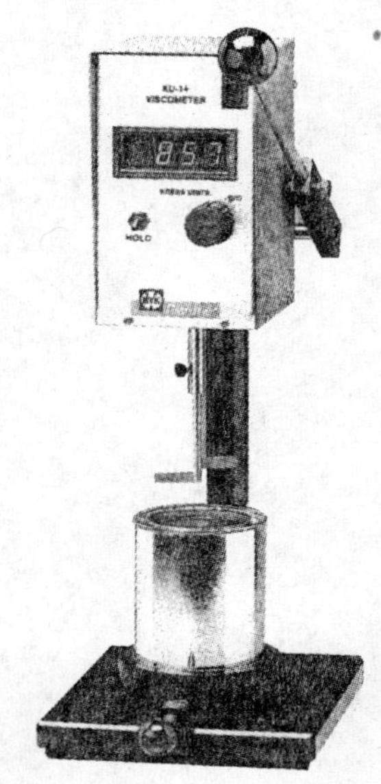

图 5 数显式斯托默黏度计

7.5 步骤

7.5.1 将充分搅匀的试样倒入 500 mL 的容器中，使液面离容器顶部距离在 20 mm 之内。

7.5.2 将试样温度调节至(23±0.5)℃，并在试验过程中保持该温度。黏度计也应调节至此温度。

7.5.3 如果达不到规定温度，则记录试样开始和结束时的温度，精确至 0.5 ℃。

7.5.4 当试样温度达到平衡后，用力搅拌试样，但要小心避免带入空气。

7.5.5 按仪器厂家规定的使用步骤进行操作。

7.5.6 读取数据后，停止仪器，并使桨叶轴上的试样流尽。

7.5.7 移出桨叶轴将其清洁干净。

7.6 精密度

该测定是以 2 个操作者在 6 个实验室(其中 5 个实验室使用 Brookfield 的 KU-1 型黏度计，1 个实验室使用电子斯托默黏度计)经 2 天对 5 个色漆进行试验为基础的。按以下准则判定置信度为 95%的情况下结果的可接受性。

7.6.1 重复性

同一操作者在不同时间内测定同一种物质，得到两个结果(每个结果均为平行测定的平均值)，如果差值超过 2.0%(以 KU 值计)，则认为是可疑的。

7.6.2 再现性

不同实验室里的操作者测定同一种物质，得到两个结果(每个结果均为平行测定的平均值)，如果差值超过5.0%(以KU值计),则认为是可疑的。

7.7 试验报告

试验报告应至少包括下列内容:

a) 识别受试产品必要的全部细节;

b) 注明本标准编号;

c) 测得的克雷布斯(Krebs)单位(KU)及克数(g);

d) 试验过程中的试样温度,以及是否提供了从23℃偏离的修正;

e) 与本试验方法规定的任何不同之处;

f) 试验日期。

附 录 A
（资料性附录）
试样温度对斯托默黏度的影响

A.1 为了最大限度准确的测定试样温度对黏度的影响，将在关注的范围内选取3个不同的试样温度下进行试验。从这些结果中可得出温度每变化1 ℃负荷或KU值的相应变化。

A.2 已经观察出温度对油的黏度的影响要比对色漆的黏度的影响大。

A.3 以下给出了温度对几种代表性油和色漆黏度的影响

	在25 ℃时的平均值		每变化1 ℃时相应的变化	
	负荷(g)	KU值	负荷(g)	KU值
烃油 No.1	149	72	14	2.5
烃油 No.2	217	85	18	2.0
烃油 No.3	286	93	11	1.5
聚合亚麻仁油	195	81	8	1.0
重质聚合亚麻仁油	440	108	40	2.0
水性外用色漆 No.1	300	95	4	0.5
水性外用色漆 No.2	425	105	4	0.5

ICS 29.060.20
K 13

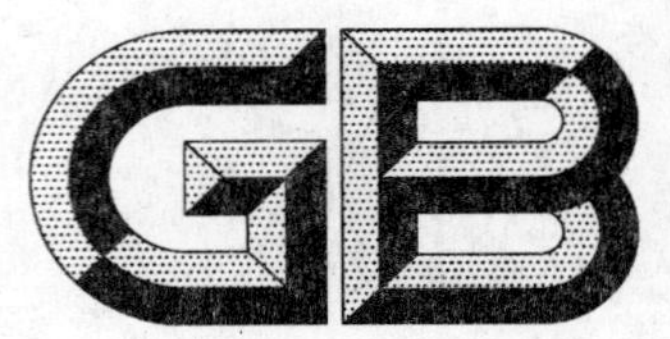

中华人民共和国国家标准

GB/T 9333—2009
代替 GB/T 9333.1—1988

船舶电气设备 船用通信电缆和射频电缆 一般仪表、控制和通信电缆

Electrical installation in ships—Shipboard telecommunication cables and radio-frequency cables—General instrumentation, control and communication cables

(IEC 60092-374:1977, Electrical installation in ships—Shipboard telecommunication cables and radio-frequency cables—Telephone cables for non-essential communication services, IEC 60092-375:1977, MOD)

2009-03-19 发布　　2009-12-01 实施

中华人民共和国国家质量监督检验检疫总局
中国国家标准化管理委员会　发布

前　言

本标准修改采用 IEC 60092-374:1977《船舶电气设备　船用通信电缆和射频电缆　非重要通信用电话电缆》(英文版)和 IEC 60092-375:1977《船舶电气设备　船用通信电缆和射频电缆　一般仪表、控制和通信电缆》(英文版)。

本标准对 IEC 60092-374:1977 和 IEC 60092-375:1977 做了下列修改:

——删除了 IEC 60092-374:1977 和 IEC 60092-375:1977 的前言;

——增加了国家标准的前言;

——将"本出版物"改为"本标准";

——删除了 IEC 60092-374:1977 和 IEC 60092-375:1977 的前言;

——用小数点符号"."代替小数点符号",";

——引用了等同于国际标准的我国标准而非国际标准;

——将一些适用于国际标准的表述改为适用于我国标准的表述;

——勘误了 IEC 60092-374:1977 中绝缘电阻规定为不小于 45 MΩ·km,改为 8 MΩ·km。

本标准代替 GB/T 9333.1—1988《船用对称式通信电缆　一般规定》。

本标准与 GB/T 9333.1—1988 相比有如下变化:

——更改了标准名称,与 IEC 60092-375:1977 相一致;

——增加了前言,符合 GB/T 1.1—2000 的相关规定;

——更改了适用范围,涵盖了 IEC 60092-374:1977 和 IEC 60092-375:1977 的适用范围(1988 年版的第 1 章;本版的第 1 章);

——更改了部分引用标准,采用等同国际标准的我国标准(1988 年版的第 2 章;本版的第 2 章);

——更改了 GB/T 9333.1—1988 中第 3 章:定义,改为术语和定义。符合 GB/T 1.1—2000 的规定(1988 年版的第 3 章;本版的第 3 章);

——删除了 GB/T 9333.1—1988 中第 4 章:产品命名及代号,此章内容移入资料性附录 A 中,本版的第 4 章改为"概述"(1988 年版的第 4 章;本版的第 4 章);

——修改了 GB/T 9333.1—1988 中第 5 章:导体,此章内容按照 IEC 60092-374:1977 和 IEC 60092-375:1977的规定进行表述(1988 年版的第 5 章;本版的第 5 章);

——修改了 GB/T 9333.1—1988 中第 6 章:绝缘,此章内容按照 IEC 60092-374:1977 和 IEC 60092-375:1977的规定进行表述(1988 年版的第 6 章;本版的第 6 章);

——修改了 GB/T 9333.1—1988 中第 7 章:缆芯,改为成缆元件,此章内容按照 IEC 60092-374:1977 和 IEC 60092-375:1977 的规定进行表述(1988 年版的第 7 章;本版的第 7 章);

——修改了 GB/T 9333.1—1988 中第 8 章:护层,改为成缆,此章按照 IEC 60092-374:1977 和 IEC 60092-375:1977的规定进行表述,护层见第 10 章护套(1988 年版的第 8 章;本版的第 8 章);

——修改了 GB/T 9333.1—1988 中第 9 章:成品电缆,改为屏蔽,此章按照 IEC 60092-374:1977 和 IEC 60092-375:1977 的规定进行表述,成品电缆见第 12 章(1988 年版的第 9 章;本版的第 9 章);

——删除了 GB/T 9333.1—1988 中第 10 章:交货长度,改为护套,此章按照 IEC 60092-374:1977 和 IEC 60092-375:1977 的规定进行表述(1988 年版的第 10 章;本版的第 10 章);

——删除了 GB/T 9333.1—1988 中第 11 章:试验和验收,改为电缆标识,此章按照 IEC 60092-374:1977 和 IEC 60092-375:1977 的规定进行表述(1988 年版的第 11 章;本版的第 11 章);

——删除了 GB/T 9333.1—1988 中第 12 章:包装,改为成品电缆,此章按照 IEC 60092-374:1977

和 IEC 60092-375:1977 的规定进行表述(1988 年版的第 12 章;本版的第 12 章);

——修改了绝缘材料为符合 IEC 60092-351:2004 规定的混合物;

——修改了护套材料为符合 IEC 60092-359:1999 规定的混合物。

本标准的附录 A、附录 B 和附录 C 为资料性附录。

本标准由中国电器工业协会提出。

本标准由全国电线电缆标准化技术委员会(SAC/TC 213)归口。

本标准负责起草单位:上海电缆研究所。

本标准参加起草单位:上海赛克力光电缆有限公司、中船重工集团第七〇四研究所、中船重工集团第七一五研究所、上海南洋电缆有限公司、上海南洋电材有限公司、天津德塔科技集团有限公司、常州八益电缆有限公司、天津塑力线缆集团有限公司。

本标准起草人:叶清华、郭毅、刘震、陈莉、于晶、张弘、谭金凤、陈安元、李彦弘、周叙元、孟庆和、高欢、任小平。

本标准所代替标准的历次版本发布情况为:

——GB/T 9333.1—1988。

船舶电气设备
船用通信电缆和射频电缆
一般仪表、控制和通信电缆

1 范围

本标准规定了船用非重要通信用电话电缆及船用一般仪表、控制和通信设备用通信电缆的规格、结构、性能和要求。

本标准适用于船用非重要通信用电话电缆及船用一般仪表、控制和通信设备用通信电缆。

本标准规定的电缆主要使用于交流或直流60 V及以下的工作系统，但在故障情况下也能在交流或直流电压250 V及以下时正常工作。

2 规范性引用文件

下列文件中的条款通过本标准的引用而成为本标准的条款。凡是注日期的引用文件，其随后所有的修改单(不包括勘误的内容)或修订版均不适用于本标准，然而，鼓励根据本标准达成协议的各方研究是否可使用这些文件的最新版本。凡是不注日期的引用文件，其最新版本适用于本标准。

GB/T 2951.11—2008 电缆和光缆绝缘和护套材料通用试验方法 第11部分：通用试验方法-厚度和外径尺寸测量-机械性能试验(IEC 60811-1-1：2001，IDT)

GB/T 3956—2008 电缆的导体(IEC 60228：2004，IDT)

GB/T 12269—1990 射频电缆总规范(idt IEC 60096-1)

GB/T 18380.12—2008 电缆和光缆在火焰条件下的燃烧试验 第12部分：单根绝缘电线电缆火焰垂直蔓延试验 1 kW预混合型火焰试验方法(IEC 60332-1-2：2004，IDT)

GB/T 18380.22—2008 电缆和光缆在火焰条件下的燃烧试验 第22部分：单根绝缘细电线电缆火焰垂直蔓延试验 扩散型火焰试验方法(IEC 60332-2-2：2004，IDT)

GB/T 18380.33—2008 电缆和光缆在火焰条件下的燃烧试验 第33部分：垂直安装的成束电线电缆火焰垂直蔓延试验 A类(IEC 60332-3-22：2000，IDT)

GB/T 19666—2005 阻燃和耐火电线电缆通则

GB/T 20637—2006 船舶电气装置 船用电力电缆 一般结构和试验要求(IEC 60092-350：2001，IDT)

IEC 60092-351：2004 船舶电气设备 第351部分：船用及海上平台用动力、控制、仪器、通信及数据电缆用绝缘材料

IEC 60092-359：1999 船舶电气装置 船用电力电缆和通信电缆用护套材料

IEC 60189-1：1965 聚氯乙烯绝缘和聚氯乙烯护套的低频电缆和电线 第1部分：一般试验和测量方法

IEC 60189-1：2007 聚氯乙烯绝缘和聚氯乙烯护套的低频电缆和电线 第1部分：一般试验和测量方法

IEC 60189-2：2007 聚氯乙烯绝缘和聚氯乙烯护套的低频电缆和电线 第2部分：内部装置用双芯、三芯、四芯和五芯电缆

3 术语和定义

GB/T 20637—2006 确立的以及下列名词和定义适用于本标准。

3.1

对线组单元　pair unit

由两根线芯绞合而成的单元,可具有或无空隙填充材料或绕包带。

3.2

三线组单元　triple unit

由三根线芯绞合而成的单元,可具有或无空隙填充材料或绕包带。

3.3

四线组单元　quad unit

由四根线芯绞合而成的单元,可具有或无空隙填充材料或绕包带。

4 概述

船用一般仪表、控制和通信电缆应由许多对绝缘线对经绞合成缆,由包带或内护套加屏蔽和外护套组成。

船用一般仪表、控制和通信电缆也可采用三线组或四线组。

线芯应采用铜丝编织总屏蔽。

5 导体

导体应是符合 GB/T 3956—2008 规定的第二种非紧压绞合圆形导体。

当绝缘采用 PVC/A、S95 或 HF S95 时,导体宜采用不镀锡铜丝;当绝缘采用其他符合 IEC 60092-351:2004 规定的绝缘混合物时,导体应采用镀锡铜丝,除非导体和绝缘之间有一层隔离层。

5.1 导体标称截面积

导体标称截面积应为 0.35 mm^2、0.50 mm^2、0.75 mm^2、1.0 mm^2、1.50 mm^2。

5.2 导体性能

导体断裂伸长率应至少是 15%。

镀锡导体应符合 IEC 60189-1:2007 的 7.8 规定的镀锡导体的焊接试验要求。

6 绝缘

6.1 绝缘材料

绝缘材料应是符合 IEC 60092-351:2004 规定的绝缘混合物,也可采用 S95 型混合物加上玻璃丝编织或玻璃纤维带。

6.2 绝缘标称厚度

绝缘应连续,厚度应尽可能均匀,最小厚度应按 GB/T 2951.11—2008 规定的方法测量。标称厚度不小于表 5 的规定值,测量的最小厚度与绝缘标称厚度之差的绝对值应不大于标称厚度的 10%+0.1 mm。对于导体标称截面积为 0.35 mm^2 的电缆,绝缘最小厚度为 0.20 mm。对于 S95 型混合物加上玻璃丝编织或玻璃纤维带组合的绝缘,原 S95 型混合物绝缘层厚度不变,玻璃丝编织层或玻璃纤维带的厚度应另增加 0.2 mm。

7 成缆元件

成缆元件应是对线组、三线组或四线组。见图 1。

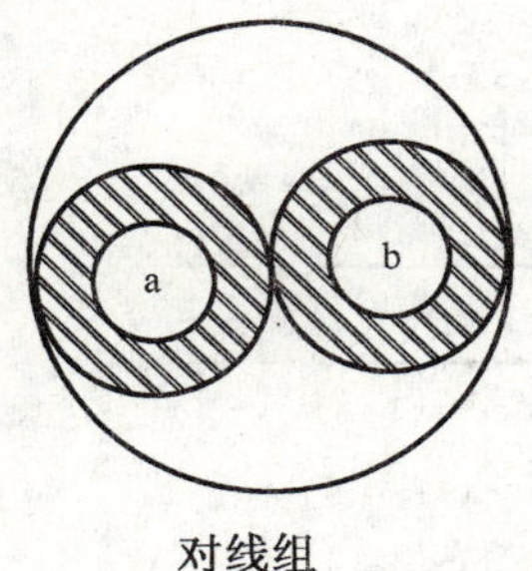

对线组

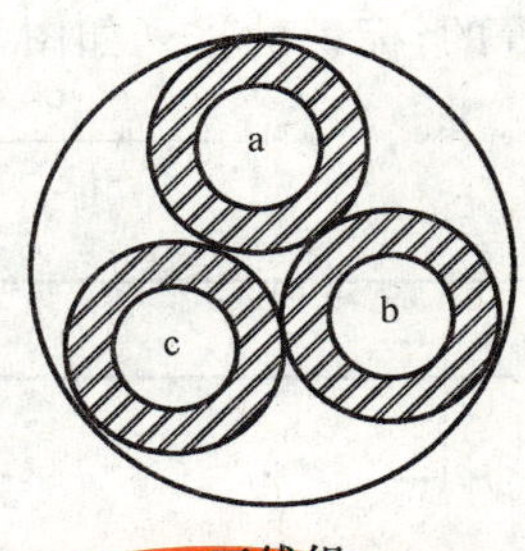

三线组

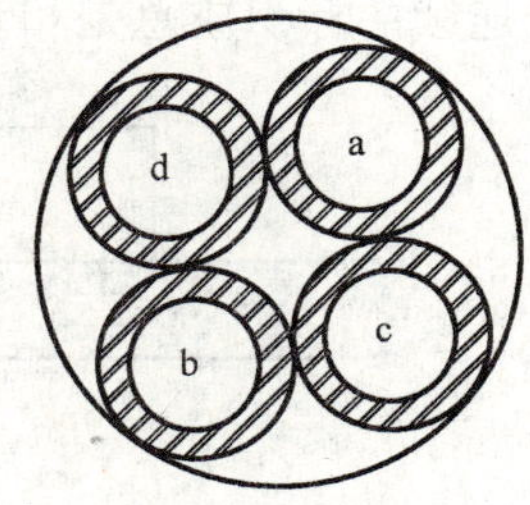

四线组

图 1 成缆元件

对线组线芯分别定名为 a 线及 b 线。

三线组线芯分别定名为 a 线、b 线和 c 线。

四线组线芯分别定名为 a 线、b 线、c 线和 d 线。

成缆元件的节距应不大于 120 mm。为了减少串音，相邻各对应采用不同的节距，在某些情况下，为了减少干扰，有必要使用较短的节距。

8 成缆

8.1 绞合方式

8.1.1 同心式绞合

所有成缆元件同心式成缆，成缆元件的相邻层间可采用非吸湿性材料扎带相互隔离。

8.1.2 单元式绞合

成缆元件的单元应由 20 个成缆元件束绞而成，如有必要也可以 5 个或 10 个成缆元件束绞成分单元，然后将单元或分单元(如有的话)绞合在一起。

仅允许由标称截面积 0.35 mm^2 的绝缘线芯构成的绞线可采用单元式绞合成缆。

8.2 总绞对数

8.2.1 成缆元件中绝缘线芯标称截面积为 0.35 mm^2 时，当电缆由 30 及以下的元件数构成时，优先采用的总元件数应是 5 的倍数。当电缆由大于 30 且小于 60 的元件数构成时，优先采用 10 的倍数，当电缆由大于 60 的元件数构成时，优先采用 20 的倍数。

在电缆中可增加一根作为计量用的单芯绝缘线芯；它的直径最好与其他线芯直径相同，而绝缘应着有红白色。

8.2.2 成缆元件中绝缘线芯标称截面积为其他尺寸时，总绞对数应为：

对线组：1，4，7，10，14，19，24，30，37 和 48；

三线组：1；

四线组：1。

8.3 绝缘线芯的识别

8.3.1 绝缘线芯标称截面积为 0.35 mm^2 时，绝缘线芯应由一种颜色或两种不同颜色的组合来识别，识别方法应符合 IEC 60189-2:2007 中 4.8 和 4.9 的规定。

8.3.2 绝缘线芯标称截面积为其他尺寸时，绝缘线芯的识别方法应符合下述规定。

8.3.2.1 方法 1：打印数字

通过线芯上的数字来识别，编号从中心开始，同一成缆元件中的绝缘线芯应采用相同的数字标识。

数字标识应是沿用绝缘线芯，以有规则的间隔重复而构成。每个标识包括：

——数字标识是用 1～48 的阿拉伯数字表示，并总是从 1 开始；

——短划线放在数码标识的下面并表示数字阅读的方向。

标识的排列：

两个连续的标识应总是相互颠倒放置的，标识的排列如图2所示。

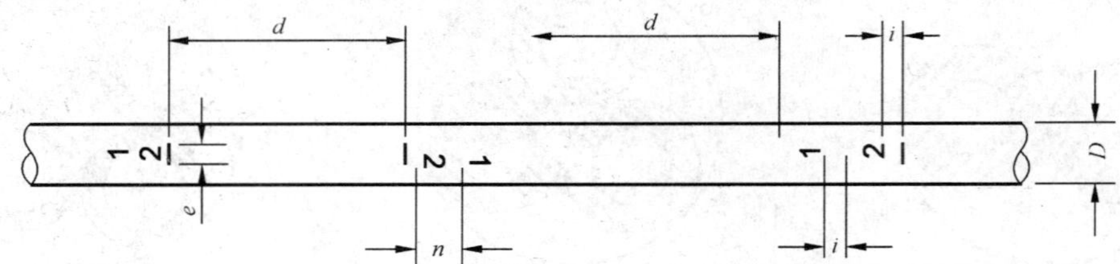

D——线芯的标称直径；

e——标识的最小宽度；

n——数字的最小高度；

i——标识中两个相邻数字之间及数字与短划线之间的近似间隔；

d——两个相邻标识之间的最大间隔。

图2 数字标识排列

当数字标识为个位数时，短划线放置其下，若数字标识为两位数时，个位数字放在十位数字下面，短划线放在个位数字下面。

标识的间距和尺寸如表1所示。

表1 标识的间距和尺寸

D mm	e[a] mm	n mm	i mm	d mm
$D<2.4$	0.6	2.3	2	50
$2.4\leqslant D\leqslant 5$	1.2	3.2	3	50

a 当数字是1时，其最小宽度等于表中所给尺寸的一半。

标识应清晰，其颜色与芯线的颜色应有明显的差异，多芯电缆绝缘线芯的所有标识应是同一种颜色。

8.3.2.2 方法2：色码

对线组、三线组或四线组通过用数码标识的带子来识别。成缆元件应通过表2规定的色码来识别。

表2 成缆元件中绝缘线芯的识别色码

单元成分	a线	b线	c线	d线
对线组	黑	蓝	—	—
三线组	黑	蓝	棕	—
四线组	黑	棕	蓝	灰

8.4 绝缘剥离性能

绝缘应容易从导体上剥离而不损伤绝缘、导体以及镀锡层，并应按IEC 60189-1：2007中6.4规定的方法来进行检测。

8.5 导体过热后的绝缘收缩

当焊接导体时绝缘应不过度收缩，收缩率应不大于4%，试验应按IEC 60189-1：1965中4.6规定的试验方法进行测试。本条适用于绝缘线芯标称截面积为0.35 mm^2 的PVC绝缘电缆。

8.6 包带

8.6.1 成缆元件中绝缘线芯标称截面积为0.35 mm^2 时，电缆的绞合线芯应绕包一层非吸湿性材料的保护层，例如绕包一层或多层聚酯带。

8.6.2 成缆元件中绝缘线芯标称截面积为其他尺寸时，在屏蔽层下面有内护套的情况下，绞合线芯可绕包一层非吸湿性材料保护层，例如一层或多层聚酯带。

在屏蔽层下面没有内护套的情况下，绞合线芯外面应有一层衬垫保护层，它由至少绕包二层最小总厚度为0.1 mm的非吸湿性材料（例如聚酯带）的带子组成。

9 屏蔽

屏蔽层应编织在包带外面。屏蔽层由无镀层或镀锡铜丝均匀编织而成，编织层的单线标称直径应符合表5的规定，也可使用较大直径的单线。其余电缆结构尺寸应由用户和生产单位协商确定。编织层的接头应焊接，并绞或编织到里面，整个编织层不应有接头露出，编织层应平整。

为了使编织屏蔽层容易连接，可在编织层的下面放置一根或多根无镀层铜线或镀锡铜线。

当护套是SE1或SH时，为了防止普通铜线腐蚀，除非有特殊预防外，否则应使用镀锡铜线编织。

屏蔽层填充系数按GB/T 12269—1990中3.3.2的规定进行测试，至少为0.6。

10 护套

10.1 护套材料

护套材料应是符合IEC 60092-359:1999规定的混合物。

当护套采用SE1和SH时，在屏蔽编织层和护套之间可有一隔离层。

10.2 护套厚度

护套应连续，厚度应尽可能均匀。标称厚度应不小于表5的规定值，最小厚度与规定的标称厚度之差应不大于标称厚度的15%+0.1 mm，其余电缆结构尺寸应由用户和生产单位协商确定。护套的标称厚度和最小厚度应按GB/T 2951.11—2008的方法进行测量。

11 电缆标识

11.1 产地标识和规格

电缆应有制造厂的识别标志。产地标识（制造厂名或商标）、电缆结构（对线组、三线组或四线组的数量以及导体截面）可以印刷、凸印或凹印在外护套上。标志的示例如下：

示例1：“厂名或商标　$7\times2\times0.5$ mm^2”。

示例2：“厂名或商标　3×0.5 mm^2”。

11.2 连续性

如果一个标志的末端与下一个标志的始端之间的距离不超过下列数值，则认为制造商或商标的标志是连续的：

护套上的距离为550 mm；

其他情况下距离为275 mm。

11.3 清晰度

制造商名或商标的标志应清晰。

标志识别线的颜色应容易识别或易于辨认。必要时，可清洗处理。

12 成品电缆

12.1 导体电阻

导体电阻应按GB/T 20637—2006规定的方法进行测试和修正，测试结果应不超过表3规定的数值。

12.2 介电强度

介电强度试验应按IEC 60189-1:2007中8.2规定的方法进行测试。

试验电压值应是：交流1 500 V或直流3 000 V。试验应在成品电缆整根长度上进行，并在规定的试验电压下保持5 min。对于绝缘线芯标称截面积为0.35 mm^{2}的电缆，应在规定的试验电压下保持1 min。

表 3 导体电阻

标称截面 mm^2	20 ℃时镀锡导体电阻 Ω/km	20 ℃时无镀层导体电阻 Ω/km
0.35	—	57.6
0.5	41.6	40.4
0.75	26.3	26.0
1.0	19.3	19.2
1.5	12.9	12.8

12.3 绝缘电阻

20 ℃时的绝缘电阻应不小于表 4 的规定值，绝缘电阻测量方法应按 GB/T 20637—2006 中 10.4 的规定进行测试。

表 4 绝缘电阻

导体截面 mm^2	绝缘材料	K_i MΩ·km	标称绝缘厚度 mm	20 ℃时绝缘电阻 MΩ·km
0.35	聚氯乙烯/A	36.7	0.25	8
	无卤交联聚烯烃 85	500	0.25	110
	交联聚乙烯(无卤交联聚乙烯)	3 670	0.25	815
0.5	聚氯乙烯/A	36.7	0.5	12
	乙丙橡胶(无卤乙丙橡胶)	3 670	0.5	1 170
	硬质乙丙橡胶(无卤硬质乙丙橡胶)	3 670	0.5	1 170
	交联聚乙烯(无卤交联聚乙烯)	3 670	0.5	1 170
	无卤交联聚烯烃 85	500	0.5	160
0.75	聚氯乙烯/A	36.7	0.6	11
	乙丙橡胶(无卤乙丙橡胶)	3 670	0.6	1 145
	硬质乙丙橡胶(无卤硬质乙丙橡胶)	3 670	0.6	1 145
	交联聚乙烯(无卤交联聚乙烯)	3 670	0.6	1 145
	无卤交联聚烯烃 85	500	0.6	155
	硅橡胶加玻璃丝编织	1 500	0.6+0.2	480
1.0	聚氯乙烯/A	36.7	0.6	11
	乙丙橡胶(无卤乙丙橡胶)	3 670	0.6	1 050
	硬质乙丙橡胶(无卤硬质乙丙橡胶)	3 670	0.6	1 050
	交联聚乙烯(无卤交联聚乙烯)	3 670	0.6	1 050
	无卤交联聚烯烃 85	500	0.6	145
1.5	聚氯乙烯/A	750	0.7	10
	乙丙橡胶(无卤乙丙橡胶)	3 670	0.7	1 010
	硬质乙丙橡胶(无卤硬质乙丙橡胶)	3 670	0.7	1 010
	交联聚乙烯(无卤交联聚乙烯)	3 670	0.7	1 010
	无卤交联聚烯烃 85	500	0.7	140

12.4 工作电容

工作电容的测量方法应按 IEC 60189-1:2007 中 8.4 的规定进行测试。

所测得的任意一对绝缘线芯的工作电容值应不超过下列规定值:

对于 PVC/A 型混合物:150 nF/km。

对于其他类型的混合物:120 nF/km。

12.5 电容不平衡

电容不平衡应按 IEC 60189-1:2007 中 8.5 的规定方法进行测试。

任意一对绝缘线芯之间的电容不平衡值应不超过 1 000 pF/500 m。

如果被试电缆长度为 L,而不是 500 m 时,则测量值应除以修正系数,修正系数计算见式(1):

$$\frac{1}{2}\left(\frac{L}{500}+\sqrt{\frac{L}{500}}\right) \qquad (1)$$

12.6 阻燃性能

成品电缆应不延燃或不助燃。

应按 GB/T 18380.12—2008 或 GB/T 18380.22—2008 规定的方法进行单根电缆的阻燃性能试验并符合要求;

应按 GB/T 18380.33—2008 规定的方法进行成束电缆的阻燃性能试验并符合要求。

表 5 电缆结构尺寸

电缆规格	导体标称截面积 mm²	绝缘标称厚度 mm	绕包带标称厚度 mm	编织屏蔽层单线标称直径 mm	外护套标称厚度 mm	内护套标称厚度 mm	编织屏蔽层单线标称直径 mm	外护套标称厚度 mm
5×2×0.35				0.20	1.1			
10×2×0.35				0.20	1.2			
15×2×0.35				0.20	1.3			
20×2×0.35				0.25	1.3			
25×2×0.35				0.25	1.4			
30×2×0.35	0.35	0.25	—	0.25	1.4	—	—	—
40×2×0.35				0.25	1.5			
50×2×0.35				0.25	1.6			
60×2×0.35				0.25	1.7			
80×2×0.35				0.25	1.8			
100×2×0.35				0.25	1.9			
1×2×0.5				0.20	1.0	0.8	0.20	1.1
4×0.5				0.20	1.0	0.8	0.20	1.1
4×2×0.5				0.20	1.1	0.9	0.20	1.2
7×2×0.5				0.20	1.2	0.9	0.20	1.2
10×2×0.5				0.25	1.3	0.9	0.25	1.3
14×2×0.5	0.5	0.5	0.1	0.25	1.4	1.0	0.25	1.3
19×2×0.5				0.25	1.5	1.0	0.25	1.4
24×2×0.5				0.25	1.6	1.1	0.25	1.4
30×2×0.5				0.25	1.6	1.2	0.25	1.5
37×2×0.5				0.25	1.7	1.3	0.25	1.5
48×2×0.5				0.25	1.9	1.4	0.25	1.6
1×3×0.5				0.20	1.0	0.8	0.20	1.1

表 5（续）

电缆规格	导体标称截面积 mm²	绝缘标称厚度 mm	绕包带标称厚度 mm	编织屏蔽层单线标称直径 mm	外护套标称厚度 mm	内护套标称厚度 mm	编织屏蔽层单线标称直径 mm	外护套标称厚度 mm
1×2×0.75	0.75	0.6	0.1	0.20	1.0	0.8	0.20	1.1
4×0.75				0.20	1.1	0.8	0.20	1.1
4×2×0.75				0.20	1.2	0.9	0.20	1.2
7×2×0.75				0.20	1.3	0.9	0.20	1.3
10×2×0.75				0.25	1.4	1.0	0.25	1.3
14×2×0.75				0.25	1.5	1.1	0.25	1.4
19×2×0.75				0.25	1.6	1.1	0.25	1.5
24×2×0.75				0.25	1.7	1.3	0.25	1.5
30×2×0.75				0.25	1.8	1.3	0.25	1.6
37×2×0.75				0.30	1.9	1.3	0.30	1.7
48×2×0.75				0.30	2.1	1.4	0.30	1.8
1×3×0.75				0.20	1.0	0.8	0.20	1.1
1×2×1.0	1.0	0.6	0.1	*	*	*	*	*
4×1.0								
4×2×1.0								
7×2×1.0								
10×2×1.0								
14×2×1.0								
19×2×1.0								
24×2×1.0								
30×2×1.0								
37×2×1.0								
48×2×1.0								
1×3×1.0								
1×2×1.5	1.5	0.7	0.1	*	*	*	*	*
4×1.5								
4×2×1.5								
7×2×1.5								
10×2×1.5								
14×2×1.5								
19×2×1.5								
24×2×1.5								
30×2×1.5								
37×2×1.5								
48×2×1.5								
1×3×1.5								

* 正在考虑中。

附 录 A
（资料性附录）
产品命名和代号

A.1 代号

A.1.1 系列代号

本标准的产品系列代号 …………………………………………………………… CH

A.1.2 绝缘代号

聚氯乙烯 ……………………………………………………………………………… V

乙丙橡胶 ……………………………………………………………………………… E

交联聚乙烯 …………………………………………………………………………… YJ

硬质乙丙橡胶 ………………………………………………………………………… EY

交联聚烯烃 …………………………………………………………………………… OJ

硅橡胶 ………………………………………………………………………………… G

A.1.3 屏蔽代号

无屏蔽 ……………………………………………………………………………… 省略

铜丝单独屏蔽 ………………………………………………………………………… P

铜丝整体屏蔽 ………………………………………………………………………… ZP

A.1.4 护层结构代号

电缆护层结构代号如表 A.1 所示。

表 A.1 护层结构代号

护套代号	护套名称	铠装代号	铠装材料名称	外护套代号	外护套名称
V	聚氯乙烯或氯乙烯与醋酸乙烯共聚物	7	非磁性金属丝	0	无外护套
F	氯丁橡胶	8	铜或铜合金丝编织	2	聚氯乙烯
H	氯磺化聚乙烯或氯化聚乙烯	9	钢丝编织	3	聚乙烯或聚烯烃
Y	聚乙烯或聚烯烃			4	弹性体
OJ	交联聚烯烃			5	交联聚烯烃

A.1.5 燃烧特性代号

燃烧特性代号应符合 GB/T 19666—2005 的要求。

A.2 产品表示方法

产品表示方法如图 A.1 所示。

-
GB/T 9334—2009，GB/T 19666—2005
规格
外护套代号
屏蔽结构代号
内护套代号
绝缘代号
系列代号
燃烧特性代号
产地标志

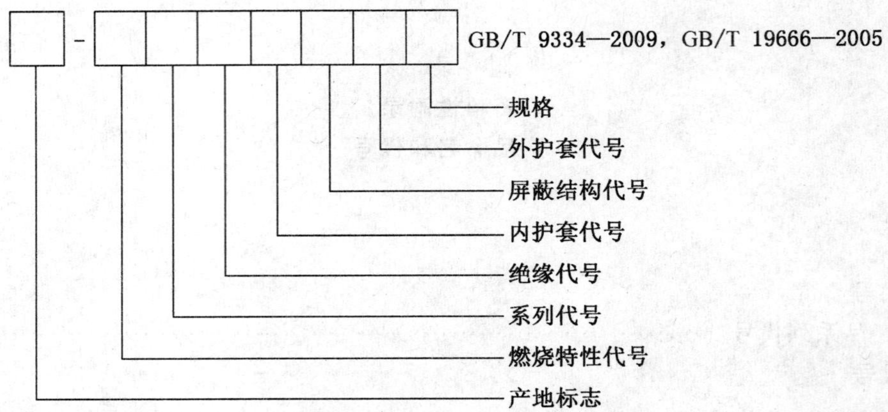

图 A.1　产品表示方法

附 录 B
（资料性附录）
本标准章条编号与 IEC 60092-374:1977 及 IEC 60092-375:1977 章条编号对照

表 B.1 给出了本标准章条编号与 IEC 60092-374:1977 及 IEC 60092-375:1977 章条编号对照一览表。

表 B.1 本标准章条编号与 IEC 60092-374:1977 及 IEC 60092-375:1977 章条编号对照

本标准章条编号	对应的 IEC 60092-374:1977 章条编号	对应的 IEC 60092-375:1977 章条编号
1	1	1
2	—	—
3	—	—
4	2	2
5	3、11	3、11
6.1	4、12	4、12
6.2	13	4、13
7	5	5
8.1	6	6
8.2	7	7
8.3	14	14
8.4	16	15
8.5	15	—
8.6	8	8
9	9、17	9、16
10	10、18、19	10、17、18
11	20	19
12.1	22	21
12.2	23	22
12.3	24	23
12.4	25	24
12.5	26	25
12.6	21	20

附　录　C
（资料性附录）
本标准与 IEC 60092-374:1977 及 IEC 60092-375:1977 技术性差异及其原因

表 C.1 给出了本标准与 IEC 60092-374:1977 及 IEC 60092-375:1977 的技术性差异及其原因的一览表。

表 C.1　本标准与 IEC 60092-374:1977 及 IEC 60092-375:1977 的技术性差异及其原因

本标准的章条编号	与 IEC 60092-374:1977 的技术性差异	与 IEC 60092-375:1977 的技术性差异	原　因
1	增加了 IEC 60092-375:1977 第 1 章的内容。	增加了 IEC 60092-374:1977 第 1 章的内容。	本标准修改采用了以上两项国际标准。
2	引用了采用国际标准的中国标准，而非国际标准。		以适合中国国情。 强调与 GB/T 1.1 的一致性。
3	按照 GB/T 1.1 增加了术语和定义。		方便本标准后续条文的引用。
4	增加了 IEC 60092-375:1977 第 2 章的内容。	增加了 IEC 60092-374:1977 第 2 章的内容。	本标准修改采用了以上两项国际标准。
5	增加了 IEC 60092-375:1977 第 3 章和第 11 章的内容，增加了导体标称截面积为 1.0 mm^2 和 1.5 mm^2 两种规格。	增加了 IEC 60092-374:1977 第 3 章和第 11 章的内容，增加了导体标称截面积为 1.0 mm^2 和 1.5 mm^2 两种规格。	本标准修改采用了以上两项国际标准，并考虑中国的实际使用情况。
6.1	增加了 IEC 60092-375:1977 第 4 章和第 12 章的内容。	将绝缘材料扩展到符合 IEC 60092-351:2004 所有绝缘混合物。	本标准修改采用了以上两项国际标准，并考虑到当前绝缘材料的发展和应用。
6.2	代替 IEC 60189-1 中 2.1 和 2.2 为 GB/T 2951.11—2008（IEC 60811-1-1:2001，IDT）。		采用与 IEC 规定的通用试验方法等同的国家标准。
7	增加了 IEC 60092-375:1977 第 5 章的内容。	无差异。	本标准修改采用了以上两项国际标准。
8.1	无差异。	增加了 IEC 60092-374:1977 中 6.2 的内容。	本标准修改采用了以上两项国际标准。
8.2	增加了 IEC 60092-375:1977 第 7 章的内容。	增加了 IEC 60092-374:1977 第 7 章的内容，并将四线组单独列出。	本标准修改采用了以上两项国际标准，根据 IEC 60092-375:1977 第 5 章的规定明确了四线组总绞对数。
8.3	增加了 IEC 60092-375:1977 第 14 章的内容。	增加了 IEC 60092-374:1977 第 14 章的内容。	本标准修改采用了以上两项国际标准。
8.5	无差异。	增加了 IEC 60092-374:1977 第 15 章的内容。	本标准修改采用了以上两项国际标准。
8.6	增加了 IEC 60092-375:1977 第 8 章的内容。	增加了 IEC 60092-374:1977 第 8 章的内容。	本标准修改采用了以上两项国际标准。

表 C.1（续）

本标准的章条编号	与 IEC 60092-374:1977 的技术性差异	与 IEC 60092-375:1977 的技术性差异	原　　因
9	增加了 IEC 60092-375:1977 第 9 章和第 16 章的内容。	增加了 IEC 60092-374:1977 第 9 章和第 17 章的内容。	本标准修改采用了以上两项国际标准。
10	增加了 IEC 60092-375:1977 第 10 章、第 17 章和第 18 章的内容。	增加了 IEC 60092-375:1977 第 10 章、第 18 章和第 19 章的内容。	本标准修改采用了以上两项国际标准。
11	增加了电缆标识的详细规定。		考虑到当前该类产品的生产使用和交付需要，细化了详细规定。
12.1	增加了 IEC 60092-375:1977 第 21 章的内容，增加了标称截面积 1.0 mm^2 和 1.5 mm^2 的导体电阻规定。	增加了 IEC 60092-374:1977 第 22 章的内容，增加了标称截面积 1.0 mm^2 和 1.5 mm^2 的导体电阻规定。	本标准修改采用了以上两项国际标准，并考虑到当前中国该类产品的实际使用情况。
12.3	增加了 IEC 60092-375:1977 第 21 章的内容，增加了标称截面积 1.0 mm^2 和 1.5 mm^2 的绝缘电阻规定，勘误了绝缘电阻规定为不小于 45 MΩ·km，改为 8 MΩ·km。增加了 IEC 60092-351 新增加的绝缘混合物的种类。	增加了 IEC 60092-374:1977 第 22 章的内容，增加了标称截面积 1.0 mm^2 和 1.5 mm^2 的绝缘电阻规定，增加了 IEC 60092-351 新增加的绝缘混合物的种类。	本标准修改采用了以上两项国际标准，并考虑到当前中国该类产品的实际使用情况。根据 GB/T 20637—2006（IEC 60092-350:2001，IDT）、IEC 60092-351:2004 和 GB/T 9333.1—1988 关于绝缘电阻常数的计算公式及数据，勘误了 IEC 60092-374:1977 中绝缘电阻的规定，也发现了原 GB/T 9333.1—1988 中根据绝缘电阻计算绝缘电阻常数计算公式的错误，应该以 GB/T 20637—2006 为准。
12.4	增加了 IEC 60092-375:1977 第 24 章的内容。	增加了 IEC 60092-374:1977 第 25 章的内容，删除了对耐热(75 ℃)PVC/A 型混合物的要求。	本标准修改采用了以上两项国际标准，在 IEC 60092-351:2004 中已将耐热(75 ℃)PVC/A 型混合物取消。
12.5	增加了 IEC 60092-375:1977 第 25 章的内容。	增加了 IEC 60092-374:1977 第 26 章的内容。	本标准修改采用了以上两项国际标准。
12.6	引用了采用国际标准的中国标准，增加了对于成束燃烧的要求。		考虑到当前国际上该类产品的实际使用情况和用户的要求。

ICS 29.060.20
K 13

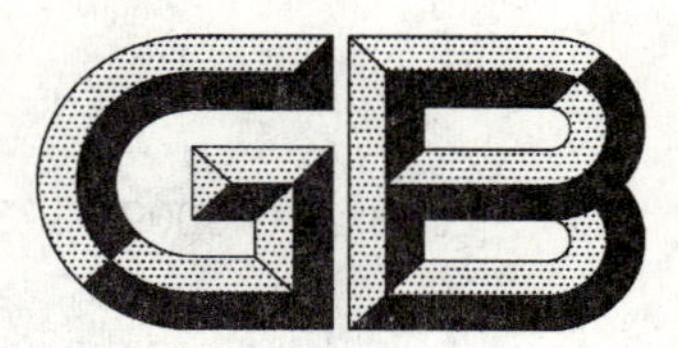

中华人民共和国国家标准

GB/T 9334—2009/IEC 60092-373:1977
代替 GB/T 9334.1—1988

船舶电气设备 船用通信电缆和射频电缆 船用同轴软电缆

**Electrical installation in ships—
Shipboard telecommunication cables and radio-frequency cables—
Shipboard flexible coaxial cables**

(IEC 60092-373:1977,IDT)

2009-03-19 发布　　2009-12-01 实施

中华人民共和国国家质量监督检验检疫总局
中国国家标准化管理委员会　发布

前　言

本标准等同采用 IEC 60092-373:1977《船舶电气设备　船用通信电缆和射频电缆　船用同轴软电缆》(英文版)。

为便于使用，本标准对 IEC 60092-373:1977 做了下列编辑性修改：

——删除了 IEC 60092-373:1977 的前言和序言；

——将一些适用于国际标准的表述改为适用于我国标准的表述；

——为使我国船用同轴软电缆的型号编制方法协调统一，本标准补充了“附录 A　产品命名及代号”作为资料性附录。

本标准代替 GB/T 9334.1—1988《船用射频电缆　一般规定》。

本标准与 GB/T 9334.1—1988 相比有如下变化：

——更改了标准名称，与 IEC 60092-373:1977 相一致；

——增加了前言，符合 GB/T 1.1—2000 的相关规定；

——更改了适用范围，与 IEC 60092-373:1977 相一致；

——更改了引用标准，与 IEC 60092-373:1977 相一致；

——删除了 GB/T 9334.1—1988 中第 3 章：定义；

——删除了 GB/T 9334.1—1988 中第 4 章：产品命名及代号；

——删除了 GB/T 9334.1—1988 中第 5 章：导体；

——删除了 GB/T 9334.1—1988 中第 6 章：绝缘；

——删除了 GB/T 9334.1—1988 中第 7 章：护层；

——删除了 GB/T 9334.1—1988 中第 8 章：成品电缆；

——删除了 GB/T 9334.1—1988 中第 9 章：交货长度；

——删除了 GB/T 9334.1—1988 中第 10 章：试验和验收；

——删除了 GB/T 9334.1—1988 中第 11 章：包装；

——本次修订后的第 2 章：一般说明和要求，综合了 GB/T 9334.1—1988 中第 5 章，第 6 章，第 7 章的内容；

——与 IEC 60092-373:1977 等同，本标准第 3 章中推荐了部分可应用于船舶的符合 IEC 60096 的电缆型号；

——本次修订后的第 4 章：其他要求，综合了 GB/T 9334.1—1988 中第 8 章，第 9 章，第 10 章，第 11 章的内容。

本标准的附录 A 为资料性附录。

本标准由中国电器工业协会提出。

本标准由全国电线电缆标准化技术委员会(SAC/TC 213)归口。

本标准负责起草单位：上海电缆研究所。

本标准参加起草单位：上海赛克力光电缆有限责任公司、中国船舶集团总公司第七〇四所、中国船舶集团总公司第七一五所、天津德塔科技集团有限公司、天津塑力线缆集团有限公司。

本标准起草人：郭毅、叶清华、张弘、于晶、张海燕、陈莉、李彦宏、韩长武、高欢、任小平。

本标准所代替标准的历次版本发布情况为：

——GB/T 9334.1—1988。

船舶电气设备
船用通信电缆和射频电缆
船用同轴软电缆

1 范围

本标准给出了船用同轴软电缆的说明和要求。

船用同轴软电缆主要用于高频信号设备(例如信号频率大于 10^5 Hz)且此高频信号对地是不对称的。主要用于无线电和雷达设备的相互连接。

2 一般说明和要求

船用同轴软电缆应有一根铜或铜包钢的内导体,一层聚乙烯或聚四氟乙烯绝缘,一层铜丝编织的外导体和一层聚氯乙烯(PVC)或一层聚四氟乙烯防潮密封带并涂有清漆的玻璃丝编织的外护套。

电缆的内导体由7根导体绞合而成时,绝缘外径应不大于12 mm。

电缆的内导体由单根圆铜线组成时,绝缘外径应大于12 mm。

3 推荐型号[1)]

96IEC50-7-2	96IEC50-12-1	96IEC75-4-1	96IEC75-7-3
96IEC50-7-6	96IEC50-17-2	96IEC75-4-2	96IEC75-7-11[2)]
96IEC50-7-8[2)]	96IEC50-17-3	96IEC75-7-2	96IEC75-17-2

注1:96IEC75-12-A和96IEC75-17-A两个型号的电缆正在考虑中。

注2:为方便使用,船用同轴软电缆型号可参照附录A进行命名及表示。

4 其他要求

船用同轴软电缆应符合上面在IEC 60096中提到的特种电缆所有相关的要求,即使当这种要求不是按IEC 60092系列的出版物的规定。

1) 详细说明详见IEC 60096。

2) 这些电缆用于200 ℃。

附　录　A
（资料性附录）
产品命名及代号

A.1　代号

A.1.1　系列代号

船用同轴软电缆 ………………………………………………………………………… CS

A.1.2　导体代号

铜或铜包钢导体 ……………………………………………………………………… 省略

A.1.3　绝缘代号

聚乙烯 ……………………………………………………………………………………… Y

聚四氟乙烯 ………………………………………………………………………………… F

A.1.4　护层代号

内套，铠装及外套如表A.1规定：

表A.1　护层代号

代　号	内　套	代　号	铠　装	代　号	外　套
V	聚氯乙烯	0	—	0	—
F[a]	聚四氟乙烯	8	铜丝编织	2	聚氯乙烯
		9	钢丝编织		

[a] 聚四氟乙烯＋玻璃丝编织浸渍外套用F表示。

A.1.5　特性代号

特性阻抗 …………………………………………………………… 用额定阻抗参数表示

绝缘外径 …………………………………………………………… 用标称外径参数表示

A.1.6　结构代号

结构代号 …………………………………………………………………………… 1,2,3

A.1.7　燃烧特性代号

燃烧特性代号应符合GB/T 19666—2005《阻燃和耐火电线电缆通则》的要求。

A.2　产品表示方法

A.2.1　型号

型号依次由产品系列代号、绝缘代号和护层代号构成。

A.2.2　产品表示方法

产品用型号、特性阻抗参数、绝缘外径参数、结构代号和本标准编号表示，如图A.1所示。

注：如为对称射频电缆，则在结构代号之后标明芯数(2)和导体组成，以区别于同轴射频电缆。

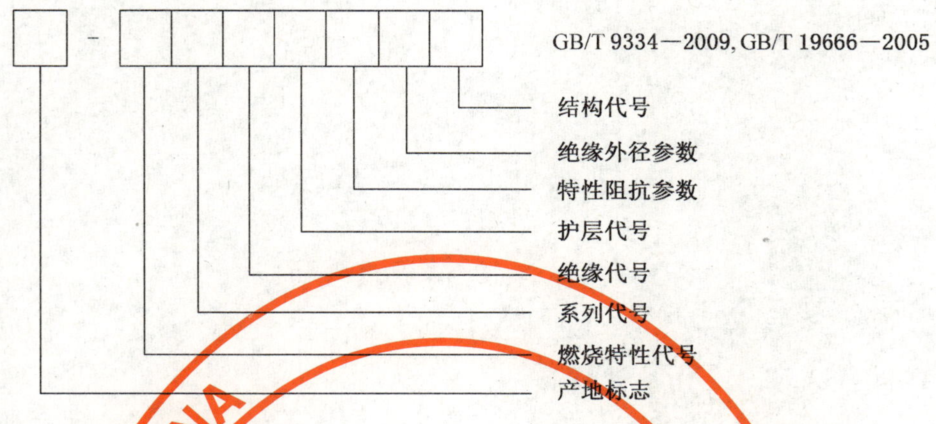

图 A.1 产品表示方法

产品表示方法举例如下：

示例 1：铜导体实心聚乙烯绝缘聚氯乙烯内套裸钢丝编织铠装船用同轴射频电缆，阻抗 50 Ω，绝缘标称外径 7.25 mm，外导体为单层铜线编织套，表示为：CSYV90 50-7-2 GB/T 9334—2009。

示例 2：镀银铜包钢导体聚四氟乙烯绝缘聚四氟乙烯套玻璃丝编织浸硅漆船用同轴射频电缆，阻抗 75 Ω，绝缘标称外径 7.25 mm，外导体为单层镀银铜丝编织套，表示为：CSFF 75-7-11 GB/T 9334—2009。

ICS 71.100.01;87.060.10
G 56

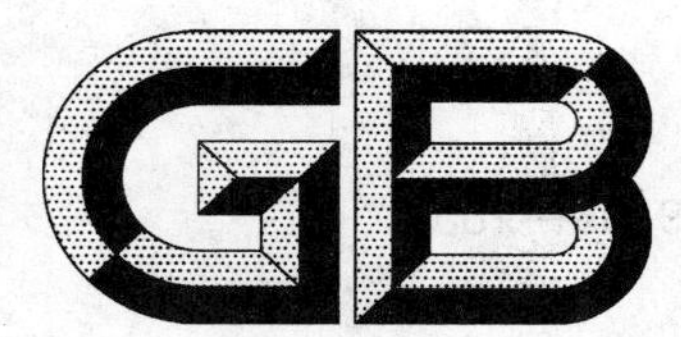

中华人民共和国国家标准

GB/T 9335—2009
代替 GB/T 9335—2001

硝　基　苯

Nitrobenzene

2009-04-24 发布　　2009-12-01 实施

中华人民共和国国家质量监督检验检疫总局
中国国家标准化管理委员会　发布

前 言

本标准代替 GB/T 9335—2001《硝基苯》。

本标准与 GB/T 9335—2001 相比主要变化如下：

——色谱柱由填充柱改为毛细管柱，固定相由甲基硅油（Ⅰ）改为甲基硅氧烷（本标准的 6.4.1；2001 年版的 5.3.2 和 5.3.3）；

——定量方法由校正面积归一化法改为面积归一化法（本标准的 6.4；2001 年版的 5.3.1 和 5.3.7）；

——增加“安全信息”（本标准的第 4 章）。

本标准由中国石油和化学工业协会提出。

本标准由全国染料标准化技术委员会（SAC/TC 134）归口。

本标准起草单位：中国石化集团南京化学工业有限公司、沈阳化工研究院。

本标准主要起草人：吕咏梅、杜建国、季浩。

本标准所代替标准的历次版本发布情况为：

——GB 9335—1988；

——GB/T 9335—2001。

硝　基　苯

警告——使用本标准的人员应有正规实验室工作的实践经验。本标准并未指出所有可能的安全问题。使用者有责任采取适当的安全和健康措施,并保证符合国家有关法规规定的条件。

1　范围

本标准规定了硝基苯的要求、安全信息、采样、试验方法、检验规则以及标志、标签、包装、运输、贮存。

本标准适用于硝基苯的产品质量控制。

结构式:

NO_2

分子式:$C_6H_5NO_2$

相对分子质量:123.11(按2007年国际相对原子质量)

CAS RN.:98-95-3

2　规范性引用文件

下列文件中的条款通过本标准的引用而成为本标准的条款。凡是注日期的引用文件,其随后所有的修改单(不包括勘误的内容)或修订版均不适用于本标准,然而,鼓励根据本标准达成协议的各方研究是否可使用这些文件的最新版本。凡是不注日期的引用文件,其最新版本适用于本标准。

GB 190　危险货物包装标志

GB/T 191　包装储运图示标志(GB/T 191—2008,ISO 780:1997,MOD)

GB/T 2385　染料中间体　结晶点测定通用方法

GB/T 2386—2006　染料及染料中间体　水分的测定

GB/T 6678—2003　化工产品采样总则

GB/T 6682—2008　分析实验室用水规格和试验方法(ISO 3696:1987,MOD)

GB/T 8170—2008　数值修约规则与极限数值的表示和判定

GB/T 9722　化学试剂　气相色谱法通则

GB 12268—2005　危险货物品名表

GB 12463　危险货物运输包装通用技术条件

GB 15258　化学品安全标签编写规定

GB 15603　常用化学危险品贮存通则

GB 16483　化学品安全技术说明书编写规定

3　要求

硝基苯的质量要求应符合表1的要求。

表 1 硝基苯的质量要求

项目	指标			
	优等品		一等品	
外观	浅黄色液体			
干品结晶点/℃	≥	5.5	≥	5.4
硝基苯的纯度/%	≥	99.80	≥	99.50
低沸物的含量/%	≤	0.05	≤	0.10
硝基甲苯的含量/%	≤	0.05	≤	0.10
高沸物的含量/%	≤	0.10	≤	0.10
水分的质量分数/%	≤	0.10	≤	0.10

4 安全信息

4.1 安全要求

按 GB 12268—2005 的规定，硝基苯属于有毒品，使用及搬运时，应穿戴防护衣和防护手套，防止直接接触皮肤或吸入体内。

4.2 安全技术说明书

按 GB 16483 化学品安全技术说明书编写规定，该产品出厂应提供详细的安全技术说明书。安全技术说明书应包括如下内容：

a) 提供该产品的危险性信息；

b) 安全使用方法；

c) 运输、储存要求；

d) 防护措施；

e) 应急处理措施等。

5 采样

以批为单位采样(以一次混合均匀的产品为一批)。每批采样桶数应符合 GB/T 6678—2003 中 7.6 的规定，小批产品取样不得少于 3 桶。取样时用清洁干燥的玻璃采样管从桶的上、中、下三部分取样；硝基苯用槽车运输时从上、中、下三部(上部离液面 1/10 液层，下部离底部 1/10 液层)取出等量样品，所采样品总量不得少于 500 mL。将采取的样品充分混匀后，分装于两个清洁、干燥、密封良好的磨口瓶中，贴上粘贴标签。注明：产品名称、批号、生产厂名称、取样日期、地点。一瓶由检验部门检验，一瓶保存备查。

6 试验方法

6.1 一般规定

除非另有说明，仅使用确认为分析纯的试剂和 GB/T 6682—2008 中规定的三级水。检验结果的判定按 GB/T 8170—2008 中的 4.3.3 修约值比较法进行，结果的最终表示应和要求的指标值的位数一致。

6.2 外观的评定

在自然光线下采用目视评定。

6.3 干品结晶点的测定

取 30 mL 硝基苯试样于 125 mL 清洁干燥有盖的广口瓶中，用经 550 ℃活化 2 h 的 3 Å 分子筛10 g

干燥 30 min,取上层清液进行测定。其他按 GB/T 2385 规定的方法进行。

6.4 硝基苯纯度及有机杂质含量的测定

6.4.1 仪器

a) 气相色谱仪:仪器灵敏度和稳定性应符合 GB/T 9722 的规定;

b) 检测器:氢火焰离子化检测器(FID);

c) 色谱柱:长 30 m、内径 0.53 mm、液膜厚度 2.65 μm;

d) 固定相:100%甲基硅氧烷的毛细管柱,如 DB-1 或 HP-1(或能达到同等分离效果的其他毛细管柱);

e) 微量注射器:10 μL;

f) 色谱工作站或积分仪。

6.4.2 色谱操作条件

色谱操作条件如表 2 所示。

可根据仪器不同,选择最佳分析条件。

表 2 色谱操作条件

控制参数	操作条件
载气	氮气
检测器温度/℃	300
汽化室温度/℃	280
燃烧气(氢气)流量/(mL/min)	30
助燃气(空气)流量/(mL/min)	300
补偿气(氮气)流量/(mL/min)	27
分流比	30:1
柱温/℃	190
进样量/μL	0.2

6.4.3 测定步骤

待色谱仪各项操作条件稳定后,用微量注射器吸取 0.2 μL 试样进样,待出峰完毕后,用色谱工作站或积分仪进行结果处理。

6.4.4 结果计算

硝基苯纯度及有机杂质含量以 w_i 计,数值用%表示,按式(1)计算:

$$w_i = \frac{A_i}{\sum A_i} \times 100 \qquad \cdots\cdots(1)$$

式中:

A_i——硝基苯及各有机杂质的峰面积数值;

$\sum A_i$——硝基苯及各有机杂质的峰面积数值的总和。

计算结果表示到小数点后两位。

注:硝基苯峰之前杂质为低沸物,硝基甲苯峰之后杂质为高沸物。

6.4.5 允许差

硝基苯两次平行测定结果的差值不大于 0.2%,其他有机杂质两次平行测定结果的差值不大于 0.02%,取两次平行测定结果的算术平均值作为测定结果。

6.4.6 色谱图

硝基苯色谱示意图见图 1。

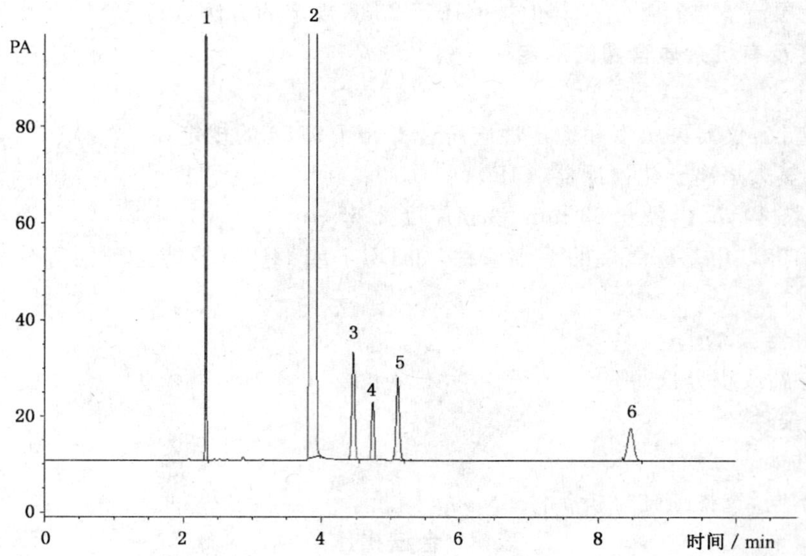

1——苯；

2——硝基苯；

3——邻硝基甲苯；

4——间硝基甲苯；

5——对硝基甲苯；

6——间二硝基苯。

图 1 硝基苯色谱示意图

6.5 水分的测定

6.5.1 测定

按 GB/T 2386—2006 中 3.4 的规定进行测定。

6.5.2 允许差

平行测定结果的差值不大于 0.03%（质量分数），取两次平行测定结果的算术平均值作为测定结果。

7 检验规则

7.1 检验分类

本标准第 3 章表 1 中规定的全部项目为出厂检验项目。

7.2 出厂检验

硝基苯应经生产厂质检部门检验合格，附合格证明后方可出厂。生产厂应保证所有出厂的硝基苯都符合本标准的要求。

7.3 复检

检验结果中若有一项指标不符合本标准要求时，应重新自同批产品两倍量的包装中取样进行检验，重新检验的结果即使只有一项指标不符合本标准的要求时，则整批产品为不合格。

8 标志、标签、包装、运输和贮存

8.1 标志、标签

8.1.1 标志

硝基苯的每个包装容器上都应按 GB 190 和 GB/T 191 中的有关规定涂印耐久、清晰的标志，标志内容至少应有：

a) 产品名称；

b) 生产厂名称、地址；

c) 生产日期；

d) 生产许可证编号；

e) 净含量；

f) 产品质量检验合格证明；

g) 警示标志(有毒品)。

8.1.2 标签

产品应有标签，标签上应注明产品生产日期、合格证明、执行标准编号、批号和等级。

标签的编写应符合 GB 15258 的规定。

8.2 包装

硝基苯用清洁、干燥的钢桶包装或槽车装运。用钢桶包装时，每桶净含量 100 kg 或 200 kg，其包装净含量允许短缺量应符合国家有关规定。其他包装可与用户协商确定。产品包装应符合 GB 12463 及危险化学品包装的相关规定。

8.3 运输

运输时应符合 GB/T 191 的有关规定。在运输过程中应避免日晒雨淋，搬运时轻装轻卸，防止包装及容器损坏。

8.4 贮存

贮存应符合 GB 15603 的规定。应贮存在阴凉、干燥、通风的仓库内。仓库应远离火种、热源并防止日光直射，容器必须密封。

ICS 71.100.01;87.060.10
G 55

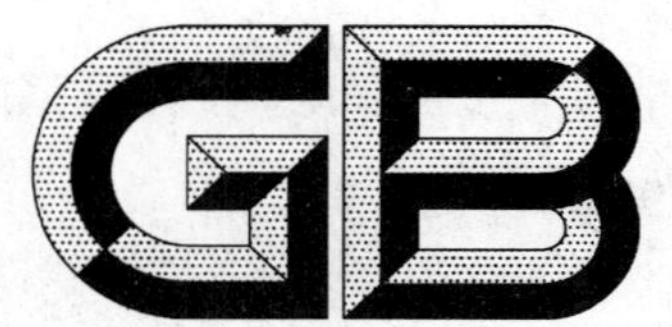

中华人民共和国国家标准

GB/T 9337—2009
代替 GB/T 9337—2001

分散染料　高温染色上色率的测定

Disperse dyestuffs—Determination of dye-uptake at high temperature dyeing

2009-06-02 发布　　2010-02-01 实施

中华人民共和国国家质量监督检验检疫总局
中国国家标准化管理委员会　发布

前言

本标准代替 GB/T 9337—2001《分散染料高温染色上色率的测定方法》。

本标准与 GB/T 9337—2001 的主要变化如下：

——将标准名称改为《分散染料　高温染色上色率的测定》；

——对引用标准的有效性重新进行确认；

——修改了测定内容的表述方法。

本标准由中国石油和化学工业协会提出。

本标准由全国染料标准化技术委员会(SAC/TC 134)归口。

本标准起草单位：沈阳化工研究院。

本标准主要起草人：姬兰琴。

本标准所代替标准的历次版本发布情况为：

——GB 9337—1988、GB/T 9337—2001。

分散染料　高温染色上色率的测定

1　范围

本标准规定了分散染料在涤纶纤维上高温染色上色率和相对上色率的测定方法。

本标准适用于分散染料在涤纶纤维上高温染色上色率和相对上色率的测定。

2　规范性引用文件

下列文件中的条款通过本标准的引用而成为本标准的条款。凡是注日期的引用文件，其随后所有的修改单(不包括勘误的内容)或修订版均不适用于本标准，然而，鼓励根据本标准达成协议的各方研究是否可使用这些文件的最新版本。凡是不注日期的引用文件，其最新版本适用于本标准。

GB/T 2374—2007　染料　染色测定的一般条件规定

GB/T 2394—2006　分散染料　色光和强度的测定方法

GB/T 3979—2008　物体色的测量方法

GB/T 4841.1　染料染色标准深度色卡　1/1

GB/T 6688　染料　相对强度和色差的测定　仪器法

GB/T 8170—2008　数值修约规则与极限数值的表示和判定

3　术语与定义

下列术语和定义适用于本标准。

3.1

上色率　dye-uptake, degree of dying

染色过程中某一时刻上染到纤维上的染料量与染浴中投入染料总量之比。

符号：F(%)

[GB/T 6687—2006 中的 6.28]

3.2

相对上色率　relative degree of dying

染色过程中某一时刻上染到纤维上的染料量相对于正常染色条件下最终染样上的染料量之比。

符号：S(%)

4　方法提要

本标准推荐采用透射法测定分散染料高温染色上色率。

本标准推荐采用透射法和反射法测定分散染料高温染色相对上色率。

5　一般规定

除非另有规定，所用试剂和材料应符合 GB/T 2374—2007 中第 3 章的有关规定。仪器和设备应符合 GB/T 2374—2007 中第 4 章的有关规定。检验结果的判定按 GB/T 8170—2008 中的 4.3.3 修约值比较法进行。

6　试剂和材料

6.1　丙酮：分析纯。

6.2 氯苯与苯酚混合液：氯苯与苯酚的质量比为1∶1。

7 仪器和设备

7.1 实验室用高温高压染色机。

7.2 分析天平：感量0.000 1 g。

7.3 分光光度计。

7.4 颜色测量仪器：应符合GB/T 3979—2008的有关颜色测量仪器的规定。

7.5 容量瓶：50 mL。

7.6 移液管：2 mL。

7.7 玻璃吸管。

7.8 水浴锅。

8 试样准备

8.1 染色条件

试样的染色条件按产品标准中的规定进行。没有产品标准者，按GB/T 2394—2006的有关规定进行。

8.2 染色深度

试样的染色深度按各产品标准中色光、强度测定方法的染色深度进行。没有产品标准者，按1/1染色标准深度进行，应符合GB/T 4841.1的规定。

9 分散染料高温染色上色率的测定(透射法)

9.1 测定步骤

按本标准的第8章要求染色后，取某一时刻的染样一块，剪碎混匀后称取试样0.1 g左右(称准至0.000 1 g)，置于50 mL容量瓶中，加入3 mL氯苯＋苯酚混合液，使试样全部浸没于上述溶液中，然后置于沸水浴中使其完全溶解，冷却至室温后，在摇动下加入丙酮，使涤纶树脂絮状物全部析出，再用丙酮稀释至刻度摇匀，加盖静置，务使涤纶树脂絮状物全部沉积于瓶底备用。

用移液管从配制的染料液中吸取x mL(用于对0.1 g纤维进行染色的染料量，一般控制在2 mL左右)置于50 mL容量瓶中，加入3 mL氯苯＋苯酚混合液，然后置于沸水浴中2 min～3 min，冷却至室温后，用丙酮稀释至刻度摇匀，加盖静置备用。

9.2 测定

用玻璃吸管分别从所制备的溶液中的上部小心吸取澄清的有色液，用丙酮作空白溶液，在分光光度计上于试液的最大吸收波长处测定光密度值。

9.3 结果计算

分散染料高温染色上色率以F计，数值用%表示，按式(1)计算：

$$F=\frac{E_1\times 0.1}{E_2 m}\times 100 \qquad (1)$$

式中：

E_1——上染过程中某一时刻染样萃取液的光密度值；

E_2——对0.1 g纤维进行染色的染浴中投入染料量的光密度值；

m——试样质量的准确数值，单位为克(g)。

计算结果保留到小数点后一位。

10 分散染料高温染色相对上色率的测定

10.1 透射法

10.1.1 测定步骤

分别称取剪碎混匀的上染过程中某一时刻的染样及正常的高温高压染色条件下的最终染样各0.1 g左右(称准至0.000 1 g),然后按本标准9.1处理并按本标准的9.2进行测定。

10.1.2 结果计算

分散染料高温染色相对上色率以 S_1 计,数值用%表示,按式(2)计算:

$$S_1 = \frac{E_4 m_1}{E_3 m_2} \times 100 \quad \cdots\cdots(2)$$

式中:

E_3——正常的高温高压染色条件下的最终染样的萃取液的光密度值;

E_4——上染过程中某一时刻染样萃取液的光密度值;

m_1——正常的高温高压染色条件下的最终染样的质量的数值,单位为克(g);

m_2——上染过程中某一时刻染样的质量的数值,单位为克(g)。

计算结果表示到小数点后一位。

10.2 反射法

10.2.1 测定步骤

按GB/T 6688中有关规定测定上染过程中某一时刻的染样(用下标"样"表示)及正常的高温高压染色条件下的最终染样(用下标"标"表示)的反射值。

10.2.2 结果计算

计算方法一,按Kubelka-Munk公式进行计算。

分散染料高温染色相对上色率以 S_2 计,数值用%表示,利用Kubelka-Munk公式进行计算,Kubelka-Munk如式(3)和式(4):

$$S_2 = \frac{(K/S)_{样}}{(K/S)_{标}} \times 100 \quad \cdots\cdots(3)$$

$$(K/S) = \frac{(1-R_\infty)^2}{2R_\infty} \quad \cdots\cdots(4)$$

式中:

$2R_\infty$——染色物在最大吸收波长处的反射值。

注:利用Kubelka-Munk公式计算分散染料高温染色的相对上色率适用于单一染料。

计算方法二,按Integ公式进行计算。

分散染料高温染色相对上色率以 S 计,数值用%表示,利用Integ公式进行计算。Integ公式为式(5)、式(6)和式(7):

$$S = \frac{I_{样}}{I_{标}} \times 100 \quad \cdots\cdots(5)$$

$$I = \sum_{\lambda=400}^{700} S_{D_{65}}(\lambda) F(\lambda) [\bar{x}_{10}(\lambda) + \bar{y}_{10}(\lambda) + \bar{z}_{10}(\lambda)] \Delta\lambda \quad \cdots\cdots(6)$$

$$F(\lambda) = \frac{[1-R(\lambda)_\infty]^2}{2R(\lambda)_\infty} - \frac{[1-R_S(\lambda)_\infty]^2}{2R_S(\lambda)_\infty} \quad \cdots\cdots(7)$$

式中:

$S_{D_{65}}(\lambda)$——CIE推荐 D_{65} 标准照明体光谱能量分布;

$F(\lambda)$——染色物在某一波长 λ 下的Kubelka-Munk函数值;

$R(\lambda)_\infty$——染色物在波长 λ 下的反射值;

$R_S(\lambda)_\infty$——空白染色物在波长 λ 下的反射值；

$\bar{x}_{10}(\lambda)$，$\bar{y}_{10}(\lambda)$，$\bar{z}_{10}(\lambda)$——CIE1964 标准色度观察者色匹配函数；

$\Delta\lambda$——波长间隔。

注：利用 Integ 公式计算分散染料高温染色的相对上色率适用于一切染料，尤其适用于拼混染料以及具有两个以上明显吸收峰或没有明显吸收峰的染料。

11 试验报告

试验报告应包括以下内容：

a) 被测染料的全名；

b) 本标准编号；

c) 染色方法及染色深度；

d) 测定波长；

e) 使用仪器类型；

f) 测试结果；

g) 在测试过程中的特殊情况；

h) 与本方法有差异的地方。

参 考 文 献

[1] GB 6687—2006 染料名词术语

ICS 17.180.20
G 56

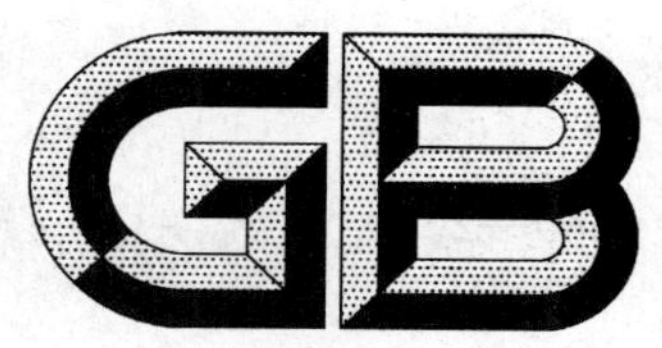

中华人民共和国国家标准

GB/T 9340—2009
代替 GB/T 9340—2001

荧光样品颜色的测量方法

Methods for color measurement of fluorescent specimens

2009-03-11 发布 2009-11-01 实施

中华人民共和国国家质量监督检验检疫总局
中国国家标准化管理委员会 发布

前 言

本标准参照 ASTM E991:1998《荧光样品颜色测量的标准方法》和 ASTM E991:2006《用一个单色仪测量荧光样品颜色的标准方法》，与 ASTM E991:1998 和 ASTM E991:2006 的一致性程度均为非等效。

本标准与 ASTM E991:1998 的主要差异如下：

——增加了光电积分测量方法；

——增加了 *di*：8°、*de*：8°几何条件。

与 ASTM E991:2006 的主要差异如下：

——保留 ASTM E991:1998 中光源一致性因子(*SCF*)的定义和计算方法；保留利用 *SCF* 方法判断仪器光源与照明体 D_{65} 的一致程度的内容。

本标准代替 GB/T 9340—2001《荧光样品色的相对测量方法》。

本标准与 GB/T 9340—2001 相比主要变化如下：

——标准中文名称修改为"荧光样品颜色的测量方法"；英文名称修改为"Methods for color measurement of fluorescent specimens"；

——术语和定义中增加"光源一致性因子"，在荧光的定义中增加"紫外激发荧光"、"可见激发荧光"的内容；

——修改"色度计法"为"光电积分法"，见第 6 章；

——将"45/0"、"0/45"、"*d*/0"几何条件的表示方法根据 GB/T 3978 进行修改，见 5.2.4.1、5.2.4.2、5.2.4.3；

——修改原标准 5.1.3 中的光源等级；增加用 *SCF* 方法判断仪器光源与标准照明体 D_{65} 的一致程度，见 5.2.1；增加 *SCF* 的计算方法，见附录 A；

——删除原标准 5.1.2，增加 CIE 1931 标准色度观察者下的三刺激值、色品坐标和 CIE 白度的计算公式，见式(1)、(3)、(5)、(6)；三刺激值的计算增加归一化系数 k；

——增加 CIE 标准照明体 D_{65} 的相对光谱功率分布、CIE 1931 标准色度观察者色匹配函数及色品坐标、CIE 1964 标准色度观察者色匹配函数及色品坐标、完全漫反射体在 CIE 标准照明体 D_{65} 下的三刺激值和色品坐标，分别见表 1、表 2、表 3、表 4。

本标准的附录 A 是规范性附录。

本标准由全国颜色标准化技术委员会提出并归口。

本标准起草单位：中国计量科学研究院、深圳海川色彩科技有限公司。

本标准主要起草人：马煜、王煜、冯国进、陈苹、何唯平、汤惠工。

本标准所代替标准的历次版本的发布情况为：

本标准于 1988 年首次发布，2001 年 6 月第一次修订。

荧光样品颜色的测量方法

1 范围

本标准规定了荧光样品颜色的两种测量方法——光谱光度法、光电积分法以及测量结果的表示方法。

本标准适用于在可见区发光的反射荧光样品色的相对测量。

本标准不适用于电致发光样品、化学发光样品和磷光样品颜色的测量；也不适用于化学分析应用中荧光特性的测量。

2 规范性引用文件

下列文件中的条款通过本标准的引用而成为本标准的条款。凡是注日期的引用文件，其随后所有的修改单(不包括勘误的内容)或修订版均不适用于本标准，然而，鼓励根据本标准达成协议的各方研究是否可使用这些文件的最新版本。凡是不注日期的引用文件，其最新版本适用于本标准。

GB/T 3978 标准照明体和几何条件

GB/T 5698 颜色术语

ASTM E308 根据 CIE 系统计算物体颜色的方法

CIE 出版物 51.2 应用于色度的昼光模拟器的质量评价方法

3 术语和定义

GB/T 5698 确立的以及下列术语和定义适用于本标准。

3.1

荧光 fluorescence

某些物质被某一波长或波段的辐射照射后，所发射出的不同于照射波长的光，称为荧光。

吸收紫外辐射后产生的荧光叫作紫外激发荧光；吸收可见辐射后产生的荧光叫作可见激发荧光。

3.2

荧光增白剂 fluorescent whitening agents (FWA)

吸收紫外辐射后在可见光的短波区域发射出荧光，从而增加材料的视觉白度的一种化学物质。

3.3

荧光白度计 fluorescence whiteness meter

用于测量荧光样品白度的白度计。其主要特点是能测得在模拟标准照明体 D_{65} 的光源下荧光样品的白度值。

3.4

荧光色度计 fluorescence colorimeter

用于测量荧光样品颜色的三刺激值或色品坐标的色度计。其主要特点是能测得在模拟标准照明体 D_{65} 的光源下荧光样品的色度值。

3.5

光源一致性因子 source conformance factor (*SCF*)

在采样孔处测量仪器照明光源的相对光谱辐照度分布曲线和特定 CIE 标准照明体的相对光谱分布曲线均方差的平方根。

4 测量方法

荧光样品颜色的相对测量方法分为光谱光度法和光电积分法。

5 光谱光度法

5.1 测量原理

光谱光度法测量荧光样品色是采用光谱光度测色仪，测量样品的光谱辐亮度因数，按色度学公式计算样品的色度值，或按白度公式计算样品的白度值。

荧光样品在特定光源照明下吸收某个波长区域的辐射，而在另一波长区域发出新的辐射，因此，出射光中既有照明光的反射部分，又有被照明光激发的荧光发射部分。

通常观察和评价荧光样品的颜色是在日光(复色光)下进行的，所以当采用光学仪器测量荧光样品的颜色时，应当与目视评价结果有良好的相关性。这就对仪器的照明光源和几何条件提出了特殊要求。

5.2 测量仪器的要求

5.2.1 仪器光源应能在采样孔处产生 340 nm～700 nm 连续的宽带照明。当对测量的准确度要求较高时，光源的波长范围应为 300 nm～780 nm。光源的光谱分布应与 CIE 标准照明体 D_{65} 近似一致。在采样孔处光源的相对光谱辐照度与标准照明体 D_{65} 的一致程度应满足 5.2.1.1 或者 5.2.1.2 的规定，选择二者之中可行的方法之一进行评价。

5.2.1.1 波长在 300 nm～380 nm 范围的紫外光源一致性因子 SCF_{uv} 应小于 15.0；波长在 380 nm～700 nm 范围的可见光源一致性因子 SCF_{vis} 应小于 10.0。SCF_{uv} 和 SCF_{vis} 的计算方法应符合附录 A 的规定。

5.2.1.2 按照 CIE 出版物 51.2 规定的方法计算仪器光源模拟标准照明体 D_{65} 的一致程度应不低于 BB(CIELAB)级。

5.2.2 仪器具有一个单色仪且位于样品和探测器之间。

5.2.3 测量波长范围为 380 nm～780 nm，当对测量准确度要求不高时，可为 400 nm～700 nm；测量波长间隔为 5 nm，当对测量准确度要求不高时，可小于或等于 10 nm。测量波长间隔为 5 nm 时的三刺激值计算方法见式(1)或式(2)，其他波长间隔的色度计算方法见 ASTM E308。

5.2.4 仪器的几何条件应满足 5.2.4.1、5.2.4.2 或 5.2.4.3 的规定，几何条件的实现方法和相关规定见 GB/T 3978。

5.2.4.1 $45°a:0°$ 或 $45°x:0°$ 几何条件。

5.2.4.2 $0°:45°a$ 或 $0°:45°x$ 几何条件

图 1 为应用模拟标准照明体 D_{65} 的复色光进行荧光样品色相对测量的示意图。照明光束沿样品法线方向入射，探测方向与法线成 45°角，即几何条件为 $0°:45°x$。

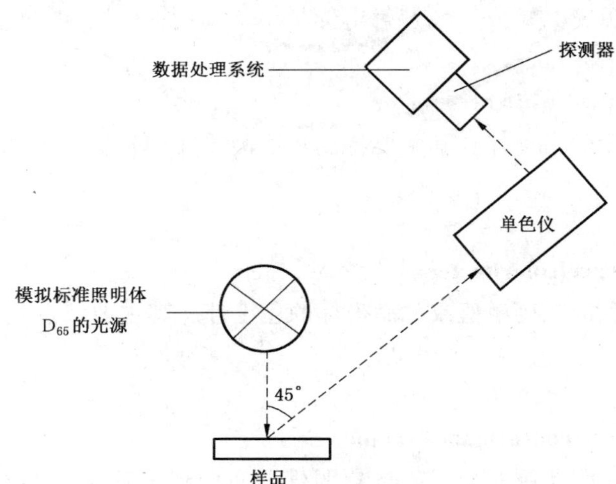

图 1 $0°:45°x$ 几何条件测量荧光样品色示意图

5.2.4.3 di：8°或 de：8°几何条件

在 di：8°或 de：8°几何条件下测量荧光样品时，需要应用积分球。荧光样品被照明后，其反射光和发射光经积分球反射后会再次照明荧光样品，发射光谱的存在改变了照明光的光谱成分，影响测量结果。但当采样孔面积与积分球内表面面积之比越小时，这种影响就越小。当这种影响可以忽略或有有效措施进行修正的时候，允许应用具有 di：8°或 de：8°几何条件的光谱光度测色仪器。

5.3 测量步骤

5.3.1 按仪器操作规程开动仪器，校零。

5.3.2 用测色标准白板校准仪器。

5.3.3 测量荧光样品，并记录其光谱辐亮度因数 $\beta(\lambda)$。

5.4 测量结果的计算

5.4.1 按式(1)计算 CIE 1931 标准色度观察者下的荧光样品色的三刺激值 X、Y 和 Z：

$$\left.\begin{aligned} X &= k\sum_{\lambda} S_{\mathrm{D}}(\lambda)\beta(\lambda)\bar{x}(\lambda)\Delta\lambda \\ Y &= k\sum_{\lambda} S_{\mathrm{D}}(\lambda)\beta(\lambda)\bar{y}(\lambda)\Delta\lambda \\ Z &= k\sum_{\lambda} S_{\mathrm{D}}(\lambda)\beta(\lambda)\bar{z}(\lambda)\Delta\lambda \end{aligned}\right\} \qquad \cdots\cdots(1)$$

式中：

λ——波长；

$S_{\mathrm{D}}(\lambda)$——CIE 标准照明体 D_{65} 的相对光谱功率分布，见表 1；

$\bar{x}(\lambda)$、$\bar{y}(\lambda)$、$\bar{z}(\lambda)$——CIE 1931 标准色度观察者色匹配函数，见表 2；

$\beta(\lambda)$——测量荧光样品色所得到的光谱辐亮度因数；

$\Delta\lambda$——波长间隔；

k——归一化系数，$k=\dfrac{100}{\Sigma S_{\mathrm{D}}(\lambda)\bar{y}(\lambda)\Delta\lambda}$。

5.4.2 按式(2)计算 CIE 1964 标准色度观察者下的荧光样品色的三刺激值 X_{10}、Y_{10} 和 Z_{10}：

$$\left.\begin{aligned} X_{10} &= k_{10}\sum_{\lambda} S_{\mathrm{D}}(\lambda)\beta(\lambda)\bar{x}_{10}(\lambda)\Delta\lambda \\ Y_{10} &= k_{10}\sum_{\lambda} S_{\mathrm{D}}(\lambda)\beta(\lambda)\bar{y}_{10}(\lambda)\Delta\lambda \\ Z_{10} &= k_{10}\sum_{\lambda} S_{\mathrm{D}}(\lambda)\beta(\lambda)\bar{z}_{10}(\lambda)\Delta\lambda \end{aligned}\right\} \qquad \cdots\cdots(2)$$

式中：

λ——波长；

$S_{\mathrm{D}}(\lambda)$——CIE 标准照明体 D_{65} 的相对光谱功率分布，见表 1；

$\bar{x}_{10}(\lambda)$、$\bar{y}_{10}(\lambda)$、$\bar{z}_{10}(\lambda)$——CIE 1964 标准色度观察者色匹配函数，见表 3；

$\Delta\lambda$——波长间隔；

$\beta(\lambda)$——测量荧光样品色所得到的光谱辐亮度因数；

k_{10}——归一化系数，$k_{10}=\dfrac{100}{\Sigma S_{\mathrm{D}}(\lambda)\bar{y}_{10}(\lambda)\Delta\lambda}$。

5.4.3 按式(3)计算 CIE 1931 标准色度观察者下的色品坐标 x、y 和 z：

$$\left.\begin{aligned} x &= \frac{X}{X+Y+Z} \\ y &= \frac{Y}{X+Y+Z} \\ z &= \frac{Z}{X+Y+Z} = 1-x-y \end{aligned}\right\} \qquad \cdots\cdots(3)$$

式中：

X、Y、Z——样品在 CIE 1931 标准色度观察者下的三刺激值。

5.4.4 按式(4)计算 CIE 1964 标准色度观察者下的色品坐标 x_{10}、y_{10}、z_{10}。

$$\left.\begin{aligned} x_{10} &= \frac{X_{10}}{X_{10}+Y_{10}+Z_{10}} \\ y_{10} &= \frac{Y_{10}}{X_{10}+Y_{10}+Z_{10}} \\ z_{10} &= \frac{Z_{10}}{X_{10}+Y_{10}+Z_{10}} = 1 - x_{10} - y_{10} \end{aligned}\right\} \quad \cdots\cdots (4)$$

式中：

X_{10}、Y_{10}、Z_{10}——样品在 CIE 1964 标准色度观察者下的三刺激值。

5.4.5 当需要计算荧光样品的白度时，应按式(5)、(6)、(7)、(8)计算其 CIE 白度和淡色调指数。

5.4.5.1 按式(5)、(6)计算样品在 CIE 1931 标准色度观察者下的 CIE 白度 W 和淡色调指数 T_W；

$$W = Y + 800(x_n - x) + 1\,700(y_n - y), 40 < W < 5Y - 280 \quad \cdots\cdots (5)$$

$$T_W = 1\,000(x_n - x) - 650(y_n - y), -4 < T_W < +2 \quad \cdots\cdots (6)$$

式中：

Y、x、y——样品在 CIE 1931 标准色度观察者下的刺激值和色品坐标；

x_n、y_n——完全漫反射体在 CIE 标准照明体 D_{65} 和 CIE 1931 标准色度观察者下的色品坐标，见表 4。

5.4.5.2 按式(7)、(8)计算样品在 CIE 1964 标准色度观察者下 CIE 白度 W_{10} 和淡色调指数 $T_{W,10}$。

$$W_{10} = Y_{10} + 800(x_{n,10} - x_{10}) + 1\,700(y_{n,10} - y_{10}), 40 < W_{10} < 5Y_{10} - 280 \quad \cdots\cdots (7)$$

$$T_{W,10} = 900(x_{n,10} - x_{10}) - 650(y_{n,10} - y_{10}), -4 < T_{W,10} < +2 \quad \cdots\cdots (8)$$

式中：

Y_{10}、x_{10}、y_{10}——样品在 CIE 1964 标准色度观察者下的刺激值和色品坐标；

$x_{n,10}$、$y_{n,10}$——完全漫反射体在 CIE 标准照明体 D_{65} 和 CIE 1964 标准色度观察者下的色品坐标，见表 4。

6 光电积分法

6.1 测量原理

光电积分法测量荧光样品色是采用具有特定光谱灵敏度的光电积分器件的荧光色度计或荧光白度计直接测量样品的色度值或白度值。荧光色度计或荧光白度计的探测器采用光电池、光电管或光电倍增管等，并配有拟合人眼色觉特性的滤光器，仪器的光谱特性应满足式(9)：

$$\left.\begin{aligned} K_1\tau_x(\lambda)r(\lambda) &= \bar{x}(\lambda) \\ K_2\tau_y(\lambda)r(\lambda) &= \bar{y}(\lambda) \\ K_3\tau_z(\lambda)r(\lambda) &= \bar{z}(\lambda) \end{aligned}\right\} \quad \cdots\cdots (9)$$

式中：

K_1，K_2，K_3——与波长无关的系数；

$\tau_x(\lambda)$，$\tau_y(\lambda)$，$\tau_z(\lambda)$——仪器特定滤光器的相对光谱透射比；

$r(\lambda)$——仪器探测器的相对光谱响应度；

$\bar{x}(\lambda)$、$\bar{y}(\lambda)$、$\bar{z}(\lambda)$——CIE 1931 标准色度观察者色匹配函数 $\bar{x}(\lambda)$、$\bar{y}(\lambda)$、$\bar{z}(\lambda)$或 CIE 1964 标准色度观察者色匹配函数 $\bar{x}_{10}(\lambda)$、$\bar{y}_{10}(\lambda)$、$\bar{z}_{10}(\lambda)$。

6.2 测量仪器的要求

6.2.1 仪器光源应符合5.2.1的规定。

6.2.2 几何条件应符合5.2.4的规定。

6.2.3 仪器光谱特性的总体响应符合式(9)。

6.3 测量步骤

6.3.1 按仪器操作规程开动仪器，校零。

6.3.2 用标准白板或标准色板校准仪器。

6.3.3 测量荧光样品，并记录其三刺激值、色品坐标或白度值。

7 测量结果的表示

7.1 荧光样品色的相对测量结果用刺激值Y(或Y_{10})和色品坐标x、y(或x_{10}、y_{10})表示。

荧光白色样品的相对测量结果用白度W(或W_{10})和淡色调指数T_W(或$T_{W,10}$)表示。

7.2 测量结果的附加记录应包括：光源模拟D_{65}的级别、几何条件等内容。若采用积分球测量，应记录积分球的尺寸和测量窗口面积并注明是否包括镜面反射成分。

表1 CIE标准照明体D_{65}的相对光谱功率分布

(波长范围：300 nm～780 nm，波长间隔：5 nm)

波长/nm	照明体D_{65}相对光谱功率分布	波长/nm	照明体D_{65}相对光谱功率分布	波长/nm	照明体D_{65}相对光谱功率分布	波长/nm	照明体D_{65}相对光谱功率分布	波长/nm	照明体D_{65}相对光谱功率分布
300	0.034 100	400	82.754 900	500	109.354 000	600	90.006 200	700	71.609 100
305	1.664 300	405	87.120 400	505	108.578 000	605	89.802 600	705	72.979 000
310	3.294 500	410	91.486 000	510	107.802 000	610	89.599 100	710	74.349 000
315	11.765 200	415	92.458 900	515	106.296 000	615	88.648 900	715	67.976 500
320	20.236 000	420	93.431 800	520	104.790 000	620	87.698 700	720	61.604 000
325	28.644 700	425	90.057 000	525	106.239 000	625	85.493 600	725	65.744 800
330	37.053 500	430	86.682 300	530	107.689 000	630	83.288 600	730	69.885 600
335	38.501 100	435	95.773 600	535	106.047 000	635	83.493 900	735	72.486 300
340	39.948 800	440	104.865 000	540	104.405 000	640	83.699 200	740	75.087 000
345	42.430 200	445	110.936 000	545	104.225 000	645	81.863 000	745	69.339 800
350	44.911 700	450	117.008 000	550	104.046 000	650	80.026 800	750	63.592 700
355	45.775 000	455	117.410 000	555	102.023 000	655	80.120 700	755	55.005 400
360	46.638 300	460	117.812 000	560	100.000 000	660	80.214 600	760	46.418 200
365	49.363 700	465	116.336 000	565	98.167 100	665	81.246 200	765	56.611 800
370	52.089 100	470	114.861 000	570	96.334 200	670	82.277 800	770	66.805 400
375	51.032 300	475	115.392 000	575	96.061 100	675	80.281 000	775	65.094 100
380	49.975 500	480	115.923 000	580	95.788 000	680	78.284 200	780	63.382 800
385	52.311 800	485	112.367 000	585	92.236 800	685	74.002 700	—	—
390	54.648 200	490	108.811 000	590	88.685 600	690	69.721 300	—	—
395	68.701 500	495	109.082 000	595	89.345 900	695	70.665 200	—	—

表 2　CIE 1931 标准色度观察者色匹配函数及色品坐标
（波长范围:380 nm～780 nm,波长间隔:5 nm）

波长/nm	色匹配函数			色品坐标	
	$\bar{x}(\lambda)$	$\bar{y}(\lambda)$	$\bar{z}(\lambda)$	$x(\lambda)$	$y(\lambda)$
380	0.001 368	0.000 039	0.006 450	0.174 110	0.004 960
385	0.002 236	0.000 064	0.010 550	0.174 010	0.004 980
390	0.004 243	0.000 120	0.020 050	0.173 800	0.004 920
395	0.007 650	0.000 217	0.036 210	0.173 560	0.004 920
400	0.014 310	0.000 396	0.067 850	0.173 340	0.004 800
405	0.023 190	0.000 640	0.110 200	0.173 020	0.004 780
410	0.043 510	0.001 210	0.207 400	0.172 580	0.004 800
415	0.077 630	0.002 180	0.371 300	0.172 090	0.004 830
420	0.134 380	0.004 000	0.645 600	0.171 410	0.005 100
425	0.214 770	0.007 300	1.039 050	0.170 300	0.005 790
430	0.283 900	0.011 600	1.385 600	0.168 880	0.006 900
435	0.328 500	0.016 840	1.622 960	0.166 900	0.008 560
440	0.348 280	0.023 000	1.747 060	0.164 410	0.010 860
445	0.348 060	0.029 800	1.782 600	0.161 100	0.013 790
450	0.336 200	0.038 000	1.772 110	0.156 640	0.017 700
455	0.318 700	0.048 000	1.744 100	0.150 990	0.022 740
460	0.290 800	0.060 000	1.669 200	0.143 960	0.029 700
465	0.251 100	0.073 900	1.528 100	0.135 500	0.039 880
470	0.195 360	0.090 980	1.287 640	0.124 120	0.057 800
475	0.142 100	0.112 600	1.041 900	0.109 590	0.086 840
480	0.095 640	0.139 020	0.812 950	0.091 290	0.132 700
485	0.057 950	0.169 300	0.616 200	0.068 710	0.200 720
490	0.032 010	0.208 020	0.465 180	0.045 390	0.294 980
495	0.014 700	0.258 600	0.353 300	0.023 460	0.412 700
500	0.004 900	0.323 000	0.272 000	0.008 170	0.538 420
505	0.002 400	0.407 300	0.212 300	0.003 860	0.654 820
510	0.009 300	0.503 000	0.158 200	0.013 870	0.750 190
515	0.029 100	0.608 200	0.111 700	0.038 850	0.812 020
520	0.063 270	0.710 000	0.078 250	0.074 300	0.833 800
525	0.109 600	0.793 200	0.057 250	0.114 160	0.826 210
530	0.165 500	0.862 000	0.042 160	0.154 720	0.805 860
535	0.225 750	0.914 850	0.029 840	0.192 880	0.781 630
540	0.290 400	0.954 000	0.020 300	0.229 620	0.754 330

表 2（续）

波长/nm	色匹配函数			色品坐标	
	$\bar{x}(\lambda)$	$\bar{y}(\lambda)$	$\bar{z}(\lambda)$	$x(\lambda)$	$y(\lambda)$
545	0.359 700	0.980 300	0.013 400	0.265 780	0.724 320
550	0.433 450	0.994 950	0.008 750	0.301 600	0.692 310
555	0.512 050	1.000 000	0.005 750	0.337 360	0.658 850
560	0.594 500	0.995 000	0.003 900	0.373 100	0.624 450
565	0.678 400	0.978 600	0.002 750	0.408 740	0.589 610
570	0.762 100	0.952 000	0.002 100	0.444 060	0.554 710
575	0.842 500	0.915 400	0.001 800	0.478 770	0.520 200
580	0.916 300	0.870 000	0.001 650	0.512 490	0.486 590
585	0.978 600	0.816 300	0.001 400	0.544 790	0.454 430
590	1.026 300	0.757 000	0.001 100	0.575 150	0.424 230
595	1.056 700	0.694 900	0.001 000	0.602 930	0.396 500
600	1.062 200	0.631 000	0.000 800	0.627 040	0.372 490
605	1.045 600	0.566 800	0.000 600	0.648 230	0.351 390
610	1.002 600	0.503 000	0.000 340	0.665 760	0.334 010
615	0.938 400	0.441 200	0.000 240	0.680 080	0.319 750
620	0.854 450	0.381 000	0.000 190	0.691 500	0.308 340
625	0.751 400	0.321 000	0.000 100	0.700 610	0.299 300
630	0.642 400	0.265 000	0.000 050	0.707 920	0.292 030
635	0.541 900	0.217 000	0.000 030	0.714 030	0.285 930
640	0.447 900	0.175 000	0.000 020	0.719 030	0.280 930
645	0.360 800	0.138 200	0.000 010	0.723 030	0.276 950
650	0.283 500	0.107 000	0.000 000	0.725 990	0.274 010
655	0.218 700	0.081 600	0.000 000	0.728 270	0.271 730
660	0.164 900	0.061 000	0.000 000	0.729 970	0.270 030
665	0.121 200	0.044 580	0.000 000	0.731 090	0.268 910
670	0.087 400	0.032 000	0.000 000	0.731 990	0.268 010
675	0.063 600	0.023 200	0.000 000	0.732 720	0.267 280
680	0.046 770	0.017 000	0.000 000	0.733 420	0.266 580
685	0.032 900	0.011 920	0.000 000	0.734 050	0.265 950
690	0.022 700	0.008 210	0.000 000	0.734 390	0.265 610
695	0.015 840	0.005 723	0.000 000	0.734 590	0.265 410
700	0.011 359	0.004 102	0.000 000	0.734 690	0.265 310
705	0.008 111	0.002 929	0.000 000	0.734 690	0.265 310
710	0.005 790	0.002 091	0.000 000	0.734 690	0.265 310

表 2（续）

波长/nm	色匹配函数			色品坐标	
	$\bar{x}(\lambda)$	$\bar{y}(\lambda)$	$\bar{z}(\lambda)$	$x(\lambda)$	$y(\lambda)$
715	0.004 109	0.001 484	0.000 000	0.734 690	0.265 310
720	0.002 899	0.001 047	0.000 000	0.734 690	0.265 310
725	0.002 049	0.000 740	0.000 000	0.734 690	0.265 310
730	0.001 440	0.000 520	0.000 000	0.734 690	0.265 310
735	0.001 000	0.000 361	0.000 000	0.734 690	0.265 310
740	0.000 690	0.000 249	0.000 000	0.734 690	0.265 310
745	0.000 476	0.000 172	0.000 000	0.734 690	0.265 310
750	0.000 332	0.000 120	0.000 000	0.734 690	0.265 310
755	0.000 235	0.000 085	0.000 000	0.734 690	0.265 310
760	0.000 166	0.000 060	0.000 000	0.734 690	0.265 310
765	0.000 117	0.000 042	0.000 000	0.734 690	0.265 310
770	0.000 083	0.000 030	0.000 000	0.734 690	0.265 310
775	0.000 059	0.000 021	0.000 000	0.734 690	0.265 310
780	0.000 042	0.000 015	0.000 000	0.734 690	0.265 310

表 3 CIE 1964 标准色度观察者色匹配函数及色品坐标
（波长范围：380 nm～780 nm，波长间隔：5 nm）

波长/nm	色匹配函数			色品坐标	
	$\bar{x}_{10}(\lambda)$	$\bar{y}_{10}(\lambda)$	$\bar{z}_{10}(\lambda)$	$x_{10}(\lambda)$	$y_{10}(\lambda)$
380	0.000 160	0.000 017	0.000 705	0.181 330	0.019 690
385	0.000 662	0.000 072	0.002 928	0.180 910	0.019 540
390	0.002 362	0.000 253	0.010 482	0.180 310	0.019 350
395	0.007 242	0.000 769	0.032 344	0.179 470	0.019 040
400	0.019 110	0.002 004	0.086 011	0.178 390	0.018 710
405	0.043 400	0.004 509	0.197 120	0.177 120	0.018 400
410	0.084 736	0.008 756	0.389 366	0.175 490	0.018 130
415	0.140 638	0.014 456	0.656 760	0.173 230	0.017 810
420	0.204 492	0.021 391	0.972 542	0.170 630	0.017 850
425	0.264 737	0.029 497	1.282 500	0.167 900	0.018 710
430	0.314 679	0.038 676	1.553 480	0.165 030	0.020 280
435	0.357 719	0.049 602	1.798 500	0.162 170	0.022 490
440	0.383 734	0.062 077	1.967 280	0.159 020	0.025 730
445	0.386 726	0.074 704	2.027 300	0.155 390	0.030 020
450	0.370 702	0.089 456	1.994 800	0.151 000	0.036 440
455	0.342 957	0.106 256	1.900 700	0.145 940	0.045 220

表 3（续）

波长/nm	色匹配函数			色品坐标	
	$\bar{x}_{10}(\lambda)$	$\bar{y}_{10}(\lambda)$	$\bar{z}_{10}(\lambda)$	$x_{10}(\lambda)$	$y_{10}(\lambda)$
460	0.302 273	0.128 201	1.745 370	0.138 920	0.058 920
465	0.254 085	0.152 761	1.554 900	0.129 520	0.077 870
470	0.195 618	0.185 190	1.317 560	0.115 180	0.109 040
475	0.132 349	0.219 940	1.030 200	0.095 730	0.159 090
480	0.080 507	0.253 589	0.772 125	0.072 780	0.229 240
485	0.041 072	0.297 665	0.570 060	0.045 190	0.327 540
490	0.016 172	0.339 133	0.415 254	0.020 990	0.440 110
495	0.005 132	0.395 379	0.302 356	0.007 300	0.562 520
500	0.003 816	0.460 777	0.218 502	0.005 590	0.674 540
505	0.015 444	0.531 360	0.159 249	0.021 870	0.752 580
510	0.037 465	0.606 741	0.112 044	0.049 540	0.802 300
515	0.071 358	0.685 660	0.082 248	0.085 020	0.816 980
520	0.117 749	0.761 757	0.060 709	0.125 240	0.810 190
525	0.172 953	0.823 330	0.043 050	0.166 410	0.792 170
530	0.236 491	0.875 211	0.030 451	0.207 060	0.766 280
535	0.304 213	0.923 810	0.020 584	0.243 640	0.739 870
540	0.376 772	0.961 988	0.013 676	0.278 590	0.711 300
545	0.451 584	0.982 200	0.007 918	0.313 230	0.681 280
550	0.529 826	0.991 761	0.003 988	0.347 300	0.650 090
555	0.616 053	0.999 110	0.001 091	0.381 160	0.618 160
560	0.705 224	0.997 340	0.000 000	0.414 210	0.585 790
565	0.793 832	0.982 380	0.000 000	0.446 920	0.553 080
570	0.878 655	0.955 552	0.000 000	0.479 040	0.520 960
575	0.951 162	0.915 175	0.000 000	0.509 640	0.490 360
580	1.014 160	0.868 934	0.000 000	0.538 560	0.461 440
585	1.074 300	0.825 623	0.000 000	0.565 440	0.434 560
590	1.118 520	0.777 405	0.000 000	0.589 960	0.410 040
595	1.134 300	0.720 353	0.000 000	0.611 600	0.388 400
600	1.123 990	0.658 341	0.000 000	0.630 630	0.369 370
605	1.089 100	0.593 878	0.000 000	0.647 130	0.352 870
610	1.030 480	0.527 963	0.000 000	0.661 220	0.338 780
615	0.950 740	0.461 834	0.000 000	0.673 060	0.326 940
620	0.856 297	0.398 057	0.000 000	0.682 660	0.317 340
625	0.754 930	0.339 554	0.000 000	0.689 760	0.310 240

表 3（续）

波长/nm	色匹配函数			色品坐标	
	$\bar{x}_{10}(\lambda)$	$\bar{y}_{10}(\lambda)$	$\bar{z}_{10}(\lambda)$	$x_{10}(\lambda)$	$y_{10}(\lambda)$
630	0.647 467	0.283 493	0.000 000	0.695 480	0.304 520
635	0.535 110	0.228 254	0.000 000	0.700 990	0.299 010
640	0.431 567	0.179 828	0.000 000	0.705 870	0.294 130
645	0.343 690	0.140 211	0.000 000	0.710 250	0.289 750
650	0.268 329	0.107 633	0.000 000	0.713 710	0.286 290
655	0.204 300	0.081 187	0.000 000	0.715 620	0.284 380
660	0.152 568	0.060 281	0.000 000	0.716 790	0.283 210
665	0.112 210	0.044 096	0.000 000	0.717 890	0.282 110
670	0.081 261	0.031 800	0.000 000	0.718 730	0.281 270
675	0.057 930	0.022 602	0.000 000	0.719 340	0.280 660
680	0.040 851	0.015 905	0.000 000	0.719 760	0.280 240
685	0.028 623	0.011 130	0.000 000	0.720 020	0.279 980
690	0.019 941	0.007 749	0.000 000	0.720 160	0.279 840
695	0.013 842	0.005 375	0.000 000	0.720 300	0.279 700
700	0.009 577	0.003 718	0.000 000	0.720 360	0.279 640
705	0.006 605	0.002 565	0.000 000	0.720 320	0.279 680
710	0.004 553	0.001 768	0.000 000	0.720 230	0.279 770
715	0.003 145	0.001 222	0.000 000	0.720 090	0.279 910
720	0.002 175	0.000 846	0.000 000	0.719 910	0.280 090
725	0.001 506	0.000 586	0.000 000	0.719 690	0.280 310
730	0.001 045	0.000 407	0.000 000	0.719 450	0.280 550
735	0.000 727	0.000 284	0.000 000	0.719 190	0.280 810
740	0.000 508	0.000 199	0.000 000	0.718 910	0.281 090
745	0.000 356	0.000 140	0.000 000	0.718 610	0.281 390
750	0.000 251	0.000 098	0.000 000	0.718 290	0.281 710
755	0.000 178	0.000 070	0.000 000	0.717 960	0.282 040
760	0.000 126	0.000 050	0.000 000	0.717 610	0.282 390
765	0.000 090	0.000 036	0.000 000	0.717 240	0.282 760
770	0.000 065	0.000 025	0.000 000	0.716 860	0.283 140
775	0.000 046	0.000 018	0.000 000	0.716 460	0.283 540
780	0.000 033	0.000 013	0.000 000	0.716 060	0.283 940

表 4　完全漫反射体在 CIE 标准照明体 D_{65} 下的三刺激值和色品坐标

CIE 1931 标准色度观察者						CIE 1964 标准色度观察者					
符号	X_n	Y_n	Z_n	x_n	y_n	符号	$X_{n,10}$	$Y_{n,10}$	$Z_{n,10}$	$x_{n,10}$	$y_{n,10}$
色度值	95.04	100.00	108.88	0.312 72	0.329 03	色度值	94.81	100.00	107.32	0.313 81	0.330 98

附 录 A
（规范性附录）
光源一致性因子（*SCF*）计算方法

A.1 通用公式

$$SCF=\left[\frac{1}{n}\sum_{\lambda_1}^{\lambda_2}(S_{D65}-S_{INST})^2\right]^{1/2} \quad \cdots\cdots(A.1)$$

式中：

λ_1——评价区域的起始波长；

λ_2——评价区域的终止波长；

n——测量波长点数目；

S_{D65}——CIE 标准照明体 D_{65} 的相对光谱辐照度，在 560 nm 处归一化到 100。CIE 标准照明体 D_{65} 的相对光谱功率分布见表 1，因其已在 560 nm 处归一化为 100，故各波长下的 S_{D65} 值可取表 1 相同波长下的相对光谱功率值；

S_{INST}——用光谱辐射法测量得到的照射在样品上的光的相对光谱辐照度，在 560 nm 处归一化到 100。

A.2 光谱辐照度的测量

用经校准的带有余弦接收器的光谱辐射计在采样孔处测量光源的光谱辐照度 E_c，记录光源在 λ_1～λ_2 波长范围内、间隔 $\Delta\lambda$ 的辐照度。

A.3 计算 *SCF*

A.3.1 将光源的光谱分布按式（A.2）在 560 nm 处归一化到 100。

$$S_{INST}=[E_c(\lambda)/E_c(560\ \text{nm})]\times 100 \quad \cdots\cdots(A.2)$$

式中：

$E_c(\lambda)$——光源在波长 λ 处的光谱辐照度；

$E_c(560\ \text{nm})$——光源在波长 560 nm 处的光谱辐照度。

A.3.2 在每个波长处计算 S_{D65} 和 S_{INST} 的差的平方：

$$(S_{D65}-S_{INST})^2 \quad \cdots\cdots(A.3)$$

A.3.3 计算紫外光源一致性因子——SCF_{uv}

A.3.3.1 在紫外区域波长范围内将各个波长处的 $(S_{D65}-S_{INST})^2$ 累加。

A.3.3.2 计算 SCF_{uv}，以测量波长范围为 300 nm～380 nm、采样波长间隔为 10 nm 的情况举例，则 $n=9$，计算公式如下：

$$SCF_{uv}=\left[\frac{\sum_{300}^{380}(S_{D65}-S_{INST})^2}{9}\right]^{1/2} \quad \cdots\cdots(A.4)$$

A.3.4 计算可见光源一致性因子——SCF_{vis}

A.3.4.1 在可见光区域波长范围内将各个波长处的 $(S_{D65}-S_{INST})^2$ 累加。

A.3.4.2 计算 SCF_{vis}，以测量波长范围为 380 nm～700 nm、采样波长间隔为 10 nm 的情况举例，则 $n=33$，计算公式如下：

$$SCF_{vis} = \left[\frac{\sum_{380}^{700}(S_{D65} - S_{INST})^2}{33}\right]^{1/2} \qquad \text{(A. 5)}$$

A.4 光源适用性判断要求

A.4.1 波长在 300 nm～380 nm 范围的紫外光源一致性因子 SCF_{uv} 应小于 15.0。

A.4.2 波长在 380 nm～700 nm 范围的可见光源一致性因子 SCF_{vis} 应小于 10.0。

ICS 77.140.80
J 31

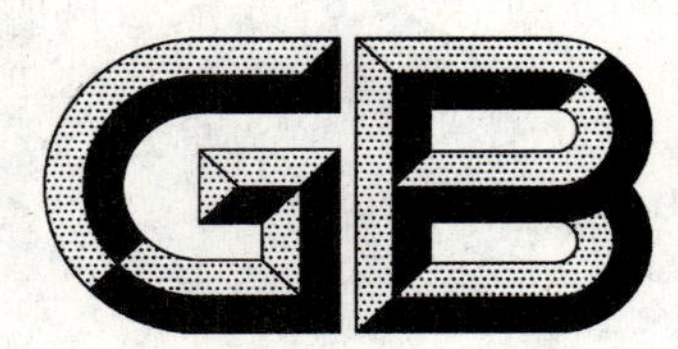

中华人民共和国国家标准

GB/T 9437—2009
代替 GB/T 9437—1988

耐热铸铁件

Heat resistant iron castings

2009-04-01 发布 2009-12-01 实施

中华人民共和国国家质量监督检验检疫总局
中国国家标准化管理委员会 发布

前　言

本标准代替 GB/T 9437—1988《耐热铸铁件》。

本标准与 GB/T 9437—1988 相比，主要技术内容变化如下：

——修改了耐热铸铁的牌号表示方法；

——修改了耐热铸铁中 P 和 S 元素的化学成分含量；

——增加了 QTRSi4Mo1 牌号及其相应的化学成分和室温力学性能；

——修改了耐热铸铁抗氧化试验持续时间测量点；

——增加了附录 F 热膨胀系数试验方法。

本标准的附录 A、附录 B、附录 C、附录 D、附录 E 和附录 F 均为资料性附录。

本标准由中国机械工业联合会提出。

本标准由全国铸造标准化技术委员会(SAC/TC 54)归口。

本标准起草单位：沈阳铸造研究所、马鞍山市双鑫耐磨材料有限责任公司、马鞍山市海天重工科技发展有限公司、西峡县内燃机进排气管有限责任公司、上海材料研究所。

本标准主要起草人：张寅、李家宝、孙爱民、赵新武、杨力、王滨、张宏鹤。

本标准所代替标准的历次版本发布情况为：

——GB/T 9437—1988。

耐 热 铸 铁 件

1 范围

本标准规定了耐热铸铁件技术要求、试验方法、检验规则、标志和质量证明书、防锈、包装和贮存等要求。

本标准适用于砂型铸造或导热性与砂型相仿的铸型中浇注而成的且工作在1 100 ℃以下的耐热铸铁件。

2 规范性引用文件

下列文件中的条款通过本标准的引用而成为本标准的条款。凡是注日期的引用文件，其随后所有的修改单(不包括勘误的内容)或修订版均不适用于本标准，然而，鼓励根据本标准达成协议的各方研究是否可使用这些文件的最新版本。凡是不注日期的引用文件，其最新版本适用于本标准。

GB/T 223.3　钢铁及合金化学分析方法　二安替比林甲烷磷钼酸重量法测定磷量

GB/T 223.8　钢铁及合金化学分析方法　氟化钠分离-EDTA滴定法测定铝含量

GB/T 223.11　钢铁及合金化学分析方法　过硫酸铵氧化容量法测定铬量

GB/T 223.12　钢铁及合金化学分析方法　碳酸钠分离二苯碳酰二肼光度法测定铬量

GB/T 223.26　钢铁及合金　钼含量的测定　硫氰酸盐分光光度法

GB/T 223.28　钢铁及合金化学分析方法　α-安息香肟重量法测定钼量

GB/T 223.58　钢铁及合金化学分析方法　亚砷酸钠-亚硝酸钠滴定法测定锰量

GB/T 223.59　钢铁及合金化学分析方法　锑磷钼蓝光度法测定磷量

GB/T 223.60　钢铁及合金化学分析方法　高氯酸脱水重量法测定硅含量

GB/T 223.61　钢铁及合金化学分析方法　磷钼酸铵容量法测定磷量

GB/T 223.64　钢铁及合金　锰含量的测定　火焰原子吸收光谱法

GB/T 223.68　钢铁及合金化学分析方法　管式炉内燃烧后碘酸钾滴定法测定硫含量

GB/T 223.69　钢铁及合金　碳含量的测定　管式炉内燃烧后气体容量法

GB/T 228　金属材料　室温拉伸试验方法

GB/T 231.1　金属布氏硬度试验　第1部分：试验方法

GB/T 4338　金属材料　高温拉伸试验方法

GB/T 5612　铸铁牌号表示方法

GB/T 5677　铸钢件射线照相检测

GB/T 5678　铸造合金光谱分析取样方法

GB/T 6060.1　表面粗糙度比较样块　铸造表面

GB/T 6414　铸件　尺寸公差与机械加工余量

GB/T 7216　灰铸铁金相

GB/T 7233　铸钢件超声探伤及质量评级方法

GB/T 9441　球墨铸铁金相检验

GB/T 9444　铸钢件磁粉检测

GB/T 11351　铸件重量公差

GB/T 14203　钢铁及合金光电发射光谱分析法通则

GB/T 20066　钢和铁　化学成分测定用试样的取样和制样方法

GB/T 20123 钢铁 总碳硫含量的测定 高频感应炉燃烧后红外吸收法(常规方法)

GB/T 20125 低合金钢 多元素的测定 电感耦合等离子体发射光谱法

3 技术要求

3.1 耐热铸铁的牌号及化学成分

耐热铸铁的牌号表示方法符合 GB/T 5612 的规定,共分为 11 个牌号。

耐热铸铁的牌号及化学成分见表 1。

表 1 耐热铸铁的牌号及化学成分

铸铁牌号	化学成分(质量分数)/%						
	C	Si	Mn	P	S	Cr	Al
			不大于				
HTRCr	3.0~3.8	1.5~2.5	1.0	0.10	0.08	0.50~1.00	—
HTRCr2	3.0~3.8	2.0~3.0	1.0	0.10	0.08	1.00~2.00	—
HTRCr16	1.6~2.4	1.5~2.2	1.0	0.10	0.05	15.00~18.00	—
HTRSi5	2.4~3.2	4.5~5.5	0.8	0.10	0.08	0.5~1.00	—
QTRSi4	2.4~3.2	3.5~4.5	0.7	0.07	0.015	—	—
QTRSi4Mo	2.7~3.5	3.5~4.5	0.5	0.07	0.015	Mo0.5~0.9	—
QTRSi4Mo1	2.7~3.5	4.0~4.5	0.3	0.05	0.015	Mo1.0~1.5	Mg0.01~0.05
QTRSi5	2.4~3.2	4.5~5.5	0.7	0.07	0.015	—	—
QTRAl4Si4	2.5~3.0	3.5~4.5	0.5	0.07	0.015	—	4.0~5.0
QTRAl5Si5	2.3~2.8	4.5~5.2	0.5	0.07	0.015	—	5.0~5.8
QTRAl22	1.6~2.2	1.0~2.0	0.7	0.07	0.015	—	20.0~24.0

3.2 几何尺寸、加工余量及重量公差

铸件的几何形状与尺寸应符合图样的要求。其尺寸公差和加工余量应符合 GB/T 6414 的规定,其重量偏差应符合 GB/T 11351 的规定。

3.3 表面质量

3.3.1 铸件表面粗糙度应符合 GB/T 6060.1 的规定,由供需双方商定标准等级。

3.3.2 铸件应清理干净,修整多余部分,去除浇冒口残余、芯骨、粘砂及内腔残余物等。铸件允许的浇冒口残余、披缝、飞刺残余、内腔清洁度等,应符合需方图样、技术要求或供需双方订货协定。

3.3.3 铸件上允许的缺陷,其形态、数量、尺寸与位置、可否修补及修补方法等由供需双方商定。

3.4 力学性能

铸件的室温力学性能应符合表 2 的规定,短时高温抗拉性能见附录 A。

3.5 热处理

硅系、铝系耐热球墨铸铁件一般应进行消除残余应力的热处理,但硅钼系耐热球墨铸铁件,其珠光体含量低于 15%时,可不进行热处理。其他牌号如需方有要求时,消除残余应力的热处理按订货条件进行。

耐热铸铁的使用条件见附录 B。

3.6 金相组织

耐热铸铁的金相组织,参照 GB/T 9441 和 GB/T 7216 的规定,由供需双方商定具体要求。对于硅系耐热铸铁,其基体组织应以铁素体为主。

3.7 抗氧化、抗生长性能及热膨胀系数

在使用温度下，耐热铸铁的平均氧化增重速度不大于0.5 g/m²·h，生长率不大于0.2%。

耐热铸铁的抗氧化与抗生长性能及热膨胀系数不作为验收的依据。

表2 耐热铸铁的室温力学性能

铸铁牌号	最小抗拉强度 Rm/MPa	硬度/HBW
HTRCr	200	189～288
HTRCr2	150	207～288
HTRCr16	340	400～450
HTRSi5	140	160～270
QTRSi4	420	143～187
QTRSi4Mo	520	188～241
QTRSi4Mo1	550	200～240
QTRSi5	370	228～302
QTRAl4Si4	250	285～341
QTRAl5Si5	200	302～363
QTRAl22	300	241～364
注：允许用热处理方法达到上述性能。		

3.8 特殊要求

需方对磁粉检测、超声波检测、射线检测等有要求时，由供需双方商定，并分别按GB/T 9444、GB/T 7233和GB/T 5677的规定执行。

4 试验方法

4.1 化学成分分析

4.1.1 化学成分分析可采用常规化学分析法或光电直读光谱分析法进行。

4.1.2 常规化学分析取样方法按GB/T 20066的规定进行。

4.1.3 光谱取样方法按GB/T 5678和GB/T 14203的规定执行。光谱分析方法按GB/T 20125的规定执行。

4.1.4 化学成分中碳、硅、锰、硫、磷的仲裁分析分别按GB/T 20123或GB/T 223.69、GB/T 223.60、GB/T 223.58或GB/T 223.64、GB/T 223.3或GB/T 223.59或GB/T 223.61、GB/T 223.68的规定执行；铬、钼、铝的仲裁分析分别按GB/T 223.11或GB/T 223.12、GB/T 223.26、GB/T 223.28的规定执行。

4.2 力学性能试验

4.2.1 HTRCr、HTRCr2、HTRSi5等牌号的室温力学性能试验，包括试样的制备，均按GB/T 228的规定执行。

4.2.2 各牌号耐热球墨铸铁及HTRCr16的室温力学性能试验按GB/T 228的规定执行。

4.2.3 耐热铸铁的硬度测定按GB/T 231.1的规定执行。

4.2.4 耐热铸铁的短时高温抗拉强度测定按GB/T 4338的规定执行。

4.3 试块、试样

4.3.1 QTRSi4、QTRSi5、QTRSi4Mo、QTRSi4Mo1、QTRAl4Si4、QTRAl5Si5拉伸试验所用的Y型单铸试块形状及尺寸如图1、表3所示(图1斜影线部位为切取试样的位置)，一般选用Ⅱ型，也可选用附录C的试块。QTRAl22、HTRCr16所用的单铸易割试块形状及尺寸如图2所示。

4.3.2 各耐热球墨铸铁牌号及 HTRCr16 牌号所用的拉伸试样的形状和尺寸如图 3、表 4 所示。

4.3.3 试块应该用与铸件同包的铁液并在末期浇注，其冷却方式与铸件尽可能一致。

4.3.4 试块的打箱温度不得高于 500 ℃。

4.3.5 允许在附铸试块或直接在铸件上截取试样，验收值由供需双方商定。

4.4 抗氧化与抗生长试验

耐热铸铁的抗氧化与抗生长试验按附录 D、附录 E 的规定执行。

4.5 热膨胀系数试验

热膨胀系数试验方法参照附录 F 进行。

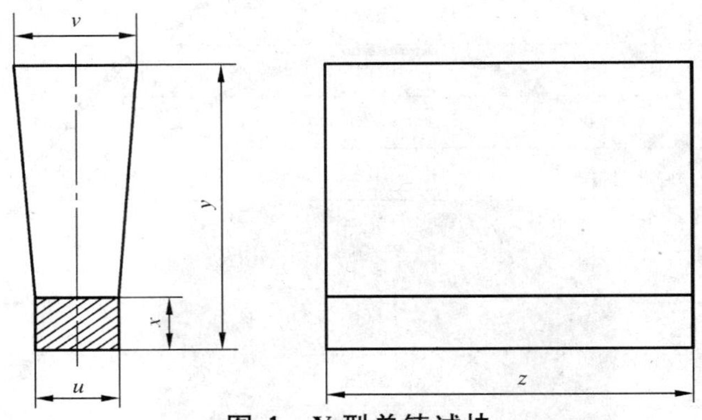

图 1 Y 型单铸试块

表 3 Y 型单铸试块尺寸

试块类型	试块尺寸/mm					试块的吃砂量
	u	*v*	*x*	*y*	*z*	
Ⅰ	12.5	40	25	135	根据图 3 所示不同规格拉伸试样的总长确定	对Ⅰ和Ⅱ型试块最小吃砂量为 40 mm。对Ⅲ和Ⅳ型试块最小吃砂量为 80 mm。
Ⅱ	25	55	40	140		
Ⅲ	50	100	50	150		
Ⅳ	75	125	65	175		
注 1："*y*"尺寸数值供参考。 注 2：对薄壁铸件或金属型铸件，经供需双方协商，拉伸试样也可以从壁厚"*u*"小于 12.5 mm 的试块上加工。						

4.6 热处理

除消除铸件内应力外，若铸件进行其他热处理，则试块也应进行同炉或同工艺的热处理。

单位为毫米

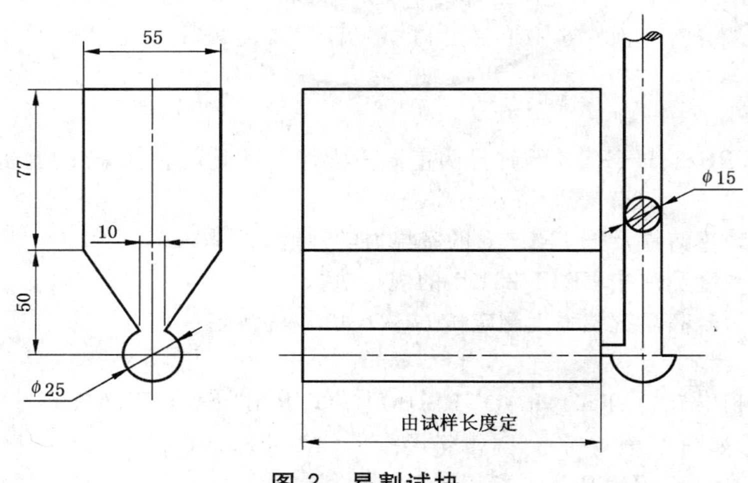

图 2 易割试块

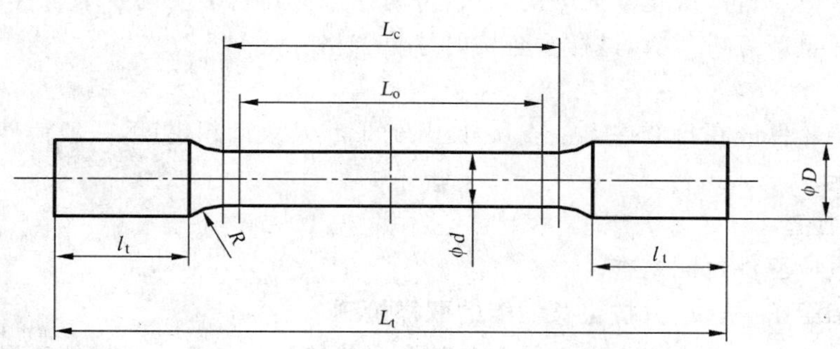

图中：

L_o——原始标距长度；这里 $L_o=5\ d$；

d——试样标距长度处的直径；

L_c——平行段长度；$L_c>L_o$（原则上，$L_c-L_o>d$）；

L_t——试样总长（取决于 L_c 和 l_t）。

注：试样夹紧的方法及夹持端的长度 l_t，可由供方和需方商定。

图 3 拉伸试样

表 4 拉伸试样尺寸

单位为毫米

d	L_o	L_c(min)	R	ϕD
5±0.1	25	30	25±5	夹持端的直径由供需双方商定。
7±0.1	35	42		
10±0.1	50	60		
14±0.1	**70**	**84**		
20±0.1	100	120		
注：表中黑体字表示优先选用的尺寸。				

5 验收规则

5.1 取样批次的构成

5.1.1 同一模具生产的同一炉铁液浇注的铸件构成一个取样批次。

5.1.2 每一取样批次的最大重量为清理后的 2 000 kg 的铸件。经供需双方商定，取样批次可以变动。

5.1.3 如果一个铸件的重量大于 2 000 kg 时，单独构成一个取样批次。

5.1.4 在某一时间间隔内，如发生炉料的改变、工艺条件的变化或要求的化学成分有变化时，在此期间连续熔化的铁液浇注的所有铸件，无论时间间隔有多短，都作为一个取样批次。

5.1.5 当连续不断地大量熔化同一牌号的铁液时，每一个取样批次的最大重量不得超过 2 h 内所浇注的铸件重量。

5.1.6 当铁液重量小于 2 000 kg 时，该批铁液浇注的铸件可以作为一个取样批次。

5.1.7 经供需双方商定，也可把若干个批次的铸件并成一组进行验收。

在此情况下，生产过程中应有其他质量控制方法，如快速化学成分分析、金相检验、无损检测、断口检验等，并确实证明各次球化处理稳定、符合工艺要求。

注：经过热处理的铸件，以同一取样批次检测，除非该批次中的铸件结构明显不同。在此情况下，这些结构明显不同的铸件构成一个取样批次。

5.2 化学成分的取样

每一个取样批次应进行一次化学成分的分析，分析结果应符合表1的要求。若化学成分不合格，允许用双倍数量的试样重新分析一次，试样全合格时才算合格。

5.3 铸件尺寸抽样

首批铸件和重要铸件应在每个件上检查尺寸、几何形状及表面粗糙度，一般铸件可以抽查。抽查的方法由供需双方商定。

5.4 外观质量取样检查

铸件的外观质量应逐件目测检查。

5.5 力学性能、金相组织、抗氧化、抗生长性能的取样检测

耐热球墨铸铁的室温力学性能应按批检查。其余耐热铸铁的室温力学性能以及所有牌号的金相组织、抗氧化、抗生长性能的检测，按订货条件执行。

室温力学性能以抗拉强度为验收依据。如果订货条件要求检验硬度，则应符合表2的要求。

为了保证铸件与试棒的炉次或包次相同，应在试样与铸件的非重要面上标识出清晰的炉次或包次编号。

5.6 力学性能试验结果的评定

检验抗拉强度时，若第一根拉伸试样检验结果达不到要求，而不是由于5.7所列原因引起的，则可从同一批的试样中另取两根进行复验。

复验结果都达到要求，则该批铸件的材质仍为合格。若复验结果中仍有一根达不到要求，则该批铸件初步判为材质不合格。这时，可从该批铸件中任取一件，在供需双方商定的部位切取本体试样再进行力学性能检测。若检测结果达到要求，则仍可判定该批铸件材质合格；若本体试样检测结果仍然达不到要求，则最终判定该批铸件材质为不合格。

5.7 试验的有效性

如果不是由于铸件本身的质量问题，而是由于下列原因之一造成试验结果不符合要求时，则试验无效。

a) 试样在试验机上装卡不当或试验机操作不当。

b) 试样表面有铸造缺陷或试样切削加工不当(如试样尺寸、过渡圆角、粗糙度不符合要求等)。

c) 拉伸试样在标距外断裂。

d) 拉伸试样断口上存在明显的铸造缺陷。

在上述情况下，应在同一试块上重新制取新的试样或者从同一批次浇注的试块上重新加工试样复验，复验的结果代替无效试验的结果。

5.8 试块和铸件的热处理

除有特殊要求外，如果铸件以铸态供货，其力学性能不符合本标准时，经需方同意后，供方可将该批铸件和其代表的试块一起进行热处理，然后再重新试验。

铸件经过热处理且力学性能不合格的情况下，供方可以将铸件及代表铸件的试块一起进行再次热处理。并再次提交验收。如果从热处理后的试块上加工的试样性能合格，则认为重复热处理的该批铸件性能符合本标准。

为复验而进行的重复热处理的次数不得超过两次。

6 标志和质量证明书

6.1 铸件应有供方的标志。

6.2 如对标志的位置、尺寸(字号、字高、凸凹)和方法等没有明确要求时，由供需双方商定。但所做标志不能使铸件质量受到损伤。

6.3 铸件出厂应附有供方检验部门签章的质量证明书，证明书内容应包括下列内容：

a) 供方名称或标识；

b) 零件号或订货合同号；

c) 材质牌号；

d) 各项检验结果；

e) 标准号。

7 防锈、包装和贮存

7.1 铸件经检验合格后，其防锈、包装和贮存方式由供需双方商定。

7.2 对于长途运输的铸件，应按运输条例的规定，由双方商定包装与运输工具。

8 环保、安全和法律法规的要求

供需双方在生产、验收、贮存、运输过程中应遵守相关国家的环保、安全和法律法规要求。

附 录 A
（资料性附录）
耐热铸铁的高温短时抗拉强度

表 A.1 耐热铸铁的高温短时抗拉强度

铸铁牌号	在下列温度时的最小抗拉强度 R_m/MPa				
	500 ℃	600 ℃	700 ℃	800 ℃	900 ℃
HTRCr	225	144	—	—	—
HTRCr2	243	166	—	—	—
HTRCr16	—	—	—	144	88
HTRSi5	—	—	41	27	—
QTRSi4	—	—	75	35	—
QTRSi4Mo	—	—	101	46	—
QTRSi4Mo1	—	—	101	46	—
QTRSi5	—	—	67	30	—
QTRAl4Si4	—	—	—	82	32
QTRAl5Si5	—	—	—	167	75
QTRAl22	—	—	—	130	77

附　录　B
（资料性附录）
耐热铸铁的使用条件及应用举例

表 B.1　耐热铸铁的使用条件及应用举例

铸铁牌号	使用条件	应用举例
HTRCr	在空气炉气中，耐热温度到 550 ℃。具有高的抗氧化性和体积稳定性	适用于急冷急热的，薄壁，细长件。用于炉条、高炉支梁式水箱、金属型、玻璃模等
HTRCr2	在空气炉气中，耐热温度到 600 ℃。具有高的抗氧化性和体积稳定性	适用于急冷急热的，薄壁，细长件。用于煤气炉内灰盆、矿山烧结车挡板等
HTRCr16	在空气炉气中耐热温度到 900 ℃。具有高的室温及高温强度，高的抗氧化性，但常温脆性较大。耐硝酸的腐蚀	可在室温及高温下作抗磨件使用。用于退火罐、煤粉烧嘴、炉栅、水泥焙烧炉零件、化工机械等零件
HTRSi5	在空气炉气中，耐热温度到 700 ℃。耐热性较好，承受机械和热冲击能力较差	用于炉条、煤粉烧嘴、锅炉用梳形定位析、换热器针状管、二硫化碳反应瓶等
QTRSi4	在空气炉气中耐热温度到 650 ℃。力学性能抗裂性较 RQTSi5 好	用于玻璃窑烟道闸门、玻璃引上机墙板、加热炉两端管架等
QTRSi4Mo	在空气炉气中耐热温度到 680 ℃。高温力学性能较好	用于内燃机排气歧管、罩式退火炉导向器、烧结机中后热筛板、加热炉吊梁等
QTRSi4Mo1	在空气炉气中耐热温度到 800 ℃。高温力学性能好	用于内燃机排气歧管、罩式退火炉导向器、烧结机中后热筛板、加热炉吊梁等
QTRSi5	在空气炉气中耐热温度到 800 ℃。常温及高温性能显著优于 RTSi5	用于煤粉烧嘴、炉条、辐射管、烟道闸门、加热炉中间管架等
QTRAl4Si4	在空气炉气中耐热温度到 900 ℃。耐热性良好。	适用于高温轻载荷下工作的耐热件。用于烧结机篦条、炉用件等
QTRAl5Si5	在空气炉气中耐热温度到 1 050 ℃。耐热性良好	
QTRAl22	在空气炉气中耐热温度到 1 100 ℃。具有优良的抗氧化能力，较高的室温和高温强度，韧性好，抗高温硫蚀性好	适用于高温（1 100 ℃）、载荷较小、温度变化较缓的工件。用于锅炉用侧密封块、链式加热炉炉爪、黄铁矿焙烧炉零件等

附 录 C
（资料性附录）
U 型单铸试块

单铸试块尺寸见图 C.1。

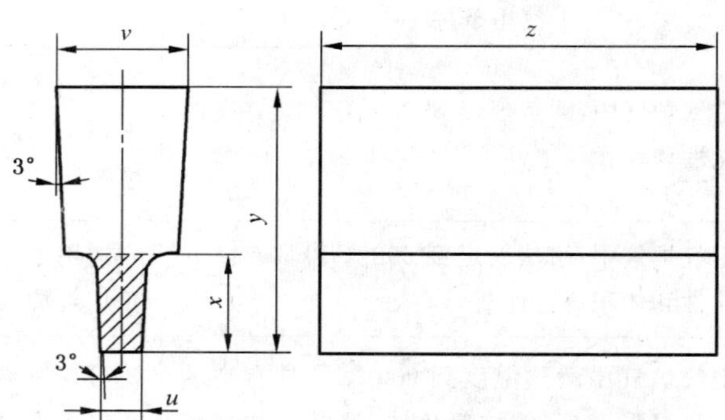

a） Ⅰ、Ⅱa、Ⅲ、Ⅳ型

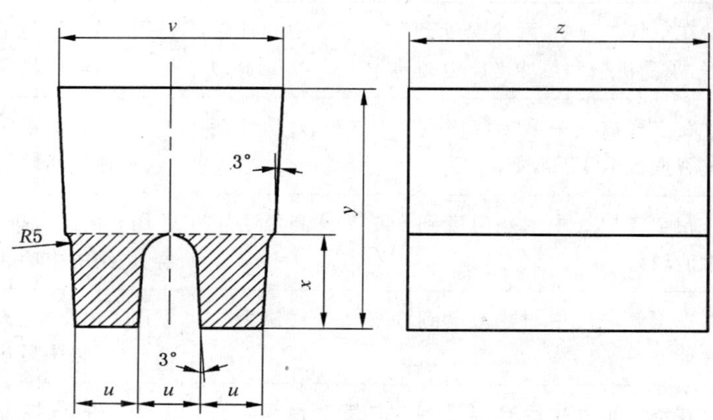

b） Ⅱb 型

图 C.1 U 型单铸试块

表 C.1 U 型单铸试块尺寸

试块类型	试块尺寸/mm					试块的吃砂量
	u	*v*	*x*	*y*	*z*	
Ⅰ	12.5	40	30	80	根据试样长度确定	Ⅰ、Ⅱa 和Ⅱb 型试块最小吃砂量为 40 mm。 Ⅲ和Ⅳ型试块最小吃砂量为 80 mm。
Ⅱa	25	55	40	100		
Ⅱb	25	90	40～50	100		
Ⅲ	50	90	60	150		
Ⅳ	75	125	65	165		

注 1：“*y*”尺寸数值供参考。

注 2：对薄壁铸件或金属型铸件，经供需双方协商，拉伸试样也可以从壁厚“*u*”小于 12.5 mm 的试块上加工。

附　录　D
（资料性附录）
耐热铸铁的抗生长试验方法

本方法适用于测定各种耐热铸铁在高温空气介质内抵抗生长的性能。

D.1　对抗生长性的试验设备及条件的基本要求

D.1.1　抗生长性试验炉应符合如下要求：

a)　有自动调节温度装置，其精度为±5 ℃；

b)　炉中试样分布区内各点温度相差不得超过±5 ℃；

c)　保持炉内有足够的氧化气氛。

D.1.2　放在炉内的试样之间具有足够的间隙，以保证炉内空气与试样表面有良好的接触。

D.1.3　试样装入炉内后，炉内达到规定温度的时间作为试验开始，规定试验期限已满，炉子停止工作（或取出试样）的时间作为试验结束。

D.2　试样形状、测量附件及试验准备

D.2.1　进行抗生长试验时，应采用圆柱形试样（图 D.1），试样尺寸应为：直径 20 mm～25 mm；长度 100 mm～150 mm。

D.2.2　试样表面粗糙度应低于 *Ra* 12.5 μm，两端面应保持平行。

D.2.3　试样两端可装入两个测量螺丝，其尺寸可参考图 D.2（如不用测量螺丝，可将试样端面镀铬或镀镍，此时试样两端无需打螺孔）。

单位为毫米

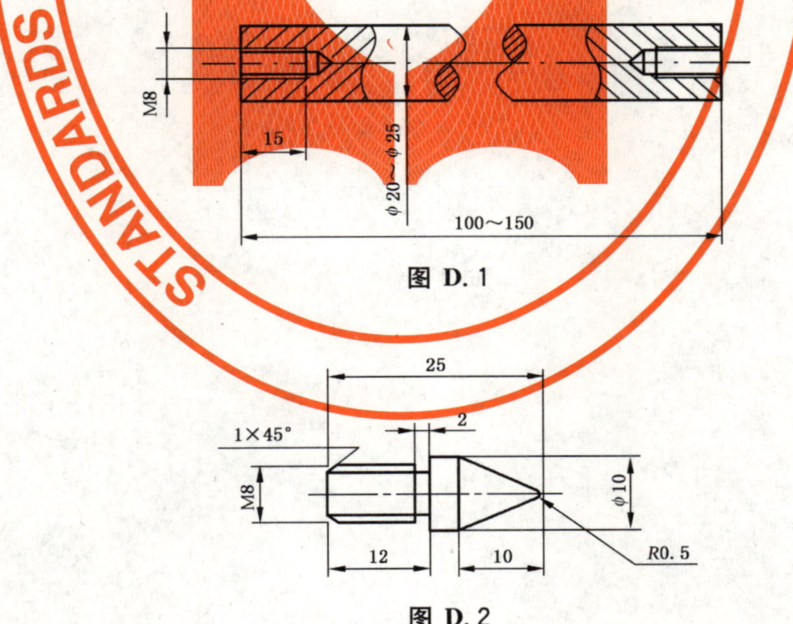

图 D.1

图 D.2

D.2.4　测量螺丝的材料，在试验温度下的耐热性能应优于被测材料。

D.2.5　试验前将测量螺丝拧入试样两端，螺丝在试样上不能有松动。

D.3 试验持续时间及试验温度

D.3.1 抗生长试验时间为150 h。

D.3.2 每种试样在一定温度、一定时间内的抗生长性能数据，应以3个平行试样的平均数确定。

D.3.3 试验的温度应根据铸件的使用条件来确定。

D.3.4 在测定高合金铸铁及低合金铸铁的抗生长规律时，应求得铸铁生长与时间的关系曲线，试验应持续到曲线稳定为止，并可在几种不同温度下进行试验，以确定其抗生长规律。

D.4 抗生长性能测定方法

D.4.1 试样在试验前用精度在0.01 mm以内的千分卡测量试样长度及二螺丝之间的距离，然后放在炉中试验。经过规定试验时间后，把试样取出冷却，测量二螺丝间的距离，铸铁的生长率以试样长度增加的百分率来表示[见公式(D.1)]：

$$\lambda = \frac{L_2 - L_1}{L} \times 100 \qquad \text{(D.1)}$$

式中：

λ——规定时间内的生长率，%；

L_2——试验后测量二螺丝间的距离，单位为毫米(mm)；

L_1——试验前测量二螺丝间的距离，单位为毫米(mm)；

L——试样长度，单位为毫米(mm)。

附　录　E
（资料性附录）
耐热铸铁的抗氧化试验方法

本方法适用于增重法测定各种耐热铸铁的抗氧化特性。

E.1　抗氧化试验设备及条件的要求

E.1.1　抗氧化试验炉应符合如下要求：

a)　有自动调节温度装置，其精度为±5 ℃；

b)　炉内试样分布区各点的温度相差不得超过±5 ℃；

c)　保持炉内有足够的氧化气氛。

E.1.2　炉中试样应放在坩埚中，试样与坩埚允许在个别点接触。

E.1.3　称量试样的天平精度为±0.1 mg。

E.2　试样形状尺寸及准备

E.2.1　进行抗氧化试验时，应采用圆柱形试样，试样尺寸见表 E.1。

表 E.1　抗氧化试样尺寸

单位为毫米

试样号	试样直径	试样高度
1	10±0.2	20±0.5
2	15±0.3	30±0.8
3	25±0.5	50±1.0

E.2.2　试样表面粗糙度应低于 *Ra*12.5 μm。

E.2.3　测量试样尺寸时，应不少于 3 点，取平均值。测量精度为±1.0 mm。

E.2.4　试验前，用乙醇或乙醚等溶剂将试样去脂，然后在干燥器内放置 1 h 以上，进行称量。

E.3　试验持续时间及温度

E.3.1　抗氧化试验的时间，若无特殊协议，一般为 250 h。测量点为 50 h、100 h、150 h、200 h、250 h。在这段时间内，应按时取出试样，冷却称重。

E.3.2　铸件在使用时如果连续工作，则试验测量点按 E.3.1 规定。如果铸件在使用时周期冷却，则试样应与使用时冷却工艺相似。

E.3.3　试验温度根据铸件的使用温度来确定。

E.4　试验过程与结果

E.4.1　使用的坩埚应在试验温度下焙烧到恒重。

E.4.2　坩埚恒重后，放入清洗良好的试样，在 150 ℃～200 ℃温度下预先烘烤 1.5 h～2 h 后，才可称量、进行试验。

E.4.3　试样放入炉中后，炉内达到规定温度的时间作为试验开始，规定试验时间已满，停炉（或取出试样）的时间作为试验结束。

E.4.4　入炉出炉前后的试样及坩埚，放在干燥器中，称量前应冷至室温。试样出炉前坩埚应加盖，以防止氧化皮飞出。

E.4.5　按式（E.1）求出在规定时间内与规定温度下的平均氧化速度：

$$V = \frac{g_2 - g_1}{S \times t} \quad \cdots\cdots\cdots\cdots\cdots\cdots(E.1)$$

式中：

V——平均氧化速度，单位为克每平方米小时($g/m^2 \cdot h$)；

g_2——试验后的试样重量，单位为克(g)；

g_1——试验前的试样重量，单位为克(g)；

S——试样表面积，单位为平方米(m^2)；

t——试验时间，单位为小时(h)。

E.4.6 由 E.4.5 确定的氧化速度，应在同样温度、同样时间 3～5 个平行试样作出的数据平均后确定。

E.4.7 如果试验过程中发现脱碳，应考虑由于脱碳引起的重量减少。

附 录 F
（资料性附录）
热膨胀系数试验方法

本方法适用于测定各种耐热铸铁在高温空气介质内的热膨胀系数。

F.1 热膨胀系数定义

平均线膨胀系数 mean expansion coefficient

室温至试验温度间温度每升高 1 ℃试样长度的相对变化率，单位 10^{-6}/℃。

F.2 热膨胀系数检测设备原理

通过将被测材料放在加热炉体内，随着温度升高，材料受热膨胀后，膨胀量通过顶杆将膨胀量传递到位移传感器上。系统将温度信号和变化的位移信号通过数据采集和处理分别实时地传到 PC 机中，电脑按热膨胀系数公式计算材料的热膨胀系数，试验设备的总体结构框图如图 F.1 所示。

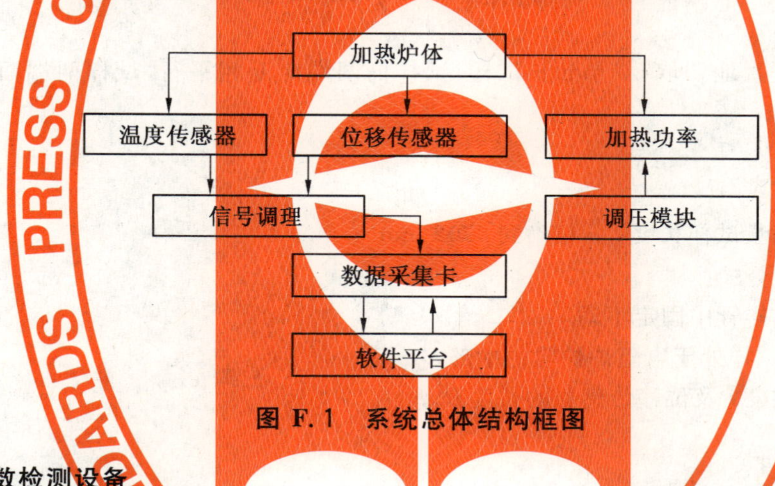

图 F.1 系统总体结构框图

F.3 热膨胀系数检测设备

F.3.1 基本硬件

加热炉，测温热电偶，温度控制器，位移传感器，顶杆，小车，电脑，计算机软件。

F.3.2 技术要求

F.3.2.1 升温速度：2.5 h 内达最高温度 1 200 ℃，可程序升温，也可根据需要手动调节。

F.3.2.2 试样管为刚玉。

F.3.2.3 位移测量误差：≤0.01 mm。

F.3.2.4 温度记录值误差：±1 ℃。

F.3.2.5 可连接计算机实现全自动测试，应有系统补偿功能并附分析软件。

F.4 试样形状尺寸及准备

F.4.1 试样尺寸

试样可制成正方形截面的长方体、长方形截面的长方体和圆柱体三种形状，尺寸如图 F.2 所示：

单位为毫米

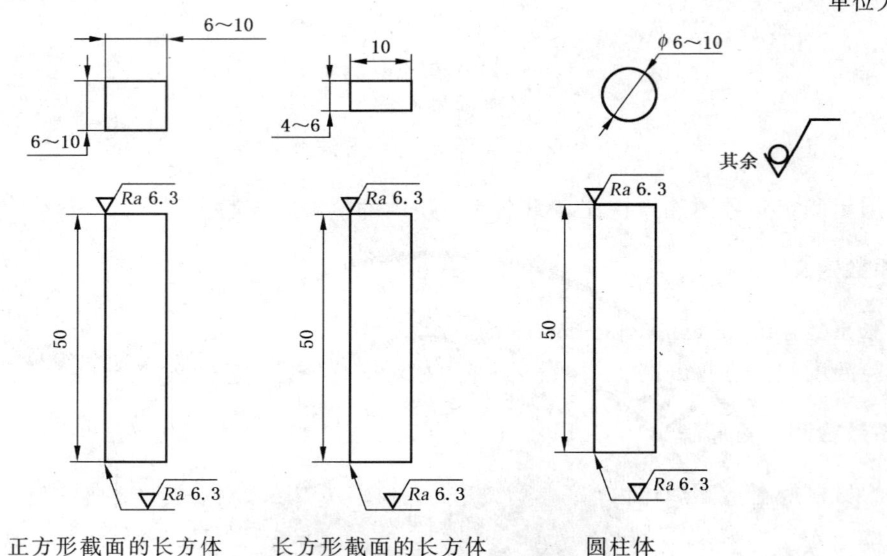

图 F.2 试样形状及尺寸

F.4.2 制样

从铸件检测部位垂直地切取 50 mm 长试样，试样的两端应互相平行，试样两端面粗糙度不低于 $Ra6.3\ \mu m$。

F.5 检测步骤

a) 用游标卡尺测量试样长度 L_0，精确到 0.02 mm。

b) 记录室温 t_0。

c) 将试样装在试样管中固定不动。

d) 移动小车，使试样处于电阻炉炉膛的中部。

e) 升温并记录温度 t 及位移传感器的长度 L_t。

F.6 结果计算

从室温至试验温度的平均线膨胀系数按式 F.1 计算：

$$\alpha = \frac{L_t - L_0}{L_0 \times (t - t_0)} \qquad \text{(F.1)}$$

式中：

α——试样的平均线膨胀系数，单位为每摄氏度（10^{-6}/℃）；

L_t——试样加热至试验温度 t 时的长度，单位为毫米（mm）；

L_0——试样在室温下的长度，单位为毫米（mm）；

t——试验温度，单位为摄氏度（℃）；

t_0——室温，单位为摄氏度（℃）。

注：体膨胀系数通常按 3 倍的线膨胀系数计算。

ICS 77.080.10
J 31

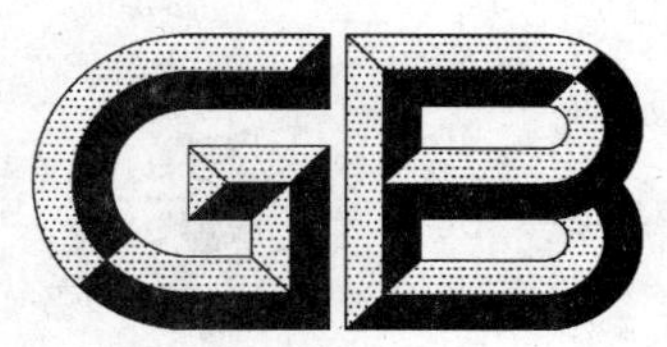

中华人民共和国国家标准

GB/T 9441—2009
代替 GB/T 9441—1988

球墨铸铁金相检验

Metallographic test for spheroidal graphite cast iron

(ISO 945-1:2008,Microstructure of cast irons—
Part 1:Graphite classification by visual analysis,MOD)

2009-10-30 发布　　　　2010-04-01 实施

中华人民共和国国家质量监督检验检疫总局
中国国家标准化管理委员会　发布

前　言

本标准修改采用 ISO 945-1:2008《铸铁金相组织　第 1 部分:石墨分类　目测法》(英文版)。

本标准与 ISO 945-1:2008 相比,其主要技术性差异如下:

——修改采用了 ISO 945-1:2008 中的Ⅳ～Ⅵ型石墨部分,并在结构上作了编辑性修改;

——修改采用了 ISO 945-1:2008 中的Ⅳ～Ⅵ型石墨尺寸和Ⅵ型、Ⅴ型石墨球数计算部分;

——将石墨形态分类示意图及附录 A、附录 C 内容合并作为资料性附录 A;

——增加了珠光体数量、分散分布铁素体数量、碳化物数量、磷共晶数量的评定方法及相应评级图。

本标准代替 GB/T 9441—1988《球墨铸铁金相检验》。

本标准与 GB/T 9441—1988 相比,主要技术内容变化如下:

——修改了原标准 4.1 球化分级与评定部分,采用 ISO 945 石墨为球状(Ⅵ型)和团状(Ⅴ型)石墨颗数所占石墨数量的比例作为球化率,更换了原标准的球化分级图;

——将原附录 A 中计算规则作为 4.1.2 的内容;

——增加了球化率的图像分析方法;

——增加了第 5 章结果表示,第 6 章试验报告;

——删除了“检验规则”项目,检验规则的内容全部并入相应的检验项目中;

——删除了“珠光体粗细”检验项目;

——将渗碳体改为碳化物;

——修改了附录 A 内容,将 ISO 945 中石墨分类及典型图片作为附录 A。

本标准的附录 A 为资料性附录。

本标准由中国机械工业联合会提出。

本标准由全国铸造标准化技术委员会(SAC/TC 54)归口。

本标准负责起草单位:上海材料研究所。

本标准参加起草单位:东南大学、佛山市顺德区中天创展球铁有限公司、无锡一汽铸造有限公司、沈阳铸造研究所、东风汽车有限公司工艺研究所、一汽铸造有限公司、安徽神剑科技股份有限公司。

本标准主要起草人:杨力、孙国雄、陈永成、俞旭如、张寅、洪晓先、王成刚、王春亮、魏传颖。

本标准所代替标准的历次版本发布情况为:

——GB/T 9441—1988。

球墨铸铁金相检验

1 范围

本标准规定了在光学显微镜下球墨铸铁显微组织的评定方法。

本标准对球化分级、石墨大小、石墨球数、珠光体数量、分散分布的铁素体数量、磷共晶数量和碳化物数量的评定方法作了规定，列出了相应评级图。

本标准适用于评定普通和低合金球墨铸铁铸态、正火态、退火态的金相组织。

2 规范性引用文件

下列文件中的条款通过本标准的引用而成为本标准的条款。凡是注日期的引用文件，其随后所有的修改单(不包括勘误的内容)或修订版均不适用于本标准，然而，鼓励根据本标准达成协议的各方研究是否可使用这些文件的最新版本。凡是不注日期的引用文件，其最新版本适用于本标准。

GB/T 13298　金属显微组织检验方法

3 试样的制备

3.1 金相试样应在与铸件同时浇注、同炉热处理的试块或铸件上截取。

3.2 金相试样的制备按 GB/T 13298 的规定执行，截取和制备金相试样过程中应防止组织发生变化、石墨剥落及石墨曳尾，试样表面应光洁，不允许有粗大的划痕。

4 检验项目和评级图

4.1 球化分级和评定

4.1.1 根据附录 A 中石墨为球状(Ⅵ型)和团状(Ⅴ型)石墨个数所占石墨总数的百分比作为球化率，将球化率分为六级。见表 1 和图 1～图 6。

4.1.2 球化率计算时，视场直径为 70 mm，被视场周界切割的石墨不计数，放大 100 倍时，少量小于 2 mm的石墨不计数。若石墨大多数小于 2 mm 或大于 12 mm 时，则可适当放大或缩小倍数，视场内的石墨数一般不少于 20 颗。

4.1.3 在抛光态下检验石墨的球化分级，首先观察整个受检面，选三个球化差的视场的多数对照评级图目视评定，放大倍数为 100 倍。

4.1.4 采用图像分析仪进行评定时，在抛光态下直接进行阈值分割提取石墨球，按 4.1.1 计算球化率及评定级别。首先观察整个受检面，选三个球化差的视场进行测量，取平均值。

表 1　球化分级

球化级别	球化率	图号
1 级	≥95%	1
2 级	90%	2
3 级	80%	3
4 级	70%	4
5 级	60%	5
6 级	50%	6

球化分级图(100×)

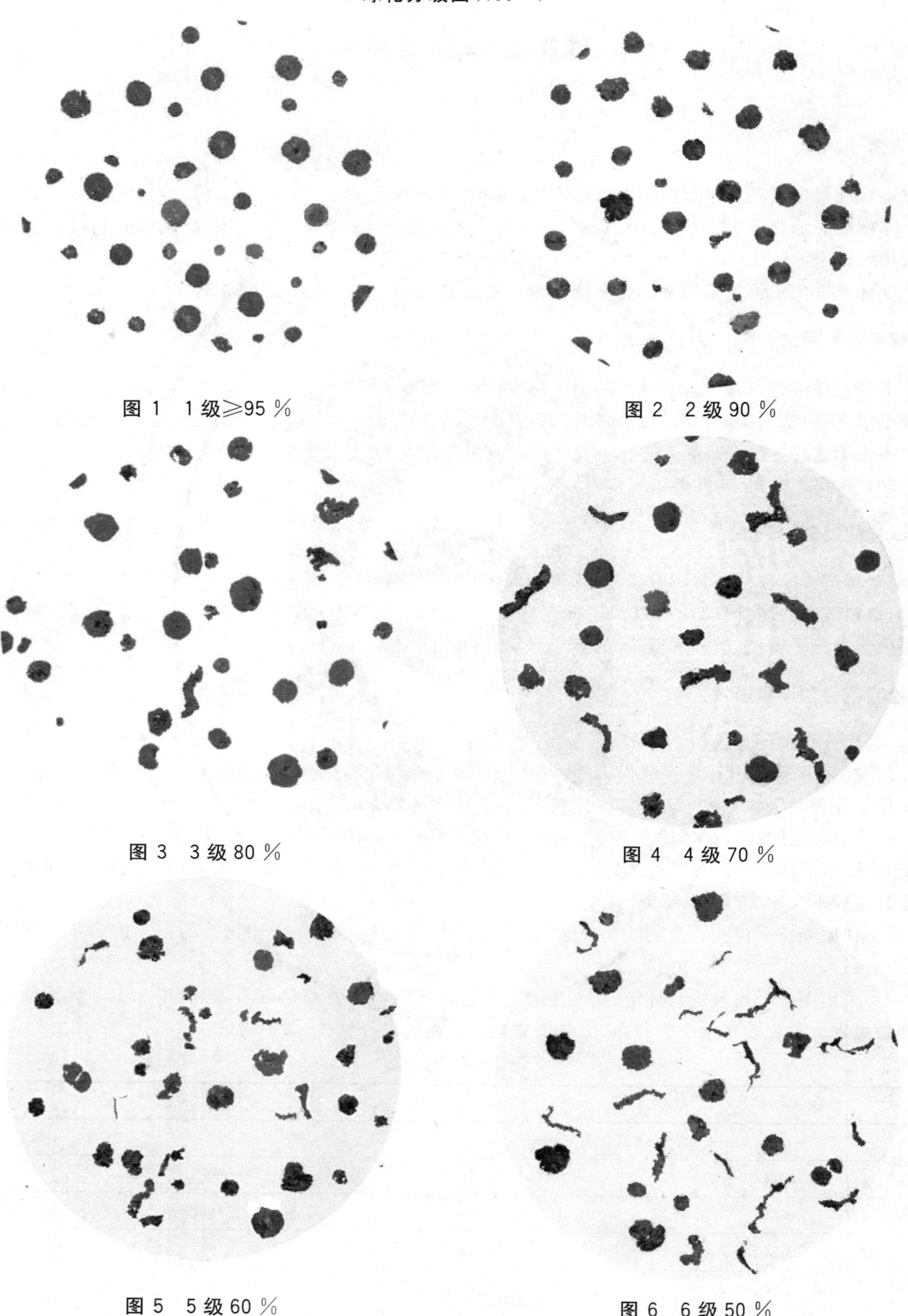

图1 1级≥95%

图2 2级90%

图3 3级80%

图4 4级70%

图5 5级60%

图6 6级50%

4.2 石墨大小和评定

4.2.1 抛光态下检验石墨大小，放大倍数100倍。首先观察整个受检面，选取有代表性视场，计算直径大于最大石墨球半径的石墨球直径的平均值，对照相应的评级图评定。

4.2.2 采用图像分析仪，在抛光态下直接进行阈值分割提取石墨球，选取有代表性视场，计算直径大于最大石墨球半径的石墨球直径的平均值。

4.2.3 石墨大小分为6级，见表2和图7～图12。

表2 石墨大小分级

级别	在100×下观察，石墨长度/mm	实际石墨长度/mm	图号
3	>25～50	>0.25～0.5	7
4	>12～25	>0.12～0.25	8
5	>6～12	>0.06～0.12	9
6	>3～6	>0.03～0.06	10
7	>1.5～3	>0.015～0.03	11
8	≤1.5	≤0.015	12
注：石墨大小在6级～8级时，可使用200×或500×放大倍数。			

石墨大小分级图(100×)

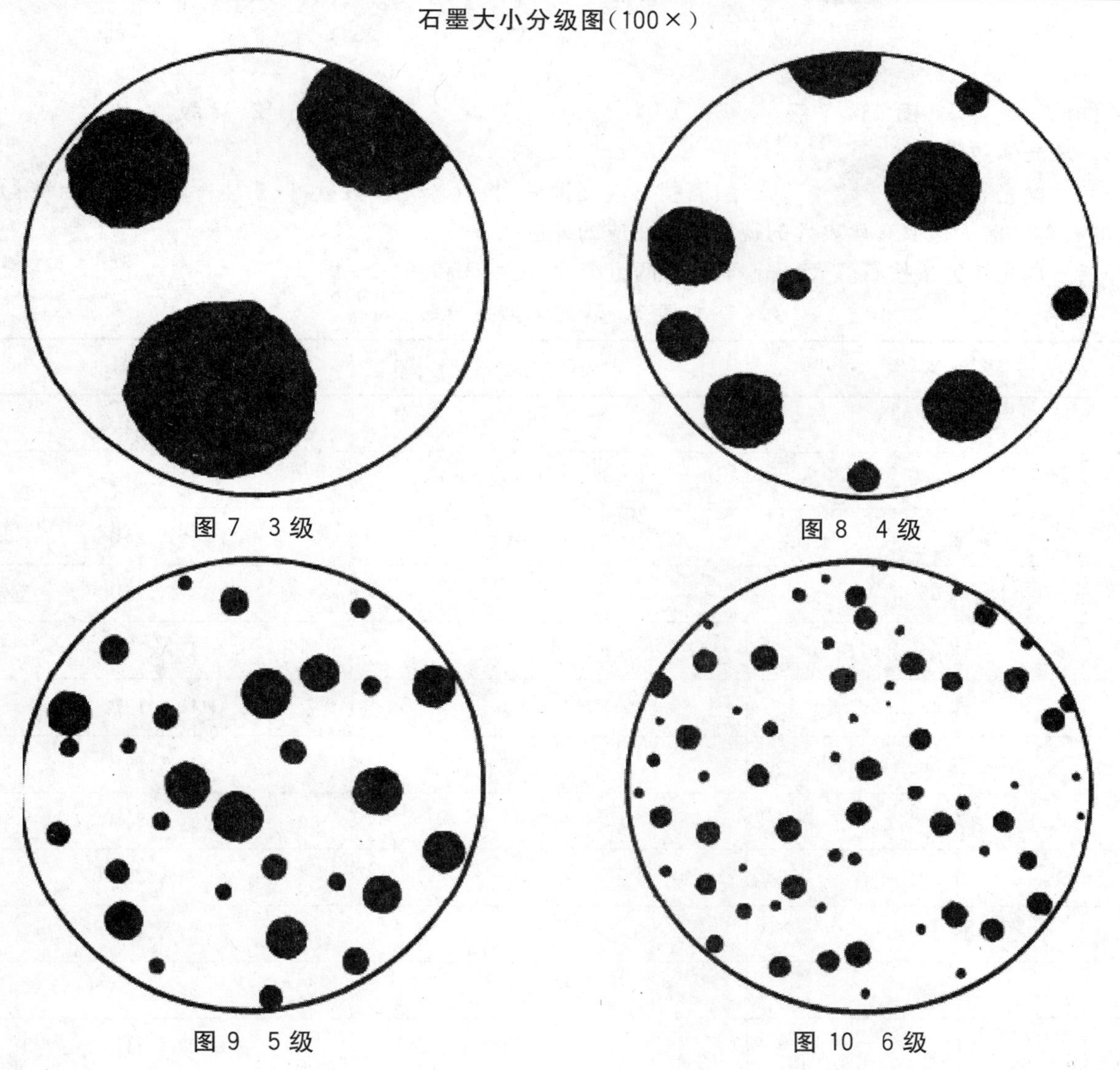

图7 3级

图8 4级

图9 5级

图10 6级

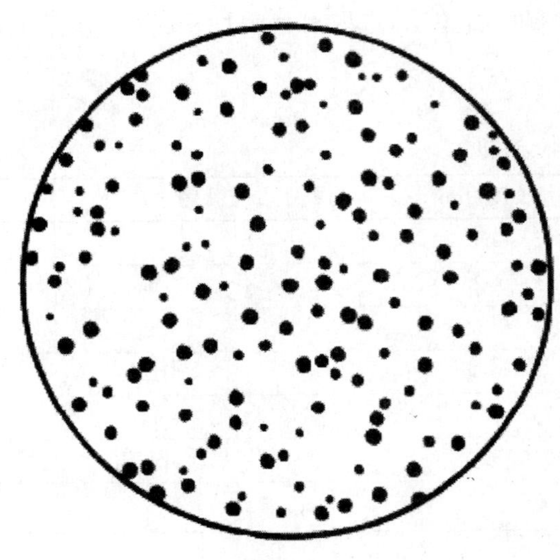

图 11　7 级

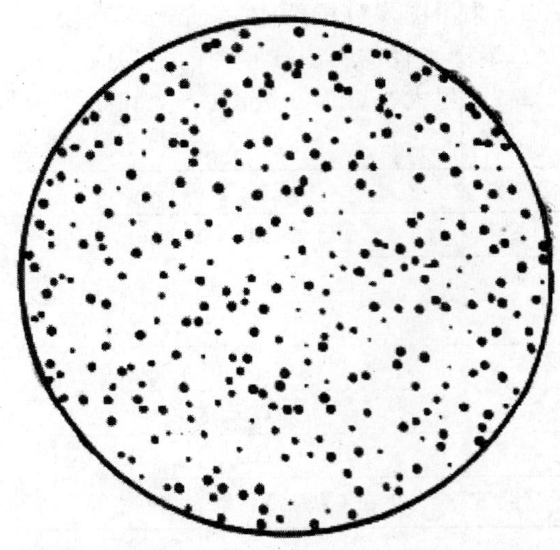

图 12　8 级

4.3　珠光体数量

4.3.1　抛光态试样经 2%～5%硝酸酒精溶液侵蚀后，检验珠光体数量（铁素体＋珠光体＝100%），放大倍数 100 倍。选取有代表性的视场对照相应的评级图评定。

4.3.2　珠光体数量按石墨大小分列 A、B 两组图片，见表 3 和图 13～图 24。

表 3　珠光体数量分级

级别名称	珠光体数量/%	图　号
珠 95	＞90	13A、13B
珠 85	＞80～90	14A、14B
珠 75	＞70～80	15A、15B
珠 65	＞60～70	16A、16B
珠 55	＞50～60	17A、17B
珠 45	＞40～50	18A、18B
珠 35	＞30～40	19A、19B
珠 25	≈25	20A、20B
珠 20	≈20	21A、21B
珠 15	≈15	22A、22B
珠 10	≈10	23A、23B
珠 5	≈5	24A、24B

珠光体数量分级图(100×)

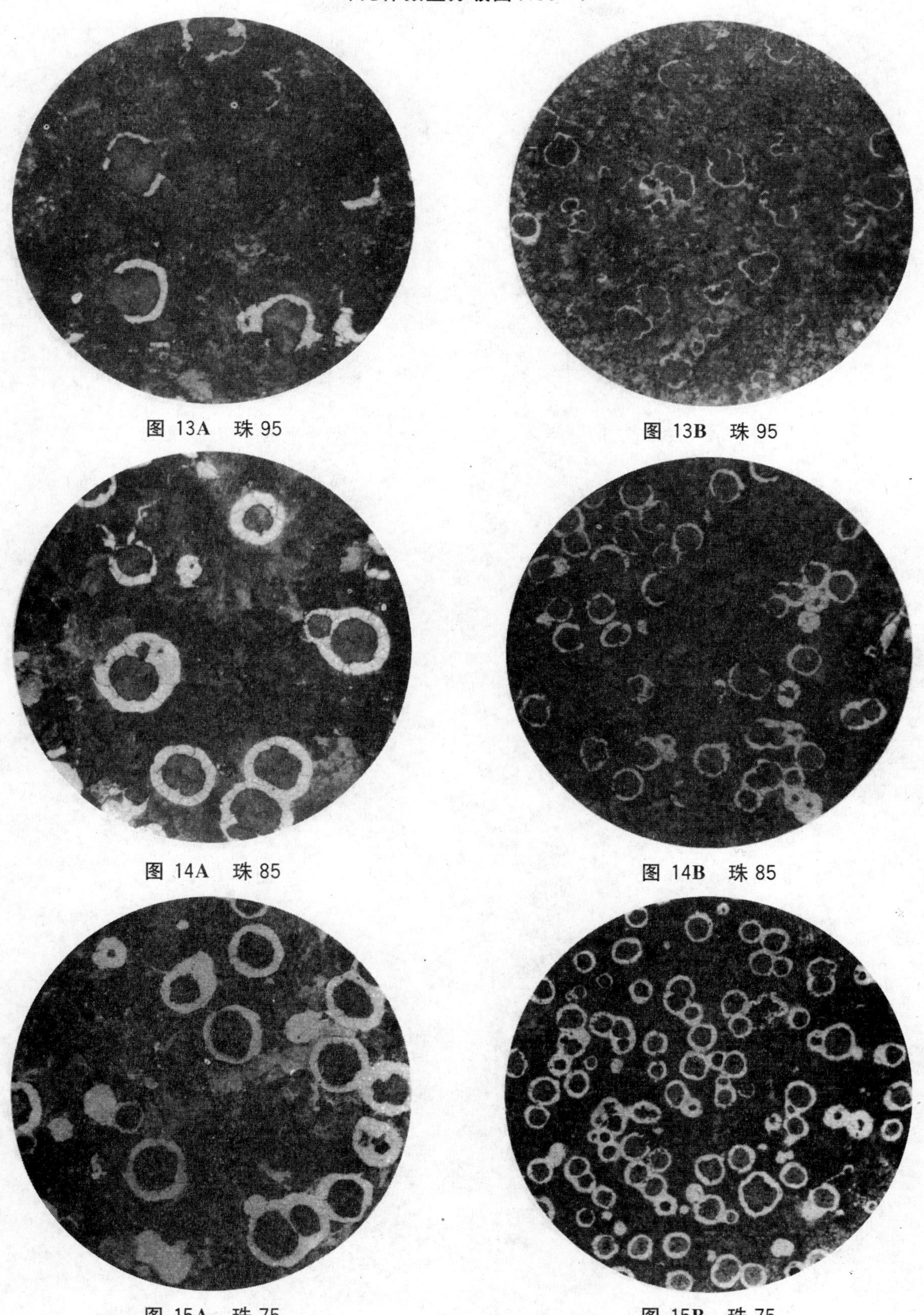

图 13A　珠 95

图 13B　珠 95

图 14A　珠 85

图 14B　珠 85

图 15A　珠 75

图 15B　珠 75

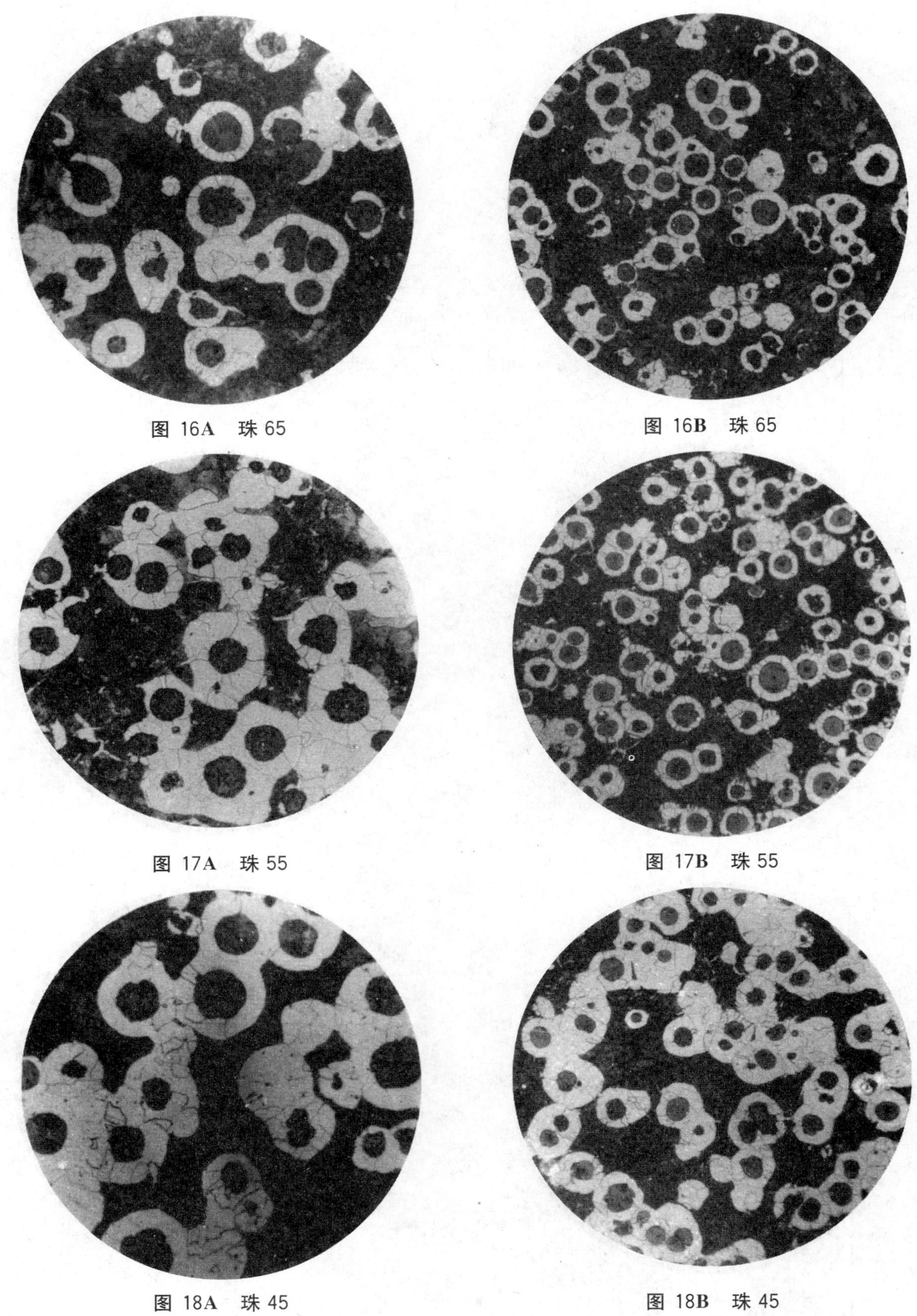

图 16A 珠 65

图 16B 珠 65

图 17A 珠 55

图 17B 珠 55

图 18A 珠 45

图 18B 珠 45

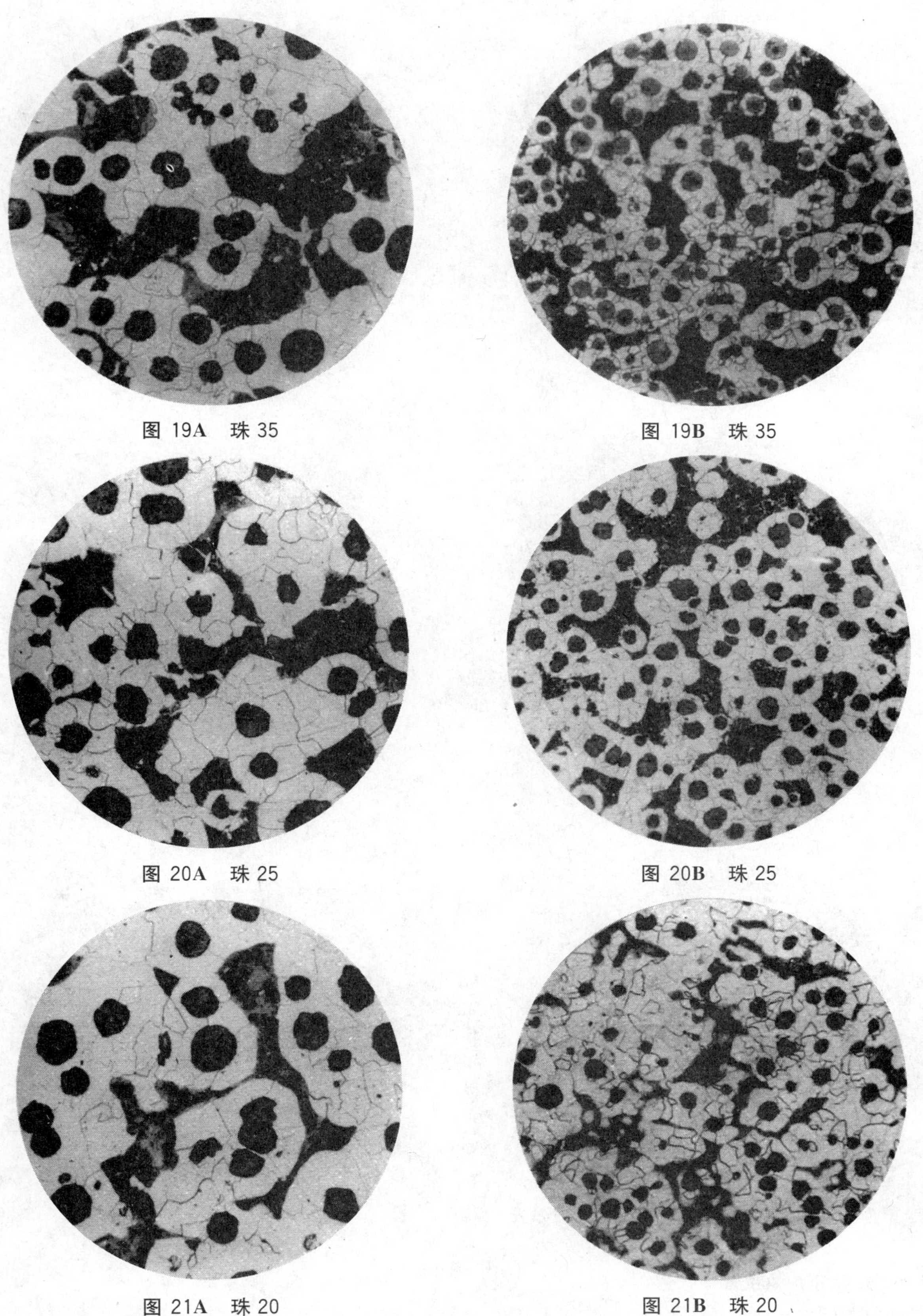

图 19A 珠 35

图 19B 珠 35

图 20A 珠 25

图 20B 珠 25

图 21A 珠 20

图 21B 珠 20

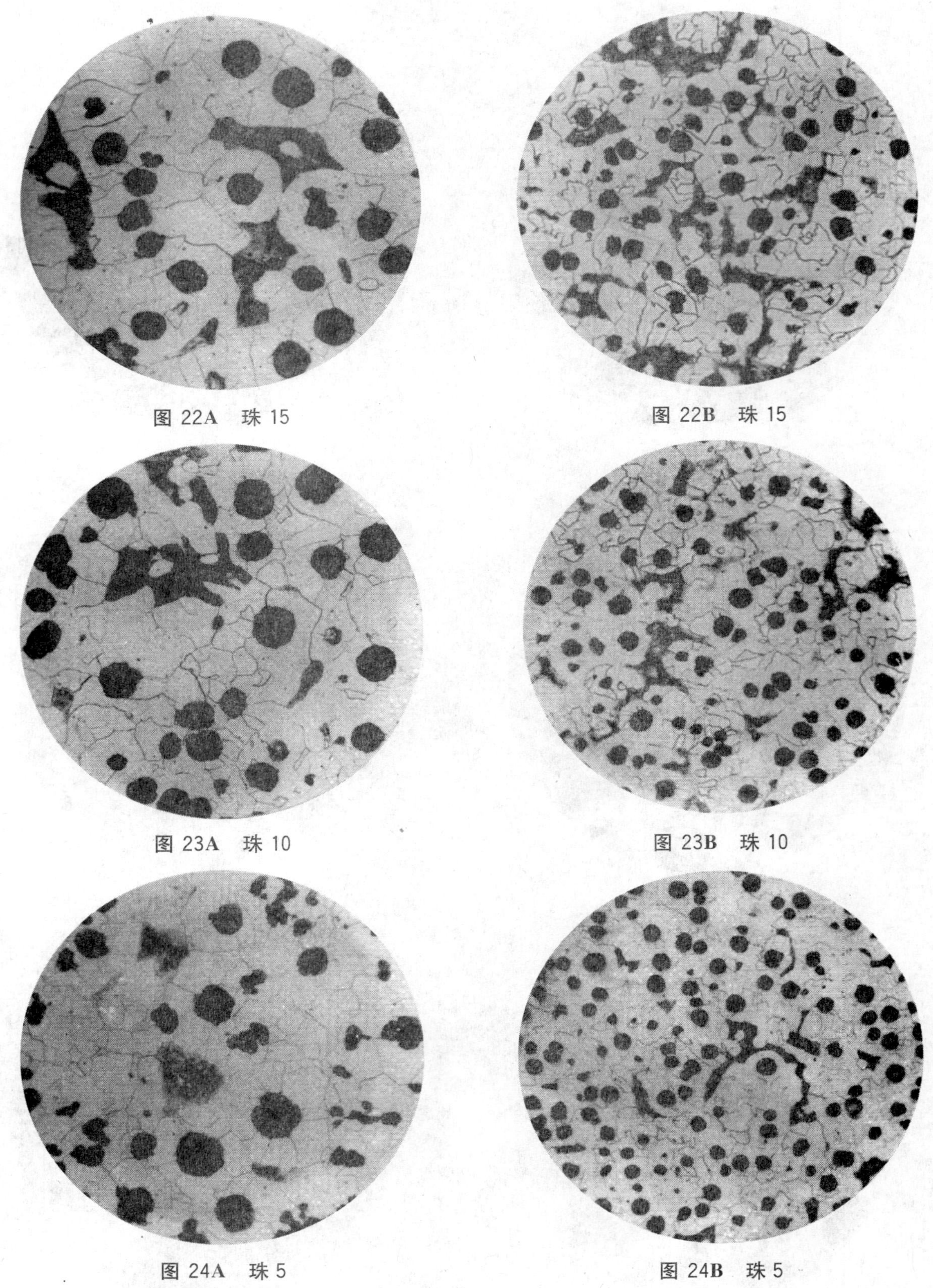

图 22A 珠 15

图 22B 珠 15

图 23A 珠 10

图 23B 珠 10

图 24A 珠 5

图 24B 珠 5

4.4 分散分布的铁素体数量

4.4.1 抛光态试样经 2%～5%硝酸酒精溶液侵蚀后，检验分散分布的铁素体数量，放大倍数 100 倍。选取有代表性的视场对照相应的评级图评定。

4.4.2 分散分布的铁素体数量,分块状A和网状B两组图片,见表4和图25～图30。

表4 分散分布的铁素体数量分级

级别名称	块状或网状铁素体数量/%	图号
铁5	≈5	25A、25B
铁10	≈10	26A、26B
铁15	≈15	27A、27B
铁20	≈20	28A、28B
铁25	≈25	29A、29B
铁30	≈30	30A、30B

分散分布的铁素体数量分级图(100×)

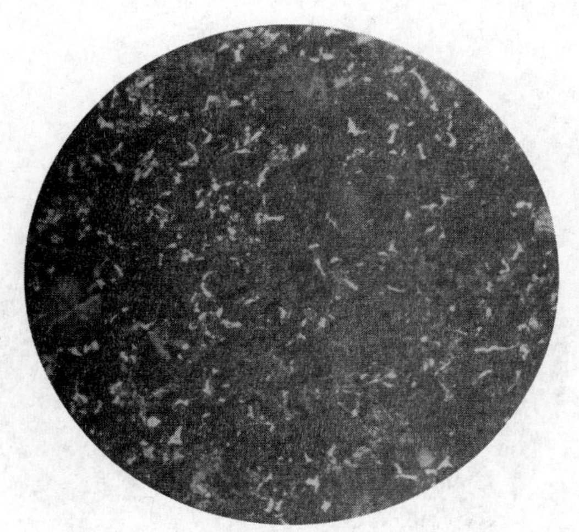

图 25A 铁5

图 25B 铁5

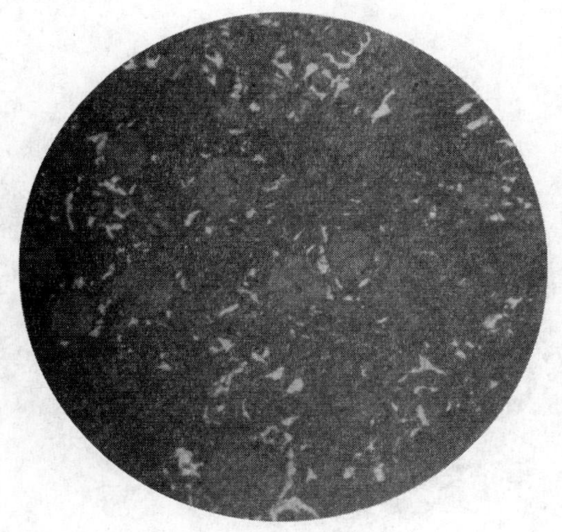

图 26A 铁10

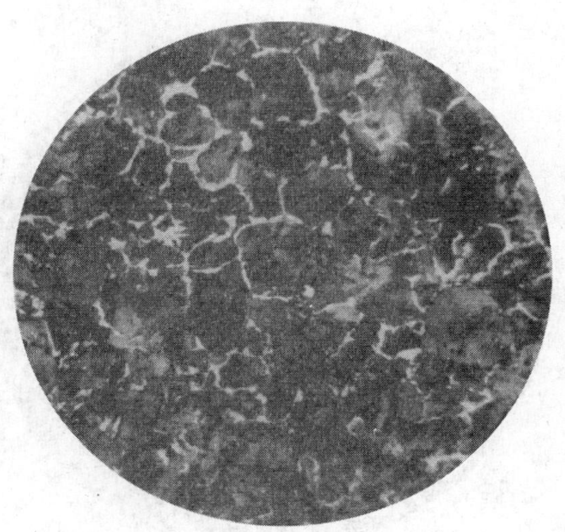

图 26B 铁10

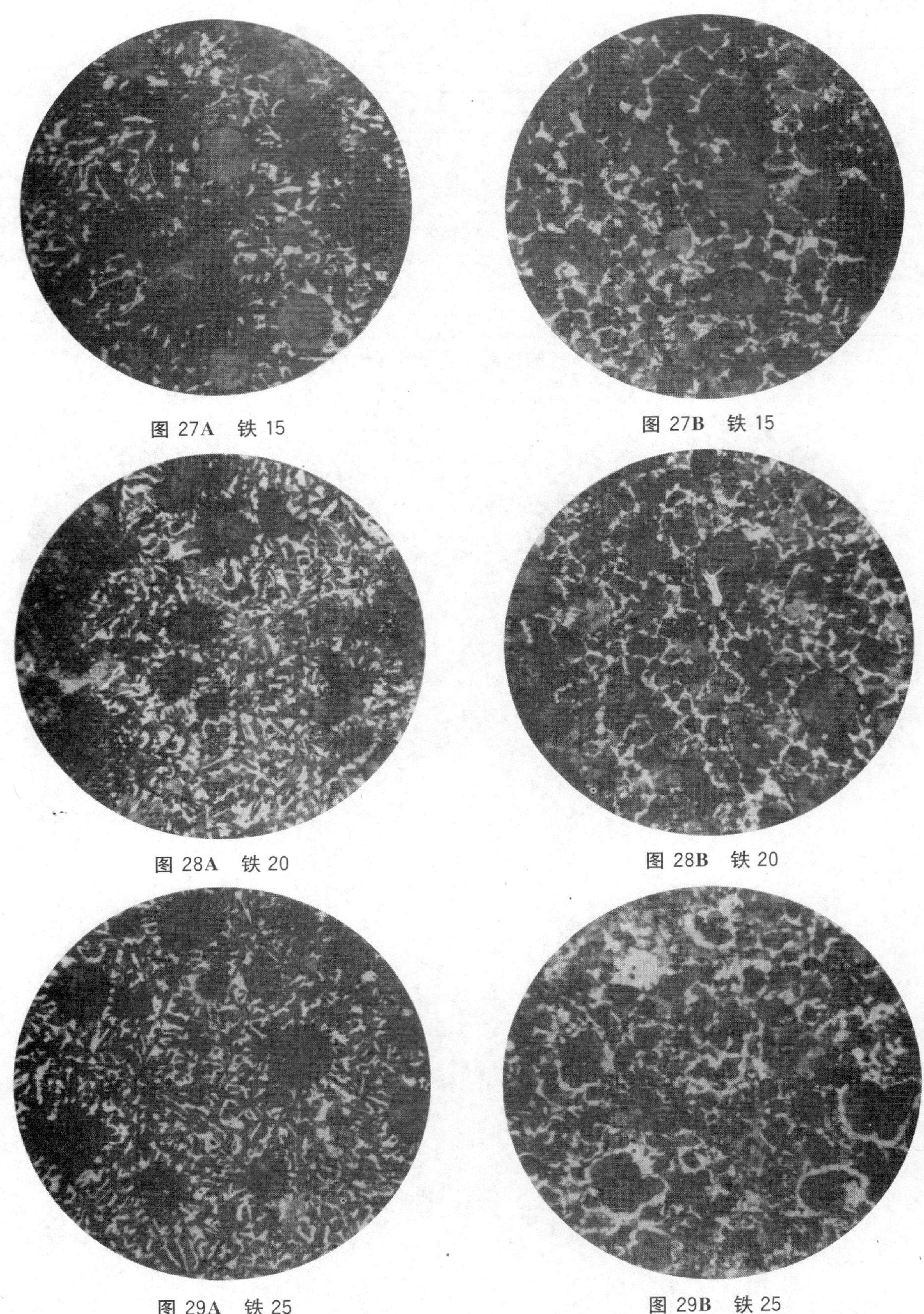

图 27A 铁 15

图 27B 铁 15

图 28A 铁 20

图 28B 铁 20

图 29A 铁 25

图 29B 铁 25

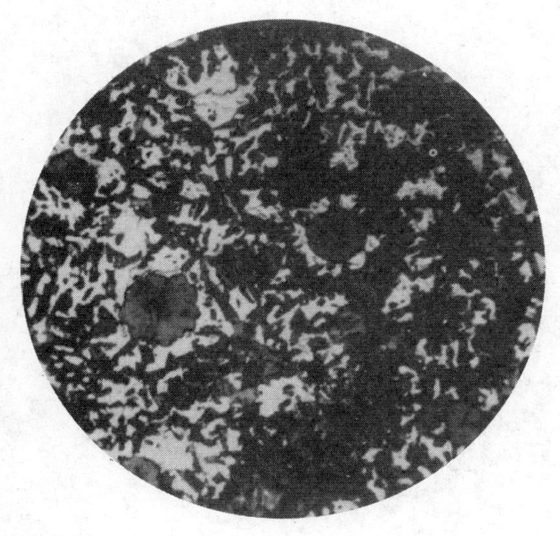

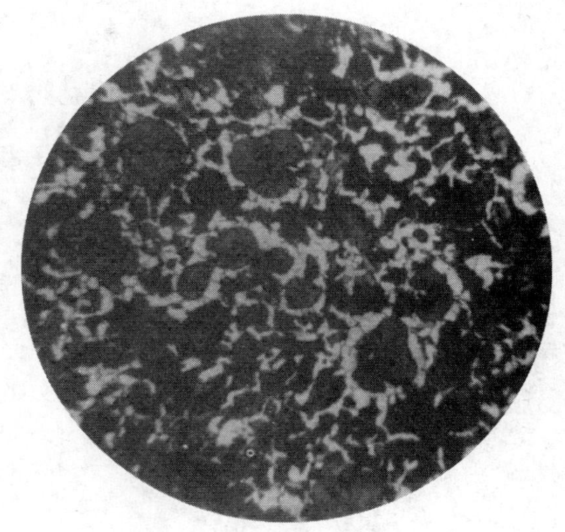

图 30A　铁 30　　　　图 30B　铁 30

4.5　磷共晶数量

4.5.1　抛光态试样经 2%～5%硝酸酒精溶液侵蚀后，检验磷共晶数量，放大倍数 100 倍。首先观察整个受检面，以数量最多的视场对照相应的评级图评定。

4.5.2　磷共晶数量分级见表 5 和图 31～图 35。

表 5　磷共晶数量分级

级别名称	磷共晶数量/%	图　号
磷 0.5	≈0.5	31
磷 1	≈1	32
磷 1.5	≈1.5	33
磷 2	≈2	34
磷 3	≈2.5	35

磷共晶数量分级图(100×)

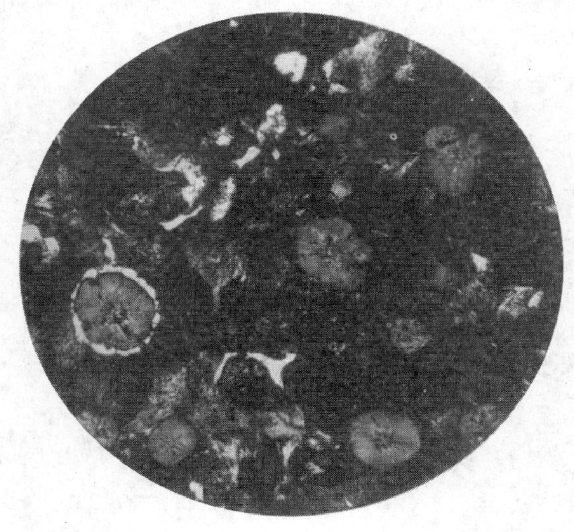

图 31　磷 0.5

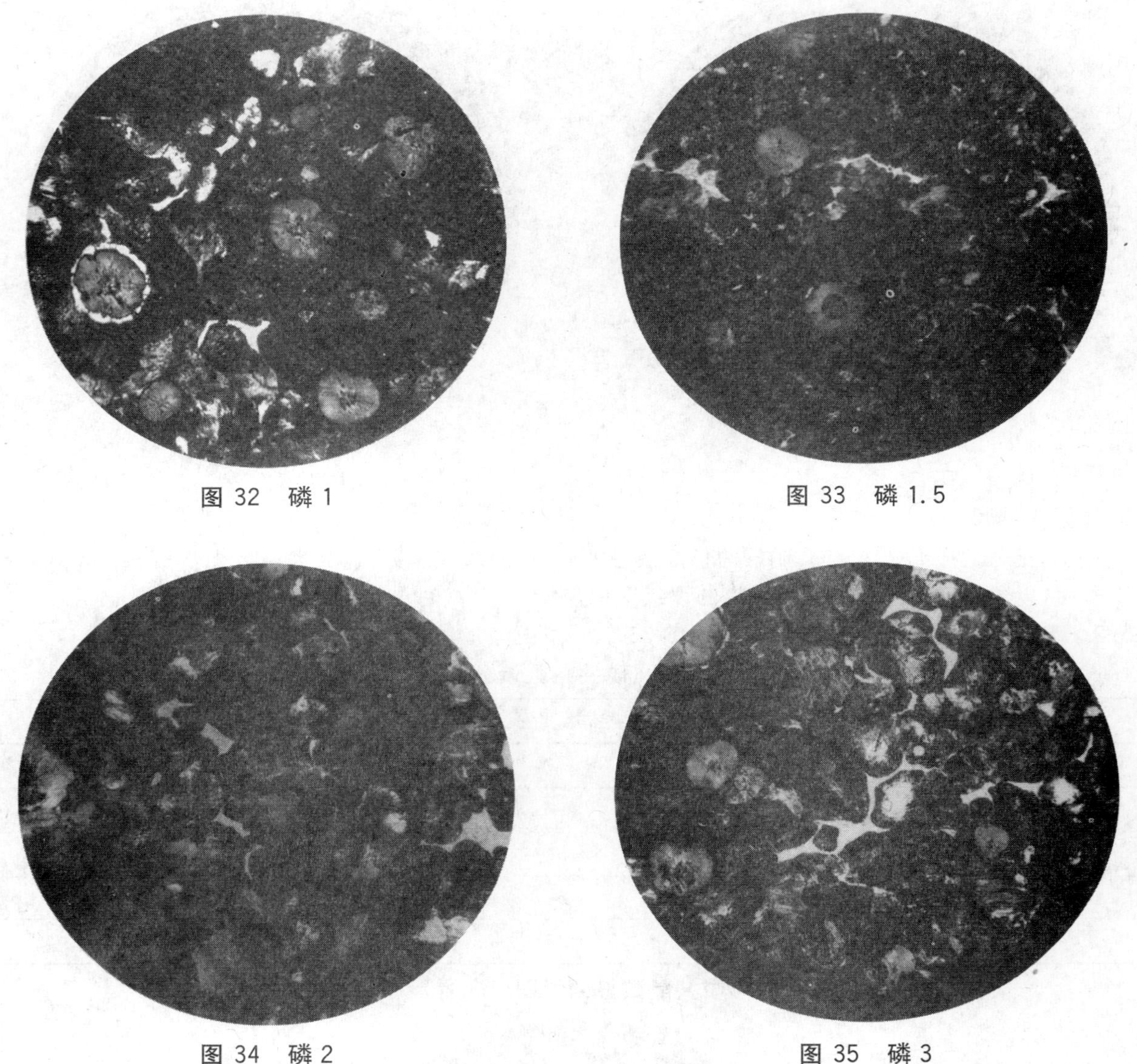

图 32　磷 1

图 33　磷 1.5

图 34　磷 2

图 35　磷 3

4.6　碳化物数量

4.6.1　抛光态试样经 2%～5%硝酸酒精溶液侵蚀后，检验碳化物数量，放大倍数 100 倍。首先观察整个受检面，以数量最多的视场对照相应的评级图评定。

4.6.2　碳化物数量分级见表 6 和图 36～图 40。

表 6　碳化物数量分级

级别名称	碳化物数量/%	图　号
碳 1	≈1	36
碳 2	≈2	37
碳 3	≈3	38
碳 5	≈5	39
碳 10	≈10	40

碳化物数量分级图(100×)

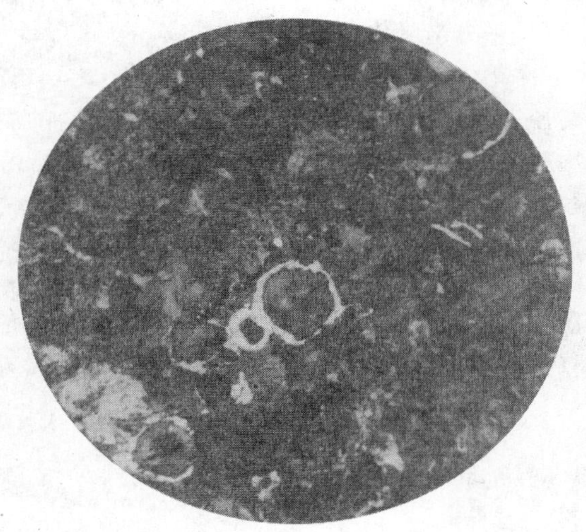

图 36　碳 1

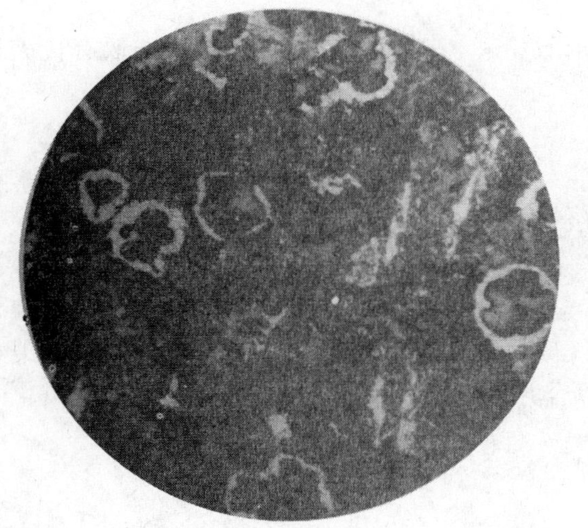

图 37　碳 2

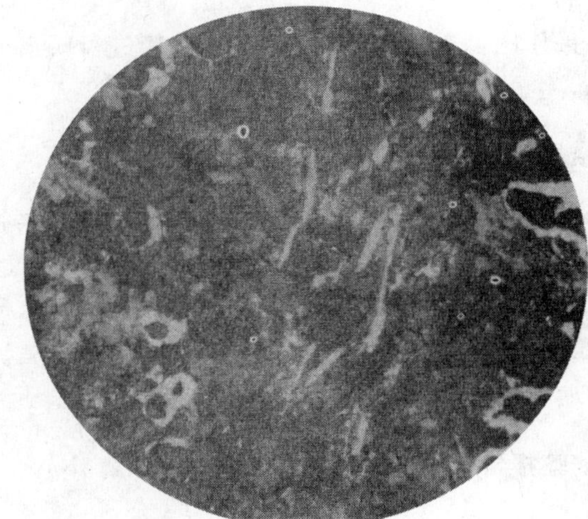

图 38　碳 3

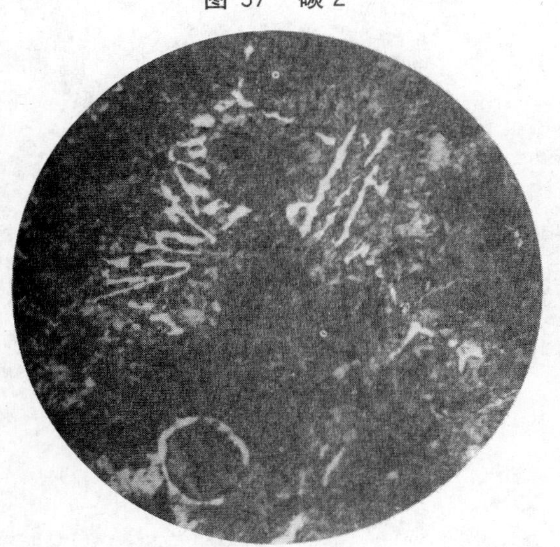

图 39　碳 5

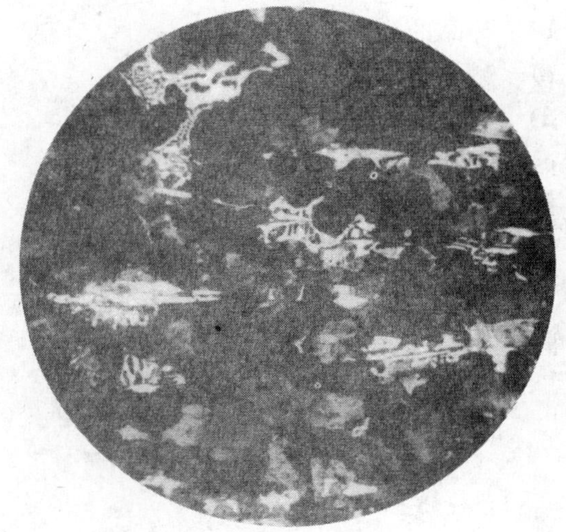

图 40　碳 10

4.7 石墨球数

在抛光态下检验石墨球数，首先观察整个受检面，选取有代表性视场的石墨球数计算，通过计算一定面积内的石墨球数 n 来测定单位平方毫米内的石墨球数。

4.7.1 石墨球数的计算

将已知面积 A（通常使用直径为 79.8 mm，面积 5 000 mm^2 的圆形）的测量网格置于石墨图形上，选用测量面积内至少有 50 个石墨球的放大倍数 F。计算完全落在测量网格内的石墨球数 n_1 和被测量网格所切割的石墨球数 n_2。于是，该面积范围内的总的石墨球数 n 为：

$$n = n_1 + \frac{n_2}{2} \quad \cdots\cdots\cdots\cdots(1)$$

4.7.2 试样每平方毫米内石墨球数的计算

通过已知面积圆内的石墨球数 n 和观测用的放大倍数 F，可计算出实际试样面上单位平方毫米内石墨球数 n_F。

$$n_F = \frac{n}{A} \times F^2 \quad \cdots\cdots\cdots\cdots(2)$$

式中：

A——所使用的测量网格面积，单位为平方毫米（mm^2）。

4.7.3 图像分析法

采用图像分析仪，在抛光态下直接进行阈值分割提取石墨球，首先观察整个受检面，选取有代表性视场，测量单位平方毫米的石墨球数。

5 结果表示

5.1 球化分级以球化级别和/或球化率表示（不允许跨级评定）。

5.2 石墨大小以级别表示。

5.3 石墨球数以单位平方毫米石墨球个数取整数表示。

5.4 珠光体数量、分散分布铁素体数量、磷共晶数量以及碳化物数量用相应的级别名称或百分数来表示。如果碳化物和磷共晶总含量不超过 5%时，二者可以合并评定。

6 试验报告

试验报告包括以下部分：

a) 标准号；

b) 样品的名称及特征描述；

c) 测定方法；

d) 检验结果；

e) 试验报告编号和检测日期；

f) 试验员。

附　录　A
（资料性附录）
ISO 945 石墨分类

A.1　ISO 945 按石墨形态分为六类，具体分类见表 A.1，及图 A.1、图 A.2 所示。

表 A.1　石墨的分类

石墨类型	名　　称	存在的铸铁类型
Ⅰ	片状石墨	灰铸铁，及其他类型铸铁材料的边缘区域
Ⅱ	聚集的片状石墨，蟹状石墨	快速冷却的过共晶灰铸铁
Ⅲ	蠕虫石墨	蠕墨铸铁、球墨铸铁
Ⅳ	团絮状石墨	可锻铸铁、球墨铸铁
Ⅴ	团状石墨	球墨铸铁、蠕墨铸铁、可锻铸铁
Ⅵ	球状石墨	球墨铸铁，蠕墨铸铁

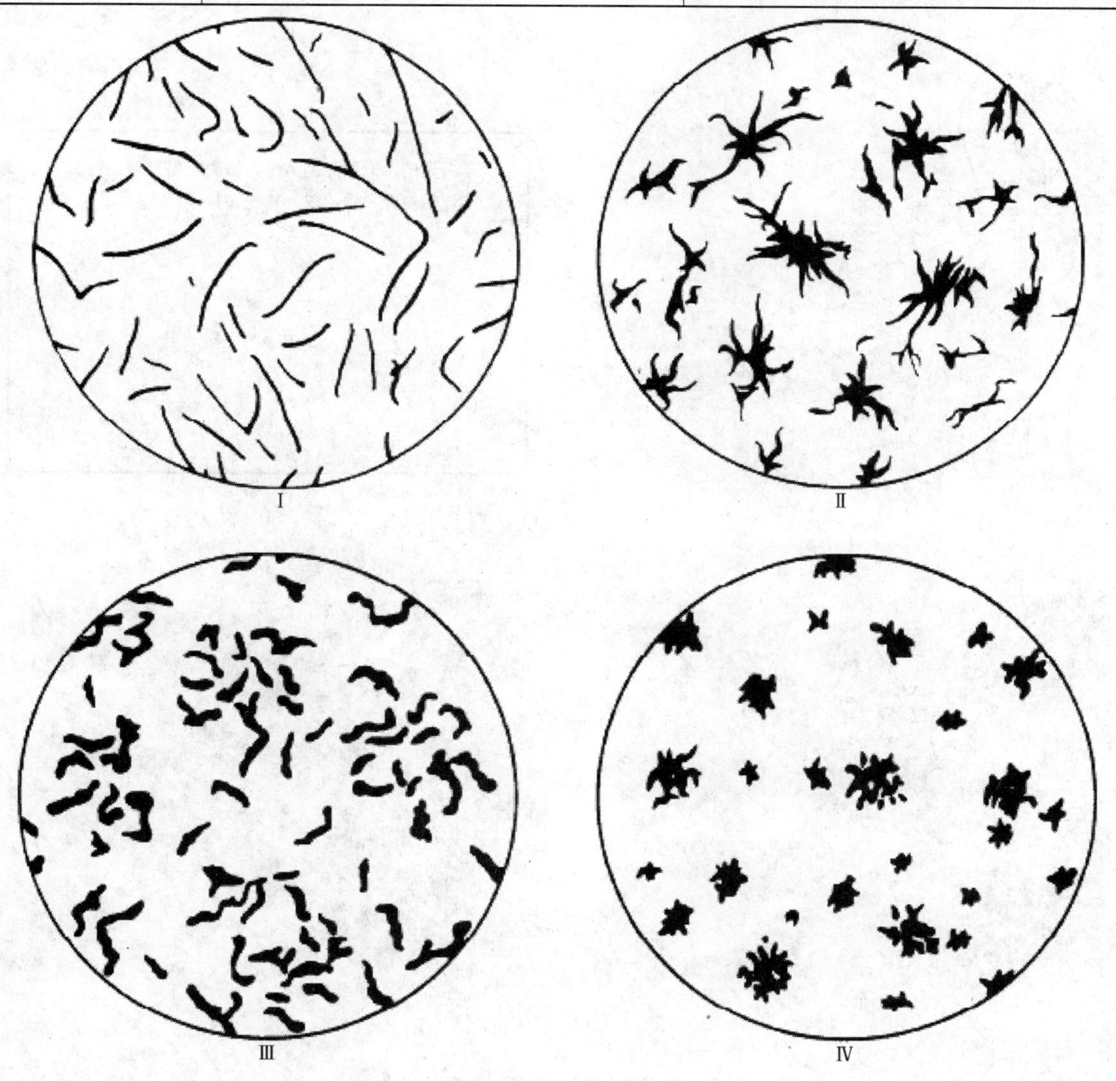

图 A.1　石墨分类示意图

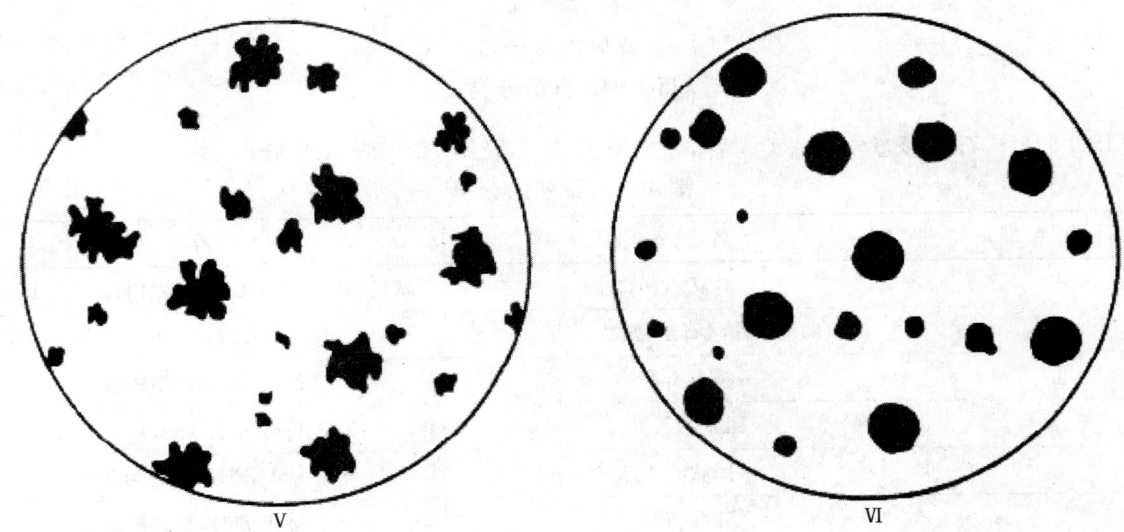

图 **A.1**（续）

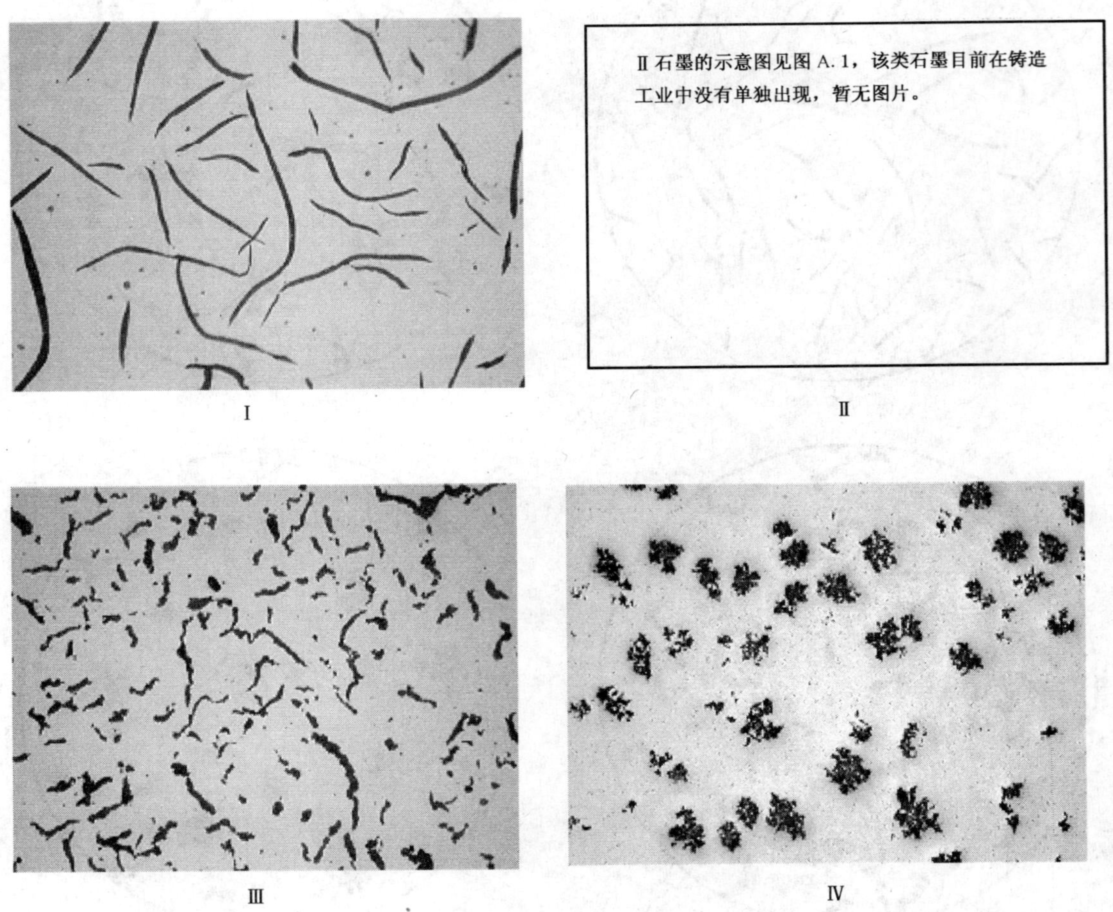

图 A.2　典型石墨分类图片

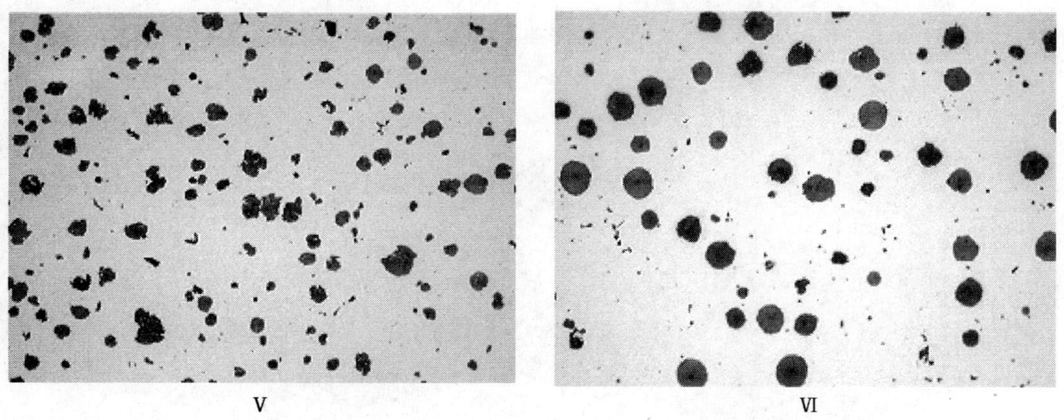

V　　　　　　Ⅵ

图 A.2（续）

ICS 65.120
B 46

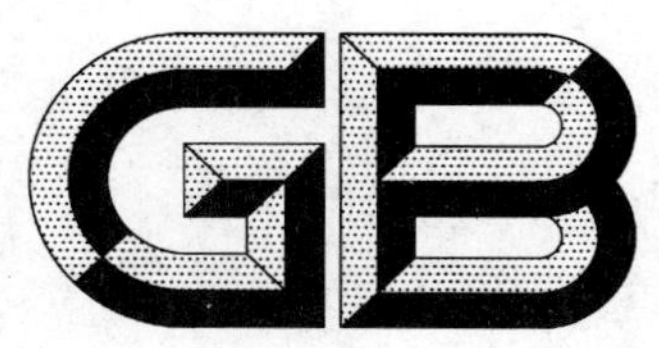

中华人民共和国国家标准

GB/T 9455—2009
代替 GB/T 9455—1988

饲料添加剂　维生素 AD_3 微粒

Feed additive—Vitamin AD_3 beadlets

2009-05-26 发布　　2009-10-01 实施

中华人民共和国国家质量监督检验检疫总局
中国国家标准化管理委员会　发布

前　言

本标准代替 GB/T 9455—1988《饲料添加剂　维生素 A/D_3 微粒》。

本标准与 GB/T 9455—1988 相比主要变化如下：

——原标准的名称“维生素 A/D_3 微粒”修改为“维生素 AD_3 微粒”；

——原标准的英文名称“Food additive”修改为“Feed additive”；

——原标准的适用范围修改为“适用于以饲料添加剂维生素 A 乙酸酯与维生素 D_3 油为原料，配以一定量的乙氧喹啉及(或)2,6-二叔丁基-4-甲基苯酚(BHT)等抗氧化剂，采用明胶和淀粉等辅料，经喷雾法制成的微粒”；

——增设维生素 A 乙酸酯与维生素 D_3 的化学名称、分子式、相对分子质量、结构式；

——本标准增加了规范性引用文件；

——原标准 5.3“鉴别试验”中增加了“5.3.3　在高效液相色谱法测定维生素 A 乙酸酯和维生素 D_3 含量时，样品溶液色谱峰的相对保留时间应与对照溶液色谱峰的相对保留时间一致”；

——原标准第 3 章“产品规格”中删除“VA40 万 IU/g　VD_3 8 万 IU/g”，增加“3.2　维生素 A 乙酸酯 1 000 000 IU/g 维生素 D_3 200 000 IU/g”以及“3.3　可按客户需求定制”；

——原标准 4.1“外观和性状”修改为“本品为黄色至棕色微粒。遇热，见光或吸潮后易分解、降解，使含量下降”；

——原标准 4.2“项目和指标”修改为本标准的 4.2“技术指标”；

——本标准 4.2“技术指标”中增加重金属和砷检测项目；

——原标准 5.6“含量测定”修改为本标准的 5.4“含量测定”；

——原标准第 6 章“检验规则”和第 7 章“标志、包装、运输和贮存”按规范修改为本标准的第 6 章“检验规则”和第 7 章“标签、包装、运输和贮存”；

——本标准中保质期作为单独一项：内容修订为“原包装在规定的储存条件下保质期为 12 个月(开封后应尽快使用，以免变质)”。

本标准由全国饲料工业标准化技术委员会(SAC/TC 76)提出并归口。

本标准由中国饲料工业协会、浙江医药股份有限公司负责起草。

本标准主要起草人：马文鑫、粟胜兰、姜红军、朱金林、施育超、梅娜、杨志刚、王春琴。

本标准所代替标准的历次版本发布情况为：

——GB/T 9455—1988。

饲料添加剂　维生素 AD_3 微粒

1　范围

本标准规定了饲料添加剂维生素 AD_3 微粒的产品规格、技术要求、试验方法、检验规则及其标签、包装、运输和贮存。

本标准适用于以饲料添加剂维生素 A 乙酸酯与维生素 D_3 油为原料，配以一定量的乙氧喹啉及(或)2,6-二叔丁基-4-甲基苯酚(BHT)等抗氧化剂，采用明胶和淀粉等辅料，经喷雾法制成的微粒。本品在饲料工业中作为维生素类饲料添加剂。

维生素 A 乙酸酯

化学名称：全反式-3,7-二甲基-9-(2,6,6-三甲基-1-环己烯基)-2,4,6,8-壬四烯-1-醇乙酸酯

分子式：$C_{22}H_{32}O_2$

相对分子质量：328.50(2007 年国际相对原子质量)

结构式：

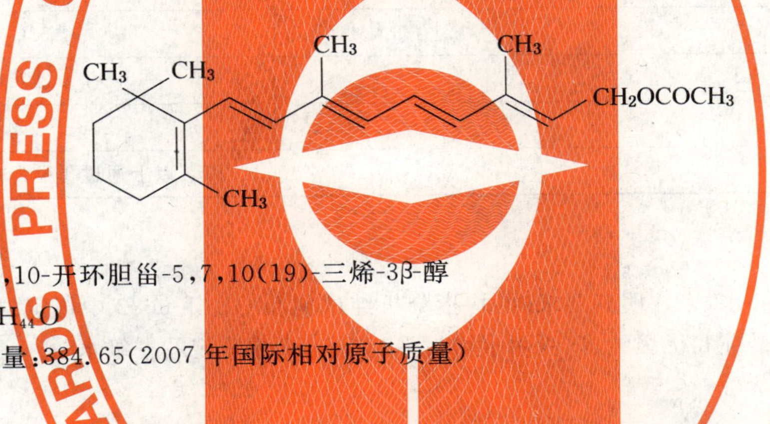

维生素 D_3

化学名称：9,10-开环胆甾-5,7,10(19)-三烯-3β-醇

分子式：$C_{27}H_{44}O$

相对分子质量：384.65(2007 年国际相对原子质量)

结构式：

CH3　CH3　CH3　CH3　H2C　HO

2　规范性引用文件

下列文件中的条款通过本标准的引用而成为本标准的条款。凡是注日期的引用文件，其随后所有的修改单(不包括勘误的内容)或修订版均不适用于本标准，然而，鼓励根据本标准达成协议的各方研究是否可使用这些文件的最新版本。凡是不注日期的引用文件，其最新版本适用于本标准。

GB/T 6682　分析实验室用水规格和试验方法

GB/T 7292　饲料添加剂　维生素 A 乙酸酯微粒

GB 9691　食品包装用聚乙烯树脂卫生标准

GB 10648　饲料标签

GB/T 17818　饲料中维生素 D_3 的测定　高效液相色谱法

《中华人民共和国药典》2005 年版

3 产品规格

3.1 维生素 A 乙酸酯 500 000 IU/g,维生素 D_3 100 000 IU/g。

3.2 维生素 A 乙酸酯 1 000 000 IU/g,维生素 D_3 200 000 IU/g。

3.3 可按客户需求定制。

4 要求

4.1 外观和性状

本品为黄色至棕色微粒。遇热,见光或吸潮后易分解、降解,使含量下降。

4.2 技术指标

技术指标应符合表1规定。

表1 技术指标

项目			指标
含量	维生素 A 乙酸酯(以 $C_{22}H_{32}O_2$ 计)		标示量的 90.0%~120.0%
	维生素 D_3(以 $C_{27}H_{44}O$ 计)		标示量的 90.0%~120.0%
干燥失重/%		≤	5.0
重金属(以 Pb 计)/(mg/kg)		≤	10
砷/(mg/kg)		≤	2
粒度			97%以上通过孔径为 0.6 mm 分析筛

5 试验方法

本标准所用试剂和水,未注明其要求时,均指分析纯试剂和 GB/T 6682 中规定的三级水。色谱分析中所用试剂均为色谱纯和优级纯,试验用水均为 GB/T 6682 中规定的一级水。

5.1 试剂和溶液

5.1.1 无水乙醇。

5.1.2 三氯甲烷。

5.1.3 三氯化锑。

5.1.4 乙酸酐。

5.1.5 硫酸。

警告:硫酸是强腐蚀液,操作者需戴防护眼镜、手套,以防灼伤。

5.1.6 正己烷。

5.1.7 甲醇(色谱纯)。

5.1.8 2,6-二叔丁基-4-甲基苯酚(BHT)。

5.1.9 无水硫酸钠。

5.1.10 乙腈(色谱纯)。

5.1.11 异丙醇(色谱纯)。

5.1.12 无水乙醚:不含过氧化物。

过氧化物检查方法:用 5 mL 乙醚加 1 mL 10%碘化钾溶液,振摇 1 min,如有过氧化物则放出游离碘,水层呈黄色。若加 0.5%淀粉指示液,水层呈蓝色。该乙醚需处理后使用。

去除过氧化物的方法:乙醚用 5%硫代硫酸钠溶液振摇,静置,分取乙醚层,再用蒸馏水振摇洗涤两次,重蒸,弃去首尾 5%部分,收集馏出的乙醚,再检查过氧化物,应符合规定。

5.1.13 三氯化锑-三氯甲烷溶液：取三氯化锑 1 g，加三氯甲烷 4 mL 溶解即成。

5.1.14 氢氧化钾溶液：500 g/L。

5.1.15 抗坏血酸乙醇溶液 5 g/L：称取 0.5 g 抗坏血酸结晶纯品溶解于 4 mL 温热的蒸馏水中，用乙醇稀释至 100 mL，临用前配制。

5.1.16 氯化钠溶液：100 g/L。

5.1.17 酚酞指示剂乙醇溶液：10 g/L。

5.1.18 0.1%氨水溶液(体积分数)。

5.1.19 碱性蛋白酶(酶活力每克大于 40 000 单位)。

5.1.20 全反式维生素 A 乙酸酯标准品。

5.1.21 维生素 D_3 标准品：含量≥99.0%。

5.1.22 维生素 D_3 标准贮备液：准确称取 50.0 mg 维生素 D_3 标准品(5.1.21)于 50 mL 棕色容量瓶中，用正己烷(5.1.6)溶解并稀释至刻度，4 ℃保存。该贮备液的浓度为每毫升含 1 mg 维生素 D_3。

5.1.23 维生素 D_3 标准工作液：准确吸取维生素 D_3 标准贮备液(5.1.22)，用正己烷(5.1.6)按 1∶100 比例稀释，该标准溶液浓度为每毫升含 10 μg(400 IU)维生素 D_3。

5.1.24 氮气：99.9%。

5.2 仪器和设备

实验室常用设备和仪器：

5.2.1 高效液相色谱仪，带紫外可调波长检测器。

5.2.2 超声波恒温水浴。

5.2.3 恒温水浴锅。

5.2.4 圆底烧瓶，带回流冷凝器。

5.2.5 粒度分析筛。

5.2.6 旋转蒸发器。

5.2.7 离心机。

5.2.8 ϕ200×50-0.6/0.5 的试验筛，筛网尺寸为 ϕ200 mm×50 mm，网孔基本尺寸为 0.6 mm，金属丝直径为 0.5 mm 的金属丝编织网试验筛。

5.3 鉴别试验

5.3.1 称取试样 100 mg 用无水乙醇湿润后，在研钵中研磨数分钟，加三氯甲烷 10 mL 搅拌、过滤。取滤液 2 mL 于试管中，加三氯化锑-三氯甲烷溶液 0.5 mL，即显蓝色，并迅即褪去蓝色(维生素 A)。

5.3.2 称取试样 100 mg，加三氯甲烷 10 mL，研磨数分钟，过滤，取滤液 5 mL，加乙酸酐 0.3 mL，硫酸 0.1 mL，振摇，初显黄色，渐变红色，迅即变为紫色，最后呈绿色(维生素 D_3)。

5.3.3 在高效液相色谱法测定维生素 A 乙酸酯和维生素 D_3 含量时，样品溶液色谱峰的相对保留时间应与对照溶液色谱峰的相对保留时间一致。

5.4 含量测定

5.4.1 维生素 A 乙酸酯的含量测定

按 GB/T 7292 中维生素 A 乙酸酯含量测定的方法执行。

5.4.2 维生素 D_3 的含量测定

称取试样约 1 g～2 g(精确至 0.000 1 g)，按 GB/T 17818 中维生素 D_3 含量测定的方法执行。

5.5 干燥失重

5.5.1 测试方法

称取试样约 1 g(精确至 0.000 2 g)，置于已干燥至恒量的称量瓶中，打开称量瓶瓶盖，置于 105 ℃烘箱中，干燥至恒量。

5.5.2 计算和结果的表示

按式(1)计算：

$$X_1 = \frac{m_1 - m_2}{m} \times 100\% \qquad \cdots\cdots\cdots\cdots(1)$$

式中：

X_1——样品干燥失重率；

m_1——干燥前的样品加称量瓶质量，单位为克(g)；

m_2——干燥后的样品加称量瓶质量，单位为克(g)；

m——样品的质量，单位为克(g)。

计算结果表示至小数点后一位。

5.6 重金属

称取试样约1.0 g(精确至0.001 g)于30.0 mL瓷坩埚中，用低温加热至完全碳化，然后转入高温炉在500 ℃～600 ℃炽灼至完全灰化，取出冷却；按《中华人民共和国药典》2005年版附录重金属检查法第二法检查。

5.7 砷

称取试样约1.0 g(精确至0.001 g)于30.0 mL瓷坩埚中，用低温加热至完全碳化，然后转入高温炉在500 ℃～600 ℃炽灼至完全灰化，取出冷却；按《中华人民共和国药典》2005年版附录砷盐检查法第一法(古蔡氏法)检查。

5.8 粒度检查

5.8.1 测试方法

称取试样50 g，倾入0.6 mm分析筛上，使用振动筛振摇3 min～5 min，取筛下物称量。

5.8.2 计算和结果的表示

按式(2)计算：

$$X_2 = \frac{m_3}{m_4} \times 100\% \qquad \cdots\cdots\cdots\cdots(2)$$

式中：

X_2——试样通过率；

m_3——筛下物的试样质量，单位为克(g)；

m_4——试样的质量，单位为克(g)。

计算结果表示至小数点后一位。

6 检验规则

6.1 组批

本产品以同一条生产线生产、按同样要求混合包装完好的产品为一个“货批”，按批编号。每批产品按标准检验合格后方可出厂。

6.2 抽样

产品以千分之一比例随机抽取，尾数不足一千的以一千计，一次采样不得少于200 g。样品分二份，一份做感官和理化检验，一份留样备查。

6.3 检验分类

6.3.1 出厂检验：外观和性状、含量、干燥失重和粒度为每批必检。

6.3.2 型式检验：至少每半年进行一次。当生产期限相隔半年或原料、工艺发生重大变化或产品质量监督部门提出要求时，则所有指标必须测定一次。

6.4 判定规则

检测结果如有微生物指标不符合本标准要求时不得复检，判该批产品为不合格；其他指标不符合本标准要求时,可加倍取样复检,复检结果如仍有指标不符合本标准要求时,则该批产品判为不合格。

6.5 仲裁

当供需双方对产品质量发生异议时,可由双方协商解决或由法定监督检验部门检验后由仲裁部门进行仲裁。

7 标签、包装、运输和贮存

7.1 标签

标签按 GB 10648 执行。

7.2 包装

本产品装入铝箔、聚乙烯袋等适当材质的包装袋中,密封,盛于外包装容器内。

聚乙烯材料卫生指标应符合 GB 9691 标准要求。

7.3 运输

本产品在运输过程中应避免日晒雨淋、受热,搬运装卸小心轻放,严禁碰撞,防止包装破损,严禁与有毒有害或其他有污染的物品以及具有氧化性的物质混装、混运。

7.4 贮存

本产品应储存在避光、阴凉、通风、干燥处,严禁与有毒有害的物品混贮。

8 保质期

原包装在规定的储存条件下保质期为 12 个月(开封后应尽快使用,以免变质)。

ICS 83.040.30
G 49

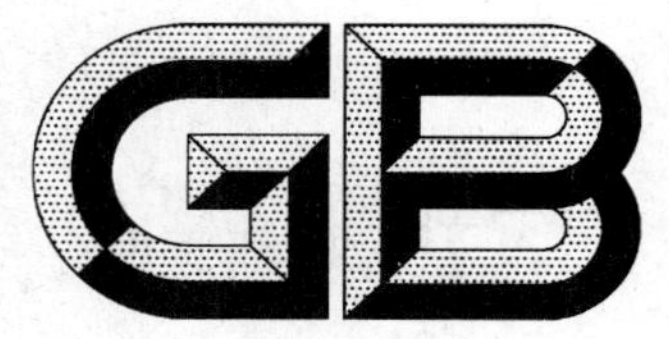

中华人民共和国国家标准

GB/T 9580—2009
代替 GB/T 9580—2002

标准参比炭黑的鉴定方法

Evaluation of standard reference carbon black

2009-12-15 发布　　　　2010-06-01 实施

中华人民共和国国家质量监督检验检疫总局
中国国家标准化管理委员会　发布

前 言

本标准修改采用 ASTM D 4122-2006《标准参比炭黑的鉴定方法》(英文版)。

本标准根据 ASTM D 4122-2006 重新起草。在附录 A 中列出了本标准与 ASTM D 4122-2006 的章条编号对照一览表。

考虑到我国国情,为方便标准使用者,在采用 ASTM D 4122-2006 时做了一些修改。本标准与 ASTM D 4122-2006 主要技术差异如下:

——引用了与 ASTM 标准 D 412、D 1506、D 1509、D 1513、D 1514、D 1618、D 3191、D 3265、D 3493、D 5230 无对应关系的我国标准(本版的第 2 章);

——使用期限改为"不少于 8 年",因我国标样的使用年限约 10 年;

——ASTM D 4122-2006 中炭黑样品分为 12 份,本标准中分为 6 份,因样品量较少(本版的 3.4,ASTM D 4122-2006 的 4.3);

——增加"GB/T 3780.5 炭黑 第 5 部分:比表面积测定 CTAB 法"(本版的第 2 章),符合我国国情;

——在理化性能检验中增加了"CTAB 吸附比表面积"(本版的表 1),符合我国国情;

——规定倾注密度的测定为建议性理化检验(本版的表 2,ASTM D4122-2006 的 6.3.1.6),符合我国国情;

——为保证检验结果的准确性,本标准规定理化性能检验结果取两次检验结果的平均值(本版的 5.3,ASTM D 4122-2006 的 6.3),符合我国标准要求;

——删除了 ASTM D 4122-2006 中的附录部分。

为方便使用,本标准还做了下列编辑性修改:

——增加了资料性附录 A"本标准与 ASTM D 4122-2006 的章条编号对照"。

本标准与 GB/T 9580—2002 的主要技术差异为:

——引用文件增加了"GB/T 6038、GB/T 10722"2 个标准(本版的第 2 章);

——增加了确定标准参比炭黑的量的依据(本版的 4.2);

——增加了"总表面积和外表面积"(本版的表 1);

——将"细粉含量"修改为"细粉含量和颗粒磨损量"(本版的表 2);

——增加了"差值$=X_1-X_2$"(本版的 6.1);

——增加了"附录 A"。

本标准的附录 A 为资料性附录。

本标准由中国石油和化学工业协会提出。

本标准由全国橡胶与橡胶制品标准化技术委员会炭黑分技术委员会归口。

本标准起草单位:中橡集团炭黑工业研究设计院、青州市博奥炭黑有限责任公司。

本标准主要起草人:邓毅、陈有根。

本标准所代替历次版本情况为:

——GB/T 9580—1988;GB/T 9580—2002。

标准参比炭黑的鉴定方法

注意：使用本标准的人员应熟悉常规实验室操作，本标准未涉及任何使用中的安全问题，使用者有责任建立恰当的安全和健康措施，并保证符合国家规定。

1 范围

本标准规定了标准参比炭黑(SCB)的鉴定方法。

本标准适用于标准参比炭黑。

2 规范性引用文件

下列文件中的条款通过本标准的引用而成为本标准的条款。凡是注日期的引用文件，其随后所有的修改单(不包括勘误的内容)或修订版均不适用于本标准，然而，鼓励根据本标准达成协议的各方研究是否可使用这些文件的最新版本。凡是不注日期的引用文件，其最新版本适用于本标准。

GB/T 528 硫化橡胶或热塑性橡胶 拉伸应力应变性能的测定(GB/T 528—2009，ISO 37：2005，IDT)

GB/T 3780.1 炭黑 第1部分：吸碘值试验方法

GB/T 3780.2 炭黑 第2部分：吸油值的测定

GB/T 3780.4 炭黑 第4部分：压缩试样吸油值的测定

GB/T 3780.5 炭黑 第5部分：比表面积的测定 CTAB法

GB/T 3780.6 炭黑 第6部分：着色强度的测定(GB/T 3780.6—2007，ISO 5435：1994，Rubber compounding ingredients—Carbon black—Determination of tinting strength，MOD)

GB/T 3780.8 炭黑 第8部分：加热减量的测定(GB/T 3780.8—2008，ISO 1126：2006，Rubber compounding ingredients—Carbon black—Determination of loss on heating，MOD)

GB/T 3780.10 炭黑 第10部分：灰分的测定(GB/T 3780.10—2009，ISO 1125：1999，Rubber compounding ingredients—Carbon black—Determination of ash，MOD)

GB/T 3780.15 炭黑 第15部分：甲苯抽出物透光率的测定(GB/T 3780.15—2006，ISO 3858-1：1990，Carbon black for use in the rubber industry—Determination of light transmittance of toluene extract—Part 1：Rapid method；ISO 3858-2：1990，Carbon black for use in the rubber industry—Determination of light transmittance of toluene extract—Part 2：Method for product evaluation，MOD)

GB/T 3780.18 炭黑 第18部分：在天然橡胶(NR)中的鉴定方法

GB/T 3780.21 炭黑 第21部分：橡胶配合剂筛余物的测定 水冲洗法(GB/T 3780.21—2006，ISO 1437：1992，Rubber compounding ingredients—Carbon black—Determination of sieve residue，MOD)

GB/T 6038 橡胶试验胶料 配料、混炼和硫化设备及操作程序(GB/T 6038—2006，ISO 2393：1994，MOD)

GB/T 9579 橡胶配合剂 炭黑 在丁苯橡胶中的鉴定方法(GB/T 9579—2006，ISO 3257：1992，MOD)

GB/T 10722 炭黑 总表面积和外表面积的测定 氮吸附法

GB/T 14853.1 橡胶用造粒炭黑倾注密度的测定(GB/T 14853.1—2002，eqv ISO 1306：1995)

GB/T 14853.2　橡胶用造粒炭黑　第2部分：细粉含量和粒子磨损量的测定

GB/T 14853.6　橡胶用造粒炭黑单个粒子破碎强度的测定(GB/T 14853.6—2002,neq ISO/TR 8942:1988(E),Rubber compounding ingredients—Carbon black—Determination of individual pellet crushing strength)

3　生产、质量控制和质量保证

3.1　生产厂应采用完善的生产工艺，以先进的技术和严格的质量管理，生产足够量的样品。

3.2　生产的样品量由历年标准样品的使用量来决定，期望的使用期限不少于8年。

3.3　生产者对生产的基础炭黑进行充分的混合，使炭黑进一步均化。

3.4　充分混合后的炭黑用牛皮纸-聚乙烯复合袋按每袋25 kg规格进行包装，以防受潮。袋装炭黑要用塑料箱(或纸箱)包装，减小在环境中的暴露。混合后的炭黑包码成6个炭黑堆，每堆炭黑数量相同，供定值检验抽样。

4　采样

4.1　炭黑停放30 d后，从6堆炭黑中各取一袋炭黑，并按炭黑堆的顺序从1～6进行编号，用于表征相应的产品批次。

4.2　从1～6号炭黑袋中各取出2 kg炭黑样品，并分别按1～6的对应顺序编号，共计6个样为一组。每个实验室送一组样品。

4.3　取前一个标准参比炭黑样品，按参加定值的实验室数量等分为L份，每份4 kg，并按1～L的实验室编号分送给每个实验室同时进行检验。

5　检验

5.1　各实验室尽可能在6 d内按1～6的顺序连续每天做一个批次(编号)的炭黑试样。

5.2　样品检验的项目和检验方法执行5.3和5.4的规定。

5.3　理化性能检验

5.3.1　新鉴定的标准参比炭黑和前一个代号的标准参比炭黑同时进行表1所列理化性能检验，报告两次检验结果的平均值。

表1　理化性能检验项目表

№	理化性能	检验方法	结果精度要求
1	吸碘值	GB/T 3780.1	0.1 g/kg
2	吸油值	GB/T 3780.2	0.1×10^{-5} m^3/kg
3	压缩试样吸油值	GB/T 3780.4	0.1×10^{-5} m^3/kg
4	CTAB吸附比表面积	GB/T 3780.5	0.1×10^{3} m^2/kg
5	着色强度	GB/T 3780.6	0.1%
6	总表面积和外表面积	GB/T 10722	0.1×10^{3} m^2/kg

5.3.2　检验结果记录在表2中。

表 2　检验结果

实验室名称：

执行标准			GB/T 3780.18			GB/T 9579，硫化 50 min			GB/T 3780.1	GB/T 3780.2	GB/T 3780.4	GB/T 3780.5	GB/T 3780.6	GB/T 10722	
检验天数	日期	试样编号	拉伸强度	300% 定伸应力	拉断伸长率	拉伸强度	300% 定伸应力	拉断伸长率	吸碘值	吸油值	压缩试样吸油值	CTAB 比表面积	着色强度	氮吸附比表面积	STSA
			MPa	MPa	%	MPa	MPa	%	g/kg	10^{-5} m^3/kg	10^{-5} m^3/kg	10^3 m^2/kg	%	10^3 m^2/kg	10^3 m^2/kg
1	____年 ____月 ____日	1													
		前 SCB													
2	____年 ____月 ____日	2													
		前 SCB													
3	____年 ____月 ____日	3													
		前 SCB													
4	____年 ____月 ____日	4													
		前 SCB													
5	____年 ____月 ____日	5													
		前 SCB													
6	____年 ____月 ____日	6													
		前 SCB													

5.4 橡胶物理机械性能检验

5.4.1 新鉴定的标准参比炭黑和前一个代号的标准参比炭黑同时按下述检验方法进行橡胶物理机械性能检验。样品的制备按 GB/T 6038 执行。

5.4.2 按 GB/T 3780.18 检验试样在天然胶中的橡胶物理机械性能，硫化条件为 30 min，145 ℃。

5.4.3 按 GB/T 9579 检验试样在丁苯橡胶中的橡胶物理机械性能，硫化条件为 50 min，145 ℃。

5.4.4 按 GB/T 528 检验硫化橡胶的拉伸强度、300%定伸应力和拉断伸长率。

5.4.5 在表 3 中记录所测的结果的绝对值。拉伸强度、300%定伸应力的取值精确至 0.1 MPa，拉断伸长率的取值精确至 1%。

5.5 建议性理化性能检验

对新鉴定的标准参比炭黑，建议进一步检验表 3 中所列理化性能，检验结果记录在表 4 中。单个粒子破碎强度报告单次检验结果的最大值和平均值，其余性能报告单次检验结果。

表 3 建议性理化性能检验项目表

№	理化性能	检验方法	结果精度要求
1	灰分含量	GB/T 3780.10	0.01%
2	细粉含量和颗粒磨损量	GB/T 14853.2	0.1%
3	加热减量	GB/T 3780.8	0.1%
4	45 μm 筛余物	GB/T 3780.21	0.000 1%
5	甲苯抽出物透光率	GB/T 3780.15	0.1%
6	单个粒子破碎强度	GB/T 14853.6	1
7	倾注密度	GB/T 14853.1	1 kg/m^3

6 统计分析

6.1 将每个实验室的炭黑样检验结果记录在表 2 中，然后按规定的统计分析方法进行计算，其计算结果记录在表 5 中。其中橡胶物理机械性能检验结果，应采用新鉴定的标准参比炭黑与前一个代号的标准参比炭黑的检验结果的差值表示。差值计算如式(1)所示：

$$差值 = X_1 - X_2 \quad \cdots\cdots(1)$$

式中：

X_1——新 SCB 的测量值；

X_2——前一个标准参比炭黑的测量值。

6.2 表 5 中代表样品批次(编号)的任一行的平均检验结果在规定的上限或下限以外，说明该行所代表的炭黑堆是不均匀的，该行数据应删除，然后重新计算。

注：被删除数据对应批次炭黑弃去不用。

6.3 表 5 中代表实验室的任一列的平均检验结果在规定的上限或下限以外，说明该实验室再现性较差，该列数据应删除，然后重新计算。

6.4 在删除超出控制限的数据后，对剩余数据按 5.3、5.4 中所列项目计算平均值，得出典型值。

6.5 将表 4 提供的数据按规定进行统计计算，得到的值填写入表 5 中。这些值仅供参考，不涉及批次的均匀性。

表 4 标准参比炭黑建议性理化性能检验数据

实验室名称：

执行标准			GB/T 3780.10	GB/T 14853.2	GB/T 3780.8	GB/T 3780.15	GB/T 3780.21	GB/T 14853.1	GB/T 14853.2	GB/T 14853.6	
检验天数	日期	样品编号	灰分含量	细粉含量	加热减量	甲苯抽出物透光率	45 μm 筛余物	倾注密度	颗粒磨损量	平均压碎强度	最大压碎强度
			%	%	%	%	%	kg/m³	%	cN	cN
1	____年____月____日	1									
2	____年____月____日	2									
3	____年____月____日	3									
4	____年____月____日	4									
5	____年____月____日	5									
6	____年____月____日	6									

表 5　检验结果统计分析表

检验项目：		检验方法：GB/ T ××××—××××					
试样编号	实验室编号						
	1	2	…	i	…	L	$\overline{X}_R$
1							
2							
⋮							
j							
⋮							
N							
$\overline{X}_C$							

总体均值：$\overline{X}=\sum_j \overline{X}_R/N=$

行均值：$\overline{X}_R=\sum_i X/L=$

行均值上控制限：$RUC=\overline{X}+$检验方法的再现性=

行均值下控制限：$RLC=\overline{X}-$检验方法的再现性=

列均值：$\overline{X}_C=\sum_j X/N=$

列均值上控制限：$CUC=\overline{X}+$检验方法的再现性=

列均值下控制限：$CLC=\overline{X}-$检验方法的再现性=

附　录　A
（资料性附录）
本标准与 ASTM D 4122-2006 的章条编号对照

表 A.1 给出了本标准章条编号与 ASTM D 4122-2006 章条编号对照一览表。

表 A.1　本标准章条编号与 ASTM D 4122-2006 章条编号对照

本标准章条编号	对应的 ASTM 标准章条编号
—	3
3	4
3.3	—
3.4	4.3
4	5
5	6
表 1	6.3.1.1～6.3.1.6
5.4.1～5.4.3	6.4.1
5.4.4	6.4.1.1
5.4.5	6.4.1.2
表 3	6.5.1.1～6.5.1.6
6	7
—	8
—	9
—	10
附录 A	—
注：表中的章条以外的本标准其他章条编号与 ASTM D 4122-2006 其他章条编号均相同且内容对应。	

ICS 35.040
A 24

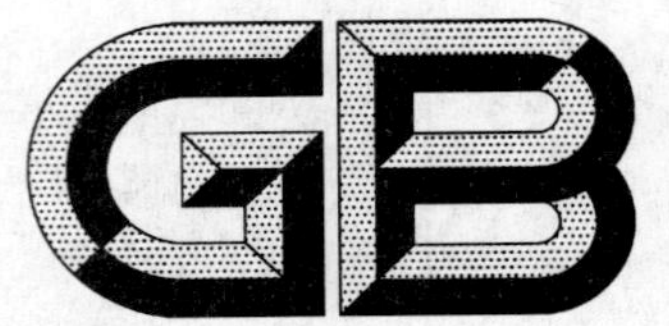

中华人民共和国国家标准

GB/T 9649.9—2009
代替 GB/T 9649.9—1998

地质矿产术语分类代码 第9部分:结晶学及矿物学

Terminology classification and code of geology and mineral resources— Part 9:Crystallography and mineralogy

2009-10-15 发布　　2009-12-01 实施

中华人民共和国国家质量监督检验检疫总局
中国国家标准化管理委员会　发布

前　言

GB/T 9649《地质矿产术语分类代码》分为35个部分：

——第1部分：宇宙地质学；
——第2部分：地球物理学；
——第3部分：火山地质；
——第4部分：地震地质；
——第5部分：外动力地质学；
——第6部分：地貌学；
——第7部分：大地构造学；
——第8部分：构造地质学；
——第9部分：结晶学及矿物学；
——第10部分：岩石学；
——第11部分：地球化学；
——第12部分：岩矿鉴定；
——第13部分：化学分析；
——第14部分：地史学及地层学；
——第15部分：古地理学；
——第16部分：矿床学；
——第17部分：煤地质学；
——第18部分：石油及天然气地质学；
——第19部分：海洋地质学；
——第20部分：水文地质学；
——第21部分：工程地质学；
——第22部分：地热地质；
——第23部分：环境地质；
——第24部分：地质经济学；
——第25部分：遥感地质；
——第26部分：数学地质；
——第27部分：区域地质调查；
——第28部分：地球物理勘查；
——第29部分：地球化学勘查；
——第30部分：矿山地质与采矿；
——第31部分：选矿与冶金；
——第32部分：固体矿产普查与勘探；
——第33部分：探矿工程；
——第34部分：古生物学；
——第35部分：测绘学。

本部分为GB/T 9649的第9部分，代替GB/T 9649.9—1998《地质矿产术语分类代码　结晶学及矿物学》。

本部分与 GB/T 9649.9—1998 相比,主要变化如下:

——按 GB/T 1.1—2000 对标准进行修改;

——新增了 311 种矿物,由中国地质学会中国矿物岩石地球化学学会下属的新矿物及矿物命名专业委员会提供;

——修正了 GB/T 9649.9—1998 中存在的问题。

本部分的附录 A 为规范性附录。

本部分由中国标准化研究院提出并归口。

本部分起草单位:中国国土资源经济研究院。

本部分主要起草人:赵磊、胡欣、段兆芳、刘亚改。

本部分所代替标准的历次版本发布情况为:

——GB/T 9649—1988;

——GB/T 9649.9—1998。

地质矿产术语分类代码
第9部分:结晶学及矿物学

1 范围

本部分规定了矿物的成因、形态、物理性质(侧重肉眼鉴定方面)、化学组成、矿物分类和名称及晶体发生学、几何结晶学等结晶学及矿物学方面的数据分类与代码。

本部分适用于各类地质矿产信息系统建设,是确定数据库标准体系和数据字典,制定各类地质数据文件格式标准的基础标准。

2 术语和定义

下列术语和定义适用于本部分。

2.1

数据项 data item

反映各种地质实体的基本属性及其上层概念的术语。

2.2

文字值 literal value

对地质实体的基本属性进行具体的定性描述用的术语。

3 分类原则

3.1 本部分按照易编好用和尽量减少代码冗余而又留有扩充余地等原则,采用面分类法,将地质科学分成35个学科大类,并严格划分边界,保持总体的系统性、完整性,避免内容的重复与交叉。

3.2 大类下面采用三级树型分类,中类、小类到基本数据项名。各学科内容层次不一,可少于三层,在编码容量允许的条件下,也可分至四层。

3.3 各级分类具有科学性、系统性和通用性。

4 选词原则

4.1 选词对象:可能作为各类地质矿产数据库之数据项(包括从分类意义上选取的数据项的上层概念)的术语,以及定性描述数据项的文字值要用到的术语。所选术语与现行有关国家标准取得一致,尽量参照现行的各种地质工作规范。

4.2 作为数据项用的术语在本标准中具有唯一性。凡有同义词的在说明栏标明,以备参照。

4.3 选词力求简单、明确,无二义性。充分考虑到建立数据库的需要。

4.4 为保证“地质矿产术语分类代码”的整体性、系统性,避免重复,在基础学科已包含的内容,应用学科中不再选入,新兴学科和边缘学科只选取其独有内容。有关分类选词范围归属的说明见附录A。

4.5 适当选入一些反映学科发展新方向、新水平的术语。

4.6 为了使用的方便,个别使用频度高的数据项在不同学科可重复出现,但要用统一编码,确保代码的唯一性。在不同数据项下的文字值可有少量重复。

5 编码方法

5.1 数据项采用不多于六位的拉丁字母(大写)编码,一般共分为四个层次。结构如下:

各大类取能反映该类含义的两个汉字的汉语拼音字头为代码，具有一定的可读性。如“构造地质学”取“GZ”为代码。以下为树型嵌套式，中类和小类各取 A～Z 一位字母顺序编排，最后两位为基本数据项，数量较多，取 AA～ZZ 顺序编排。若有分级需要，且扩充余量足够，也可将最后两位分作两级使用。

5.2 文字值一般采用数字编码，其长度由分级需要、文字值的个数及留出的扩充余量来决定，尽量缩短，减少冗余。文字值分等级时，采用数字层次嵌套方式，同一数据项下的文字值代码为等长码。有些文字值（如化学元素、地层等）继续采用原有的国际或国内通用字符代码。

6 使用与管理

6.1 使用方法：该部分以书面及磁介质两种方式提供使用，用户可根据各自建库目的从各学科选择所需术语及其代码，作为各自系统的数据字典。

6.2 若该部分内容尚不能满足某项需要，可提出要补充的内容，报请该部分管理单位在相应学科增补，并给定代码以供使用。

7 结晶学及矿物学术语分类代码表

为适应建设数据库和与国际交流的需要，分类与代码表设置代码、汉字名、英译名（古生物为拉丁文字名）及说明四个栏目，见表 1。

表 1 结晶学及矿物学术语分类代码表

代码	汉字名	英译名	说明
KW	结晶学及矿物学		
KWA	结晶学	Crystallography	
KWB	矿物学	Mineralogy	
KWA	结晶学		
KWAA	晶体发生学	Crystallogeny	
KWAB	几何结晶学	Geometrical crystallography	
KWAC	结构结晶学	Structural crystallography	
KWAD	晶体化学	Crystal chemistry	
KWAA	晶体发生学		
KWAAA	结晶作用类型	Type of Crystallization	
KWAAB	结晶热	Crystallization heat	
KWAAC	结晶压力	Crystallization pressure	
KWAAD	结晶温度	Crystallization temperature	
KWAAE	成核作用	Nucleation	
KWAAF	成核速率	Nucleation rate	
KWAAG	成核时间	Nucleation time	
KWAAH	成核能	Nucleation energy	
KWAAI	晶体生长要素	Element of crystal growth	
KWAAJ	晶体生长条件	Condition of crystal growth	
KWAAK	晶体不完整性	Crystal imperfection	
KWAAL	成核频率	Nucleation frequency	
KWAAA	结晶作用类型		

表 1（续）

代码	汉字名	英译名	说明
1	熔体结晶作用	Crystallization from melt	
2	液体结晶作用	Crystallization from solution	
3	气体结晶作用	Crystallization from vapour	
4	冷却结晶作用	Crystallization by cooling	
KWAAE	成核作用		
1	晶核	Crystal nucleus	
2	成核中心	Nucleating centre	
3	自发成核作用	Spontaneous nucleation	
4	晶核生长	Nucleus growth	
5	雏晶	Crystallite	
6	群集	Cluster	
KWAAI	晶体生长要素		
01	生长面	Growth surface	
02	生长阶梯	Growth step	
03	生长条纹	Growth striation	
04	生长层	Growth lamellae	
05	生长环带	Growth zoning	
06	生长线	Growth line	
07	生长向量	Growth vector	
08	生长分界面	Growth interface	
09	生长习性	Growth habit	
10	生长速率	Growth rate	
11	生长韵律	Growth rhythm	
12	生长过程	Process of growth	
KWAAJ	晶体生长条件		
DWHAAE	温度	Temperature	
DWHABA	压力	Pressure	
KWAAJC	浓度	Concentration	
KWAAJD	杂质	Impurity	
SYEFAE	粘度	Viscosity	
KWAAJF	介质酸碱度	Acid-base degree of media	
KWAAJG	氧化还原电位	Redox potential	
KWAAK	晶体不完整性		
KWAAKA	缺陷结构	Defect structure	
KWAAKB	螺纹	Spiral striation	
KWAAKA	缺陷结构		
01	位错	Dislocation	
02	点缺陷	Point defect	
03	误置缺陷	Mislocation defect (Frenkel defect)	
04	空位缺陷	Vacancy defect (Schottky defect)	
05	杂质缺陷	Impurity defect (Interstitial defect)	
06	线形缺陷	Line defect (Dislocation)	

表 1（续）

代码	汉字名	英译名	说明
07	面缺陷	Plane defect	
08	行列位错	Edge dislocation (Row dislocation)	
09	螺旋位错	Screw dislocation	
10	堆垛层错	Stacking fault	
11	生长缺陷	Growth defect	
12	晶畴	Domain	
13	镶嵌构造	Mosaic structure	
KWAAKB	螺纹		
1	正螺纹	Positive spiral striation	
2	负螺纹	Negative spiral striation	反螺纹
KWAB	几何结晶学		
KWABA	晶体的几何要素	Geometric element of crystal	
KWABB	晶体的结晶程度	Grystallinity of crystal	
KWABC	晶体基本性质	Basic property of crystal	
KWABD	晶体对称要素	Symmetry element of crystal	
KWABE	晶体对称分类	Classification of crystal symmetry	
KWABF	晶体形态	Crystal morphology	
KWABG	晶体定向	Crystal orientation	
KWABA	晶体的几何要素		
1	晶面	Crystal face	
2	晶棱	Crystal edge	
3	角顶	Apex	
KWABB	晶体的结晶程度		
1	结晶质	Crystalline	晶质
2	微晶质	Microcrystalline	
3	显晶质	Phaneric	
4	隐晶质	Cryptocrystalline	
5	液晶	Liquid crystal	
6	非晶质	Amorphous	
7	变生非晶质	Metamict	
KWABC	晶体基本性质		
1	自限性	Property of self-confinement	自范性
2	均一性	Uniformity	均匀性
3	异向性	Anisotropy	
4	对称性	Symmetry	
5	稳定性	Stability	
KWABD	晶体对称要素		
KWABDA	对称面	Symmetry plane	P 或 m
KWABDB	对称中心	Symmetry centre	C
KWABDC	对称轴	Symmetry axis	L
KWABDD	旋转反映轴	Rotoreflection axis	L_{2n}^{n}
KWABDE	旋转反伸轴	Rotoinversion axis	L_{i}^{n} 或 L

表 1（续）

代码	汉字名	英译名	说明
KWABEA	晶系的种类		
1	等轴	Isometric	
2	六方	Hexagonal	
3	三方	Trigonal	
4	四方	Tetragonal	
5	斜方	Orthorhombic	正交
6	单斜	Monoclinic	
7	三斜	Triclinic	
KWABE	晶体对称分类		
KWABEA	晶系的种类	Kind of crystal system	
KWABEB	晶族	Crystal category	
KWABEC	晶类	Crystal class	
KWABED	对称型的类型	Kind of symmetry type	
KWABED	对称型的类型		
1	劳厄对称型	Laue class	
2	异极对称型	Heteropolar class	
3	对映对称型	Enantiomorphous class	
KWABF	晶体形态		
KWABFA	单形的种类	Kind of simple form	
KWABFB	一般形	General form	
KWABFC	特殊形的种类	Kind of special form	
KWABFD	聚形	Combinate form	
KWABFA	单形的种类		
01	单面	Pedion	
02	平行双面	Pinacoid	
03	反映双面	Dome	
04	轴双面	Sphenoid	
05	斜方柱	Rhombic prism	
06	斜方四面体	Rhombic disphenoid	
07	斜方单锥	Rhombic pyramid	
08	斜方双锥	Rhombic dipyramid	
09	三方柱	Trigonal prism	
10	复三方柱	Ditrigonal prism	
11	四方柱	Tetragonal prism	
12	复四方柱	Ditetragonal prism	
13	六方柱	Hexagonal prism	
14	复六方柱	Dihexagonal prism	
15	三方单锥	Trigonal pyramid	
16	复三方单锥	Ditrigonal pyramid	
17	四方单锥	Tetragonal pyramid	
18	复四方单锥	Ditetragonal pyramid	
19	六方单锥	Hexagonal pyramid	

表 1（续）

代码	汉字名	英译名	说明
20	复六方单锥	Dihexagonal pyramid	
21	三方双锥	Trigonal dipyramid	
22	复三方双锥	Ditrigonal dipyramid	
23	四方双锥	Tetragonal dipyramid	
24	复四方双锥	Ditetragonal dipyramid	
25	六方双锥	Hexagonal dipyramid	
26	复六方双锥	Dihexagonal dipyramid	
27	四方四面体	Tetragonal disphenoid	
28	菱面体	Rhombohedron	
29	四方偏三角面体	Tetragonal scalenohedron	
30	复三方偏三角面体	Trigonal scalenohedron	
31	三方偏方面体	Trigonal trapezohedron	
32	四方偏方面体	Tetragonal trapezohedron	
33	六方偏方面体	Hexagonal trapezohedron	
34	四面体	Tetrahedron	
35	三角三四面体	Tristetrahedron	
36	四角三四面体	Deltohedron	
37	五角三四面体	Tetartoid	
38	六四面体	Hextetrahedron	
39	八面体	Octahedron	
40	三角三八面体	Trisoctahedron	
41	四角三八面体	Trapezohedron	
42	五角三八面体	Gyroid	
43	六八面体	Hexoctahedron	
44	立方体	Cube	
45	四六面体	Tetrahexahedron	
46	菱形十二面体	Dodecahedron	
47	五角十二面体	Pyritohedron	
48	偏方复十二面体	Diploid	
KWABFC	特殊形的种类		
1	异极形	Hemimorphic form	
2	左形	Left-handed form	
3	右形	Right-handed form	
4	正形	Positive form	
5	负形	Negative form	
KWABG	晶体定向		
KWABGA	结晶学座标轴	Crystal coordinate axis	
KWABGB	轴率	Axial ratio	轴单位比
KWABGC	晶面指数	Indices of crystal face	
KWABGD	晶面符号	Symbol of crystal face	
KWABGE	晶轴	Crystal axis	
KWABGF	单形符号	Symbol of simple form	

表 1（续）

代码	汉字名	英译名	说明
KWABGG	晶带符号	Symbol of crystal zone	晶棱符号
KWABGH	轴单位	Axial unit distance	
KWABGI	轴角	Interaxial angle	
KWAC	结构结晶学		
KWACA	空间格子要素	Element of space lattice	
KWACB	空间格子类型	Type of space lattice	
KWACC	晶胞参数	Unit cell parameter	
KWACD	晶体结构对称要素	Symmetry element of crystal structure	
KWACE	等效点系	Equivalent point system	
KWACF	空间群符号	Symbol of space group	
KWACG	配位结构	Coordination structure	
KWACA	空间格子要素		
1	结点	Node	
2	行列	Row	
3	面纲	Net	
4	晶胞	Unit cell	
KWACB	空间格子类型		
1	原始格子	primitive lattice	
2	体心格子	Body-centered lattice	
3	面心格子	Face-centered lattice	
4	底心格子	Base-centered lattice	
5	菱面体格子	Rhombohedral lattice	
KWACC	晶胞参数		
KWACCA	轴长	Axial length	
KWABGI	轴角	Interaxial angle	
KWACCC	键数	Bond number	
KWACCD	键级	Bond order	
YKBGBO	键长	Bond length	
KWACCF	度量单位	Measurement unit	
YKBGBN	键角	Bond angle	
KWACCH	面纲密度	Planar net density	
KWACCI	面纲间距	Interplanar spacing	
KWACCJ	结点间距	Distance of lattice point	
KWACCK	晶胞体积	Volume of unit cell	
KWACCL	原子价态	Valence state	
KWACCM	面网符号	Symbol of net	
KWACCF	度量单位		
1	埃	Angstrom	
2	毫微米	Milli-micron	
3	kX 单位	Kilo-X unit	
KWACD	晶体结构对称要素		
KWACDA	平移轴	Translation axis	

表 1（续）

代码	汉字名	英译名	说明
KWACDB	滑移面	Glide plane	
KWACDC	螺旋对称轴	Screw axis	
KWACDD	反对称	Antisymmetry	双色对称
KWACDE	多色对称	Color symmetry	
KWACE	等效点系		
KWACEA	一般等效点系	General equivalent point system	
KWACEB	特殊等效点系	Special equivalent point system	
KWACEC	等效位置组	Equivalent position group	
KWACED	等效点系重复点数	Repeat point number of equivalent point	
KWACEE	等效位置组重复位置数	Repeat position unmber of equivalent position	
KWACEF	等效点座标值	Coordinate value of equivalent point	
KWACF	空间群符号		
KWACFA	国际符号	International symbol	
KWACFB	晶胞取向不同的国际符号	International symbol of other orientation	
KWACFC	圣佛利斯符号	Schoenflies symbol	
KWACFD	圣佛利斯—国际符号	Schoenflies-international symbol	
KWACG	配位结构		
KWACGA	配位数	Coordination number	
KWACGB	配位多面体类型	Type of coordination polyhedron	
KWACGC	阴阳离子半径比值	Cation-anion radius ratio	
KWACGD	配位多面体连接方式	Connection type of coordination polyhedron	
KWACGE	紧密堆积方式	Type of close packing	
KWACGF	空隙类型	Hole type	
KWACGG	晶体结构基型	Motif of crystal structure	
KWACGH	配位体	Ligand	
KWACGB	配位多面体类型		
1	三角形	Trigonal	
2	四面体	Tetrahedral	
3	八面体	Octahedral	
4	立方体	Cubic	
5	立方八面体	Cuboctahedral	
KWACGD	配位多面体连接方式		
1	共角顶	Share apex	
2	共棱	Share edge	
3	共面	Share plane	
KWACGE	紧密堆积方式		
1	立方紧密堆积	Cubic close packing	
2	六方紧密堆积	Hexagonal close packing	
KWACGF	空隙类型		
1	四面体	Tetrahedral	
2	八面体	Octahedral	
KWACGG	晶体结构基型		

表 1（续）

代码	汉字名	英译名	说明
1	配位基型	Coordinate motif (pattern)	
2	架状基型	Framework motif (pattern)	
3	环状基型	Ring motif (pattern)	
4	岛状基型	Insular motif (pattern)	
5	链状基型	Chain motif (pattern)	
6	层状基型	Layer motif (pattern)	
KWAD	晶体化学		
KWADA	类质同象	Isomorphous	
KWADB	同质多象	Polymorph	
KWADC	多型	Polytype	
KWADD	型变	Morphotropy	
KWADE	有序结构的种类	Order structure type	
KWADF	无序结构	Disorder structure	
KWADG	完全无序	Complete disorder	
KWADH	有序度	Degree of order	
KWADI	三斜度	Triclinicity	
KWADJ	超结构	Super-structure	
KWADK	超点群	Super-lattice	
KWADL	亚晶胞	Subcell	
KWADM	等型	Isotype	
KWADN	似型	Homotype	
KWADO	异型	Heterotype	
KWADP	晶体场稳定化能	Crystal field stabilization energy(CFSE)	
KWADQ	八面体择位能	Octahedral site preference energy(OSPE)	
KWADA	类质同象		
KWADAA	类质同象代替种类	Type of isomorphous substitution	
KWADAB	类质同象系列	Isomorphous series	
KWADAC	类质同象混入物	Isomorphous addition	
KWADAD	固溶体离熔	Exsolution of solid-solution	
KWADAE	类质同象混合物	Isomorphous mixture	
KWADAF	填隙固溶体	Interstitial solid solution	
KWADAG	替位固溶体	Substitutional solid solution	
KWADAH	缺位固溶体	Omission solid solution	
KWADAA	类质同象代替种类		
1	完全	Perfect	
2	不完全	Imperfect	
3	等价	Equal valent	
4	异价	Unequal valent	
KWADAB	类质同象系列		
1	连续	Continuous	
2	不连续	Discontinuous	
KWADB	同质多象		

表 1（续）

代码	汉字名	英译名	说明
KWADBA	同质多象转变类型	Type of polymorphic transition	
KWADBB	同质多象转变温度	Polymorphic transition temperature	
KWADBC	同质多象变体	Polymorphic modification	
KWADBA	同质多象转变类型		
1	位移转变	Displacive inversion	
2	重建转变	Reconstructive inversion	
3	双变性转变	Enantiotropic inversion	
4	单变性转变	Monotropic inversion	
KWADE	有序结构的种类		
1	长程有序	Long-range order	
2	短程有序	Short-range order	
3	完全有序	Perfect order	
4	部分有序	Part order	
5	局域有序	Local order	
KWB	矿物学		
KWBA	矿物学分类	Classification of mineralogy	
KWBB	矿物的形态	Morphology of minerals	
KWBC	矿物化学组成	Chemical composition of minerals	
KWBD	矿物物理性质	Physical properties of minerals	
KWBE	矿物的成因	Genesis of minerals	
KWBF	矿物成因分类	Genetic classification of minerals	
KWBG	矿物实用分类	Applied classification of minerals	
KWBH	矿物晶体化学分类	Crystallochemical classification of mine	
KWBA	矿物学分类		
01	物理矿物学	Physical mineralogy	
02	化学矿物学	Chemical mineralogy	
03	结构矿物学	Structure mineralogy	
04	形态矿物学	Morphological mineralogy	
05	成因矿物学	Genetic mineralogy	
06	蚀变矿物学	Altereation mineralogy	
07	矿床矿物学	Mineralogy of ore-deposits	
08	找矿矿物学	Ore-finding mineralogy	
09	实验矿物学	Experimental mineralogy	
10	应用矿物学	Applied mineralogy	
11	同位素矿物学	Isotope mineralogy	
12	工艺矿物学	Technological mineralogy	
KWBB	矿物的形态		
KWBBA	晶粒边界	Grain boundary	
KWBBB	晶体完整程度	Perfection of crystals	
KWBBC	晶体习性	Crystal habit	
KWBBD	晶面花纹	Arabesquitics of crystal face	
KWBBE	伸长系数	Coefficient of stretch	

表 1（续）

代码	汉字名	英译名	说明
YKBCR	双晶	Twin	
KWBBF	晶体测角仪器	Instruments of crystal goniometry	
KWBBG	晶体测量基本数据	Elementary date of crystal goniometry	
KWBBH	晶体投影	Crystal projection	
YSOBFA	单体形态	Individual morphology	
YSOBFB	集合体形态	Aggregates morphology	
KWBBI	平行连生	Parallel growth	
KWBBJ	浮生	Overgrowth	
KWBBK	矿物形状的量纲	Dimension of mineral shapes	
KWBBB	晶体完整程度		
1	自形	Euhedral	
2	他形	Anhedral	
3	半自形	Subhedral	
4	歪晶	Distorted crystal	
5	骸晶	Skeleton crystal	
6	凸晶	Convex crystal	
KWBBC	晶体习性		
1	一向延伸	One-dimensional stretch	
2	二向扩展	Two-dimensional extension	
3	三向等长	Three-dimensional equality	
KWBBD	晶面花纹		
01	聚形纹	Combination striation	
02	双晶纹	Twin striation	
03	晶面螺纹	Thread of crystal face	
04	邻接面	Vicinal plane	
05	似邻接面	Vicinaloid	
06	感应面	Response surface	
07	生长小锥	Growth hillock	
08	生长凹坑	Growth pit	
09	溶解小丘	Etch hillock	
10	蚀象	Etched figure	
11	生长层	Growth layers	
YKBCR	双晶		
YKBCRC	双晶面	Twin plane	
KWBBEB	双晶中心	Twin center	
YKBCRB	双晶轴	Twin axis	
KWBBED	接合面	Composition plane	
KWBBEE	双晶类型	Type of twinning	
YKBCRA	双晶律	Twin law	
KWBBEE	双晶类型		
01	接触双晶	Contact twin	
02	穿插双晶	Penetration twin	

表 1（续）

代码	汉字名	英译名	说明
03	聚片双晶	Polysynthetic twin	
04	格子双晶	Tartan twin	
05	环状双晶	Ring-shaped twin	
06	膝状双晶	Knee shaped twin	
07	机械双晶	Mechanical twin	
08	次生双晶	Secondary twin	
09	原生双晶	Primary twin	
10	简单双晶	Simple twin	
11	多重双晶	Multiple twin	
12	生长双晶	Growth twin	
13	转变双晶	Transformation twin	
14	滑移双晶	Gliding twin	
15	成核双晶	Nucleated twin	
YKBCRA	双晶律		
01	钠长石律	Albite law	
02	肖钠长石律	Pericline law	
03	卡斯巴律	Carlsbad law	
04	曼尼巴律	Manebach law	
05	巴温诺律	Baveno law	
06	云母律	Mica law	
07	道芬律	Dauphine law	
08	巴西律	Brazil law	
09	日本律	Japanese law	
10	尖晶石律	Spinel law	
11	文石律	Aragonite law	
12	铁十字律	Iron cross law	
13	燕尾律	Swallow-tail law	
KWBBF	晶体测角仪器		
1	接触测角器	Contact goniometer	
2	反射测角仪	Reflecting goniometer	
3	双圈反射测角仪	Two circle reflecting goniometer	
KWBBG	晶体测量基本数据		
KWBBGA	面角	Inter facial angle	
KWBBGB	方位角	Azimuthal angle	
KWBBGC	极距角	Polar angle	
KWBBH	晶体投影		
1	极射赤平投影	Stereographic projection	
2	心射极平投影	Gnomonic projection	
3	吴氏网	Wulff net	
KWBBK	矿物形状的量纲		
01	完整	Perfect	
02	不完整	Imperfect	

表 1（续）

代码	汉字名	英译名	说明
03	粗	Coarse	
04	中	Medium	
05	细	Fine	
06	长	Long	
07	短	Short	
08	厚	Thick	
09	薄	Thin	
10	鳞片	Scaly	
11	叶片	Foliated	
KWBC	矿物化学组成		
KWBCA	矿物化学式	Chemical formula of minerals	
KWBCB	矿物晶体化学式	Crystal-chemical formula of minerals	
KWBCC	非化学计量组成	Non-stoichiometric composition	
KWBCD	化学计量组成	Stoichiometric composition	
KWBCE	胶体的组成和分类	Colloid composition and classification	
KWBCF	矿物中水的类型	Type of mineral water	
KWBCE	胶体的组成和分类		
01	胶状体	Colloid	
02	胶凝体	Gelatin	
03	正胶体	Postive colloid	
04	负胶体	Negative colloid	
05	分散相	Dispersed phase	
06	分散媒	Dispersed medium	
07	胶体悬浮	Colloidal suspension	
KWBCF	矿物中水的类型		
01	气态水	Gaseous water	
02	湿存水	Hygroscopic water	
03	液态水	Liquid water	
04	薄膜水	Film water	
05	毛细管水	Capillary water	
06	胶体水	Collodial water	
07	固态水	Solid water	
08	沸石水	Zeolitic water	
09	层间水	Interlayer water	
10	羟离子	Hydroxide ion	
11	氢离子	Hydrogen ion	
12	离子	Oxonium ion	
13	结晶水	Crystallization water	
KWBD	矿物物理性质		
KWBDA	矿物力学性质	Dynamics properties of minerals	
KWBDB	矿物光学性质	Optical properties of minerals	
KWBDC	矿物电学性质	Electrical properties of minerals	

表 1（续）

代码	汉字名	英译名	说明
KWBDD	矿物磁学性质	Magnetic properties of minerals	
KWBDE	矿物热学性质	Thermal properties of minerals	
KWBDF	矿物放射性	Radioactivity of minerals	
KWBDG	矿物其他性质	Other properties of minerals	
KWBDH	矿物物理性质度量	Grade of physical properties of minerals	
KWBDA	矿物力学性质		
KWBDAA	实测密度	Measured density	
KWBDAB	装填率	Packing ratio	
KWBDAC	计算比重	Calculated density	
KWBDAD	实测比重	Measured specific gravity	
KWBDAE	摩氏硬度	Mohs hardness	
KWBDAF	显微硬度	Micro hardness	压入硬度
KWBDAG	解理等级	Cleavage grade	
KWBDAH	断口等级	Fracture grade	
KWBDAI	裂开	Parting	
KWBDAJ	脆性	Brittleness	
KWBDAK	延展性	Malleability	
KWBDAL	弹性	Elasticity	
KWBDAM	挠性	Flexibility	
KWBDAN	可塑性	Plasticity	
KWBDAO	韧性	Tenacity	
KWBDAP	可切性	Sectility	
KWBDAG	解理等级		
1	极完全	Most perfect	
2	完全	Perfect	
3	中等	Medium	
4	不完全	Imperfect	
5	极不完全	Most imperfect	
KWBDAH	断口等级		
1	锯齿状	Hackly	
2	贝壳状	Conchoidal	
3	参差状	Uneven	不平坦状
4	土状	Earthy	
KWBDB	矿物光学性质		
KWBDBA	矿物颜色	Type of color	
KWBDBB	色心种类	Type of color center	
KWBDBC	自色	Idiochromatic	
KWBDBD	假色种类	Type of pseudochromatism	
KWBDBE	变彩	Play of color	
KWBDBF	他色	Allochromatic color	
KWBDBG	光泽种类	Type of luster	
KWBDBH	条痕色	Streak	

表 1（续）

代码	汉字名	英译名	说明
KWBDBI	透明度级别	Degree of diaphaneity	
KWBDBJ	矿物发光性种类	Type of luminescence of minerals	
KWBDBA	颜色		
01	红	Red	
02	黄	Yellow	
03	蓝	Blue	
04	白	White	
06	黑	Black	
06	绿	Green	
07	紫	Purple	
08	褐	Brown	
09	灰	Grey	
10	深	Dark	
11	浅	Light	
12	翠	Jade	
13	铁	Iron	
14	铜	Copper	
15	铅	Lead	
16	锡	Tin	
17	浊	Turbidity	
18	孔雀	Peacock	
19	橄榄	Olive	
20	柠檬	Lemon	
21	古铜	Bronze	
KWBDBB	色心种类		
1	F 心	F centre	
2	F′心	F′centre	
3	V 心	V centre	
KWBDBD	假色种类		
1	锖色	Tarnish	
2	晕色	Iridescence	
KWBDBG	光泽种类		
01	金属	Metallic	
02	半金属	Semi-metallic	
03	非金属	Nonmetallic	
04	金刚	Adamantine	
05	玻璃	Vitreous	
06	蜡状	Waxy	
07	油脂	Greasy	
08	土状	Earthy	
09	珍珠	Pearly	
10	丝绢	Silky	

表 1（续）

代码	汉字名	英译名	说明
11	沥青	Asphaltic	
12	松脂	Resinous	
KWBDBI	透明度级别		
1	透明	Transparent	
2	半透明	Translucent	
3	不透明	Opaque	
KWBDBJ	矿物发光性种类		
1	萤光	Fluorescence	
2	磷光	Phosphorescence	
3	热发光	Thermoluminescence	
4	摩擦发光	Triboluminescence	
5	结晶发光	Crystalloluminescence	
KWBDC	矿物电学性质		
DWHABW	介电常数	Dielectric constant	
KWBDCB	压电系数	Piezoelectric constant	
KWBDCC	电轴	Electrical axis	
KWBDCD	单位面积电荷数	Electric-charge density	
KWBDCE	导电率	Electric conductivity	
KWBDCF	热电常数	Pyroelectric constant	
KWBDD	矿物磁学性质		
DWHACB	磁场强度	Magnetic field density	H
DWHACD	磁化强度	Magnetic intensity	M
KWBDDC	磁感应强度	Magnetic induction density	B
KWBDDD	磁导率	Magnetic permeability	U
DWHACG	磁化率	Magnetic susceptibility	X
KWBDDF	磁畴	Magnetic domain	
KWBDE	矿物热学性质		
DWHACO	热导率	Heat conductivity	
DWECE	热膨胀率	Thermal expansibility	
KWBDEC	线热膨胀率	Linear thermal expansibility	
KWBDED	体积热膨胀率	Volumetric thermal expansibility	
RKJIR	熔点	Melting point	
HXLN	沸点	Boiling point	
KWBDEG	挥发性	Volatility	
KWBDEH	易燃性	Inflammability	
KWBDG	矿物其他性质		
KWBDGA	嗅觉	Odour	
KWBDGB	味觉	Taste	
KWBDGC	吸湿性	Wettability	
KWBDGD	滑感	Greasy feeling	
KWBDH	矿物物理性质度量		
01	强	Strong	

表 1（续）

代码	汉字名	英译名	说明
02	中	Moderate	
03	弱	Weak	
04	有	Have	
05	无	None	
06	发育	Developed	
07	不发育	Undeveloped	
KWBE	矿物的成因		
KWBEA	矿物的标型	Typomorphism of minerals	
KWBEB	矿物生成顺序	Mineral paragenetic sequence	
KWBEC	矿物世代	Mineral generation	
KWBED	矿物共生组合	Paragenetic association of mineral	
KWBEE	矿物变化	Change of mineral	
KWBEF	矿物产状	Occurrence of minerals	
KWBEG	矿物类别	Classification of minerals	
KWBEH	矿物名称	Name of minerals	
KWBEA	矿物的标型		
KWBEAA	矿物标型特征	Typomorphic characteristic of mineral	
KWBEAB	矿物温度计	Mineralogical thermometer	
KWBEAC	矿物压力计	Mineralogical piezometer	
KWBED	矿物共生组合		
1	共生	Paragenesis	
2	伴生	Associated	
KWBEE	矿物变化		
01	交代	Metasomatic	
02	失水	Loss water	
03	晶化	Crystallizing	
04	非晶化	Metamictizing	
05	假象	Pseudomorphic	
06	副象	Paramorphic	
07	熔蚀	Resorption	
08	机械变形	Mechanical deformation	
KWBF	矿物成因分类		
KWBFA	岩浆矿物	Magmatic mineral	
KWBFB	伟晶矿物	Pegmatitic mineral	
KWBFC	气成矿物	Pneumatogenic mineral	
KWBFD	热液矿物	Hydrothermal mineral	
KWBFE	表生矿物	Supergene mineral	
KWBFF	铁帽矿物	Gossan mineral	
KWBFG	淋滤氧化带矿物	Mineral of leached and oxidized zone	
KWBFH	次生富集带矿物	Mineral of secondary enrichment zone	
KWBFI	陆源矿物	Terrigenous mineral	
KWBFJ	碎屑矿物	Dotrital mineral	

表 1（续）

代码	汉字名	英译名	说明
KWBFK	同生矿物	Syngenetic mineral	
KWBFL	成岩矿物	Diagenetic mineral	
KWBFM	后生矿物	Epigenetic mineral	
KWBFN	变质矿物	Metamorphic mineral	
KWBFO	蚀变矿物	Altered mineral	
KWBFP	矽卡岩矿物	Skarn mineral	
KWBFQ	应力矿物	Stress mineral	
KWBFR	反应力矿物	Antistress mineral	
KWBFS	交代矿物	Replaced mineral	
KWBFT	反应矿物	Reactional mineral	
KWBFU	残留矿物	Residual mineral	
KWBFV	构造矿物	Tectonic mineral	
KWBFW	新生矿物	Neogenic mineral	
KWBFX	自生矿物	Authigenic mineral	
KWBFY	他生矿物	Allogenic mineral	
KWBFZ	原生矿物	Primary mineral	
KWBG	矿物实用分类		
KWBGAA	金属矿物	Metallic mineral	
KWBGAB	非金属矿物	Nonmetallic mineral	
KWBGAC	矿石矿物	Ore mineral	
KWBGAD	造岩矿物	Rock-forming mineral	
KWBGAE	放射性矿物	Radioactive mineral	
KWBGAF	稀土矿物	Rare earth mineral	
KWBGAG	稀有矿物	Rare mineral	
KWBGAH	粘土矿物	Clay mineral	
KWBGAI	胶体矿物	Colloidal mineral	
KWBGAJ	变胶体矿物	Metacolloidal mineral	
KWBGAK	非晶质矿物	Amorphous mineral	
KWBGAL	变生矿物	Metamict mineral	
KWBGAM	铁镁矿物	Ferromagnesian mineral	暗色矿物
KWBGAN	硅铝矿物	Felsic mineral	浅色矿物
KWBGAO	主要矿物	Essential mineral	
KWBGAP	次要矿物	Subordinate mineral	
KWBGAQ	副矿物	Accessory mineral	
KWBGAR	主矿物	Main mineral	
KWBGAS	客矿物	Epigenetic mineral	后成矿物
KWBGAT	似矿物	Mineraloid	准矿物
KWBGAU	潜矿物	Potential mineral	隐矿物
KWBGAV	正矿物	Positive mineral	
KWBGAW	负矿物	Negative mineral	
KWBGAX	特征矿物	Symptomatic mineral	标志矿物
KWBGAY	标准矿物	Normative mineral(C,I,P,W)	计算矿物

表 1（续）

代码	汉字名	英译名	说明
KWBGAZ	指示矿物	Indicator mineral	
KWBGBA	共生矿物	Associated mineral	
KWBGBB	饱和矿物	Saturated mineral	
KWBGBC	不饱和矿物	Unsaturated mineral	
KWBGBD	包被矿物	Perimorph mineral	被壳矿物
KWBGBE	斑晶矿物	Phenocrystal mineral	
KWBGBF	重矿物	Heavy mineral	
KWBGBG	轻矿物	Light mineral	
KWBGBH	重砂矿物	Placer mineral	
KWBGBI	稳定矿物	Stable mineral	
KWBGBJ	不稳定矿物	Unstable mineral	
KWBGBK	不溶残余矿物	Undissolved residue mineral	
KWBGBL	合成矿物	Synthetic mineral	
KWBGBM	月岩矿物	Lunar mineral	
KWBGBN	药用矿物	Medico mineral	
KWBGBO	农业矿物	Agricultural mineral	
KWBGBP	工业矿物	Industrial mineral	
KWBGBQ	宝石矿物	Gem mineral	
KWBH	矿物晶体化学分类		
0001	金刚石	Diamond	
0002	自然锇	Osmium	
0003	铱锇矿	Iridosmine	
0004	自然钌	Ruthenium	
0005	钌铱锇矿	RuthenIridosmine	
0006	自然铂	Platinum	
0007	自然铱	Iridium	
0008	自然铑	Rhodium	
0009	自然钯	Palladium	
0010	铂铱矿	Platiniridium	
0011	等轴钌锇铱矿	Ruthenosmiridium	
0012	等轴锇铱矿	Osmiridium	
0013	等轴铁铂矿	Isoferroplatinum	铁三铂矿
0014	铜铁铂矿	Tulameenite	
0015	红石矿	Hongshiite	
0016	自然铁	Iron	
0017	自然镍	Nickel	
0018	铁纹石	Kamacite	阿耳发-铁
0019	铁钴矿	Wairauite	
0020	铁铂矿	Tetraferroplatinum	
0021	自然铜	Copper	
0022	含铂自然铜	Platiniancopper	
0023	银金矿	Electrum	

表 1（续）

代码	汉字名	英译名	说明
0024	含银的金铜矿	Argentian auricupride	
0025	自然银	Silver	
0026	汞银矿	Kongsbergite	
0027	自然铅	Lead	
0028	自然金	Gold	
0029	金铜矿	Tetra-auricupride	
0030	斜方金铜矿	Auricupride	
0031	自然锡	Tin	白锡
0032	自然铟	Indium	
0033	自然锌	Zinc	
0034	自然汞	Mercury	
0035	等轴锡铂矿	Rustenburgite	锡钯铂矿
0036	含锑等轴锡铂矿	Antimonian Rustenburgite	锑-锡钯铂
0037	锡铂钯矿	Atokite	
0038	含铅的锡铂钯矿	Plumbian Atokite	
0039	伊逊矿	Yixunite	铟铂矿
0040	等轴铅钯矿	Zvyagintsevite	铅三钯矿
0041	斜方锡钯矿	Paolovite	锡二钯矿
0042	斜方铅铋钯矿	Polarite	
0043	六方锡铂矿	Niggliite	尼格里矿
0044	铅钯矿	Plumbopalladinite	
0045	银汞矿	Moschellandsbergite	
0046	科汞铜矿	Kolymite	
0047	嘎马-汞金矿	Gamma-goldamalgan	
0048	金汞齐	Goldamalgam	
0049	六方汞银矿	Schachnerite	
0050	斜方汞银矿	Paraschachnerite	
0051	汞钯矿	Potarite	
0052	汞铅矿	Leadamalgam	
0053	自然硫	Sulfur	
0054	贝塔-自然硫	Beta-sulfur	
0055	斜自然硫	Rosickyite	
0056	自然硒	Selenium	
0057	自然碲	Tellurium	
0058	石墨	Graphite	
0059	赵石墨	Chaoite	赵击石
0060	自然砷	Arsenic	
0061	砷锑矿	Stibarsen	
0062	自然锑	Antimony	
0063	自然铋	Bismuth	
0064	斜方砷	Arsenolamprite	
0065	锡钯矿	Stannopalladinite	

表 1（续）

代码	汉字名	英译名	说明
0066	自然镉	Cadmium	
0067	自然铼	Rhenium	
0068	自然铝	Aluminum	
0069	自然铬	Chromium	
0070	丹巴矿	Danbaite	
0071	锡铜钯矿	Cabritte	
0072	铁镍铂矿	Ferronickelplatinum	
0073	围山矿	Weishanite	
0074	四方铜金矿	Tetraauricupride	
0075	围山石	Weishanite	
0076	铬铁合金	Chromferide	
0077	铱铑钌矿	Iridrhodruthenium	
0078	铝铜矿	Cupalite	
0079	张衡矿	Zhanghengite	
0080	自然硅	Silicon	
0081	滦河矿	Luanheite	
0082	安云矿	Anyunite	
0083	二铝铜矿	Khatyrkite	
0084	铂铁合金	Platinum-iron-alloy	
0085	自然金	Gold	
0261	碳硅石	Moissanite	
0262	硅铁矿	Fersilicite	
0263	二硅铁矿	Ferdisilicite	
0264	陨磷铁矿	Schreibersite	
0265	氮铁矿	Siderazot	
0266	陨碳铁矿	Cohenite	
0267	黄氮汞矿	Mosesite	
0268	氯氮汞矿	Kleinite	
0269	碳钽矿	Tantalum carbide	
0270	桐柏矿	Tongbaiite	
0271	碳钛矿	Khamrabaevite	
0341	红砷镍矿	Nickeline	
0342	红锑镍矿	Breithauptite	
0343	六方锑钯矿	Sudburyite	
0344	六方锑铂矿	Stumpflite	
0345	砷镍钴矿	Langisite	
0346	六方铋钯矿	Sobolevskite	
0347	砷钴矿	Modderite	
0348	砷钴镍铁矿	Westerveldite	
0349	砷钌矿	Ruthenarsenite	
0350	铅砷钯矿	Borishanskiite	
0351	砷镍矿	Maucherite	

表 1（续）

代码	汉字名	英译名	说明
0352	砷铜银矿	Novakite	
0353	四方锑铂矿	Genkinite	
0354	砷铁镍矿	Oregonite	
0355	斜方砷铜矿	Paxite	
0356	六方砷铜矿	Koutekite	
0357	褐砷镍矿	Orcelite	
0358	砷钯矿	Arsenopalladinite	
0359	砷锑钯矿	Mertieite	
0360	斜砷钯矿	Palladoarsenide	
0361	铋砷钯矿	Palladobismutharsenide	
0362	黑铋金矿	Maldonite	
0363	砷铜矿	Domeykite	
0364	白砷镍矿	Dienerite	
0365	等轴砷锑钯矿	Isomertieite	
0366	锑钯矿	Stibiopalladinite	
0367	方砷铜银矿	Kutinaite	科廷纳矿
0368	砷镍钯矿	Majakite	
0369	砷汞钯矿	Atheneite	六方砷钯矿
0370	文砷钯矿	Vincentite	碲锑砷钯矿
0371	锑银矿	Dyscrasite	
0372	六方锑银矿	Allargentum	
0373	微晶砷铜矿	Algodonite	
0374	锑铜矿	Horsfordite	
0375	锑铊铜矿	Cuprostibite	
0376	六方砷钯矿	Stillwaterite	
0377	砷铂矿	Sperrylite	
0378	锑铂矿	Geversite	
0379	等轴铋铂矿	Insizwaite	锑铋铂矿
0380	方锑金矿	Aurostibite	
0381	等轴砷镍矿	krutovite	
0382	斜方砷铁矿	Loellingite	
0383	峨眉矿	Omeiite	
0384	安多矿	Anduoite	
0385	斜方砷镍矿	Rammelsbergite	
0386	斜方砷钴矿	Safflorite	
0387	斜砷钴矿	Clinosafflorite	
0388	副斜方砷镍矿	Pararammelsbergite	
0389	斜方锑镍矿	Nisbite	
0390	斜方锑铁矿	Seinajokite	
0391	斜铋钯矿	Froodite	
0392	砷铱矿	Iridarsenite	
0393	软铋铅钯矿	Urvantsevite	六方铅铋钯

表 1（续）

代码	汉字名	英译名	说明
0394	方钴矿	Skutterudite	
0395	杂砷银矿	Huntilite	
0396	砷铂铱矿	Iriplatarsenite	
0397	砷铂锇矿	Osplatarsenite	
0398	副砷锑矿	Paradoorasite	
0399	锑锡矿	Stistaite	
0400	钯砷锡矿	Palarstanide	
0401	钯砷锡矿	Palarstanide	
0402	砷铑矿	Cherepanovite	
0551	亮碲金矿	Montbrayite	
0552	碲金矿	Calaverite	
0553	伊碲镍矿	Imgreite	
0554	锑-伊碲镍矿	Sb-Imgreite	
0555	黄碲钯矿	Kotulskite	
0556	碲铅矿	Altaite	
0557	碲汞矿	Coloradoite	
0558	粒碲银矿	Empressite	
0559	碲银矿	Hessite	
0560	黑碲铜矿	Weissite	
0561	六方碲银矿	Stuetzite	
0562	亮碲锑钯矿	Borovskite	
0563	碲金银矿	Petzite	
0564	碲汞钯矿	Temagamite	
0565	碲银钯矿	Telargpalite	
0566	斜方碲金矿	Krennerite	
0567	针碲金银矿	Sylvanite	
0568	针碲金铜矿	Kostovite	
0569	斜方碲铁矿	Erohbergite	
0570	斜方碲钴矿	Mattagamite	
0571	等轴铋碲钯矿	Michenerite	方铋钯矿
0572	等轴碲锑钯矿	Testibiopalladite	
0573	等轴铋碲铂矿	Maslovite	
0574	碲镍矿	Melonite	
0575	碲铂矿	Moncheite	蒙契矿
0576	碲钯矿	Merenskyite	麦伦斯基矿
0577	碲铋矿	Tellurobismuthite	
0578	辉碲铋矿	Tetradymite	
0579	碲锑矿	Tellurantimony	
0580	硫碲铋矿 A	Joseite-A	
0581	硫碲铋矿 B	Joseite-B	
0582	赫碲铋矿	Hedleyite	
0583	碲铋银矿	Volynskite	

表 1（续）

代码	汉字名	英译名	说明
0584	硒碲铋矿	Kawazulite	
0585	楚碲铋矿	Tsumoite	
0586	碲铅铋矿	Rucklidgeite	
0587	软碲铜矿	Vulcanite	
0588	碲铜矿	Rickardite	
0589	硒硫碲铋矿	Csiklovaite	
0590	格碲硫铋矿	Gruenlingite	
0591	板碲金银矿	Muthmannite	
0592	叶碲铋矿	Wehrlite	
0593	碲铜金矿	Bessmertnovite	
0594	碲铁铜金矿	Bogdanovite	
0595	碲铅铜金矿	Bilibinskite	
0596	凯碲钯矿	Keithconnite	
0597	斜碲钯矿	Telluropalladinite	
0598	碲钯银矿	Sopcheite	
0599	碲银铜矿	Henryite	
0600	等碲铅铜石	Choloalite	
0601	喀碲银铜矿	Cameronite	
0602	碲硒铋矿	Skippenite	
0603	科碲铅铋矿	Kochkarite	
0801	块硫钴矿	Jaipurite	
0802	陨硫铁	Troilite	
0803	六方硒钴矿	Freboldite	
0804	硒铁矿	Achavalite	
0805	四方硫铁矿	Mackinawite	
0806	方铅矿	Galena	
0807	硫锰矿	Alabandite	
0809	硒铅矿	Clausthalite	
0810	赫硫镍矿	Heazlewoodite	
0811	斜方硫镍矿	Godlevskite	
0812	硫铂矿	Cooperite	
0813	硫钯矿	Vysotskite	
0814	含铂的硫钯矿	Platinian Vysotskite	
0815	硫镍钯铂矿	Braggite	布拉格矿
0816	硒铜钯矿	Oosterboschite	
0817	闪锌矿	Sphalerite	
0818	方硫镉矿	Hawleyite	
0819	黑长砂	Metacinnabar	
0820	方硒锌矿	Stilleite	
0821	硒汞矿	Tiemannite	
0822	纤锌矿	Wurtzite	
0823	硫镉矿	Greenockite	

表 1（续）

代码	汉字名	英译名	说明
0824	贝塔—硫锰矿	Beta-alabandite	
0825	硒镉矿	Cadmoselite	
0826	三方闪锌矿	Matraite	
0827	硫钴矿	Linnaeite	
0828	硫镍矿	Polydymite	
0829	马蓝矿	Malanite	
0830	硫铜钴矿	Carrollite	
0831	含铂的硫铜钴矿	Platinian Carrollite	
0832	紫硫镍矿	Violarite	
0833	硫复铁矿	Greigite	
0834	硫铁铟矿	Indite	
0835	硫铜镍矿	Fletcherite	
0836	硒铜钴矿	Tyrrellite	
0837	方硒钴矿	Bornhardtite	
0838	方硒镍矿	Trustedtite	
0839	硫铅镍矿	Shandite	
0840	硫铋镍矿	Parkerite	
0841	硫锑铋镍矿	Hauchecornite	
0842	硫锑镍矿	Tucekite	
0843	硫砷铋镍矿	Arsenohauchecornite	
0844	硫双铋镍矿	Bismutohauchecornite	
0845	硫碲铋镍矿	Tellurohauchecornite	
0846	磁黄铁矿	Pyrrhotite	
0847	六方硒镍矿	Sederholmite	
0848	斜磁黄铁矿	Clinopyrrhotite	
0849	斜硒镍矿	Wilkmanite	
0850	镍黄铁矿	Pentlandite	
0851	兴中矿	Xingzhongite	
0852	硫铁铅矿	Shadlunite	
0853	钴镍黄铁矿	Cobaltpentlandite	
0854	硫铁铜钾矿	Djerfisherite	
0855	硫铜锰矿	Manganese-shadlunite	
0856	银镍黄铁矿	Argentopentlandite	
0857	盖硒铜矿	Geffroyite	
0858	方黄铜矿	Cubanite	古巴矿
0859	阿硫铁银矿	Argentopyrite	少银黄铁矿
0860	辉铁铊矿	Picotpaulite	
0861	黄铜矿	Chalcopyrite	
0862	硫镓铜矿	Gallite	
0863	硫铟铜矿	Roquesite	
0864	硫铁铊矿	Raguinite	
0865	黝锡矿	Stannite	

表 1（续）

代码	汉字名	英译名	说明
0866	灰锗矿	Briartite	
0867	锌黄锡矿	Kesterite	硫铜锡锌矿
0868	铟黄锡矿	Sakuraiite	硫铜铟锌矿
0869	银黄锡矿	Hocartite	
0870	铜镉黄锡矿	Cernyite	
0871	皮硫锡锌银矿	Pirquitasite	
0872	似黄锡矿	Stannoidite	六方黝锡矿
0873	蔷薇黄锡矿	Rhodostannite	
0874	硫铜铁矿	Talnakhite	
0875	硒黄铜矿	Eskebornite	
0876	硫砷锌铜矿	Nowackiite	
0877	硫砷汞铜矿	Aktashite	
0878	顾硫锑汞铜矿	Gruzdevite	
0879	块硫锑铜矿	Famatinite	
0880	四方硫砷铜矿	Luzonite	
0881	硫砷铜矿	Enargite	
0882	硫锡铜矿	Kuramite	
0883	硒锑铜矿	Permingeatite	
0884	等轴硫钒铜矿	Sulvanite	
0885	等轴硫砷铜矿	Arsenosulvanite	
0886	硫锗铜矿	Germanite	
0887	硫砷铊汞矿	Galkhaite	
0888	硫锗铁铜矿	Renierite	
0889	硫锡铁铜矿	Mawsonite	
0890	褐硫铁铜矿	Mooihoekite	
0891	斜方硫铁铜矿	Haycockite	
0892	硫银锡矿	Canfieldite	
0893	硫银锗矿	Argyrodite	
0894	硫锑砷银矿	Billingsleyite	
0895	斑铜矿	Bornite	
0896	硫铊铁铜矿	Thalcusite	
0897	硒铊铁铜矿	Bukovite	
0898	红硒铜矿	Umangite	
0899	斜方硒铜矿	Athabascaite	
0900	蓝辉铜矿	Digenite	
0901	三方蓝辉铜矿	Trigodigenite	
0902	硒铜矿	Berzelianite	
0903	斜方蓝辉铜矿	Anilite	
0904	久辉铜矿	Djurleite	
0905	硒金银矿	Fischesserite	
0906	斜硫锑铅矿	Plagionite	
0907	柱辉锑铅矿	Fuloppite	

表 1（续）

代码	汉字名	英译名	说明
0908	异硫锑铅矿	Heteromorphite	
0909	板硫锑铅矿	Semseyite	
0910	银板硫锑铅矿	Rayite	
0911	脆硫砷铅矿	Sartorite	
0912	褐硫砷铅矿	Baumhauerite	
0913	拉硫砷铅矿-Ⅰ	Rathite-1	
0914	拉硫砷铅矿-Ⅲ	Rathite-3	
0915	利硫砷铅矿	Liveingite	
0916	硫砷铅矿	Dufrenoysite	
0917	特硫锑铅矿	Twinnite	
0918	维硫锑铅矿	Veenite	
0919	硫砷锑汞铊矿	Vrbaite	
0920	硫砷汞铊矿	Routhierite	
0921	硫砷铊铅矿	Hutchinsonite	
0922	硫砷铊银铅矿	Hatchite	
0923	铜红铊铅矿	Wallisite	
0924	硫锑铊矿	Pierrotite	
0925	斜硫锑铊矿	Parapierrotite	
0926	硫砷铜铊矿	Imhofite	
0927	斜硫砷汞铊矿	Christite	
0928	细硫砷铅矿	Gratonite	
0929	硫砷锑铅矿	Geocronite	
0930	约硫砷铅矿	Jordanite	
0931	柱硫锑铅银矿	Freieslebenite	
0932	砷车轮矿	Seligmannite	硫砷铅铜矿
0933	车轮矿	Bournonite	
0934	硫砷银铅矿	Marrite	
0935	硫砷汞银矿	Laffittite	
0936	辉锑铅银矿	Diaphorite	
0937	铋车轮矿	Soucekite	
0938	辉锑银矿	Miargyrite	
0939	斜硫砷银矿	Smithite	
0940	三方硫砷银矿	Trechmannite	
0941	硫铋锑银矿	Aramayoite	
0942	硫铋银矿	Matildite	
0943	硒铋银矿	Bohdanowiczite	
0944	淡红银矿	Proustite	
0945	浓红银矿	Pyrargyrite	
0946	硫砷铊矿	Ellisite	
0947	黄银矿	Xanthoconite	
0948	火红银矿	Pyrostilpnite	
0949	脆银矿	Stephanite	

表 1（续）

代码	汉字名	英译名	说明
0950	硫锑铜银矿	Polybasite	
0951	硫砷铜银矿	Pearceite	
0952	砷硫锑铜银矿	Arsenpolybasite	
0953	锑硫砷铜银矿	Antimonpearceite	
0954	硫铜银矿	Stromeyerite	
0955	硒铜银矿	Eucairite	
0956	马硫铜银矿	Mckinstryite	
0957	辉铜银矿	Jalpaite	
0958	辉铜矿	Chalcocite	
0959	螺硫银矿	Acanthite	
0960	贝塔—硒银矿	Beta-naumannite	
0961	辉银矿	Argentite	
0962	硒银矿	Naumannite	
0963	硒铊银铜矿	Crookesite	
0964	灰硒铜矿	Bellidoite	
0965	黝铜矿	Tetrahedrite	
0966	银黝铜矿	Freibergite	
0967	硒黝铜矿	Hakite	
0968	砷—硒黝铜矿	Giraudite	
0969	砷黝铜矿	Tennantite	
0970	雄黄	Realgar	
0971	阿耳发—雄黄	Alpha-arsenicsulfide	
0972	硫砷矿	Dimorphite	
0973	黄铁矿	Pyrite	
0974	方硫镍矿	Vaesite	
0975	铁—方硫镍矿	Fe-Vaesite	
0976	方硫钴矿	Cattierite	
0977	硫钌矿	Laurite	
0978	富硫铱锇矿	Osmiridisulite	
0979	褐硫锰矿	Hauerite	
0980	硒铜镍矿	Penroseite	
0981	硬硒钴矿	Trogtalite	
0982	黑硫铜镍矿	Villamaninite	
0983	方硒铜矿	Krutaite	
0984	硫铁铜矿	Fukuchilite	
0985	硫锇矿	Erlichmanite	
0986	白铁矿	Marcasite	
0987	白硒铁矿	Ferroselite	
0988	白硒钴矿	Hastite	
0989	斜方硒镍矿	Kullerudite	
0990	硫锑钴矿	Costibite	
0991	辉砷钴矿	Cobaltite	

表 1（续）

代码	汉字名	英译名	说明
0992	辉砷镍矿	Gersdorffite	
0993	辉锑镍矿	Ullmannite	
0994	辉锑钴矿	Willyamite	
0995	硫砷铑矿	Hollingworthite	
0996	硫砷依矿	Irarsite	
0997	硫砷铂矿	Platarsite	
0998	托硫锑铱矿	Tolovkite	
0999	毒砂	Arsenopyrite	
1000	硫锑铁矿	Gudmundite	
1001	硫砷钴矿	Glaucodot	
1002	副硫锑钴矿	Paracostibite	
1003	硫砷锇矿	Osarsite	
1004	硫砷钌矿	Ruarsite	
1005	斜硫砷钴矿	Alloclasite	
1006	绿硫钒矿	Patronite	
1007	辉锑矿	Stibnite	
1008	辉锑铋矿	Horobetsuite	
1009	辉铋矿	Bismuthinite	
1010	硒铋矿	Guanajuatite	
1011	红锑矿	Kermesite	
1012	针镍矿	Millerite	
1013	三方硒镍矿	Makinenite	
1014	辰砂	Cinnabar	
1015	斜方硫锡矿	Ottemannite	
1016	块硫铋银矿	Pavonite	
1017	辉锑铁矿	Berthierite	辉铁锑矿
1018	硫锑铋铁矿	Garavellite	
1019	辉锑铅矿	Zinkenite	
1020	纤硫锑铅矿	Robinsonite	
1021	辉铋铅矿	Galenobismutite	
1022	斜方硫铋铅矿	Bonchevite	
1023	卡辉铋铅矿	Cannizzarite	
1024	脆硫锑铅矿	Jamesonite	
1025	硫锰铅锑矿	Benavidesite	
1026	斜方辉铋铅矿	Cosalite	
1027	硫锑铋铅矿	Kobellite	
1028	硫铋锑铅矿	Tintinaite	
1029	针辉铋铅矿	Giessenite	
1030	硫铋铅矿	Lillianite	
1031	富硫铋铅矿	Heyrovskyite	
1032	硫锑铅矿	Boulangerite	
1033	斯硫锑铅矿	Sterryite	

表 1（续）

代码	汉字名	英译名	说明
1034	麦硫锑铅矿	Madocite	
1035	达硫锑铅矿	Dadsonite	
1036	普硫锑铅矿	Playfairite	
1037	劳硫锑铅矿	Launayite	
1038	索硫锑铅矿	Sorbyite	
1039	格硫锑铅矿	Guettardite	
1040	硫锑银铅矿	Andorite	
1041	菲辉锑银铅矿	Fizelyite	
1042	辉锑银铅矿	Ramdohrite	
1043	脆硫锑银铅矿	Owyheeite	
1044	斜方辉锑铅矿	Meneghinite	
1045	辉锑铜银铅矿	Nakaseite	
1046	捷辉锑银铅矿	Teremkovite	
1047	块辉铋铅银矿	Schirmerite	
1048	辉铋银铅矿	Gustavite	
1049	硫铋铜矿	Wittichenite	
1050	硫锑铜矿	Skinnerite	
1051	贺硫铋铜矿	Hodrushite	
1052	杂硫铋铜矿	Dognacskaite	
1053	针硫铋铅矿	Aikinite	
1054	哈硫铋铜铅矿	Hammarite	
1055	库辉铋铜铅矿	Krupkaite	
1056	辉铋铜铅矿	Lindstromite	
1057	块辉铋铅矿	Rezbanyite	
1058	柱硫铋铜铅矿	Gladite	
1059	硫铋铜铅矿	Nuffieldite	
1060	硒硫铋铜铅矿	Junoite	
1061	针硫铋铜铅矿	Neyite	
1062	板硫铋铜铅矿	Berryite	
1063	硒硫铋铅铜矿	Proudite	
1064	硫锑铊铜矿	Chalcostibite	
1065	恩硫铋铜矿	Emplectite	
1066	辉铋铜矿	Cuprobismutite	
1067	辉砷铜矿	Lautite	
1068	红铊矿	Lorandite	
1069	维硫锑铊矿	Weissbergite	
1070	硫锑锰银矿	Samsonite	
1071	针硫铅铜矿	Betekhtinite	
1072	硫汞银铜矿	Balkanite	
1073	硫铋铅铜矿	Larosite	
1074	硒碲镍矿	Kitkaite	
1075	二硒镍矿	Nidiselite	

表 1（续）

代码	汉字名	英译名	说明
1076	三方硫锡矿	Berndtite	
1077	辉钼矿	Molybdenite	
1078	硒钼矿	Drysdallite	
1079	辉钨矿	Tungstenite	
1080	辉钨矿-3R	Tungstenite-3R	
1081	碲硒铜矿	Bambollaite	
1082	雌黄	Orpiment	
1083	锑雌黄	Wakabayashilite	
1084	硫砷锑矿	Getchellite	
1085	副硒铋矿	Paraguanajuatite	
1086	脆硫铋矿	Ikunolite	
1087	硫硒铋矿	Laitakarite	
1088	硫硒铋铅矿	Platynite	
1089	硫锡矿	Herzenbergite	
1090	六方辉铜矿	Hexachalcocite	
1091	辉铊矿	Carlinite	
1092	硫钼铜矿	Castaingite	
1093	硫汞锑矿	Livingstonite	
1094	辉锑锡铅矿	Franckeite	
1095	圆柱锡矿	Cylindrite	
1096	硫锑锡铁铅矿	Incaite	
1097	辉砷银铅矿	Lengenbachite	
1098	菱硫铁矿	Smythite	
1099	叶碲金矿	Nagyagite	
1100	硫锡铅矿	Teallite	
1101	硫铁银矿	Sternbergite	
1102	铜蓝	Covellite	
1103	硒铜蓝	Klockmannite	
1104	铁铜蓝	Idaite	
1105	墨铜矿	Valleriite	
1106	叠镁硫镍矿	Haapalaite	
1107	羟镁硫铁矿	Tochilinite	
1108	柱辉铋铅矿	Bursaite	灰硫铋铅矿
1109	硫铊铜矿	Chalcothallite	
1110	道马矿	Daomanite	硫砷铜铂矿
1111	红硫砷矿	Duranusite	硫四砷矿
1112	艾硫铋铜矿	Eichbergite	硫锑铋铁铜
1113	砷硫铁铜矿	Epigenite	
1114	红硫锑砷钠矿	Gerstleyite	
1115	硫钼锡铜矿	Hemusite	
1116	副脆硫锑铅矿	Parajamesoite	
1117	硒铋铅汞铜矿	Petrovicite	

表 1（续）

代码	汉字名	英译名	说明
1118	脆硫铋铅矿	Sakharovaite	铋脆硫锑铅
1119	辛硫砷铜矿	Sinnerite	
1120	硫砷锑汞矿	Tvalchrelidzeite	
1121	本硫铋银矿	Benjaminite	
1122	巴硫铁钾矿	Bartonite	
1123	埃硫铋铅银矿	Eskimoite	
1124	弗硫铋铅铜矿	Friedrichite	
1125	辉硒银矿	Aguilarite	
1126	六方辰砂	Hypercinnabar	
1127	硫汞锌矿	Polhemusite	
1128	硫金银矿	Uytenbogaardtite	
1129	硫铁钾矿	Rasvumite	
1130	硫铋铅银矿	Ourayite	
1131	硫铋铜银矿	Arcubisite	
1132	硫碲铋铅矿	Aleksite	
1133	硫镍铁铊矿	Thalfenisite	
1134	硫锑铜铊矿	Rohaite	
1135	硫铋铜银铅矿	Cupropavonite	
1136	硫砷锑铅铊矿	Chabourneite	
1137	诺硫铁铜矿	Nukundamite	
1138	皮硫铋铜铅矿	Pekoite	
1139	特硫铋铅银矿	Treasurite	
1140	威硒硫铋铅矿	Wittite	
1141	维硫铋铅银矿	Vikingite	
1142	硒钯矿	Palladseite	
1143	硒铊硐矿	Sabatierite	
1144	硒碲铋铅矿	Poubaite	
1145	硒硫铋铅矿	Weibullite	
1146	水硫铁钠石	Erdite	
1147	吉硫铜矿	Geerite	
1148	硫铋铅铁铜矿	Miharaite	
1149	硫锗铅矿	Morozevicite	
1150	硫锗铁矿	Polkovicite	
1151	辉硒铋铜铅矿	Nordstromite	
1152	副雄黄	Pararealgar	
1153	斯硫铜矿	Spionkopite	
1154	雅硫铜矿	Yarrowite	
1155	波硫铁铜矿	Putoranite	
1156	硫铅铜矿	Furutobeite	
1157	硫锡铁铜矿	Chatkalite	
1158	穆硫铁铜钾矿	Murunskite	
1159	氯硫锑铅矿	Ardaite	

表 1（续）

代码	汉字名	英译名	说明
1160	砷硒铜矿	Chameanite	
1161	因硫碲铋矿	Ingodite	
1162	穆硫锡铜矿	Mohite	
1163	莫砷硒铜矿	Mgriite	
1164	硫锡铊砷矿	Rebulite	
1165	汉字名未定(化学式 Sb_2AsS_2)	Paakkonenite	
1166	沃硫砷镍矿	Vozhminite	
1167	硫碲铋矿	Sulphotsumoite	
1168	新民矿	Simonite	
1169	锡林格勒矿	Xilingolite	
1170	硫铱铑矿	Bowieite	
1171	硫锑铋铜矿	Jaskelskiite	
1172	硫锑镍铜矿	Lapieite	
1173	硫钨锡铜矿	Kiddcreekite	
1174	硫汞铜矿	Gortdrumite	
1175	硫铑矿	Sulrhodite	
1176	阿硫铋铅矿	Aschamalmite	
1177	艾辉铋铜铅矿	Eclarite	
1178	柯水硫钠铁矿	Coyoteite	
1179	水碱黄铜矿	Orickite	
1180	硫铅铑矿	Rhodplumsite	
1181	硫钒锡铜矿	Nekrasovite	
1182	硫锑锰银铅矿	Uchucchacuaite	
1183	斜方辉砷钴矿	Orthocobaltite	
1184	硒铜铋铅矿	Watkinsonite	
1185	水氧硫锑钾石	Cetineite	
1186	ρ-硫铋铅银矿	ρ-Ourayite	
1187	硫铋碲矿	Sztrokayit	
1188	硫铬锌矿	Kalininite	
1189	硫汞镍矿	Donharrisite	
1190	硫铅铜铑矿	Konderite	
1191	硫汞银矿	Imiterite	
1192	硫铅砷矿	Baumhauerite	
1193	硫钠铜矿	Chvilevaite	
1194	硫砷锡铁铜矿	Vinciennite	
1195	硫砷银矿	Dervillite	
1196	托硫锑铱矿	Tolovkite	
1197	硫铅铜铱矿	Inaglyite	
1198	硫锑银铅矿	Senanderite	
1199	硫硒金银矿	Penginite	
1200	艾铋铜铅矿	Eclarite	
1201	硫硒银金矿	Petrovskaite	

表 1（续）

代码	汉字名	英译名	说明
1202	硫锡铊砷矿	Rebulite	
1203	五硫砷矿	Usonite	
1204	硒雌黄	Laphamite	
1205	硫银锑铅矿	Zoubekite	
1206	硒脆银矿	Selenostephanite	
1207	锡林郭勒矿	Xilingolite	
1208	硫碲铜钯矿	Vasilite	
1209	硫铊砷矿	Gillulyite	
1210	硫砷铋铅矿	Kirkiite	
1211	硫铋镍铜矿	Mueckeite	
1212	新民矿	Simonite	
1213	硫铑铜矿	Cuprorhodsite	
1214	银砷黝铜矿	Argentotennantite	
1215	陨水硫钠铬矿	Schoellhornite	
1216	杂铅矿	Izoklakeite	
1217	硫铊银金锑矿	Criddleite	
1218	亚铁锌黄锡矿	Ferrokesterite	
1219	硫楚碲铋矿	Sulphotsumoite	
1220	丹硫汞铜矿	Danielsite	
1221	硫碲锑银矿	Benleonardite	
1222	阿硫砷矿	Alacranite	
1223	硫铱铜矿	Cuproiridsite	
1224	帕德矿	Paderaite	
1225	帕硫砷锑矿	Paeaekkonenite	
1226	培硫锡铜矿	Petrukite	
1227	波园柱铁锡矿	Potossiite	
1228	如硫铜矿	Roxbyite	
1229	三方硒铋矿	Nevskite	
1230	砷-硒黝铜矿	Giraudite	
1231	等轴古巴矿	Isocubanite	
1232	柯硫铑铱矿	Cashnite 或 Kashinite	
1234	莱圆柱锡矿	Levyclaudite	
1461	方铈石	Cerianite	
1462	方钍石	Thorianite	
1463	斜锆石	Baddeleyite	
1464	刚玉	Corundum	
1465	三方氧钒矿	Karelianite	
1466	绿铬矿	Eskolaite	
1467	赤铁矿	Hematite	
1468	方铁锰矿	Bixbyite	
1469	褐铊矿	Avicennite	
1470	铋华	Bismite	

表 1（续）

代码	汉字名	英译名	说明
1471	软铋矿	Sillenite	
1472	方镁石	Periclase	
1473	方铁矿	Wuestite	
1474	绿镍矿	Bunsenite	
1475	方锰矿	Manganosite	
1476	方镉石	Monteponite	
1477	石灰石	Lime	
1478	红锌矿	Zincite	
1479	铍石	Bromellite	
1480	黑铜矿	Tenorite	
1481	晶质铀矿	Uraninite	
1482	褐钇铌矿	Fergusonite	
1483	贝塔—褐钇铌矿	Beta-fergusonite	
1484	黄钇钽矿	Formanite	
1485	褐铈铌矿	Beta-fergusonite(ce)	
1486	钽锑矿	Stibiotantalite	
1487	黄锑矿	Cervantite	
1488	钽铋矿	Bismutotantalite	
1489	铌锑矿	Stibiocolumbite	
1490	羟钽铝石	Simpsonite	
1491	烧绿石	Pyrochlore	
1492	贝塔石	Betafite	
1493	铅贝塔石	Plumbobetafite	
1494	铀烧绿石	Uranpyrochlore	
1495	铈烧绿石	Ceriopyrochlore	
1496	钇铀烧绿石	Yttropyrochlore	
1497	钡烧绿石	Bariopyrochlore	
1498	铅烧绿石	Plumbopyrochlore	
1499	细晶石	Microlite	
1500	钠细晶石	Natrobistantite	
1501	铀细晶石	Uranmicrolite	
1502	铋细晶石	Bismutomicrolite	
1503	锑细晶石	Stibiomicrolite	
1504	铅细晶石	Plumbomicrolite	
1505	钡细晶石	Bariomicrolite	
1506	蓟县矿	Jixianite	
1507	锡细晶石	Stannomicrolite	
1508	钾烧绿石	Kalipyrochlore	
1509	锑贝塔石	Stibiobetafite	
1510	钨锑贝塔石	Scheteligite	
1511	钙贝塔石	Calciobetafite	
1512	黄锑华	Stibiconite	

表 1（续）

代码	汉字名	英译名	说明
1513	锑钙石	Romeite	
1514	水锑铅矿	Bindheimite	
1515	水锑铜矿	Partzite	
1516	水锑银矿	Stetefeldtite	
1517	铯锑钽矿	Cestibtantite	
1518	钙锆钛矿	Calzirtite	
1519	钛锆钍矿	Zirkelite	
1520	兰道矿	Landauite	
1521	钛锌钠矿	Murataite	
1522	等轴钙锆钛矿	Tazheranite	
1523	锑钠铍矿	Swedenborgite	
1524	钛铁矿	Ilmenite	
1525	镁钛矿	Geikielite	
1526	红钛锰矿	Pyrophanite	
1527	黑锑锰矿	Melanostibite	
1528	磁铁铅矿	Magnetoplumbite	
1529	黑铝钙石	Hibonite	
1530	铅铁矿	Plumboferrite	
1531	黑钛铁钠矿	Freudenbergite	
1532	镧铀钛铁矿	Davidite	
1533	铝硼锆钙石	Painite	
1534	铅锰钛铁石	Senaite	
1535	锶铁钛矿	Crichtonite	
1536	黄铬铅矿	Santanaite	
1537	钛铈钙矿	Loveringite	
1538	黑铝镁铁矿	Hogbomite	
1539	塔菲石	Taaffeite	铍镁晶石
1540	尼日利亚石	Nigerite	锡刚玉，锡
1541	六方铝氧石	Akdalaite	
1542	铁塔菲石	Pehrmanite	
1543	铁钒矿	Nolanite	
1544	金绿宝石	Chrysoberyl	
1545	尖晶石	Spinel	
1546	锌尖晶石	Gahnite	
1547	镁尖晶石	Magnesiospinel	
1548	铁尖晶石	Hercynite	
1549	锰尖晶石	Galaxite	
1550	钛铁晶石	Ulvospinel	
1551	钒磁铁矿	Coulsonite	
1552	沃钒锰矿	Vuorelainenite	
1553	铬铁矿	Chromite	
1554	镁铬铁矿	Magnesiochromite	

表 1（续）

代码	汉字名	英译名	说明
1555	钴铬铁矿	Cochromite	
1556	锰铬铁矿	Manganochromite	
1557	镍铬铁矿	Nichromite	
1558	铝铬铁矿	Alumochromite	
1559	磁铁矿	Magnetite	
1560	锌铁尖晶石	Franklinite	
1561	镁铁矿	Magnesioferrite	
1562	锗磁铁矿	Brunogeierite	
1563	铜铁尖晶石	Cuprospinel	
1564	磁赤铁矿	Maghemite	
1565	镍磁铁矿	Trevorite	
1566	锰铁矿	Jacobsite	
1567	钒磁铁矿	Vanadiomagnetite	
1568	钛磁铁矿	Titanomagnetite	
1569	斜方镁黑镁铁锰矿	Rhombomagnojacobsite	
1570	假蓝宝石	Sapphirine	
1571	黑锰矿	Hausmannite	
1572	锌锰矿	Hetaerolite	
1573	褐锰矿	Braunite	
1574	硅锑锰矿	Langbanite	
1575	硅钨锰矿	Welinite	
1576	锑砷锰矿	Manganostibite	
1577	硅砷锑锰矿	Parwelite	
1578	尼硅钙锰石	Neltnerite	
1579	黑钙锰矿	Marokite	
1580	铁砷矿	Schneiderhoehnite	
1581	钙铝石	Mayenite	
1582	钙铁铝石	Brownmillerite	
1583	砷锰矿	Armangite	
1584	卢砷铁铅石	Ludlockite	
1585	砷锌矿	Reinerite	
1586	菲氯砷铅矿	Finnemanite	
1587	氯砷锰矿	Magnussonite	
1588	砷锰铅矿	Trigonite	斜楔石
1589	砷锑铁钙矿	Stenhuggarite	
1590	南岭石	Nanlingite	
1591	黑铅铜矿	Murdochite	
1592	副黑铜矿	Paramelaconite	
1593	贝塔—石英	Beta-quartz	
1594	阿耳发—石英	Alpha-quartz	石英
1595	贝塔—鳞石英	Beta-tridymite	鳞石英
1596	阿耳发—鳞石英	Alpha-tridymite	

表 1（续）

代码	汉字名	英译名	说明
1597	贝塔—方英石	Beta-cristobalite	
1598	阿耳发—方英石	Alpha-cristobalite	
1599	黑方石英	Melanophlogite	
1600	柯石英	Coesite	
1601	蛋白石	Opal	
1602	焦石英	Lechatelierite	
1603	锐钛矿	Anatase	
1604	含铌锐钛矿	Niobium Anatase	
1605	赤铜矿	Cuprite	
1606	冰-Ⅰ	Ice-1	
1607	钙钛矿	Perovskite	
1608	铈铌钙钛矿	Loparite	钛铌钙铈矿
1609	铌钙钛矿	Latrappite	
1610	斜方钠铌矿	Lueshite	白钠铌矿
1611	钠铌矿	Natroniobite	
1612	羟碱铌钽矿	Rankamaite	
1613	铅钛矿	Macedonite	
1614	锆钙钛矿	Uhligite	
1615	易解石	Aeschynite	
1616	钇易解石	Aeschynite-(Y)	
1617	含钍易解石	Thorian aeschynite	
1618	铀易解石	Uranoaeschynite	震旦矿
1619	铌易解石	Nioboaeschynite	
1620	钽钇易解石	Tantalaeschynite-(Y)	
1621	含铝易解石	Aluminian aeschynite	
1622	砷华	Arsenolite	
1623	方锑矿	Senarmontite	
1624	金红石	Rutile	
1625	斯石英	Stishovite	超石英
1626	软锰矿	Pyrolusite	黝锰矿
1627	锡石	Cassiterite	
1628	块黑铅矿	Plattnerite	
1629	木锡矿	Wood-tin	
1630	拉锰矿	Ramsdellite	
1631	六方锰矿	Nsutite	恩苏塔矿
1632	副黑钒矿	Paramontroseite	
1633	副黄碲矿	Paratellurite	
1634	氧硒矿	Selenolite	
1635	锑华	Valentinite	
1636	橙汞矿	Montroydite	
1637	锑镁矿	Bystromite	
1638	褐锑锌矿	Ordonezite	

表 1（续）

代码	汉字名	英译名	说明
1639	锑铁矿	Tripuhyite	
1640	重钽铁矿	Tapiolite	
1641	四方钽锡矿	Staringite	
1642	重钽锰矿	Manganotapiolite	
1643	钨锰铁矿	Wolframite	黑钨矿
1644	钨锌矿	Sanmartinite	
1645	钨锰矿	Huebnerite	
1646	钨铁矿	Ferberite	
1647	锡铁钽矿	Ixiolite	
1648	锡锰钽矿	Wodginite	
1649	铌钽铁矿	Columbite-tantalite	
1650	铌镁矿	Magnoniobite	
1651	铌铁矿	Ferrocolumbite	
1652	钽铁矿	Ferrotantalite	
1653	铌锰矿	Manganocolumbite	
1654	钽锰矿	Manganotantalite	
1655	铌钇矿	Samarskite	
1656	钽锡矿	Thoreaulite	
1657	假板钛矿	Pseudobrookite	
1658	黑镁铁钛矿	Kennedyite	
1659	锰铅矿	Coronadite	铅硬锰矿
1660	锰钡矿	Hollandite	钡硬锰矿
1661	锰钾矿	Cryptomelane	隐钾锰矿
1662	锰钠矿	Manjiroite	隐钠锰矿
1663	柱红石	Priderite	
1664	硅镁铬钛矿	Redledgeite	
1665	软砷铜矿	Trippkeite	
1666	红锑铁矿	Schafarzikite	
1667	铅丹	Minium	
1668	铁砷石	Karibibite	
1669	钼华	Molybdite	
1670	钒赭石	Shcherbinaite	
1671	板钛矿	Brookite	
1672	黄碲矿	Tellurite	
1673	白砷石	Claudetite	砒霜
1674	密陀僧	Litharge	
1675	铅黄	Massicot	
1676	黑锡矿	Romarchite	
1677	黑稀金矿	Euxenite	
1678	复稀金矿	Polycrase	
1679	铌钙矿	Fersmite	
1680	钽黑稀金矿	Tanteuxenite	

表 1（续）

代码	汉字名	英译名	说明
1681	钛铀矿	Brannerite	
1682	斜方钛铀矿	Orthobrannerite	
1683	钛钍矿	Thorutite	钍钛矿
1684	长白矿	Changbaiite	
1685	钼铋矿	Koechlinite	
1686	钨铋矿	Russellite	
1687	锰铜矿	Crednerite	
1688	赤铜铁矿	Delafossite	戴氏赤铜矿
1689	铜铬矿	Mcconnellite	
1690	锑铁钛矿	Derbylite	
1691	红旗矿	Hongquiite	
1692	铌石	Nioboxide	
1693	钯华	Palladinite	
1694	普鲁曼奇矿	Plumangite	
1695	假金红石	Pseudorutile	
1696	钒钛矿	Schreyerite	
1697	水硅石	Silhydrite	
1698	钽石	Tantite	
1699	钒铜矿	Stoiberite	
1700	黑铅铀矿	Richetite	
1701	硫氧锑钙石	Sarabauite	
1702	硫氧锑铁矿	Apuanite	
1703	丝锑铅矿	Monimolite	
1704	铌铈钇钙矿	Polymignite	
1705	铌铁铀矿	Petscheckite	
1706	铌钽铀矿	Liandratite	
1707	四方铬铁矿	Donathite	
1708	四方锰铁矿	Iwakiite	
1709	钛钇钍矿	Yttrocrasite	
1710	钽钙矿	Rynersonite	
1711	维铌钙矿	Vigezzite	
1712	氧锑铁矿	Versiliaite	
1713	钇铌铁矿	Yttrocolumbite	
1714	钇钽铁矿	Yttrotantalite	
1715	阿山矿	Ashanite	
1716	锑汞矿	Shakhovite	
1717	钒锑矿	Stibivanite	
1718	氧钼矿	Tugarinovite	
1719	铝钽矿	Alumotantite	
1720	铅铁锗矿	Bartelkeite	
1721	钠钽矿	Natrotantite	
1722	钙钽石	Calciotantite	

表 1（续）

代码	汉字名	英译名	说明
1723	库钒钛矿	Kyzylkumite	
1724	苏钽铝钾石	Sosedkoite	
1725	钛钒矿	Berdesinskiite	
1726	碱钒石	Bannermanite	
1727	钼铁矿	Kamiokite	
1728	铋黄锑华	Bismutostibiconite	
1729	锗石	Argutite	
1730	斯里兰卡石	Srilankite	
1731	沂蒙矿	Yimengite	
1732	钛钡铬石	Lindsleyite (Ba)	
1733	钛钾铬石	Mathiasite(K)	
1734	水锑铝铜石	Cualstibite	
1735	钾钛石	Jeppeite	
1736	斯特拉基石	Straczekite	
1737	等轴锶钛石	Tausonite	
1738	骑田岭石	Qitianlingite	
1739	ε-锰矿	Akhtenskite	
1740	锂钽矿	Lithiotantite	
1741	水碳钇铀石	Kamotoite	
1742	砷钛矿	Hemloite	
1743	水钼矿	Sidwillite	
1744	水铌钙石	Hochelagaite	
1745	水铌钠矿	Franconite	
1746	殷格生矿	Ingersonite	
1747	斯块黑铅矿	Scrutinyite	
1748	硫铝钙石	Ye′elimite	
1749	傅锡铌矿	Foordite	
1750	沃丁石	Werdingite	
1751	艾锌钛矿	Ecandrewsite	
1752	氧碲铋矿	Smirite	
1753	苏钽铅钾石	Sosedkoite	
1754	钡钒钛石	Mannardite	
1755	意钽钠矿	Irtyshite	
1756	铝钽石	Alumotantite	
1757	赤路矿	Chiluite	
1758	温钠钽石	Ungursaite	
1759	钇铀钛铁矿	Davidite	
1760	铈砷硅石	Cervandonite	
1761	西锑砷铜锌矿	Theisite	
1762	铁钛镁尖晶石	Qandilite	
1763	锂铌锰钽矿	Lithiowodginite	
1764	镧铀钛铁矿	Davidite	

表1(续)

代码	汉字名	英译名	说明
1765	钓鱼岛石	Diaoyudaoite	
1766	莫里铅沸石	Maricopaite	
1767	镁铍铝石	Taprobanite	
1768	钽铯铅矿	Cesplumtantite	
1769	铋碲矿	Chekhovichite	
1770	铁三铬矿	Ferchromide	
1771	钠钽石	Natrotantite	
1772	锰重钽铁矿	Ferrotapiolite	
1773	二连石	Erlianite	
1774	黄碲铁矾	Cuzticite	
1775	钡钛铁铬矿	Hawthorneite	
1776	彭志忠矿	Pengzhizhongite-6H	
1777	安康石	Ankangite	
1778	钛锡锑铁矿	Squawcreekite	
1779	铅铁锰矿	Zenzenite	
1780	建水矿	Jianshuiite	
1781	菲利普锑锰矿	Filipstadtite	
1782	博干沸石	Boggsite	
1783	奥锗铅石	Otjisumeite	
1784	水硅硼钙石	Oyelite	
1785	钙铁矿	Srebrodolskite	
2101	羟铟石	Dzhalindite	
2102	羟镓石	Soehngeite	
2103	羟铁矿	Amakinite	
2104	羟铍石	Behoite	
2105	羟锗铁石	Stottite	
2106	四方羟锡锰石	Tetrawickmanite	
2107	羟锡锰石	Wickmanite	
2108	羟锡镁石	Schoenfliesite	
2109	羟锡钙石	Burtite	
2110	津羟锡铁矿	Jeanbandyite	
2111	维羟锡锌石	Vismirnovite	
2112	羟锡铁石	Natanite	
2113	褐铁矿	Limonite	系氢氧化物集合体
2114	硬水铝石	Diaspore	一水硬铝石
2115	黑钒矿	Montroseite	
2116	斜方水锰矿	Groutite	锰榍石
2117	针铁矿	Goethite	
2118	羟铬矿	Bracewellite	
2119	圭羟铬矿	Guyanaite	
2120	四方纤铁矿	Akaganeite	正方纤铁矿

表 1（续）

代码	汉字名	英译名	说明
2121	水锰矿	Manganite	
2122	水丝铀矿	Studtite	
2123	变水丝铀矿	Metastudtite	
2124	硬锰矿	Psilomelane	
2125	钙锰矿	Todorokite	钡镁锰矿
2126	纤锌锰矿	Woodruffite	
2127	羟黑锰矿	Janggunite	
2128	泡锰铅矿	Cesarolite	
2129	钙铁钛矿	Cafetite	
2130	羟钙钛矿	Kassite	
2131	水钨华	Hydrotungstite	
2132	钨华	Tungstite	
2133	柱铀矿	Schoepite	
2134	橙红铀矿	Masuyite	
2135	水斑铀矿	Ianthinite	
2136	变柱铀矿	Metaschoepite	
2137	副柱铀矿	Paraschoepite	
2138	三水钒矿	Navajoite	
2139	羟钒石	Duttonite	
2140	氧钒石	Doloresite	
2141	羟氧钴矿	Heterogenite	水钴矿—3
2142	羟氧钴矿-2H	Heterogenite-2H	
2143	三方羟铬矿	Grimaldiite	
2144	六方水锰矿	Feitknechtite	
2145	六方纤铁矿	Feroxyhyte	
2146	纤铁矿	Lepidocrocite	
2147	铝土矿	Boxites	为铝矿物集
2148	软水铝石	Boehmite	勃姆石
2149	三水铝石	Gibbsite	
2150	拜三水铝石	Bayerite	
2151	诺三水铝石	Nordstrandite	
2152	督三水铝石	Doyleite	
2153	水镁石	Brucite	
2154	羟锰矿	Pyrochroite	片水锰矿
2155	羟钙石	Portlandite	氢氧钙石
2156	水氯铁镁石	Iowaite	
2157	蓝水氯铜矿	Calumetite	羟水铜矿
2158	水氯铜矿	Anthonyite	
2159	钼铀矿	Umohoite	斜水钼铀矿
2160	黄钡铀矿	Billietite	
2161	黄钙铀矿	Becquerelite	深黄铀矿
2162	黄钾铀矿	Compreignacite	

表 1（续）

代码	汉字名	英译名	说明
2163	钾钙锶铀矿	Agrinierite	
2164	黄钾钙铀矿	Rameauite	水钾钙铀矿
2165	红铀矿	Fourmarierite	
2166	绿铀矿	Vandenbrandeite	
2167	铜铀矿	Roubaultite	羟水铜铀矿
2168	红铅铀矿	Woelsendorfite	亮红铅铀矿
2169	变钙铀矿	Metacalciouranoite	变水钙铀矿
2170	钡铀矿	Bauranoite	水钡铀矿
2171	橙黄铀矿	Vandendrisscheite	
2172	板铅铀矿	Curite	
2173	黑碳钙铀矿	Wyartite	水碳钙铀矿
2174	绿水钒钙矿	Simplotite	
2175	三羟钒石	Haggite	三水钒石
2176	原氧钒石	Protodoloresite	
2177	锂硬锰矿	Lithiophorite	
2178	羟碳铝矿	Scarbroite	
2179	黑锌锰矿	Chalcophanite	
2180	黑银锰矿	Aurorite	
2181	羟锰铅矿	Quenselite	铅硬锰矿
2182	水铝钙石	Hydrocalumite	
2183	羟镁铝石	Meixnerite	
2184	水碳铝镁石	Manasseite	
2185	水碳铬镁石	Barbertonite	
2186	水碳铁镁石	Sjogrenite	
2187	红磷铁镁矿	Brugnatellite	
2188	片碳镁石	Coalingite	
2189	水铝镍石	Takovite	
2190	水羟镍石	Jamborite	
2191	水碳铁镍矿	Reevesite	
2192	菱水碳铬镁石	Stichtite	
2193	菱水碳铝镁石	Hydrotalcite	水羟铝镁石
2194	菱水碳铁镁石	Pyroaurite	鳞铁镁石
2195	羟碳钴镍石	Comblainite	
2196	水铁镍矾	Hydrohonessite	
2197	莫特克石	Mountkeithite	
2198	羟铝钙镁石	Wermlandite	
2199	铜矾石	Chalcoalumite	铜明矾
2200	氯铜铝矾	Spangolite	
2201	绒铜矾	Cyanotrichite	
2202	锌矾石	Zincaluminite	锌明矾
2203	锌铜铝矾	Glaucokerinite	
2204	碳绒铜矾	Carbonate-cyanotrichite	

表 1（续）

代码	汉字名	英译名	说明
2205	镍铝矾	Carrboydite	
2206	镍矾石	Nickelalumite	
2207	锌镁矾	Mooreite	锰镁锌矾
2208	羟锌镁矾	Torreyite	托锌锰镁矾
2209	羟锌锰矾	Lawsonbauerite	
2210	铝钨华	Alumotungstite	
2211	水钠锰矿	Birnessite	
2212	水钙铀矿	Calciouranoite	
2213	水钠铀矿	Clarkeite	
2214	水硅锰石	Dosulite	
2215	水铁矿	Ferrihydrite	
2216	钛铌锰石	Gerasimovskite	
2217	羟锡矿	Hydroromarchite	
2218	二水矾石	Lenoblite	
2219	蓝黑镁铝石	Mauritzite	
2220	水铁镁石	Muskoxite	
2221	水铌钽石	Niohydroxite	
2222	水钛锆石	Oliveiraite	
2223	钙锰石	Rancieite	
2224	塔锰石	Takanelite	
2225	纤铋铀矿	Uranosphaerite	
2226	复钒矿	Vanoxite	
2227	钇钨华	Yttrotungstite	
2228	水铜铝钒	Woodwardite	
2229	变橙黄铀矿	Metavandendriesscheite	
2230	羟铝锑矿	Bahianite	
2231	羟碳锰镁石	Desautelsite	
2232	水羟锰矿	Vernadite	
2233	水钛铁矿	Kleberite	
2234	水锌锰矿	Hydrohetaerolite	
2235	纤钒钙石	Fernandinite	
2236	紫铜铝锑矿	Cyanophyllite	
2237	斯羟铜矿	Spertiniite	
2238	施羟镍矿	Theophrastite	
2239	羟钛钒矿	Tivanite	
2240	水铅铀矿	Sayrite	
2241	羟锗铁铝石	Carboirite	
2242	加藤石	Katoite	
2243	四方羟锌石	Sweetite	
2244	正羟锌石	Wiilfingite	
2245	三斜三水铝石	Triclinogibbsite	
2246	羟镍矿	Hydroniccite	

表 1（续）

代码	汉字名	英译名	说明
2247	软镍矿	Nickhydroxide	
2248	镍水镁石	Nibrucite	
2249	副碳钙铀矿	Parawyartite	
2250	羟氟铝石	Zharchikhite	
2251	羟硼铜钙石	Henmilite	
2252	羟硅钾钛石	Lourenswalsite	
2253	羟钡铀矿	Protasite	
2254	六水羟铜矾	Ramsbeckite	
2255	羟钽矿	Kimrobinsonite	
2256	尤什津矿	Yushkinite	
2257	斜羟铍石	Clinobehoite	
2258	硼白云母	Boromuscovite	
2259	伊辉叶石	Eggletonite	
2260	副羟碳硫镍石	Paraotwayite	
2261	铈钛石	Lucasite	
2262	羟锑钠石	Mopungite	
2263	羟锡铜石	Mushistonite	
2264	层硅铝钙石	Amstallite	
2265	辛安丘乐石	Cianciulliite	
2266	阿羟锌石	Ashoverite	
2267	铝钍铀矿	Althupite	
2268	羟锡铁石	Natanite	
2269	副钡细晶石	Parabariomicrolite	
2270	维羟锡锌石	Vismirnovite	
2501	硅铋石	Eulytite	
2502	柱星叶石	Neptunite	
2503	锰柱星叶石	Mangan-neptunite	
2504	赛黄晶	Danburite	
2505	硼钠长石	Reedmergnerite	
2506	正长石	Orthoclase	
2507	长石	Feldspar	
2508	透长石	Sanidine	
2509	冰长石	Adularia	
2510	钡冰长石	Hyalophane	
2511	微斜长石	Microcline	
2512	歪长石	Anorthoclase	
2513	水铵长石	Buddingtonite	
2514	条纹长石	Perthite	
2515	反条纹长石	Antiperthite	
2516	天河石	Amazonite	
2517	斜长石	Plagioclase	
2518	单斜钠长石	Monalbite	

表 1（续）

代码	汉字名	英译名	说明
2519	高钠长石	High albite	
2520	低钠长石	Low albite	
2521	原始钙长石	Primitive anorthite	
2522	钠长石	Albite	
2523	奥长石	Oligoclase	
2524	中长石	Andesine	
2525	拉长石	Labradorite	
2526	培长石	Bytownite	
2527	钙长石	Anorthite	
2528	钡长石	Celsian	
2529	副钡长石	Paracelsian	
2530	钠钡长石	Banalsite	
2531	锶长石	Slawsonite	
2532	含钾钡长石	Kasoite	
2533	霞石	Nepheline	
2534	原钾霞石	Kalsilite	
2535	三型钾霞石	Trikalsilite	
2536	钾霞石	Kaliophilite	
2537	四型钾霞石	Tetrakalsilite	
2538	脂光石	Elaeolite	
2539	白榴石	Leucite	
2540	硅锂铝石	Bikitaite	透锂铝石
2541	透锂长石	Petalite	
2542	方柱石	Scapolite	
2543	肉色柱石	Sarcolite	
2544	钠柱石	Marialite	
2545	钙钠柱石	Dipyre	针柱石
2546	钠钙柱石	Mizzonite	中柱石
2547	钙柱石	Meionite	
2548	钙霞石	Cancrinite	
2549	钡钙霞石	Wenkite	
2550	钾钙霞石	Davyne	
2551	镁—钾钙霞石	Pharaonite	
2552	阿钙霞石	Afghanite	
2553	弗钙霞石	Franzinite	
2554	利钙霞石	Liottite	
2555	萨钾钙霞石	Sacrofanite	
2556	久硅铝钠石	Giuseppettite	
2557	硫酸钙霞石	Vishnevite	含硫酸根的
2558	方钠石	Sodalite	
2559	黝方石	Nosean	
2560	蓝方石	Hauyne	

表 1（续）

代码	汉字名	英译名	说明
2561	青金石	Lazurite	
2562	水方钠石	Hydrosodalite	羟方钠石
2563	紫方钠石	Hackmanite	
2564	紫脆石	Ussingite	
2565	铝硅钡石	Cymrite	
2566	硅铝锡钙石	Eakerite	
2567	白针柱石	Leifite	
2568	方沸石	Analcime	
2569	斜钙沸石	Wairakite	
2570	铯沸石	Pollucite	铯榴石
2571	菱沸石	Chabazite	
2572	插晶菱沸石	Levyne	
2573	钠菱沸石	Gmelinite	
2574	碱菱沸石	Herschelite	
2575	板沸石	Willhendersonite	菱钾沸石
2576	钙十字沸石	Phillipsite	
2577	交沸石	Harmotome	
2578	麦钾沸石	Merlinoite	
2579	八面沸石	Faujasite	
2580	勃林沸石	Paulingite	方碱沸石
2581	钾丝光沸石	Svetlozarite	硅铝钙石
2582	柱沸石	Epistilbite	
2583	锶沸石	Brewsterite	
2584	片沸石	Heulandite	
2585	黄束沸石	Beaumontite	
2586	辉沸石	Stilbite	束沸石
2587	钠红沸石	Barrerite	板沸石
2588	刃沸石	Cowlesite	
2589	镁碱沸石	Ferrierite	
2590	水钙沸石	Gismondine	
2591	杆沸石	Thomsonite	
2592	纤沸石	Gonnardite	
2593	十字沸石	Garronite	
2594	斜碱沸石	Amicite	
2595	戈硅钠铝石	Gobbinsite	
2596	钠沸石	Natrolite	
2597	钙沸石	Scolecite	
2598	钡沸石	Edingtonite	
2599	中沸石	Mesolite	
2600	四方钠沸石	Tetranatrolite	
2601	水硅铝钙石	Roggianite	
2602	副钠沸石	Paranatrolite	

表 1（续）

代码	汉字名	英译名	说明
2603	浊沸石	Laumontite	
2604	条沸石	Yugawaralite	汤河原沸石
2605	毛沸石	Erionite	
2606	钾沸石	Offretite	
2607	针沸石	Mazzite	
2608	丝光沸石	Mordenite	发光沸石
2609	环晶沸石	Dachiardite	
2610	斜发沸石	Clinoptilolite	
2611	硅铍钙锰石	Trimerite	
2612	硅钙铅锌矿	Esperite	
2613	硅铅锌矿	Larsenite	
2614	锂铍石	Liberite	
2615	硅钡铍矿	Barylite	
2616	硅铍钠石	Chkalovite	
2617	日光榴石	Helvite	
2618	锌日光榴石	Genthelvite	
2619	铍榴石	Danalite	
2620	香花石	Hsianghualite	
2621	硅铍钙石	Bavenite	硬羟钙铍石
2622	羟硅铍钙石	Jeffreyite	
2623	硅铍铝钠石	Tugtupite	铍方钠石
2624	双晶石	Eudidymite	
2625	硅铍锡钠石	Sorensenite	
2626	铍硅钠石	Lovdarite	
2627	蓝锥矿	Benitoite	
2628	硅锡钡石	Pabstite	
2629	硅锆钡石	Bazirite	
2630	硅锆钙钾石	Wadeite	钾钙板锆石
2631	淡钡钛石	Leucosphenite	
2632	硅锆钠石	Vlasovite	
2633	硅钠锆石	Keldyshite	
2634	副硅钠锆石	Parakeldyshite	
2635	硅钾锆石	Dalyite	
2636	硅钾钛石	Davanite	
2637	包头矿	Baotite	
2638	羟硅钡石	Muirite	
2639	硅钡钛石	Batisite	
2640	硅铌钛碱石	Shcherbakovite	硅铌钡钠石
2641	硅钛钙钾石	Tinaksite	
2642	硅钠钡钛石	Joaquinite	
2643	硅钛铁钡石	Traskite	
2644	斜方硅钠钡钛石	Orthojoaquinite	

表 1（续）

代码	汉字名	英译名	说明
2645	硅钠锶钡钛石	Strontiojoaquinite	
2646	斜方硅钡钛石	Bario-orthojoaquinite	
2647	斜方硅钠锶钡钛石	Strontio-orthojoaquinite	
2648	短柱石	Narsarsukite	
2649	基性异性石	Lovozerite	
2650	硅铁钙钠石	Imandrite	
2651	硅钛铌钠矿	Nenadkevichite	
2652	硅铈铌钡矿	Ilimaussite	
2653	水硅铌钛矿	Labuntsovite	
2654	钠锆石	Catapleiite	
2655	三水钠锆石	Hilairite	
2656	钙锆石	Calcium catapleiite	
2657	斜方钠锆石	Gaidonnayite	
2658	纤硅锆钠石	Elpidite	斜钠锆石
2659	水钠钙锆石	Lemoynite	水钠锆石
2660	水硅钙锆石	Armstrongite	
2661	异性石	Eudialyte	
2662	磷硅稀土矿	Steenstrupine	菱黑稀土矿
2663	硅锆钙钠石	Zirsinalite	
2664	环硅灰石	Cyclowollastonite	
2665	针硅钙铅石	Margarosanite	
2666	瓦硅钙钡石	Walstromite	
2667	罗水硅钙石	Rosenhahnite	
2668	斧石	Axinite	
2669	廷斧石	Tinzenite	
2670	镁斧石	Magnesioaxinite	
2671	碳硅铈钙石	Kainosite	钙钇铒矿
2672	碳硅钙钇石	Caysichite	
2673	硅铝铜钙石	Papagoite	
2674	纤硅钡高铁石	Taramellite	
2675	硅钙铀钍矿	Ekanite	
2676	碱硅钙铀钍矿	Kanaekanite	
2677	硅稀土钙石	Iraqite	伊拉克石
2678	斯硅钾钍钙石	Steacyite	
2679	绿柱石	Beryl	
2680	钪绿柱石	Bazzite	硅钪铍矿
2681	堇青石	Cordierite	
2682	六方堇青石	Indialite	印度石
2683	铁堇青石	Sekaninaite	
2684	电气石	Tourmaline	
2685	黑电气石	Schorl	铁电气石
2686	锂电气石	Elbaite	

表 1（续）

代码	汉字名	英译名	说明
2687	镁电气石	Dravite	
2688	钠锰电气石	Tsilaisite	
2689	钙镁电气石	Uvite	
2690	布铬电气石	Buergerite	
2691	钙锂电气石	Liddicoatite	
2692	高铁镁电气石	Ferridravite	
2693	铬镁电气石	Chromdravite	
2694	菱硅钙钠石	Combeite	
2695	硅钛钠石	Kazakovite	
2696	水硅钡锰石	Verplanckite	
2697	天山石	Tienshanite	
2698	透视石	Dioptase	绿铜矿
2699	硅钛钙钠石	Koashvite	
2700	大隅石	Osumilite	
2701	钠锂大隅石	Sugilite	硅铁锂钠石
2702	锆锂大隅石	Sogdianite	碱锂钛锆石
2703	锆锰大隅石	Darapiosite	硅锆锰钾石
2704	锡锂大隅石	Brannockite	硅锂锡钾石
2705	高铁锂大隅石	Emeleusite	
2706	硅锆钠锂石	Zektzerite	
2707	铍钙大隅石	Milarite	整柱石
2708	钡钙大隅石	Armenite	硅铝钡钙石
2709	铝硅铅石	Wickenburgite	
2710	钠镁大隅石	Eifelite	
2711	锆石	Zircon	锆英石
2712	铪石	Hafnon	
2713	铀石	Coffinite	水硅铀矿
2714	钍石	Thorite	
2715	斜钍石	Huttonite	硅钍石
2716	磷硅钍铈石	Cerphosphorhuttonite	
2717	汤硅钇石	Tombarthite	羟硅稀土矿
2718	羟钍石	Thorogummite	
2719	曲晶石	Cyrtolite	锆石变种
2720	水锆石	Malacon	
2721	石榴子石	Garnet	
2722	锰铁榴石	Calderite	
2723	镁铬榴石	Knorringite	
2724	镁铝榴石	Pyrope	
2725	铁铝榴石	Almandine	
2726	锰铝榴石	Spessartine	
2727	钙铬榴石	Uvarovite	
2728	钙钒榴石	Goldmanite	

表 1（续）

代码	汉字名	英译名	说明
2729	钙铝榴石	Grossular	
2730	钙铁榴石	Andradite	
2731	钙锆榴石	Kimzeyite	
2732	水钙铝榴石	Hydrogrossular	
2733	水钙榴石	Hydrougrandite	
2734	水钙锰榴石	Henritermierite	
2735	硅铍石	Phenakite	似晶石
2736	硅锌矿	Willemite	
2737	锂霞石	Eucryptite	
2738	橄榄石	Olivine	
2739	镁橄榄石	Forsterite	
2740	铁橄榄石	Fayalite	
2741	镍橄榄石	Liebenbergite	
2742	锰橄榄石	Tephroite	
2743	莱河矿	Laihunite	高铁铁橄榄
2744	钙镁橄榄石	Monticellite	
2745	钙铁橄榄石	Kirschsteinite	
2746	钙锰橄榄石	Glaucochroite	
2747	斜硅钙石	Larnite	
2748	默硅镁钙石	Merwinite	
2749	白硅钙石	Bredigite	
2750	硅镁铝石	Surinamite	
2751	红柱石	Andalusite	
2752	蓝晶石	Kyanite	
2753	锰红柱石	Kanonaite	
2754	黄玉	Topaz	
2755	蓝柱石	Euclase	
2756	十字石	Staurolite	
2757	紫硅镁铝石	Yoderite	
2758	羟硅铝钙石	Vuagnatite	
2759	榍石	Sphene	
2760	马来亚石	Malayaite	
2761	硅钠钛钙石	Fersmanite	
2762	氧硅钛钠石	Natisite	
2763	硅铈石	Cerite	
2764	羟硅铈矿	Toernebohmite	硅稀土石
2765	铈硅磷灰石	Britholite	羟硅铈钙石
2766	钇硅磷灰石	Britholite-(Y)	羟硅钇钙石
2767	铝铈磷灰石	Alumobritholite	羟硅铝铈钙
2768	黑稀土矿	Melanocerite	
2769	羟硅磷灰石	Hydroxylellestadite	羟硫硅钙石
2770	硅磷灰石	Ellestadite	硫硅钙石

表 1（续）

代码	汉字名	英译名	说明
2771	氟硅磷灰石	Fluorellestadite	氟硫硅钙石
2772	黑硅砷锰矿	Dixenite	
2773	羟硅锑铁矿	Chapmanite	
2774	羟硅铋铁矿	Bismutoferrite	
2775	硅铝锑锰矿	Katoptrite	
2776	硅锑锌锰矿	Yeatmanite	
2777	砷铍硅钙石	Asbecasite	
2778	硅锰锌矿	Hodgkinsonite	褐锌锰矿
2779	粒硅锰石	Alleghanyite	
2780	硅锰石	Manganhumite	
2781	斜硅锰石	Sonolite	
2782	淡硅锰石	Leucophoenicite	
2783	羟硅锰石	Jerrygibbsite	
2784	粒硅镁石	Chondrodite	
2785	块硅镁石	Norbergite	
2786	硅镁石	Humite	
2787	斜硅镁石	Clinohumite	
2788	蓝线石	Dumortierite	
2789	硅硼镁铝矿	Grandidierite	复合矿
2790	柱晶石	Kornerupine	
2791	钙镁非石	Serendibite	蓝硅硼钙石
2792	锑线石	Holtite	
2793	粒砷硅锰矿	Mcgovernite	
2794	磷硅铈钠石	Phosinaite	
2795	斜磷硅钙钠石	Clinophosinaite	
2796	硫硅钙铅矿	Roeblingite	铅蓝方石
2797	灰硅钙石	Spurrite	
2798	副灰硅钙石	Paraspurrite	
2799	磷硅铝钇钙石	Saryarkite	
2800	斜晶石	Clinohedrite	
2801	水硅钙铜石	Stringhamite	
2802	钪钇石	Thortveitite	
2803	红钇石	Thalenite	
2804	硅钍钇矿Ⅰ	Yttrialite-Ⅰ	
2805	硅钍钇矿Ⅱ	Yttrialite-Ⅱ	
2806	硅锆钙石	Gittinsite	
2807	硅钙石	Rankinite	
2808	斜方硅钙石	Kilchoanite	
2809	希宾石	Khibinskite	
2810	硅钡铁石	Andremeyerite	
2811	珀硅钛铈铁矿	Perrierite	钛硅铈矿
2812	硅钛铈铁矿	Chevkinite	

表 1（续）

代码	汉字名	英译名	说明
2813	羟硅钇石	Iimoriite	
2814	锶硅钛铈铁矿	Strontiochevkinite	
2815	氟钠钛锆石	Seidozerite	
2816	层硅铈钛矿	Mosandrite	Rinko
2817	氟硅钙钛矿	Gotzenite	
2818	斜方钡锰闪叶石	Orthoericssonite	
2819	钡锰闪叶石	Ericssonite	
2820	锆针钠钙石	Rosenbuschite	
2821	硅铌锆钙钠石	Woehlerite	铌锆钠石
2822	钠钙锆石	Lavenite	
2823	希硅锆钠钙石	Hiortdahlite	片榍石
2824	黄硅铌钙石	Niocalite	
2825	硅铅锰矿	Kentrolite	
2826	硅铅铁矿	Melanotekite	
2827	黑柱石	Ilvaite	
2828	羟硅铍石	Bertrandite	
2829	球硅铍石	Sphaerobertrandite	
2830	氯硅钙铅矿	Nasonite	
2831	羟硅钙铅矿	Ganomalite	
2832	硅镁铅矿	Molybdophyllite	
2833	氯硅铁铅矿	Jagoite	
2834	硅锰铅矿	Barysilite	
2835	枪晶石	Cuspidine	
2836	鲁硅钙石	Rustumite	
2837	粒硅钙石	Tilleyite	
2838	斜水硅钙石	Killalaite	
2839	硬柱石	Lawsonite	
2840	异极矿	Hemimorphite	
2841	水硅铍石	Beryllite	
2842	索伦石	Suolunite	
2843	符山石	Vesuvianite	
2844	绿帘石	Epidote	
2845	黝帘石	Zoisite	
2846	斜黝帘石	Clinozoisite	
2847	绿纤石	Pumpellyite	
2848	复铁绿纤石	Julgoldite	
2849	红帘石	Piemontite	
2850	褐帘石	Allanite	
2851	锰帘石	Sursassite	
2852	钒帘石	Mukhinite	穆硅钒钙石
2853	帅铬绿纤石	Shuiskite	
2854	钙锰帘石	Macfallite	

表 1（续）

代码	汉字名	英译名	说明
2855	铅黝帘石	Hancockite	
2856	砷硅铝锰石	Ardennite	锰硅铝矿
2857	硅铍锰钙石	Harstigite	锰钙柱石
2858	锰柱石	Orientite	
2859	羟硅锰镁石	Gageite	
2860	水硅铜钙石	Kinoite	
2861	氯黄晶	Zunyite	
2862	碳硼硅镁钙石	Harkerite	
2863	辉石	Pyroxene	
2864	顽火辉石	Enstatite	顽火辉石—斜方铁辉石系列中成员
2865	古铜辉石	Bronzite	顽火辉石—斜方铁辉石系列中成员
2866	紫苏辉石	Hypersthene	顽火辉石—斜方铁辉石系列中成员
2867	铁紫苏辉石	Ferrohypersthene	顽火辉石—斜方铁辉石系列中成员
2868	龙莱辉石	Eulite	
2869	斜方铁辉石	Orthoferrosilite	
2870	斜方锰顽辉石	Donpeacorite	
2871	单斜紫苏辉石	Clinohypesthene	
2872	易变辉石	Pigeonite	
2873	锰辉石	Kanoite	
2874	普通辉石	Augite	
2875	深绿辉石	Fassaite	
2876	钙锰辉石	Johannsenite	
2877	绿辉石	Omphacite	
2878	硬玉	Jadeite	
2879	霓石	Aegirine	锥辉石
2880	透辉石	Diopside	
2881	次透辉石	Salite	透辉石—钙
2882	铁次透辉石	Ferrosalite	透辉石—钙
2883	钙铁辉石	Hedenbergite	
2884	钠铬辉石	Ureyite	
2885	钪霓辉石	Jervisite	
2886	异剥辉石	Diallage	
2887	霓辉石	Aegirine-augite	

表 1（续）

代码	汉字名	英译名	说明
2888	钠锰辉石	Blanfordite	
2889	锂辉石	Spodumene	
2890	硅灰石	Wollastonite	
2891	副硅灰石	Parawollastcnite	
2892	锰硅灰石	Bustamite	钙蔷薇辉石
2893	铁硅灰石	Ferrobustamite	铁—钙蔷薇辉石
2894	硅灰石-7T	Wollastonite-7T	
2895	蔷薇辉石	Rhodonite	
2896	硅铁灰石	Babingtonite	
2897	硅锰灰石	Manganbabingtonite	
2898	硅锰钠锂石	Nambulite	
2899	硅锰钠钙石	Marsturite	
2900	羟蔷薇辉石	Santaclaraite	
2901	三斜锰辉石	Pyroxmangite	
2902	三斜铁辉石	Pyroxferroite	
2903	硅铅石	Alamosite	铅辉石
2904	硅铁钙钡石	Pellyite	
2905	纤锰柱石	Carpholite	
2906	纤钡锂石	Balipholite	
2907	纤铁柱石	Ferrocarpholite	
2908	纤镁柱石	Magnesiocarpholite	
2909	羟硅铜矿	Shattuckite	斜硅铜矿
2910	纤硅铜矿	Plancheite	
2911	硅镁钡石	Magbasite	
2912	直闪石	Anthophyllite	
2913	镁直闪石	Magnesio-anthophyllite	
2914	铁直闪石	Ferro-anthopyllite	
2915	直闪石石棉	Anthophyllite asbestos	
2916	镁铝直闪石	Magnesiogedrite	
2917	铝直闪石	Gedrite	
2918	铁铝直闪石	Ferrogedrite	
2919	镁锂闪石	Magnesioholmquistite	
2920	锂闪石	Holmquistite	
2921	铁锂闪石	Ferroholmquistite	
2922	镁闪石	Magnesiocummingtonite	
2923	镁铁闪石	Cummingtonite	
2924	铁闪石	Grunerite	
2925	锰镁闪石	Tirodite	
2926	锰铁闪石	Dannemorite	
2927	斜镁锂闪石	Magnesioclinoholmquistite	
2928	斜锂闪石	Clinoholmquistite	
2929	斜铁锂闪石	Ferroclinoholmquistite	

表 1（续）

代码	汉字名	英译名	说明
2930	镁川石	Jimthompsonite	
2931	斜镁川石	Clinojimthompsonite	
2932	闪石	Amphibole	
2933	透闪石	Tremolite	
2934	阳起石	Actinolite	
2935	铁阳起石	Ferroactinolite	
2936	透闪石石棉	Tremolite asbestos	
2937	阳起石石棉	Actinolite asbestos	
2938	镁钙闪石	Tschermakite	
2939	铁钙闪石	Ferrotschermakite	
2940	浅闪石	Edenite	
2941	铁浅闪石	Ferroedenite	
2942	韭闪石	Pargasite	
2943	绿钙闪石	Hastingsite	
2944	钛闪石	Kaersutite	
2945	铁钛闪石	Ferrokaersutite	
2946	角闪石	Hornblende	
2947	镁角闪石	Magnesiohornblende	
2948	铁角闪石	Ferrohornblende	
2949	铁韭闪石	Ferropargasite	
2950	镁绿钙闪石	Magnesiohastingsite	
2951	蓝透闪石	Winchite	
2952	铁蓝透闪石	Ferrowinchite	
2953	冻蓝闪石	Barroisite	
2954	铁冻蓝闪石	Ferrobarroisite	
2955	钠透闪石	Richterite	镁钠钙闪石
2956	铁钠透闪石	Ferrorichterite	铁钠钙闪石
2957	镁红闪石	Magnesiokatophorite	
2958	红闪石	Katophorite	
2959	镁绿闪石	Magnesiotaramite	
2960	绿闪石	Taramite	
2961	镁砂川闪石	Magnesiosadanaguite	
2962	砂川闪石	Sadanaguite	
2963	蓝闪石	Glaucophane	
2964	铁蓝闪石	Ferroglaucophane	
2965	镁钠闪石	Magnesioriebeckite	
2966	钠闪石	Riebeckite	
2967	镁钠闪石石棉	Magnesio-crocidolite	
2968	钠闪石石棉	Crocidolite	蓝石棉
2969	镁铝钠闪石	Eckermannite	氟镁钠闪石
2970	铁铝钠闪石	Ferro-eckermannite	氟铁钠闪石
2971	镁亚铁钠闪石	Magnesio-arfvedsonite	镁钠铁闪石

表 1（续）

代码	汉字名	英译名	说明
2972	亚铁钠闪石	Arfvedsonite	钠铁闪石
2973	铁锰钠闪石	Kozulite	
2974	青铝闪石	Crossite	
2975	迪尔石	Deerite	
2976	硅铁锰钠石	Howieite	
2977	塔硅锰铁钠石	Taneyamalite	
2978	硼硅钡铅矿	Hyalotekite	
2979	硬硅钙石	Xonotlite	
2980	傅硅钙石	Foshagite	
2981	针硅钙石	Hillebrandite	
2982	针钠钙石	Pectolite	
2983	针钠锰石	Serandite	
2984	羟硅钙钪石	Cascandite	
2985	硅钙锡矿	Stokesite	
2986	红硅钙锰矿	Inesite	
2987	水硬硅钙石	Hydroxonotlite	
2988	易变硅钙石	Tacharanite	
2989	碳硅钙石	Scawtite	
2990	羟硅钠钙石	Jennite	
2991	硅铁钠石	Tuhualite	
2992	硅铁钠钾石	Fenaksite	
2993	硅碱铜矿	Litidionite	硅铜钠钾石
2994	硅碱钙石	Canasite	硅钙钠钾石
2995	氟硅钙钠石	Agrellite	
2996	硅灰石膏	Thaumasite	
2997	氟硅钙石	Bultfonteinite	
2998	水硅钡石	Krauskopfite	
2999	水硅钠石	Kanemite	
3000	马水硅钠石	Makatite	
3001	菱硼硅铈矿	Stillwellite	
3002	硼硅钡钇矿	Cappelenite	
3003	塔吉克矿	Tadzhikite	
3004	矽线石	Sillimanite	
3005	莫来石	Mullite	富铝红柱石
3006	铅铍闪石	Joesmithite	
3007	硅钠钛石	Lorenzenite	钛硅钠石
3008	白钛硅钠石	Vinogradovite	
3009	钠铁非石	Aenigmatite	钛硅铁钠石
3010	钙铁非石	Rholnite	钛硅镁钙石
3011	锑钙镁非石	Welshite	
3012	威尔什石	Wilshite	
3013	水硅钠锰石	Raite	

表 1（续）

代码	汉字名	英译名	说明
3014	佐硅钛钠石	Zorite	硅钛铌钠石
3015	伊硅钠钛石	Ilmajokite	钠钛硅石
3016	硅铁钡矿	Gillespite	
3017	硅铜钙石	Cuprorivaite	水硅钙铜矿
3018	硅钡石	Sanbornite	
3019	硅钠石	Natrosilite	
3020	硬绿泥石	Chloritoid	
3021	三斜硬绿泥石	Triclinochloritoid	
3022	淡硬绿泥石	Lennilenapeite	
3023	热臭石	Pyrosmalite	
3024	菱硅钾铁石	Zussmanite	
3025	锰热臭石	Manganpyrosmalite	
3026	热臭石-12R	Mcgillite	
3027	砷热臭石	Nelenite	
3028	叶羟硅钙石	Zeophyllite	
3029	蜡硅锰矿	Bementite	
3030	镁珍珠云母	Magnesiomargarite	
3031	带云母	Taeniolite	
3032	绿鳞石	Celadonite	
3033	高岭石	Kaolinite	
3034	迪开石	Dickite	
3035	珍珠石	Nacrite	
3036	变埃洛石	Metahalloysite	变叙来石壹水高岭石
3037	蛇纹石	Serpentine	
3038	叶蛇纹石	Antigorite	
3039	正叶蛇纹石	Orthoantigorite	
3040	铁叶蛇纹石	Ferroantigorite	
3041	氟叶蛇纹石	Fluoantigorite	
3042	利蛇纹石	Lizardite	鳞石
3043	铁利蛇纹石	Ferrolizardite	铁鳞石
3044	纤蛇纹石	Chrysotile	
3045	氟钎蛇纹石	Fluochrystile	
3046	镍纤蛇纹石	Pecoraite	暗镍蛇纹石
3047	绢石	Bastite	具辉石假象的蛇纹石
3048	铁蛇纹石	Greenalite	
3049	镍利蛇纹石	Nepouite	
3050	肾硅锰矿	Caryopilite	
3051	滑石	Talc	
3052	叶腊石	Pyrophyllite	
3053	铁滑石	Minnesotaite	

表 1（续）

代码	汉字名	英译名	说明
3054	镍滑石	Willemseite	
3055	铁叶腊石	Ferripyrophyllite	
3056	绿泥间滑石	Kulkeite	
3057	鱼眼石	Apophyllite	
3058	氟鱼眼石	Fluorapophyllite	
3059	羟鱼眼石	Hydroxyapophyllite	
3060	硅碱钙钇石	Ashcroftine	
3061	斜钠鱼眼石	Natroapophyllite	
3062	莫水硅钙钡石	Macdonaldite	
3063	片硅碱钙石	Delhayelite	
3064	纤硅碱钙石	Rhodesite	
3065	水针硅钙石	Mountainite	
3066	水片硅碱钙石	Hydrodelhayelite	
3067	碳硅碱钙石	Carletonite	碱硅钙石
3068	水硅钙石	Okenite	
3069	特水硅钙石	Truscottite	
3070	吉水硅钙石	Gyrolite	
3071	涅水硅钙石	Nekoite	
3072	水硅钙钾石	Reyerite	
3073	硅铈钠石	Sazhinite	
3074	雪硅钙石	Tobermorite	
3075	纤硅钙石	Riversideite	
3076	泉石华	Plombierite	
3077	柱硅钙石	Afwillite	
3078	黑硬绿泥石	Stilpnomelane	
3079	红硅锰矿	Parsettensite	
3080	鳞绿脱石	Stilpnochlorane	
3081	锰叶泥石	Ekmanite	
3082	埃洛石	Halloysite	多水高岭石
3083	铜埃洛石	Cuprohalloysite	铜多水高岭石
3084	铬埃洛石	Chromhalloysite	铬多水高岭石
3085	高铁埃洛石	Ferrihalloysite	高铁多水高石
3086	硅铝铁钠石	Naujakasite	瑙云母
3087	辉叶石	Ganophyllite	
3088	班硅锰石	Bannisterite	
3089	钠辉叶石	Eggletonite	
3090	水硅钒钙石	Cavansite	
3091	五角石	Pentagonite	五角水硅钒钙石
3092	坡缕石	Palygorskite	山软木
3093	锰坡缕石	Yofortierite	
3094	锰铝坡缕石	Manganpalygorskite	
3095	海泡石	Sepiolite	

表 1（续）

代码	汉字名	英译名	说明
3096	纤钠海泡石	Loughlinite	丝硅镁石
3097	锰海泡石	Mangansepiolite	
3098	镍海泡石	Falcondoite	
3099	钠铁坡缕石	Tuperssuatsiaite	
3100	硅硼钙石	Datolite	
3101	硅硼铍钇钙石	Calcybeborosillite	
3102	硅硼钙铁矿	Homilite	
3103	瓷硼钙石	Bakerite	
3104	水硅硼钠石	Searlesite	
3105	锂硼绿泥石	Manandonite	
3106	葡萄石	Prehnite	
3107	黄长石	Melilite	
3108	锌黄长石	Hardystonite	
3109	羟硅铍钙石	Jeffreyite	
3110	硅钠锶镧石	Nordite	
3111	绿脆云母	Clintonite	
3112	珍珠云母	Margarite	
3113	钡钒云母	Chernykhite	
3114	钡镁脆云母	Kinoshitalite	
3115	钡铁脆云母	Anandite	
3116	钠珍珠云母	Ephesite	
3117	白云母	Muscovite	
3118	云母	Mica	
3119	钠云母	Paragonite	
3120	钒云母	Roscoelite	
3121	海绿石	Glauconite	
3122	托铵云母	Tobelite	
3123	含硅白云母	Phengite	
3124	绢云母	Sericite	细粒白云母
3125	黑云母	Biotite	
3126	金云母	Phlogopite	
3127	锌云母	Hendricksite	
3128	铁锂云母	Zinnwaldite	
3129	锰锂云母	Masutomilite	
3130	锂云母	Lepidolite	鳞云母
3131	翁钠金云母	Wonesite	
3132	高铁铁云母	Ferri-annite	
3133	铁云母	Annite	
3134	镁铝蛇纹石	Amesite	
3135	锰铝蛇纹石	Kellyite	
3136	镍铝蛇纹石	Brindleyite	
3137	锰镁铝蛇纹石	Baumite	

表 1（续）

代码	汉字名	英译名	说明
3138	克铁蛇纹石	Cronstedtite	绿锥石
3139	铁铝蛇纹石	Berthierine	
3140	片硅铝石	Donbassite	顿绿泥石
3141	锂绿泥石	Cookeite	
3142	铝绿泥石	Sudoite	
3143	碳硅铝铅石	Surite	
3144	绿泥石	Chlorite	
3145	叶绿泥石	Penninite	斜绿泥石变种
3146	斜绿泥石	Clinochlore	
3147	透绿泥石	Sheridanite	斜绿泥石变种
3148	辉绿泥石	Diabantite	斜绿泥石含铁变种
3149	铁镁绿泥石	Brunsvigite	存疑变种
3150	铁绿泥石	Ripidolite	蠕绿泥石
3151	铁叶绿泥石	Delessite	含镁鲕绿泥石
3152	鲕绿泥石	Chamosite	
3153	鳞绿泥石	Thuringite	鲕绿泥石变种
3154	锰绿泥石	Pennantite	
3155	富锰绿泥石	Gonyerite	
3156	铬绿泥石	Kaemmererite	斜绿泥石含铬变种
3157	镍绿泥石	Nimite	
3158	正鲕绿泥石	Orthochamosite	
3159	硫硅碱钙石	Latiumite	硫硅石
3160	硫硅钙钾石	Tuscanite	
3161	羟铝黄长石	Bicchulite	一水钙铝黄长石
3162	水铝黄长石	Straetlingite	八水钙铝黄长石
3163	科羟铝黄长石	Kamaishilite	
3164	水云母	Hydromica	
3165	钠伊利石	Brammallite	水钠云母
3166	水黑云母	Hydrobiotite	
3167	含镁伊利石	Gumbelite	变种
3168	伊利石	Illite	
3169	蒙脱石	Montmorillonite	微晶高岭石
3170	贝得石	Beidellite	
3171	绿脱石	Nontronite	囊脱石
3172	铬绿脱石	Volchonskoite	含铬的绿泥石变种
3173	锂蒙脱石	Swinefordite	
3174	镁蒙脱石	Sobotkite	
3175	累托石	Rectorite	
3176	云母间蒙脱石	Tarasovite	钠累脱石

表 1（续）

代码	汉字名	英译名	说明
3177	迪间蒙石	Tosudite	
3178	蛭石	Vermiculite	
3179	皂石	Saponite	
3180	锌皂石	Sauconite	
3181	滑间皂石	Aliettite	
3182	斯皂石	Stevensite	
3183	锂皂石	Hectorite	汉克托石
3184	无铝锌皂石	Zincsilite	
3185	绿泥间蛭石	Corrensite	
3186	蒙皂石	Smectite	
3187	硅铍钇矿	Gadolinite	
3188	钙硅铍钇矿	Calciogadolinite	
3189	新安石	Xinanite	
3190	顾家石	Gugiaite	
3191	铍黄长石	Aminoffite	
3192	硅铍稀土矿	Semenovite	
3193	密黄长石	Meliphanite	
3194	白铍石	Leucophanite	
3195	锂铍脆云母	Bityite	锂白榍石
3196	板晶石	Epididymite	
3197	硅钛钡石	Fresnoite	弗莱斯诺石
3198	硅钒锶石	Haradaite	
3199	苏硅矾钡石	Suzukiite	
3200	钡铁钛石	Bafertisite	
3201	闪叶石	Lamprophyllite	
3202	钡闪叶石	Barytolamprophyllite	
3203	星叶石	Astrophyllite	
3204	镁星叶石	Magnesioastrophyllite	
3205	铌星叶石	Niobophyllite	
3206	锆星叶石	Zircophyllite	
3207	铯锰星叶石	Cesium-kupletskite	
3208	锰星叶石	Kupletskite	
3209	硅钛钠钡石	Innelite	
3210	硅钛锰钡石	Yoshimuraite	
3211	硅钛锂钙石	Baratovite	
3212	水硅钛钠石	Murmanite	
3213	水硅钠铌石	Epistolite	
3214	磷硅钛钠石	Lomonosovite	
3215	磷硅铌钠石	Vuonnemite	
3216	磷硅铌钠钡石	Bornemanite	
3217	碳硅钛铈钠石	Tundrite	
3218	碳硅钛钕钠石	Tundrite-(Nd)	

表 1（续）

代码	汉字名	英译名	说明
3219	水短柱石	Penkvilksite	彭硅钛钠石
3220	硅钛铈钠石	Laplandite	
3221	硅镁铀矿	Sklodowskite	
3222	硅钙铀矿	Uranophane	
3223	贝塔—硅钙铀矿	Beta-uranophane	
3224	硅铜铀矿	Cuprosklodowskite	
3225	斯铀硅矿	Swamboite	
3226	硅铅铀矿	Kasolite	
3227	硅铀矿	Soddyite	
3228	硅钾铀矿	Boltwoodite	
3229	黄硅钠铀矿	Sodium boltwoodite	
3230	多硅钾铀矿	Weeksite	
3231	多硅钙铀矿	Haiweeite	
3232	镁硅铀矿	Magursilite	
3233	钙硅铀矿	Calcursilite	
3234	硅铁铜铅石	Creaseyite	
3235	羟硅钙石	Dellaite	
3236	硫硅铝锌铅石	Kegelite	
3237	水羟硅钠石	Kenyaite	水钠硅石
3238	硅铝铅石	Plumalsite	
3239	硅钍钠锶石	Umbozerite	
3240	斜硅铝铜矿	Ajoite	阿交石
3241	锆钛钙石	Belyankinite	
3242	硫碳硅钙石	Birunite	硅碳石膏
3243	纤维石	Cebollite	
3244	锌铝蛇纹石	Fraipontite	
3245	硼硅钇钙石	Hellandite	钙铒钇石
3246	伊硅钙石	Istisuite	钙闪石
3247	硅钒锌铝石	Kurumsakite	
3248	麦羟硅钠石	Magadiite	
3249	镍束纹石	Maufite	
3250	水硅铅铀矿	Orlite	
3251	硅钙铁石	Tungusite	通古斯石
3252	达硅铝锰石	Davreuxite	
3253	叠磷硅钙石	Nagelschmidtite	
3254	氟硅钛钇石	Yftisite	
3255	福碳硅钙石	Fukalite	
3256	硅碲铁铅石	Burckhardtite	
3257	硅碱钇石	Monteregianite	
3258	硅孔雀石	Chrysocolla	
3259	硅锂石	Virgilite	
3260	硅钠钙石	Fedorite	

表 1（续）

代码	汉字名	英译名	说明
3261	硅铌钙石	Komarovite	
3262	硅铈钙钾石	Miserite	
3263	硅钛钡钾石	Jonesite	
3264	硅锌铝石	Zinalsite	
3265	哈硅钙石	Hatrurite	
3266	红硅镁石	Spadaite	
3267	磷硅铝钙石	Perhamite	
3268	硫硅锌铅石	Queitite	
3269	芒云母	Montdorite	
3270	帕水硅铝钙石	Partheite	
3271	硼硅铈矿	Tritomite	锥稀土矿
3272	硼硅钇矿	Tritomite-(Y)	
3273	偏岭石	Pianlingite	
3274	钱羟硅铝钙石	Chantalite	
3275	羟硅铝锰石	Akatoreite	
3276	闪川石	Chesterite	
3277	砷硅锌锰石	Kraisslite	
3278	水硅铬石	Rilandite	
3279	水硅灰石	Foshallasite	
3280	水硅锰钙石	Ruizite	
3281	水硅铁石	Hisingerite	
3282	水硅锌钙石	Junitoite	
3283	水黄长石	Juanite	
3284	水羟硅铝钙石	Vertumnite	
3285	针碱钙石	Yuksporite	
3286	脂镍皂石	Pimelite	
3287	紫硅碱钙石	Charoite	
3288	蓝水硅铜石	Apachite	
3289	水硅铜石	Gilalite	
3290	水硅钛锰钠石	Tisinalite	
3291	古柱沸石	Goosecreekite	
3292	氯硼硅铝钾石	Kalborsite	
3293	氯硅锆钠石	Petarasite	
3294	雷水硅钠石	Revdite	
3295	硼硅钒钡石	Nagashimalite	
3296	硅砷锰石	Tiragalloite	
3297	杉硅钠锰石	Saneroite	
3298	水硅锆钠石	Terskite	
3299	金沙江石	Jinshajiangite	
3300	羟硅铅石	Plumbotsumite	
3301	庐硅铜铅石	Luddenite	
3302	札哈罗夫石	Zakharovite	

表 1（续）

代码	汉字名	英译名	说明
3303	莱普生石	Lepersonnite	
3304	硅钒锰石	Medaite	
3305	水硅锆钠钙石	Loudounite	
3306	沙水硅锰钠石	Shafranovskite	
3307	莱拉硅钙石	Reinhardbraunsite	
3308	针硅铀矿	Uranosilite	
3309	水硅铝钾石	Lithosite	
3310	硫硅钙石	Jasmundite	
3311	羟硅钙钠石	Kvanefjeldite	
3312	水泥钠矿	Franconite	
3313	羟硅铁锰石	Balangeroite	
3314	多水硅钙锰石	Bostwickite	
3315	水硅锰钙铍石	Chiavennite	
3316	镱兴安石	Higganite(Yb)	
3317	硅钛锰钠石	Janhaugite	
3318	硅镱石	Keiviite	
3319	水硅钙锰石	Kittatinnyite	
3320	水硅锆钾石	Kostylcvite	
3321	水硅钛锶石	Ohmilite	
3322	硅钴铀矿	Oursinite	
3323	副水硅锆钾石	Paraumbite	
3324	羟硅铝钇石	Vyuntspakchkite	
3325	瓦兹利石	Wadsleyite	
3326	乔治赵石	Georgechaoite	
3327	羟硅铁石	Macaulayite	
3328	水硅锌钙钾石	Minehillite	
3329	额尔齐斯石	Ertixiite	
3330	水硅锆钾石	Umbite	
3331	斜方钠钙锆石	Ortholovenite	
3332	佳羟硅钙石	Jaffeite	
3333	阿什布特石	Ashburtonite	
3334	硅钙铍钇石	Minasgeraisite	
3335	皮诺特石	Perraultite	
3336	杜尔石	Dorrite	
3337	羟硅钠钡石	Delindeite	
3338	原锰直闪石	Protomanganese-Anthophyllite	
3339	钠钙稀铌石	Nacareniobsite	
3340	钾硼石	Kalborsite	
3341	斜方钠硅锶钡钛	Strontio-Orthojoaquinite	
3342	硅钛钇石	Trimounsite	
3343	硅钾钙石	Denisovite	
3344	苏硅钒钡石	Suzukiite	

表 1（续）

代码	汉字名	英译名	说明
3345	铁钙铝辉石	Esseneite	
3346	雅洪托夫石	Yakhontovite	
3347	钠锶长石	Stronalsite	
3348	兴安石	Hingganite	
3349	羟硅铌钙石	Mongolite	
3350	羟硅钛镁铝石	Ellenbergerite	
3351	巴格达石	Baghdadite	
3352	别劳如斯石	Byelorussite	
3353	氟羟硅铝钇石	Kuliokite	
3354	铅硅氯石	Asisite	
3355	柯水硅锆钾石	Kostylevite	
3356	硅锑锰石	Oerebroite	
3357	奥莱曼石	Orlymanite	
3358	羟硅锌锰铁石	Franklinfurnaceite	
3359	斯来基石	Sverigeite	
3360	斜方鱼眼石	Natroapophyllite	
3361	锰(Mn^{3+})绿纤石	Okhotskite	
3362	南平石	Nanpingite	
3363	硅钾钙石	Tokkoite	
3364	砷硅钠镁锰石	Johninnesite	
3365	扎哈罗夫石	Zakharovite	
3366	翁钠金云母	Wonesite	
3367	卡硅铁镁石	Carlosturanite	
3368	耀西耀克石	Yoshiokaite	
3369	沙川闪石	Sadanagaite	
3370	尼伯石	Nyboeite	
3371	皮水硅铝钾石	Perlialite	
3372	钾菱沸石	Willhendersonite	
3373	硅锗铅石	Mathewrogersite	
3374	锶红帘石	Strontiopiemontite	
3375	褐锰矿-Ⅱ	Braunite-Ⅱ	
3376	硅锂锰钙石	Lithiomarsturite	
3377	师铬绿纤石	Shuiskite	
3378	古水硅钠石	Grumantite	
3379	镁硬绿泥石	Magnesiochloritoid	
3380	诺云母	Norrishite	
3381	镁沙川闪石	Magnesiosadanagaite	
3382	久霞石	Giuseppettite	
3383	约硫硅钙石	Jasmundite	
3384	弗硅钒锰石	Franciscanite	
3385	贝氏绿泥石	Baileychlore	
3386	蒙沸石	Montesommaite	

表 1（续）

代码	汉字名	英译名	说明
3387	瓦文达石	Wawayandaite	
3388	硅羟锰石	Ribbeite	
3389	威尔克斯石	Wilkinsonite	
3390	硅钇石	Keiviite	
3391	铬钒辉石	Natalyite	
3392	多钠硅锂锰石	Natronambutite	
3393	戈沸石	Gobbinsite	
3394	加特雅马石	Katayamalite	
3395	氯硅钛钙钠石	Alluaivite	
3396	硅镁钙石	Aerinite	
3397	锌辉石	Petedunnite	
3398	硅钍钠石	Thornasite	
3399	潘诺霞石	Panunzite	
3400	钠铝电气石	Olenite	
3401	德萨基铈石	Dissakisite	
3402	硅汞石	Edgarbaileyite	
3403	锂钠钛硅石	Lintisite 或 Linatisite	
3404	莱粒硅钙石	Reinhardbraunsite	
3405	硅锰钡锶石	Taikanite	
3406	硅矾锰石	Medaite	
3407	硅锂钠石	Silinaite	
3408	卡大隅石	Chayesite	
3409	羟硅镧石	Toernebohmite	
3410	三水钙锆石	Calciohilairite	
3411	高铁云母	Ferri-annite	
3412	硅钡铌石	Belkovite	
3413	铵白榴石	Ammonioleucite	
3414	斯维约它石	Svyatoslavite	
3415	碱硼硅石	Poudrettite	
4601	方硼石	Boracite	
4602	贝塔—方硼石	Beta-boracite	
4603	铁方硼石	Ericaite	
4604	贝塔—铁方硼石	Beat-ericaite	
4605	锰方硼石	Chambersite	
4606	贝塔—锰方硼石	Beta-chambersite	
4607	菱锰铁方硼石	Congolite	刚果石
4608	硼铍铝铯石	Rhodizite	硼锂铍矿
4609	硅硼钠钡石	Garrelsite	
4610	偏硼石	Metaborite	
4611	硼钽石	Behierite	
4612	硼铝镁石	Sinhalite	
4613	硼锡钙石	Nordenskioldine	

表 1（续）

代码	汉字名	英译名	说明
4614	镁硼石	Kotoite	小藤石
4615	锰硼石	Jimboite	
4616	硼铝石	Jeremejevite	
4617	硼镁铁矿	Ludwigite	
4618	硼钛镁石	Warwickite	硼镁钛矿
4619	硼镍铁矿	Bonaccordite	硼镍矿
4620	斜方硼镁锰矿	Orthopinakiolite	
4621	硼镁锰矿	Pinakiolite	
4622	黑硼锡铁矿	Hulsite	硼铁锡矿
4623	硼镁铁钛矿	Azoproite	
4624	塔硼锰镁矿	Takeuchiite	
4625	黑硼锡镁矿	Magnesiohulsite	
4626	硼铝钙石	Johachidolite	水氟硼石
4627	硼铍石	Hambergite	
4628	水硼铍石	Berborite	
4629	氟硼镁石	Fluoborite	
4630	碳硼锰钙石	Gaudefroyite	针钙锰硼石
4631	砷硼钙石	Cahnite	
4632	弗硼钙石	Frolovite	
4633	五水硼钙石	Pentahydroborite	彭水硼钙石
4634	六水硼钙石	Hexahydroborite	
4635	水碳硼石	Carboborite	
4636	韦硼镁石	Wightmanite	
4637	磷硼锰石	Seamanite	
4638	碳硼钙镁石	Sakhaite	萨碳硼镁钙石
4639	硫硼镁石	Sulfoborite	硼镁矾
4640	遂安石	Suanite	
4641	硼镁锰钙石	Kurchatovite	
4642	柱硼镁石	Pinnoite	
4643	尼硼钙石	Nifontovite	粒水硼钙石
4644	羟硼锰石	Wiserite	
4645	硼镁石	Szaibelyite	
4646	白硼锰石	Sussexite	硼锰镁矿
4647	硼锰钙石	Roweite	
4648	西硼钙石	Sibirskite	
4649	硼镁钙石	Fedorovskite	费硼锰钙镁石
4650	乌硼钙石	Uralborite	
4651	碳硼镁钙石	Borcarite	
4652	硼磷镁石	Lueneburgite	
4653	多水硼镁石	Inderite	
4654	多水硼镁钙石	Inderborite	变水方硼石
4655	板硼钙石	Inyoite	

表 1（续）

代码	汉字名	英译名	说明
4656	库水硼镁石	Kurnakovite	
4657	三斜硼钙石	Meyerhofferite	
4658	哈硼镁石	Halurgite	
4659	章氏硼镁石	Hungchaoite	
4660	硼砂	Borax	
4661	三方硼砂	Tincalconite	
4662	比硼钠石	Biringuccite	四水硼钠石
4663	奈硼钠石	Nasinite	七水硼钠石
4664	硼铵石	Iarderellite	
4665	水硼铵石	Ammonioborite	
4666	水硼钠石	Sborgite	
4667	水硼钾石	Santite	
4668	水硼钠镁石	Rivadavite	
4669	水硼钙石	Ginorite	基性硼钙石
4670	锶水硼钙石	Strontioginorite	基性硼钙锶石
4671	维羟硼钙石	Vimsite	
4672	硼钙石	Calciborite	钙硼石
4673	水方硼石	Hydroboracite	
4674	硬硼钙石	Colemanite	
4675	贫水硼砂	Kernite	
4676	阿硼镁石	Aksaite	
4677	戈硼钙石	Gowerite	
4678	阿硼钠石	Ameghinite	
4679	砷硼镁钙石	Teruggite	砷钙硼石
4680	白硼钙石	Priceite	
4681	多水硼钙石	Tertschite	
4682	斜方水硼镁石	Preobrazhenskite	
4683	斜硼钠钙石	Probertite	
4684	钠硼解石	Ulexite	
4685	意水硼钠石	Ezcurrite	
4686	硼钾镁石	Kaliborite	
4687	天然硼酸	Sassolite	
4688	法硼钙石	Fabianite	
4689	图硼锶石	Tunellite	
4690	诺硼钙石	Nobleite	
4691	三方水硼镁石	Mcallisterite	
4692	沃硼钙石	Volkovskite	
4693	硼钠镁石	Aristarainite	
4694	硼铈钙石	Braitschite	稀土水硼钙
4695	水氯硼碱铝石	Satimolite	水碱氯铝硼石
4696	氯羟硼钙石	Hilgardite	
4697	副氯羟硼钙石	Parahilgardite	

表 1（续）

代码	汉字名	英译名	说明
4698	含锶氯羟硼钙石	Strontiohilgardite	
4699	蒂羟硼钙石	Tyretskite	氯硼钙石
4700	氯硫硼钠钙石	Heidornite	
4701	三斜氯羟硼钙石	Cl-Tyretskite	
4702	斜氯硼钙石	Solongoite	
4703	水硼锶石	Veatchite	
4704	副水硼锶石	P-Veatchite	
4705	三斜水硼锶石	Veatchite-A	
4706	羟硅硼钙石	Howlite	软硼钙石
4707	氯硼铜矿	Bandylite	
4708	氯硼钠石	Teepleite	
4709	氯硼钙镁石	Aldzhanite	
4710	水氯硼钙镁石	Chelkarite	
4711	多水氯硼钙石	Hydrochloroborite	
4712	水硼氯钙钾石	Ivanovite	
4713	柯硼钙石	Korzhinskite	
4714	羟硼钙石	Olshanskyite	
4715	硼锶石	Strontioborite	
4716	瓦钙镁硼石	Wardsmithite	瓦硼镁钙石
4717	水氯硼镁石	Shabynite	
4718	硼碳镁石	Canavesite	
4719	水硼镁石	Admontite	
4720	水硼钙锶石	Kurgantaite	
4721	卡硼镁石	Karlite	
4722	水硼铝钙矾	Charlesite	
4723	斜硼镁钙石	Clinokurchatovite	
4724	硼铁钙矾	Sturmanite	
4725	硼锡锰石	Tusionite	
4726	硼锂石	Diomignite	
4727	钡硼锰石	Blatterite	
4728	水硼铁镁石	Chestermanite	
4729	弗硼锰镁石	Fredrikssonite	
5141	钒钇矿	Wakefieldite	
5142	钒铅铈矿	Kusuite	
5143	德钒铋矿	Dreyerite	
5144	钒铅矿	Vanadinite	
5145	羟钒锌铅石	Descloizite	
5146	钒钙铜矿	Calciovollerthite	
5147	钒锰铅矿	Pyrobelonite	
5148	施钒铅铁石	Cechite	
5149	钒钡铜矿	Vesignieite	
5150	钒铁铅矿	Heyite	

表 1（续）

代码	汉字名	英译名	说明
5151	羟钒铁铅矿	Mounanaite	
5152	水钒铝矿	Steigerite	
5153	羟水钒铝矿	Alranite	
5154	三斜水钒铁矿	Schubnelite	
5155	水磷钒铝石	Schoderite	
5156	变水磷钒铝石	Metaschoderite	
5157	水磷钒铝矿	Gutsevichite	
5158	针钒钠锰矿	Santafeite	
5159	水钒锰铅矿	Brackebuschite	锰铁钒铅矿
5160	水钒钡石	Gamagarite	
5161	斜钒铅矿	Chervetite	
5162	贝塔—氧钒铜矿	Ziesite	
5163	水钒铜矿	Volborthite	
5164	钒铋矿	Pucherite	
5165	斜钒铋矿	Clinobisvanite	
5166	变水钒钙石	Metarossite	
5167	水钒钙石	Rossite	
5168	水钒锶钙矿	Delrioite	
5169	变水钒锶钙矿	Metadelrioite	
5170	复钒钙石	Hendersonite	水钙钒矿
5171	水钒铁矿	Fervanite	
5172	变针钒钙石	Metahewettite	
5173	针钒钙石	Hewettite	
5174	水钒钠石	Barnesite	
5175	钒铀矿	Uvanite	
5176	黑钒钙矿	Melanovanadite	
5177	柱水钒钙矿	Sherwoodite	
5178	橙钒钙石	Pascoite	
5179	水钒镁矿	Hummerite	
5180	水钒镁钠石	Huemulite	
5181	水复钒矿	Corvusite	
5182	水钒钠钙石	Crantsite	
5183	红钒钙铀矿	Rauvite	水钙钒铀矿
5184	钒钾铀矿	Carnotite	
5185	钒铝铀矿	Vanuralite	
5186	变钒铝铀矿	Metavanuralite	
5187	钒铜铀矿	Sengierite	
5188	钒铯铀矿	Margaritasite	
5189	钒钙铀矿	Tyuyamunite	
5190	变钒钙铀矿	Metatyuyamunite	
5191	钒钠铀矿	Strelkinite	
5192	钒铅铀矿	Curienite	

表 1（续）

代码	汉字名	英译名	说明
5193	钒钡铀矿	Francevillite	钒铀钡铅矿
5194	水钒铀矿	Ferganite	
5195	钒—铀矿	Vanuranylite	黄钒铀矿
5196	钒铝铁石	Bokite	铝铁钒石
5197	钒镍矿	Kolovratite	
5198	钙钒华	Pintadoite	
5199	水磷钒铁矿	Rusakovite	
5200	黄水钒铝矿	Satpaevite	
5201	蛋黄钒铝石	Vanalite	
5202	巴水钒矿	Bariandite	
5203	羟钒铜矿	Turanite	
5204	杜钒铜铅石	Duhamelite	
5205	纳未铜铋钒矿	Namibite	
5206	穆水钒钠石	Munirite	
5207	钒铋石	Schumacherite	
5208	水铅钒铬矿	Cassedaneite	
5209	付穆水钒钠石	Metamunirite	
5210	氯钒铅石	Kombatite	
5212	氯钒铅铜石	Leningradite	
5213	马克比艾矿	Macbirneyite	
5214	哈萨克斯坦石	Kazakhstanite	
5215	纳米铜铋钒矿	Namibite	
5216	钒钙锰石	Palenzonaite	
5217	钒钠铜铁矿	Howardevansite	
5218	钒铁铜矿	Lyonsite	
5219	芬钒铜矿	Fingerite	
5220	布郎矿	Blossite	
5371	毒铁石	Pharmacosiderite	
5372	毒铝钡石	Barium-alumopharmacosiderite	钡铝毒铁石
5373	毒铁钡石	Barinm-Pharmacosiderite	
5374	臭葱石	Scorodite	
5375	砷铝石	Mansfieldite	
5376	铝臭葱石	Aluminoscorodite	
5377	水砷氢铁石	Kaatialaite	
5378	砷铋石	Rooseveltite	
5379	砷钇石	Chernovite	
5380	砷镍石	Xanthiosite	砷酸镍矿
5381	兰砷铜锌矿	Stranskiite	
5382	黄砷榴石	Berzeliite	
5383	锰黄砷榴石	Manganberzeliite	
5384	砷锰钙矿	Caryinite	
5385	斜砷镁钙石	Irhtemite	依砷镁钙石

表 1（续）

代码	汉字名	英译名	说明
5386	脆砷铁矿	Angelellite	
5387	板羟砷铋石	Atelestite	砷酸铋矿
5388	橄榄铜矿	Olivenite	
5389	羟砷锌石	Adamite	水砷锌矿
5390	羟砷锰矿	Eveite	艾弗砷锰矿
5391	副羟砷锌石	Paradamite	副砷锌矿
5392	红砷锰矿	Sarkinite	
5393	块砷镍矿	Aerugite	
5394	翠绿砷铜石	Connwallite	墨绿砷铜石，Erinite
5395	羟砷铜石	Cornubite	
5396	羟砷锰石	Arsenoclasite	水砷锰矿
5397	光线石	Clinoclase	
5398	氯砷铅石	Georgiadesite	
5399	萨砷氯铅矿	Sahlinite	
5400	斜羟砷锰石	Allactite	砷水锰矿
5401	辛羟砷锰石	Synadelphite	羟砷锰矿
5402	砷铅石	Mimetite	
5403	磷氯铅矿	Pyromorphite	
5404	砷灰石	Svabite	
5405	羟砷钙石	Johnbaumite	
5406	铅砷磷灰石	Hedyphane	
5407	砷铅铁矾	Beudantite	砷菱铅矾
5408	砷铅铝矾	Hidalgoite	
5409	砷钡铝矾	Weilerite	
5410	绿砷钡铁石	Dussertite	
5411	砷锶铝钒	Kemmlitzite	羟菱砷铝锶石
5412	砷 铅矾	Schlossmacherite	
5413	纤砷钙铝石	Arsenocrandallite	
5414	砷铅铁石	Carminite	
5415	乳砷铅铜石	Bayldonite	
5416	褐砷锰石	Flinkite	
5417	红砷铝锰石	Hematolite	
5418	绿砷锌锰石	Chlorphoenicite	
5419	砷锰镁石	Magnesium-chlorophoenicite	镁砷锌锰石
5420	红砷锌锰矿	Holdenite	
5421	砷钛铁钙石	Cafarsite	钙铁砷矿
5422	橙砷钠石	Durangite	
5423	氟砷钙镁石	Tilasite	
5424	砷铜铅石	Duftite	
5425	砷钙铜石	Conichalcite	
5426	砷钙锌石	Austinite	砷锌钙矿

表 1（续）

代码	汉字名	英译名	说明
5427	砷钙镁石	Adelite	
5428	羟砷铁铅矿	Gabrielsonite	
5429	羟砷锌铅石	Arsendescloizite	
5430	羟砷钇锰矿	Retzian	
5431	羟砷钕锰石	Retzian-(Nd)	
5432	羟砷镧锰石	Retzian(La)	
5433	镁毒石	Picropharmacolite	
5434	水砷铁石	Kankite	
5435	砷铁锌铅石	Tsumcorite	
5437	水砷氢铜石	Lindackerite	水砷铜矿
5438	淡红砷锰石	Krautite	
5439	砷氢镁石	Roesslerite	基性砷镁石
5440	水砷镁石	Brassite	
5441	砷镁锌石	Chudobaite	
5442	翠砷铜石	Euchroite	
5443	水砷铜石	Strashimirite	
5444	水羟砷锌石	Legrandite	
5445	水羟砷锰石	Hemafibrite	红纤维石
5446	砷铁铝石	Liskeardite	
5447	羟砷铋石	Arsenobismite	
5448	砷铁矾	Sarmientite	
5449	水砷铁铜石	Arthurite	水铜砷铁矿
5450	纤砷铁锌石	Ojuelaite	
5451	水砷铝铜矿	Liroconite	
5452	块砷铝铜石	Ceruleite	
5453	铜泡石	Tyrolite	
5454	砷铁铜石	Chenevixite	绿砷铁铜矿
5455	球砷锰石	Akrochordite	
5456	砷铝铜石	Luetheite	
5457	氯砷钠铜石	Lavendulan	砷钙钠铜矿
5458	水砷钙铜石	Shubnikovite	蓝砷钾钙铜矿
5459	三斜砷钙石	Weilite	
5460	砷钇铜石	Agardite	
5461	砷铋铜石	Mixite	
5462	绿砷铜石	Chlorotile	
5463	三水砷铝铜石	Goudeyite	
5464	水砷铍石	Bearsite	
5465	砷钴钙石	Roselite	
5466	砷锰钙石	Brandtite	
5467	三斜砷钴钙石	β-roselite	
5468	砷镁钙石	Talmessite	
5469	砷氢锰钙石	Fluckite	

表 1（续）

代码	汉字名	英译名	说明
5470	羟砷锌钙石	Gaitite	
5471	水砷锌铅石	Helmutwinklerite	
5472	水砷钙石	Sainfeldite	
5473	针水砷钙石	Vladimirite	
5474	格水砷钙石	Guerinite	
5475	茹水砷钙石	Rauenthalite	
5476	芳水砷钙石	Phaunouxite	
5477	三斜砷铅铀矿	Hallimondite	砷铀铅矿
5478	透砷铅石	Schultenite	
5479	铜砷铀云母	Zeunerite	翠砷铜铀矿
5480	变锌砷铀云母	Metalodevite	变水锌砷铀矿
5481	镁铀矿	Magurasphyllite	
5482	镁砷铀云母	Novacekite	砷镁铀矿
5483	镁铀云母	Saleeite	磷镁铀矿
5484	钡砷铀云母	Heinrichite	砷钡铀矿
5485	铝砷铀云母	Arsenuranospathite	
5486	变铜砷铀云母	Metazeunerite	变翠砷铜铀矿
5487	变钴砷铀云母	Metakirchheimerite	变水砷钴铀矿
5488	铁砷铀云母	Kahlerite	黄砷铀铁矿
5489	变镁砷铀云母	Metanovacekite	变水砷镁铀矿
5490	钙砷铀云母	Uranospinite	砷钙铀矿
5491	变钙砷铀云母	Metauranospinite	
5492	变铁砷铀云母	Metakahlerite	
5493	变钡砷铀云母	Metaheinrichite	变水砷钡铀矿
5494	钠砷铀云母	Sodium uranospinite	水砷钠铀矿
5495	钾砷铀云母	rnathyite	水砷钾铀矿
5496	济砷铀云母	Troegerite	砷铀矿
5497	钴华	Erythrite	
5498	镍华	Annabergite	
5499	含镁镍华	Magnesian Annabergite	
5500	水红砷锌石	Koettigite	
5501	副砷铁石	Parasymplesite	
5502	砷镁锰石	Manganesehoernesite	
5503	砷镁石	Hoernesite	
5504	砷铁石	Symplesite	
5505	变水红砷锌石	Metakoettigite	
5506	毒石	Pharmacolite	
5507	砷钙石	Haidingerite	
5508	科水砷锌石	Koritnigite	
5509	铝毒石	Alumopharmacosiderite	
5510	水砷钴石	Cobaltkoritnigite	
5511	砷铋铀矿	Walpurgite	

表 1（续）

代码	汉字名	英译名	说明
5512	砷钙铀矿	Arsenuranylite	水砷铀矿
5513	砷铅铀矿	Huegelite	
5514	叶硫砷铜石	Chalcophyllite	云母铜矿
5515	红砷钙锰石	Arseniopleite	
5516	砷铁钙石	Arseniosiderite	菱砷铁矿
5517	羟砷铁矾	Bukovskyite	
5518	土砷铁矾	Pitticite	
5519	水砷钴铁石	Smolianinovite	黄砷钴镍矿
5520	勃砷铅石	Paulmooreite	
5521	九水砷钙石	Machatschkiite	
5522	羟砷钙锌石	Prosperite	
5523	砷碲锌铅石	Dugganite	
5524	砷钼铁钠石	Sodium betpakdalite	
5525	砷钛钒石	Tomichite	
5526	砷铁铅石	Arsenbrackebuschite	
5527	砷铜矾	Parnauite	
5528	砷锌镉铜石	Keyite	
5529	水硫砷铁石	Zykaite	
5530	瓦水砷锌石	Warikahnite	
5531	亚砷锌石	Leiteite	
5532	斜铜泡石	Clinotyrolite	
5533	费水砷钙石	Ferrarisite	
5534	拉砷铜石	Lammerite	
5535	斯砷锰石	Sterlinghillite	
5536	砷铁铅锌石	Jamesite	
5537	麦砷钠钙石	Mcnearite	
5538	西锑砷铜铅石	Theisite	
5539	柯砷钙铁石	Kolfanite	
5540	阿砷铜石	Arhbarite	
5541	奥砷锌钙高铁石	Ogdensburgite	
5542	皮砷铋石	Preisingerite	
5543	拉砷钙复铁石	Lazarenkoite	
5544	葛氯砷铅石	Gebhardite	
5545	砷锑钙铜石	Richelsderfite	
5546	菲利普博石	Philipsbornite	
5547	水砷钙锰石	Wallkilldellite	
5548	砷锶铝石	Arsenogoyazit	
5549	羟砷钙铍石	Bergslagite	
5550	水羟砷铝石	Bulachite	
5551	日内瓦石	Geneveite	
5552	砷钙锰石	Grischunit	
5553	砷铋铅铀矿	Asselbornite	

表 1（续）

代码	汉字名	英译名	说明
5554	瓦伦特石	Walentaite	
5555	水砷镁钙石	Wendwilsonite	
5556	水砷锰矿	Geigerite	
5557	水砷锰铅石	Rouseite	
5558	阿砷铈铝石	Arsenoflorenite	
5559	水砷氢锰石	Villyaellenite	
5560	水砷铁锌石	Mapimite	
5561	水砷铜铅石	Thometzekite	
5562	水砷锌铁石	Fahleite	
5563	副砷锰钙石	Parabrandtite	
5564	层亚砷锰矿	Manganarsite	
5565	葛特里石	Gartrellite	
5566	亚砷铜铅石	Freedite	
5567	氯砷钙石	Turneaureite	
5568	羟砷钙镁石	Camgasite	
5569	羟砷铅铁石	Mawbyite	
5570	羟砷钕锰石	Retzian	
5571	羟砷铈锰矿	Retzian	
5572	羟砷镧锰石	Retzian	
5573	钠毒铁石	Sodium-Pharmacosiderite	
5574	奥砷锌钙高铁石	Ogdensburgite	
5575	加羟砷锰石	Jarosevichite	
5576	皮砷铋石	Preisingerite	
5577	津巴布韦石	Zimbabweite	
5578	砷钙锰锌石	Lotharmeyerite	
5579	砷钙镍矿	Nickelaustinite	
5580	砷汞矿	Chursinite	
5581	砷铁铅锌石	Jamesite	
5582	砷铜镁钠石	Johillerite	
5583	砷锌钙石	Zincroselite	
5584	砷锌铅石	Gerdtremmelite	
5585	砷钴锌钙石	Cobaltaustinite	
5586	砷钼铜铁钾石	Obradovicite	
5587	砷铈镧石	Gasparite	
5588	拉砷钙复铁石	Lazarenkonite	
5871	块磷铝矿	Berlinite	
5872	磷钙铍石	Hurlbutite	
5873	磷钠铍石	Beryllonite	
5874	磷铝锂石	Amblygonite	
5875	羟磷铝锂石	Hydroxylamblygonite	
5876	羟磷铝钠石	Natromontebrasite	叶双晶石
5877	羟磷锂铁石	Tavorite	

表 1（续）

代码	汉字名	英译名	说明
5878	磷铝石	Variscite	
5879	红磷铁矿	Strengite	
5880	变磷铝石	Metavariscite	
5881	斜红磷铁矿	Phosphosiderite	
5882	水磷钪石	Kolbeckite	
5883	针磷铁矿	Koninckite	
5884	水磷锌铝矿	Kehoeite	
5885	沸水硅磷钙石	Viseite	
5886	磷锌矿	Hopeite	
5887	磷叶石	Phosphophyllite	
5888	副磷锌矿	Parahopeite	
5889	三斜磷钙铁矿	Anapaite	
5890	磷铝铁矿	Childrenite	
5891	磷铝锰矿	Eosphorite	
5892	绿松石	Turguoise	土耳其玉
5893	铁绿松石	Chalcosiderite	磷铜铁矿
5894	锌绿松石	Faustite	
5895	三斜水磷铍锰石	Roscherite triclinic	
5896	水磷铍锰石	Roscherite	
5897	磷铌铁钾石	Olmsteadite	
5898	磷铁石	Heterosite	异磷铁锰矿
5899	磷锰石	Purpurite	
5900	磷钇矿	Xenotime	
5901	独居石	Monazite	
5902	磷钙钍石	Cathophorite	
5903	白磷钙矿	Whitlockite	
5904	块磷锂矿	Lithiophosphate	
5905	磷锰铁矿	Graftonite	
5906	斜磷锰铁矿	Sarcopside	磷钙铁锰矿
5907	磷铁锰矿	Beusite	
5908	磷碱铁石	Arrojadite	钠磷锰铁矿
5909	磷碱锰石	Dickinsonite	绿磷锰矿
5910	粒磷锰矿	Fillowite	锰磷矿
5911	黑磷铁钠石	Hagendorfite	哈根多夫石
5912	磷锰钠石	Alluaudite	
5913	磷铝铁锰钠石	Wyllieite	钠磷铁矿
5914	磷锰锂矿	Lithiophilite	
5915	磷铁锂矿	Triphylite	
5916	磷钠锰矿	Natrophilite	
5917	磷锂锰矿	Sicklerite	
5918	光彩石	Augelite	
5919	羟磷铝石	Trolleite	

表 1（续）

代码	汉字名	英译名	说明
5920	磷铜矿	Libethenite	
5921	三斜磷锌矿	Tarbuttite	
5922	假孔雀石	Pseudomalachite	
5923	蓝磷铜矿	Cornetite	
5924	氟磷锰石	Triplite	
5925	氟磷铁石	Zwieselite	
5926	羟磷锰石	Triploidite	
5927	羟磷铁石	Wolfeite	
5928	氟磷镁石	Wagnerite	
5929	羟磷镁石	Althausite	
5930	磷灰石	Apatite	
5931	羟磷灰石	Hydroxylapatite	
5932	氟磷灰石	Fluorapatite	
5933	氯磷灰石	Chlorapatite	
5934	氧磷灰石	Voelckerite	
5935	碳羟磷灰石	Carbonate-hydroxylapatite	
5936	锶砷磷灰石	Fermorite	
5937	氧硅磷灰石	Wilkeite	
5938	羟磷铝铁钙石	Samuelsonite	铁铝羟磷灰石
5939	北极石	Arctite	
5940	钡磷灰石	Alfosite	
5941	胶磷矿	Collophane	细粒块状磷
5942	磷铁矾	Diadochite	
5943	水磷铝铅矿	Plumbogummite	
5944	磷铝铈石	Florencite	
5945	磷铝铋矿	Waylandite	
5946	磷钍铝矿	Eylettersite	
5947	纤磷钙铝石	Crandallite	
5948	磷铝锶石	Goyazite	
5949	水磷铁锶矿	Lusungite	
5950	磷钡铝石	Gorceixite	
5951	磷钙铝矾	Woodhouseite	
5952	磷铅铝矾	Hinsdalite	
5953	磷锶铝矾	Svanbergite	菱磷铝锶矾
5954	磷铅铁矾	Corkite	磷菱铅铁矾
5955	硫磷铅铝矿	Orpheite	
5956	绿磷铁矿	Dufrenite	
5957	羟磷铜铁矿	Andrewsite	羟绿铜矿
5958	劳磷铁矿	Laubmannite	
5959	钠—绿鳞高铁石	Natrodufrenite	
5960	锰绿铁矿	Frondelite	
5961	绿铁矿	Rockbridgeite	

表 1（续）

代码	汉字名	英译名	说明
5962	锌绿铁矿	Zinc-rockbridgeite	
5963	天蓝石	Lazulite	
5964	四方复铁天蓝石	Lipscombite	铁天蓝石
5965	复铁天蓝石	Barbosalite	
5966	羟磷铝钡石	Jagowerite	
5967	磷铁钙石	Melonjosephite	
5968	柱磷锶锂矿	Palermoite	
5969	红橙石	Attakolite	
5970	磷铝钙锂石	Bertossaite	锂钙铝磷石
5971	磷铝锰钡石	Bjarebyite	绿磷铝钡石
5972	磷铝铁钡石	Kulanite	蓝磷铝钡石
5973	磷铝镁钡石	Penikisite	
5974	磷铝钠石	Brazilianite	
5975	锥晶石	Lacroixite	
5976	绿磷铅铜矿	Tsumebite	
5977	磷碳镁钠石	Bradleyite	磷钠镁石
5978	碳磷锰钠石	Sidorenkite	
5979	本斯得石	Bonshtedtite	
5980	暧昧石	Griphite	
5981	锶铈磷灰石	Belovite	
5982	氟磷钙镁石	Isokite	
5983	羟氟磷钙镁石	Panasqueiraite	
5984	水磷铈矿	Rhabdophane	磷钇铈矿
5985	水磷钙钍矿	Brockite	
5986	水磷铀矿	Ningyoite	磷钙铀矿
5987	水磷铅钍石	Grayite	
5988	水磷锰石	Reddingite	
5989	水磷铁石	Phosphoferrite	
5990	磷钙锌矿	Scholzite	
5991	水磷铁锰石	Switzerite	
5992	镁蓝铁矿	Baricite	
5993	褐磷锰铁矿	Landesite	
5994	水磷铁镁石	Garyansellite	
5995	红磷锰矿	Hureaulite	
5996	钙红磷锰矿	Ca-hureaulite	
5997	鸟粪石	Struvite	
5998	水磷镁石	Newberyite	镁磷石
5999	磷氢镁石	Phosphorroesslerite	基性磷镁石
6000	迪磷镁铵石	Dittmarite	磷酸镁铵石
6001	磷镁铵石	Schertelite	
6002	磷钠铵石	Stercorite	
6003	水磷铵镁石	Hannayite	

表 1（续）

代码	汉字名	英译名	说明
6004	水磷锰铵石	Niahite	
6005	簇磷铁矿	Beraunite	
6006	黄磷铁矿	Cacoxenite	
6007	白磷铁矿	Tinticite	
6008	银星石	Wavellite	
6009	水磷铝石	Senegalite	
6010	氟磷铝石	Fluellite	
6011	钙绿松石	Coeruleolactite	
6012	斜磷锌矿	Spencerite	
6013	水磷钙石	Isoclasite	
6014	水磷镁铜石	Nissonite	
6015	水磷铝钙镁石	Overite	
6016	板磷锰矿	Bermanite	
6017	磷铁镁锰钙石	Jahnsite	水磷铁钙锰石
6018	水磷铁钙镁石	Segelerite	
6019	磷铝镁钙石	Montgomeryite	斜磷铝钙石
6020	水磷钙锰矿	Robertsite	
6021	斜磷钙铁矿	Mitridatite	
6022	水磷钙铁石	Calcioferrite	钙磷铁矿
6023	黄磷铁钙矿	Xanthoxenite	
6024	磷铝锰钙石	Kingsmountite	
6025	磷铝镁铁钙石	Whiteite	
6026	水磷铁钙锰石	Wilhelmvierlingite	
6027	水磷铝镁锰石	Lungokite	
6028	水氟磷铝钙石	Morinite	
6029	磷钙碱铝石	Lehiite	
6030	水磷铝钠石	Wardite	
6031	水磷铁钠石	Cyrilovite	
6032	水磷铝铜石	Zapatalite	
6033	水磷铝镁石	Souzalite	水丝磷铁石
6034	水磷铝碱石	Millisite	
6035	哥磷铁铝石	Gormanite	
6036	水磷铝钾石	Minyulite	
6037	淡磷钾铁矿	Leucophosphite	
6038	水磷铍锰石	Roscherite	
6039	氯磷钠铜矿	Sampleite	
6040	水磷钠石	Natrophosphate	
6041	红磷锰铍石	Vaeyrynenite	
6042	三斜磷钙石	Monetite	
6043	水磷铍石	Moraesite	
6044	磷铍锰铁石	Faheyite	
6045	羟磷钙铍石	Glucine	

表 1（续）

代码	汉字名	英译名	说明
6046	水磷钙铍石	Uralolite	
6047	水磷复铁石	Giniite	
6048	板磷铁矿	Ludlamite	
6049	磷钙锰石	Fairfieldite	
6050	磷钙镁石	Collinsite	
6051	磷钙镍石	Cassidyite	
6052	三斜磷铅铀矿	Parsonsite	
6053	磷铍钙石	Herderite	
6054	氟磷铍钡石	Babefphite	钡铍氟磷石
6055	铜铀云母	Torbernite	
6056	钙铀云母	Autunite	
6057	变铜铀云母	Metatorbernite	
6058	铝铀云母	Sabugalite	
6059	铁铀云母	Bassetite	
6060	锰钒铀云母	Fritzscheite	磷锰铀云母
6061	铅铀云母	Przhevalskite	
6062	变钙铀云母	Meta-autunite	
6063	钡铀云母	Uranocircite	
6064	磷钙钒矿	Sincosite	
6065	水铝铀云母	Uranospathite	
6066	钠铀云母	Sodiumautunite	
6067	变钡铀云母	Meta-uranocircite	
6068	变钾铀云母	Meta-ankoleite	
6069	铵铀云母	Uramphite	
6070	氢钙铀云母	Hydrogen autunite	
6071	假钙铀云母	Pseudo-autunite	
6072	水磷钇矿	Churchite	针磷钇铒矿
6073	透磷钙石	Brushite	
6074	磷石膏	Ardealite	
6075	蓝铁矿	Vivianite	
6076	三斜蓝铁矿	Metavivianite	
6077	白磷镁矿	Bobierrite	
6078	磷钾铝石	Taranakite	
6079	磷铝钾石	Francoanellite	水磷铁钾石
6080	水磷铝钙钾石	Englishite	
6081	福磷钙铀矿	Phosphuranylite	
6082	水磷钍铀矿	Kivuite	
6083	黄磷铅铀矿	Renardite	
6084	磷钡铀矿	Bergenite	
6085	粒磷铅铀矿	Dewindtite	
6086	束磷钙铀矿	Phurcalite	
6087	穆磷铝铀矿	Mundite	

表 1（续）

代码	汉字名	英译名	说明
6088	万磷铀矿	Vanmeersscheite	
6089	变万磷铀矿	Meta-vanmeersscheite	
6090	三角磷铀矿	Triangulite	
6091	羟磷铅铀矿	Dumontite	
6092	硫磷铝铁铀矿	Coconinoite	
6093	湘江铀矿	Xiangjiangite	
6094	板磷铝铀矿	Threadgoldite	
6095	磷锌铜矿	Veszelyite	
6096	羟磷铁锰石	Kryzhanovskite	水锰绿铁矿
6097	变蓝磷铝铁矿	Metavauxite	
6098	褐磷铁矿	Whitmoreite	
6099	假劳埃石	Pseudolaueite	
6100	施特伦茨石	Strunzite	
6101	褐磷锰高铁石	Earlshannonite	
6102	铁施特伦茨石	Ferrostrunzite	
6103	劳埃石	Laueite	
6104	黄磷铝铁矿	Sigloite	
6105	副蓝磷铝铁矿	Paravauxite	
6106	磷镁铝石	Gordonite	
6107	蓝磷铝铁矿	Vauxite	
6108	白水磷铝石	Kingite	
6109	斯图尔特石	Stewartite	斜磷锰矿
6110	水磷镁铁石	Ushkovite	
6111	胶磷铁矿	Delvauxite	
6112	土氟磷铁矿	Richellite	
6113	氟磷钙石	Spodiosite	
6114	水磷铝矾	Sanjuanite	
6115	板磷钙铝石	Davisonite	
6116	多水硫磷铝石	Sasaite	
6117	氟磷铁镁矿	Magniotriplite	
6118	水羟磷铝矾	Hotsonite	
6119	芙蓉铀矿	Furongite	
6120	磷铵石	Biphosphammite	
6121	磷钡铝石	Ferrazite	
6122	磷钾石	Archerite	
6123	磷铝钙石	Matulaite	
6124	磷镁钙石	Thadeuite	
6125	磷铈钠石	Vitusite	
6126	磷铁钠石	Maricite	
6127	磷铝铁钠石	Burangaite	
6128	磷铁锰钡石	Perloffite	
6129	磷铁锰钙石	Keckite	

表 1（续）

代码	汉字名	英译名	说明
6130	磷铁锰锌石	Schoonerite	
6131	磷钛铝钡石	Curetonite	
6132	硫磷铝石	Kribergite	
6133	羟磷铝钙石	Foggite	
6134	羟磷铝锰石	Ernstite	
6135	羟磷铝锶石	Goedkenite	
6136	羟磷铁钠石	Kidwellite	
6137	三方羟磷镁石	Holtedahlite	
6138	三方羟磷铁石	Satterlyite	
6139	水磷铁铅石	Drugmanite	
6140	水羟磷铝石	Vashegyite	
6141	水羟磷铝钙石	Gatumbaite	
6142	水羟磷铝锌石	Kleemanite	
6143	纤磷铝铀矿	Ranunculite	
6144	稀土磷铀矿	Lermontovite	
6145	针磷铝铀矿	Upalite	
6146	柱磷铝铀矿	Phuralumite	
6147	水磷氢钠石	Dorfmanite	
6148	磷钠石	Olympite	
6149	磷铁镁钙钠石	Johnsomervillite	
6150	羟磷铝锂钠石	Tancoite	
6151	氟磷钙钠石	Nacaphite	
6152	磷钠锶石	Olgite	
6153	磷铁锌钙石	Jungite	
6154	科碳磷镁石	Kovdorskite	
6155	魏磷石	Wicksite	
6156	磷氢钠石	Naphoite	
6157	阿磷镁铝石	Aldermanite	
6158	副磷钙锌石	Parascholzite	
6159	裴斯莱石	Peisleyite	
6160	水磷钠锶石	Nastrophite	
6161	磷钠钡石	Nabaphite	
6162	氟磷铝钙钠石	Viitaniemiite	
6163	羟磷锌铜石	Kipushite	
6164	蒙磷钙铵石	Mundrabillaite	
6165	水磷铝锰石	Sinkankasite	
6166	大青山矿	Daqingshanite	
6167	青河石	Qingheiite	
6168	水磷铍隅石	Fransoletite	
6169	磷铍锆钠石	Gainesite	
6170	磷硅钛钙钠石	Sobolevite	
6171	水磷钙铀矿	Tristramite	

表 1（续）

代码	汉字名	英译名	说明
6172	卡米图加石	Kamitugaite	
6173	曼廷尼石	Mantienneite	
6174	水磷铝铀云母	Moreauite	
6175	纤磷石	Phosphofibrite	
6176	磷钾铝石	Tinsleyite	
6177	廷磷钾铝石	Tiptopite	
6178	氟磷钙钠石	Nefedovite	
6179	白磷锶石	Strontiowhitlockite	
6180	磷钙钠石	Canaphite	
6181	磷铝镁锰石	Whiteite	
6182	水碳磷碱镁石	Girvasite	
6183	磷锰铝石	Mangangordonite	
6184	磷钠锰高铁石	Bobfergusonite	
6185	磷钠锂石	Nalipoite	
6186	水羟磷锰铁钾石	Paulkerrite	
6187	磷铜铅矿	Sieleckiite	
6188	磷稀铀矿	Francoisite	
6189	副磷钼铁钠铝石	Paramendozavilite	
6190	磷铌锰钾石	Johnwalkite	
6191	付水磷钙锰矿	Pararobertsite	
6192	万达斯石	Vantasselite	
6193	万磷铀石	Vanmeersscheite	
6194	高铁施特伦茨石	Ferristrunzite	
6195	大青山石	Daqingshanite	
6196	西盟石	Ximengite	
6197	亚铁施特伦茨石	Ferrostrunzite	
6198	淡磷铵铁石	Spheniscidite	
6199	陆羟磷铜石	Ludjibaite	
6200	盈江铀矿	Yingjiangite	
6201	钇磷铜石	Petersite	
6202	钕独居石	Monazite-Nd	
6203	羟磷铝铍石	Tiptopite	
6204	羟磷铁铜石	Hentschelite	
6205	羟磷铜石	Reichenbachite	
6206	本斯得矿	Bonshtedtite	
6207	羟碳磷锆钠石	Voggite	
6208	钠-绿磷高铁石	Natrodufrenite	
6209	诺达石	Zodacite	
6210	波尔克石	Poulkellerite	
6211	三铝磷铀矿	Triangulite	
6212	菲羟砷铜石	Philipsburgite	
6213	水磷钙锂铍石	Pahasapaite	

表 1（续）

代码	汉字名	英译名	说明
6214	水磷镍石	Arupite	
6215	水磷锌铍钙石	Ehrleite	
6216	水磷铀锰矿	Lehnerite	
6217	水磷铰矿	Rhabdophane	
6218	水磷铍钙石	Fransoletite	
6219	水磷铍镁石	Zanazziite	
6671	白硒铅石	Molybdomenite	
6672	碲钙石	Carlfriesite	
6673	碲锌锰石	Denningite	登宁石
6674	克碲铀矿	Cliffordite	
6675	碲锰锌石	Spiroffite	
6676	亚碲铜矿	Rajite	
6677	羟碲铜锌石	Quetzalcoatlite	
6678	羟碲铜矿	Cesbronite	
6679	水碲铁矿	Mackayite	
6680	水碲锌矿	Zemannite	
6681	碲铁石	Emmonsite	绿碲铁石
6682	碲铁矾	Poughite	
6683	水羟碲铁石	Sonoraite	
6684	氯碲铁石	Rodalquilarite	
6685	丘碲铅铜石	Choloalite	
6686	巾碲铁石	Kinichilite	
6687	兰硒铜矿	Chalcomenite	
6688	水硒镍石	Ahlfeldite	
6689	水硒钴石	Cobaltomenite	
6690	斜兰硒铜矿	Clinochalcomenite	
6691	碲铜石	Teineite	
6692	水碲铜石	Graemite	
6693	碲铅铀矿	Moctezumite	
6694	碲铀矿	Schmitterite	
6695	硒钡铀矿	Guilleminite	
6696	硒铜铅铀矿	Demesmaekerite	
6697	硒铜铀矿	Marthozite	
6698	多硒铜铀矿	Derriksite	
6699	碲铅华	Dunhamite	
6700	铁黄碲矿	Ferrotellurite	
6701	碲汞石	Magnolite	碲酸汞矿
6702	复碲铅石	Girdite	
6703	硫碲铜钙石	Tlapallite	
6704	水碲氢铅石	Oboyerite	
6705	巴碲铜石	Balyakinite	
6706	雅碲锌石	Yafsoanite	

表 1（续）

代码	汉字名	英译名	说明
6707	黄碲铁石	Cuzticite	
6708	红碲铅铁石	Eztlite	
6709	斜方碲铅石	Plumbotellurite	
6710	水硒铁石	Mandarinoite	
6811	白钨矿	Scheelite	
6812	钨铅矿	Stolzite	
6813	斜钨铅矿	Raspite	
6814	铁钨华	Ferritungstite	
6815	叶铁钨华	Phyllotungstit	
6816	铜钨华	Cuprotungstite	
6817	水钨铝矿	Anthoinite	
6818	水钨铁铝矿	Mpororoite	
6819	铈钨华	Cerotungstite	
6820	硅钨镁矿	Farallonite	
6821	莱卡石	Rankachite	
6822	钨铀华	Uranotungstite	
6911	铀钼矿	Sedovite	褐钼铀矿
6912	钼钙矿	Powellite	
6913	钼铅矿	Wulfenite	
6914	铁钼华	Ferrimolybdite	水钼铁矿
6915	砷钼铁钙矿	Betpakdalite	
6916	钼铜矿	Lindgrenite	
6917	黄钼铀矿	Iriginite	
6918	钼镁铀矿	Cousinite	
6919	钼钙铀矿	Calcurmolite	
6920	磷钼钙铁矿	Melkovite	
6921	紫钼铀矿	Mourite	
6922	黑钼钴矿	Pateraite	
6923	腾冲矿	Tengchongite	
6924	腾冲铀矿	Tengchongite	
7011	铬铅矿	Crocoite	
7012	铬钙石	Chromatite	
7013	黄铬钾石	Tarapacaite	
7014	铬钾矿	Lopezite	
7015	磷铬铜铅矿	Vauquelinite	
7016	砷铬铜铅石	Fornacite	
7017	钼砷铜铅石	Molybdofornacite	
7018	砷铬铅矿	Bellite	铬硅砷铅矿
7019	硅铬锌铅矿	Hemihedrite	锌铬铅矿
7020	红铬铅矿	Phoenicochroite	
7021	磷铬铅矿	Embreyite	
7022	水铬铅矿	Iranite	

表 1（续）

代码	汉字名	英译名	说明
7023	科铬铅矿	Chrominium	
7024	锌铬铁矿	Zincochromite	
7025	硼铬镁碱石	Iquiqueite	
7121	黄硒铅石	Kerstenite	
7122	硒铅矾	Olsacherite	
7123	绿碲铜石	Xocomecatlite	
7124	碲锰铅石	Kuranakhite	
7125	羟硒铜铅矿	Schmiederite	
7126	水氯碲铜石	Tlalocite	富碲氯铜矿
7127	碲铋华	Montanite	
7128	副碲铅铜石	Parakhinite	
7129	碲铅铜石	Khinite	
7130	水硫碲铅石	Schieffelinite	
7131	红碲铁石	Blakeite	
7132	耶柯尔石	Yecoraite	
7133	氯硒锌石	Sophiite	
7134	氯硒铋铜石	Francisite	
7201	四水泻盐	Starkeyite	
7202	四水钴矾	Aplowite	
7203	四水白铁矾	Rozenite	
7204	四水锰矾	Ilesite	集晶锰矾
7205	四水锌矾	Boyleite	
7206	铜靛矾	Chalcocyanite	
7207	锌矾	Zinkosite	
7208	硬石膏	Anhydrite	
7209	重晶石	Barite	
7210	天青石	Celestine	
7211	铅矾	Anglesite	
7212	铬重晶石	Hashemite	
7213	无水芒硝	Thenardite	
7214	六方无水芒硝	Metathenardite	准无水芒硝
7215	钾矾	Arcanite	斜方钾芒硝
7216	铵矾	Mascagnite	
7217	斜钾铁矾	Yavapaiite	
7218	无水钾镁矾	Langbeinite	
7219	无水钾锰矾	Manganolangbeinite	锰钾镁矾
7220	钾钠铅矾	Palmierite	
7221	钾锶矾	Kalistrontite	
7222	钾芒硝	Aphthitalite	
7223	钙芒硝	Glauberite	
7224	无水钠镁矾	Vanthoffite	
7225	褐铜矾	Dolerophanite	

表 1（续）

代码	汉字名	英译名	说明
7226	块铜矾	Antlerite	
7227	羟胆矾	Brochantite	
7228	汞矾	Schuetteite	
7229	黄铅矾	Lanarkite	
7230	卤钠石	Sulphohalite	氟盐矾
7231	氟钠矾	Galeite	
7232	卤钠矾	Schairerite	
7233	青铅矾	Linarite	
7234	铜铅矾	Elyite	
7235	明矾石	Alunite	
7236	羟铝铜铅矾	Osarizawaite	
7237	钠明矾石	Natroalunite	
7238	钙钠明矾石	Minamiite	
7239	黄钾铁矾	Jarosite	
7240	铅铁矾	Plumbojarosite	
7241	铜铅铁矾	Beaverite	
7242	银铁钒	Argentojarosite	
7243	钠铁矾	Natrojarosite	
7244	黄铵铁矾	Ammoniojarosite	
7245	水合氢离子铁矾	Hydronium jarosite	金黄铁矾
7246	氯钾胆矾	Chlorothionite	
7247	硫磷灰石	Sulfateapatite	
7248	氯铅芒硝	Caracolite	
7249	钙钠矾	Cesanite	
7250	氯镁芒硝	D′ansite	
7251	羟锗铅矾	Itoite	
7252	铅绿矾	Caledonite	
7253	氯碳铜铅矾	Wherryite	
7254	碳钠矾	Burkeite	
7255	碳钾钠矾	Hanksite	碳酸芒硝
7256	烧石膏	Bassanite	
7257	水镁矾	Kieserite	
7258	泼水铁铜矾	Poitevinite	
7259	水锌矾	Gunningite	
7260	水铁矾	Szomolnokite	
7261	锰矾	Szmikite	
7262	二水泻盐	Sanderite	
7263	三水胆矾	Bonattite	
7264	杜铁镍矾	Dwornikite	
7265	锆矾	Zircosulfate	
7266	胆矾	Chalcanthite	
7267	五水泻盐	Pentahydrite	

表 1（续）

代码	汉字名	英译名	说明
7268	铁矾	Siderotil	
7269	五水锰矾	Jokokuite	
7270	镍矾	Retgersite	
7271	水镍钴矾	Moorhouseite	
7272	六水绿矾	Ferrohexahydrite	铁六水泻盐
7273	六水泻盐	Hexahydrite	
7274	斜镍矾	Nickel-hexahydrite	六水镍矾
7275	泻利盐	Epsomite	
7276	碧矾	Morenosite	
7277	皓矾	Goslarite	
7278	七水铁矾	Tauriscite	
7279	水绿矾	Melanterite	
7280	赤矾	Bieberite	
7281	含铜水绿矾	Cuprian Melanterite	变种
7282	含镁水绿矾	Magnesian Melanterite	变种
7283	水锰矾	Mallardite	
7284	七水胆矾	Boothite	
7285	锌水绿矾	Zinc melanterite	
7286	针绿矾	Coquimbite	
7287	六水铁矾	Lausenite	
7288	斜红铁矾	Kornelite	
7289	副针绿矾	Paracoquimbite	
7290	紫铁矾	Quenstedtite	
7291	毛矾石	Alunogen	
7292	芒硝	Mirabilite	
7293	灰芒硝	Watterillite	
7294	钾石膏	Syngenite	
7295	铵石膏	Koktaite	
7296	钾钙铜矾	Leightonite	
7297	杂卤石	Polyhalite	
7298	斜水钙钾矾	Gorgeyite	
7299	针钠铁矾	Ferrinatrite	
7300	钠镁矾	Loeweite	
7301	钠铵矾	Lecontite	
7302	白钠镁矾	Bloedite	
7303	钾镁矾	Leonite	
7304	柱钾铁矾	Goldichite	
7305	钠镍矾	Nickelbloedite	
7306	孔钠镁矾	Konyaite	
7307	绿钾铁矾	Voltaite	
7308	软钾镁矾	Picromerite	
7309	钾蓝矾	Cyanochroite	

表 1（续）

代码	汉字名	英译名	说明
7310	六水铵镁矾	Boussingaultite	
7311	六水铵铁矾	Mohrite	
7312	斜钠明矾	Tamarugite	
7313	黄铁钠矾	Amarillite	单斜钠铁矾
7314	粒铁矾	Roemerite	
7315	铜铁矾	Ransomite	
7316	纤钠明矾	Mendozite	水钠铝矾
7317	纤钾明矾	Kalinite	
7318	钾明矾	Potassium alum	
7319	钠明矾	Sodium alum	
7320	铵明矾	Tschermigite	
7321	镁铝矾	Pickeringite	
7322	铁铝矾	Halotrichite	
7323	锌铝矾	Dietrichite	
7324	锰铝矾	Apjohnite	
7325	复铁矾	Bilinite	
7326	蓝铜矾	Langite	
7327	基铜矾	Ktenasite	
7328	一水蓝铜矾	Posnjakite	
7329	斜蓝铜矾	Wroewolfeite	二水蓝铜矾
7330	水碳铜矾	Nakauriite	
7331	基铁矾	Butlerite	
7332	副基铁矾	Parabutlerite	
7333	红铁矾	Amarantite	
7334	羟水铁矾	Hohmannite	褐铁矾
7335	纤铁矾	Fibroferrite	
7336	菱镁铁矾	Slavikite	
7337	斜方矾石	Felsobanyaite	费羟铝矾
7338	羟铝矾	Basaluminite	
7339	矾石	Aluminite	
7340	变矾石	Metaaluminite	
7341	斜方铝矾	Khademite Rostite	
7342	斜铝矾	Jurbanite	
7343	钒矾	Minasragrite	
7344	费水锗铅矾	Fleischerite	
7345	水锗钙矾	Schaurteite	
7346	钙锰矾	Despujolsite	
7347	纤钠铁矾	Sideronatrite	
7348	变纤钠铁矾	Metasideronatrite	
7349	变绿钾铁矾	Metavoltine	
7350	碱铁矾	Ungemachite	黄铁矾
7351	斜碱铁矾	Clinoungemachite	

表 1（续）

代码	汉字名	英译名	说明
7352	水硝碱镁矾	Humberstonite	
7353	钾盐镁矾	Kainite	
7354	水钠镁矾	Uklonskovite	
7355	水硫碳钙镁石	Tatarskite	
7356	钙铝矾	Ettringite	
7357	硫碳钙锰石	Jouravskite	
7358	叶绿矾	Copiapite	
7359	锌赤铁矾	Zincobotryogen	
7360	赤铁矾	Botryogen	
7361	四水铜铁矾	Guildite	
7362	锌叶绿矾	Zincocopiapite	
7363	铜叶绿矾	Cuprocopiapite	
7364	钙叶绿矾	Calcicopiapite	
7365	黄水铁矾	Challantite	
7366	水钾铀矾	Zippeite	
7367	铀矾	Uranopilite	
7368	变铀矾	Metauranopilite	
7369	水钴铀矾	Cobalt zippeite	
7370	水镍铀矾	Nickel zippeite	
7371	水镁铀矾	Magnesium zippeite	
7372	水钠铀矾	Sodium zippeite	
7373	水锌铀矾	Zinc zippeite	
7374	钾铁矾	Krausite	
7375	柱钠铜矾	Kroehnkite	
7376	重钾矾	Mercallite	
7377	纤重钾矾	Misenite	
7378	锑钙矾	Peretaite	
7379	铜铀矾	Johannite	
7380	板铁矾	Rhomboclase	
7381	氢铵矾	Letovicite	基性铵矾
7382	钠铜矾	Natrochalcite	
7383	钙铜矾	Devilline	
7384	锌钙铜矾	Serpierite	
7385	坎锰铜矾	Campigliaite	
7386	石膏	Gypsum	
7387	无水钾盐镁矾	Anhydrokainite	
7388	碱铜矾	Euchlorine	
7389	铁镍矾	Honessite	
7390	水羟铝矾石	Hydrobasaluminite	水基性矾
7391	水钙芒硝	Hydroglauberite	
7392	重钠矾	Matteuccite	
7393	变毛矾石	Metaalunogen	

表 1（续）

代码	汉字名	英译名	说明
7394	变褐铁矾	Metahohmannite	
7395	水钾铊矾	Monsmedite	
7396	普蓝铁矾	Planoferrite	平铁矾
7397	基锑矾	Klebelsbergite	
7398	紫铁铝矾	Millosevichite	
7399	氮汞矾	Gianellaite	
7400	水氯铝铜矾	Aubertite	
7401	水羟铝矾	Zaherite	
7402	铁铬矾	Redingtonite	
7403	钙铬矾	Bentorite	
7404	羟碳铁镁锌矾	Hauckite	
7405	尤钠钙矾	Eugsterite	
7406	钠铜锌矾	Nanuwite	
7407	斯水氧钒矾	Stanleyite	
7408	奇斯克石	Chesserite	
7409	水氟铝镁矾	Wilcoxite	
7410	钙锰锌矾	Lotharmeyerite	
7411	氟水铝镁钙矾	Lannonite	
7412	锡铁山石	Xitieshanite	
7413	氯铟碱矾	Catatiite	
7414	钾铜矾	Piypite	
7415	苏格兰石	Scotlandite	
7416	羟碳锌铜矾	Schulenbergite	
7417	劳铵铁矾	Lonecreekite	
7418	李时珍石	Lishizhenite	
7419	斯铵铁矾	Sabieite	
7420	四水碳钙矾	Rapidcreekite	
7421	柴达木石	Chaidamuite	
7422	陈铜铅矾	Chenite	
7423	六水铵镍矾	Nickel-Boussingaultite	
7424	半水亚硫钙石	Hannebachite	
7425	铁钾铜矾	Klyuchevskite	
7426	钙钠矾	Cesanite	
7427	硫碳铁钠矾	Ferrotychte	
7428	斜方锌钙铜矾	Orthoserpierite	
7429	锌绿钾铁矾	Zincovoleaite	
7430	格拉维里石	Gravegliaite	
7431	六水锰矾	Chvaleticeite	
7432	亚铁碳铅石	Macphersonite	
7433	铵铝矾	Godovikovite	
7434	铵镁矾	Efremovite	
7435	玛莫石	Mammothite	

表 1（续）

代码	汉字名	英译名	说明
7436	羟铝锰矾	Shigaite	
7437	叠水镁矾	Caminite	
7438	纳博柯石	Nabokoite	
7439	诺铜锌矾	Namuwite	
7440	嘉麦伦矾	Camerolaite	
7441	阿特拉索石	Atlasovite	
7442	假氟铅矾	Pseudograndreefite	
7443	水氟镁铁矾	Svyazhinite	
7444	水硅碱硫石	Pitiglianoite	
7445	科拉里矾	Clairite	
7861	方解石	Calcite	
7862	菱镁矿	Magnesite	
7863	菱铁矿	Siderite	
7864	菱锰矿	Rhodochrosite	
7865	菱锌矿	Smithsonite	
7866	菱镉矿	Otavite	
7867	菱钴矿	Spherocobaltite	
7868	菱镍矿	Gaspeite	
7869	文石	Aragonite	
7870	碳锶矿	Strontianite	
7871	碳钡矿	Witherite	
7872	白铅矿	Cerussite	
7873	六方碳钙石	Vaterite	球方解石
7874	碳铈镁石	Sahamalite	斜铁镁铈矿
7875	碳铈钠石	Carbocernaite	
7876	黄碳锶钠石	Burbankite	
7877	碳钡钠石	Khanneshite	
7878	白云石	Dolomite	
7879	铁白云石	Ankerite	
7880	锰白云石	Kutnohorite	
7881	碳锌钙石	Minrecordite	
7882	钡白云石	Norsethite	
7883	菱碱土矿	Benstonite	
7884	碳钙镁石	Huntite	
7885	三斜钡解石	Alstonite	碳酸钙钡矿
7886	钡解石	Barytocalcite	
7887	碳铈钙钡石	Ewaldite	埃瓦碳钡石
7888	碳钠镁石	Eitelite	
7889	尼碳钠钙石	Nyerereite	
7890	碳钠钙石	Shortite	
7891	碳钾钙石	Fairchildite	
7892	三方碳钾钙石	Buetschliite	

表 1（续）

代码	汉字名	英译名	说明
7893	氟碳铈矿	Bastnaesite	
7894	羟碳铈矿	Hydroxylbastnaesite	
7895	孔雀石	Malachite	
7896	镍孔雀石	Glaukosphaerite	
7897	钴孔雀石	Kolwezite	
7898	努碳镍石	Nullaginite	
7899	麦碳铜镁石	Mcguinnessite	
7900	蓝铜矿	Azurite	
7901	羟碳锌石	Hydrozincite	水锌矿
7902	氟碳钙铈矿	Parisite	
7903	伦琴石	Roentgenite	氟锥钙铈矿
7904	直氟碳钙钇矿	Synchysite-(y)	
7905	直氟碳钙铈矿	Synchysite	
7906	氟碳钡铈矿	Cordylite	
7907	黄河矿	Huangheite	
7908	氟碳铈钡矿	Cebaite	
7909	直氟碳钙钕矿	Synchysite-(Nd)	
7910	中华铈矿	Zhonghuacerite	
7911	绿铜锌矿	Aurichalcite	
7912	锌孔雀石	Rosasite	单斜绿铜锌矿
7913	碳锌锰矿	Loseyite	
7914	碳碲钙石	Mroseite	
7915	氯碳钠镁石	Northupite	
7916	硫碳镁钠石	Tychite	杂芒硝
7917	碳铁钠矾	Ferrotychite	
7918	水碳钙钇石	Tengerite	
7919	水碳镁矿	Barringtonite	
7920	碳氢镁石	Nesquehonite	三水碳镁石
7921	五水碳镁石	Lansfordite	
7922	水碳镍矿	Hellyerite	
7923	单水碳钙石	Monohydrocalcite	
7924	六水碳钙石	Ikaite	
7925	水碱	Thermonatrite	
7926	泡碱	Natron	
7927	碳镧石	Lanthanite	
7928	水碳镧铈石	Calkinsite	
7929	碳钇钡石	Mckelveyite	碳钡铀稀土矿
7930	水碳锆锶石	Weloganite	
7931	水氟碳钙钍矿	Thorbastnaesite	
7932	碳钇锶石	Donnayite	
7933	碳钠钙铀矿	Andersonite	
7934	钙水碱	Pirssonite	

表 1（续）

代码	汉字名	英译名	说明
7935	针碳钠钙石	Gaylussite	
7936	蓝铜钠石	Chalconatronite	
7937	翠镍矿	Zaratite	
7938	水碳镁石	Hydromagnesite	
7939	纤水碳镁石	Artinite	
7940	球碳镁石	Dypingite	杜平矿
7941	碳锶铈矿	Ancylite	
7942	碳钙铈矿	Calcioancylite	
7943	水碳铜镁石	Callaghanite	
7944	水碳铝钙石	Alumohydrocalcite	
7945	水碳铝铅石	Dundasite	
7946	碳铜铅钙石	Schuilingite	铜铅霰石
7947	水碳铝钡石	Dresserite	
7948	多水碳铝钡石	Hydrodresserite	
7949	副水碳铝钙石	Para-alumohyrocalcite	
7950	水碳铝锶石	Strontiodresserite	
7951	碳钠铝石	Dawsonite	
7952	碳钠钙铝石	Tunisite	
7953	苏打石	Nahcolite	重碳钠盐
7954	碳铵石	Teschemacherite	
7955	碳氢钠石	Wegscheiderite	
7956	纤碳铀矿	Rutherfordine	
7957	泡铋矿	Bismutite	
7958	碳钙铋矿	Beyerite	
7959	氟碳铋钙石	Kettnerite	
7960	水白铅矿	Hydrocerussite	
7961	硫碳铅矿	Leadhillite	
7962	三方硫碳铅石	Susannite	
7963	角铅矿	Phosgenite	
7964	绿碳钙铀矿	Liebigite	铀钙石
7965	碳镁铀矿	Bayleyite	
7966	碳钙镁铀矿	Swartzite	
7967	水碳钙镁铀矿	Rabbittite	
7968	碳钙铀矿	Zellerite	针铀钙矿
7969	变碳钙铀矿	Metazellerite	
7970	碳铜钙铀矿	Voglite	
7971	碳钾铀矿	Grimselite	
7972	板碳铀矿	Schroeckingerite	
7973	天然碱	Trona	
7974	重碳钾石	Kalicinite	
7975	硫碳铅锰铝石	Nasledovite	锰铅矾
7976	五水碳钙石	Pentahydrocalcite	

表 1（续）

代码	汉字名	英译名	说明
7977	水碳铀矿	Sharpite	
7978	三水碳钙石	Trihydrocalcite	
7979	氟碳钙石	Brenkite	
7980	硫碳铝镁石	Motukoreaite	
7981	羟碳镍石	Otwayite	
7982	三方钡解石	Paralstonite	
7983	水碳镁钾石	Baylissite	
7984	水碳镁铝石	Indigirite	
7985	水碳钇石	Lokkaite	
7986	碳铅铀矿	Widenmannite	
7987	碳铀矿	Joliotite	
7988	戴碳钙石	Defernite	
7989	碳钛锆钠石	Sabinaite	
7990	碳钕石	Lanthanite-(Nd)	
7991	水碳镁钙石	Sergeevite	
7992	钠碳石	Natrite	
7993	克水碳锌铜石	Claraite	
7994	羟碳钇铀石	Bijvoetite	
7995	氟碳铝钠石	Barentsite	
7996	亚硫碳铅石	Macphersonite	
7997	半水羟碳镁石	Pokrovskite	
7998	水碳钙铀矿	Urancalcarite	
7999	草酸铜石	Moolooite	
8000	水羟碳锶铝石	Montroyalite	
8001	碳钕铅钙石	Schuilingite	
8002	斯碳汞石	Szymanskiite	
8003	斯碳锌锰矿	Scharite	
8004	白云鄂博矿	Baiyuneboite	
8005	碳钙钠石	Zemkorite	
8006	碳钙钕矿	Calcioancylite	
8007	碳磷钙镁石	Heneuite	
8008	碳钠镍石	Kambaldaite	
8009	碳硼钇石	Moydite	
8010	碳铅钕石	Gysinite	
8011	碳稀土钠石	Remondite	
8012	碳铈石	Lanthanite	
8013	徒里克石	Tuliok	
8014	碳钠石	Natrite	
8015	羟碳铀钙锌石	Znucalite	
8016	扎布耶石	Zabuyelite	
8017	羟碳钕石	Hydroxylbastnaesite	
8018	羟碳铀铈铜矿	Astrocyanite	

表 1（续）

代码	汉字名	英译名	说明
8019	霍尔达维石	Holdawayite	
8020	萨巴铀矿	Shabaite	
8021	氟碳钙钠石	Rouvilleite	
8022	草酸铜钠石	Wheatleyite	
8023	氟碳钙钕石	Synchysite	
8261	碘钙石	Lautarite	
8262	羟碘铜矿	Salesite	
8263	氯碘铅石	Seeligerite	
8264	碘铬钙石	Dietzeite	
8265	水碘钙石	Brueggenite	
8266	水碘铜矿	Bellingerite	
8267	羟氯碘铅石	Schwartzembergite	
8301	钡硝石	Nitrobarite	
8302	钠硝石	Nitratine	
8303	钾硝石	Niter	
8304	铵硝石	Nitrammite	
8305	铜硝石	Gerhardtite	
8306	羟磷硝铜矿	Likasite	
8307	水镁硝石	Nitromagnesite	
8308	水钙硝石	Nitrocaloite	
8309	钠硝矾	Darapskite	
8310	硫硝镍铝石	Mbobomkulite	
8311	水硫硝镍铝石	Hydrombobomkulite	
8312	斯万氮石	Sveite	
8313	斯万氮石	Sveite	
8351	氯铅矿	Cotunnite	
8352	铜盐	Nantokite	
8353	碘铜矿	Marshite	
8354	黄碘银矿	Miersite	
8355	角银矿	Chlorargyrite	
8356	碘银矿	Iodargyrite	
8357	石盐	Halite	
8358	钾石盐	Sylvite	
8359	氯钾钙石	Chlorocalcite	
8360	卤砂	Salammoniac	
8361	氯铝石	Chloraluminite	
8362	水铁盐	Hydromolysite	水氯铁石
8363	水氯铜石	Eriochalcite	
8364	罗水氯铁石	Rokuhnite	
8365	水氯钙石	Sinjarite	
8366	水氯镁石	Bischofite	
8367	南极石	Antarcticite	南极钙氯石

表 1（续）

代码	汉字名	英译名	说明
8368	水氯镍石	Nickelbischofite	
8369	冰石盐	Hydrohalite	
8370	溢晶石	Tachyhydrite	
8371	光卤石	Carnallite	
8372	钾铁盐	Rinneite	
8373	钾锰盐	Chlormanganokalite	
8374	氯铅钾石	Pseudocotunnite	
8375	红钾铁盐	Erythrosiderite	
8376	氯钾铁盐	Douglasite	
8377	红铵铁盐	Kremersite	
8378	氯钾铜矿	Mitscherlichite	
8379	汞膏	Calomel	甘汞矿
8380	氯钙石	Hydrophilite	
8381	铁盐	Molysite	
8382	陨氯铁	Lawrencite	
8383	氯镁石	Chloromagnesite	
8384	氯锰石	Scacchite	
8385	碘银汞矿	Tocornalite	
8386	水羟氯铜矿	Claringbullite	
8387	托氯铜石	Tolbachite	
8388	水氯羟锌石	Simonkolleite	
8389	包氧氯汞矿	Poyarkovite	
8390	氧溴汞矿	Kadyrelite	
8391	氯氟钙石	Rorisite	
8392	溴汞石	Kuzminite	
8393	氯镁铝石	Chlormagaluminite	
8394	氯碳铅石	Barstowite	
8395	碘汞矿	Moschelite	
8396	氯碲铅矿	Kolarite	
8397	氯羟锡石	Abhurite	
8398	碘氯硫汞矿	Radtkeite	
8461	氯铜矿	Atacamite	
8462	三方氯铜矿	Paratacamite	付氯铜矿
8463	斜氯铜矿	Botallackite	
8464	含锌三方氯铜矿	Zincian Paratacamite	羟氯锌铜矿
8465	氯羟锰矿	Kempite	
8466	褐氯汞矿	Eglestonite	
8467	氯铁铝石	Zirklerite	铁镁氯铝石
8468	氟铝钠锶石	Jarlite	
8469	氯铜银铅矿	Boleite	方银铜氯铅矿
8470	氯铜铅矿	Percylite	
8471	水氯铜铅矿	Pseudoboleite	

表 1（续）

代码	汉字名	英译名	说明
8472	锥氯铜铅矿	Cumengite	
8473	氯银铅矿	Bideauxite	
8474	氯铅铬矿	Yedlinite	
8475	易潮石	Trudellite	
8476	羟硫氯铜石	Connellite	铜氯矾
8477	毛青铜矿	Buttgenbachite	
8478	氯铜铅矾	Arzrunite	
8479	氟钠镁铝石	Ralstonite	
8480	白氯铅矿	Mendipite	
8481	黄氯汞矿	Terlinguaite	
8482	氯氧汞矿	Pinchite	
8483	氟铝钙石	Prosopite	水铝氟石
8484	氟铝钙矿	Gearksutite	钙铝氟石
8485	氯铋矿	Bismoclite	
8486	氟氧铋矿	Zavaritskite	
8487	氯氧铅矿	Blixite	
8488	六方氯铅矿	Penfieldite	
8489	羟氯铅矿	Laurionite	
8490	副羟氯铅矿	Paralaurionite	
8491	水氯铅矿	Fiedlerite	
8492	氯氧锑矿	Onoratoite	
8493	红铁铅矿	Hematophanite	
8494	氯氧锑铅矿	Nadorite	
8495	氯氧铋铅矿	Perite	
8496	氯铅矾	Sundiusite	
8497	氯砷铅矿	Ecdemite	
8498	斜方氯砷铅矿	Heliophyllite	
8499	羟氯铜铅矿	Diaboleite	
8500	绿铜铅矿	Chloroxiphite	
8501	氯羟镁铝石	Koenenite	
8502	氟铝石膏	Creedite	
8503	水氟铝锶石	Tikhonenkovite	
8504	水氟铝钙矿	Yaroslavite	
8505	氯羟铝石	Cadwaladerite	
8506	水黑氯铜矿	Hydromelanothallite	
8507	黑氯铜矿	Melanothallite	
8508	氯砷汞石	Kuznetsovite	
8509	氟硼硅钇钠石	Okanoganite	
8510	卤汞石	Comancheite	
8511	包氧氯汞矿	Poyarkovite	
8512	楷莱安矿	Kelyanite	
8513	单斜砷铅石	Clinomimetite	

表 1(续)

代码	汉字名	英译名	说明
8514	氯氧砷锑铅矿	Thorikosite	
8601	氯硫汞矿	Corderoite	
8602	卤硫汞矿	Grechishchevite	
8603	溴氯硫汞矿	Arzakite	
8604	氯硫银汞矿	Perroudite	
8605	氯溴硫汞矿—溴氯	Lavrentievite-Arzakite	
8606	氯碲铅矿	Radhakrishnaite	
8631	萤石	Fluorite	
8632	氟钡石	Frankdicksonite	钡萤石
8633	氟盐	Villiaumite	
8634	方氟钾石	Carobbiite	
8635	氟钙钠钇石	Gagarinite	
8636	氟铝钙锂石	Colquiriite	
8637	氟镁钠石	Neighborite	
8638	钾冰晶石	Elpasolite	
8639	锂冰晶石	Cryolithionite	
8640	水氟钙钇矾	Chukhrovite	
8641	水氟钙铈矾	Chukhrovite-(Ce)	
8642	汤霜晶石	Thomsenolite	
8643	霜晶石	Pachnolite	
8644	方氟硅钾石	Hieratite	
8645	方氟硅铵石	Cryptohalite	
8646	氟硼钠石	Ferruccite	
8647	氟硼钾石	Avogadrite	
8648	氟碳铝锶石	Stenonite	
8649	氟磷钠锶石	Boggildite	
8650	氟镁石	Sellaite	
8651	冰晶石	Cryolite	
8652	氟铈矿	Fluocerite	
8653	氟铝镁钠石	Weberite	
8654	氟铝镁钡石	Usovite	
8655	锥冰晶石	Chiolite	
8656	氟硅钠石	Malladrite	
8657	氟硅氨石	Bararite	
8658	氟铝钠钙石	Cakzarlite	
8659	氟钇钙矿	Tveitite	
8660	水氟铝钙石	Carlhintzeite	
8661	柯羟氯镁石	Korshunovskite	
8662	赣南矿	Gananite	
8663	陨石矿物	Meteoric minerals	
8664	氟羟锶铝石	Acuminite	
8665	葛氟锂石	Griceite	

表 1（续）

代码	汉字名	英译名	说明
8666	氟钠锶钡铝石	Bogvadite	
8667	氟铅矾	Grandreefite	
8668	水氟铅铝矿	Aravaipaite	
8721	六方金刚石	Lonsdaleite	
8722	氮铬矿	Carlsbergite	
8723	硅磷镍矿	Perryite	
8724	硅三铁矿	Suessite	
8725	四方镍纹石	Tetrataenite	
8726	磷铁矿	Barringerite	
8727	碳铁矿	Haxonite	
8728	陨氮钛石	Osbornite	
8729	罗氮铁矿	Roaldite	
8730	喜峰矿	Xifengite	
8731	古北矿	Gupaiite	
8763	硫铬矿	Brezinaite	
8764	硫镁矿	Niningerite	
8765	硫钛铁矿	Heideite	
8766	陨硫钙石	Oldhamite	
8767	陨硫铬铁矿	Daubreelite	
8768	陨硫钠铬矿	Caswellsilverite	
8780	镁铁钛矿	Armalcolite	
8781	氧氮硅石	Sinoite	
8787	硅铬镁石	Krinovite	
8788	罗镁大隅石	Roedderite	碱硅镁石
8789	镁铁榴石	Majorite	
8790	宁静石	Tranquillityite	
8791	尖晶橄榄石	Ringwoodite	
8792	陨铁大隅石	Merrihueite	
8793	陨钠镁大隅石	Yagiite	
8801	磷镁石	Farringtonite	
8802	磷镁钠石	Panethite	
8803	磷钠钙石	Buchwaldite	
8804	磷镁钙钠石	Brianite	
8805	磷镁钙矿	Stanfieldite	
8821	卟啉镍石	Abelsonite	
8822	醋胺石	Acetamide	
8823	醋氯钙石	Calclacite	
8824	水柠檬钙石	Earlandite	
8825	鳞石蜡	Evenkite	
8826	白脂晶石	Fichtelite	
8827	柱晶松脂石	Flagstaffite	
8828	草酸镁石	Glushinskite	

表 1（续）

代码	汉字名	英译名	说明
8829	乌嘌呤石	Guanine	
8830	草酸铁矿	Humboldtine	
8831	绿地蜡	Idrialite	
8832	硫氰钠钴石	Julienite	
8833	黄血盐	Kafehydrocyanite	
8834	酞酰亚胺石	Kladnoite	
8835	芴石	Kratochvilite	
8836	黄地蜡	Karpatite	
8837	蜜腊石	Mellite	
8838	草酸铁钾石	Minguzzite	
8839	草酸铵石	Oxammite	
8840	海松酸石	Refikite	
8841	西烃石	Simonellite	
8842	绿草酸钠石	Stepanovite	
8843	尿素石	Urea	
8844	尿环石	Uricite	
8845	水草酸钙石	Whewellite	
8846	草酸钙石	Weddellite	
8847	草酸铝钠石	Zhemchuzhnikovite	
8861	水铝英石	Allophane	
8862	隐磷铝石	Bolivarite	
8863	核磷铝石	Evansite	
8864	非晶砷铁石	Ferrisymplesite	
8865	水羟碳铜石	Georgeite	
8866	蓝钼矿	Ilsemannite	
8867	硒硫砷矿	Jeromite	
8868	胶硫钼矿	Jordisite	
8869	钛稀金矿	Kobeite	
8870	铌钛锰石	Manganbelyankinite	
8871	胶辉锑矿	Metastibnite	
8872	水氧钨矿	Meymacite	
8873	多水钼铀矿	Moluranite	
8874	磷铝铅铜矿	Rosieresite	
8875	氟硅钇石	Rowlandite	
8876	胶硅钍钙石	Thorosteenstrupine	
8877	水砷钙铁石	Yukonite	
8878	碳锶钙钠石	Calcioburbankite	
8879	轴硒铁矿	Dzharkenite	
8880	氟铈硅磷灰石	Fluorbritholite-(Ce)	
8881	奥丁特石	Odintsovite	
8882	斜方砷铋铀矿	Orthowalpurgite	
8883	羟锑砷锌铜矿	Sabelliite	

表 1（续）

代码	汉字名	英译名	说明
8884	硫砷铜锌铊矿	Stalderite	
8885	硫铅铁矿	Viaeneite	
8886	锑镍铜矿	Zlatogorite	
8887	斜氯铜矿	Clinoatacamite	
8888	氯汞矿	Hanawaltite	
8889	巾水碲铜石	Jensenite	
8890	莱硫铁银矿	Lenaite	
8891	镁铬钒矿	Magnesiocoulsonite	
8892	羟磷铋石	Smrkovecite	
8893	水硼钠钙石	Studenitsite	
8894	硫硒铋铅矿	Babkinite	
8895	钠铁钛石	Nafertisite	
8896	氧铝钾铜矾	Alumoklyuchevskite	
8897	高台矿	Gaotaiite	
8898	硫锑砷铊矿	Jankovicite	
8899	氧钨锰铌矿	koragoite	
8900	镁蓝线石	Magnesiodumortierite	
8901	马营矿	Mayingite	
8902	水钾铁矾矿	Mereiterite	
8903	氮硅石	Nierite	
8904	碳氧铅石	Shannonite	
8905	袁复礼石	Yuanfuliite	
8906	水氯砷钠铅铜石	Zdenekite	
8907	氯铝硅钛碱石	Altisite	
8908	承德矿	Chengdeite	
8909	羟碲铜石	Frankhawthorneite	
8910	铋铜矿	Kusachiite	
8911	硫铁铜钡矿	Owensite	
8912	磷钡镁石	Rimkorolgite	
8913	硼钙石	Takedaite	
8914	钴铝矾矿	Wupatkiite	
8915	平谷矿	Pingguite	
8916	钨锑矿	Tungstibite	
8917	瓦雷讷石	Varennesite	
8918	氯硫铝钙石	Vlodavetsite	
8919	巴硫碲铋矿	Baksanite	
8920	砷铅镓矾	Gallobeudantite	
8921	磁铅锌锰铁矿	Nezilovite	
8922	氟碳镧钡石	Kukharenkoite-(Ce)	
8923	水羟硒钙铀矿	Piretite	
8924	氟钠钙铈石	Zajacite-(Ce)	
8925	铬铋矿	Chrombismite	

表 1（续）

代码	汉字名	英译名	说明
8926	乔根森石	Jorgensenite	
8927	水羟砷碲铜铁石	Juabite	
8928	水氯砷钠铜石	Mahnertite	
8929	水氟碳钠钙石	Sheldrickite	
8930	氟铝钙铅石	Calcioaravaipaite	
8931	硫铜锌矿水钾铁矾	Christelite	
8932	亚希铀矾	Jachymovite	
8933	水碲镁铜石	Leisingite	
8934	佩氯羟硼钙石	Enobsquisite	
8935	锑铅石	Rosiaite	
8936	水磷锶铁石	Benauite	
8937	锰锌大隅石	Dusmatovite	
8938	草酸钠石	Natroxalate	
8939	什卡图卡石	Shkatulkalite	
8940	磷碱钡铁石	Sigismundite	
8941	锶镧磷灰石	Belovite-(La)	
8942	辉锰锑矿	Clerite	
8943	弗硫砷汞银矿	Fettelite	
8944	内硅锰钠石	Intersilite	
8945	碳磷铝钡石	Krasnovite	
8946	羟磷钾铁石	Meurigite	
8947	硅钇钛钠石	Pyatenkoite-(Y)	
8948	硅铜锶矿	Wesselsite	
8949	氟钙锶铈磷灰石	Deloneite-(Ce)	
8950	马兰矿	Malanit	
8951	碳铌钽矿	Niobocarbide	
8952	羟磷铁铜铅石	Phosphogartrellite	
8953	六方硫锰矿	Rambergite	
8954	萨硫碲铋铅矿	Saddlebackite	
8955	硫铜锡汞矿	Velikite	
8956	水碳铝锰石	Charmarite	
8957	奎水碳铝镁石	Quintinite	
8958	水碳铝铁石	Caresite	
8959	硒钯银矿	Chrisstanleyite	
8960	突厥斯坦石	Turkestanite	
8961	武奥里亚石	Vuoriyarvite	
8962	碳氧钙石	Caoxite	
8963	伽利略石	Galileiite	
8964	水氯硫钠锌石	Gordaite	
8965	氯氧硒钠铜石	Ilinskite	
8966	碱钛铌矿	Isolueshite	
8967	氧磷锰铁矿	Stanekite	

表 1（续）

代码	汉字名	英译名	说明
8968	水铌镁石	Ternovite	
8969	犹他石	Utahite	
8970	巴奎拉石	Barquillite	
8971	氯氧亚硒铜石	Chloromenite	
8972	斜黄锑矿	Clinocervantite	
8973	汞铋矿	Grumiplucite	
8974	多水水铜铝矾	Hydrowoodwardite	
8975	副蓝磷铝锰石	Kastningite	
8976	重碳钠钇石	Thomasclarkite-(Y)	
8977	威卢伊特石	Wiluite	
8978	水磷钙钠铜石	Wooldridgeite	
8979	锌钠矾	Chloromenite	
8980	斜方氯硫汞矿	Kenhsuite	
8981	肯异性石	Kentbrooksite	
8982	水氟磷铝石	Mitryaevaite	
8983	六方砷钱矿	Polkanovite	
8984	钾闪石	Potassicpargasite	
8985	原锰铁直闪石	protomangano-ferroanthophyllite	
8986	普水羟砷铜石	Pushcharovskite	
8987	氯氧钒铜矿	Averievite	
8988	铁硅钠锶铈石	Ferronordite-(Ce)	
8989	锰硅钠锶铈石	manganonordite-(Ce)	
8990	羟水氯镁石	Nepskoeite	
8991	硫镉铜石	Niedermayrite	
8992	副硼钙石	Parasibirskite	
8993	纤碳铀矿	Blatonite	
8994	硅钙钇石	Gerenite-(Y)	
8995	砷铁钛矿	Graeserite	
8996	硅钾铁石	Kalifersite	
8997	砷锑钴矿	Oenite	
8998	钙硼黄长石	Okayamalite	
8999	楚硫砷铅矿	Tsugaruite	
9000	水砷钾钙铜石	Calcioandyrobertsite	
9001	甲酸钙石	Formicaite	
9002	硅铌钛钠矿	Korobitsynite	
9003	羟氧硫铅矿	Sidpietersite	
9004	水磷钒钡石	Springcreekite	
9005	铁碲矿	Walfordite	
9006	磷镱石	Xenotime-(Yb)	
9007	铋烧绿石	Bismutopyrochlore	
9008	草酸硫铈矾	Coskrenite-(Ce)	
9009	钡铁脆云母	Ferrokinoshitalite	

表 1(续)

代码	汉字名	英译名	说明
9010	碱硅锰钛石	Kuzmenkoite	
9011	镁福伊特石	Magnesiofoitite	
9012	莫硒硫铋铅矿	Mozgovaite	
9013	水氯亚硒铅石	Orlandiite	
9014	钾铁沙川闪石	Potassicferrisadanagaite	
9015	扎水羟砷铜石	Zálesíite	
9016	硫铁铌矿	Edgarite	
9017	羟斜硅镁石	Hydroxylclinohumite	
9018	硅钛铌钾矿	Lemmleinite	
9019	鲁磷锶铁铝石	Lulzacite	
9020	铜锡铂矿	Tatyanaite	
9021	三斜光线石	Gilmarite	
9022	方硫砷银镉矿	Quadratite	
9023	硫钙铝柱石	Silvialite	
9024	钼氧铜矾石	Vergasovaite	
9025	钾钙锌大隅石	Shibkovite	
9026	黑锰锶矿	Strontiomelane	
9027	磷钡钒石	Bariosincosite	
9028	砷铁钴钙石	Cobaltolotharmeyerite	
9029	氯氧钒砷铜矿	Coparsite	
9030	锶异性石	Khomyakovite	
9031	锰锶异性石	Manganokhomyakovite	
9032	硫铟银矿	Laforetite	
9033	陨磷镍矿	Nickelphosphide	
9034	砷铑钯矿	Palladodymite	
9035	钼砷锑矿	Biehlite	
9036	氯羟硅钡锰石	Cerchiaraite	
9037	水砷钙铁石	Wallkilldellite-(fe)	
9038	锶菱沸石	Chabazite-sr	
9039	水砷铜锌铅石	Zincgartrellite	
9040	水碳钠钇石	Adamsite-(y)	
9041	硅铝锰钠石	Manganonaujakasite	
9042	水砷钴铅石	Petterdite	
9043	硅锆钛锶矿	Rengeite	
9044	二水重碳镁石	Dashkovaite	
9045	氟铁云母	Fluorannite	
9046	氟镁钠铁闪石	Fluoro-magnesio-arfvedsonite	
9047	卡硼硅钡钇石	Kapitsaite-(y)	
9048	铌锰星叶石	Niobokupletskite	
9049	铬绿磷石	Chromceladonite	
9050	水羟砷铋铜石	Juanitaite	
9051	斜碳镧钠石	Remondite-(la)	

表 1（续）

代码	汉字名	英译名	说明
9052	羟砷铅钴石	Cobalttsumcorite	
9053	铊明矾	Lanmuchangite	
9054	水硅锆钠石	Natrolemoynite	
9055	羟砷钙镍石	Nickellotharmeyerite	
9056	斜方钒矾	Orthominasragrite	
9057	副斜方砷	Pararsenolamprite	
9058	单斜铜硝石	Rouaite	
9059	羟氯铬镁石	Woodallite	
9060	羟硼钙矾石	Buryatite	
9061	羟氟碳硅钛铁钡钠石	Bussenite	
9062	硫钙水铬矿	Cronusite	
9063	硅铁锶镧钠石	Ferronordite-(la)	
9064	钾菱沸石	Gmelinite-k	
9065	氯硼锶钙石	Kurgantaite	
9066	密硫铑矿	Miassite	
9067	水氯草酸钙石	Novgorodovaite	
9068	锶杆沸石	Thomsonite-sr	
9069	钒电气石	Vanadiumdravite	
9070	硒汞铜矿	Brodtkorbite	
9071	碳氯钇铜矾	Decrespignyite-(y)	
9072	水镁钒石	Dickthomssenite	
9073	水磷锰钠石	Kanonerovite	
9074	水硅钡石	Bigcreekite	
9075	单斜羟碳汞石	Clearcreekite	
9076	羟硅砷铁石	Ekatite	
9077	硼铯铝铍石	Londonite	
9078	羟碳磷铝钙石	Micheelsenite	
9079	斜方硅钠钡钛镧石	Orthojoaquinite-(la)	
9080	赛羟砷铜石	Theoparacelsite	
9081	砷钠铜石	Bradaczekite	
9082	硫铋铜铅矿	Felbertalite	
9083	氯碳硅铁钡石	Fencooperite	
9084	氯碳硅钡石	Kampfite	
9085	羟砷铁铜钙石	Lukrahnite	
9086	铈鲍利雅科夫矿	Polyakovite-(ce)	
9087	砷镁钙锰石	Manganlotharmeyerite	
9088	卡水磷镁石	Cattiite	
9089	镧硅铈石	Cerite-(la)	
9090	富铁黑铝镁钛矿	Ferrohögbomite-2n2s	
9091	水磷锰铍石	Greifensteinite	
9092	湖北石	Hubeite	
9093	富钾锂钠闪石	Potassicleakeite	

表 1（续）

代码	汉字名	英译名	说明
9094	拉多水砷铁铜石	Radovanite	
9095	砷钙铁矿	Sewardite	
9096	单斜钒矾	Bobjonesite	
9097	氯硫铁钾矿	Chlorbartonite	
9098	铁铌异性石	Ferrokentbrooksite	
9099	锰/耶尔丁根石	Gjerdingenite-fe	
9100	氟磷铜镉铝石	Goldquarryite	
9101	硅锶钛石	Matsubaraite	
9102	钐独居石	Monazite-(sm)	
9103	锗硫钨铁铜矿	Nikischerite	
9104	羟水磷铁石	Santabarbaraite	
9105	球羟硅铍石	Sphaerobertrandite	
9106	砷钒汞银石	Tillmannsite	
9107	沃水氯硼钙石	Walkerite	
9108	羟氯铜石	Bobkingite	
9109	钠铍沸石	Nabesite	
9110	羟铁镁锑锌矿	Rinmanite	
9111	砷钴铋石	Schneebergite	
9112	砷镍铋石	Nickelschneebergite	
9113	羟钒磷铝铅石	Bushmakinite	
9114	硫铅钯矿	Laflammeite	
9115	梅钾霞石	Megakalsilite	
9116	门砷镍钯矿	Menshikovite	
9117	氧氯碘汞矿	Tedhadleyite	
9118	泰硒汞钯矿	Tischendorfite	
9119	叶腊石间蒙皂石	Brinrobertsite	
9120	水钴矾	Cobaltkieserite	
9121	硅碱锰铌钛石	Gutkovaite-mn	
9122	硅碱钙钛铌石	Karupmollerite-ca	
9123	硅钾锌钛铌石	Organovaite-zn	
9124	硅锡钪钙石	Kristiansenite	
9125	锰符山石	Manganvesuvianite	
9126	奥水碳铀矿	Oswaldpeetersite	
9127	弗比克硒钯矿	Verbeekite	
9128	水砷铁钴石	Cobaltarthurite	
9129	硅钾锌铌钛石	Kuzmenkoite-zn	
9130	钾氯闪石	Potassic-chloropargasite	
9131	砷铈铜石	Agardite-(ce)	
9132	硼锡铝镁石	Alumino-magnesiohulsite	
9133	氟符山石	Fluorvesuvianite	
9134	氟硅硼镁石	Pertsevite	
9135	硒铋铅铜矿	Schlemaite	

表 1（续）

代码	汉字名	英译名	说明
9136	高铁钠铁锂闪石	Sodic-ferri-ferropedrizite	
9137	单斜二铁锂闪石	Ferri-clinoferroholmquistite	
9138	氟铍硅铯钠石	Telyushenkoite	
9139	碳铌异性石	Carbokentbrooksite	
9140	钡云母	Ganterite	
9141	库铋硫铁铜矿	Kupčíkite	
9142	钠钙镁闪石	Magnesiosadanagaite	
9143	锗硫钼铁铜矿	Maikainite	
9144	羟砷锑铅矾石	Mallestigite	
9145	三斜钒矾	Anorthominasragrite	
9146	铁皂石	Ferrosaponite	
9147	氟铝镁钠闪石	Fluoronyboite	
9148	羟砷铈铁石	Graulichite-(ce)	
9149	磷水锌钙石	Hillite	
9150	镁铌钽矿	Magnesiotantalite	
9151	锶斜黝帘石	Niigataite	
9152	硅镧铈石	Percleveite-(ce)	
9153	钡钙钛云母	Surkhobite	
9154	羟碳镧石	Kozoite-(la)	
9155	副白钛硅钠石	Paravinogradovite	
9156	水硅铌钛钙石	Tsepinite-ca	
9157	水硅铌钛钾石	Tsepinite-k	
9158	硅锰锆钠石	Grenmarite	
9159	钠钡闪叶石	Nabalamprophyllite	
9160	氯氧硫锑铜铅矿	Pellouxite	
9161	硅铝铯铍石	Pezzottaite	
9162	硫锗银铜矿	Putzite	
9163	富钾亚铁钠闪石	Potassicarfvedsonite	
9164	羟磷铝汞石	Artsmithite	
9165	单斜硅钡铍石	Clinobarylite	
9166	富钠似绿泥石	Glagolevite	
9167	柯赫石	Kochite	
9168	水碳砷锰钙石	Sailaufite	
9169	富钠带云母	Shirokshinite	
9170	海涅奥特石	Haineaultite	
9171	水羟硫砷铜石	Leogangite	
9172	硅钡硼石	Maleevite	
9173	硅锶硼石	Pekovite	
9174	硫铜铼矿	Tarkianite	
9175	贫钾镁大隅石	Trattnerite	
9176	碘氧汞石	Aurivilliusite	
9177	氯羟锌铜石	Herbertsmithite	

表 1（续）

代码	汉字名	英译名	说明
9178	羟硼铜石	Jacquesdietriohite	
9179	水硒铀钠石	Larisaite	
9180	羟硅锰钛钠石	Manganokukisvumite	
9181	碱硅钛铁石	Neskevaaraite-fe	
9182	碲锌石	Zincospiroffite	
9183	磷钡锶钠石	Bariolgite	
9184	水硅铌钛锌钡石	Lepkhenelmite-zn	
9185	磷铋铀矿	Phosphowalpurgite	
9186	硫镉铟矿	Cadmoindite	
9187	羟硼钙石	Jarandolite	
9188	单斜锆铯大隅石	Zeravshanite	

附 录 A
(规范性附录)
关于分类选词范围归属的说明

《地质矿产术语分类代码》各学科大类的选词范围基本参照地质出版社出版的《地质辞典》划分。具体内容如下。

A.1 宇宙地质学(YZ):包括天体地质学,陨石学,天文地质学。月球地质学较详细,包括月球结构、地貌、月球矿物等。陨石学的陨击坑、陨石、陨石矿物等。

A.2 地球物理学(DW):包括地球的各种物理性质、基本物理量及单位,古地磁级、磁场、仪器测量及数据处理等内容。

A.3 火山地质(HS):包括火山机制与构造,火山活动、喷发、喷出物、火山地貌、区域火山地质,近期火山活动。

A.4 地震地质(DZ):包括地震的分类、成因、前兆、灾害、预报及图件资料等。

A.5 外动力地质学(WZ):包括外营力,外力地质作用类型,外力地质作用方式,影响外力地质作用的因素等。

A.6 地貌学(DM):包括由地球内力及各种外力地质作用在地球表面形成的地貌分类、形态、年龄及各种地貌图件等。

A.7 大地构造学(DD):包括各大地构造学派对大地构造的分类、单元划分、构造演化、构造特征,我国及世界主要区域构造,研究和区分各种构造的地质特征、依据和研究方法,以及地壳运动和新构造等。

A.8 构造地质学(GZ):包括成层构造,褶皱、节理、断层、面理、线理、同沉积构造,岩浆岩原生构造,重力、底辟、撞击构造、显微构造、矿田构造、应变分析,构造应力场等。

A.9 矿物学及结晶学(KW):包括矿物的成因、形态、物理性质(侧重肉眼鉴定方面)、化学组成、矿物分类和名称及晶体发生学、几何结晶学和结构结晶学方面的内容。

A.10 岩石学(YS):包括三大类岩石的名称、结构、构造、成分,各种岩相,火成岩产状,岩浆作用,岩石组合,沉积模式,沉积环境,沉积相及变质作用的类型、方式,变质建造等。

A.11 地球化学(DH):包括元素地球化学的化学元素,地球化学参数,元素地球化学分类、分布、作用;放射性同位素地球化学中的同位素表,同位素的类型、分析测量方式、仪器,地质年龄的测量和计算;稳定同位素分析、地质及地球化学特点;实验地球化学中有关包裹体类型、成因、镜下特征和实验技术、设备、参数以及各类地球化学图件等。

A.12 岩矿鉴定(YK):包括各种鉴定方法、鉴定参数、仪器、岩矿物理性质(侧重仪器鉴定方面)。

A.13 化学分析(HX):包括分析类型,分析方法、分析项目、分析误差、样品分解、化学反应,分析结果、分析浓度、测试条件、化学常数及分析仪器、试剂种类等。

A.14 地史学及地层学(DS):包括年代地层学的基本概念以及全国范围内各时代各大区组以上的地层单位名称。

A.15 古地理学(GD):包括古地理事件,古地理单元,古地理特征及古地理图件等。

A.16 矿床学(KC):包括矿产、矿床成因、矿床类型、矿田构造、矿体形状、成矿作用、围岩蚀变、矿石结构、构造、成矿带等。

A.17 煤地质学(MD):包括煤层、聚煤作用、煤变质作用,聚煤盆地分析;煤炭资源勘探有关内容;煤化、煤质、工业分析,煤的气化和液化;煤岩成分分类,煤的物理性质以及煤的各种分类等。

A.18 石油及天然气地质学(SY):包括油气显示和固体沥青,石油分类,石油的物理性质、组成、馏分及简易分析,石油烃类化合物,石油非烃类化合物、天然气、油气田水、储集层、圈闭、油气成因、运移、聚集、油气盆地,石油地球化学分析及同位素地球化学(有机部分),烃原岩及其评价、油气勘探、储量和资源量计算、油气田开发等内容。

A.19　海洋地质学(HY):包括海洋构成,海洋及河口水文要素、海洋地貌、海洋沉积、海洋底构造、海底矿产资源、古海洋及古气候和海洋地质调查等内容。

A.20　水文地质学(SW):包括水文地质学基础内容、各种水文地质调查、水文地质钻探、野外水文地质试验、地下水动态与均衡、水文地球化学、地下水动力学、岩溶水文地质、水资源、矿床水文地质、土壤改良、各项水文调查成果等。

A.21　工程地质学(GC):包括岩土成分与结构、岩土工程性质、岩土工程地质分类、岩土工程改良以及土体工程、岩体工程、区域工程等各种工程地质条件、问题、作用、研究方法和工程地质勘察等内容。

A.22　地热地质学(DR):包括地温调查、热流、地热显示、地球化学调查、地热勘探、地热介质、地热区、地热储、地热田、地热系统、地热开发、地热经济及地热图件等。

A.23　环境地质学(HJ):包括环境地球化学、环境水文地质学、城市地质、医学地质以及环境污染、环境质量和环境保护等内容。

A.24　地质经济(JJ):包括矿产资源形势分析、矿产资源的储备、供需、经济决策各项指标,矿产、矿业和矿产品各项经济指标、矿床经济评价指标、地质工作经济效果及地质工作管理等内容。

A.25　遥感地质(YG):包括遥感技术方法在地质领域的应用、遥感台仪器设备、遥感图像及解释、成果资料等。

A.26　数学地质(SD):包括地质数据统计分析、矿产资源预测及评价、地质过程模拟、用于地质工作中的各种数学方法以及这些方法涉及到的各种参数、变量和计算机处理等方面的内容。

A.27　区域地质调查(QD):包括工作区概况、工作步骤、各种调查方法、野外数据采集及调查成果资料等。

A.28　地球物理勘探(WT):包括重、磁、电、地震、测井各种物探方法用于陆地、空中、海上各方面所涉及的数据采集、各种物性参数、方法手段、仪器设备、资料数据解释及成果图件等内容。

A.29　勘查地球化学(HT):包括勘查地球化学所依据的地球化学背景、异常、分散、元素存在形式等基本原理涉及的各项内容,各种化探方法,野外样品采集、各种参数、数据处理及成果解释等内容。

A.30　矿山地质与采矿(KS):包括矿山设计、基础地质工作、生产勘探、生产指导及矿山储量、矿石贫化、矿石损失方面的内容和有关采矿、通风、排水等内容。

A.31　选矿与冶金(XY):包括选矿产品、选矿技术经济指标、矿石可选性和冶金流程、冶金方法、矿石性质、熔剂、冶金炉、冶金产品及冶金工业指标等内容。

A.32　固体矿产普查与勘探(PK):包括矿产资源分类、地质工作阶段划分、固体矿产普查勘探方法、勘探类型、取样种类和方法、储量计算、矿石类型、地质编录、矿产工业要求等。

A.33　探矿工程(TK):包括陆地钻探、坑探及石油钻井、海上钻探等各种探矿工程的技术方法、工艺要求、工作程序、施工记录、各项技术参数及仪器设备、成果图件等。

A.34　古生物学(GS):包括总论,古无脊椎动物、古脊椎动物、古植物、孢粉及遗迹化石和几丁虫等标准化石。

A.35　测绘学(CH):包括控制测量、摄影测量、普通测量及地质勘探工程测量所涉及到的各有关定量和定性数据、成果资料、各种导航系统等各种空间定位数据、测绘方法、精度、仪器等。

以上是各学科包括的主要内容,详见各学科术语分类代码表。

ICS 35.040
A 24

中华人民共和国国家标准

GB/T 9649.10—2009
代替 GB/T 9649.10—2001

地质矿产术语分类代码 第10部分:岩石学

Terminology classification and code of geology mineral resources—Part 10:Petrology

2009-10-15 发布　　2009-12-01 实施

中华人民共和国国家质量监督检验检疫总局
中国国家标准化管理委员会　发布

前　言

GB/T 9649《地质矿产术语分类代码》分为35个部分：

——第1部分：宇宙地质学；

——第2部分：地球物理学；

——第3部分：火山地质；

——第4部分：地震地质；

——第5部分：外动力地质学；

——第6部分：地貌学；

——第7部分：大地构造学；

——第8部分：构造地质学；

——第9部分：结晶学及矿物学；

——第10部分：岩石学；

——第11部分：地球化学；

——第12部分：岩矿鉴定；

——第13部分：化学分析；

——第14部分：地史学及地层学；

——第15部分：古地理学；

——第16部分：矿床学；

——第17部分：煤地质学；

——第18部分：石油及天然气地质学；

——第19部分：海洋地质学；

——第20部分：水文地质学；

——第21部分：工程地质学；

——第22部分：地热地质；

——第23部分：环境地质；

——第24部分：地质经济学；

——第25部分：遥感地质；

——第26部分：数学地质；

——第27部分：区域地质调查；

——第28部分：地球物理勘查；

——第29部分：地球化学勘查；

——第30部分：矿山地质与采矿；

——第31部分：选矿与冶金；

——第32部分：固体矿产普查与勘探；

——第33部分：探矿工程；

——第34部分：古生物学；

——第35部分：测绘学。

本部分为GB/T 9649的第10部分，代替GB/T 9649.10—2001《地质矿产术语分类代码　岩石学》。

本部分与GB/T 9649.10—2001相比，主要变化如下：

——按GB/T 1.1—2000对标准进行修改；

——增加了部分原标准未收录的常用条目，对部分条目增补了适当的说明，计新增术语51种，同物异名补充术语46种；

——调整了7种术语的表中顺序(编码未变)。

本部分的附录A为规范性附录。

本部分由中国标准化研究院提出并归口。

本部分起草单位：中国地质调查局、国土资源部信息中心、中国国土资源经济研究院。

本部分主要起草人：其和日格、陈春仔、李永涛、段兆芳。

本部分所代替标准的历次版本发布情况为：

——GB/T 9649—1988；

——GB/T 9649.10—2001。

地质矿产术语分类代码
第10部分：岩石学

1 范围

本部分规定了包括三大类岩石的名称、结构、构造、成分，各种岩相，火成岩产状，岩浆作用，岩石组合，沉积环境，沉积相及变质作用的类型、方式，变质构造等岩石学方面的数据分类和代码。

本部分适用于各类地质矿产信息系统建设，是确定数据库标准体系和数据字典，制定各类地质数据文件格式标准的基础标准。

2 术语和定义

下列术语和定义适用于本部分。

2.1

数据项 data item

反映各种地质实体的基本属性及其上层概念的术语。

2.2

文字值 literal value

对地质实体的基本属性进行具体的定性描述用的术语。

3 分类原则

3.1 本部分按照易编好用和尽量减少代码冗余而又留有扩充余地等原则，采用面分类法，将地质科学分成35个学科大类，并严格划分边界，保持总体的系统性、完整性，避免内容的重复与交叉。

3.2 大类下面采用三级树型分类，中类、小类到基本数据项名。各学科内容层次不一，可少于三层，在编码容量允许的条件下，也可分至四层。

3.3 各级分类具有科学性、系统性和通用性。

4 选词原则

4.1 选词对象：可能作为各类地质矿产数据库之数据项(包括从分类意义上选取的数据项的上层概念)的术语，以及定性描述数据项的文字值要用到的术语。所选术语与现行有关国家标准取得一致，尽量参照现行的各种地质工作规范。

4.2 作为数据项用的术语在本标准中具有唯一性。凡有同义词的在说明栏标明，以备参照。

4.3 选词力求简单、明确，无二义性。充分考虑到建立数据库的需要。

4.4 为保证“地质矿产术语分类代码”的整体性、系统性，避免重复，在基础学科已包含的内容，应用学科中不再选入，新兴学科和边缘学科只选取其独有内容。有关分类选词范围归属的说明见附录A。

4.5 适当选入一些反映学科发展新方向、新水平的术语。

4.6 为了使用的方便，个别使用频度高的数据项在不同学科可重复出现，但要用统一编码，确保代码的唯一性。在不同数据项下的文字值可有少量重复。

5 编码方法

5.1 数据项采用不多于六位的拉丁字母(大写)编码，一般共分为四个层次。结构如下：

```
×  ×    ×    ×    ×  ×
 |      |    |     |
大类    中类  小类   数据项
```

各大类取能反映该类含义的两个汉字的汉语拼音字头为代码，具有一定的可读性。如“构造地质学”取“GZ”为代码。以下为树型嵌套式，中类和小类各取A～Z一位字母顺序编排，最后两位为基本数据项，数量较多，取AA～ZZ顺序编排。若有分级需要，且扩充余量足够，也可将最后两位分作两级使用。

5.2 文字值一般采用数字编码，其长度由分级需要、文字值的个数及留出的扩充余量来决定，尽量缩短，减少冗余。文字值分等级时，采用数字层次嵌套方式，同一数据项下的文字值代码为等长码。有些文字值(如化学元素、地层等)继续采用原有的国际或国内通用字符代码。

6 使用与管理

6.1 使用方法：该部分以书面及磁介质两种方式提供使用，用户可根据各自建库目的从各学科选择所需术语及其代码，作为各自系统的数据字典。

6.2 若该部分内容尚不能满足某项需要，可提出要补充的内容，报请该部分管理单位在相应学科增补，并给定代码以供使用。

7 岩石学术语分类代码表

为适应建设数据库和与国际交流的需要，分类与代码表设置代码、汉字名、英译名(古生物为拉丁文字名)及说明四个栏目，见表1。

表1 岩石学术语分类代码表

代码	汉字名	英译名	说明
YS	岩石学		
YSA	岩石学序言	Introduction of petrology	
YSB	岩石成分	Composition of rocks	
YSC	岩石结构	Texture of rocks	
YSD	岩石构造	Structure of rocks	
YSE	岩石的分类和名称	Classification and name of rocks	
YSF	岩石学图件	Diagrams of petrology	
YSG	岩石学指数(系数、参数、公式、比率)	Petrologic indexes	
YSH	岩石的颜色	Colour of rocks	
YSI	岩石相平衡	Petrologic phase equilibrium	
YSJ	火成岩的产状岩相	Occurrence and facies of igneous rock	
YSK	岩浆作用方式岩石组合和岩石成因类型	Magmatism rock assemblage and genetic type of rocks	
YSO	沉积物	Sediments	
YSP	环境与沉积	Environment and sedimentation	
YSQ	沉积组合	Sedimentary accosiation	
YSR	沉积垂向变化	Vertical variation of sedimentation	
YSV	变质作用类型和变质作用方式	Metamorphic type and genesis of metamorphism	
YSW	变质岩的等物理系列	Isophysical series of metamorphic rocks	

表 1（续）

代码	汉字名	英译名	说明
YSX	变质建造	Metamorphic formation	
YSA	岩石学序言		
YSAA	岩石学分类	Classification of petrology	
YSAB	岩石成因学说	Doctrines of petrogenesis	
YSAC	岩石成因分类	Petrogenic classification	
YSAD	岩石	Rocks	
YSAE	应变	Deformation	变形
YSAF	成岩机制	Mechanism of rock-forming	
YSAG	其他岩石学概念	Other petrologic conception	
YSAA	岩石学分类		
01	火成岩石学	Igneous petrology	岩浆岩石学
02	沉积岩石学	Sedimentary petrology	
03	变质岩石学	Metamorphic petrology	
04	成分岩石学	Compositional petrology	岩石组成学
05	成因岩石学	Petrogenesis	岩理学
06	描述岩石学	Petrography	岩类学
07	岩石形态学	Petromorphology	
08	岩石物理学	Petrophysics	
09	化学岩石学	Chemical petrology	
10	岩石构造学	Petrotectonics	
11	岩石化学	Petrochemistry	
12	岩组学	Petrofabrics	
13	岩性学	Lithology	
14	相岩石学	Phase petrology	
15	构造岩石学	Structural petrology	
16	流变学	Rheology	
17	工艺岩石学	Technical petrology	
18	区域岩石学	Regional petrology	
19	化石岩石学	Fossil petrology	
20	实验岩石学	Experimental petrology	
21	沉积岩石学	Sedimentology	
YSAB	岩石成因学说		
01	火成论	Plutonism	
02	水成论	Neptunism	
03	变成论	Transformism	
YSAC	岩石成因分类		
1	火成岩	Igneous rocks	岩浆岩
2	沉积岩	Sedimentary rocks	
3	变质岩	Metamorphic rocks	
4	成因不明的岩石	Agnostogenic rocks	

表 1（续）

代码	汉字名	英译名	说明
5	构造岩	Tectonic rocks	
YSAD	岩石		
01	基岩	Bedrock	
02	原岩	Primary rock	
03	后成岩	Deuterogenous rock	
04	次生岩	Secondary rock	
05	围岩	Country rock	
06	母岩	Mother rock	
07	结晶岩石	Crystalline rock	
08	隐晶岩	Cryptocrystalline rock	
09	粒状岩	Kokkite	
10	显晶岩	Phanerocrystalline rock	
11	玻质岩	Vitreous rock	
12	半晶质岩	Hemicrystalline rock	
13	喷出岩	Extrusive rock	
14	侵入岩	Intrusive rock	
15	喷发岩	Explosive rock	
16	侵出岩	Extruded rock	挤出岩
17	深成岩	Plutonic rock	
18	半深成岩	Hypabyssal rock	
19	浅成岩	Epizonal rock	
20	次火山岩	Subvolcanic rock	潜火山岩
21	火山岩	Volcanic rock	
22	等变岩	Isograde rock	等级岩
23	等相岩	Isofacial rock	
24	单矿岩	Monomineralic rock	
25	复矿岩	Polymineralic rock	
26	熔岩	Lava	
27	混染岩	Hybrid rock	
28	饱和岩	Saturated rock	
29	未饱和岩	Unsaturated rock	
30	过饱和岩	Oversaturated rock	
31	浅色岩	Leucocratic rock	淡色岩
32	中色岩	Mesocratic rock	
33	深色岩	Melanocratic rock	暗色岩
34	地幔岩	Pyrolite	
YSAE	应变		
01	均匀应变	Homogeneous deformation	
02	非均匀应变	Heterogeneous deformation	
03	蠕变	Creep	

表 1（续）

代码	汉字名	英译名	说明
04	塑变	Plastic deformation	流变
05	转动变形	Rotational deformation	
06	非转动变形	Irrotational deformation	
07	平面变形	Plane deformation	
08	切变	Shear	
09	纯应变	Pure strain	
21	应变椭球	Deformation ellipsoid	
22	扩容	Dilation	膨胀
23	滑移流动	Gliding flow	
24	压力透镜体	Pressure lenses	
25	粘流体	Rheid	流变体，软流体
26	雪球构造	Snowball structure	
27	螺旋构造	Spiral structure	
28	平移	Strike	
29	直移滑动	Translation gliding	
YSAF	成岩机制		
1	岩浆作用	Magmatism	
2	伟晶作用	Pegmatitization	
3	沉积作用	Sedimentation	
4	变质作用	Metamorphism	
5	火山作用	Volcanism	
YSAG	其他岩石学概念		
YSAGA	岩浆成因类型	Genetic type of magma	
YSAGB	沉积物分区	Sediment division	
YSAGC	牵引流	Tractive current	
YSAGD	流体动态分类	Flow regime classification	
YSAGE	密度流类型	Type of density current	
YSAGA	岩浆成因类型		
1	残余岩浆	Residual magma	
2	同熔岩浆	Syntectic magma	
3	深熔岩浆	Anatectic magma	
4	幔源岩浆	Mantle-derived magma	
5	壳源岩浆	Crust-derived magma	
YSAGB	沉积物分区		
1	来源区	Source area	
2	陆源区	Terrigenous area	
3	沉积区	Sedimentary area	
YSAGC	牵引流		
01	底沙	Bed sediment	
02	床沙载荷	Bed load	推移质

表 1（续）

代码	汉字名	英译名	说明
03	推移载荷	Traction load	牵引载荷
04	悬移载荷	Suspension load	悬移质
05	溶解载荷	Dissolved load	
06	悬胶载荷	Suspensoid load	
07	悬胶溶解载荷	Suspensoid-dissolved load	
YSAGD	流体动态分类		
01	牛顿流体	Newtonian fluid	
02	非牛顿流体	Non-newtonian fluid	
03	层流	Laminer flow	
04	紊流	Turbulent flow	
05	急流	Rapid flow	
06	缓流	Tranquil flow	
07	上部水流动态	Upper flow regime	高流态
08	下部水流动态	Lower flow regime	低流态
09	过渡水流动态	Transition regime	
YSAGE	密度流类型		
01	沉积物重力流	Sediment gravity flows	
02	浊流	Turbidity current	
03	颗粒流	Grain flow	
04	液化沉积物流	Liquefied flow	
05	碎屑流	Debris flow	
06	流体重力流	Fluid gravity flow	
07	泥石流	Debris flow	
08	泥流	Mud flow	
09	流体化流	Fluiding flow	
10	水下滑塌	Subaqueous slump	
11	水下泥石流	Subaqueous debris flow	
YSB	岩石成分		
KWB	岩石的矿物成分	Petrologic mineral composition	
YSBB	岩石的其他物质组分	Other petrologic material component	
YSBC	沉积岩结构组分	Textural component of sedimentary rocks	
HXGIH	化学成分	Chemical composition	
YSBE	生物成分	Organic composition	
YSBF	粒度成分	Grainic composition	
YSBB	岩石的其他物质组分		
YSBBAA	析离体	Schlieren	
YSBBAB	残留体	Relict	暗残岩
YSBBAC	残影体	Skialith	
YSBBAD	捕虏体	Xenolith	
YSBBAE	杏仁体	Amygdale	

表 1（续）

代码	汉字名	英译名	说明
YSBBAF	脉体	Metasome	
YSBBAG	基体	Palasome	
YSBBAH	扁豆体	Phacoids	透镜体
YSBBAI	胶体	Colloid	
YSBBAJ	陨石物质	Meteoric matter	
YSBBAK	基质矿物	Matrix mineral	石基
YSBBAL	玻璃	Glass	
YSBBAM	挥发分	Volatile component	
YSBBAN	斑晶	Phenocryst	
YSBBAO	其他晶体	Other crystal	
YSBBAP	岩石的包体	Peterologic enclave	
YSBBAQ	碎屑	Fragments	
YSBBAR	岩石的空洞	Peterologic cavity	
YSBBBA	岩屑成分	Detritic composition	
YSBBBB	岩屑含量	Detritic content	
YSBBBC	晶屑成分	Crystal fragment composition	
YSBBBD	晶屑含量	Crystal fragment content	
YSBBBE	集块成分	Agglomerated composition	
YSBBBF	集块含量	Agglomerated content	
YSBBBG	角砾成分	Breccia composition	
YSBBBH	角砾含量	Breccia content	
YSBBBI	凝灰成分	Tuff composition	
YSBBBJ	凝灰含量	Tuff content	
YSBBBK	陆源成分	Terrigenous composition	
YSBBBL	陆源含量	Terrigenous content	
YSBBAL	玻璃		
01	碎云玻璃	Sideromelane	
02	橙玄玻璃	Palagonite	
YSBBAN	斑晶		
01	熔蚀斑晶	Corrosive phenocryst	
02	碎斑(晶)	Clastic phenocryst	
03	自碎斑晶	Autoclastic phenocryst	
04	变斑晶	Metacrystal	
05	旋转变斑晶	Helicitic porphyroblast	残缕变斑晶
06	眼斑	Augen	眼球体
YSBBAO	其他晶体		
01	捕获晶	Xenocryst	
02	熔蚀晶	Corroded crystal	
03	变晶	Blast crystal	
04	内变晶	Endoblast	填隙晶

表 1（续）

代码	汉字名	英译名	说明
05	包晶	Inclosing crystal	围晶
06	主晶	Host-crystal	
07	客晶	Guest-crystal	
08	嵌晶	Poikilocrystal	
09	变嵌晶	Poikiloblast	
10	枝晶	Dendrite	树枝石
YSBBAP	岩石的包体		
01	捕虏岩包体	Xenolithic enclave	
02	同源包体	Enclave homoeogene	
03	异源包体	Enclave enallogene	外源包体
04	同源异构包体	Enclave allomorphe	
05	异质包体	Enclave antilogue	
06	多源包体	Enclave polygene	
07	包体群	Enclave swarm	
08	深熔暗包体	Mianthite	
YSBBAQ	碎屑		
01	火山碎屑	Pyroclast	火成碎屑
02	岩屑	Detritus	石屑
03	塑性岩屑	Plastic-detritus	火焰石浆屑
04	浮岩状碎屑	Pumiceous fragment	
05	晶屑	Crystal fragment	
06	玻屑	Vitreous fragment	玻璃质碎屑
07	塑性玻屑	Plastic-vitreous fragment	塑变玻屑
08	淬碎玻璃碎屑	Hyaloclastic vitreous fragment	
21	火山块	Volcanic block	
22	火山渣	Volcanic cinder	
23	火山弹	Volcanic bomb	
24	溅落熔岩	Spatter	熔浆团块
25	火山角砾	Volcanic rubble	
26	火山砾	Volcanic gravel	
27	火山砂	Volcanic sand	
28	火山灰	Volcanic ash	
29	火山尘	Volcanic dust	
30	火山泥球	Volcanic mud ball	火山灰球
31	火山毛	Volcanic hair	
41	火山质外生碎屑	Volcanic exogenic fragment	
42	非火山质外生碎屑	Un-volcanic exogenic fragment	
43	火山异源碎屑	Volcano-allothigenous fragment	
51	有机碎屑	Organic fragment	
YSBBAR	岩石的空洞		

表 1（续）

代码	汉字名	英译名	说明
01	孔隙	Hole	
02	杏仁孔	Amygdule	杏仁体
03	熔蚀孔	Corrosion cavity	
04	熔洞	Dissolution cavity	
05	晶洞	Miarolitic cavity	
06	气泡	Vesicle	空腔
07	气孔	Fumarole	喷气孔
YSBC	沉积岩结构组分		
YSBCA	碎屑颗粒	Clastic grain	
YSBCB	碳酸盐异化粒	Carbonate allochems	
YSBCC	碎屑岩杂基	Matrix of clastic rocks	
YSBCD	碎屑岩胶结物	Cements of clastic rocks	
YSBCE	碳酸盐岩基质和胶结物	Matrix and cements of carbonate rocks	
YSBCA	碎屑颗粒		
01	角砾	Breccia	
02	砾石	Gravel	
03	巨砾	Boulder	浮砾
04	粗砾	Cobble	
05	中砾	Pebble	
06	细砾	Granule	
07	砂	Sand	
08	极粗砂	Very coarse sand	巨粒砂
09	粗砂	Coarse sand	
10	中砂	Medium sand	
11	细砂	Fine sand	
12	极细砂	Very fine sand	
13	粉砂	Silt	
14	粗粉砂	Coarse silt	
15	中粉砂	Medium silt	
16	细粉砂	Fine silt	
17	极细粉砂	Very fine silt	
YSBCB	碳酸盐异化粒		
YSBCBA	内碎屑	Intraclasts	
YSBCBB	球粒	Pellets	团粒
YSBCBC	团块	Lumps	聚集粒
YSBCBD	包粒	Coated grain	
YSBCBE	生物碎屑	Bioclast	
YSBCBA	内碎屑		
01	砾屑	Gravel clast	
02	砂屑	Sandy clast	

表 1（续）

代码	汉字名	英译名	说明
03	粗砂屑	Coarse sandy clast	
04	中砂屑	Medium sandy clast	
05	细砂屑	Fine sandy clast	
06	粉砂屑	Silty clast	粉屑
07	粗粉砂屑	Coarse silty clast	
08	细粉砂屑	Fine silty clast	
09	微屑	Micro clast	
10	泥屑	Mud clast	
YSBCBB	球粒	Pellet	
01	复球粒	Compound pellet	
02	粪球粒	Faecal pellet	粪粒
03	藻球粒	Algal pellet	
04	似球粒	Pelletoid	
05	鲕球粒	Oolite pellet	
YSBCBC	团块		
01	藻凝块	Algal lump	藻团块
02	凝块石	Catagraph	
03	葡萄石团块	Grapestone lump	
04	灰泥凝块	Grumeaux	
05	钙球	Calcispheres	
YSBCBD	包粒		
01	生物包粒	Biocoated grain	
02	豆粒	Pisolite	
03	渗流豆粒	Vadose pisolite	
04	鲕粒	Ooid	
05	正常鲕	Normal ooid	真鲕
06	薄皮鲕	Superficial ooid	表鲕
07	复鲕	Composite ooid	
08	偏心鲕	Eccentric ooid	
09	藻鲕	Algal ooid	
10	变形鲕	Deformation ooid	
11	结晶鲕	Crystalline ooid	
12	变晶鲕	Crystalloblastic ooid	
13	负鲕	Minus ooid	
14	假鲕	Pseudo-ooid	
15	核形石	Oncolites	藻灰结核
16	藻饼	Algal biscuit	
YSBCBE	生物碎屑		
01	化石颗粒	Fossil grain	
02	骨粒	Skeletal grain	

表 1（续）

代码	汉字名	英译名	说明
03	铸粒	Cast grain	
YSBCC	碎屑岩杂基		
01	原杂基	Protomatrix	
02	正杂基	Orthomatrix	
03	外杂基	Epimatrix	
04	假杂基	Pseudomatrix	
05	淀杂基	Precipmatrix	
YSBCD	碎屑岩胶结物		
01	钙质胶结物	Calcareous cement	
02	碳酸盐胶结物	Carbonate cement	
03	碳酸钙胶结物	Calcium carbonate cement	
04	方解石胶结物	Calcite cement	
05	白云石胶结物	Dolomite cement	
06	铁质胶结物	Ferric cement	
07	菱铁矿胶结物	Siderite cement	
08	赤铁矿胶结物	Hematite cement	
09	褐铁矿胶结物	Limonite cement	
10	硅质胶结物	Siliceous cement	
11	二氧化硅胶结物	Silica cement	
12	蛋白石胶结物	Opal cement	
13	玉髓胶结物	Chalcedong cement	
14	石膏胶结物	Gypsum cement	
15	硬石膏胶结物	Anhydrite cement	
16	海绿石胶结物	Glauconite cement	
17	鲕状绿泥石胶结物	Chamositic cement	
18	磷酸盐胶结物	Phosphatic cement	
19	沸石胶结物	Zeolite cement	
20	重晶石胶结物	Barite cement	
21	天青石胶结物	Celestite cement	
22	绿泥石胶结物	Chlorite cement	
23	黄铁矿胶结物	Pyrite cement	
24	粘土胶结物	Clay cement	
25	氧化铁胶结物	Iron oxide cement	
26	石英再生生长胶结物	Quartz regrowth cement	
YSBCE	碳酸盐岩基质和胶结物		
01	微晶	Micrite	泥晶
02	微晶基质	Micrite matrix	泥晶基质
03	灰泥	Lime mud	
04	亮晶	Sparite	亮晶方解石
05	微亮晶	Microspar	

表 1（续）

代码	汉字名	英译名	说明
06	假亮晶	Pseudospar	伪亮晶
07	亮晶胶结物	Sparite cement	
YSC	岩石结构		
YSCA	火成岩岩石结构	Texture of igneous rocks	
YSCB	沉积岩岩石结构	Texture of sedimentary rocks	
YSCC	变质岩岩石结构	Texture of metamorphic rocks	
YSCA	火成岩岩石结构		
1001	全晶质结构	Holocrystalline texture	
1002	半晶质结构	Hemicrystalline texture	
1003	玻璃质结构	Vitreous texture	
1004	皱晶结构	Crystallitic texture	
1005	微晶结构	Microlitic texture	
1006	球粒结构	Spherolitic texture	
1007	球颗结构	Variolitic texture	
1008	等粒结构	Equigranular texture	
1009	显晶质结构	Phanerocrystalline texture	
1010	粗粒结构	Coarse granular texture	
1011	中粒结构	Intermediate granular texture	
1012	细粒结构	Fine granular texture	
1013	隐晶质结构	Cryptocrystalline texture	
1014	显微晶质结构	Microcrystalline texture	
1015	霏细结构	Felsitic texture	
1016	显微隐晶质结构	Microaphanitic texture	
1017	无斑隐晶质结构	Phenocryst-free cryptocrystalline texture	
1018	不等粒结构	Inequigranular texture	
1019	连续不等粒结构	Seriate texture	
1020	斑状结构	Porphyritic texture	
1021	微斑结构	Microporphyritic texture	
1022	玻基斑状结构	Glass matrix porphyritic texture	
1023	花岗斑状结构	Granoporphyritic texture	
1024	连斑结构	Glomeroporphyritic texture	聚斑结构
1025	似斑状结构	Porphyroid texture	
1026	全自形粒状结构	Panidiomorphic granular texture	
1027	半自形粒状结构	Hypidiomorphic granular texture	
1028	他形粒状结构	Allotriomorphic granular texture	
1029	花岗结构	Granitic texture	
1030	微花岗结构	Hicrogranitic texture	
1031	细晶结构	Aplitic texture	
1032	煌斑结构	Lamprophyric texture	
1033	海绵陨铁结构	Sideronitic texture	

表 1（续）

代码	汉字名	英译名	说明
1034	辉长结构	Gabbroic texture	
1035	间粒结构	Intergranular texture	
1036	间隐结构	Intersertal texture	
1037	玻基辉绿结构	Hyaloophitic texture	
1038	填间结构	Interseptal texture	间片结构
1039	包含结构	Poikilitic texture	嵌晶结构
1040	辉绿结构	Diabasic texture	嵌晶含长结构
1041	微嵌晶结构	Micropoikilitic texture	
1042	次辉绿结构	Subdiabasic texture	次含长结构
1043	基底辉绿结构	Basal diabasic texture	
1044	岛状辉绿结构	Island diabasic texture	
1045	反应边结构	Reaction rim texture	
1046	包橄结构	Peritectic olivine texture	
1047	卵斑结构	Pebble porphyritic texture	眼斑结构
1048	网状结构	Netted texture	
1049	正斑结构	Orthophyric texture	
1050	玻晶交织结构	Hyalopilitic texture	安山结构
1051	交织结构	Pilotaxitic texture	
1052	粗面结构	Trachytic texture	
1053	似粗面结构	Trachytoid texture	
1054	响岩结构	Phonolitic texture	
1055	霞石岩结构	Nephelinitic texture	
1056	蠕虫状结构	Myrmekitic texture	
1057	文象结构	Graphic texture	
1058	显微文象结构	Micrographic texture	
1059	花斑结构	Granophyric texture	
1060	二长结构	Monzonitic texture	
1061	筛状结构	Sieve texture	
1062	交代条纹长石结构	Metasomatic perthitic texture	
1063	交代反条纹长石结构	Metasomatic antiperthitic texture	
1064	堆积结构	Cumulate texture	
1065	正堆积结构	Orthocumulate texture	
1066	补堆积结构	Adcumulate texture	
1067	中堆积结构	Mesocumnlate texture	
1068	异补堆积结构	Heteradcumulate texture	
1069	强化堆积结构	Crescumulate texture	正交堆积结构
1070	双重结构	Double texture	
1071	梳状结构	Comb texture	
1076	碎斑结构	Mortar texture	
1077	鬣刺结构	Spinifex texture	

表 1（续）

代码	汉字名	英译名	说明
1079	网纹斑杂状结构	Harrisitic texture	
1080	包体结构	Inclusion texture	
1082	多斑结构	Multiporphyritic texture	
1083	条纹结构	Perthitic texture	
1087	火山碎屑结构	Pyroclastic texture	
1088	集块结构	Agglomeratic texture	
1089	角砾结构	Breccia texture	
1090	凝灰结构	Tuffaceous texture	玻屑砂状结构
1091	晶屑砂状结构	Crystalloclastic psammitic texture	
1092	岩屑砂状结构	Lithic psammitic texture	
1093	晶玻屑凝灰结构	Crystallc-vitric tuffaceous texture	
1094	玻岩屑砂状结构	Vitro-crystalloclastic psammitic texture	
1095	玻晶屑砂状结构	Vitro-lithic psammitic texture	
1096	岩玻屑凝灰结构	Lithic-vitroclastic tuffaceous texture	岩玻屑砂状结构
1097	岩晶屑砂状结构	Lithic-crystalloclastic psammitic texture	
1098	晶岩屑砂状结构	Crystallc-lithic psammitic texture	
1099	复屑砂状结构	Poly-clastic psammitic texture	
1100	熔结碎屑结构	Welded clastic texture	
1101	强熔结集块结构	Strong welded agglomeratic texture	
1102	弱熔结集块结构	Weak welded agglomeratic texture	
1103	强熔结角砾结构	Strong welded breccia texture	
1104	弱熔结角砾结构	Weak welded breccia texture	
1105	强熔结凝灰结构	Strong welded tuffaceous texture	
1106	弱熔结凝灰结构	Wesk welded tuffaceous texture	
1107	熔结凝灰结构	Welded tuffaceous texture	
1108	碎屑熔岩结构	Pyroclastic lava texture	
1109	集块熔岩结构	Agglomerate lava texture	
1110	熔岩巨砾结构	Lava boulder texture	
1112	角砾熔岩结构	Breccia lava texture	
1113	熔岩砾状结构	Lava psephitic texture	
1114	熔岩凝灰结构	Lava tuffaceous texture	
1115	熔岩砂状结构	Lava aleuritic texture	
1116	自碎结构	Autoclastic texture	
1117	火山—沉积碎屑结构	Volcanic-sedimentary clastic texture	
1118	脱玻结构	Devitrified texture	
1119	脱玻雏晶结构	Devitrified crystallitic texture	
1120	脱玻隐晶结构	Devitrified crystocrystalline texture	
1121	脱玻霏细结构	Devitrified felsitic texture	
1122	脱玻微嵌晶结构	Devitrified micropoikilitic texture	
1123	脱玻束状结构	Devitrified bunchy texture	

表 1（续）

代码	汉字名	英译名	说明
1124	脱玻球粒结构	Devitrified spherolitic texture	
1125	脱玻球颗结构	Devitrified variolitic texture	
1126	基质结构	Matric texture	
YSCB	沉积岩岩石结构		
YSCBA	碎屑颗粒结构	Texture of clastic grains	
YSCBB	胶结物结构	Texture of cements	
GCFCBC	支撑类型	Type of supporting	
YSCBD	结构成熟度	Texture maturity	
YSCBE	泥质岩结构	Texture of argillaceous rocks	
YSCBF	碳酸盐岩颗粒结构	Allochem grain texture of carbonate rocks	
YSCBG	生物骨架结构	Organic framework texture	
YSCBH	碳酸盐岩晶粒结构	Crystalline granular texture of carbonate rocks	
YSCBI	碳酸盐岩残余结构	Relict texture of carbonate rocks	
YSCBJ	其他沉积结构	Other sedimentary texture	
YSCBK	成岩自形晶结构	Diagenetic euhedral texture	
YSCBL	风化残余结构	Weathering residual texture	
YSCBA	碎屑颗粒结构		
YSCBAA	颗粒粒级结构	Grade texture of grain	
YSCBAB	颗粒圆度	Roundness of grain	
YSCBAC	颗粒形状	Shape of grain	
YSCBAD	颗粒表面特征	Surface feature of grain	
YSCBAE	颗粒接触类型	Contact type of grain	颗粒接触关系
YSCBAA	颗粒粒级结构		
2001	粗碎屑结构	Coarse clastic texture	
2002	细碎屑结构	Fine clastic texture	
2003	砾状结构	Psephitic texture	
2004	圆砾结构	Conglomeratic texture	
2005	角砾结构	Breccia texture	
2006	假圆砾结构	Pseudo conglomeratlc texture	
2007	假角砾结构	Pseudo brecciated texture	
2008	巨砾结构	Boulder texture	
2009	粗砾结构	Cobble texture	
2010	中砾结构	Pebble texture	
2011	细砾结构	Granule texture	
2012	砂状结构	Psammitic texture	砂质结构
2013	砂岩结构	Sandstone texture	
2014	等粒砂状结构	Equigranular psammitic texture	
2015	不等粒砂状结构	Inequigranular psammitic texture	
2016	极粗粒砂状结构	Very coarse-granular psamitic texture	
2017	粗粒砂状结构	Coarse-granular psamitic texture	

表 1（续）

代码	汉字名	英译名	说明
2018	中粒砂状结构	Medium-granular psamitic texture	
2019	细粒砂状结构	Fine-granular psamitic texture	
2020	极细粒砂状结构	Very fine-granular psamitic texture	
2021	粉砂结构	Silt texture	
2022	粗粉砂结构	Coarse silt texture	
2023	细粉砂结构	Fine silt texture	
2024	包含碎屑结构	Poikilitic texture	
2025	粉末状结构	Pulverulent texture	
YSCBAB	颗粒圆度		
2101	棱角状	Angular	
2102	次棱角状	Subangular	
2103	次圆状	Subrounded	
2104	圆状	Rounded	
2105	极圆状	Very rounded	
YSCBAC	颗粒形状		
2121	等轴状	Equant	
2122	扁圆状	Oblate	
2123	柱状	Prolate	
2124	叶片状	Bladed	
YSCBAD	颗粒表面特征		
2131	霜面	Frosting	
2132	磨砂面	Frosting surface	
2133	磨光面	Polished surface	
2134	磨圆面	Rounded face	
2135	磨蚀面	Abraded surface	
2136	蜂窝状溶蚀表面	Honeycombed solution surface	
2137	溶蚀鳞片状剥落	Dissolution scaly peeled off	
2138	脂状面	Fatty surface	
2139	擦痕	Striation	
2140	细擦痕	Striae	
2141	丁字头擦痕	Nailhead scratch	
2142	刻痕	Indatation	
2143	刮痕	Scrape	
2144	瘢痕	Scars	
2145	弧形刮痕	Curved scrape	
2146	撞击痕	Impact striae	
2147	溶蚀痕	Dissolution trace	
2148	压坑	Compressed pits	
2149	凹坑	Depression	
2150	深坑	Deep concavities	

表 1（续）

代码	汉字名	英译名	说明
2151	“阶梯”深坑	Deep concavities of steps	
2152	碰撞坑	Impact pits	冲击坑
2153	溶蚀坑	Dissolution pits	
2154	破碎坑	Broken pits	
2155	箭形坑	Arrowhead depression	
2156	圆弧形撞击坑	Semi-circular impact pits	
2157	三角形撞击坑	Triangle impact concavities	
2158	“V”形坑	V-shaped depression	
2159	“U”形坑	U-shaped depression	
2160	三角形溶蚀坑	Triangle dissolution concavities	
2161	碟形坑	Dish-shaped depression	
2162	不规则形坑	Irregular depression	
2163	瘤状突起	Warty projection	
2164	鲕状突起	Oolitic projection	
2165	突起的平行脊	Projected parallel ridges	
2166	锯齿形脊线	Hackly crest lines	
2167	裂纹	Crevasses	
2168	弯曲裂纹	Curved crevasses	
2169	环状裂纹	Circular crevasses	
2170	球状裂纹	Spherical crevasses	
2171	锯齿状裂纹	Hackly fissures	
2172	刻槽	Grooves	沟槽
2173	溶蚀沟	Solution grooves	
2174	融沟	Thawing grooves	
2175	融洞	Thaw caves	
2176	溶洞	Concavities	
2177	次生重结晶	Secondary recrystallization	
2178	沙漠漆	Desert varnish	
2179	风棱石	Ventifact	
2180	熨斗状外形	Flatiron shape	
YSCBAE	颗粒接触类型		
1	飘浮状	Float	颗粒不接触
2	点接触	Pointed contact	
3	线接触	Line contact	
4	凹凸接触	Concave-convex contact	
5	缝合接触	Sutured contact	
YSCBB	胶结物结构		
2201	非晶质胶结物结构	Non-crystalline cement texture	
2202	隐晶质胶结物结构	Cryptocrystalline cement texture	
2203	结晶质胶结物结构	Crystalline cement texture	

表 1（续）

代码	汉字名	英译名	说明
2204	协和界面胶结物结构	Compromise boundary cement texture	
2205	贴面结合胶结物结构	Enfacial junction cement texture	
2206	带状胶结物结构	Banded cement texture	薄膜状胶结物结构
2207	丛生胶结物结构	Crustified cement texture	栉壳状胶结物结构
2208	次生加大胶洁物结构	Overgrowth cement texture	再生生长胶结物结构
2209	嵌晶胶结物结构	Poikilitic cement texture	
2210	斑点状胶结物结构	Spotted cement texture	
2211	串珠状胶结物结构	Bacillaire cement texture	
2212	基底胶结	Basal cementation	
2213	孔隙胶结	Porous cementation	
2214	接触胶结	Contact cementation	
2215	镶嵌胶结	Mosaic cementation	
2221	等厚胶结物结构	Isopachous cement texture	
2222	晶簇状胶结物结构	Drusy cement texture	
2223	点接触胶结物结构	Point contact cement texture	
2224	重力型胶结物结构	Gravity cement texture	
2225	新月型胶结物结构	Meniscus cement texture	
2226	连生胶结物结构	Intergrowth cement texture	
2227	共轴生长胶结物结构	Syntaxial overgrowth cement texture	
2228	环边状胶结物结构	Rim cement texture	
GCFCBC	支撑类型		
2251	颗粒支撑	Grain-supported	
2252	泥支撑	Mud-supported	
2253	杂基支撑	Matrix-supported	
YSCBD	结构成熟度		
1	不成熟	Immature	
2	成熟	Mature	
3	超成熟	Supermature	
YSCBE	泥质岩结构		
2301	泥质结构	Argillaceous texture	
2302	含粉砂泥质结构	Silt-bearing argillaceous texture	
2303	粉砂泥质结构	Silt argillaceous texture	
2304	含砂泥质结构	Sand-bearing argillaceous texture	
2305	砂泥质结构	Sand-argillaceous texture	
2306	片状结构	Sohistose texture	
2307	管状结构	Tubular texture	
2308	纤维状结构	Fibrous texture	

表 1（续）

代码	汉字名	英译名	说明
2309	针状结构	Acicular texture	
2310	束状结构	Bunchy texture	
2311	毡状结构	Felted texture	
2312	球粒泥质结构	Spherulitic pelitic texture	
2313	球状结构	Globular texture	
2314	显微磷片结构	Microsealy texture	
2315	显微粒状结构	Micrograined texture	
2316	显微纤维结构	Microfibrous texture	
2317	生物泥质结构	Bio-argillaceons texture	
2318	植物泥质结构	Phytogenic argillaceous texture	
2319	动物泥质结构	Zoogenic argillaceous texture	
2320	残余结构	Relict texture	
2321	残余凝灰结构	Relict tuffaceous texture	
2322	残余斑状结构	Relict porphyritic texture	
2323	胶状结构	Colloform texture	
2324	内碎屑结构	Intraclastic texture	
2325	鲕状泥质结构	Oolite-pelitic texture	
2326	豆状泥质结构	Pisolith-pelitic texture	
YSCBF	碳酸盐岩颗粒结构		
2401	颗粒结构	Allochem grain texture	异化颗粒结构
2402	竹叶状砾屑结构	Wormy gravel clastic texture	
2403	砾屑结构	Gravel clastic texture	
2404	砂屑结构	Sandy clastic texture	
2405	粉屑结构	Silty clastic texture	
2406	微屑结构	Microclastic texture	
2407	泥屑结构	Mud clastic texture	
2408	球粒结构	Pellet texture	
2409	微球粒结构	Micropellet texture	
2410	豆粒结构	Pisolite texture	
2411	鲕粒结构	Oolite texture	
2412	生物碎屑结构	Bioclastic texture	
2413	假鲕粒结构	Pseudoolite texture	
YSCBG	生物骨架结构		
2601	粒状结构	Granular texture	
2602	胶粒结构	Gelgrained texture	
2603	隐粒结构	Cryptograined texture	
2604	微粒结构	Microgranular texture	
2605	晶粒结构	Crystalline texture	
2606	玻纤状结构	Glassy fibrous texture	
2607	柱纤状结构	Prismatic fibrous texture	

表 1（续）

代码	汉字名	英译名	说明
2610	平行片状结构	Parallel foliated texture	
2611	倾斜片状结构	Inclined foliated texture	
2612	交错纹片结构	Crossed-lameller texture	
2613	复杂交错纹片结构	Complex crossed-lameller texture	
2614	单晶结构	Monocrystalline texture	
YSCBH	碳酸岩盐晶粒结构		
2701	巨晶结构	Macrocrystalline texture	
2702	极粗晶结构	Very coarse-crystalline texture	
2703	粗晶结构	Coarse-crystalline texture	
2704	中晶结构	Medium-crystalline texture	
2705	细晶结构	Fine-crystalline texture	
2706	极细晶结构	Very fine-crystalline texture	
2707	隐晶结构	Cryptocrystalline texture	
YSCBI	碳酸盐岩残余结构		
2801	正残余结构	Ortho-relict texture	
2802	负残余结构	Para-relict texture	
2803	残余异化颗粒结构	Relict allochem grain texture	
2804	残余内碎屑结构	Relict intraclastic texture	
2805	残余鲕粒结构	Relict oolitic texture	
2806	残余球粒结构	Relict pellet texture	
2807	残余团块结构	Relict lump texture	
2808	残余生物碎屑结构	Relict bioclastic texture	
2809	残余微晶结构	Relict micritic texture	
YSCBJ	其他沉积结构		
2901	糖粒状结构	Sucrosic texture	
2902	生物骨架结构	Bioframework texture	
2903	向心结构	Centric texture	
2904	被壳结构	Incrustation texture	
2905	石印石结构	Lithographic texture	
2906	结核状结构	Concretionary texture	
2907	放射轴结构	Radial texture	
2908	气泡环带结构	Pneumozonal texture	
2909	显微气孔结构	Microvesicular texture	
2910	假网格状结构	Pseudoclathrate texture	
2911	放射轴结构	Radiaxial texture	
YSCC	变质岩岩石结构		
3001	变余结构	Palimpsest texture	
3002	变余角砾状结构	Blastobrecciatic texture	
3003	变余砾状结构	Blastopsephitic texture	
3004	变余砂状结构	Blastopsammitic texture	

表 1（续）

代码	汉字名	英译名	说明
3005	变余粉砂状结构	Blastosilt texture	
3006	变余泥状结构	Blastopelitic texture	
3007	变余碎屑状结构	Blastofragmental texture	
3008	变余斑状结构	Blastoporphyritic texture	
3009	变余熔蚀结构	Blastoresorption-crystal texture	
3010	变余花岗结构	Blastogranitic texture	
3011	变余辉长结构	Blastogabbroic texture	
3012	变余辉绿结构	Blastodiabasic texture	
3013	变余晶屑结构	Blastocrystalloclastic texture	
3014	变余玻屑结构	Blastoglassyclastic texture	
3015	变余凝灰结构	Blastoash texture	
3016	变余交织结构	Blastopilotaxitic texture	
3017	变余火山角砾结构	Blastovolcanic brecciatic texture	
3018	变余岩屑结构	Blastodettritus texture	
3019	变余糜棱状结构	Blastomylonitic texture	
3201	变晶结构	Crystalloblastic texture	
3202	粗粒变晶结构	Coarse crystalloblastic texture	
3203	中粒变晶结构	Medium granular crystalloblastic texture	
3204	细粒变晶结构	Fine granular crystalloblastic texture	
3205	显微变晶结构	Microcrystalloblastic texture	
3206	霏细变晶结构	Felsoblastic texture	
3207	等粒变晶结构	Equigranular blastic texture	
3208	不等粒变晶结构	Seriateblastic texture	
3209	斑状变晶结构	Porphyroblastic texture	
3210	自形变晶结构	Idioblastic texture	
3211	半自形变晶结构	Hypidioblastic texture	
3212	他形变晶结构	Xenoblastic texture	
3213	粒状变晶结构	Granular blastic texture	
3214	花岗变晶结构	Granoblastic texture	
3215	镶嵌粒状变晶结构	Mosaic granoblastic texture	
3216	齿状粒状变晶结构	Serrate granoblastic texture	
3217	麻粒结构	Granulitic texture	
3218	角岩结构	Hornsfels texture	
3219	鳞片变晶结构	Lepidoblastic texture	
3220	鳞片花岗变晶结构	Lepido granoblastic texture	
3221	鳞片粒状变晶结构	Lepido granularblastic texture	
3222	花岗鳞片变晶结构	Grano lepidoblastic texture	
3223	粒状鳞片变晶结构	Granular lepidoblastic texture	
3224	纤维变晶结构	Fibrous blastic texture	
3225	纤维花岗变晶结构	Fibrous granoblastic texture	

表 1（续）

代码	汉字名	英译名	说明
3226	纤维粒状变晶结构	Fibrous granularblastic texture	
3227	花岗纤维变晶结构	Grano fibrousblastic texture	
3228	粒状纤维变晶结构	Granular fibrousblastic texture	
3229	扇状变晶结构	Fan-shaped blastic texture	
3230	束状变晶结构	Bunchy blastic texture	
3231	柱状变晶结构	Prismatic blastic texture	
3232	放射状变晶结构	Radial blastic texture	
3233	针状变晶结构	Acicular blastic texture	
3234	针柱状变晶结构	Acicular-prismatic blastic texture	
3235	变嵌晶结构	Poikiloblastic texture	
3236	包含嵌晶变晶结构	Included poikiloblastic texture	
3237	筛状变晶结构	Diablastic texture	
3238	显微筛状变晶结构	Microdiablastic texture	
3239	残缕结构（或构造）	Helicitic texture (or structure)	
3240	砂钟结构（或构造）	Hour-glass texture (or structure)	
3241	旋转结构	Rotary texture	
3242	雪球结构（或构造）	Snow-ball texture (or structure)	
3243	穿插变晶结构	Interpenetration blastic texture	
3244	次变边结构	Kelyphitic-rim texture	
3245	网格状结构	Network texture	
3401	交代结构	Metasomatic texture	
3402	交代假象结构	Metasomatic pseudomorph texture	
3403	残留骸晶结构	Residual skeletal texture	
3404	交代蚕蚀结构	Metasomatic corrosion texture	
3405	交代残留结构	Metasomatic relict texture	
3406	交代穿孔结构	Metasomatic peryforated texture	
3407	交代蠕英结构（或构造）	Metasomatic myrmekic texture	
3408	交代条纹结构	Metasomatic perthitic texture	
3409	交代反条纹结构	Metasomatic antiperthitic texture	
3410	交代净边结构	Metasomatic edulcoration-border texture	
3411	交代镶边结构	Metasomatic mosaic-border texture	
3412	交代斑状结构	Metasomatic porphyritic texture	
3413	交代环带结构	Metasomatic zonal texture	
3414	交代反环带结构	Metasomatic antizonal texture	
3415	交代环状结构	Metasomatic ring texture	
3601	压碎结构	Crush texture	
3602	压碎角砾结构	Crush brecciatic texture	
3603	碎裂结构	Cataclastic texture	
3604	花岗碎裂结构	Granoclastic texture	
3605	霏细碎裂结构	Felsoclastic texture	

表 1（续）

代码	汉字名	英译名	说明
3606	碎边结构	Crush border texture	
3607	糜棱结构	Mylonitic texture	
3608	超糜棱结构	Ultra-mylonitic texture	
YSD	岩石构造		
YSDA	火成岩岩石构造	Structure of igneus rocks	
YSDB	沉积岩岩石构造	Structure of sedimentary rocks	
YSDC	变质岩岩石构造	Structure of metamorphic rocks	
YSDA	火成岩岩石构造		
1001	流纹构造	Rhyolitic structure	
1002	流线构造	Linear flow structure	
1003	流面构造	Planar flow structure	
1004	假流纹构造	Pseudorhyolitic structure	
1005	块状熔岩构造	Aa lava structure	
1006	绳状熔岩构造	Pahoehoe lava structure	
1007	枕状构造	Pillow structure	
1008	原生节理	Primary structure	
1009	横节理	Cross joint	Q 节理
1010	纵节理	Longitudinal joint	S 节理
1011	层节理	Horizontal joint	L 节理
1012	斜节理	Diagonal joint	
1013	柱状节理	Columnar joint	
1014	珍珠构造	Perlitic structure	
1015	块状构造	Massive structure	
1016	斑杂构造	Taxitic structure	
1017	残留体构造	Residual structure	
1018	析离体构造	Segregation schlieren structure	分结异离体
1019	捕虏体	Xenolith	
1020	暗色包体	Melaenclosure	
1021	带状构造	Banded structure	
1022	似层状构造	Stratoid structure	
1023	石泡构造	Lithophysa structure	
1024	晶洞构造	Miarolitic structure	
1025	晶簇(晶腺)构造	Drusy structure	
1026	气孔构造	Vesicular structure	
1027	杏仁状构造	Amygdoloidal structure	
1028	球状构造	Globular structure	
1029	瘤状构造	Warty structure	
1030	碎块构造	Rubbish structure	
1031	熔渣构造	Scoriaceous structure	
1032	角砾状构造	Brecciated structure	

表 1（续）

代码	汉字名	英译名	说明
1036	正粒序构造	Normal graded structure	
1037	反粒序构造	Reverse graded structure	
1038	双粒序构造	Double graded structure	
1039	流动构造	Flow structure	
1040	透镜状假流纹构造	Lenticular pseudofluidal structure	
1041	条带状假流纹构造	Streaked pseudofluidal structure	
1042	斑杂条带状假流纹构造	Taxitic-streaked pseudofluidal structure	
1043	塑变柔皱构造	Crystalloplastic corrugated structure	
1044	火山泥球构造	Volcanic mud ball structure	
1045	空心火山泥球构造	Voidal volcanic mud ball structure	
1046	有核火山泥球构造	Nuclear volcanic mud ball structure	
1047	正粒序火山泥球构造	Normal graded volcanic mud ball structure	
1048	韵律型火山泥球构造	Rhythmic volcanic mud ball structure	
1049	花瓣状火山泥球构造	Petaloid volcanic mud ball structure	
1050	空心石泡构造	Voidel lithophysa structure	
1051	实心石泡构造	Sincere lithophysa structure	
1052	脱玻构造	Devitrified structure	
1053	脱玻梳状构造	Devitrified comb structure	
1054	脱玻晶腺构造	Devitrified drusy structure	
YSDB	沉积岩岩石构造		
YSDBA	层理构造	Statification structures	
YSDBB	层面构造	Bedding surface structures	
YSDBC	生物成因构造	Biogenic structures	
YSDBD	化学成因构造	Chemogenic structures	
YSDBE	变形构造	Deformational structures	
YSDBF	其他沉积构造	Other sedimentary structures	
YSDBG	砾石排列方向	Gravel direction of arrangement	
YSDBH	砾石扁平面排列方向	Oblate plane direction of arrangement	
YSDBI	层间接触关系	Contact relation of interlayer	
YSDBA	层理构造		
2001	层状构造	Bedded structure	
2002	巨厚层构造	Very thick bedded structure	
2003	厚层状构造	Thick bedded structure	
2004	中层状构造	Medium bedded structure	
2005	薄层状构造	Thin bedded structure	
2006	极薄层构造	Very thin bedded structure	
2007	纹层状构造	Lamellar structure	
2008	厚纹层构造	Thick laminae structure	
2009	薄纹层构造	Thin laminae structure	
2010	平行纹理构造	Parallel laminae structure	

表 1（续）

代码	汉字名	英译名	说明
2011	上部平底相纹理构造	Upper plane-bed facies laminated structure	
2012	下部平底相纹理构造	Lower plane-bed facies laminated structure	
2013	显微层状构造	Microstratified structure	
2014	中厚层构造	Medium-thick bedded structure	
2015	中薄层构造	Medium-thin bedded structure	
2101	交错纹理构造	Cross laminated structure	
2102	上攀沙纹交错纹理构造	Climbing-ripple cross laminated structure	
2103	同相沙纹交错纹理构造	Ripple cross-laminated structure	
2104	移动沙纹交错纹理构造	Moving-ripple cross laminated structure	
2105	水平层理构造	Horizontal bedding structure	
2106	波浪式层理构造	Wavy bedding structure	波状层理构造
2107	斜层理构造	Diagonal bedding structure	
2108	交错斜层理	Cross-diagonal bedding structure	交错层理构造
2109	槽状斜层理	Trough diagonal bedding structure	
2110	板状斜层理	Planar diagonal bedding structure	
2111	楔状斜层理	Wedge-shaped diagonal bedding structure	
2112	风成交错层理构造	Aeolian cross-bedding structure	
2113	水成交错层理构造	Aqueous cross-bedding structure	
2114	人字形交错层理构造	Chevron cross-bedding structure	
2115	锯齿状交错层理构造	Choppy cross-bedding structure	
2116	多向交错层理构造	Polymodal cross-bedding structure	
2117	复合交错层理构造	Compound cross-bedding structure	
2118	新月型交错层理构造	Crescent type cross-bedding structure	
2119	迁移交错层理构造	Drift cross-bedding structure	
2120	花彩弧状交错层理构造	Festoon cross-stratifcation structure	
2121	透镜状交错层理构造	Lenticular cross-bedding structure	
2122	直线交错层理构造	Rectilinear cross-stratification structure	
2123	急流交错层理构造	Torrential cross-bedding structure	
2124	逆行沙丘交错层理构造	Antidune cross bedding structure	
2125	波痕交错层理构造	Ripple cross bedding structure	
2126	冲洗交错层理构造	Swash cross bedding structure	
2127	丘状交错层理构造	Hummocky cross bedding structure	
2128	再作用面层理构造	Reactivation surface structure	
2129	羽状斜层理	Herring-bone diagonal bedding structure	鱼状交错层理
2130	单向斜层理	Undirectional cross bedding	单向斜层理构造
2131	断续状斜层理	Discontinuous cross bedding	断续状交错层理构造
2132	韵律性斜层理	Rhythmic cross bedding	韵律性交错层理构造

表 1（续）

代码	汉字名	英译名	说明
2133	正常递变斜层理	Normal graded cross bedding	正常递变交错层理构造
2134	间断递变斜层理	Disconnected graded cross bedding	间断递变交错层理构造
2151	连续水平层理构造	Continuous horizontal-bedding structure	
2152	断续水平层理构造	Discontinuous horizontal-bedding structure	
2153	韵律性水平层理构造	Rhythmic horizontal-bedding structure	
2201	递变层理构造	Graded bedding structure	粒序层理
2202	分选层理构造	Sorted bedding structure	
2203	正粒序层理构造	Normal graded bedding structure	
2204	反粒序层理构造	Reverse graded bedding structure	
2205	韵律粒纹层理构造	Rhythmic graded bedding structure	
2206	旋回层理构造	Cyclic bedding structure	
2251	透镜状层理构造	Lenticular bedding structure	
2252	压扁层理	Flaser bedding structure	
2253	平行层理构造	Evenly bedding structure	
2254	缟状层理构造	Banded bedding structure	带状层理构造
2255	块状层理构造	Massive bedding structure	
2256	假层理构造	False bedding structure	
2257	单个透镜状层理构造	Single lenticular bedding structure	
2258	连续透镜状层理构造	Continuous lenticular bedding structure	
2259	连续厚透镜状层理构造	Continuous thick lenticular bedding structure	
2260	孤立厚透镜状层理构造	Discontinuous thick lenticular bedding structure	
2261	连续平透镜状层理构造	Continuous plain lenticular bedding structure	
2262	孤立平透镜状层理构造	Discontinuous plain lenticular bedding structure	
2271	叠瓦状波状层理构造	Echelon wave bedding structure	
2272	爬行波状层理构造	Climbing-ripple wave bedding structure	
2273	断续波状层理构造	Discontinuous wave bedding structure	
2274	透镜状波状层理构造	Lenticular wave bedding structure	
2281	简单压扁层理	Simple flaser bedding	
2282	分叉状压扁层理	Branched flaser bedding	
2283	波状压扁层理	Wave flaser bedding	
2284	分叉波状压扁层理	Branched-wave flaser bedding	
YSDBB	层面构造		
2301	波痕	Ripple mark	
2302	叠置波痕	Compound ripple mark	
2304	复合波痕	Composite ripple mark	
2305	干涉波痕	Interference ripple mark	
2310	风成波痕	Wind ripple mark	
2320	流水波痕	Current ripple mark	

表 1(续)

代码	汉字名	英译名	说明
2330	浪成波痕	Wave-formed ripple	
2331	浪成交错波痕	Wave cross ripple mark	
2332	摆动干扰波痕	Wave interference ripple mark	
2333	摆动波痕	Oscillation ripple mark	
2334	摆动交错波痕	Oscillation cross ripple mark	
2335	回流波痕	Backflow ripple	
2336	回卷波痕	Backwash ripple mark	
2337	细流痕	Fring rill mark	
2338	逆行流痕	Regressive ripple	
2339	激浪痕	Surf ripple	
2340	交错波痕	Cross ripple	
2350	皱纹状波痕	Corrugated ripple mark	
2351	舌状大波痕	Linguoid megaripple	
2352	三角形波痕	Cuspate ripple mark	
2353	对称波痕	Symmetric ripple mark	
2354	不对称波痕	Asymmetric ripple mark	
2355	爬升波痕	Climbing ripple	
2356	下移波痕	Down slope ripple	
2357	歪扭波痕	Swept ripple mark	
2358	扭曲波痕	Curved ripple mark	
2359	孤立波痕	Isolaled ripple	
2360	平行波痕	Parallel ripple mark	
2361	新月形波痕	Crescent ripple	
2362	直脊波痕	Straight cristed ripple	
2363	弯曲波痕	Sinuous ripple	
2364	链状波痕	Catenary ripple	
2365	分枝波痕	Bifurcate ripple	
2366	菱形波痕	Rhomboid ripple mark	
2367	偏菱形波痕	Overhanging ripple	
2401	象形印痕	Hieroglph	
2402	无机物层面印痕	Abiogloph	
2403	生物层面印痕	Biogloph	
2404	晶痕	Crystal cast	晶体印模
2405	印痕	Imprints	
2406	流痕	Current marks	
2407	旋涡模	Vortex cast	
2408	新月形冲刷痕	Crescent scour mark	
2409	新月形水流痕	Crescent current marks	
2410	纵向沟脊	Longitudinal furrows and ridges	
2411	障碍痕	Obstacle scour marking	

表 1（续）

代码	汉字名	英译名	说明
2412	锯齿痕	Chevron marks	
2413	涡痕	Eddy markings	涡流痕迹
2414	鱼骨状流痕	Herringbone marking	
2415	撞击模	Impact cast	
2416	戳痕	Prod mark	
2417	条纹模	Striation casts	
2318	底痕	Sole mark	
2419	流动模	Fluidal cast	
2420	印模	Cast	
2421	槽状印模	Flute cast	
2422	沟模	Groove cast	
2423	椎模	Prod cast	
2424	刷模	Brush cast	
2425	工具痕	Tool marks	
2426	跳跃痕	Skip marks	
2427	流动痕	Roll mark	
2428	弹跳痕	Bounce mark	
2429	冲迹	Scour markings	冲刷痕
2430	槽状冲痕	Channel scour	水道模
2431	负荷构造	Load structure	
2432	荷重模	Load cast	
2433	侵蚀构造	Erosion structure	
2434	水位痕迹	Water-level mark	
2435	层间滑痕	Olistoglyph	重力滑动痕
2436	砂坑	Sand holes	
2437	念珠状负荷模	Torose load casts	
2438	干裂	Desiccation cracks	
2439	泥裂	Mud cracks	龟裂
2440	雨滴痕	Raindrop imprints	
2441	冰雹印痕	Hail imprints	雹痕
2442	雨痕	Rain prints	
2443	冰晶痕	Ice crystal mark	
2444	溶蚀面	Corrosion surface	
2445	潮沟	Tidal creek	
2446	冲刷石	Scour surface	
YSDBC	生物成因构造		
2501	遗迹化石	Ichnofossil	
2502	生物痕迹	Biogenic imprint	
2503	停息迹	Resting trace	
2504	爬行迹	Crawling trace	

表 1（续）

代码	汉字名	英译名	说明
2505	觅食迹	Feeding trace	摄食迹
2506	居住迹	Dwelling trace	
2507	啮食迹	Grazing trace	搜索迹
2508	虫孔	Burrow	潜穴虫迹
2509	动物足迹	Ichuite	
2510	鸟足	Crowfeet	
2511	根系层	Rootlet bed	
2512	动物扰动构造	Zooturbation structure	
2513	生物扰动构造	Bioturbate structure	
2515	虫痕	Eropoglyph	
2516	钻穴	Boring	
2527	逃逸迹	Escape trace	
YSDBD	化学成因构造		
2601	缝合线	Stylolites	
2602	微缝合线	Microstylolites	
2603	叠锥构造	Cone-in-cone structure	
2605	结块	Accretion	
2606	锅底石	Pot-bottom	煤田顶板中锅形石块
2607	结核	Concretion	
YSDBE	变形构造		
2701	准同生变形构造	Penecontempraneous deformation structure	
2702	沉积后构造	Post-depositional structure	
2703	砂球和砂枕构造	Ball and pillow structure	
2704	滑塌构造	Slump structure	滑陷构造
2705	变形层理	Deformed bedding	
2706	包卷层理	Convolute bedding	
2707	包卷球	Convolutional ball	
2708	火焰构造	Flame structure	
2709	砂火山	Sand volcano	
2710	泄水构造	Water-escape structure	
2711	碟状构造	Dish structure	
2712	香肠(构造)	Boudinage	
2714	锯齿状层理	Crenulated bedding	
2715	皱痕层理	Crinkled bedding	
2716	卷曲层理	Curled bedding	
2717	盘肠构造	Enterolithic structure	
2718	负荷球	Load balls	
2720	砂岩球	Sandstone ball	
2721	风暴卷浪(构造)	Storm roller	

表 1（续）

代码	汉字名	英译名	说明
2722	沉积岩脉	Sedimentary dyke	
2723	碎屑岩脉	Classic dyke	
2724	角砾岩岩脉	Breccia dyke	
2725	砾岩岩脉	Conglomerate dyke	
2726	水成岩墙	Neptunic dyke	
2727	砂岩岩墙	Sandstone dyke	
2728	粘土岩脉	Clay dyke	
2729	白云岩脉	Dolomite dyke	
2730	沥青质岩脉	Bituminous dyke	
2731	粉煤岩脉	Dust dyke	
2732	砂岩筒	Sandstone pipes	砂岩管
YSDBF	其他沉积构造		
2801	孔洞构造	Cavity structure	
2802	示顶底构造	Geopetal structure	
2803	窗孔构造	Fenestral structure	
2804	鸟眼构造	Birdseye structure	
2805	层孔构造	Stromatactis structure	
2806	叠层构造	Stromatolitic structure	
2807	硬底构造	Hard round structure	
2808	帐蓬构造	Camp structure	
2809	古岩溶面构造	Palaeokarstic surface structure	
2810	粪化石构造	Coprogenic structure	
2811	海绵状构造	Spongy structure	
2812	鸡皱构造	Chicken wire structure	
2813	组构	Fabric	
2814	叠瓦构造	Imbricate structure	
2815	同心构造	Concentric structure	
2816	网状构造	Netted structure	
2817	缟状构造	Varved structure	
2818	定向构造	Oriented structure	
2819	平行构造	Parallel structure	
2820	多孔构造	Porous structure	
2822	叶片构造	Foliated structure	
2824	柱状构造	Pillar structure	
2825	裂理	Parting	
2826	剥离线理	Parting lineation	
YSDBG	砾石排列方向		
1	长轴与水流方向平行	Direction of long diameter parallel to the flow	
2	长轴与水流方向斜交	Direction of long diameter oblique to the flows	
3	长轴与水流方向垂直	Direction of long diameter perpendicular to the flow	

表 1（续）

代码	汉字名	英译名	说明
4	长轴与岸线方向平行	Direction of long diameter parallel to coast	
YSDBH	砾石扁平面排列方向		
1	逆流倾斜呈叠瓦状	Imbricated tilt against current	
2	向湖心倾斜	Tilt to lake centre	
3	向岸倾斜	Tilt to coast	
4	向海倾斜	Tilt to sea	
YSDBI	层间接触关系		
1	递变沉积	Graded sediments	
2	突变沉积	Sudden change	
3	侵蚀接触	Erosional contact	
YSDC	变质岩岩石构造		
3001	变余构造	Palimpsest structure	
3002	变余巨厚层层理构造	Blasto giant stratification structure	
3003	变余厚层层理构造	Blasto heavy bedded stratification structure	
3004	变余中厚层层理构造	Blasto medium heavy bedded stratification structure	
3005	变余薄层层理构造	Blasto thin bedded stratification structure	
3006	变余结核构造	Blasto-nodular structure	
3007	变余波痕构造	Blasto-ripple mark structure	
3008	变余气孔构造	Blasto-vesicular structure	
3009	变余杏仁构造	Blasto-amygdaloidal structure	
3010	变余枕状构造	Blasto-pillow structure	
3011	变余流纹构造	Blasto-flow structure	
3012	变余条带构造	Blasto-streaked structure	
3013	变余中薄层层理构造	Blasto medium-thin bedded stratification structure	
3201	变成构造	Metamorphic structure	
3202	斑点构造	Spotted structure	
3203	板状构造	Platy structure	
3204	千板状构造	Phyllitic structure	
3205	片状构造	Schistose structure	
3206	皱纹构造	Plication structure	
3207	片麻状构造	Gneissic structure	
3208	条带状构造	Ribbon structure	
3401	混合岩构造	Migmatitic structure	
3402	眼球状构造	Augen structure	
3403	网脉状构造	Reticulated structure	
3405	混合条带状构造	Migmatitic striped structure	
3406	肠状构造	Ptygmatic structure	
3407	皱纹状构造	Crease structure	
3408	混合片麻状构造	Migmatitic gneissic structure	
3409	条纹状构造	Striped structure	

表 1（续）

代码	汉字名	英译名	说明
3410	条痕状构造	Streaky structure	
3411	阴影状构造	Shady structure	
3412	火焰状构造	Flame structure	
3414	分枝状构造	Branching structure	
3415	串珠状构造	Paternoster structure	
YSE	岩石的分类和名称		
YSEA	岩石的分类	Classification of rocks	
YSEB	岩石名称	Name of rocks	
YSEA	岩石的分类		
YSEAAA	超镁铁岩	Ultramafic rocks	超基性岩
YSEAAB	橄榄岩类	Peridotite group	
YSEAAC	金伯利岩类	Kimberlite group	
YSEAAD	辉石岩类	Pyroxenite group	
YSEAAE	角闪石岩类	Hornblendite group	
YSEAAF	富铬铁矿钛铁矿磁铁矿磷灰石超镁铁岩类	Chromite ilmenite magnetiteapatite-rich ultramafic rock group	
YSEAAG	超镁铁喷出岩类	Ultramafic extrusive rock group	
YSEAAH	超镁铁岩化学类型	Chemical type of ultramafic rock	
YSEABA	基性岩	Basic rocks	
YSEABB	辉长岩类	Gabbro group	
YSEABC	辉绿岩类	Diabase group	
YSEABD	玄武岩类	Basalt group	
YSEABE	细碧岩组合	Spilitic association	
YSEACA	中性岩	Intermediate rocks	
YSEACB	闪长岩类	Diorite group	
YSEACC	二长岩类	Monzonite group	
YSEACD	正长岩类	Syenite group	
YSEACE	安山岩类	Andesite group	
YSEACF	安粗岩类	Latite group	
YSEACG	粗面岩类	Trachyte group	
YSEADA	酸性岩	Acidic rocks	
YSEADB	碱性花岗岩类	Alkali granite group	
YSEADC	碱性长石花岗岩类	Alkali feldspar granite group	
YSEADD	花岗岩—二长花岗岩类	Granite-monzonitic granite group	
YSEADE	花岗闪长岩类	Granodiorite group	
YSEADF	斜长花岗岩类	Plagiogranite group	
YSEADG	碱性流纹岩类	Alkali rhyolite group	
YSEADH	钾质流纹岩类	Potassic-rhyolite group	
YSEADI	流纹岩-英安流纹岩类	Rhyolite-dacite rhyolite group	
YSEADJ	英安岩类	Dacite group	

表 1（续）

代码	汉字名	英译名	说明
YSEADK	花岗岩类	Granitoid	
YSEAEA	碱性岩	Alkali rocks	
YSEAEB	霞石正长岩类	Nephline syenite group	中性-碱性岩类
YSEAEC	霞斜岩类	Theralite group	中性-碱性岩类
YSEAED	霓霞岩类	Ijolite group	超基性-碱性岩类
YSEAEE	黄长石岩类	Melilitolite group	
YSEAEF	响岩类	Phonolite group	
YSEAEG	碧玄岩-碱玄岩类	Basanite-Tephrite group	
YSEAEH	霞石岩-白榴岩类	Nephelinite-Leucitite group	
YSEAEI	黄长岩类	Melilitite group	
YSEAFA	碳酸岩	Carbonatite	
YSEAFB	方解石碳酸岩类	Alvikite group	
YSEAFC	白云石碳酸岩类	Rauhaugite group	
YSEAFD	镁云碳酸岩类	Beforsite group	
YSEAFE	黑云碳酸岩类	Sovite group	
YSEAFF	碳酸岩熔岩类	Carbonatite lava group	
YSEAFG	含碳酸岩类	Carbonate-bearing rock group	
YSEAGA	脉岩	Dike rocks	
YSEAGB	煌斑岩类	Lamprophyre group	
YSEAGC	伟晶岩类	Pegmatite group	
YSEAGD	细晶岩类	Aplite group	
YSEALA	火山碎屑熔岩类	Pyroclastic lava clan	
YSEALB	正常火山碎屑岩类	Ordinary pyroclastic rock clan	
YSEALC	火山-沉积碎屑岩类	Volcanic-sedimentary clastic rock clan	
YSEAMA	陆源碎屑岩	Terrigenous clastic rocks	
YSEAMB	泥质岩	Argillaceous rocks	
YSEAMC	碳酸盐岩	Carbonate rocks	
YSEAMD	硅质岩	Siliceous rocks	
YSEAME	铝质岩	Aluminous rocks	
YSEAMF	铁质岩	Ferruginous rocks	
YSEAMG	锰质岩	Manganese rocks	
YSEAMH	磷质岩	Phosphatic rocks	
YSEAMI	蒸发岩	Evaporites	
YSEAMJ	其他沉积岩	Other sedimentary rocks	
YSEATA	动力变质岩	Dynamometamorphic rocks	
YSEATB	接触热变质岩	Contact thermometamorphic rocks	
YSEATD	气成-热液交代变质岩	Pneumatolito-hydrothermal metasomatites	
YSEATE	区域变质岩	Regional metamorphic rocks	
YSEATF	超变质岩	Ultrametamorphic rocks	
YSEATG	混合岩化变质岩	Migmatized metamorphic rocks	

表 1（续）

代码	汉字名	英译名	说明
YSEB	岩石名称		
10001	纯橄榄岩	Dunite	
10002	橄榄岩	Peridotite	
10003	辉石橄榄岩	Pyroxene peridotite	辉橄榄
10004	斜辉橄榄岩	Harzburgite	方辉橄榄岩
10005	顽火辉石橄榄岩	Enstatite peridotite	
10006	古铜辉石橄榄岩	Bronzite peridotite	
10007	紫苏辉石橄榄岩	Hypersthene peridotite	
10008	二辉橄榄岩	Lherzolite	
10009	尖晶石二辉橄榄岩	Spinel lherzolite	
10010	石榴石二辉橄榄岩	Garnet lherzolite	
10011	单辉橄榄岩	Clinopyroxene peridotite	
10012	透辉石橄榄岩	Diopside peridotite	
10013	普通辉石橄榄岩	Augite peridotite	
10014	异剥辉石橄榄岩	Wehrlite	异剥橄榄岩
10015	角闪辉石橄榄岩	Olivinite	
10016	辉石角闪石橄榄岩	Pyroxene amphibole peridotite	
10017	普通角闪石橄榄岩	Cortlanditite	角闪橄榄岩
10018	普通角闪石云母橄榄岩	Hornblende mica peridotite	闪云橄榄岩
10019	云母橄榄岩	Mica peridotite	
10020	石榴石橄榄岩	Garnet peridotite	
10021	榴辉铁橄榄岩	Eulysite	
10022	含长橄榄岩	Feldspar-bearing peridotite	
10023	钙长橄榄岩	Harrisite	
10024	含辉纯橄榄岩	Pyroxene-bearing dunite	
10025	玻基橄榄岩	Glass matrix peridotite	
10201	角砾云母橄榄岩	Kimberlite	金伯利岩
10202	橄榄石金伯利岩	Olivine kimberlite	
10203	云母金伯利岩	Mica kimberlite	
10204	镁铝榴石金伯利岩	Pyrope kimberlite	
10205	金伯利岩球	Spherolitic kimberlite	凤凰蛋
10401	辉石岩	Pyroxenite	辉岩
10402	橄榄辉石岩	Olivine pyroxenite	橄辉岩
10403	橄榄斜方辉石岩	Olivine orthopyroxenite	
10404	橄榄二辉岩	Olivine websterite	
10405	橄榄单斜辉石岩	Olivine clinopyroxenite	
10406	斜方辉石岩	Orthopyroxenite	
10407	顽火辉石岩	Enstatitite	
10408	古铜辉石岩	Bronzitite	
10409	紫苏岩	Hypersthentite	

表 1（续）

代码	汉字名	英译名	说明
10410	二辉辉石岩	Websterite	二辉岩
10411	单斜辉石岩	Clinopyroxenite	
10412	透辉石岩	Diopsidite	
10413	普通辉石岩	Augite pyroxenite	
10414	异剥辉石岩	Diallagite	
10415	钛辉石岩	Titanopyroxenite	
10416	橄榄普通角闪辉石岩	Olivine hornblende pyroxenite	
10417	普通角闪辉石岩	Hornblende pyroxenite	
10418	普通角闪云母辉石岩	Hornblende mica pyroxenite	
10419	云母辉石岩	Mica pyroxenite	
10420	石榴石辉石岩	Garnet pyroxenite	
10421	尖晶石辉石岩	Spinel pyroxenite	
10422	含长辉石岩	Feldspar-bearing pyroxenite	
10423	角闪紫苏透辉岩	Amphibole hypersthene diopsidite	
10424	角闪二辉岩	Hornblende websterite	
10425	黑云紫苏辉岩	Biotite hypersthentite	
10426	角闪紫苏辉石岩	Amphibole hypersthentite	
10427	角闪透辉石岩	Amphibole diopidite	
10428	含长紫苏辉石岩	Feldspar-bearing hypersthentite	
10429	含长二辉岩	Feldspar-bearing websterite	
10430	含长透辉石岩	Feldspar-bearing diopidite	
10601	角闪石岩	Hornblendite	普通角闪石岩
10602	橄榄角闪石岩	Olivine hornblendite	
10603	橄榄辉石角闪石岩	Olivine pyroxene hornblendite	
10604	辉石角闪石岩	Pyroxene hornblendite	
10605	含长角闪石岩	Feldspar-bearing hornblendite	
10606	辉长角闪岩	Gabbro-hornblendite	
10607	角闪玢岩	Hornblend porphyrite	
10801	富铬铁矿岩	Chromite-rich rock	
10802	铬铁矿岩	Chromitite	
10803	富钛铁矿岩	Ilmenite-rich rock	
10804	富磁铁矿岩	Magnetite-rich rock	
10805	磁铁矿岩	Magnetitite	
10806	富铬铁矿钛铁矿磁铁矿岩	Chromite ilmenite magnetite-rich rock	
10807	富磷灰石岩	Apatite-rich rock	
10808	含铬铁矿富磷灰石岩	Apatite-rich rock with chromite	
10809	含钛铁矿富磷灰石岩	Apatite-rich rock with ilmenite	
10810	含磁铁矿富磷灰石岩	Apatite-rich rock with magnetite	
11001	玻基纯橄岩	Meymechite	麦美奇岩
11002	苦橄岩	Picrite	

表 1（续）

代码	汉字名	英译名	说明
11003	顽火辉石苦橄岩	Enstatite picrite	
11004	古铜辉石苦橄岩	Bronzite picrite	
11005	紫苏辉石苦橄岩	Hypersthene picrite	
11006	透辉石苦橄岩	Diopside picrite	
11007	普通辉石苦橄岩	Augite picrite	
11008	普通角闪苦橄岩	Hornblende picrite	
11009	超基性暗拼岩	Ultrabasic appinite	富角闪石苦橄岩
11010	普通角闪石云母苦橄岩	Hornblende mica picrite	
11011	云母苦橄岩	Mica picrite	
11012	苦橄斑岩	Picrite porphyry	
11013	科马提岩	Komatiite	镁绿岩
11014	玄武质科马提岩	Basaltic komatiite	
11015	辉石鬣刺岩	Pyroxene spinifex	
11016	玻基辉橄岩	Limburgite	
11017	玻基辉石岩	Augitite	玻辉岩
11018	富玻璃的铬钛铁磷酸盐	Chromium titanium iron phosphate-rich glasses	
11019	苦橄玻璃	Picritic glass	
11020	橄榄玻璃	Peridotitic glass	
11021	辉石玻璃	Pyroxene glass	
11201	镁质超镁铁岩	Magnesium ultramafic rock	
11202	铁质超镁铁岩	Ferro-ultramafic rock	
11203	富铁质超镁铁岩	Ferro-rich ultramafic rock	
11501	钙碱性辉长岩	Calc-alkali gabbro	
11502	辉长岩	Gabbro	
11503	浅色辉长岩	Leucogabbro	
11504	暗色辉长岩	Melanogabbro	
11505	橄榄辉长岩	Olivine gabbro	
11506	浅色橄榄辉长岩	Leuco-olivine gabbro	
11507	暗色橄榄辉长岩	Melano-olivine gabbro	
11508	紫苏辉石橄榄辉长岩	Hypersthene olivine gabbro	
11509	普通角闪石橄榄辉长岩	Hornblende olivine gabbro	
11510	苏长辉长岩	Noritegabbro	
11511	浅色苏长辉长岩	Leuconoritegabbro	
11512	暗色苏长辉长岩	Melanonoritegabbro	
11513	普通辉石苏长辉长岩	Augite noritegabbro	
11514	橄榄紫苏辉长岩	Olivine hypersthene gabbro	
11515	紫苏辉长岩	Hypersthene gabbro	紫苏辉石苏长辉长岩
11516	角闪(石)辉长岩	Hornblende gabbro	
11517	浅色角闪辉长岩	Leucohornblende gabbro	

表 1（续）

代码	汉字名	英译名	说明
11518	暗色角闪辉长岩	Melanohornblende gabbro	
11519	闪长辉长岩	Dioritic gabbro	
11520	斜长辉长岩	Plagioclase gabbro	
11521	钙长辉长岩	Eucrite	
11522	富普通辉石钙长石岩	Augite anorthite-rich rock	
11523	云母辉长岩	Mica gabbro	
11524	二长辉长岩	Monzogabbro	
11525	石英辉长岩	Quartz gabbro	
11526	铁辉长岩	Ferrogabbro	
11527	月球辉长岩	Lunar gabbro	
11528	球状辉长岩	Orbicular gabbro	科西嘉岩
11529	微晶辉长岩	Microlitic gabbro	
11530	辉状斑岩	Gabbroporphyry	
11531	苏长岩	Norite	
11532	浅色苏长岩	Leuconorite	
11533	暗色苏长岩	Melanonorite	
11534	橄榄苏长岩	Olivine norite	
11535	浅色橄榄苏长岩	Leuco-olivine norite	
11536	暗色橄榄苏长岩	Melano-olivine norite	
11537	辉长苏长岩	Gabbro norite	
11538	浅色辉长苏长岩	Leucogabbro norite	
11539	暗色辉长苏长岩	Melanogabbro norite	
11540	橄榄辉长苏长岩	Olivine gabbro norite	橄长苏长岩
11541	浅色橄长苏长岩	Leuco-troctolitic norite	
11542	暗色橄长苏长岩	Melano-troctolitic norite	
11543	橄长岩	Troctolite	
11544	浅色橄长岩	Leucotroctolite	
11545	暗色橄长岩	Melanotroctolite	
11546	钙长橄长岩	Anorthite troctolite	
11547	橄(榄)(钙)长岩	Allivalite	
11548	富橄榄石钙长石岩	Olivine anorthosite-rich rock	
11549	斜长岩	Anorthosite	
11550	钙长斜长岩	Anorthite anorthosite	钙长岩
11551	拉长斜长岩	Labradorite anorthosite	拉长岩
11552	中长拉长斜长岩	Andesine-labradorite anorthosite	
11553	中长斜长岩	Andesine anorthosite	中长岩
11554	辉长斜长岩	Gabbroic anorthosite	
11555	月球斜长岩	Lunar anorthosite	
11556	层状型斜长岩	Layered type anorthosite	
11557	岩体型斜长岩	Body type anorthosite	

表 1（续）

代码	汉字名	英译名	说明
11558	辉石斜长岩	Pyroxene anorthosite	
11559	碱性辉长岩	Alkali gabbro	厄塞岩
11560	橄榄碱性辉长岩	Olivine alkali gabbro	
11561	等色岩	Shonkinite	富辉正长岩
11562	橄榄二长岩	Kentallenite	暗色二长岩
11563	二辉辉长岩	Websterite gabbro	
11564	辉长玢岩	Gabbro porphyrite	
11565	辉绿辉长岩	Diabase gabbro	
11566	角闪斜长岩	Hornblend anorthosite	
11567	斜长玢岩	Anorthosite porphyrite	
11901	钙碱性辉绿岩	Calc-alkali diabase	
11902	碱性辉绿岩	Alkali diabase	
11903	辉绿岩	Diabase	
11904	拉斑辉绿岩	Tholeiitic diabase	
11905	石英辉绿岩	Quartz diabase	
11906	辉绿斑岩	Diabase porphyry	
11907	钠辉绿岩	Sodadiabase	
11908	辉长辉绿岩	Gabbro diabase	
12301	玄武岩	Basalt	
12302	钙碱性玄武岩	Calc-alkali basalt	
12303	拉斑玄武岩	Tholeiite	
12304	橄榄拉斑玄武岩	Olivine tholeiite	
12305	石英拉斑玄武岩	Quartz tholeiite	
12306	石英玄武岩	Quartz basalt	
12307	紫苏辉石玄武岩	Hypersthene basalt	
12308	长斑玄武岩	Feldspar-phyric basalt	
12309	高铝玄武岩	High alumina basalt	
12310	拉斑橄玄岩	Markle basalt	
12311	长橄辉斑玄武岩	Feldspar olivine augite-phyric basalt	
12312	长橄辉斑玄武岩	Dunsapie basalt	
12313	橄辉斑玄武岩	Olivine augite-phyric basalt	
12314	克雷格玄武岩	Craiglockhart basalt	
12315	长石徽斑玄武岩	Feldspar-microphyric basalt	
12316	徽斑橄玄岩	Dalmeny basalt	
12317	玻璃玄武岩	Tachylite basalt	
12318	玄武玻璃	Tachylite	
12319	钙碱性玄武玻璃	Calc-alkali basaltic glass	
12320	拉斑玄武玻璃	Tholeiitic glass	
12321	橙玄玻璃	Palagonite	
12322	碱性橄榄玄武岩	Alkali olivine basalt	

表 1（续）

代码	汉字名	英译名	说明
12323	橄榄玄武岩	Olivine basalt	
12324	苦橄玄武岩	Picrite basalt	大洋岩
12325	橄榄辉玄岩	Ankaramite	
12326	富辉橄玄岩	Augite-rich olivine basalt	
12327	粗面玄武岩	Trachybasalt	
12328	钙长玄武岩	Anorthite basalt	
12329	中长玄武岩	Andesine basalt	夏威夷岩
12330	更长玄武岩	Oligoclase basalt	橄榄粗安岩
12331	方沸石玄武岩	Analcime basalt	
12332	方沸橄榄玄武岩	Analcime olivine basalt	
12333	正长霞石玄武岩	Orthoclase nepheline basalt	
12334	正长白榴玄武岩	Orthoclase leucite basalt	
12335	黄长石玄武岩	Melilite basalt	
12336	正长粗面玄武岩	Orthoclase trachybasalt	
12337	粒玄岩	Dolerite	粗玄岩
12338	橄榄粒玄岩	Olivine dolerite	
12339	苦橄粒玄岩	Picrite dolerite	
12340	拉斑粒玄岩	Tholeiitic dolerite	
12341	石英粒玄岩	Quartz dolerite	
12342	石英橄榄粒玄岩	Quartz olivine dolerite	
12343	拉斑橄榄粒玄岩	Tholeiitic olivine dolerite	
12344	紫苏辉石粒玄岩	Hypersthene dolerite	
12345	普通角闪石粒玄岩	Hornblende dolerite	
12346	黑云母粒玄岩	Biotite dolerite	
12347	粗面粒玄岩	Trachy dolerite	
12348	玻基粒玄岩	Wichtisite	
12349	闪霞粒玄岩	Kulaite	
12350	白榴闪霞粒玄岩	Leucite kulaite	
12351	浅色玄武岩	Leucobasalt	
12352	暗色玄武岩	Melabasalt	
12353	球颗玄武岩	Variolite	
12354	月球玄武岩	Lunar basalt	
12355	橄榄玄武玻璃	Olivine basaltic glass	
12356	粗面玄武玻璃	Trachy basaltic glass	粗安玻璃
12357	橄榄粗安玻璃	Mugearite glass	
12358	不饱和的玄武质玻璃	Undersaturated basaltic glass	
12359	鳞英铁尖晶岩	Tridymite heroynitite	
12360	碱性玄武岩	Alkali-basalt	
12361	玄武玢岩	Basalt porphyrite	
12363	辉斑玄武岩	Angite-phyric basalt	

表 1（续）

代码	汉字名	英译名	说明
12364	杏仁状玄武岩	Amygdoloidal basalt	
12365	伊丁玄武岩	Iddingsite basalt	
12366	安山玄武岩	Andesite basalt	
12367	次玄武岩	Subbasalt	
12701	细碧岩	Spilite	
12702	钠长粒玄岩	Albite dolerite	
12703	角斑岩	Keratophyre	
12704	钠长粗面岩	Albite trachyte	
12705	石英角斑岩	Quartz keratophyre	
12706	钠长流纹岩	Albite rhyolite	
12707	细碧岩质玻璃	Spilitic glass	
12708	角斑岩质玻璃	Keratophyric glass	
12709	石英角斑岩质玻璃	Quartz keratophyric glass	
12710	钾质角斑岩	Potassic keratophyre	
12711	钾质石英角斑岩	Potassic quartz keratophyre	
13001	闪长岩	Diorite	
13002	浅色闪长岩	Leucodiorite	
13003	更长石岩	Oligoclasite	
13004	中长石岩	Andesinite	
13005	刚玉闪长岩	Dungannonite	
13006	刚玉更长岩	Plumasite	
13007	暗色闪长岩	Melanodiorite	
13008	普通角闪石闪长岩	Hornblende diorite	
13009	黑云母角闪石闪长岩	Biotite hornblendite	
13010	闪长暗拼岩	Dioritic appinite	
13011	辉石闪长岩	Pyroxene diorite	辉长闪长岩
13012	紫苏辉石闪长岩	Hypersthene diorite	
13013	石英闪长岩	Quartz diorite	
13014	正长闪长岩	Syenodiorite	正长闪长岩麦饭石
13015	微晶闪长岩	Microdiorite	
13016	浅色微晶闪长岩	Leucomicrodiorite	
13017	暗色微晶闪长岩	Melanomicrodiorite	
13018	石英微晶闪长岩	Quartz microdiorite	
13019	闪长斑岩	Dioritic porphyry	
13020	钠长闪长岩	Albite diorite	
13021	石英闪长斑岩	Quartz diorite porphyry	
13022	二长闪长玢岩	Monzodiorite porphyrite	
13023	斑状闪长岩	Phyric diorite	
13024	角闪闪长岩	Hornblende diorite	

表 1（续）

代码	汉字名	英译名	说明
13025	黑云母闪长岩	Biotite diorite	
13026	玢岩	Porphyrite	
13027	辉石闪长玢岩	Pyroxene diorite porphyrite	
13028	黑云母闪长玢岩	Biotite diorite porphyrite	
13029	钠长闪长玢岩	Albite diorite porphyrite	
13030	角闪闪长玢岩	Hornblende diorite porphyrite	
13031	钠质石英闪长岩	Sodic quartz diorite	
13032	石英二长闪长岩	Quartz monzodiorite	
13251	二长岩	Monzonite	闪长正长岩
13252	纹长二长岩	Mangerite	
13253	紫苏辉石二长岩	Hypersthene monzonite	紫苏辉石纹二长岩
13254	微晶二长岩	Micromonzonite	
13255	二长斑岩	Monzonite porphyry	
13256	石英二长岩	Quartz monzonite	
13257	石英二长斑岩	Quartz monzonite porphyry	
13501	钙碱性正长岩	Calc-alkali syenite	
13502	正长岩	Syenite	
13503	正长石正长岩	Orthoclase syenite	
13504	微斜长石正长岩	Microcline syenite	
13505	钠-钾质正长岩	Sodic-potassic syenite	
13506	条纹长岩正长岩	Perthite syenite	条纹长石岩
13507	浅色正长岩	Leucosyenite	
13508	二长正长岩	Monzosyenite	
13509	英辉正长岩	Akerite	
13510	钠质正长岩	Sodic syenite	
13511	钠长正长岩	Albite syenite	
13512	钠长岩	Albitite	
13513	正长斑岩	Syenite porphyry	
13514	钙碱性微晶正长岩	Calc-alkali microsyenite	
13515	钠-钾质微晶正长岩	Soda-potassic microsyenite	
13516	钠质微晶正长岩	Sodic microsyenite	
13517	微晶浅色正长岩	Microleucosyenite	
13518	碱性正长岩	Alkali syenite	
13519	暗色正长岩	Melanosyenite	
13520	英碱正长岩	Nordmarkite	
13521	斑霞正长岩	Pulaskite	
13522	歪碱正长岩	Larvikite	
13523	碱闪正长岩	Umptekite	
13524	钠质角闪石正长岩	Sodic amphibole syenite	

表 1（续）

代码	汉字名	英译名	说明
13525	钠质辉石正长岩	Sodic pyroxene syenite	
13526	方钠霓辉正长岩	Sodalite aegirine augite syenite	
13527	碱性正长斑岩	Alkali syenite porphyry	
13528	碱性微晶正长岩	Alkali microsyenite	
13529	微晶英碱正长岩	Micronordmarkite	
13530	微晶歪碱正长岩	Microlarvikite	
13531	微晶暗色正长岩	Micromelasyenite	
13532	钠质角闪石微晶正长岩	Sodic amphibole microsyenite	
13533	钠质辉石微晶正长岩	Sodic pyroxene microsyenite	
13534	石英正长岩	Quartz syenite	
13535	石英微晶正长岩	Quartz microsyenite	
13536	钠长斑岩	Albitophyre	
13537	辉石正长岩	Pyroxene syenite	
13538	角闪正长岩	Amphibole syenite	
13539	黑云母正长岩	Biotite syenite	
13540	花岗正长岩	Grano syenite	
13541	黑云母正长斑岩	Biotite syenite porphyry	
13542	石英正长斑岩	Quartz syenite porphyry	
13751	安山岩	Andesite	
13752	基性安山岩	Basic andesite	
13753	辉石安山岩	Pyroxene andesite	
13754	紫苏辉石安山岩	Hypersthene andesite	
13755	普通辉石安山岩	Augite andesite	
13756	普通角闪石安山岩	Hornblende andesite	
13757	云母安山岩	Mica andesite	
13758	黑云母安山岩	Biotite andesite	
13759	冰岛岩	Icelandite	低铝安山岩
13760	玄武安山岩	Basalt andesite	
13761	深色安山岩	Melanoandesite	
13762	浅色安山岩	Leucoandesite	
13763	粗粒安山岩	Coarse graunlar andesite	
13764	安山斑岩	Andesite porphyry	
13765	云母安山玢岩	Mica andesite porphyrite	
13766	角闪石安山玢岩	Amphibole andesite porphyrite	
13767	普通辉石安山玢岩	Augite andesite porphyrite	
13768	紫苏辉石安山玢岩	Hypersthene andesite porphyrite	
13769	倍斑安山岩	Cumbraite	
13770	安山质玻璃	Andesitic glass	玻安岩
13771	石英安山岩	Quartz andesite	
13772	角闪安山岩	Amphibole andesite	

表 1（续）

代码	汉字名	英译名	说明
13773	埃达克岩	Adakites	
13774	高镁安山岩	High magnesium andesite	
14001	安粗岩	Latite	
14002	粗面橄榄粗安岩	Trachy mugearite	
14003	角闪安粗岩	Hornblende latite	
14004	石英安粗岩	Quartz latite	
14005	钠粗面安山岩	Doreite	
14006	粗安玢岩	Latite porphyrite	
14007	粗安玻璃	Trachandesitic glass	
14101	粗安岩	Trachandesite	
14102	粗安斑岩	Trachandesite porphyry	
14103	辉石粗安岩	Pyroxene trachandesite	
14104	玄武粗安岩	Basalt trachandesite	
14105	辉石粗安斑岩	Pyroxene trachandesite porphyry	
14106	黑云母粗安岩	Biotite trachandesite	
14107	黑云母辉石粗安岩	Biotite pyroxene trachandesite	
14108	黑云母粗安斑岩	Biotite trachandesite porphyry	
14251	钙碱性粗面岩	Calc-alkali trachyte	
14252	粗面岩	Trachyte	
14253	黑云母粗面岩	Biotite trachyte	
14254	角闪石粗面岩	Hornblende trachyte	
14255	普通辉石粗面岩	Augite trachyte	
14256	斜长粗面岩	Plagiotrachyte	
14257	更长粗面岩	Oligoclase trachyte	
14258	石英粗面岩	Quartz trachyte	
14259	粗面斑岩	Trachytic glass	
14260	石英粗面斑岩	Quartz trachyte porphyry	
14261	粗面玻璃	Trachytic glass	
14262	碱性粗面岩	Alkali trachyte	
14263	钠质辉石粗面岩	Sodic pyroxene trachyte	霓辉粗面岩
14264	钠质角闪石粗面岩	Sodic amphibole trachyte	钠闪粗面岩
14265	黝方石粗面岩	Nosean trachyte	
14266	方钠石粗面岩	Sodalite trachyte	
14267	辉橄粗面岩	Arsoite	
14268	钠质辉石粗面斑岩	Sodic pyroxene trachyte porphyry	
14269	钠质角闪石粗面斑岩	Sodic amphibole trachyte porphyry	
14270	钠质粗面岩	Sodic trachyte	
14271	菱长斑岩	Rhomb porphyry	
14272	霓辉粗面斑岩	Aegirine augite trachyte porphyry	
14501	碱性花岗岩	Alkali granite	

表 1（续）

代码	汉字名	英译名	说明
14502	钠质角闪石花岗岩	Sodic amphibole granite	
14503	钠质辉石花岗岩	Sodic pyroxene granite	
14504	霓细花岗岩	Grorudite	
14505	钠闪微晶花岗岩	Sodic amphibole microgranite	
14506	钠辉微晶花岗岩	Sodic pyroxene micrograite	
14507	碱性花岗斑岩	Alkali granite porphyry	
14508	钠闪花岗岩	Riebeckite granophyre	
14509	钠闪细晶花岗岩	Riebeckite aplite granite	
14510	钠闪细晶花岗斑岩	Riebeckite aplite granite porphyry	
14511	霓石花岗岩	Aegirine granite	
14651	碱性长石花岗岩	Alkali feldspar granite	
14652	钾长花岗岩	Potash feldspar granite	
14653	钠长花岗岩	Albite granite	
14654	白岗岩	Alaskite	
14655	钠质长石斑岩	Sodic feldspar porphyry	
14656	钾质花岗岩	Potassic granite	
14801	花岗岩	Granite	
14802	二长花岗岩	Monzonitic granite	
14803	斜方辉石花岗岩	Orthopyroxene granite	
14804	紫苏花岗岩	Hypersthene granite	
14805	角闪花岗岩	Amphibole granite	
14806	黑云母花岗岩	Biotite granite	
14807	白云母花岗岩	Muscovite granite	
14808	二云母花岗岩	Binary granite	
14809	锂云母花岗岩	Lithia mica granite	
14810	电气石花岗岩	Tourmaline granite	
14811	电气花岗岩	Luxullianite	
14812	萤石花岗岩	Fluorite granite	
14813	黄玉花岗岩	Topaz granite	
14814	似斑状花岗岩	Porphyroid granite	
14815	斑状花岗岩	Porphyritic granite(Anoterite)	
14816	更长环斑花岗岩	Rapakivite granite	
14817	粗粒花岗岩	Coarse grained granite	
14818	中粒花岗岩	Medium grained granite	
14819	细粒花岗岩	Fine grained granite	
14820	微晶花岗岩	Microgranite	
14821	花岗斑岩	Granite porphyry	
14822	花斑岩	Granophyre	文象斑岩
14823	斜长花斑岩	Markfieldite	
14824	石英长石斑岩	Quartz feldspar porphyry	

表 1（续）

代码	汉字名	英译名	说明
14825	石英长石云母斑岩	Quartz feldspar mica porphyry	
14826	霓细斑岩	Felsite porphyry	
14827	石英斑岩	Quartz porphyry	
14828	钾质长石斑岩	Potassic feldspar porphyry	
14829	云母斑岩	Mica porphyry	
14830	超酸性岩	Ultraacid rock	
14831	文象花岗岩	Graphic granite	
14832	钾长花岗斑岩	Potash feldspar granite porphyry	
14833	二长花岗斑岩	Xlonzonitic granite porphyry	
14834	辉石花岗岩	Pyroxene granite	
14835	石英钠长斑岩	Quartz albite porphyry	
14836	霏细钠长斑岩	Felsite albite porphyry	
14837	碱长花岗斑岩	Alkali feldspar granite porphyry	
14838	斜长斑岩	Oligoclase porphyry	
14951	花岗闪长岩	Granodiorite	
14952	微晶花岗闪长岩	Microgranodiorite	
14953	花岗闪长斑岩	Granodiorite porphyry	
14954	钠-钾质长石斑岩	Soda-potassic feldspar porphyry	
14955	堇青石花岗闪长岩	Cordierite granodiorite	
15101	斜长花岗岩	Plagiogranite	
15102	英云闪长岩	Tonalite	英闪岩
15103	更长花岗岩	Oligoclase granite	奥长花岗岩
15104	微晶更长花岗岩	Microtrondhjemite	
15105	斜长花岗斑岩	Plagiogranite porphyry	
15106	英云闪长斑岩	Tonalite porphyry	
15251	碱性流纹岩	Alkali rhyolite	钠质流纹岩
15252	钠质角闪石流纹岩	Soda amphibole rhyolite	
15253	钠质辉石流纹岩	Soda pyroxene rhyolite	
15254	碱流岩	Pantellerite	
15255	石英碱流岩	Quartz pantellerite	
15256	黑云母碱流岩	Biotite pantellerite	
15257	钠质霏细岩	Soda felsite	
15258	霓石霏细岩	Aegirine felsite	
15259	钠闪石霏细岩	Riebeckite felsite	
15401	钾质流纹岩	Potassic rhyolite	
15402	钾质霏细岩	Potassic felsite	
15551	流纹岩	Rhyolite	
15552	角闪石流纹岩	Amphibole rhyolite	
15553	黑云母流纹岩	Biotite rhyolite	
15554	霏细流纹岩	Felsitic rhyolite	

表 1（续）

代码	汉字名	英译名	说明
15555	流纹斑岩	Rhyolite porphyry	
15556	斑流岩	Nevadite	
15557	淡英斑岩	Elvan	
15558	霏细岩	Felsite	
15559	石英霏细岩	Quartz felsite	
15560	云母霏细岩	Mica felsite	
15561	松脂岩	Pichstone	
15562	珍珠岩	Pearlite	
15563	黑曜岩	Obsidian	
15564	玻基斑岩	Vitrophyre	
15565	黑曜斑岩	Obsidian porphyry	
15566	珍珠斑岩	Pearlite porphyry	
15567	松脂斑岩	Pitchstone porphyry	
15568	浮岩	Pumice	浮石
15569	英安流纹岩	Dacite rhyolite	
15570	霏细斑岩	Felsite porphyry	
15571	霏细流纹斑岩	Felsite rhyolite porphyry	
15701	流纹英安岩	Rhyodacite	
15702	斑苏粗安岩	Toscanite	
15703	流纹英安斑岩	Rhyodacite porphyry	
15704	流安松脂岩	Leidleite	
15705	流纹英安质玻璃	Rhyodacite glass	
15706	英安岩	Dacite	
15707	黑云母英安岩	Biotite dacite	
15708	角闪石英安岩	Amphibole dacite	
15709	斜长英安岩	Plagiodacite	
15710	英安斑岩	Dacite porphyry	
16001	霞石正长岩	Nepheline syenite	
16002	钠质火成岩型霞石正长岩	Agpaitic nepheline syenite	
16003	云霞正长岩型霞石正长岩	Miaskitic nepheline syenite	
16004	歪霞正长岩	Lardalite	
16005	正霞正长岩	Juvite	
16006	云霞正长岩	Miascite	
16007	普通角闪石云霞正长岩	Hornblende miascite	
16008	钾质霞石正长岩	Potassic nepheline syenite	
16009	含微斜长石霞石正长岩	Microcline-bearing nepheline syenite	
16010	暗霞正长岩	Malignite	
16011	榴霞正长岩	Ledmorite	
16012	钠钾质霞石正长岩	Soda-potassic nepheline syenite	
16013	含条纹长石霞石正长岩	Perthite-bearing nepheline syenite	

表 1（续）

代码	汉字名	英译名	说明
16014	流霞正长岩	Foyaite	
16015	钠质霞石正长岩	Sodic nepheline syenite	
16016	含钠长石霞石正长岩	Albite-bearing nepheline syenite	
16017	钠霞正长岩	Marinpolite	
16018	绿钠闪粗霞岩	Monmouthite	
16019	钙霞钠霞正长岩	Cancrinite canadite	
16020	钙霞钠霞云霞正长岩	Cancrinite litchfieldite	
16021	二霞正长岩	Cancrinite nepheline syenite	
16022	钙霞正霞正长岩	Cancrinite nordsjoite	
16023	钙霞丁古岩	Cancrinite tinguaite	
16024	丁古斑岩	Tinguaite porphyry	细霞霓斑岩
16025	钙霞正长岩	Cancrinite syenite	
16026	方钠正长岩	Sodalite syenite	
16027	方沸正长岩	Analcime syenite	
16028	异性霞石正长岩	Lujavrite	
16029	霞石方钠石正长岩	Nepheline sodalite syenite	
16030	方钠霞石正长岩	Ditroite	
16031	假白榴石正长岩	Pseudoleucite syenite	
16032	霞榴正长岩	Borolanite	
16033	白榴正长岩	Leucite syenite	
16034	黑榴石正长岩	Melanite syenite	
16035	刚玉正长岩	Corundum syenite	
16036	微晶霞石正长岩	Nepheline microsyenite	
16037	钾质霞石微晶正长岩	Potassic nepheline microsyenite	
16038	钠钾质霞石微晶正长岩	Soda-potassic nepheline microsyenite	
16039	钠质霞石微晶正长岩	Soda-nepheline microsyenite	
16040	假白榴石微晶正长岩	Pseudoleucite microsyenite	
16041	霞石方钠石微晶正长岩	Nepheline sodalite microsyenite	
16042	方钠石方沸石钙霞石微晶正长岩	Sodalite analcime cancrinite microsyenite	
16043	黑榴石微晶正长岩	Melanite microsyenite	
16044	刚玉微晶正长岩	Corundum microsyenite	
16045	粒霞正长岩	Khibinite	
16046	霞石正长斑岩	Nepheline syenite porphyry	
16201	霞斜岩	Theralite	企腊岩
16202	橄榄霞斜岩	Olivine theralite	
16203	辉榄霞斜岩	Kylite	
16204	闪辉沸霞斜岩	Lugarite	
16205	含钾长石霞斜岩	Potassic feldspar-bearing theralite	
16206	霞斜岩质厄塞岩	Theralitic essexite	

表 1（续）

代码	汉字名	英译名	说明
16207	沸绿岩	Teschenite	
16208	正沸绿岩	Glenmuirite	
16209	含长石沸绿岩	Feldspar-bearing teschenite	
16210	橄榄沸绿岩	Olivine teschenite	
16211	苦橄沸绿岩	Picritic teschenite	
16212	橄沸粒玄岩	Crinanite	
16213	无长石假白榴正长岩	Feldspar-free pseudoleucite syenite	
16214	假白榴等色岩	Fergusite	
16215	白榴橄辉岩	Missourite	
16216	无长石假白榴石微晶正长岩	Feldspar-free pseudoleucite microsyenite	
16401	磷霞岩	Urtite	浅色霓霞岩
16402	霓霞岩	Ijolite	
16403	霓霞钠辉岩	Melteigite	暗色霓霞岩
16404	钛铁霞辉岩	Jacupirangite	
16405	黑榴霓霞岩	Cromaltite	
16406	微晶霓霞岩	Microijolite	
16407	微晶霓霞钠辉岩	Micromelteigite	
16408	霓辉岩	Aegirinolite	
16601	黄长石岩	Melilitolite	黄长岩
16602	云霞黄长岩	Turjaite	
16603	蓝方黄长岩	Okaite	
16604	辉石黄长岩	Uncompahgrite	辉铁黄长岩
16605	含黄长石超基性岩	Melilite-bearing ultrabasic rock	
16801	响岩	Phonolite	
16802	霞石响岩	Nepheline phonolite	
16803	白榴石响岩	Leucite phonolite	
16804	黝方石响岩	Nosean phonolite	
16805	白榴斑岩	Leucitophyre	
16806	响岩质粗面岩	Phonolitic trachyte	
16807	霓橄粗面岩	Kenyte	
16808	白榴石黝方石方钠石响岩	Leucite nosean sodalite phonolite	
16809	细霓霞岩	Tinguaite	丁古岩
16810	响岩质粗面斑岩	Phonolitic trachyte pcrphyry	
16811	白榴石黝方石方钠石响岩斑岩	Leucite nosean sodalite phonolite phyry	
16812	霞石黝方石方钠石白榴斑岩	Nepheline nosean sodalite leucitophyre	
16813	霞石白榴石黝方石方钠石蓝方斑岩	Nepheline leucite nosean sodalite hauynophyre	
17001	碧云岩	Basanite	
17002	白榴碧玄岩	Leucite basanite	

表 1（续）

代码	汉字名	英译名	说明
17003	霞石碧玄岩	Nepheline leucite analcime basanite	
17004	霞石白榴石方沸石碧玄岩	Nepheline leucite analcime basanite	
17005	碱玄岩	Tephrite	灰玄岩
17006	白榴碱玄岩	Leucite tephrite	
17007	霞石碱玄岩	Nepheline tephrite	
17008	霞石白榴石方沸石碱玄岩	Nepheline leucite analcime tephrite	
17201	霞石岩	Nephelinite	
17202	含霞石超基性喷出岩	Nephelinite-bearing ultrabasic extrusive rock	
17203	含钾霞石超基性喷出岩	Kalsilite-bearing ultrabasic extrusive rock	
17204	橄辉钾霞斑岩	Mafurite	
17205	白榴岩	Leucitite	
17206	含白榴石超基性喷出岩	Leucite-bearing ultrabasic extrusive rock	
17207	橄榄白榴岩	Olivine leucitite	
17208	金云母白榴岩	Phlogopite leucitite	
17209	黄长石白榴岩	Melititic leucitite	
17210	暗榄白榴岩	Ugandite	
17401	黄长岩	Melilitite	
17402	白榴黄长岩	Leucite melilitite	
17403	霞石黄长岩	Nepheline melilitite	
17404	黑云辉石黄长岩	Mica pyroxene melilitite	
17405	云霞黄长岩	Mica nepheline melilitite	
17406	含黄长石超基性喷出岩	Melitite-bearing ultrabasic extrusive rock	
17407	白橄黄长岩	Katungite	
17408	流霞黄长岩	Foyamelilitite	
17500	碳酸岩	Carbonatite	
17501	方解石碳酸岩	Alvikite	
17502	白云石方解石碳酸岩	Dolomite alvikite	
17503	白云石铁白云石菱镁矿方解石碳酸岩	Dolomite ankerite magnesite alvikite	
17504	赤铁矿方解石碳酸岩	Hematite alvikite	
17505	云母方解石碳酸岩	Mica alvikite	
17506	黑云母金云母方解石碳酸岩	Biotite phlogopite alvikite	
17507	辉石方解石碳酸岩	Pyroxene alvikite	
17508	霓石方解石碳酸岩	Aegirine alvikite	
17701	白云(石)碳酸岩	Rauhaugite	
17702	方解石白云(石)碳酸岩	Calcite rauhaugite	
17703	方解石铁白云石菱镁矿白云(石)碳酸岩	Calcite ankerite magnesite rauhaugite	
17704	赤铁矿白云(石)碳酸岩	Hematite rauhaugite	
17705	云母白云(石)碳酸岩	Mica rauhaugite	

表 1（续）

代码	汉字名	英译名	说明
17706	黑云母白云(石)碳酸岩	Biotite rauhaugite	
17707	金云母白云(石)碳酸岩	Phlogopite rauhaugite	
17708	辉石白云(石)碳酸岩	Pyroxene rauhaugite	
17709	霓石白云(石)碳酸岩	Aegirine rauhaugite	
17901	镁云碳酸岩	Beforsite	
17902	方解石镁云碳酸岩	Calcite beforsite	
17903	方解石铁白云石菱镁矿镁云碳酸岩	Calcite ankerite magnesite beforsite	
17904	赤铁矿镁云碳酸岩	Hematite beforsite	
17905	云母镁云碳酸岩	Mica beforsite	
17906	黑云母镁云碳酸岩	Biotite beforsite	
17907	金云母镁云碳酸岩	Phlogopite beforsite	
17908	辉石镁云碳酸岩	Pyroxene beforsite	
17909	霓石镁云碳酸岩	Aegirine beforsite	
18101	黑云碳酸岩	Sovite	
18102	白云石黑云碳酸岩	Dolomite sovite	
18103	白云石铁白云石菱镁矿黑云碳酸岩	Dolomite ankerite magnesite sovite	
18104	赤铁矿黑云碳酸岩	Hematite sovite	
18105	云母黑云碳酸岩	Mica sovite	
18106	黑云母金云母黑云碳酸岩	Biotite phlogopite sovite	
18107	辉石黑云碳酸岩	Pyroxene sovite	
18108	霓石黑云碳酸岩	Aegirine sovite	
18109	磷灰石黑云碳酸岩	Apatite sovite	
18110	石墨黑云碳酸岩	Graphite sovite	
18111	黑云母黑云碳酸岩	Biotite sovite	
18112	稀土碳酸岩	Rare-earth carbonatite	
18301	碳酸岩熔岩	Carbonatite lava	
18302	钙质碳酸岩熔岩	Calcic carbonatite lava	
18303	钙镁质碳酸岩熔岩	Calcic magnesium carbonatite lava	
18304	钠质碳酸岩熔岩	Soda carbonatite lava	
18501	碳酸霓辉岩	Carbonate aegirine-pyroxenite	
18502	碳酸霓霞岩	Carbonate ijolite	
18503	含碳酸霓辉岩	Carbonate-bearing aegirine-pyroxenite	
18504	含碳酸霓霞岩	Carbonate-bearing ijolite	
19001	煌斑岩	Lamprophyre	
19002	钙碱性煌斑岩	Calc-alkali lamprophyre	
19003	云煌岩	Minette	
19004	辉石橄榄云煌岩	Pyroxene olivine minette	
19005	含似长石云煌岩	Feldspathoid-bearing minette	

表 1（续）

代码	汉字名	英译名	说明
19006	闪辉正煌岩	Vogesite	
19007	云斜煌岩	Kersantite	
19008	辉石橄榄石云斜煌岩	Pyroxene olivine kersantite	
19009	含似长石云斜煌岩	Feldspathoid-bearing kersantite	
19010	透橄斑岩	Garewaite	
19011	云辉斑岩	Cuselite	
19012	微煌斑岩	Malchite	微闪长岩
19013	闪斜煌岩	Spessartite	
19014	拉辉煌岩	Odinite	
19015	橄榄云煌岩	Cascadite	
19016	橄辉云煌岩	Prowersite	
19017	碱性煌斑岩	Alkali lamprophyre	
19018	棕闪斜煌岩	Camptonite	闪煌岩
19019	棕闪正煌岩	Sannaite	
19020	橄闪歪煌岩	Kvellite	
19021	方沸碱煌岩	Monchiquite	
19022	玻质方沸碱煌岩	Glassy monchiquite	
19023	无橄方沸碱煌岩	Fourchite	
19024	霞石方沸碱煌岩	Nepheline monchiquite	
19025	黑云母方沸碱煌岩	Ouachitite	黑云沸煌岩
19026	白榴闪辉斑岩	Mondhaldeite	
19027	蓝方煌沸岩	Heptorite	
19028	含黄长石煌斑岩	Melilite-bearing lamprophyre	
19029	橄黄岩	Alnoite	
19030	黄煌岩	Polzenite	
19031	云橄黄煌岩	Modliboyite	
19032	云辉蓝方黄煌岩	Luhite	蓝黄霞煌岩
19033	黑云蓝方黄煌岩	Bergalite	蓝黄煌岩
19034	闪辉黄煌岩	Farrisite	透辉闪煌岩
19301	伟晶岩	Pegmatite	
19302	辉长伟晶岩	Gabbro pegmatite	
19303	粒玄伟晶岩	Dolerite pegmatite	
19304	闪长伟晶岩	Dioritic pegmatite	
19305	正长伟晶岩	Syenitic pegmatite	
19306	花岗伟晶岩	Granitic pegmatite	
19307	钾质伟晶岩	Potassic pegmatite	
19308	钠钾质伟晶岩	Soda-potassic pegmatite	
19309	钠钾锂伟晶岩	Soda-potassic-lithium pegmatite	
19310	钠锂钾伟晶岩	Soda-lithium-potassic pegmatite	
19311	钠锂铯钾伟晶岩	Soda-lithium-eaesium-potassic pegmatite	

表 1（续）

代码	汉字名	英译名	说明
19312	霞石正长伟晶岩	Nepheline syenite pegmatite	
19313	白云母伟晶岩	Muscovite pegmatite	
19314	不饱和正长伟晶岩	Undersaturated syenite pegmatite	
19418	斜长细晶岩	Plagioaplite	
19491	流纹质集块熔岩	Rhyolitic agglomerate lava	
19492	流纹质角砾集块熔岩	Rhyolitic breccia agglomerate lava	
19493	流纹质集块角砾熔岩	Rhyolitic agglomerate breccia lava	
19494	流纹质角砾熔岩	Rhyolitic agglomerate lava	
19495	流纹质凝灰角砾熔岩	Rhyolitic tuff breccia lava	
19496	流纹质角砾凝灰熔岩	Rhyolitic breccia tuff lava	
19531	流纹质熔集块岩	Rhyolitic lava agglomerate	
19532	流纹质熔角砾集块岩	Rhyolitic lava breccia agglomerate	
19533	流纹质熔集块角砾岩	Rhyolitic lava agglomerate breccia	
19534	流纹质熔角砾岩	Rhyolitic lava breccia	
19535	流纹质熔凝灰角砾岩	Rhyolitic lava tuff breccia	
19536	流纹质熔角砾凝灰岩	Rhyolitic lava breccia tuff	
19537	流纹质熔凝灰岩	Rhyolitic lava tuff	
19538	熔凝灰岩	Lava tuff	
19601	细晶岩	Aplite	
19602	辉长细晶岩	Gabbroic aplite	
19603	闪长细晶岩	Dioritic aplite	
19604	正长细晶岩	Syenitic aplite	
19605	碱性正长细晶岩	Alkali-syenitic aplite	
19606	淡歪细晶岩	Bostonite	
19607	细晶质粗面岩	Aplitic trachyte	
19608	钠辉细晶岩	Rockallite	
19609	钠闪花岗细晶岩	Riebeckite granite-aplite	
19610	钠闪细晶岩	Riebeckite aplite	
19611	花岗细晶岩	Granitic aplite	
19612	钾质细晶岩	Potassic aplite	
19613	钠钾质细晶岩	Soda-potassic aplite	
19614	钠钾锂细晶岩	Soda-potassic-lithium aplite	
19615	钠锂钾细晶岩	Soda-lithinm-potassic aplite	
19616	钠锂铯钾细晶岩	Soda-lithium-caesium-potassic aplite	
19617	不饱和正长细晶岩	Undersaturated syenitic aplite	
19651	流纹质熔结角砾集块岩	Rhyolitic welded breccia agglomerate	
19652	流纹质熔结集块角砾岩	Rhyolitic welded agglomerate breccia	
19653	流纹质熔结凝灰角砾岩	Rhyolitic welded tuff breccia	
19654	流纹质熔结角砾凝灰岩	Rhyolitic welded breccia tuff	
19701	火山碎屑熔岩	Prroclastic lava	

表 1（续）

代码	汉字名	英译名	说明
19702	集块熔岩	Agglomerate lava	
19703	异源集块熔岩	Allogenic agglomerate lava	
19704	外生巨角砾熔岩	Exogenic boulder lava	
19705	自碎集块熔岩	Autoclastic agglomerate lava	
19731	角砾熔岩	Breccia lava	
19732	异源角砾熔岩	Allogenic breccia lava	
19733	外生角砾溶岩	Exogenic breccia lava	
19734	自碎角砾溶岩	Autoclastic breccia lava	
19735	流纹质玻屑凝灰岩	Rhyolitic vitroclastic tuff	
19736	流纹质浆屑凝灰岩	Rhyolitic plastic detritus tuff	
19737	流纹质岩屑玻屑凝灰岩	Rhyolitic lithic vitroclastic tuff	
19738	流纹质岩屑晶屑玻屑凝灰岩	Rhyolitic lithic crystal-vitric tuff	
19741	岩屑晶屑凝灰岩	Lithic crystalloclastic tuff	
19742	集块岩	Agglomerate	
19743	碱性集块岩	Alkali-agglomerate	
19744	流纹质角砾集块岩	Rhyolitic breccia agglomerate	
19745	流纹质集块角砾岩	Rhyolitic agglomerate breccia	
19746	流纹质角砾凝灰岩	Rhyolitic breccia tuff	
19747	流纹质岩屑凝灰岩	Rhyolitic lithic tuff	
19748	流纹质岩屑晶屑凝灰岩	Rhyolitic lithic crystalloclastic tuff	
19749	流纹质晶屑凝灰岩	Rhyolitic crystalloclastic tuff	
19750	流纹质晶屑玻屑凝灰岩	Rhyolitic crystal-vitric tuff	
19751	凝灰熔岩	Tuff lava	
19752	异源凝灰熔岩	Allogenic tuff lava	
19753	外生砂屑熔岩	Exogenic arenitic lava	
19754	自碎凝灰熔岩	Autoclastic tuff lava	
19761	晶屑凝灰熔岩	Crystal tuff lava	
19762	玻屑凝灰熔岩	Vitric tuff lava	
19763	岩屑凝灰熔岩	Lithic tuff lava	
19771	英安质凝灰熔岩	Dacitic tuff lava	
19772	流纹质凝灰熔岩	Rhyolitic tuff lava	
19781	碎斑熔岩	Mortar lava	
19782	泡沫熔岩	Foamy lava	
19791	淬碎碎屑熔岩	Hyaloclastic lava	
19792	淬碎集块岩	Hyaloclastic agglomerate	
19793	玻璃集块岩	Vitric agglomerate	
19801	淬碎角砾岩	Hyaloclastic breccia	
19802	玻璃角砾岩	Vitric berccia	
19803	流纹质沉集块岩	Rhyolitic sed-pyroclastic agglomerate	
19804	流纹质沉角砾集块岩	Rhyolitic sed-pyroclastic breccia agglomerate	

表 1（续）

代码	汉字名	英译名	说明
19805	流纹质沉集块角砾岩	Rhyolitic sed-pyroclastic agglomerate breccia	
19806	流纹质沉火山角砾岩	Rhyolitic sed-pyroclastic breccia	
19807	流纹质沉凝灰角砾岩	Rhyolitic sed-pyroclastic tuff breccia	
19808	流纹质沉角砾凝灰岩	Rhyolitic sed-pyroclastic breccia tuff	
19809	流纹质沉凝灰岩	Rhyolitic sed-pyroclastic tuff	
19811	淬碎凝灰岩	Hyaloclastic tuff	
19812	玻璃凝灰岩	Vitric tuff	
19813	流纹质含晶屑熔结凝灰岩	Rhyolitic crystalloclastic-bearing welded tuff	
19814	流纹质晶屑熔结凝灰岩	Rhyolitic crystalloclastic welded tuff	
19815	流纹质含角砾凝灰岩	Rhyolitic breccia-bearing tuff	
19816	流纹质含晶屑凝灰岩	Rhyolitic crystalloclastic-bearing tuff	
19817	流纹质含角砾晶屑凝灰岩	Rhyolitic breccia-bearing crystalloclastic tuff	
19818	流纹质角砾晶屑凝灰岩	Rhyolitic breccia crystalloclastic tuff	
19821	熔结火山碎屑岩	Welded prroclastic rock	
19822	熔结集块岩	Welded agglomerate	
19823	强熔结集块岩	Strong welded agglomerate	
19824	弱熔结集块岩	Weak welded agglomerate	
19825	粘合集块岩	Binding agglomerate	粘结集块岩
19831	复成分熔结集块岩	Polymictic welded agglomerate	
19832	异源熔结集块岩	Allogenic welded agglomerate	
19833	流纹质熔结集块岩	Rhyolitic welded agglomerate	
19834	英安质熔结集块岩	Dacitic welded agglomerate	
19835	粗面质熔结集块岩	Trachitic welded agglomerate	
19836	安山质熔结集块岩	Andesitic welded agglomerate	
19837	熔结角砾岩	Welded breccia	
19838	强熔结火山角砾岩	Strong welded volcanic breccia	
19839	弱熔结火山角砾岩	Weak welded volcanic breccia	
19840	粘合火山角砾岩	Binding volcanic breccia	
19851	复成分熔结角砾岩	Polymictic welded breccia	
19852	异源熔结角砾岩	Allogenic welded breccia	
19853	流纹质熔结角砾岩	Rhyolitic welded breccia	
19854	英安质熔结角砾岩	Dacitic welded breccia	
19855	粗面质熔结角砾岩	Trachitic welded breccia	
19856	安山质熔结角砾岩	Andesitic welded breccia	
19861	熔结凝灰岩	Welded tuff	
19862	强熔结凝灰岩	Strong welded tuff	
19863	弱熔结凝灰岩	Weak welded tuff	
19871	流纹质熔结凝灰岩	Rhyolitic welded tuff	
19872	英安质熔结凝灰岩	Dacitic welded tuff	
19873	粗面质熔结凝灰岩	Trachitic welded tuff	

表 1（续）

代码	汉字名	英译名	说明
19874	安山质熔结凝灰岩	Andesitic welded tuff	
19875	复成分熔结凝灰岩	Polymictic welded tuff	
19876	异源熔结凝灰岩	Allogenic welded tuff	
19881	熔结黑曜岩	Welded obsidean	黑曜状熔结凝灰岩
19882	熔结松脂岩	Welded pitchstone	松脂状熔结凝灰岩
19883	无定向熔结凝灰岩	Unoriented welded tuff	
19884	石泡熔结凝灰岩	Lithophysa welded tuff	
19885	球粒熔结凝灰岩	Spherolitic welded tuff	
19891	普通火山碎屑岩	Common pyroclastic rock	
19892	火山集块岩	Volcanic agglomerate	
19893	火山弹集块岩	Volcanic bomb agglomerate	
19894	熔岩饼集块岩	Lava-cake agglomerate	
19895	浮岩集块岩	Pumice agglomerate	浮石集块岩
19896	火山渣集块岩	Volcanic-cinder agglomerate	
19897	岩块集块岩	Rock-block agglomerate	
19898	层状集块岩	Bedded agglomerate	
19899	玄武质集块岩	Basaltic agglomerate	
19900	安山质集块岩	Andesitic agglomerate	
19901	流纹质集块岩	Rhyolitic agglomerate	
19902	复成分集块岩	Polymictic agglomerate	
19903	异源集块岩	Allogenic agglomerate	
19911	火山角砾岩	Volcanic breccia	
19912	火山弹火山角砾岩	Volcanic bomb breccia	
19913	熔岩饼火山角砾岩	Lava-cake breccia	
19914	浮岩火山角砾岩	Pumice breccia	浮石火山角砾岩
19915	火山渣火山角砾岩	Volcanic-cinder breccia	
19916	岩块火山角砾岩	Rock-block volcanic breccia	
19917	层状火山角砾岩	Bedded volcanic breccia	
19921	玄武质火山角砾岩	Basaltic volcanic breccia	
19922	安山质火山角砾岩	Andesitic volcanic breccia	
19923	流纹质火山角砾岩	Rhyolitic volcanic breccia	
19924	复成分火山角砾岩	Polymictic volcanic breccia	
19925	异源火山角砾岩	Allogenic volcanic breccia	
19926	火山集块角砾岩	Volcanic agglomerate breccia	
19927	凝灰角砾岩	Tuff breccia	
19931	凝灰岩	Tuff	
19932	玻屑凝灰岩	Vitroclastic tuff	
19933	晶屑凝灰岩	Crystalloclastic tuff	

表 1（续）

代码	汉字名	英译名	说明
19934	岩屑凝灰岩	Lithic tuff	
19935	晶玻屑凝灰岩	Crystal-vitric tuff	
19936	晶岩屑凝灰岩	Crystal-lithic tuff	
19937	玻晶屑凝灰岩	Vitro-crystalloclastic tuff	
19938	岩玻屑凝灰岩	Lithic-vitroclastic tuff	
19939	复屑凝灰岩	Poly-clastic tuff	
19940	层状凝灰岩	Bedded tuff	
19941	火山尘凝灰岩	Volcanic-dust tuff	
19942	火山泥球凝灰岩	Volcanic-mud ball tuff	
19943	火山豆石岩	Volcanic pisolite	绿豆岩
19944	玄武质凝灰岩	Basaltic tuff	
19945	安山质凝灰岩	Andesitic tuff	
19946	粗面质凝灰岩	Trachitic tuff	
19947	英安质凝灰岩	Dacitic tuff	
19948	流纹质凝灰岩	Rhyolitic tuff	
19949	复成分凝灰岩	Polymictic tuff	
19950	异源凝灰岩	Allogenic tuff	
19951	火山角砾凝灰岩	Volcanic breccia tuff	
19952	粗粒的凝灰岩	Coarse tuff	
19953	细粒的凝灰岩	Fine tuff	
19955	沉积火山碎屑岩	Sed-pyroclastic rock	
19956	沉(火山)积块岩	Sed-pyroclastic agglomerate	
19957	沉火山角砾岩	Sed-pyroclastic breccia	
19958	沉集块角砾岩	Sed-pyroclastic agglomerate breccia	
19961	沉凝灰岩	Tuffite	
19962	沉角砾凝灰岩	Sed-pyroclastic breccia tuff	
19963	钙质沉凝灰岩	Calcareous tuffite	
19964	硅质沉凝灰岩	Siliceous tuffite	
19965	铁质沉凝灰岩	Ferruginous tuffite	
19966	绿泥石质沉凝灰岩	Chloritic	
19967	火山碎屑沉积岩	Pyroclastic sedimentary rock	
19968	凝灰质集块岩	Tuffaceous agglomerate	
19969	凝灰质巨砾岩	Tuffaceous boulder	
19970	凝灰质角砾岩	Tuffaceous breccia	
19971	凝灰质砾岩	Tuffaceous conglomerate	
19972	凝灰质粗砾岩	Tuffaceous cobblestone	
19973	凝灰质细砾岩	Tuffaceous granulestone	
19974	凝灰质砂岩	Tuffaceous sandstone	
19975	凝灰质粗砂岩	Tuffaceous coarse sandstone	
19976	凝灰质细砂岩	Tuffaceous fine sandstone	

表 1（续）

代码	汉字名	英译名	说明
19977	凝灰质粉砂岩	Tuffaceous siltstone	
19978	凝灰质泥岩	Tuffaceous mudstone	
19979	凝灰质化学岩	Tuffaceous chemical sedimentary rock	
19980	凝灰质灰岩	Tuffaceous limestone	
19981	凝灰质泥灰岩	Tuffaceous marl	
19982	凝灰质白云岩	Tuffaceous dolomite	
19983	凝灰质硅质岩	Tuffaceous siliceous rock	
19984	凝灰质生物碎屑灰岩	Tuffaceous bioclastic limestone	
19985	凝灰质石膏岩	Tuffaceous gyprock	
19986	凝灰质盐岩	Tuffaceous halite rock	
19991	火山-沉积集块岩	Volcanic-sedimentary agglomerate	火山-沉积巨砾岩
19992	火山-沉积角砾岩	Volcanic-sedimentary breccia	火山-沉积砾岩
19993	火山-沉积砂岩	Volcanic-sedimentary sandstone	
19994	火山-沉积粉砂岩	Volcanic-sedimentary siltstone	
19995	火山-沉积泥岩	Volcanic-sedimentary mudstone	
19996	火山-沉积化学岩	Volcanic-sedimentary chemical rock	
20000	陆源碎屑岩	Terrigenous clastic rocks	
20001	碎屑岩	Clastic rocks	
20002	砾岩	Conglomerate	
20003	巨砾岩	Boulderstone	
20004	粗砾岩	Cobblestone	
20005	中砾岩	Pebblestone	
20006	细砾岩	Granulestone	
20007	含角砾砾岩	Breccia-bearing conglomerate	
20008	砂质砾岩	Sandy conglomerate	
20011	底砾岩	Basal conglomerate	
20012	层间砾岩	Interformational conglomerate	
20013	同生砾岩	Contemporaneous conglomerate	
20014	单成分砾岩	Monocomponent conglomerate	
20015	复成分砾岩	Polycomponent conglomerate	
20016	石英质砾岩	Quartzose conglomerate	
20017	钙质砾岩	Calcareous conglomerate	
20018	硅质砾岩	Siliceous conglomerate	
20019	凝灰质砾岩	Tuffaceous conglomerate	
20020	铁质砾岩	Ferruginous conglomerate	
20021	正砾岩	Orthoconglomerate	
20022	正石英岩质砾岩	Orthoquartzitic conglomerate	
20023	石英岩砾岩	Quartzite conglomerate	
20024	岩块砾岩	Petromictic conglomerate	

表 1（续）

代码	汉字名	英译名	说明
20025	石灰岩砾岩	Limetsone conglomerate	
20026	白云质砾岩	Dolomitic conglomerate	
20027	花岗岩砾岩	Granitic conglomerate	
20028	副砾岩	Paraconglomerate	
20029	层纹状砾质泥岩	Laminated conglomeratie mudstone	泥砾岩
20030	冰碛砾岩	Glacial conglomerate	
20031	冰碛岩	Tillite	
20032	滴石	Dropstone	
20033	类冰碛岩	Lilloid	
20034	滨岸砾岩	Littoral conglomerate	
20035	滨海砾岩	Shallow marine conglomerate	
20036	河流砾岩	Fluvial conglomerate	
20037	洪积砾岩	Pluvial conglomerate	
20038	湖成砾岩	Lacustrine conglomerate	
20039	钙结硬壳砾岩	Callche harded shell conglomerate	
20040	钙结细砾岩	Callche fine conglomerate	
20041	硬砾岩	Conglomerate	变砾岩
20042	假砾岩	Pseudoconglomerate	
20043	泥球	Mud balls	
20044	泥砾	Mud boulders	
20045	砾质岩	Psephite	
20046	砾屑岩	Rudite	
20047	扇砾岩	Fanglomerate	
20048	致密石英砾岩	Banket	含金砾岩
20049	钙结砾岩	Calcirete	
20050	铁结砾岩	Ferricrete	
20051	硅结砾岩	Kollanite	
20052	混合岩砾岩	Mixedstone conglomerate	
20101	角砾岩	Breccia	
20102	残积角砾岩	Eluvial breccia	
20103	滑塌角砾岩	Slump breccia	
20104	崩塌角砾岩	Collapse breccia	
20105	溶解角砾岩	Solution breccia	
20106	喀斯特角砾岩	Karst breccia	岩溶角砾岩
20107	层间角砾岩	Interformational breccia	
20108	层内角砾岩	Endostratic breccia	
20109	同生角砾岩	Contemporaneous breccia	
20110	成岩角砾岩	Diagenetic breccia	
20111	后生角砾岩	Epigenetic breccia	
20112	盐溶角砾岩	Evaponite-solution breccia	

表 1（续）

代码	汉字名	英译名	说明
20113	砂质角砾岩	Sandy breccia	
20114	泥质角砾岩	Argillaceous breccia	
20115	钙质角砾岩	Calcareous breccia	
20116	硅质角砾岩	Siliceous breccia	
20117	铁质角砾岩	Ferrugious breccia	
20118	石膏灰岩角砾岩	Brockram	
20119	铁角砾岩	Canga	
20120	假角砾岩	Pseudo-breccia	
20121	泥流角砾岩	Cenuglomerate	
20122	洞穴角砾岩	Cavern breccia	
20124	干裂角砾岩	Desiccation breccia	
20125	水成角砾岩	Subaqueous breccia	
20126	冰川角砾岩	Glacial breccia	
20127	礁角砾岩	Reef breccia	
20128	残余角砾岩	Residual breccia	
20129	山麓角砾岩	Talus breccia	
20130	巨砾角砾岩	Boulder breccia	
20131	粗砾角砾岩	Cobble breccia	
20132	中砾角砾岩	Pebble breccia	
20133	细砾角砾岩	Granule breccia	
20134	含砾角砾岩	Gravel-bearing breccia	
20135	单成分角砾岩	Oligomictic breccia	
20136	复成分角砾岩	Polymictic breccia	
20301	砂岩	Sandstone	
20302	含砾砂岩	Gravel-bearing sandstone	
20303	砾质砂岩	Gravelly sandstone	
20304	粗砂岩	Coarse sandstone	
20305	中砂岩	Medium sandstone	
20306	细砂岩	Fine sandstone	
20307	纯砂岩	Pure sandstone	
20308	不纯砂岩	Impure sandstone	
20321	石英砂岩	Quartz sandstone	
20322	铁质石英砂岩	Ferruginous quartz sandstone	
20323	钙质石英砂岩	Calcareous quartz sandstone	
20324	硅质石英砂岩	Siliceous quartz sandstone	
20325	石英岩状砂岩	Quartzitic sandstone	石英岩质砂岩
20326	沉积石英岩	Sedimentary quartzite	
20327	正石英岩	Orthoquartzite	
20328	海绿石石英岩	Glaucoquartzite	
20329	长石石英砂岩	Feldspathic quartz sandstone	次长石砂岩

表 1（续）

代码	汉字名	英译名	说明
20330	岩屑石英砂岩	Lithic quartz sandstone	
20331	长石岩屑石英砂岩	Feldspathic lithic quartz sandstone	
20332	细粒岩屑石英砂岩	Fine lithic quartz sandstone	
20333	中细粒砂岩	Medium-Fine sandstone	
20334	粉砂质泥岩	Silty mudstone	
20351	长石砂岩	Arkose	
20352	构造长石砂岩	Tectonic arkose	
20353	气侯长石砂岩	Climatic arkose	
20354	基底长石砂岩	Basal arkose	
20355	长石质砂岩	Feldspathic sandstone	
20356	残余长石砂岩	Rcsidual arkose	
20357	亚长石砂岩	Subarkose	次长石砂岩
20358	斜长石砂岩	Plagioclase arkose	
20359	长石石英岩	Arkosite	
20362	岩屑长石砂岩	Lithic arkose	
20363	岩屑砂岩	Lithic sandstone	
20364	长石岩屑砂岩	Feldspathic lithic sandstone	
20365	火山岩屑砂岩	Volcanic debris sandstone	
20401	砂屑岩	Arenite	砂岩砂粒碎屑岩
20402	石英砂屑岩	Quartz arenite	
20403	长石砂屑岩	Feldspathic arenite	
20404	岩屑砂屑岩	Lithic arenite	
20405	长石质岩屑砂屑岩	Feldspathic litharenite	
20406	长石复岩屑砂屑岩	Feldspathic polylitharenite	
20407	长石亚岩屑砂屑岩	Feldspathic sublitharenite	
20408	复岩屑砂屑岩	Polylitharenite	
20409	钙岩屑砂屑岩	Calclithite	
20410	正砂屑岩	Orthoarenite	
20411	副砂屑岩	Pararenite	
20412	沉积岩屑砂屑岩	Sedarenite	
20413	硅质砂屑岩	Siliceous arenite	
20414	火山砂屑岩	Volcanic arenite	
20415	生物砂屑岩	Bioarenite	
20416	片状砂屑岩	Clasmoschist	
20501	杂砂岩	Graywacke	硬砂岩
20502	石英杂砂岩	Quartz graywacke	
20503	长石杂砂岩	Feldspathic graywacke	
20504	岩屑杂砂岩	Lithic graywacke	
20505	岩屑石英杂砂岩	Lithic quartz graywacke	
20506	长石石英杂屑岩	Feldspathic quartz graywacke	

表 1（续）

代码	汉字名	英译名	说明
20507	长石岩屑杂屑岩	Feldspathic lithic graywacke	
20508	岩屑长石杂屑岩	Lithic feldspathic graywacke	
20509	亚杂砂岩	Subgraywacke	
20601	瓦克岩	Wacke	
20602	石英瓦克岩	Quartzwacke	
20603	长石质瓦克岩	Feldspathic wacke	
20604	长石质岩屑瓦克岩	Feldspathic lithwacke	
20605	岩屑瓦克岩	Lithic wacke	
20606	亚岩屑瓦克岩	Sublithwacke	
20607	岩屑长石砂岩质瓦克岩	Lithic arkosic wacke	
20608	岩屑亚长石砂岩质瓦克岩	Lithic subarkosic wacke	
20609	蒙瓦克岩	Mengwacke	
20610	石英蒙瓦克岩	Quartzmengwacke	
20701	破片砂岩	Sparagmite	
20702	黑钒砂岩	Kentsmithite	
20703	沥青砂岩	Asphaltic sandstone	
20704	花岗质砂岩	Granitic sandstone	
20705	海绿石砂岩	Glauconitic sandstone	
20706	复成分砂岩	Ploy component sandstone	
20707	粘土粉砂质砂岩	Clay silty sandstone	
20708	泥质砂岩	Argillaceous sandstone	
20709	钙质砂岩	Calcareous sandstone	
20710	灰质砂岩	Lime-sandstone	石灰质砂岩
20711	含灰质砂岩	Lime-bearing sandstone	
20712	白云质砂岩	Dolomitic sandstone	
20713	含白云质砂岩	Dolomite-bearing sandstone	
20714	凝灰质砂岩	Tuffaceous sandstone	
20715	铁质砂岩	Ferruginous sondstone	
20716	含铜砂岩	Copper-bearing sandstone	
20717	含磷砂岩	Phosphate-bearing sandstone	
20718	含油砂岩	Oil-bearing sandstone	
20719	可弯砂岩	Itacolumite	
20720	挠性砂岩	Flexible sandstone	
20721	复理石砂岩	Flysch sandstone	
20722	磨拉石砂岩	Molasse sandstone	
20723	微密砂岩	Compact sandstone	
20724	交错层砂岩	Cross bedding sandstone	
20751	含云母石英砂岩	Mica-bearing quartz sandstone	
20752	富含云母石英砂岩	Rich mica-quartz sandstone	
20753	含云母长石砂岩	Mica-bearing arkose	

表 1（续）

代码	汉字名	英译名	说明
20754	富含云母长石砂岩	Rich mica-arkose	
20755	含云母砂屑岩	Mica-bearing arenite	
20756	富含云母砂屑岩	Rich mica-arenite	
20757	含云母杂砂岩	Mica-bearing graywacke	
20758	富含云母杂砂岩	Rich mica-graywacke	
20759	含云母瓦克岩	Mica-bearing wacke	
20760	富含云母瓦克岩	Rich mica-wacke	
20802	粉砂岩	Siltstone	
20803	粗粉砂岩	Coarse siltstone	
20804	细粉砂岩	Fine siltstone	
20805	含砾粉砂岩	Gravel-bearing siltstone	
20806	含砂粉砂岩	Sand-bearing siltstone	
20807	粘土砂质粉砂岩	Clay-sandy siltstone	
20808	泥质粉砂岩	Argillaceous siltstone	
20809	钙质粉砂岩	Calcareous siltstone	
20810	凝灰质粉砂岩	Tuffaceous siltstone	
20811	铁质粉砂岩	Ferruginous siltstone	
20812	含碳质粉砂岩	Carbonate-bearing siltstone	
20870	铁锰结核	Fe-Mn concretion	
20901	黄土	Loess	
20902	黄土岩	Loessite	古黄土
20903	冷黄土	Cold loess	冰缘黄土
20904	暖黄土	Warm loess	
21200	粘土	Clay	
21201	陶土	Pottery clay	
21202	瓷土	China clay	
21203	陶瓷粘土	Ceramic clay	
21204	活性白土	Activiated clay	
21205	漂白土	Fullers clay	
21206	耐火粘土	Fire clay	
21207	膨胀粘土	Expandable clay	
21208	吸附粘土	Adsorbing clay	
21209	制砖粘土	Brick clay	
21210	木节粘土	Kibush clay	木节土
21211	球粘土	Ball clay	球土
21212	钙质粘土	Calcareous clay	
21213	硅质粘土	Siliceous clay	
21214	含燧石粘土	Clay-with-flints	
21215	燧石粘土	Flint clay	硬质粘土
21216	铁质粘土	Ferruginous clay	

表 1（续）

代码	汉字名	英译名	说明
21217	红土质粘土	Laterite clay	
21218	铝土质粘土	Bauxitic clay	
21219	高铝粘土	High-aluminium clay	
21220	明钒粘土	Alum clay	
21221	沥青粘土	Bituminous clay	
21222	腐泥粘土	Sapropel clay	
21223	碳质粘土	Carbonaceous clay	
21224	单矿物粘土	Monomineralic clay	
21225	复矿物粘土	Polymineralic clay	
21226	高岭石粘土	Kaolinite clay	
21227	蒙脱石粘土	Montmorillonite clay	
21228	伊利石粘土	Illite clay	
21229	累托石粘土	Rectorite clay	
21230	滑石粘土	Talk clay	
21231	叶蜡石粘土	Pyrophyllite clay	
21232	海泡石粘土	Sepiolite clay	
21233	凹凸棒石粘土	Attapulgite clay	
21234	高岭土	Kaolin	
21235	膨润土	Bentonite	斑脱岩
21236	水云母粘土	Hydromica clay	
21237	红色粘土	Red clay	
21238	残余粘土	Residual clay	
21239	砂质粘土	Sandy clay	
21240	粉砂质粘土	Silty clay	粉质粘土
21241	泥灰质粘土	Marly clay	
21242	底粘土	Underclay	
21243	亚粘土	Subclay	
21261	亚砂土	Subsand	
21262	淤泥质亚粘土	Sullage subclay	
21263	含砾粉砂质粘土	Conglomeratic-bearing silty clay	
21401	泥岩	Mudstone	
21402	钙质泥岩	Calcareous mudstone	
21403	硅质泥岩	Siliceous mudstone	
21404	铁质泥岩	Ferruginous mudstone	
21405	碳质泥岩	Carbonaceous mudstone	
21406	砾泥岩	Conglomeratic mudstone	
21407	高岭石泥岩夹矸	Tonstein	
21601	粘土岩	Claystone	
21602	单矿物粘土岩	Monomineralic claystone	
21603	复矿物粘土岩	Polymineralic claystone	

表 1（续）

代码	汉字名	英译名	说明
21605	含灰质粘土岩	Lime-bearing claystone	
21606	灰质粘土岩	Lime claystone	
21607	含白云质粘土岩	Dolomite-bearing claystone	
21608	白云质粘土岩	Dolomite claystone	
21801	页岩	Shale	
21802	泥页岩	Argillutite	
21803	钙质页岩	Calcareous shale	石灰质页岩
21804	硅质页岩	Siliceous shale	
21805	铁质页岩	Ferruginous shale	
21806	含锰页岩	Manganese-bearing shale	
21807	铝土页岩	Bauxitic shale	
21808	含钾页岩	Potash-bearing shale	
21809	明矾页岩	Alum shale	
21810	黑色页岩	Black shale	
21811	含煤黑页岩	Black metal	
21812	碳质页岩	Carbonaceous shale	
21813	沥青质页岩	Bituminous shale	
21814	含油页岩	Oil-bearing shale	
21815	油页岩	Oil shale	
21816	含气油页岩	Gas shale	
21817	砂质页岩	Sandy shale	
21818	粉砂质页岩	Silty shale	
21819	泥灰质页岩	Marlaceous shale	
21820	凝灰质页岩	Tuffaceous shale	
21821	粘土页岩	Clay shale	
21822	硅藻页岩	Diatomaceous shale	
21823	易剥裂页岩	Fissile shale	
21824	纸状页岩	Bibliolite	
21825	书页岩	Bookstone	
21826	泥板岩	Argillite	
21827	藻油页岩	Boghead shale	
21828	泥灰沥青质页岩	Marly bituminous shale	
21829	白云质页岩	Dolomitic shale	
21830	煤系页岩	Coal-measures shale	
21901	含砾泥岩	Gravel-bearing mudstone	
21902	含砂质泥岩	Sand-bearing mudstone	
21903	含粉砂泥岩	Silt-bearing mudstone	
21904	含炭泥岩	Carbonaceous-bearing mudstone	
21905	含铁质泥岩	Ferruginous-bearing mudstone	
21906	含钙质泥岩	Calcareous-bearing mudstone	

表 1（续）

代码	汉字名	英译名	说明
21907	含硅质泥岩	Siliceous-bearing mudstone	
21908	含方解石白云石泥岩	Calcite. dolomite-bearing mudstone	含灰含云泥岩
21909	含白云石钙质泥岩	Dolomite-bearing calcareous mudstone	含云灰泥岩
21910	含方解石白云质泥岩	Calcite-bearing dolomite mudstone	含灰云泥岩
21911	菱铁矿泥岩	Siderite mudstone	
21912	鲕绿泥石泥岩	Chamosite mudstone	
21913	鲕绿泥岩-菱铁矿泥岩	Chamosite-siderite mudstone	
21914	高岭石泥岩	Kaolinite mudstone	
21915	蒙脱石泥岩	Montmorillonite mudstone	
21916	水云母泥岩	Hydromica mudstone	
22000	碳酸盐岩	Carbonatite	
22001	石灰岩	Limestone	灰岩
22002	碎屑石灰岩	Clastic limestone	
22003	生物石灰岩	Biogenetic limestone	
22004	化学石灰岩	Chemical limestone	
22005	异化粒灰岩	Allochemical limestone	颗粒灰岩
22006	内碎屑灰岩	Intraclastic limestone	
22007	竹叶状灰岩	Wormkalk	
22008	生物碎屑灰岩	Bioclastic limestone	
22010	骨粒灰岩	Skeletal limestone	
22011	贝壳灰岩	Shell limestone	
22012	包粒灰岩	Coated grain limestone	
22013	豆粒灰岩	Pisolitio limestone	
22014	鲕状灰岩	Oolitic limestone	
22015	球粒灰岩	Pellet limestone	
22016	团粒灰岩	Lump limestone	
22017	亮晶内碎屑灰岩	Intrasparite	内碎屑亮晶灰岩
22019	亮晶鲕粒灰岩	Oosparite	鲕粒亮晶灰岩
22020	亮晶球粒灰岩	Pelsparite	球粒亮晶灰岩
22021	亮晶团块灰岩	Lumpsparite	团块亮晶灰岩
22022	微晶内碎屑灰岩	Intramicrite	内碎屑微晶灰岩
22024	微晶鲕粒灰岩	Oomicrite	粒微晶灰岩
22025	微晶球粒灰岩	Pelmicrite	球粒微晶灰岩
22026	微晶团块灰岩	Lumpmicrite	团块微晶灰岩
22027	内碎屑微晶灰岩	Intraclastic-micritic limestone	
22028	生物屑微晶灰岩	Bioclastic-micritic limestone	
22029	鲕粒微晶灰岩	Oolitic-micritic limestone	
22030	球粒微晶灰岩	Pelletal-micritic limestone	
22031	团粒微晶灰岩	Lump-micritic limestone	
22032	含内碎屑微晶灰岩	Intraclast-bearing micritic limestone	

表 1（续）

代码	汉字名	英译名	说明
22033	含生物屑微晶灰岩	Bioclast-bearing micritic limestone	
22034	含鲕粒微晶灰岩	Oolite-bearing micritic limestone	
22035	含球粒微晶灰岩	Pellet-bearing micritic limestone	
22036	含团块微晶灰岩	Lump-bearing micritic limestone	
22037	微晶灰岩	Micrite	泥晶灰岩
22038	砾屑灰岩	Calcirudite	钙质砾屑岩
22039	砂屑灰岩	Calcarenite	钙质砂屑岩
22040	粉砂屑灰岩	Calcisiltite	
22041	泥屑灰岩	Calcilutite	
22042	假亮晶灰岩	Pseudosparite	
22043	扰动微晶灰岩	Dismicrite	
22044	亮晶灰岩	Sparite	
22045	内碎屑亮晶砾屑灰岩	Intrasparudite	
22046	内碎屑微晶砾屑灰岩	Intramicrudite	
22047	葡萄状灰岩	Grapestone	葡萄石
22048	有机石灰岩	Organic limestone	
22049	斑点状灰岩	Spotted limestone	
22050	串珠状灰岩	Paternosteric limestone	
22051	缝合线灰岩	Stylolite limestone	
22052	角砾状粉晶灰岩	Brecciated siltite-crystalline limestone	
22053	泥晶灰岩	Mud-crystalline limestone	
22054	块状灰岩	Nubby limestone	
22101	含圆藻灰岩	Rounded algal limestone	
22102	生物砾屑灰岩	Biocalcirudite	
22103	生物砂屑灰岩	Biocalcarenite	
22104	生物泥屑灰岩	Biocalcilutite	
22105	生物微晶灰岩	Biomicrite	
22106	生物亮晶灰岩	Biosparite	
22107	生物球粒微晶灰岩	Biopelmicrite	
22108	生物球粒亮晶灰岩	Biopelsparite	
22109	生物微晶砾屑灰岩	Biomicrudite	
22110	生物亮晶砾屑灰岩	Biosparudite	
22111	生物豆状岩	Biopisolite	
22112	生物层灰岩	Brostromic limestone	
22113	介壳灰岩	Shelly limestone	
22114	珊瑚灰岩	Coral limestone	
22115	海百合灰岩	Encrinite	石莲岩
22116	有孔虫灰岩	Foraminiferal limestone	
22117	纺缍虫灰岩	Fusulini limestone	
22118	货币虫灰岩	Nummulitic limestone	

表 1（续）

代码	汉字名	英译名	说明
22119	藻灰岩	Algal limestone	
22120	叠层石灰岩	Stromatolithic limestone	
22121	核形石灰岩	Oncolitic limestone	
22122	球状叠层石	Oncolithes	核形石
22123	腕足类灰岩	Brachiopod limestone	
22124	腹足类灰岩	Gastropod limestone	
22125	三叶虫灰岩	Trilobite limestone	
22126	头足类灰岩	Cephalopoda limestone	
22127	介形虫灰岩	Ostracod limestone	
22128	苔藓虫灰岩	Bryozoan limestone	
22129	藻球	Algal ball	
22130	轮藻灰岩	Chara limestone	
22131	生物礁	Bioherm	
22132	礁灰岩	Reef limestone	
22133	生物灰岩	Biolimestone	
22134	生物礁灰岩	Bioherm limestone	
22135	超微化石岩	Nannostone	
22201	白垩	Chalk	
22202	石灰华	Calcareous sinter	钙华
22203	多孔石灰华	Osteocalla	
22204	树枝状石灰华	Dendritic tufa	
22205	豹皮灰岩	Leopards skin limestone	
22206	条带状石灰岩	Streaked limestone	
22207	石印石	Lithographic stone	
22208	纹理灰岩	Laminoid-fenestral limestone	
22209	叶片状灰岩	Laminated limestone	纹理状灰岩
22210	鸟眼灰岩	Loferite	
22211	臭灰岩	Stinkstone	
22212	钙结岩	Callche	
22213	钙质岩	Calcareous rock	
22214	钙质壳	Duricrust	
22215	晶簇状包壳	Drusy coating	
22216	漂浮砾石灰岩	Floatstone	
22217	砾灰岩	Rudstone	
22218	障积岩	Baftlestone	
22219	粘结岩	Bindstone	
22220	骨架岩	Framestone	
22221	砂质灰岩	Sandy limestone	
22222	含砂质灰岩	Sand-bearing limestone	
22223	含泥灰岩	Mud-bearing limestone	

表 1（续）

代码	汉字名	英译名	说明
22224	粘土质灰岩	Clayey limestone	泥灰岩
22225	含粘土质灰岩	Clay-bearing limestone	
22226	泥灰质石灰岩	Marly limestone	
22227	白云质灰岩	Dolomitic limestone	
22228	白云质微晶灰岩	Dolomicrite	
22229	含白云质灰岩	Dolomite-bearing limestone	
22230	结晶灰岩	Crystalline limestone	
22231	结晶碳酸盐岩	Crystalline carbonate rock	
22232	硅化碳酸盐岩	Silicified carbonate rock	
22233	致密灰岩	Compact limestone	
22234	泥质灰岩	Argillaceous limestone	
22301	重结晶灰岩	Recrystalline limestone	
22302	巨晶灰岩	Macrocrystalline limestone	
22303	粗晶灰岩	Coarse crystalline limestone	
22304	中晶灰岩	Medium crystalline limestone	
22305	细晶灰岩	Fine crystalline limestone	
22306	粗粒灰岩	Coarse-grained limestone	
22307	中粒灰岩	Medium-grained limestone	
22308	细粒灰岩	Fine-grained limestone	
22309	微粒灰岩	Micro-grained limestone	
22310	隐晶质灰岩	Aphanitic limestone	
22311	碳质灰岩	Carbonaceous limestone	
22312	沥青质灰岩	Ampelitic limestone	
22313	硅质灰岩	Siliceous limestone	
22314	含燧石结核灰岩	Chert nodule-bearing limestone	
22315	硅质结核灰岩	Siliceous nodule limestone	
22316	硅质条带灰岩	Siliceous streaked limestone	
22317	角砾状灰岩	Brecciated limestone	
22318	砾状灰岩	Gravelly limestone	
22319	球状灰岩	Globulitic limestone	
22320	瘤状灰岩	Nodule limestone	
22321	灰泥石灰岩	Mudstone	钙泥岩
22322	粒泥石灰岩	Wackestone	粒泥岩
22323	泥粒石灰岩	Packstone	泥粒岩
22324	颗粒石灰岩	Grainstone	粒岩
22325	粘结灰岩	Boundstone	[生物]粘结灰岩
22326	白云石化灰岩	Dolomitized limestone	
22327	白云石化内碎屑灰岩	Dolomitized intraclast limestone	
22328	白云石化生物屑灰岩	Dolomitized bioclast limestone	
22329	白云石化鲕粒灰岩	Dolomitized oolitic limestone	

表 1（续）

代码	汉字名	英译名	说明
22330	白云石化球粒灰岩	Dolomitized pellet limestone	
22331	白云石化团块灰岩	Dolomitized lump limestone	
22332	白云石化生物礁灰岩	Dolomitized bioherm limestone	
22333	白云石化生物层灰岩	Dolomitized brostromic limestone	白云石化生物丘灰岩
22334	含泥含云灰岩	Mud dolomite-bearing limestone	
22335	含云泥灰岩	Dolomite-bearing marl	
22336	含泥云灰岩	Mud-bearing dolomitic limestone	
22337	泥灰岩	Marl	
22338	灰质泥灰岩	Limey marl	
22339	粘土质泥灰岩	Clayey marl	
22340	砂质泥灰岩	Sandy marl	
22341	原地石灰岩	Autochthonous limestone	
22342	异地浊积灰岩	Allodapic limestone	
22401	白云岩	Dolomite	
22402	残余结构白云岩	Relict texture dolomite	
22403	残余内碎屑白云岩	Residual intraclast dolomite	
22404	残余生物屑白云岩	Residual bioclast dolomite	
22405	残余鲕粒白云岩	Residual oolitic dolomite	
22406	残余球粒白云岩	Residual pellet dolomite	
22407	残余团块白云岩	Residual lump dolomite	
22408	残余微晶白云岩	Residual dolomicrite	
22409	残余生物礁白云岩	Residual bioherm dolomite	
22410	残余生物层白云岩	Residual brostromic dolomite	残余生物丘白云岩
22411	重结晶白云岩	Recrystalline dolomite	
22412	巨晶白云岩	Macrocrystalline dolomite	
22413	粗晶白云岩	Coarse-crystalline dolomite	
22414	中晶白云岩	Medium-crystalline dolomite	
22415	细晶白云岩	Fine-crystalline dolomite	
22416	亮晶白云岩	Dolosparite	
22417	微晶白云岩	Micritic dolomite	
22418	藻白云岩	Algal dolomite	
22419	叠层石白云岩	Stromatolithic dolomite	
22420	核形石白云岩	Oncolitic dolomite	
22421	原白云岩	Proto-dolomite	
22422	原生白云岩	Primary dolomite	
22423	成岩白云岩	Diagenetic dolomite	
22424	后生白云岩	Epigenetic dolomite	
22425	碎屑白云岩	Detrital dolomite	

表 1（续）

代码	汉字名	英译名	说明
22426	层纹状白云岩	Dololaminite	
22427	条带状白云岩	Zebra dolomite	
22428	砾屑白云岩	Dolorudite	
22429	砂屑白云岩	Doloarenite	
22430	粉砂屑白云岩	Dolosiltite	
22431	泥屑白云岩	Dololutite	
22432	角砾状白云岩	Brecciated dolomite	
22433	斑点白云岩	Taraspite	
22434	粘土质白云岩	Clayey dolomite	白云石泥灰岩
22435	含粘土白云岩	Clay-bearing dolomite	
22436	灰质白云岩	Limey dolomite	
22437	含灰质白云岩	Lime-bearing dolomite	
22438	含砂质白云岩	Sand-bearing dolomite	
22439	泥质白云岩	Argillaceous dolomite	
22504	含泥含方解石白云岩	Mud Calcite-bearing dolomite	含泥含灰白云岩
22505	含方解石泥质白云岩	Calcite-bearing argillaceous dolomite	含灰泥云岩
22506	含泥钙质白云岩	Mud-bearing calcareous dolomite	含泥灰云岩
23001	致密硅页岩	Phthanite	黑燧石
23002	燧石	Chert	
23004	火石	Flint	
23005	玉髓燧石	Beekite	
23006	钙质燧石	Calcareous chert	
23007	铁质燧石	Ferruginous chert	
23008	结核状燧石	Nodular chert	
23009	鲕状燧石	Oolitic chert	
23010	假鲕状燧石	Pseudo-Oolitie chert	
23011	眼球状燧石	Augen-chert	
23012	层状燧石	Bedded chert	
23013	燧石板岩	Lydite	
23014	微晶石英质燧石岩	Novaculite	致密石英岩
23015	英石岩	Silexite	
23016	陶瓷岩	Porcellanite	陶瓷状变岩
23017	碧玉岩	Jasper rock	
23018	碧玉质岩	Jasperoid rock	似碧玉岩
23019	碧玉铁质岩	Jaspilite	
23101	硅质生物岩	Silicilith	
23103	放射虫土	Radioarian earth	
23105	放射虫岩	Radiolarite	
23107	硅藻土	Diatomithe	硅藻岩
23109	板状硅藻土	Slaty diatomite	

表 1（续）

代码	汉字名	英译名	说明
23110	海绵燧石	Sponge chert	
23111	海绵岩	Spongolite	
23112	蛋白土	Opoka	
23113	蛋白岩	Opalite	
23114	硅华	Passyite	
23115	松软硅质岩	Tripoli	粉石英
23201	藻叠层石硅质岩	Algal stromatolitic siliceous rock	
23202	藻粒硅质岩	Algal pelletic siliceous rock	
23203	鲕状硅质岩	Oolitic siliceous rock	
23004	内碎屑硅质岩	Intraclast siliceous rock	
24000	铝质岩	Aluminous rocks	
24001	铝土质岩	Bauxitite	
24003	铝英岩	Allophanite	
24004	铝质红土	Aluminous laterite	
24005	铝土质红土	Bauxitic laterite	
24006	三水铝石红土	Gibbsitic laterite	
24007	花岗岩红土	Granite-laterite	
24008	砖红土	Latosol	
24009	硅质红土	Siliceous laterite	
24010	铁质红土	Ferruginous laterite	
24011	红土	Laterite	
24012	原地铝土矿	Autochthonous bauxites	
24013	铝土矿	Bauxite	
24014	钙质铝土矿	Kalkbauxite	
24015	喀斯特一铝土矿	Karst-bauxite	
24016	地槽铝土矿	Geosynclinal bauxites	
24017	铝铁土	Allite	铝土岩
24018	红粘土	Terra rossa	钙红土
24101	内碎屑铝质岩	Intraclast aluminous rock	
24102	鲕粒铝质岩	Oolitic aluminous rock	
24103	豆粒铝质岩	Pisolitic aluminous rock	
24104	球粒铝质岩	Pellet aluminous rock	
24105	团块铝质岩	Lump aluminous rock	
24201	内碎屑泥状铝质岩	Intraclast pelitomorphic aluminous rock	
24202	鲕粒泥状铝质岩	Oolitic pelitomorphic aluminous rock	
24203	豆粒泥状铝质岩	Pisolitic pelitomorphic aluminous rock	
24204	球粒泥状铝质岩	Pellet pelitomorphic aluminous rock	
24205	团块泥状铝质岩	Lump pelitomorphic aluminous rock	
24206	含内碎屑泥状铝质岩	Intraclast-bearing pelitomorphic aluminous rock	
24207	含鲕粒泥状铝质岩	Oolitic-bearing pelitomorphic aluminous rock	

表 1（续）

代码	汉字名	英译名	说明
24208	含豆粒泥状铝质岩	Pisolitic-bearing pelitomorphic aluminous rock	
24209	含球粒泥状铝质岩	Pellet-bearing pelitomorphic aluminous rock	
24210	含团块泥状铝质岩	Lump-bearing pelitomorphic aluminous rock	
24211	泥状铝质岩	Pelitomorphic aluminous rock	
24212	含铝质岩	Aluminum-bearing rock	
25001	铁质岩	Ferruginous rocks	
25002	含铁沉积物	Ferriferous sediment	
25003	铁岩	Ironstone	
25004	粘土铁质岩	Clay ironstone	
25005	赤铁矿铁岩	Hematite ironstone	
25007	磁铁矿—绿泥石鲕状岩	Magnetite-chlorite oolite	
25008	赤铁矿—绿泥石鲕状岩	Hematite-chlorite oolite	
25009	赤铁矿鲕状岩	Hematitic oolite	
25010	褐铁矿鲕状岩	Limonite-oolite	
25011	黄铁矿鲕状岩	Pyritic oolite	
25012	赤铁矿岩	Haematite rock	
25013	针铁矿岩	Goethite rock	
25014	水针铁矿岩	Hydrogoethite rock	
25015	纤铁矿岩	Lepidocrocite rock	
25017	菱铁矿岩	Siderite rock	
25018	铁白云石岩	Ankerite rock	
25019	鲕绿泥石岩	Chamosite rock	
25020	磷绿泥石岩	Thuringite rock	
25021	黄铁矿岩	Pyrite rock	
25022	白铁矿岩	Marcasite rock	
25023	绿泥石鲕状岩	Chlorite-oolite	
25024	鲕绿泥石鲕状岩	Chamositic oolite	
25025	铁燧岩	Taconite	
25026	瘤状铁石	Dogger	
26001	锰质岩	Manganese rocks	
26002	锰土	Wad	
26003	海底锰块	Pelagite	深海结核
26004	锰矿岩	Manganolite	
27001	磷质岩	Phosphatic rocks	
27002	磷块岩	Phosphorite	
27003	内碎屑磷块岩	Intraclastic phosphorite	
27004	骨屑磷块岩	Skeletal phosphorite	
27005	包粒磷块岩	Coated grain phosphorite	
27006	球粒磷块岩	Pellet phosphorite	
27007	团块磷块岩	Lump phosphorite	

表 1（续）

代码	汉字名	英译名	说明
27008	结核状磷块岩	Nodular phosphorite	
27009	粒状磷块岩	Grained phosphorite	磷质结核
27010	砾状磷块岩	Gravelly phosphorite	
27011	砂状磷块岩	Sandy phosphorite	
27012	豆状磷块岩	Pisolitic phosphorite	
27013	鲕状磷块岩	Oolitic phosphorite	
27014	叠层石磷块岩	Stromatolitic phosphorite	
27015	藻磷块岩	Algal phosphorite	
27016	球粒状磷块岩	Pelletoidal phosphorite	
27017	鸟粪石	Guano	
27018	粪生岩	Coprogenic rock	
27019	骨层	Bone bed	
27020	磷钙土	Coprolite	粪化石
28001	蒸发岩	Evaporites	
28002	卤化物岩	Haloidite	
28003	盐岩	Saline rock	
28004	硬石膏岩	Anhydrock	
28005	瘤状硬石膏	Nodular anhydrite	
28006	石膏岩	Gyprock	
28007	石盐岩	Halite rock	
28008	钾盐岩	Sylvine rock	
28009	钾盐镁矾岩	Kainitite	
28010	石盐镁矾岩	Kieseritite	
28011	光卤石岩	Carnallitolite	
28012	杂卤石岩	Polyhalite rock	
28013	芒硝岩	Mirabilite rock	
28014	钙芒硝岩	Glauberite rock	
28015	白钠镁矾岩	Astrakhanite rock	
28016	泥膏岩	Muckle-gypsum rock	
28401	沸石质岩	Zeolitic rock	
28501	海绿石质岩	Glauconitic rock	
28502	海绿石石灰岩	Glauconitic limestone	
28503	海绿石石英砂岩	Glauconitic quartz sandstone	
28504	海绿石长石砂岩	Glauconitic arkose	
28505	海绿石页岩	Glauconitic shale	
28506	海绿石白垩	Glauconitic chalk	
28507	海绿石质砂屑灰岩	Glauconitic areritic-limestone	
28508	海绿石磷块岩	Glauconitic phosphorite	
28509	海绿石结核状磷块岩	Glauconitic noduler phosphorite	
28510	磷质海绿石岩	Phosphoritic glauconitic rock	

表 1（续）

代码	汉字名	英译名	说明
28511	海绿石蛋白石质岩	Glauconitic opaline rock	
28512	海绿石蛋白岩	Glauconitic opaline	
28513	海绿石硅质页岩	Glauconitic siliceous shale	
28514	海绿石蛋白石质石英砂岩	Glauconitic-opaline quartz sandstone	
28515	海绿石斑脱岩	Glauconitic bentonite	
28516	海绿石硬石膏岩	Glauconitic anhydrock	
29001	水成岩	Aqueous rocks	
29002	水成沉淀岩	Hydrolith	水成碳酸盐碎屑岩
29003	混积岩	Diamictite	
29004	化学沉积岩	Chemical sedimentary rocks	化学岩
29005	生物化学岩	Biochemical rocks	
29006	生物岩	Biolith	
29007	沥青岩	Asphaltite	
29008	可燃性有机岩	Caustobiolith	
29009	非可燃性有机岩	Acaustobiolith	
29010	隐生物岩	Cryptobiolith	
29011	有机岩	Organolite	
29012	植物岩	Phytolith	植物的残体岩
29015	潮下席状砂岩	Sublittoral sheet sandstone	
29016	等深积岩	Contourite	平积岩
29017	浊积岩	Turbidite	
29018	近端浊积岩	Proximatal turbidite	近源浊积岩
29019	远端浊积岩	Distal turbidite	远源浊积岩
29020	滑塌浊积岩	Fluxoturbidite	滑坡浊积岩
29021	异地浊积岩	Allodapic turbidite	
29022	盆内岩石	Intrabasinal rock	
29023	混杂岩	Melange	
29024	泥砾混杂岩	Olistostromic melange	
29025	海滩岩	Beach rock	
30001	变泥质岩	Metapelite	
30002	变质厚层泥岩	Meta-argillite	
30003	变质页岩	Metashale	
30031	变质角砾岩	Metabreccia	
30032	变质砾岩	Metaconglomerate	
30061	变质砂岩	Metasandstone	
30062	变质长石砂岩	Meta-orkose	
30063	变质硬砂岩	Metagreywacke	变质杂砂岩
30065	变质砾状砂岩	Metagravelly sandstone	
30066	变质粉砂岩	Metasiltstone	

表 1（续）

代码	汉字名	英译名	说明
30067	变质凝灰质砂岩	Metatuffaceous sandstone	
30068	变质石英砂岩	Metaquartz sandstone	
30069	变质硅质岩	Metasiliceous rock	
30091	变橄榄岩	Metaperidotite	
30092	变苦橄岩	Metapicrite	
30093	变质角闪岩	Metahornblendite	
30121	变质基性岩	Metabasite	
30122	变质辉长岩类	Metagabbroid	
30123	变质辉长岩	Metagabbro	
30124	蚀变辉长岩	Allalinite	
30125	变玄武岩	Meta-basalt	
30126	变拉斑玄武岩	Metatholeiite	
30127	变粗玄岩	Metadolerite	
30128	变暗玢岩	Metamelaphyre	
30129	变辉绿岩	Epidiabase	
30130	变质辉岩	Metapyroxenete	
30151	变闪长岩	Metadiorite	
30152	变安山岩	Metaandesite	
30153	变英安岩	Metadacite	
30154	变质石英闪长岩	Metaquartzdiorite	
30155	变质二长闪长岩	Metamonzodiorite	
30181	变流纹岩	Metarhyolite	
30182	变细碧岩	Metaspilite	
30183	变角斑岩	Metakeratophyre	
30211	变伟晶岩	Metapegmatite	
30212	长石质变斑岩	Feldspathic porphyroblast	
30213	片状变质煌斑岩	Lamproschist	
30241	变火山岩	Metavolcanite	
30242	变凝灰岩	Metatuff	
30271	变质石英岩	Metaquartzite	
30272	片岩	Schist	
30273	片麻岩	Gneiss	
30274	大理岩化灰岩	Marbleized limestone	
30301	角岩化泥岩	Hornfelsicated mudstone	
30302	角岩化粉砂岩	Hornfelsicated siltstone	
30303	角岩化凝灰岩	Hornfelsicated tuff	
30304	堇青石板岩	Cordierite slate	
30305	红柱石板岩	Andalusite slate	
30306	斑点板岩	Spotted slate	
30351	角岩	Hornfels	

表 1（续）

代码	汉字名	英译名	说明
30352	片状角岩	Leptynolite	
30353	钠长绿帘阳起角岩	Albite epidote actinolite hornfels	
30354	角闪石角岩	Amphibole hornfels	
30355	透辉石紫苏辉石角岩	Diopside hypersthene hornfels	
30356	绿帘石角岩	Epidote hornfels	
30357	方解石透闪石绿帘石角岩	Calcite tremolite epidote hornfels	
30358	钙硅角岩	Calcic-silicate hornfels	
30359	方解石透辉石钙铝榴石角岩	Calcite diopside grossular hornfels	
30360	硅灰石透辉石钙铝榴石角岩	Wollastonite diopside grossular hornfels	
30361	方柱石角岩	Scapolite hornfels	
30362	透闪石角岩	Tremolite hornfels	
30363	透辉石角岩	Diopside hornfels	
30364	绿泥纳长白云母石英角岩	Chlorite albite muscovite quartz hornfels	
30365	长英角岩	Halleflinta	
30366	长英质角岩	Felsic hornfels	
30368	硅质角岩	Siliceous hornfels	
30369	镁质角岩	Magnesion hornfels	
30370	黑云角岩	Corneite	
30371	英云角岩	Kerilite	
30372	长云角岩	Edolite	
30373	长英云母角岩	Cornubianite	
30374	堇云角岩	Aviolite	
30375	红柱云母角岩	Astite	
30376	英云红柱角岩	Proteolite	
30377	堇青石角岩	Cordierite	
30378	堇长角岩	Seebenite	
30379	堇青石矽线石角岩	Cordierite sillimanite hornfels	
30380	红柱石角岩	Andalusite hornfels	
30381	斑点角岩	Spoted hornfels	
30382	石英角岩	Quartzic hornfels	
30383	绢云母角岩	Sericite hornfels	
30384	辉石角岩	Augite hornfels	
30385	堇青石黑云母角岩	Cordierite-biotite hornfels	
30386	红柱石黑云母角岩	Andalusite-biotite hornfels	
30387	硅线石角岩	Fibrolite hornfels	
30388	硅线石堇青石角岩	Fibrolite-cordierite hornfels	
30389	紫苏辉石角岩	Hypersthene hornfels	
30390	石榴石透辉石角岩	Garnet-diopside hornfels	
30391	符山石硅灰石角岩	Vesuvianite-wallastonite hornfels	
30392	橄榄石尖晶石角岩	Peridet-spinelle hornfels	

表 1（续）

代码	汉字名	英译名	说明
30393	红柱石堇青石角岩	Andalusite-cordierite hornfels	
30394	石榴石透辉石硅灰石角岩	Garnet-diopside-wallastonite hornfels	
30395	角页岩	Irestone	硬粘土质页岩
30501	矽卡岩	Skarn	
30502	内矽卡岩	Endoskarn	
30503	外矽卡岩	Outskarn	
30504	钙质矽卡岩	Calcareous skarn	
30505	镁质矽卡岩	Magresion skarn	
30506	简单矽卡岩	Simple skarn	
30507	复杂矽卡岩	Complex skarn	
30508	类矽卡岩	Skarnaid	
30509	他矽卡岩	Alloskarn	外成矽卡岩
30510	石榴石矽卡岩	Garnet skarn	
30511	石榴石透辉石矽卡岩	Garnet diopside skarn	
30512	钙铁辉石矽卡岩	Hedenbergite skarn	
30513	石榴石绿帘石矽卡岩	Garnet epidote skarn	
30514	绿帘石矽卡岩	Epidote skarn	
30515	符山石矽卡岩	Vesuvianite skarn	
30516	方柱石矽卡岩	Scapolite skarn	
30517	尖晶石透辉石矽卡岩	Spinel diopside skarn	
30518	金云母橄榄石矽卡岩	Phlogopite olivine skarn	
30519	金云母矽卡岩	Phlogopite skarn	
30520	硅镁石金云母矽卡岩	Humite phlogopite skarn	
30521	磁铁矿粒硅镁石矽卡岩	Magnetite chondrodite skarn	
30522	硅灰石矽卡岩	Wallstonite skarn	
30523	绿橄榄石硅绿石矽卡岩	Forsterile humite skarn	
30524	钙铝榴石矽卡岩	Grossular skarn	
30525	阳起石矽卡岩	Actinolite skarn	
30526	符山石石榴石矽卡岩	Idocrase garnet skarn	
30527	方柱石石榴石矽卡岩	Scapolite garnet skarn	
30528	角砾状方柱石矽卡岩	Brecciated scapolite skarn	
30801	云英岩	Greisen	
30802	石英云英岩	Quartz greisen	
30803	云母云英岩	Muscovite greisen	
30804	长石云英岩	Feldspar-greisen	
30805	花岗云英岩	Granite greisen	
30806	黄玉云英岩	Topaz greisen	
30807	电气石云英岩	Tourmaline greisen	
30808	萤石云英岩	Fluorite greisen	
30809	锡石云英岩	Zwitter	

表 1（续）

代码	汉字名	英译名	说明
30810	云母石英云英岩	Muscovite quartz greisen	
30811	黄玉石英云英岩	Topaz quartz greisen	
30812	电气石石英云英岩	Tourmaline quartz greisen	
30813	萤石石英云英岩	Fluorite quartz greisen	
30814	黄玉云母云英岩	Topaz muscovite greisen	
30815	电气石云母云英岩	Tourmaline muscovite greisen	
30816	萤石云母云英岩	Fluorite muscovite greisen	
30817	云母黄玉云英岩	Muscovite topaz greisen	
30818	云母电气石云英岩	Muscovite Tourmaline greisen	
30819	云母萤石云英岩	Muscovite flourite greisen	
31001	云母岩	Grimmerite	
31002	白云母岩	Muscovite rock	
31003	多英白云母岩	Esmeraldite	
31004	黑云母岩	Biotitite	
31005	天青黑云岩	Girekenite	
31006	锂云母岩	Lepidolite rock	
31007	黑电气石岩	Schorl rock	
31008	石英电气石岩	Roche moutonnee rock	
31009	绿帘石岩	Epidote rock	
31010	阳起石岩	Actinolite rock	
31011	电英岩	Tourmalite	
31012	黄玉岩	Topaz rock	
31013	黄榴岩	Topazolite	
31014	方柱石岩	Scopolite rock	
31015	钾长石岩	Potash feldspar rock	
31016	钠长石岩	Albitite	
31017	石英钠长岩	Quartz-albitite	
31018	绿帘钠长岩	Helsinkite	
31019	次生石英岩	Secondary quartzite	
31020	黄铁绢英岩	Beresite	黄铁细晶岩
31021	黄铁细晶斑岩	Beresite porphyry	
31022	绿泥石岩	Chlorite rock	
31023	青盘岩	Propylite	
31024	石英青盘岩	Quartz-propylite	
31025	角闪青盘岩	Horblende propylite	
31026	辉石青盘岩	Augite propylite	
31027	滑石菱镁岩	Talc-magnesite	
31028	葡萄石岩	Prehnitite	
31029	叶蜡石岩	Pyrophyllitite	
31030	石榴石岩	Garnet rock	

表 1（续）

代码	汉字名	英译名	说明
31031	透辉石榴岩	Griquaite	
31032	石英锰榴岩	Gondite	
31033	硬玉岩	Jadeitite	
31034	水镁石岩	Brucitite	
31035	尖晶石透辉石岩	Spinel diopsidite	
31036	绿橄榄石尖晶石岩	Forsterile spinellite	
31037	透辉石方柱石岩	Diopside werneritite	
31038	金云母岩	Phlogopite	
31039	菱镁岩	Magnesite rock	
31301	蛇纹岩	Serpentinite	
31302	金云母蛇纹岩	Phlogopite serpentinite	
31303	角闪磁铁蛇纹岩	Amphibole magnetite serpentinite	
31304	尖晶石铬铁矿蛇纹岩	Spinel chromite serpentinite	
31305	菱镁蛇纹岩	Baramite	
31306	绢石蛇纹岩	Blacolite	
31307	铁蛇纹石岩	Greenalite rock	
31501	板岩	Slate	
31502	红色板岩	Red slate	
31503	绿色板岩	Green slate	
31504	灰色板岩	Grey slate	
31505	黑色板岩	Black slate	
31506	紫色板岩	Purple slate	
31507	黄色板岩	Yellow slate	
31508	条带绿板岩	Desmosite	
31509	瘤状板岩	Dnotenschiefer	
31510	皱纹板岩	Puckered slate	
31511	千枚状板岩	Phyllitic slate	
31512	泥质板岩	Argillaceous slate	
31513	钙质板岩	Calcic slate	
31514	硅质板岩	Siliceous slate	
31515	碳质板岩	Carbonaceous slate	
31516	凝灰质板岩	Tuffaceous slate	
31517	粉砂质板岩	Silty slate	
31518	石墨板岩	Graphite slate	
31519	滑石板岩	Talc slate	
31520	阳起石板岩	Actinolite slate	
31521	云母板岩	Mica slate	
31522	钠长英板岩	Adinolite	
31523	明矾石板岩	Alum slate	
31524	砂质板岩	Sandy slate	

表 1（续）

代码	汉字名	英译名	说明
31525	安山凝灰质板岩	Andesitic luffaceous slate	
31526	绢云母板岩	Sericite-slate	
31527	绿泥板岩	Chlorite-slate	
31528	空晶板岩	Chiatelite-slate	
31601	千枚岩	Phyllite	
31602	板状千枚岩	Slaty-phyllite	
31603	变千枚岩	Metaphyllite	
31604	千枚状变质火山岩	Phyllitic metavolcanitic rock	
31605	千枚状变质粉砂岩	Phyllitic metasiltstone	
31606	石英千枚岩	Quartzose phyllite	
31607	绢云母千枚岩	Sericite phyllite	
31608	石英绢云母千枚岩	Quartz-sericite phyllite	
31609	绿泥石千枚岩	Chlorite phyllite	
31610	钠长绿泥千枚岩	Albite-chlorite phyllite	
31611	石英绿泥千枚岩	Quartz-chlorite phyllite	
31612	石榴石绢云母千枚岩	Garnet-sericite phyllite	
31613	钠长千枚岩	Albite phyllite	
31614	石英钠长千枚岩	Quartz-albite phyllite	
31615	硬绿泥石千枚岩	Chloritoid phyllite	
31616	黑云母千枚岩	Biotite phyllite	
31617	长石千枚岩	Feldspar phyllite	
31618	磁铁千枚岩	Magnetite-phyllite	
31619	石榴石千枚岩	Garnet-phyllite	
31620	钙质千枚岩	Calcic-phyllite	
31621	绢云绿泥千枚岩	Sericite-chlorite phyllite	
31622	斑点状千枚岩	Spotted phyllite	
31623	硅化千枚岩	Silicified phyllite	
31624	炭质千枚岩	Carbonaceous phyllite	
31701	云母片岩	Mica schist	
31702	绢云母片岩	Pinal schist	
31703	铁云母片岩	Iron-mica schist	
31704	钠云母片岩	Paragonite schist	
31705	钙云母片岩	Lime-micaschist	
31706	钙质云母片岩	Calc-micaschist	
31707	细云母片岩	Chocolate	
31708	假云母片岩	Pseudomica schist	
31709	十字石云母片岩	Staurotile	
31710	红柱石云母片岩	Andalusite-mica schist	
31711	蓝晶石云母片岩	Disthene-mica schist	
31712	石榴石云母片岩	Garnet-mica schist	

表 1（续）

代码	汉字名	英译名	说明
31713	绿帘石云母片岩	Epidote-mica schist	
31714	滑石云母片岩	Talc-micaschist	
31715	角闪云母片岩	Amphibole-mica schist	
31716	直闪云母片岩	Anihophyllite-mica schist	
31717	墨云片岩	Graphite mica schist	
31718	硬绿云母片岩	Chloritoid-mica schist	榴云片岩
31719	角闪石榴云母片岩	Amphibole-garnet-mica schist	
31720	透闪云母片岩	Tremolite mica schist	
31721	长石绢云母片岩	Feldspar-pinal schist	
31751	镜铁片岩	Specular	
31761	明矾石片岩	Alum schist	
31771	蓝晶石片岩	Cyanite schist	
31772	十字片岩	Stanrolite schist	
31773	红柱片岩	Andalusite schist	
31774	蓝晶矽线片岩	Cyanite sillimanite schist	
31775	硅线石片岩	Sillimanite schist	
31776	硅线石十字石片岩	Sillimanite-stanrolite schist	
31777	蓝晶石十字石片岩	Cyanite-stanrolite schist	
31781	黑电气片岩	Schorl-schist	
31782	电气石片岩	Tourmaline schist	
31791	红帘石片岩	Piedmontite-schist	
31792	帘石片岩	Epidote schist	
31801	铁闪石片岩	Grunerite schist	
31811	黑云石榴片岩	Biotite-garnet schist	
31812	石榴片岩	Garnet schist	石榴子石片岩
31821	石墨片岩	Graphite schist	
31831	磷灰石片岩	Apatite schist	
31841	钙质片岩	Calc-schist	
31851	滑石片岩	Talc schist	
31852	长绿滑石片岩	Dolerine	
31853	橄榄片岩	Olivine schist	
31861	滑石菱镁片岩	Listvenite	
31862	松球菱镁片岩	Pinolite	
31871	蛇纹石片岩	Serpentine schist	
31872	透闪蛇纹片岩	Tremolite serpentine schist	
31873	绿泥蛇纹片岩	Chlorite serpentine schist	
31874	滑石蛇纹片岩	Talc serpentine schist	
31875	阳起蛇纹片岩	Actinolite serpentine schist	
31881	透闪石片岩	Tremolite schist	
31882	绿泥透闪片岩	Chlorite tremolite schist	

表 1（续）

代码	汉字名	英译名	说明
31883	绿帘透闪片岩	Epidote tremolite schist	
31901	阳起石片岩	Actinolite schist	
31902	钠长阳起片岩	Albite actinolite schist	
31903	钾长阳起片岩	Potash feldspar actinolite schist	
31904	长石阳起石片岩	Feldspathic-actinolite schist	
31905	绿帘阳起片岩	Epidote actinolite schist	
31921	镁铁闪石片岩	Cummingtonite schist	
31922	绿泥石镁铁闪石片岩	Chlorite cummingtonite schist	
31923	绿帘石镁铁闪石片岩	Epidote cummingtonite schist	
31931	直闪石片岩	Anthophyllite schist	
31951	绿泥石片岩	Chlorite schist	
31952	石英绿泥片岩	Quartz chlorite schist	
31953	钠长绿泥片岩	Albite chlorite schist	
31954	钾长绿泥片岩	Potash feldspar chlorite schist	
31955	钙质绿泥片岩	Calc-chlorite schist	
31956	绿帘绿泥片岩	Epidote chlorite schist	
31957	蛇纹绿泥片岩	Serpentine-chlorite schist	
31958	滑石绿泥片岩	Talc-chlorite schist	
31959	角闪绿泥片岩	Amphibole-chlorite schist	
31960	斜长绿泥片岩	Plagioclase chlorite schist	
31961	白云石绿泥片岩	Polomite chlorite schist	
31962	绢云母绿泥石片岩	Sericite-chlorite schist	
31963	钠长绿帘绿泥片岩	Albite epidote chlorite schist	
31964	绿帘钠长绿泥片岩	Epidote-albite chlorite schist	
31965	长石绿泥石片岩	Feldspar-chlorite schist	
32001	角闪片岩	Hornblende schist	
32002	角闪石片岩	Amphibole schist	
32003	绿泥角闪片岩	Chlorite hornblende schist	
32004	绿帘角闪片岩	Epidote hornblende schist	
32005	斜长角闪片岩	Plagioclase hornblende schist	
32006	石英角闪片岩	Quartz hornblende schist	
32007	黑云角闪片岩	Biotite hornblende schist	
32008	钙质角闪片岩	Calc-hornblende schist	
32009	绿帘金红角闪片岩	Ollenite	
32010	钠长角闪片岩	Albite-amphibole schist	
32011	磁铁角闪片岩	Megnetite amphibole schist	
32012	斜长绿帘角闪片岩	Plagioclase-epidote hornblende schist	
32051	绿片岩	Green schist	
32052	次绿片岩	Sub-green schist	
32053	硬绿泥石片岩	Chloritoid schist	

表 1（续）

代码	汉字名	英译名	说明
32054	镁硬绿泥片岩	Sismondinite	
32101	白云母片岩	Muscovite-schist	
32102	绿泥纳长白云母片岩	Chlorite-albite muscovite schist	
32103	十字石白云母片岩	Staurolite-muscovite schist	
32104	铁铝榴石白云母片岩	Almandine-muscovite schist	
32105	蓝晶石白云母片岩	Cyanite-muscovite schist	
32106	红柱石白云母片岩	Andalusite-muscovite schist	
32107	矽线石白云母片岩	Sillimanite-muscovite schist	
32108	磷灰石白云母片岩	Apatite-muscovite schist	
32151	黑云母片岩	Biotite schist	
32152	铁铝榴石黑云母片岩	Almandine-biotite schist	
32153	蓝晶石黑云母片岩	Cyanite-biotite schist	
32154	红柱石黑云母片岩	Andalusite-biotite schist	
32155	矽线石黑云母片岩	Sillimanite-biotite schist	
32156	十字黑云片岩	Stonrolite-biotite schist	
32157	帘石黑云片岩	Epidote-biotite schist	
32158	含蓝晶石黑云片岩	Biotite schist with cyanite	
32159	角闪黑云片岩	Amphibole biotite schist	
32160	透闪黑云片岩	Tremolite biotite schist	
32201	二云母片岩	Dimicaceous schist	
32202	十字石二云母片岩	Staurotite dimicaceous schist	
32203	石榴二云母片岩	Garnet dimicaceous schist	
32204	蓝晶石二云母片岩	Cyanite dimicaceous schist	
32205	红柱石二云母片岩	Andalusite dimicaceouse schist	
32206	矽线石二云母片岩	Sillimanite dimicaceous schist	
32207	石英二云片岩	Quartz-dimicaceous schist	
32251	石英片岩	Quartz schist	
32252	磁铁石英片岩	Magnetite quartz schist	
32253	长石石英片岩	Feldspar quartz schist	
32254	红柱石石英片岩	Andalusite-quartz schist	
32255	蓝晶石石英片岩	Cyanite-quartz schist	
32256	矽线石石英片岩	Sillimanite-quartz schist	
32257	石榴石石英片岩	Garnet-quartz schist	
32258	绢云母石英片岩	Sericite-quartz schist	
32259	白云母石英片岩	Muscovite-quartz schist	
32260	黑云母石英片岩	Biotite-quartz schist	
32261	二云母石英片岩	Two mica quartz schist	
32262	红帘石石英片岩	Murasakite	紫色片岩
32263	云母石英片岩	Mica-quartz schist	
32264	绿泥石石英片岩	Chlorite-quartz schist	

表 1（续）

代码	汉字名	英译名	说明
32265	钠长石石英片岩	Albite-quartz schist	
32266	钙质石英片岩	Calc-quartz schist	
32267	堇青石云母石英片岩	Cordierite-mica quartz schist	
32268	十字石英片岩	Stanrolite-quartz schist	
32269	角闪石英片岩	Amphibole quartz schist	
32301	红柱石白云母石英片岩	Andalusite muscovite quartz schist	
32302	蓝晶石白云母石英片岩	Cyanite muscovite quartz schist	
32303	矽线石白云母石英片岩	Sillimanite muscovite quartz schist	
32304	石榴石白云母石英片岩	Garnet muscovite quartz schist	
32305	磷灰石白云母石英片岩	Apatite muscovite quartz schist	
32351	红柱石黑云母石英片岩	Andalusite biotite quartz schist	
32352	蓝晶石黑云母石英片岩	Cyanite biotite quartz schist	
32353	矽线石黑云母石英片岩	Sillimanite biotite quartz schist	
32354	石榴石黑云母石英片岩	Garnet biotite quartz schist	
32401	红柱石二云母石英片岩	Andalusite two mica quartz schist	
32402	蓝晶石二云母石英片岩	Cyanite two mica quartz schist	
32403	矽线石二云母石英片岩	Sillimanite two mica quartz schist	
32404	石榴石二云母石英片岩	Garnet two mica quartz schist	
32411	红柱石云母石英片岩	Andalusite-mica-quartz schist	
32412	斜长石十字石云母石英片岩	Plagioclase-stanrolite-mica quartz schist	
32421	绢云母绿泥石石英片岩	Sericite-chlorite quartz schist	
32431	白云母斜长石英片岩	Monscovite-plagioclase quartz schist	
32451	蓝闪石片岩	Glancophane schist	蓝闪片岩
32452	蓝闪绿泥片岩	Glaucophane-chlorite schist	
32453	蓝闪云母片岩	Glaucophane-mica schist	
32454	绿纤硬柱蓝闪石片岩	Pumpellyite lawsonite glaucophane schist	
32455	硬玉蓝闪片岩	Jadeite glaucophane schist	
32456	石榴硬柱蓝闪片岩	Garnet lawsonite glaucophane schist	
32457	阳起蓝闪绿帘绿泥片岩	Actinolite glaucophane epidote chlorite schist	
32458	蓝闪石(白云母)绿泥石片岩	Glaucophane (muscovite) chlorite schist	
32459	蓝闪硬柱绿泥片岩	Glaucophane lawsonite chlorite schist	
32460	硬柱蓝闪石英片岩	Lawsonite glaucophane quartz schist	
32461	硬柱石蓝闪石钠长片岩	Lawsonite glaucophane albite schist	
32462	硬柱石绿泥石绿帘片岩	Lawsonite chlorite epidote schist	
32501	碱性长石片麻岩	Alkali-feldspar gneiss	
32503	碱性正片麻岩	Orthoalkaligneiss	
32504	矽线石榴钾长片麻岩	Sillimanite garnte potash-feldspar gneiss	
32505	深变正长片麻岩	Kata-orthoclase gneiss	
32506	蓝晶石榴钾长片麻岩	Cyanite garnet potash-feldspar gneiss	
32507	堇青石榴钾长片麻岩	Cordierite garnet potash-feldspar gneiss	

表 1（续）

代码	汉字名	英译名	说明
32508	钾长片麻岩	K-spar gneiss	
32509	黑云钾长片麻岩	Biotite K-spar gneiss	
32510	白云母钾长片麻岩	Mouscovite K-spar gneiss	
32511	二云钾长片麻岩	Dimicaceous K-spar gneiss	
32512	角闪钾长片麻岩	Amphibole K-spar gneiss	
32513	辉石钾长片麻岩	Pyroxene K-spar gneiss	
32514	硅线钾长片麻岩	Sillimanite K-spar gneiss	
32515	蓝晶钾长片麻岩	Cyanite K-spar gneiss	
32551	矽线石榴二长片麻岩	Sillimanite garnet potash-feldspar and plagioclase gneiss	
32552	蓝晶石榴二长片麻岩	Cyanite garnte potash-feldspar and plagioclase gneiss	
32553	堇青石榴二长片麻岩	Cordiorite garnet potash-foldspar and plagioclase gneiss	
32554	角闪二长片麻岩	Hornblende potash-feldspar and plagioclase gneiss	
32555	辉石二长片麻岩	Pyroxene monzogneiss	
32556	黑云二长片麻岩	Biotite monzogneiss	
32557	黑云母花岗片麻岩	Biotite-granite gneiss	黑云花岗片麻岩
32558	花岗片麻岩	Granite gneiss	
32559	眼球状黑云母花岗片麻岩	Augen biotite granite gneiss	
32560	斜长花岗片麻岩	Plagioclase granite gneiss	
32561	钾长花岗片麻岩	K-spar granite gneiss	
32562	花岗闪长片麻岩	Granodioritic gneiss	
32563	黑云母花岗闪长片麻岩	Biotite granodioritic gneiss	
32564	闪长质片麻岩	Dioritic gneiss	
32565	二长片麻岩	Mozogneiss	
32601	硅线二云片麻岩	Sillimanite two mica gneiss	矽线石二云片麻岩
32602	蓝晶石二云片麻岩	Cyanite two mica gneiss	
32603	堇青石二云片麻岩	Cordierite two mica gneiss	
32651	矽线黑云片麻岩	Sillimanite biotite gneiss	
32652	蓝晶石黑云片麻岩	Cyanite biotite gneiss	
32653	堇青黑云片麻岩	Cordierite biotite gneiss	
32654	十字黑云片麻岩	Stanrolite-biotite gneiss	
32655	石榴黑云片麻岩	Garnet biotite gneiss	
32701	矽线石白云母片麻岩	Sillimanite muscovite gneiss	
32702	蓝晶石白云母片麻岩	Cyanite muscovite gneiss	
32703	堇青石白云母片麻岩	Cordierite muscovite gneiss	
32751	斜长片麻岩	Plagiogneiss	
32752	黑云斜长片麻岩	Biotite plagioclase gneiss	
32753	绿帘角闪斜长片麻岩	Epidote hornblende plagioclase gneiss	

表 1（续）

代码	汉字名	英译名	说明
32754	角闪斜长片麻岩	Hornblende plagioclase gneiss	
32755	辉石角闪斜长片麻岩	Pyroxene hornblende plagioclase gneiss	
32756	辉石斜长片麻岩	Pyroxene plagioclase gneiss	
32757	角闪二辉斜长片麻岩	Hornblende orthorhombic and monoclinic pyroxene plagioclase gneiss	
32758	闪辉斜长片麻岩	Hornblende pyroxene plagioclase gneiss	
32759	石墨黑云斜长片麻岩	Graphite biotite plagioclase gneiss	
32760	紫苏石榴黑云斜长片麻岩	Hypersthene garnet biotite plagioclase gneiss	
32761	石榴透辉钙长片麻岩	Garnet diopside anorthite gneiss	
32762	角闪透辉钙长片麻岩	Hornblende diopside anorthite gneiss	
32763	紫苏斜长片麻岩	Hypersthene plagioclase gneiss	
32764	矽线斜长片麻岩	Sillimanite plagioclase gneiss	
32765	含角闪黑云斜长片麻岩	Biotite plagioclase gneiss with amphibole	
32766	黑云母斜长片麻岩	Biotite plagioclase gneiss	
32767	二长斜长片麻岩	Dimicaceous plagioclase gneiss	
32768	含角闪石英斜长片麻岩	Quartz plagioclase gneiss with amphibole	
32769	含石榴子石角闪斜长片麻岩	Amphibole plagioclase gneiss with garnet	
32770	石榴黑云斜长片麻岩	Garnet biotite plagioclase gneiss	
32771	二辉角闪斜长片麻岩	Orthorhombic and monoclime pyroxene amphibole plagioclase	
32772	角闪黑云斜长片麻岩	Amphibole biotite plagioclase gneiss	
32773	石榴子石斜长片麻岩	Garnet plagioclase gneiss	
32774	含矽线石榴黑云斜长片麻岩	Garnet biotite plagioclase gneiss with sillimanite	
32775	石榴角闪斜长片麻岩	Garnet amphibole plagioclase gneiss	
32776	紫苏角闪黑云斜长片麻岩	Hypersthene amphibole biotite plagioclase gneiss	
32777	黑云角闪斜长片麻岩	Biotite amphibole plagioclase gneiss	
32801	云母片麻岩	Mica gneiss	
32802	黑云母片麻岩	Biotite gneiss	
32803	绢云母片麻岩	Sericite-gneiss	
32804	二云母片麻岩	Two-mica gneiss	
32805	蓝晶云母片麻岩	Cyanite mica gneiss	
32806	榴云片麻岩	Garnet mica gneiss	
32807	白云母片麻岩	Mouscovite gneiss	
32851	钙质片麻岩	Calc gneiss	
32852	硅灰石片麻岩	Wollastonite-gneiss	
32853	绿帘石片麻岩	Epidote-gneiss	
32854	黑云绿帘片麻岩	Biotite-epidote gneiss	
32901	绿泥石片麻岩	Chlorite gneiss	
32951	角闪石片麻岩	Amphibole-gneiss	
33001	堇青石片麻岩	Cordierite gneiss	

表 1（续）

代码	汉字名	英译名	说明
33051	石榴石片麻岩	Garnet gneiss	
33052	硅线石石榴石片麻岩	Sillimanite garnet gneiss	
33101	石墨片麻岩	Graphite gneiss	
33151	泥质片麻岩	Pelite-gneiss	
33152	砂屑片麻岩	Psamnite-gneiss	
33153	长英片麻岩	Quartz-feldspathic gneiss	
33154	英云片麻岩	Quartz-mica gneiss	
33155	正片麻岩	Orthogneiss	
33156	副片麻岩	Paragneiss	
33157	贯入片麻岩	Penetration gneiss	
33158	条带状片麻岩	Bended gneiss	
33201	石英岩	Quartzite	
33202	长石石英岩	Feldspar quartzite	长石质石英岩
33203	含铁石英岩	Ferruginous quartzite	铁质石英岩
33204	磁铁石英岩	Magnetitic quartzite	
33205	铁英岩	Itabirite	
33206	云母石英岩	Mica quartzite	
33207	绢云母石英岩	Sericite quartzite	
33208	黑云母石英岩	Biotite quartzite	
33209	白云母石英岩	Muscovite quartzite	
33210	二云母石英岩	Two mica quartzite	
33211	透闪石石英岩	Tremolite quartzite	
33212	红帘石石英片岩	Murasakite	
33213	电气绿泥石英岩	Peach	
33214	千枚石英岩	Phyllite quartzite	
33215	绿泥石石英岩	Chlorite quartzite	
33216	钙质石英岩	Calcareous quartzite	
33251	浅粒岩	Leuco-granulitite	
33252	钠长浅粒岩	Albite leuco-granulitite	
33253	直闪浅粒岩	Anthophyllite leuco-granulitite	
33254	黑云浅粒岩	Biotite leuco-granulitite	
33255	黑云斜长浅粒岩	Biotite plagioclase leuco-granulitite	
33256	二长浅粒岩	Potash-feldspar and plagioclase leuco-granulitite	
33257	石榴子石浅粒岩	Garnet leuco-granulitite	
33300	变粒岩	Granulitite	
33301	黑云变粒岩	Biotite granulitite	
33302	角闪变粒岩	Hornblende granulitite	
33303	角闪斜长变粒岩	Hornblende plagioclase eptynite	
33304	镁铁闪石变粒岩	Cammingtonite granulitite	
33305	角闪透辉变粒岩	Hornblende diopside granulitite	

表 1（续）

代码	汉字名	英译名	说明
33306	黑云透辉角闪变粒岩	Biotite diopside hornblende granulitite	
33307	石榴石黑云变粒岩	Garnet biotite granulitite	
33308	角闪黑云变粒岩	Amphibole biotite granulitite	
33309	白云母变粒岩	Mouscovite granulitite	
33310	二云母变粒岩	Two-mica granulitite	
33311	斜长角闪变粒岩	Plagioclase amphibole granulitite	
33312	黑云角闪变粒岩	Biotite amphibole granulitite	
33313	榴辉变粒岩	Garnet hyroxene granulitite	
33314	橄榄变粒岩	Olivine granulitite	
33315	辉石变粒岩	Hyroxene granulitite	
33316	钾长变粒岩	Potash feldspar granulitite	
33317	黑云角闪钾长变粒岩	Biotite amphibole K-par granulitite	
33318	紫苏钠长变粒岩	Hypersthene albite granulitite	
33319	黑云角闪斜长变粒岩	Biotite amphibole plagioclase granulitite	
33320	角闪黑云斜长变粒岩	Amphibole biotite plagioclase granulitite	
33321	黑云斜长变粒岩	Biotite plagioclase granulitite	
33322	角闪斜长变粒岩	Hornblende plagioclase granulitite	
33323	二长变粒岩	Potash-feldspar and plagioclase granulitite	
33324	含黑云二长变粒岩	Biotited potash-feldspar and plagioclase granulitite	
33325	二云斜长变粒岩	Two-mica plagioclase granulitite	
33326	白云斜长变粒岩	Mouscovite plagioclase granulitite	
33351	角闪岩	Amphibolite	
33352	粒状角闪岩	Granular amphibolite	
33353	副角闪岩	Paraamphibolite	
33354	正角闪岩	Orthoamphibolite	
33355	绿泥石角闪岩	Chlorite amphibolite	
33356	绿帘角闪岩	Epidote amphibolite	
33357	黑云角闪岩	Stavrte	
33358	绿帘阳起角闪岩	Epidote actinolite amphibolitite	
33359	透辉角闪岩	Diopside amphibolite	
33360	中长透辉角闪岩	Andesine diopside amphibolite	
33361	二辉角闪岩	Orthorhombic and monoclinic pyroxene amphibolite	
33362	辉石角闪岩	Pyroxene amphibolite	
33401	斜长角闪岩	Plagioclase amphibolite	
33402	榴辉斜长角闪岩	Garnet pyroxene plagioclase amphibolite	
33403	辉石黑云斜长角闪岩	Diopside biotite plagioclase amphibolite	
33404	石榴斜长角闪岩	Garnet plagioclase amphibolite	
33405	透辉斜长角闪岩	Diopside plagioclase amphibolite	
33406	二辉斜长角闪岩	Orthorhombic and monocline pyroxene plagioclase amphibolite	

表 1（续）

代码	汉字名	英译名	说明
33451	钠长石青铝闪石岩	Albite-clossite rock	
33452	铝直闪石岩	Gedritite	
33501	麻粒岩	Granulite	
33502	辉石麻粒岩	Pyroxene granulite	
33503	堇青石麻粒岩	Cordierite granulite	
33504	黑云母麻粒岩	Biotite granulite	
33505	紫苏辉石麻粒岩	Hypersthene granulite	紫苏麻粒岩
33551	矽线石斜长正长麻粒岩	Sillimanite plagioclaso orthoclase granulite	
33552	含石榴石斜长正长麻粒岩	Garnetiferous plagioclase orthoclase granulite	
33553	蓝晶石正长麻粒岩	Cyanite orthoclase granulite	
33601	紫苏辉石浅色麻粒岩	Hypersthene light-colored granulite	
33602	榴云紫苏浅色麻粒岩	Garnet mica hypersthene lightcolored granulite	
33603	石榴长英麻粒岩	Garnet gneissite	
33604	紫苏辉石长英麻粒岩	Hypersthene gneissite	
33651	石榴紫苏斜长麻粒岩	Garnet hypersthene plagioclase granulite	
33652	紫苏透辉斜长麻粒岩	Hypersthene diopside plagioclase granulite	
33653	石榴紫苏透辉斜长麻粒岩	Garnet hypersthene diopside plagioclase granulite	
33654	透辉角闪斜长麻粒岩	Diopside amphibole plagioclase granulite	
33655	石榴透辉角闪斜长麻粒岩	Garnet diopside amphibole plagioclase granulite	
33656	紫苏透辉角闪斜长麻粒岩	Hypersthene diopside amphibolc plagioclase granulite	
33657	透辉石培长石麻粒岩	Diopside bytownite granulite	
33658	角闪斜长麻粒岩	Amphibole plagioclase granulite	
33659	黑云母化二辉斜长麻粒岩	Biotitize orthorombic and monocline pyroxene plagioclase	
33660	二辉斜长麻粒岩	Orthorombic and monocline pyroxene plagioclase granulite	
33661	紫苏斜长麻粒岩	Hypersthene plagioclase granulite	
33662	石英二辉斜长麻粒岩	Quartz orthorombic and monocline pyroxene plagioclase granulite	
33663	角闪黑云斜长麻粒岩	Amphibole biotite plagioclase granulite	
33701	黑云紫苏辉石麻粒岩	Biotite hypersthene granulite	
33702	石榴闪辉麻粒岩	Garnet amphibole pyroxene granulite	
33703	角闪透辉麻粒岩	Amphibole diopside granulite	
33704	石榴透辉麻粒岩	Garnet diopside granulite	
33751	二辉麻粒岩	Orthorhombic and monoclinic pyroxene granulite	
33752	黑云二辉麻粒岩	Biotite orthorhombic and monoclinic pyroxene granulite	
33753	角闪二辉麻粒岩	Hornblened orthorhombic and monoclinic pyroxene granulite	
33754	石榴二辉麻粒岩	Pirigarnite	

表 1（续）

代码	汉字名	英译名	说明
33755	斜长二辉麻粒岩	Piriklazite	
33801	榴辉岩	Eclogite	
33802	蓝晶石榴辉岩	Cyanite eclogite	
33803	绿辉石榴辉岩	Omphacite-eclogite	
33804	尖榴辉岩	Ariegite	
33805	角闪尖榴辉岩	Amphibole-ariegite	闪尖榴辉岩
33806	辉石尖榴辉岩	Pyroxene ariegite	辉尖榴辉岩
33807	假榴辉岩	Pseudoeclogite	
33851	异剥钙榴岩	Rodingite	
33852	石英锰榴岩	Gondite	
33901	刚玉岩	Corundolite	
33902	磁铁刚玉岩	Magnetite corundolite	
33951	细矽线石岩	Fibrolit rock	
34001	蓝晶石岩	Kyanite	
34002	辉榴蓝晶岩	Grospydite	
34051	石墨质岩	Graphocite	
34101	角闪磁铁岩	Amphibole magnetite rock	
34102	滑石磁铁岩	Calawberite	
34151	榴云岩	Kinzigite	
34161	斜长角闪辉岩	Plagioclase amphibole pyroxenite	
34201	大理岩	Marble	
34202	碧玉大理岩	Jaspure	
34203	石英大理岩	Quartz marble	
34204	硅灰石大理岩	Wallastonite marble	
34205	镁质大理岩	Magnesian marble	
34206	白云石大理岩	Dolomite marble	
34207	金云母大理岩	Phlogopite marble	
34208	蛇纹石大理岩	Serpertine marble	
34209	透闪石大理岩	Tremolite marble	
34210	透辉石大理岩	Diopside marble	
34211	透辉闪大理岩	Diopside-tremolite marble	
34212	方镁石大理岩	Periclase marble	
34213	水镁石大理岩	Pencatite	
34214	镁橄榄石大理岩	Forsterite marble	
34215	镁橄榄石透辉石大理岩	Forsterite diopside marble	
34216	方柱石大理岩	Scapolite marble	
34217	石墨大理岩	Graphite marble	
34218	云母大理岩	Cipolino	
34219	白云质大理岩	Dolomitic marble	
34220	菱镁石大理岩	Magnesite marble	

表 1（续）

代码	汉字名	英译名	说明
34221	含石英大理岩	Quartz bearing marble	
34222	磷灰石大理岩	Apatite marble	
34223	滑石大理岩	Talc marble	
34224	绿帘石大理岩	Epidote marble	
34225	阳起石大理岩	Actinolite marble	
34226	黝帘石大理岩	Zoisite marble	
34227	符山石大理岩	Idoerase marble	
34228	石榴石辉石大理岩	Garnet pyroxene marble	
34229	透灰石硅灰石大理岩	Diopside wallastonite marble	
34230	含磷大理岩	Phosphate-bearing marble	
34231	石榴石大理岩	Garnet marble	
34232	钠长大理岩	Albite marble	
34251	洁白大理岩	Lychnite	
34252	黑金大理岩	Porto marble	
34253	斑花大理岩	Calciphyre	
34254	印花大理岩	Calico marble	
34255	白斑红大理岩	Mandelato	
34256	美景大理岩	Landscape marble	
34257	砂糖状大理岩	Saccharoidal marble	
34258	角砾大理岩	Breccia marble	
34259	块结大理岩	Ruin marble	角砾状大理岩
34260	条带状大理岩	Banded marble	
34261	条纹大理岩	Mexican onyx	
34301	混合岩	Migmatite	
34302	注入混合岩	Injection migmatite	贯入混合岩
34303	角砾状混合岩	Agmatite	
34304	树枝状混合岩	Ramification migmatite	分枝混合岩
34305	网状混合岩	Diktyonite	
34306	眼球状混合岩	Augen migmatite	
34307	串珠状混合岩	Paternosteric migmatite	
34308	顺层混合岩	Epibolite	间层状混合岩
34309	条带状混合岩	Striped migmatite	
34310	肠状混合岩	Ptygmatic migmatite	
34311	阴影混合岩	Nebulitic migmatite	云雾状混合岩
34312	层状混合岩	Stromatite	
34313	条纹状混合岩	Striped migmatite	
34314	斑点混合岩	Stictolite	
34315	均质混合岩	Nomogenic migmatite	
34316	脉状混合岩	Venite	
34317	褶皱状混合岩	Folded migmatite	

表 1（续）

代码	汉字名	英译名	说明
34318	斑杂混合岩	Merismite	穿插混合岩
34319	暗色混合岩	Lamboanite	
34320	渗透状混合岩	Infiltration migmatite	
34321	黑云斜长角砾状混合岩	Biotite plagioclase migmatite	
34322	角闪雾迷状混合岩	Amphibole nebulitic migmatite	
34323	斜长角闪均质混合岩	Plagioclase amphibole nomogenic migmatite	
34324	斜长角闪混合岩	Plagioclase amphibole migmatite	
34325	条痕状混合岩	Streaky migmatite	
34351	混合片麻岩	Amphogneiss	
34352	眼球状混合片麻岩	Augen amphogneiss	
34353	条带状混合片麻岩	Ribbened amphogneiss	
34354	条纹状混合片麻岩	Striped amphogneiss	
34355	条痕状混合片麻岩	Streaky amphogneiss	
34356	花岗质混合片麻岩	Granitic amphogneiss	
34357	花岗闪长质混合片麻岩	Granodioritic amphogneiss	
34358	旋涡状混合片麻岩	Swirled amphogneiss	
34359	火焰状混合片麻岩	Flame amphogneiss	
34360	角砾混合片麻岩	Agmatitic gneiss	
34401	混合花岗岩	Migmatitic granit	
34402	混合花岗闪长岩	Migmatitic granodiorite	
34403	阴影状混合花岗岩	Nobular migmatitic-granite	
34404	阴影状混合花岗闪长岩	Nobular migmatitic-granodiorite	
34405	阴影状混合岩	Nobular migmatite	
34501	混合质片岩	Mixed schist	
34502	条带状混合质二云片岩	Striped mixed two-mica schist	
34503	眼球状混合质黑云变粒岩	eyed mixed biotite granulitite	
34504	混合质副片麻岩	Mixed paragneiss	
34505	混合质黑云中长片麻岩	Mixed biotite andesine gneiss	
34506	混合质正片麻岩	Mixed orthogneiss	
34507	混合质变粒岩	Mixed granulitite	
34508	混合质麻粒岩	Mixed granulite	
34509	混合岩化斜长角闪岩	Migmatized plagioclase amphibolite	
34510	混合岩化变质闪长岩	Mixed metadiorite	
34511	眼球状混合质黑云变粒岩	Eyed mixed graphite mica granulitite	
YSF	岩石学图件		
1001	火成岩在双三角形 Q-A-P-F 中的分类图	Classification of igneousro rocks in the double triangle Q-A-P-F	火成岩的定量矿物成分的分类
1002	火山岩化学成分分类图	Classification of chemical composition of volcanic rocks	
1003	超镁铁岩分类图	Classification of ultramafic rocks	

表 1（续）

代码	汉字名	英译名	说明
1004	含普通角闪石的超镁铁岩分类图	Classification of ultramafic rocks with hornblende	
1005	辉长质侵入岩分类图	Classification of gabbroic intrusive rocks	
1006	黄长石岩分类图	Classification of melilitites	
1007	煌斑岩在 Q-A-P-F 中的分类图	Classification of lamprophyres in the Q-A-P-F	
1008	碳酸岩的分类图	Classification of carbonsatites	
1009	霓霞岩的分类图	Classification of ijolites	
1010	金伯利岩的分类图	Classification of kimberlites	
1011	火山碎屑岩的分类图	Classification of pyroclastic rocks	
2001	颗粒大小分布	Particle-size distribution	
2002	双众数粒度分布	Bimodal size distribution	
2003	粒度分布曲线	Curve of size distribution	
2004	粒度分布直方图	Histogram of size distribution	
2005	直方图	Histogram	
2006	频率曲线	Frequency curve	
2007	累积曲线	Cumulative curve	
2008	概率累积曲线	Probability cumulative curve	
2009	正态分布	Normal distribution	
2010	对数正态分布	Log normal distribution	
2011	罗辛分布	Rosin-distribution	
2012	粒度参数离散图解	Scatter diagram of size parametel	
2013	粒度偏斜曲线	Size-decline curves	
2101	C-M 图像	C-M Pattern	
2102	牵引流的 C-M 图像	C-M Pattern of traction current	
2103	浊流的 C-M 图像	C-M Pattern of turbidity current	
2201	概率成因图	Genetic probability map	
2301	砂的等厚图	Isopach map of sand	
2302	岩相图	Lithofacies map	
2303	古地理图	Paleogeographic map	
2304	古水流方向图	Map of paleocurrent direction	
2305	等岩性线	Isolith	
2306	生物相图	Biofacies map	
2401	韵律图	Rhythmic map	
2402	韵律厚度图	Map of rhythmic thickness	
YSG	岩石学指数(系数、参数、公式、比率)		
YSGA	火成岩石学和变质岩石学的指数	Index of igneous and metamorphic petrology	
YSGB	沉积岩石学的指数	Index of sadimentary petrology	

表 1（续）

代码	汉字名	英译名	说明
YSGA	火成岩石学和变质岩石学的指数		
YSGAAA	三氧化二铝饱和度	Al_2O_3 saturability	
YSGAAB	铝过饱和	Aluminium oversaturation	
YSGAAC	铝正常的	Alumiuium normal	
YSGAAD	碱过饱和	Alkaline oversaturation	
YSGAAE	二氧化硅饱和度	Silicon dioxide saturability	
YSGAAF	硅过饱和	Silicon oversaturation	
YSGAAG	硅饱和	Silicon saturation	
YSGAAH	硅不饱和	Silicon unsaturation	
YSGAAI	皮科克钙碱系数	Calc-alkalic coefficient of Peacock	
YSGAAJ	里特曼岩系指数(σ)	Rock series index of Rittmann	
YSGAAK	莱特岩系碱度率(A. R.)	Rock series alkalinity ratio of Read(A. R.)	
YSGAAL	镁铁指数[F/(F+M)]	Mafic index [F/(F+M)]	
YSGAAM	固结指数	Solidification index	
YSGAAN	分异指数	Differentiation index D. I.	
YSGAAO	色率	Colour index	颜色指数
YSGAAP	酸度系数	Coefficient of acidity	
YSGAAQ	铝质系数	Aluminous coefficient	
YSGAAR	铁质系数	Ferruginous coefficient	
YSGAAS	镁质系数	Magnesian coefficient	
YSGAAT	钙质系数	Calcium coefficient	
YSGB	沉积岩石学的指数		
YSGBAA	粒度参数	Grain size parameter	
YSGBAB	粒级标度	Grade scale	
YSGBAC	伍登-温德华斯粒级标度	Udden-wentworth grade scale	
YSGBAD	中标度	Phi(φ)scale	
YSGBAE	中粒级标度	Phi grade scale	
YSGBAF	众数(M_0)	Mode	
YSGBAG	四分位数	Quartile	
YSGBAH	第一四分位数(Q_1)	First quartile	
YSGBAI	第三四分位数(Q_3)	Third quartile	
YSGBAJ	中值(M_d)	Median	
YSGBAK	分选系数(S_0)	Coefficient of sorting	
YSGBAL	不对称系数(SK)	Coefficient of skewness	
YSGBAM	平均粒径(M_2)	Mean size	
YSGBAN	标准偏差(G_1)	Standard deviation	
YSGBAO	偏度(SKI)	Skewness	
YSGBAP	尖度(K_9)	Kurtosis	峰态
YSGBAQ	细截点		

表 1（续）

代码	汉字名	英译名	说明
YSGBAR	粗截点		
YSGBAS	混合带	Mixture zone	
YSGBAT	主要结构系数	Main textural coefficient	
YSGBCA	成分成熟度	Compositional maturity	
YSGBCB	矿物成熟度	Mineral maturity	
YSCBD	结构成熟度	Texture maturity	
YSGBCD	风化指数	Weathering index	
YSGBCE	碎屑度指数	Clasticity index	
YSGBCF	锆石—电气石—金红石成熟度指数	ZTR maturity index	
YSGBCG	石英指数	Quartz index	
YSGBDA	动力粘度(μ)	Dynamic viscosity	
YSGBDB	运动粘度(ν)	Kinematic viscosity	
DWECB	雷诺数	Reynolds number	
YSGBDD	弗劳德数	Froude number	
YSGBDE	沉降速度	Fall velocity	
YSGBDF	沉速公式	Settling velocity formula	
YSGBDG	斯托克公式	Stockes formula	
YSGBDH	球度	Spherieity	
DWACAY	扁率	Oblateness	
YSGBOJ	沉积速率	Sedimentary rate	
YSH	岩石的颜色		
YSHA	岩石色调	Petrologic tone	
YSHB	岩石颜色	Petrologic colour	
YSHA	岩石色调		
1	浅色	Light color	
2	本色	Primary color	
3	深色	Deep color	
YSHB	岩石颜色		
001	浅红色	Light red	
002	浅黄红色	Light yellow-red	
003	浅褐红色	Light brown-red	浅棕红色
004	浅紫红色	Light violet-red	
005	浅灰红色	Light grey-red	
006	浅黄色	Light yellow	
007	浅红黄色	Light red-yellow	
008	浅褐黄色	Light brown-yellow	浅棕黄色
009	浅绿黄色	Light green-yellow	
010	浅灰黄色	Light grey-yellow	
011	浅褐色	Light brown	浅棕色

表 1（续）

代码	汉字名	英译名	说明
012	浅红褐色	Light red-brown	浅红棕色
013	浅黄褐色	Light yellow-brown	浅黄棕色
014	浅绿褐色	Light green-brown	浅绿棕色
015	浅蓝褐色	Light blue-brown	浅蓝棕色
016	浅紫褐色	Light violet-brown	浅紫棕色
017	浅灰褐色	Light grey-brown	浅灰棕色
018	浅绿色	Light green	
019	浅黄绿色	Light yellow-green	
020	浅褐绿色	Light brown-green	浅棕绿色
021	浅蓝绿色	Light blue-green	
022	浅灰绿色	Light grey-green	
023	浅蓝色	Light blue	
024	浅褐蓝色	Light brown-blue	浅棕蓝色
025	浅紫蓝色	Light violet-blue	
026	浅灰蓝色	Light grey-blue	
027	浅紫色	Light violet	
028	浅红紫色	Light red-violet	
029	浅褐紫色	Light brown-violet	浅棕紫色
030	浅蓝紫色	Light blue-violet	
031	浅灰紫色	Light grey-violet	
032	浅灰色	Light grey	
033	浅红灰色	Light red-grey	
034	浅黄灰色	Light yellow-grey	
035	浅褐灰色	Light brown-grey	浅棕灰色
036	浅绿灰色	Light green-grey	
037	浅蓝灰色	Light blue-grey	
038	浅紫灰色	Light violet-grey	
039	浅灰白色	Light grey-white	
040	浅褐黑色	Light brown-black	浅棕黑色
041	浅绿黑色	Light green-black	
042	浅蓝黑色	Light blue-black	
043	浅紫黑色	Light violet-black	
044	浅灰黑色	Light grey-black	
045	红色	Red	
046	黄红色	Yellow-red	
047	褐红色	Brown-red	
048	紫红色	Violet-red	
049	灰红色	Grey-red	
050	黄色	Yellow	
051	红黄色	Red-yellow	

表 1（续）

代码	汉字名	英译名	说明
052	褐黄色	Brown-yellow	棕黄色
053	绿黄色	Green-yellow	
054	灰黄色	Grey-yellow	
055	褐色	Brown	棕色
056	红褐色	Red-brown	红棕色
057	黄褐色	Yellow-brown	黄棕色
058	绿褐色	Green-brown	绿棕色
059	蓝褐色	Blue-brown	蓝棕色
060	紫褐色	Violet-brown	紫棕色
061	灰褐色	Grey-brown	灰棕色
062	绿色	Green	
063	黄绿色	Yellow-green	
064	褐绿色	Brown-green	
065	蓝绿色	Blue-green	
066	灰绿色	Grey-green	
067	蓝色	Blue	
068	褐蓝色	Brown-blue	
069	紫蓝色	Violet-blue	
070	灰蓝色	Grey-blue	
071	紫色	Violet	
072	红紫色	Red-violet	
073	褐紫色	Brown-violet	棕紫色
074	蓝紫色	Blue-violet	
075	灰紫色	Grey-violet	
076	灰色	Grey	
077	红灰色	Red-grey	
078	黄灰色	Yellow-grey	
079	褐灰色	Brown-grey	棕灰色
080	绿灰色	Green-grey	
081	蓝灰色	Blue-grey	青灰色
082	紫灰色	Violet-grey	
083	白色	White	
084	灰白色	Grey-white	
085	黑色	Black	墨色
086	褐黑色	Brown-black	棕黑色
087	绿黑色	Green-black	
088	蓝黑色	Blue-black	
089	紫黑色	Violet-black	
090	灰黑色	Grey-black	
091	深红色	Deep red	

表 1（续）

代码	汉字名	英译名	说明
092	深黄红色	Deep yellow-red	
093	深褐红色	Deep brown-red	深棕红色。
094	深紫红色	Deep violet-red	
095	深灰红色	Deep grey-red	
096	深黄色	Deep yellow	
097	深红黄色	Deep red-yellow	
098	深褐黄色	Deep brown-yellow	深棕黄色
099	深绿黄色	Deep green-yellow	
100	深灰黄色	Deep grey-yellow	
101	深褐色	Deep brown	深棕色
102	深红褐色	Deep red-brown	深红棕色
103	深黄褐色	Deep yellow-brown	深黄棕色
104	深绿褐色	Deep green-brown	深绿棕色
105	深蓝褐色	Deep blue-brown	深蓝棕色
106	深紫褐色	Deep violet-brown	深紫棕色
107	深灰褐色	Deep grey-brown	深灰棕色
108	深绿色	Deep green	
109	深黄绿色	Deep yellow-green	
110	深褐绿色	Deep brown-green	深棕绿色
111	深蓝绿色	Deep blue-green	
112	深灰绿色	Deep grey-green	
113	深蓝色	Deep blue	
114	深褐蓝色	Deep brown-blue	深棕蓝色
115	深紫蓝色	Deep violet-blue	
116	深灰蓝色	Deep grey-blue	
117	深紫色	Deep violet	
118	深红紫色	Deep red-violet	
119	深褐紫色	Deep brown-violet	深棕紫色
120	深蓝紫色	Deep blue-violet	
121	深灰紫色	Deep grey-violet	
122	深灰色	Deep grey	
123	深红灰色	Deep red-grey	
124	深黄灰色	Deep yellow-grey	
125	深褐灰色	Deep brown-grey	深棕灰色
126	深绿灰色	Deep green-grey	
127	深蓝灰色	Deep blue-grey	
128	深紫灰色	Deep violet-grey	
129	深灰白色	Deep grey-white	
130	深褐黑色	Deep brown-black	深棕黑色
131	深绿黑色	Deep green-black	

表 1（续）

代码	汉字名	英译名	说明
132	深蓝黑色	Deep blue-black	
133	深紫黑色	Deep violet-black	
134	深灰黑色	Deep grey-black	
150	乳白色	Milk-white	
151	黄白色	Yellow-white	
152	肉红色	Fleshcolor	肉色
153	浅肉红色	Light fleshcolor	
154	青灰色	Blue-grey	蓝灰色
155	墨绿色	Black-green	黑绿色
156	棕色	Brown	褐色
157	土黄色	Khaki	黄褐色
158	棕黄色	Brown-yellow	褐黄色
159	棕红色	Brown-red	褐红色
160	黄棕色	Yellow-brown	黄褐色
161	灰棕色	Grey-brown	灰褐色
162	杂色	Mottle	
YSI	岩石相平衡		
YSIA	相	Phase	
YSIB	体系	System	
YSIC	相律	Phase rule	
YSID	各种温度点	Different temperature point	
YSIE	各种线	Different line	
YSIF	各种面	Different surface	
YSIG	各种晶出体	Different crystallate	
YSIH	各种状态	Different state	
YSII	反应系	Reaction series	
YSIJ	规则	Rules	
HJM	环境	Surrounding	
SDADEJ	自由度	Degree of freedom	
YSIM	组分	Component	
YSIN	物种	Species	
YSIA	相		
01	初相	Primary phase	
02	凝聚相	Condensed phase	
03	临界线	Critical phase	
04	共轭相	Conjugate phase	
05	固相	Solid phase	
06	液相	Liquid phase	
07	气相	Gas phase	
08	流体相	Fluid phase	

表 1（续）

代码	汉字名	英译名	说明
YSIB	体系		
01	封闭体系	Closed system	
02	开放体系	Open system	
03	孤立体系	Isolated system	
04	凝聚系	Condensed system	
05	一元系	Unary system	单组分体系
06	二元系	Binary system	双组分体系
07	三元系	Ternary system	三组分体系
08	四元系	Quaternary system	四组分体系
09	五元系	Quinary system	五组分体系
10	多元系	Multicomponent system	多组分体系
11	亚体系	Subsystem	
YSIC	相律		
1	吉布斯相律	Gibbs phase rule	
2	戈尔德斯密特相律	Goldschmidt phase rule	矿物相律
3	柯尔仁斯基相律	Korzhinsky phase rule	矿物相律
4	凝聚系相律	Condensed system phase rule	
YSID	各种温度点		
01	熔点	Melting point	
02	临界点	Critical point	
03	共结点	Eutectic point	
04	非一致熔融点	Incongruent melting point	
05	一致熔融点	Congruent melting point	同成分熔点
06	不变点	Invariant point	
07	转熔点	Peritectic point	近共点
08	刺穿点	Piercing point	
YSIE	各种线		
01	边界线	Boundary line	
02	系线	Conode	
03	连接线	Join	连结线
04	冷却曲线	Cooling curve	步冷曲线
05	同结线	Cotectic line	
06	熔点曲线	Melting-point curve	
07	固相线	Solidus	
08	液相线	Liquidus	
09	熔线	Solvus	熔离曲线
00	超熔线	Hypersolvus	
YSIF	各种面		
01	液相面	Liquid phase surface	
02	固相面	Solid phase surface	

表 1（续）

代码	汉字名	英译名	说明
03	等温面	Isothermal surface	
04	等压面	Isobaric surface	
YSIG	各种晶出体		
01	共结混合物	Eutectic mixture	低共熔混合物
02	共析体	Eutectoid	
03	非一致熔融化合物	Incongruent compound	
04	混(合)晶(体)	Mixed crystal	
05	包析体	Peritectoid	
06	固溶体	Solid solution	
YSIH	各种状态		
01	平衡状态	Equilibrium state	
02	假平衡状态	False equilibrium state	
03	非均匀平衡状态	Heterogeneous equilibrium state	多相平衡
04	均匀平衡状态	Homogeneous equilibrium state	单相平衡
05	稳定状态	Stable state	
06	准稳定状态	Metastable state	亚稳定
07	不稳定状态	Unstable state	
08	不平衡状态	Unequilibrium state	
YSII	反应系		
1	连续反应系	Continuous reaction series	
2	不连续反应系	Discontinuous reaction series	
3	鲍温反应系列	Bowen s reaction series	
YSIJ	规则		
01	杠杆规则	Lever rule	
02	结晶顺序	Order of crystallization	
YSJ	火成岩的产状岩相		
YSJA	火成岩产状	Occurrence of igneous rocks	
YSJB	火成岩岩相	Facies of igneous rocks	
YSJA	火成岩产状		
01	侵入岩产状	Intrusive rock occurrence	
02	整合侵入体	Concordance intrusive body	
03	岩床	Sill	
04	岩盖	Laccolith	
05	岩脊	Phacolith	岩鞍
06	带状贯入体	Banded injected body	
07	建造间层状贯入体	Interformational sheet intrusion	
08	不整合侵入体	Discordance intrusive body	
09	岩墙	Dike	岩脉
10	岩墙群	Dike swarm	岩脉群
11	放射状岩墙	Radial dike	

表 1（续）

代码	汉字名	英译名	说明
12	锥状岩墙	Cone dike	
13	环状岩墙	Ring dike	
14	岩颈(火山颈)	Volcanic neck	
15	岩筒	Volcanic pipe	
16	岩株(岩干)	Stock	
17	岩瘤	Boss	
18	中央岩株	Central stock	
19	岩基	Batholith	
20	岩舌	Tonque	
21	岩镰	Harpolith	
22	岩刃	Akmolith	
23	岩漏斗	Ethmolith	
24	岩楔	Sphenolith	
25	复式岩体	Composite body	
26	杂岩	Complex	
27	环状杂岩	Ring complex	
28	中心杂岩	Central complex	
29	混合杂岩	Migmatic complex	
30	岩席	Sheet	
31	岩盘	Lopolith	
32	喷出岩体	Extrusive body	
33	侵入岩体	Tntrusive body	
34	次火山岩体	Subvolcanic body	潜火山岩体
35	深成岩体	Pluton	
36	浅成侵入体	Hypabyssal intrusive body	
37	浅位侵入体	Shallow plutonic body	高位侵入体
38	层状侵入体	Layered intrusive body	
39	岩枝	Apophysis	
40	岩钟	Cupola	
41	岩丘	Lava dome	熔岩穹隆
42	岩针	Spine	
61	侵入接触	Intrusive contact	
62	沉积接触	Sedimentary contact	
63	过渡接触	Transitional contact	
YSJB	火成岩岩相		
01	侵入相	Intrusive facies	
02	深成相	Plutonic facies	
03	浅成相	Hypabyssal facies	
04	超浅成相	Ultra-hypabyssal facies	
05	次火山相	Subvolcanic facies	潜火山相

表 1（续）

代码	汉字名	英译名	说明
06	喷出相	Extrusive facies	
07	边缘相	Marginal facies	
08	中间相(过渡相)	Intermediate facies	
09	中心相(内部相)	Central facies	
YSK	岩浆作用方式岩石组合和岩石成因类型		
YSKA	岩浆作用方式	Magmatism way	
YSKB	岩石组合	Rock association	
YSKC	岩石成因类型	Petrogenetic type	
YSKA	岩浆作用方式		
01	岩浆分异作用	Magmatic differentiation	
02	液态分离作用	Liquid immiscibility	液体不混溶性
03	结晶分异作用	Crystallization differentiation	
04	重力分异作用	Gravitative differentiation	
05	分离结晶作用	Fractional crystallization	
06	同化作用	Assimilation	
07	混杂作用	Contamination	混染作用
08	岩浆顶蚀作用	Magmatic stoping	
09	脱玻璃化作用	Devitrification	晶化
10	平衡结晶作用	Equilibrium crystallization	
11	非平衡结晶作用	Unequilibrium crystallization	
12	同熔作用	Syntexis	
13	深熔作用	Anatexis	重熔作用
14	岩浆混合作用	Mixed magma	
YSKB	岩石组合		
01	岩(石)区	Petrographic province	
02	岩套	Suite	
03	岩浆杂岩	Magmatic complex	
04	岩浆建造	Magmatic formation	
05	火山岩建造	Volcanic formation	
06	火山岩系列	Volcanic rock series	
07	岩系	Rock series	
08	钙质岩系	Calcic rock series	
09	钙碱质岩系	Calc-alkalic rock series	
10	碱钙质岩系	Alkali-calcic rock series	
11	碱质岩系	Alkalic rock series	
YSKC	岩石成因类型		
01	阿尔卑斯型超镁铁岩体	Alpine type of ultramafic rock body	
02	布什维尔德型超镁铁岩体	Bushveld type of ultramafic rock body	层状超基性岩基性岩

表 1（续）

代码	汉字名	英译名	说明
03	阿拉斯加型超镁铁岩体	Alaska type of ultramafic rock body	环状超基性基性岩体
11	M 型花岗岩	M-type granite	
12	I 型花岗岩	I-type granite	
13	A 型花岗岩	A-type granite	
14	S 型花岗岩	S-type granite	
15	幔源花岗岩	Mantle-derived granite	
16	同熔花岗岩	Syntectic granite	
17	改造花岗岩	Transformation granite	
18	壳源花岗岩	Crust-derived granite	
19	壳-幔混合花岗岩	Crust-mantle mixed granite	
20	磁铁矿型花岗岩	Magnetite type granite	
21	钛铁矿型花岗岩	Ilmenite type granite	
23	深熔花岗岩	Anatectic granite	
24	原地花岗岩	Autochthonous granites	
25	半原地花岗岩	Hypautochthonous granites	
26	外围花岗岩体	Circumscribed massif granite	
27	同源花岗岩	Congeneric granites	
28	底辟花岗岩	Diapir granite	
29	花岗岩化花岗岩	Granitization granite	
30	高位花岗岩	High-lever granite	
31	深成动力花岗岩	Hyperkinematic granite	
32	侵入花岗岩	Intrusive granite	
33	晚构造期花岗岩	Late-kinematic granite	造山运动晚期花岗岩
34	深部花岗岩	Low-lever granite	
35	准原地花岗岩	Parautochthonous granite	
36	构造纹花岗岩	Potkinomatic granite	
37	同构造期花岗岩	Synkinomatic granite	
YSO	沉积物		
YSOA	沉积物名称	Name of sediments	
YSOB	沉积物物性	Physical property of sediments	
YSOC	煤系中的岩石包裹体	Rock inclusion in coal series	
YSOA	沉积物名称		
001	砾质沉积物	Gravelly sediments	
002	砂质砾	Sandy gravel	
003	泥质砾	Clayey gravel	
004	砂质沉积物	Sandy sediments	
005	含砾砂	Gravel-bearing sands	
006	粉砂质砂	Silty sand	

表 1（续）

代码	汉字名	英译名	说明
007	粉砂质沉积物	Silty sediments	
008	泥质粉砂	Clayey silt	
009	泥	Mud	
010	砂—粉砂—泥	Sand-silt-mud	
011	粉砂质泥	Silty mud	
020	灰砾	Lime gravel	
021	灰砂	Lime sand	
022	贝壳砂	Shell sand	
023	牡蛎砂	Oyster sand	
024	珊瑚砂	Coral sand	
025	海绿石砂	Glauconitic sand	
026	礁岩屑	Reef debris	
027	萨布哈硫酸盐	Sabkha sulphate	
028	鸟粪磷钙土	Guano phosphorite	
029	腐殖土	Humus soil	
030	腐泥	Sapropel	
031	土壤	Soil	
032	红壤	Lateritic soil	
040	赤泥	Red mud	
041	青泥	Blue mud	
042	绿泥	Green mud	
043	黑泥	Black mud	
044	钙质泥	Calcareous mud	
045	泥灰质泥	Marly mud	
046	珊瑚泥	Coral mud	
047	硅质泥	Siliceous mud	
048	硅质软泥	Siliceous ooze	
060	硅藻软泥	Diatom ooze	
061	放射虫软泥	Radiolarian ooze	
062	钙质软泥	Calcareous ooze	
063	有孔虫软泥	Foram ooze	
064	颗石藻软泥	Coccolith ooze	
065	翼足虫软泥	Pteropod ooze	
066	抱球虫软泥	Globigerina ooze	
067	超微化石软泥	Nannofossil ooze	
068	远洋性粘土	Pelagic clay	
069	褐粘土	Brown clay	
070	沸石质粘土	Zeolitic clay	
075	火山砾	Volcanic gravel	
076	火山砂	Volcanic sand	

表 1（续）

代码	汉字名	英译名	说明
077	火山灰	Volcanic ash	
078	火山泥	Volcanic mud	
080	多金属泥	Polymetallic mud	
081	金属硫化物泥	Metal-sulfide mud	
082	金属硅酸盐泥	Metal-silicate mud	
083	金属氧化-氢氧化物泥	Metal-oxide-hydroxide mud	
084	浊积泥	Turbidite mud	
085	粘土质沉积物	Clayey sediments	
086	铝质沉积物	Aluminous sediments	
087	铁质沉积物	Ferruginous sediments	
088	锰质沉积物	Manganese sediments	
089	磷酸盐沉积物	Phosphate sediments	
090	硅质沉积物	Siliceous sediments	
091	碳酸盐沉积物	Carbonate sediments	
092	盐类沉积物	Saline sediments	
093	碳质沉积物	Carbonaceous sediments	
094	沥青质沉积物	Asphaltic sediments	
095	垆坶土	Loam	
YSOB	沉积物物性		
YSOBA	沉积物稠度	Sediment consistency	
YSOBB	沉积物粘性	Sediment viscidity	
YSOBC	固结程度	Degree of consoledation	
YSOBD	分选性	Sorting	颗粒分选性
YSOBE	沉积物结构	Sediment fabric	
YSOBF	形态	Morphology	
YSOBA	沉积物稠度		
1	流动的	Fluid	
2	半流动的	Semifluid	
3	挠性的	Flexible	
4	致密的	Compact	
5	略固结	Little consolidation	
YSOBB	沉积物粘性		
1	强粘性	Strong viscidity	
2	弱粘性	Weak viscidity	
3	无粘性	Without viscidity	
YSOBC	固结程度		
1	未固结	Unconsolidation	
2	半固结	Semi-consolidation	
3	固结	Consolidation	
YSOBD	分选性		

表 1（续）

代码	汉字名	英译名	说明
1	好	Good	
2	较好	Better	
3	中等	intermediate	
4	差	Bad	
YSOBE	沉积物结构		
01	颗粒定向组构	Oriented fabric	
02	颗粒无定向组构	Unoriented fabric	
03	颗粒支撑组构	Grain-supported fabric	
04	泥支撑组构	Mud-supported fabric	
05	基质组构	Matrix fabric	
06	泥晶组构	Micrite fabric	
07	微亮晶组构	Microspar fabric	
08	亮晶组构	Spar fabric	
09	假亮晶组构	Pseudospar fabric	
10	泥晶套组构	Micrite envelope fabric	
11	早成组构	Epgenetic fabric	
12	深成组构	Mesogenetic fabric	
13	表成组构	Telogenetic fabric	
14	球状粒组构	Peloid fabric	
15	嵌含的组构	Poikilotopic fabric	
16	斑状的组构	Porphyrotopic fabric	
17	放射纤维的组构	Radial-fibrous fabric	
18	骨骼的组构	Skeletal fabric	
19	共轴的组构	Syntaxial fabric	
20	示顶底组构	Geopetal fabric	
YSOBF	形态		
YSOBFA	单体形态	Indevidual morphology	
YSOBFB	集合体形态	Aggregated morphology	
YSOBFA	单体形态		
01	粒状	Grained	
02	柱状	Columnar	
03	针状	Acicular	
04	毛发状	Hairy	
05	纤维状	Fibrous	
06	板状	Platy	
07	片状	Schistose	
08	条带状	Striped	
09	鳞片状	Scaly	
10	不规则状	Irregular	
11	菱形	Rhombus	

表 1（续）

代码	汉字名	英译名	说明
12	港湾状	Embaye	
13	槽形	Trough-like	
YSOBFB	集合体形态		
01	鲕状	Oolitic	
02	豆状	Pisolitic	
03	肾状	Reniform	
04	葡萄状	Botryoidal	
05	瘤状	Knotted	
06	球状	Sphaerical	
07	椭球状	Ellipsoidal	
08	透镜状	Lenticular	
09	棒状	Bar	
10	结核状	Nodular	
11	分泌体	Secretion	
12	杏仁体	Amggdaloidel	
13	钟乳状	Stalactitic	
14	花生状	Peanut	
15	豆荚状	Leguminous	
16	串球状	String-beads	
17	块状	Massive	
18	放射状	Radiated	
19	树枝状	Dendritic	
20	晶簇状	Drusy	
21	土状	Earthy	
22	粉末状	Powdery	
23	被膜状	Menbranous	
24	皮壳状	Crustose	
25	盐华状	Efflorescence	
26	分散状	Dispersion	
27	朵状	Lobate	
28	扁平状	Oblate	
29	楔状	Wedge	
30	似层状	Parabedded	
31	层状	Bedded	
32	盘状	Discoidal	
33	厚层状	Thick bedded	
34	巨厚层状	Very thick bedded	
35	中厚层状	Medium bedded	
36	薄层状	Thin bedded	
37	极薄层状	Very thin bedded	

表 1（续）

代码	汉字名	英译名	说明
38	厚纹层状	Thick laminae	
39	纹层状	Laminae	
40	薄纹层状	Thin laminae	
41	同心圆状	Concentric	
42	带状	Betted	
43	条状	Rod	
44	箕状	Dustpan-like	
45	毯状	Blanketlike	
YSOC	煤系中的岩石包裹体		
1	煤包裹体	Coal inclusion	
2	炭质泥岩包裹体	Carbonaceous mudstone inclusion	
3	泥质岩包裹体	Argillaceous inclusion	
4	粉砂岩包裹体	Siltstone inclusion	
5	砂岩包裹体	Sandstone inclusion	
6	火成岩包裹体	Inclusion of igneous rocks	
7	变质岩包裹体	Inclusion of metamorphic rocks	
YSP	环境与沉积		
YSPA	沉积环境	Sedimentary environment	
YSPB	沉积作用分类	Classification of deposition	
YSPC	沉积类型	Sedimentary type	
YSPD	沉积相与岩性相	Sedimentary facies and litho-facies	
YSPE	沉积方式	Mode of deposition	
YSPF	沉积条件	Condition of deposition	
YSPG	沉积场所	Habitat of deposition	
YSPH	沉积过程	Process of deposition	
YSPA	沉积环境		
001	大陆环境	Continental environment	
021	冲积扇环境	Alluvial fan environment	洪积扇环境
022	冲积扇扇顶	Fanhead of alluvial fan	
023	冲积扇扇中	Mid-fan of alluvial fan	
024	冲积扇扇尾	Fan base of alluvial fan	扇缘
025	冲积扇扇前洼地	Forefan depression of alluvial fan	
026	冲积扇扇间洼地	Interfan depression of alluvial fan	
027	湿地冲积扇	Humid fan	
028	旱地冲积扇	Arid fan	
029	半干旱冲积扇	Semiarid fan	
030	扇三角洲环境	Fan delta environment	
041	河流环境	Fluvial environment	
042	平直河	Straight stream	低弯度河
043	曲流河	Meandering stream	高弯度河

表 1（续）

代码	汉字名	英译名	说明
044	辫状河	Braided stream	
045	网结河	Anastomosed stream	
046	河道	Channel	
047	河底深槽	Pool of channel floor	深潭
048	边滩	Point bar	曲流少坝
049	冲流槽	Chute	串沟
050	河岸	Stream bank	
051	天然堤	Levee	
052	决口扇	Crevasse splay	
053	决口水道	Crevasse channel	
054	泛滥平原	Flood plain	河漫滩
055	河漫湖泊	Flood-plain lake	
056	河漫沼泽	Flood-plain marsh	岸后沼泽
057	牛轭湖	Mortlake	
058	心滩	Channel bar	
081	湖泊环境	Lacustrine environment	
082	湖泊三角洲	Lake delta	
085	淡水湖泊	Freshwater lake	
086	盐湖	Salt lake	
090	滨湖	Lakeshore	
091	浅湖	Shallow lake	
092	深湖	Deep lake	
100	沼泽环境	Swamp environment	
101	泥炭沼泽	Peat bog	
102	湿地沼泽	Marsh	草沼
103	木本沼泽	Swamp	
104	莎草沼泽	Carex marsh	
105	灌木林沼泽	Bush swamp	
106	森林沼泽	Forest swamp	
107	红树林沼泽	Mangrove swamp	
108	海草沼泽	Marine grass marsh	
109	芦苇沼泽	Reed bog	
110	灯心草沼泽	Rush marsh	蔺草沼泽
111	水藓沼泽	Shpagnum bog	
112	草原沼泽	Grass marsh	
113	淡水沼泽	Fresh-water marsh	
114	微咸水沼泽	Brackish marsh	
115	半微咸水沼泽	Semi-brackish marsh	
116	咸水沼泽	Saline bog	
117	低位沼泽	Lowland moor	

表 1（续）

代码	汉字名	英译名	说明
118	高位沼泽	High moor	
119	多水沼泽	Damp marsh	
120	中湿沼泽	Moderate moist marsh	
121	低水位沼泽	Standmoor	固定沼泽
122	中位泥炭沼泽	Soligenous	过渡型泥炭沼泽
123	凸起高位沼泽	Raised ombrogenous bog	
124	河漫滩沼泽	Back swamp	
125	漫滩—天然堤沼泽	Back-levee marsh	
126	河道填积沼泽	Channel-fill swamp	
127	泥炭丘沼泽	Palsabog	
128	岩溶沼泽	Karst fen	喀斯特沼泽
129	湖缘沼泽	Basin swamp	
130	近海沼泽	Paralic swamp	
131	海岸沼泽	Coastal marsh	
132	滋育沼泽	Eutrophic swamp	富养分沼泽
133	中滋育沼泽	Mesotrophic swamp	中等养分沼泽
134	同生泥炭沼泽	Contemporaneous peat swamp	原始泥炭沼泽
135	成煤木本沼泽	Coal swamp	煤沼泽
136	沼泽岛	Marsh island	
137	沼泽湖	Swamp lake	
138	沼泽河	Swamp stream	
200	冰川环境	Glacial environment	
250	沙漠环境	Desert environment	
280	洞穴环境	Cave environment	
300	过渡环境	Transitional environment	海陆过渡环境
301	三角洲环境	Deltaic environment	
302	三角洲平原	Delta plain	
303	三角洲前缘	Delta front	
304	前三角洲	Predelta	
305	水下三角洲平原	Subagueous delta plain	
306	过渡性三角洲平原	Transitional delta-plain	
307	陆上三角洲平原	Subaerial delta plain	
308	分流河道	Distributary channel	
309	分流河道天然堤	Distributary channel levee	
310	分流河口砂坝	Distributary mouth bar	
311	远砂坝	Far bar	
312	分流间海湾	Inter-distributary bay	
313	河控三角洲	River-dominated delta	
314	鸟足状三角洲	Bird-foot delta	
315	朵状三角洲	Lobate delta	

表 1（续）

代码	汉字名	英译名	说明
316	浪控三角洲	Wave-dominated delta	
317	喙状三角洲	Cuspate delta	
318	弓形三角洲	Arcuate delta	
319	潮控三角洲	Tide-dominated delta	
330	建设性三角洲	Constructive delta	
331	高建设性三角洲	High-constructive delta	
332	破坏性三角洲	Destructive delta	
333	高破坏性三角洲	High-destructive delta	
334	浅水三角洲	Shallow-water delta	
335	深水三角洲	Deep-water delta	
340	河口湾环境	Estuarine environment	三角港三角湾
400	海洋环境	Marine environment	
401	海岸环境	Coastal environment	
402	滨海环境	Littoral environment	无障壁海岸环境
403	海岸沙丘	Coastal dune	
404	后滨	Backshore	
405	前滨	Foreshore	
406	临滨	Nearshore	近滨
407	远滨	Offshore	滨外
408	海滩脊	Beach ridge	
409	千尼尔	Chenier	
410	冲溢扇	Washover fan	
420	障壁岛—泻湖环境	Barrier-lagoon environment	有障壁海岸环境
421	障壁岛	Barrier island	
422	障壁滩	Barrier beach	
423	障壁砂坝	Barrier bar	
424	潮坪	Tidel-flat	
425	泥坪	Mudflat	
426	沙坪	Sandflat	
427	混合坪	Mixed flat	
428	萨布哈	Sebkha	潮上盐坪
429	泻湖	Lagoon	
430	海岸泻湖	Coastal lagoon	
431	潮坪泻湖	Tidal flat lagoon	
432	潮汐水道	Tidal channel	潮道
433	潮汐三角洲	Tidal delta	
500	浅海环境	Shallow sea environment	
501	陆缘海	Pericontinental sea	
502	陆表海	Epeiric sea	
503	碳酸盐台地	Carbonate platform	

表 1（续）

代码	汉字名	英译名	说明
504	碳酸盐陆棚	Carbonate continental shelf	
505	碳酸盐盆地	Carbonate basin	
506	碳酸盐潮坪	Carbonate tidal flat	
507	碳酸盐浅滩	Carbonate shallow shoal	
508	碳酸盐斜坡	Carbonate slope	
550	生物礁环境	Organic reef environment	
600	半深海环境	Bathyal environment	
601	大陆坡	Continental slope	
602	陆隆	Continental rise	
650	深海环境	Abyssal environment	
651	深海扇	Abyssal fan	
652	深海平原	Abyssal plain	
700	淡水环境	Fresh water environment	
701	半咸水环境	Brackish water environment	
702	咸水环境	Salt water environment	
703	暖水环境	Warm water environment	
704	冰水环境	Glaciofluvial environment	
705	静水环境	Static water environment	
706	流水环境	Flowing water environment	
707	强潮汐环境	Strong tidal environment	
708	中潮汐环境	Medium tidal environment	
709	弱潮汐环境	Weak tidal environment	
710	缺氧环境	Anoxic environment	
712	氧化环境	Oxidation environment	
713	海蚀环境	Marine erosion environment	
714	海积环境	Marine accumulation environment	
YSPB	沉积作用分类		
YSPBA	沉积作用	Sedimentation	
YSPBB	沉积后作用	Postsedimentation	
YSPBA	沉积作用		
01	沉积作用	Sedimentation	沉降作用
02	机械沉积作用	Mechanical deposition	物理沉积作用
03	投落作用	Accretion	增生作用
04	阻滞作用	Encroachment	
05	滑塌沉积作用	Slump deposition	
06	浊流沉积作用	Turbidity current deposition	
11	化学沉积作用	Chemical deposition	
12	真溶液化学沉积作用	Solution chemical deposition	
13	腋体化学沉积作用	Colloid chemical deposition	腋体沉积作用
14	沉淀作用	Precipitation	

表 1（续）

代码	汉字名	英译名	说明
15	中和作用	Neutralization	
16	胶凝作用	Flocculation	
17	吸附作用	Absorption	
18	还原作用	Reduction	
19	蒸发沉积作用	Evaporate deposition	
20	热卤水沉积作用	Hot brine deposition	
30	生物沉积作用	Biological deposition	
31	生物化学沉积作用	Biochemical deposition	
40	分选沉积作用	Sorting deposition	
41	沉积分异作用	Sedimentary differentiation	
42	机械沉积分异作用	Mechanical sedimentary differentiation	
43	化学沉积分异作用	Chemical sedimentary differentiation	
44	加积作用	Aggradation	叠积作用
45	侧向加积作用	Lateral accretion	
46	垂向加积作用	Vertical accretion	
47	向源堆积	Retrogressive accumulation aggradation	溯源堆积
YSPBB	沉积后作用		
01	同生作用	Syngenesis	
02	准同生作用	Penecontemporaneous	
03	成岩作用	Diagenesis	
04	后生作用	Epigenesis	
05	同生成岩作用	Syndiagenesis	
06	后生成岩作用	Anadiagenesis	
11	表生成岩作用	Epidiagenesis	
12	石化作用	Lithification	
13	自生胶结作用	Autocementation	
14	自生石化作用	Autolithification	
15	陆解作用	Aquatolysis	
16	海解作用	Halmyrolysis	
17	浅埋作用	Shallow burialism	
18	深埋作用	Deep burialism	
19	早期成岩作用	Early diagenesis	
20	晚期成岩作用	Late diagenesis	
21	后成作用	Catagenesis	后生作用，退化作用
22	新生变形作用	Neomorphism	
23	压实作用	Compaction	
24	差异压实作用	Differential compaction	
25	压溶作用	Pressure-solution	
26	水合作用	Hydration	

表 1（续）

代码	汉字名	英译名	说明
27	胶结作用	Cementation	
28	固结作用	Consolidation	
29	硬化作用	Induration	
30	交代作用	Replacement	
31	重结晶作用	Recrystallization	
32	去胶结作用	Decementation	
33	层内溶解作用	Intrastratal solution	
34	微晶化作用	Micritillzation	
35	白云石化作用	Dolomitization	
36	去白云石化作用	Dedolomitization	
37	混合白云石化作用	Dorag dolomitization	
38	胶体陈化	Colloid aging	
39	絮凝作用	Flocculation	
40	生物扰动作用	Bioturbation	
41	渗透回流(作用)	Seepage reflux	
42	钙化作用	Calcification	骨化作用
43	碳酸盐化作用	Carbonation	
44	燧石化作用	Chertification	
45	海绿石化(作用)	Glauconization	
46	赤铁矿化(作用)	Haemetization	
47	黄铁矿化(作用)	Pyritization	
48	磷酸盐化(作用)	Phosphatization	
49	坡缕石化(作用)	Paligorskitization	
50	红壤化(作用)	Rebefication	
51	硅化(作用)	Silicification	
52	碳化(作用)	Carbonification	煤化(作用)
YSPC	沉积类型		
001	大陆沉积	Continental deposit	
002	残积	Eluvial deposit	淋溶沉积
003	坡积	Slop wash	
004	泥石流沉积	Debris flow deposit	碎屑流碎，石流
005	粘性泥石流沉积	Cohesive-debris-flow deposite	
006	稀性泥石流沉积	Thinned-debris-flow deposite	
007	泥流沉积	Mud flowage deposite	
008	漫流沉积	Sheet-flood deposite	片流沉积
009	渗流沉积	Sieve deposite	筛积
021	冲积扇沉积	Alluvial fan deposite	
022	扇近端沉积	Proximal fan deposite	
023	扇中段沉积	Mid-fan depasite	
024	扇远端沉积	Distal fan deposit	

表 1（续）

代码	汉字名	英译名	说明
025	扇间洼地沉积	Interfan depression deposit	
026	扇三角洲沉积	Fan-delta deposit	
041	河流沉积	Fluvial deposit	
043	辫状河沉积	Braided stream deposit	网状河沉积
044	曲流河沉积	Meandering stream deposit	
045	砾质辫状河沉积	Gravelly braided-stream deposit	
047	砂质辫状河沉积	Sandy braided-stream deposit	
049	心滩沉积	Channel-bar deposit	河道少坝沉积
050	纵向沙坝沉积	Longitudinal-bar deposit	
051	横向沙坝沉积	Transverse-bar deposit	
052	舌形砂坝沉积	Lingual-bar deposit	
053	河道沉积	Channel deposit	河床沉积
054	河底滞留沉积	Channel lag	深槽滞留沉积
060	越岸沉积	Overbank deposit	溢岸沉积
061	披盖沉积	Draping deposit	
062	边滩沉积	Point-bar deposit	点沙坝沉积
063	垂向加积沉积	Vertical-accretion deposit	
064	侧向加积沉积	Lateral-accretion deposit	
065	串沟沉积	Chute deposite	流槽坝
066	天然堤沉积	Levee deposit	
067	决口扇沉积	Crevasse-splay deposit	
068	泛滥平原沉积	Flood-plain deposit	泛滥盆地沉积
069	河漫湖泊沉积	Flood-plain lake deposit	
070	河漫沼泽沉积	Flood-plain marsh deposit	
071	牛轭湖沉积	Mortlake deposit	
072	废弃河道沉积	Abandoned channel deposit	
073	心滩沉积	Channel bar deposit	
074	河间湿地沉积	Interchannel-wetland deposit	
075	粗粒曲流带沉积	Coarse-grained meander belt deposit	
076	中粒曲流带沉积	Medium-graind-meander belt deposit	
077	细粒曲流带沉积	Fine-graind meander belt deposit	
078	高蛇曲带沉积	High-meander belt deposit	
081	湖泊沉积	Lacustrine deposit	
082	湖泊三角洲沉积	Lake delta deposit	
083	湖滩沉积	Lake beach deposit	
084	湖滨沉积	Lakeshore deposit	
085	浅湖沉积	Shallow lake deposit	
086	深湖沉积	Deep lake deposit	
088	淡水湖泊沉积	Freshwater lake deposit	
089	盐湖沉积	Brine lake deposit	

表 1（续）

代码	汉字名	英译名	说明
100	沼泽沉积	Swamp deposit	
101	泥炭沼泽沉积	Bog deposit	
102	森林沼泽沉积	Forest swamp deposit	
103	草甸沼泽沉积	Meadow swamp deposit	
104	淡水沼泽沉积	Fresh-water swamp deposit	
105	咸水沼泽沉积	Salt-water swamp deposit	
106	覆水沼泽沉积	Waterlogged marsh deposit	
107	开阔沼泽沉积	Waterlogged reed marsh deposit	
108	闭水沼泽沉积		
200	冰川沉积	Glacial deposit	冰碛物
201	冰水沉积	Glaciofluvial deposit	
202	冰湖沉积	Glacial lake deposit	
203	冰川三角洲沉积	Glacial delta deposit	
204	冰水冲积平原沉积	Glaciofluvial outwash plain deposit	
205	冰海沉积	Ice sea deposit	
206	间冰期沉积	Interglacial period deposit	
250	风成沉积	Aeolian deposit	风积物
251	沙漠沉积	Desert deposit	
252	岩漠沉积	Rock deposit	
253	戈壁沉积	Gobi deposit	
254	沙漠湖泊沉积	Desert lake deposit	
255	内陆萨巴哈沉积	Inland sabkha deposit	干盐湖沉积
256	旱谷沉积	Wadi deposit	
257	风成沙丘沉积	Aeolian dune deposit	
281	洞穴沉积	Cave deposit	
300	过渡带沉积	Transition zone deposit	海陆过渡沉积
301	三角洲沉积	Deltaic deposit	
302	顶积层沉积	Topset deposit	
303	前积层沉积	Foreset deposit	
304	底积层沉积	Bottomset deposit	
305	三角洲平原沉积	Deltaic plain deposit	
306	上三角洲平原沉积	Upper delta-plain deposit	
307	过渡性三角洲平原沉积	Transition delta-plain deposit	
308	下三角洲平原沉积	Lower delta-plain deposit	
309	分流河道沉积	Distributary channel deposit	
310	水下分流河道沉积	Submarine distributary channel deposit	
311	三角洲天然堤沉积	Natural levee deposit of delta	
312	水下天然堤沉积	Submerged natural levee deposit	
313	三角洲沼泽沉积	Delta marsh deposit	
314	分流间湾沉积	Interdistrbutary bay deposit	

表 1（续）

代码	汉字名	英译名	说明
315	三角洲前缘沉积	Delta front deposit	
316	分流河口坝沉积	Distrbutary mouth bar deposit	
317	远沙坝沉积	Distal bar deposit	
318	河口边滩沉积	River beach deposit	
319	河口沙坝沉积	River mouth bar deposit	
320	三角洲前缘斜坡沉积	Delta front slope deposit	
321	三角洲前缘席状砂沉积	Sheet sand deposit of delfa front	
322	前三角洲沉积	Predeltaic deposit	
323	三角洲间湾沉积	Interdelta bay deposit	
324	决口三角洲沉积	Crevasse-deltaic deposit	
325	河口湾沉积	Estuarine deposit	三角港沉积
326	吉尔伯特三角洲沉积	Gilbert-type deltaic deposit	
327	口坝型三角洲沉积	Mouth-bar-type deltaic deposit	
328	海泽沉积	Marine deposit	
329	滨海沉积	Littoral deposit	
330	海滨沉积	Shore deposit	
331	滨线沉积	Shoreline deposit	
332	滨面沉积	Shoreface deposit	
333	后滨沉积	Backshore deposit	
334	前滨沉积	Foreshore depodit	
335	临滨沉积	Nearshore deposit	近滨沉积
336	临滨风暴沉积	Shoreface storm deposit	
337	远滨沉积	Offshore deposit	滨外沉积
338	滨岸碎屑沉积	Shorelines clastic deposit	
339	海滩沉积	Beach deposit	
340	海滩脊沉积	Beach ridge deposit	
341	千尼尔沉积	Chenier deposit	废弃滩脊沉积
342	冲溢扇沉积	Washover fan deposit	
343	滨外沙坝沉积	Offshore sand bar deposit	
344	滨海平原沉积	Littoral plain deposit	
345	滨海沼泽沉积	Littoral marsh deposit	
346	滨海沙丘沉积	Littoral sand dune deposit	
347	滨海沙坝沉积	Littoral sand bar deposit	
348	海滨沙坝沉积	Shore sand bar deposit	
349	滨海席状沙沉积	Littoral sheeted sand deposit	
350	障壁岛-泻湖沉积	Barrier-lagoon deposit	
351	障壁岛沉积	Barrier island deposit	
352	障壁滩沉积	Barrier beach deposit	
353	障壁沙坝沉积	Barrier bar deposit	
354	潮坪沉积	Tidal flat deposit	

表 1（续）

代码	汉字名	英译名	说明
355	潮上坪沉积	Supratidal flat deposit	
356	潮间坪沉积	Intertidal flat deposit	
357	潮下坪沉积	Subtidal flat deposit	
358	泥坪沉积	Mud flat deposit	
359	砂坪沉积	Sand flat deposit	
360	混合坪沉积	Mixed flat deposit	
361	盐坪沉积	Salt flat deposit	
362	萨布哈沉积	Sabkha deposit	
363	泻湖沉积	Lagoon deposit	
364	滨海泻湖沉积	Littoral lagoon deposit	
365	泻湖滨面沉积	Lagoon shoreface deposit	
366	泻湖沙坝沉积	Lagoon sand-bar deposit	
367	潮坪泻湖沉积	Tidal flat lagoon deposit	
368	潮汐水道沉积	Tidal-channel deposit	
369	潮汐三角洲沉积	Tidal-deltaic deposit	
400	红树林沼泽沉积	Mangrove marsh deposit	
401	潮沟沉积	Tidal creek deposit	
402	潮间浅滩沉积	Intertical shoal deposit	
403	潮汐沙脊沉积	Tidal sand ridge deposit	
404	辐射沙洲沉积	Radiation sand shoal deposit	
450	涨潮三角洲沉积	Flood tidal deltaic deposit	
451	退潮三角洲沉积	Ebb tidat deltaic deposit	
500	浅海沉积	Shallow sea deposit	
501	大陆架沉积	Continental shelf deposit	陆棚沉积
502	外大陆架沉积	Outer shelf deposit	
503	陆架边缘沉积	Shelf margin deposit	
504	开阔浅海沉积	Open neritic marine deposit	广海陆棚沉积
505	盆地边缘沉积	Basin margin deposit	深水陆棚沉积
506	台地边缘沉积	Platform margin slope deposit	
507	局限台地沉积	Restricted platform deposit	
508	浅海碎屑沉积	Shallow marine clastic deposit	
509	海峡沉积	Strait deposit	
550	生物礁沉积	Organic reef deposit	
551	礁前沉积	Reef front deposit	
552	礁前塌新沉积	Reef-front talus deposit	
553	礁前斜坡沉积	Reef-front slope deposit	
554	礁脊沉积	Reef-crest deposit	
555	礁湖沉积	Reef lake deposit	
556	礁坪沉积	Reef flar deposit	
557	礁心沉积	Reef cere deposit	

表 1（续）

代码	汉字名	英译名	说明
558	环礁泻湖沉积	Atoll reef lagoon deposit	
559	礁后沉积	Backreef deposit	
560	礁后泻湖沉积	Backreef lagoon deposit	
561	风暴流沉积	Tempestite	暴风雨沉积
562	近端风暴沉积	Proximal storm deposit	
563	中部风暴沉积	Intermediate storm deposit	
564	远端风暴沉积	Distal storm deposit	
565	风暴滞留沉积	Storm lag deposit	
566	等深流沉积	Contour current deposit	
600	半深海沉积	Bathyal deposit	次深海沉积
601	大陆坡沉积	Continental slope deposit	
602	大陆边缘沉积	Continental margin deposit	
603	陆隆沉积	Continental rise deposit	
650	深海沉积	Abyssal deposit	
651	深海扇沉积	Abyssal fan deposit	
652	内扇沉积	Inner fan deposit	
653	外扇沉积	Outer fan deposit	
654	中扇沉积	Middle fan deposit	
655	深海平原沉积	Abyssal plain deposit	
656	深海谷地沉积	Abyssal valley deposit	
657	补给水道沉积	Supply channel deposit	
658	辫状水道沉积	Plaiting channel deposit	
659	切入水道沉积	Cut-in-channel deposit	
660	深海碎屑沉积	Deeper-marine clactic deposit	
661	叠复扇沉积	Multiple fan deposit	
662	叠复扇舌沉积	Multiple lobe deposit	
663	远洋沉积	Ocean deposite	
700	重力流沉积	Gravity flow deposit	
701	水下重力流沉积	Subagueous gravity flow deposit	
702	浊流沉积	Turbidity current deposit	
703	海洋浊流沉积	Turbidity current deposit of marine	
704	湖泊浊流沉积	Turbidity current deposit of lake	
705	深水浊流沉积	Deep-water turbidity deposit	
706	浅水浊流沉积	Shallow-water turbidity deposit	
707	水下滑塌沉积	Subagueous slump deposit	
708	水下泥石流沉积	Subagueous debris deposit	
709	流化流沉积	Fluidized flow deposit	
710	密度流沉积	Density current deposit	
711	等密度流沉积	Homepycnal flow deposit	
712	低密度流沉积	Hypopycnal flow deposit	

表 1（续）

代码	汉字名	英译名	说明
713	高密度流沉积	Hypenpycnal flow deposit	
800	陆源沉积	Terrigenous deposit	
801	机械沉积	Mechanical deposit	
802	化学沉积	Chemical deposit	
803	生物沉积	Biogenic deposit	
804	非生物沉积	Nonbiogenic deposit	
805	火山沉积	Volcanogenic depsoit	
806	宇宙沉积	Cosmogenous depsoit	
807	热水沉积	Hydrothermal deposit	
808	热卤水沉积	Hot brine deposit	
809	海解沉积	Halmyrolytic deposit	
810	原地沉积	In situ deposit	
811	残留沉积	Residual deposit	
812	活性沉积	Active deposit	
813	缺氧沉积	Anoxic deposit	
YSPD	沉积相与岩性相		
YSPDA	沉积相	Sedimentary facies	
YSPDB	岩性相	Litho-facies	
YSPDA	沉积相		
001	陆相	Continental facies	
002	残积相	Eluvial facies	
003	坡积相	Slope wasp facies	
004	山麓相	Piedmont facies	
005	洪积相	Pluvial facies	
006	碎屑相	Fragment facies	
008	同生相	Syndepositional facies	
009	后生相	Epigenetic facies	
021	冲积扇相	Alluvial fan facies	
022	扇三角洲相	Fan delta facies	
041	河流相	Fluvial facies	冲积相
042	河床相	River bed facies	
043	河底滞留相	Channel floor lag	深漕滞留相
044	边滩相	Point bar facies	
045	串沟相	Chute facies	
046	天然堤相	Levee facies	
047	决口扇相	Crevasse splay facies	
048	泛滥平原相	Bet lands plain facies	河漫滩相
049	河漫湖泊相	Flood-plain lake facies	
050	河漫沼泽相	Flood-plain marsh facies	岸后沼泽相
051	牛轭湖相	Mortlake facies	

表 1（续）

代码	汉字名	英译名	说明
052	心滩相	Channel bar facies	
081	湖泊相	Lacustrine facies	
082	滨湖相	Lakeshore facies	
083	浅湖相	Shallow lake facies	
084	深湖相	Deep lake facies	
085	淡水湖泊相	Freshwater lake facies	
086	盐湖相	Salt lake facies	
087	湖泊三角洲相	Lake delta facies	
088	湖沉相	Lacustrine-swamp facies	
100	沼泽相	Swamp facies	
101	泥炭沼泽相	Bog facies	
102	森林沼泽相	Forest swamp facies	
103	草原沼泽相	Grass swamp facies	
200	冰川相	Glacial facies	
201	冰碛相	Glacial drift facies	
202	冰川湖泊相	Glacial lake facies	
203	冰川三角洲相	Glacial delta facies	
204	冰水外冲平原相	Glaciofluvial outwash plain facies	
250	风成相	Aeolian facies	
251	沙漠相	Desert facies	
252	岩漠相	Stone facies	
253	戈壁相	Gobi facies	砾漠相
254	沙漠湖泊相	Desert lake facies	
255	内陆萨布哈相	Inland Sabkha facies	
256	旱谷相	Wadi facies	
257	风成沙丘相	Aeolian dune facies	
290	陆上火山沉积相	Continental volcanic deposit facies	
300	过渡相	Transitional facies	海陆过渡相
301	三角洲相	Delta facies	
302	三角洲平原相	Delta plain facies	
303	三角洲前缘相	Delta front facies	
304	前三角洲相	Pro-delta facies	
305	河口湾相	Estuarine facies	三角港相
306	河口沙坝相	River mouth sand bar facies	
400	海相	Marine facies	
401	滨海相	Littoral facies	
402	高潮线相	Flood line facies	海滩相
403	障壁岛相	Barrier island facies	
404	障壁滩相	Barrier beach facies	
405	障壁沙坝相	Barrier bar facies	

表 1（续）

代码	汉字名	英译名	说明
406	沙嘴沙坝相	Spit and sand bar facies	
407	泻湖相	Lagoon facies	
408	淡化泻湖相	Fresh lagoon facies	
409	咸化泻湖相	Saline lagoon facies	
410	沼泽化泻湖相	Swamping lagoon facies	
411	萨布哈相	Sabkha facies	
413	浅海硅质碎屑岩相	Shallow sea silliceous fragment facies	
414	海进沙相	Fransgressive sand facies	
415	海湾充填相	Gulf deposition facies	
416	浮泥海湾相	Gulf mud facies	
500	浅海相	Neritic facies	
501	风暴控制相	Storm-dominated facies	
502	波浪控制相	Wave-dominated facies	
503	潮汐控制相	Tide-dominated facies	
504	潮坪相	Tidal flat facies	
505	潮汐三角州相	Tidal delta facies	
506	潮汐水道相	Tidal channel facies	
507	受潮汐影响河口相	Tided river mouth facies	
551	碳酸盐相	Carbonate facies	
552	威尔逊标准相带	Standard facies belts proposed by wilson	
600	盆地相	Basin facies	
601	开阔浅海相	Open neritic marine facies	广海陆棚相
650	盆地边缘相	Basin-margin facies	深水陆棚相
651	台地边缘斜坡相	Platform-margin slope facies	
652	台地边缘生物礁相	Platform-margin organic reef facies	
700	台地边缘浅滩相	Platform-marginal shoal facies	
701	开阔台地相	Open platform facies	陆棚泻湖相
702	局限台地相	Restricted platform facies	
703	蒸发岩台地相	Evaporite platform facies	
704	台地相	Platform facies	
705	碳酸盐岩隆相	Carbonate buildup facies	
750	礁前相	Fore-reef facies	
751	生物礁相	Organic reef facies	
752	碳酸盐岩滩相	Carbonate bank facies	
800	半深海相	Bathyal facies	
801	大陆边缘相	Continental-margin facies	
802	等深流沉积相	Contour current facies	
850	深海相	Abyssal facies	
YSPDB	岩性相		
100	砾岩相	Conglomerate facies	

表 1（续）

代码	汉字名	英译名	说明
101	GS 相	GS-facies	
102	GN 相	GN-facies	
103	GM 相	GM-facies	
104	GT 相	GT-facies	
105	GP 相	GP-facies	
200	砂岩相	Sandstone facies	
201	SH 相	SH-facies	
202	ST 相	ST-facies	
203	SW 相	SW-facies	
204	SP 相	SP-facies	
205	SM 相	SM-facies	
206	SS 相	SS-facies	
207	SG 相	SG-facies	
208	SU 相	SU-facies	
209	SL 相	SL-facies	
210	SV 相	SV-facies	
300	粉砂-泥岩相	Siltstone-mudstone facies	
301	FH 相	FH-facies	
302	FU 相	FU-facies	
303	FM 相	FM-facies	
304	FI 相	FI-facies	
305	FR 相	FR-facies	
306	FC 相	FC-facies	
400	煤相	Coal facies	
410	CH 相	CH-facies	腐殖煤相
411	CB 相	CB-facies	亮煤质腐殖煤相
412	CD 相	CD-facies	暗煤质腐殖煤相
413	CF 相	CF-facies	丝炭亮煤质腐殖煤相
420	CLi 相	CLi-facies	残殖煤相
421	CRE 相	CRe-facies	树脂残殖煤相
422	CBa 相	CBa-facies	树皮残殖煤相
423	CCu 相	CCu-facies	角质残殖煤相
424	CSp 相	CSp-facies	孢子残殖煤相
430	CM 相	CM-facies	混合煤相
431	CHS 相	CHS-facies	腐殖-腐泥煤相
432	CCa 相	CCa-facies	烛煤相
435	CSH 相	CSH-facies	腐泥-腐殖煤相
436	CBo 相	CBo-facies	烛藻煤相
440	CS 相	CS-facies	腐泥煤相

表 1（续）

代码	汉字名	英译名	说明
441	CA1 相	CAl-facies	藻煤相
442	CSa 相	CSa-faceis	胶泥煤相
500	碳酸盐相	Carbonatite facies	
510	灰岩相	Limestone facies	
511	LI 相	LI-facies	
512	LB 相	LB-facies	
513	LO 相	LO-facies	
514	LS 相	LS-facies	
515	LC 相	LC-facies	
516	LA 相	LA-facies	
517	LM 相	LM-facies	
520	白云岩相	Dolomite facies	
521	DC 相	DC-facies	
522	DS 相	DS-facies	
523	DD 相	DD-facies	
524	DM 相	DM-facies	
600	硅质岩相	Siliceous facies	
601	SD 相	SD-facies	
602	SR 相	SR-facies	
603	SRD 相	SRD-facies	
610	铝质岩相	Aluminous rock facies	
620	铁质岩相	Ferruginous rock facies	
640	磷质岩相	Phosphorite facies	
700	火山碎屑岩相	Volcanic fragmental facies	
710	外力碎屑岩相	Epiclastic fragments facies	
720	自成碎屑岩相	Autoclastic fragments facies	
730	玻质碎屑岩相	Hyaloclastic fragments facies	
740	火成碎屑岩相	Pyroclastic fragments facies	
YSQ	沉积组合		
YSQA	构造岩石组合	Association of tectono-sedimentary rocks	
YSQB	沉积建造	Sedimentary formation	
YSQC	沉积模式	Sedimentary models	
YSQD	沉积体系	Sedimentary system	
YSQA	构造岩石组合		
01	复理石组合	Flysch association	
02	磨拉石组合	Molasse association	
03	泥灰岩过渡组合	Marl transional association	
04	前复理石硅泥质组合	Proflysch silica muddy association	
05	滑塌堆积组合	Fluxo accumulation association	
06	混杂岩堆积组合	Melange accumulation association	

表 1(续)

代码	汉字名	英译名	说明
07	深海沉积组合	Abyssal deposits association	
08	台地碳酸盐岩组合	Platforma carbonate rock association	
09	台间碳酸盐岩组合	Interplatform carbonate rock association	
10	大型三角州组合	Large delta association	
11	大陆裂谷型膏盐红层组合	Gypsum-salt red beds association of continental rift type	
12	内陆盆地红层组合	Inner continental basin red beds association	
YSQB	沉积建造		
01	泥质页岩建造	Argillaceous shale formation	
02	硅质火山建造	Siliceous volcanic formation	
03	硅铁质亚建造	Silica-ferric sub-formation	
04	硅锰质亚建造	Silica-manganese sub-formation	
05	碳酸盐岩建造	Carbonate rocks formation	
06	铝土岩亚建造	Bauxitic rocks sub-formation	
07	复理石建造	Flysch formation	
08	类复理石建造	Flyschoid formation	准复理石建造
09	磨拉石建造	Mollasse formation	
10	铁质建造	Iron formation	
11	含煤铝土矿铁质建造	Coal bauxite-bearing ferrous formation	
12	含煤建造	Coal-bearing formation	含煤岩系
13	条带状含铁建造	Banded iron-bearing formation	
14	石英砂岩建造	Quartz sandstone formation	
15	海绿石磷质岩亚建造	Glauconite phosphatic rock sub-formation	
16	石灰岩建造	Limestone formation	
17	石膏-白云岩亚建造	Cypsum-dolomite sub-formation	
18	含油-气建造	Oil-gas-bearing formation	
YSQC	沉积模式		
01	冲积扇沉积模式	Alluvial fan sedimentation model	
02	河流沉积模式	Fluvial sedimentation model	
03	曲流河沉积模式	Meandering river sedimentation model	
04	辫状河沉积模式	Braided river sedimentation model	
05	湖泊沉积模式	Lacustrine sedimentation model	
06	三角洲沉积模式	Deltaic sedimentation model	
10	内陆萨巴哈沉积模式	Inland Sabkha sedimentation model	
11	滨海萨巴哈沉积模式	Littoral Sabkha sedimentation model	
12	滨海碎屑沉积模式	Littoral clastic sedimentation model	
13	浅海碎屑沉积模式	Shallow sea clastic sedimentation model	
20	浅海碳酸盐沉积模式	Sedimentation model of shallow-sea carbonate	
21	陆表海碳酸盐沉积模式	Sedimentation model of epeiric sea	

表 1（续）

代码	汉字名	英译名	说明
22	陆缘海碳酸盐沉积模式	Sedimentation model of pericontinental sea carbonate	
23	碳酸盐斜坡沉积模式	Sedimentation model of carbonate slope	
24	威尔逊碳酸盐标准相带沉积模式	Sedimentation model of wilson′s carbonate standard facies belts	
30	生物礁沉积模式	Sedimentation model of organic reef	
40	浊流沉积模式	Sedimentation model of turbidity current	
YSQD	沉积体系		
01	沉积体系域	Depositional system tract	
02	冲积扇体系	Alluvial fan system	
03	河流体系	Fluvial system	
04	湖泊体系	Lacustrine system	
05	三角洲体系	Delta system	
06	碎屑滨岸带体系	Clastic shore-zone system	
07	障壁岛-泻湖体系	Barrier-lagoon system	
08	浅海体系	Neritic system	
09	沉积格架	Depositional framework	
YSR	沉积垂向变化		
YSRA	垂向层序	Vertical facies sequence	
YSRB	沉积韵律	Sedimentary rhythm	
DDCDJF	沉积旋回	Cycle of sedimentation	
YSRA	垂向层序		
001	微层序	Micro sequence	
002	小层序	Minor sequence	
003	层序	sequence	中层序
004	大层序	Mega sequence	
005	充填序列	Filling sequence	
110	冲积扇层序	Alluvial fan sequence	
111	冲积扇推进层序	Alluvial fan prograding sequence	
112	冲积扇退缩层序	Alluvial fan shrinking sequence	
120	扇三角洲层序	Fan-delta sequence	
130	河流层序	Fluvial sequence	
131	曲流河层序	Meandering stream sequence	
132	辫状河层序	Braided stream sequence	
133	网结河层序	Anastomosed stream sequence	
210	滨岸带层序	Shore-zone sequence	
220	无障壁海岸层序	Nonbarrier-coastal sequence	
230	障壁岛-泻湖层序	Barrier-lagoon sequence	
240	潮汐层序	Tidal sequence	
241	大潮层序	Spring tidal sequence	

表 1（续）

代码	汉字名	英译名	说明
242	小潮层序	Neap sequence	
243	递变式潮后周期层序	Graded tidal-cyclic sequence	层序
244	规律间隔式潮后周期层序	Regular tidal-cyclic sequence	层序
245	攀升式潮后周期层序	Climbing tidal-cyclic sequence	层序
310	三角洲层序	Delta sequence	
410	重力流层序	Grarity flow sequence	
420	浊流层序	Turbidite sequence	
421	鲍马层序	Bouma sequence	
430	水下扇层序	Submarine fan sequence	
511	向上变细层序	Fining-upward sequence	
512	向上变粗层序	Coarsening-upward sequence	
513	递变式周期层序	Graded cyclic-sequence	
514	规律层组式层序	Reqular bedset sequence	
515	攀什式层序	Climbing sequence	
521	水进式层序	Transgressive sequence	
522	海进层序	Transgression sequence	
523	海退层序	Regression sequence	
531	二元结构层序	Two-component sequence	
532	三元结构层序	Three-component sequence	
540	地层生长层序	Stratigraphic growth sequence	
541	进积型生长层序	Prograding growth sequence	
542	退积型生长层序	Retrograding growth sequence	
543	复合型生长层序	Compounding growth sequence	
544	填积型生长层序	Aggrading growth sequence	
545	侧积型生长层序	Lateral migrating growth sequence	
YSRB	沉积韵律		
1	水进韵律	Transgressive rhythm	
2	水退韵律	Regressive rhythm	
3	正韵律	Positive rhythm	
4	反韵律	Negative rhythm	
5	连续韵律	Continuous rhythm	
6	间断韵律	Discontinuous rhythm	
7	对称韵律	Symmetric rhythm	
8	不对称韵律	Unsymmetric rhythm	
DDCDJF	沉积旋回		
01	侵蚀旋回	Cycle of erosion	
02	沉积旋回	Sedimentary cycle	
03	巨旋回	Megacycle	
04	大旋回	Macrocycle	
05	中旋回	Mosocycles	

表 1（续）

代码	汉字名	英译名	说明
06	巨旋回层	Megacyclothem	
07	旋回层	Cyclothem	
YSV	变质作用类型和变质作用方式		
YSVA	变质作用类型	Type of metamorphism	
YSVB	变质作用方式	Way of metamorphism	
YSVA	变质作用类型		
001	动力变质作用	Dynamic metamorphism	
002	浅成动力变质作用	Mpizonal dynamometamorphism	
003	深部动力变质作用	Hypokinematic metamorphism	
004	碎裂变质作用	Cataclastic metamorphism	
005	错断变质作用	Dislocation metamorphism	
006	摩擦变质作用	Friction metamorphism	
007	挤压变质作用	Compression metamorphism	
008	冲击变质作用	Shock metamorphism	
009	陨击变质作用	Aethoballism	
020	区域低温动力变质作用	Regional low thermal dynamometamorphism	
051	接触变质作用	Contact metamorphism	
052	接触热力变质作用	Contact thermal metamorphism	
053	烘烤变质作用	Caustic metamorphism	
054	高热变质作用	Pyrometamorphism	
055	接触交代变质作用	Contact metasomatism	
101	交代变质作用	Metasomatic metamorphism	
102	热液变质作用	Hydrothermal metamorphism	
103	气化热液变质作用	Pneumatolytic hydrothermal metamorphism	
104	自变质作用	Autometamorphism	
105	他变质作用	Allometamorphism	
151	区域变质作用	Regional metamorphism	
152	区域动力变质作用	Regional dynamometamorphism	
153	区域动热变质作用	Regional dynamo-thermal metamorphism	
154	高压区域变质作用	High-pressure regional metamorphism	
155	中压区域变质作用	Medium-pressure regional metamorphism	
156	低压区域变质作用	Low-pressure regional metamorphism	
157	高温区域变质作用	Hypo thermal regional metamorphism	
158	地热变质作用	Geothermal metamorphism	
159	埋藏变质作用	Burial metamorphism	
160	造山变质作用	Orogenic metamorphism	
161	洋底变质作用	Ocean-floor metamorphism	
201	前进变质作用	Progressive metamorphism	
202	退化变质作用	Retrogressive metamorphism	

表 1（续）

代码	汉字名	英译名	说明
203	等相变质作用	Isophase metamorphism	
204	异相变质作用	Allophase metamorphism	
205	单相变质作用	Monophase metamorphism	
206	多相变质作用	Polyphase metamorphism	
207	正变质作用	Ortho metamorphism	
208	负变质作用	Parametamorphism	
209	等化学变质作用	Isochemical metamorphism	
210	他化学变质作用	Allochemical metamorphism	
251	超变质作用	Ultrametamorphism	
252	深成变质作用	Plutonic metamorphism	
253	边缘深成变质作用	Periplutonic metamorphism	
254	混合岩化作用	Migmatization	
255	区域混合岩化作用	Regional migmatization	
256	边缘混合岩化作用	Margional migmatization	
257	花岗岩化作用	Granitization	
YSVB	变质作用方式		
001	重结晶作用方式	Recrystallization way	
002	变质结晶作用方式	Crystalloblastesis way	
003	集合结晶作用方式	Collective crystallization way	
004	接触结晶作用方式	Contact crystallization way	
005	静力重结晶作用方式	Static recrystallization way	
006	次生结晶作用方式	Hystero crystallization way	再结晶作用方式
007	浸透变质作用方式	Diabrochometamorphism way	
008	压结结晶方式	Piezocrystallization way	
009	变质分异作用方式	Metamorphic differentiation way	
010	机械分异方式	Mechanical differentiation way	
011	化学分异方式	Chemical differentiation way	
012	变形和碎裂作用方式	Deformation and cataclasis ways	
013	角砾(岩)化方式	Brecciation way	
014	碎裂作用方式	Cataclasis way	
015	初级碎裂作用方式	Protoclasis way	原生碎裂作用方式
016	高级碎裂作用方式	High-grade cataclasis way	
017	碎粒化方式	Cataclastic granulation way	
018	糜棱岩化方式	Mylonitization way	
019	玻化方式	Vitrifaction way	
020	半熔方式	Fritting way	
021	塑变变质方式	Plastic deformation metamorphic way	
022	交代作用方式	Metasomatism way	
023	扩散交代作用方式	Diffusive metasomatism way	

表 1（续）

代码	汉字名	英译名	说明
024	渗透交代作用方式	Infiltration metasomatism way	
025	双交代作用方式	Dimetasomatism way	
026	接触反应方式	Contact reactions way	
027	置换变化方式	Replacement changes way	
028	扩散变晶作用方式	Petroblastesis way	离子扩散结晶作用方式
029	重结晶替代方式	Recrystallization replacement way	
030	远源气化方式	Telepneumatolitic way	
031	过熔作用方式	Transfusion way	
032	混合岩化方式	Migmatization way	
033	原地混合岩化方式	Ectexis way	泌出混合岩化作用方式
034	内混合岩化方式	Endomigmatization way	
035	外源混合岩化方式	Exomigmatization way	
036	浅部混合岩化方式	Epimigmatization way	
037	深成混合岩化方式	Hypomigmatization way	
038	注入变熔作用方式	Entexis way	注入混合作用方式
039	泌出变熔作用方式	Ektexis way	
040	花岗岩化作用方式	Granitization way	
041	同熔作用方式	Syntexis way	融混作用方式
042	流化作用方式	Rheomorphism way	
043	再生作用方式	Palingenesis way	
044	深熔作用方式	Anatexis way	重熔作用方式
045	部分深熔作用方式	Partial anatexis way	部分重熔作用方式
046	分异深熔作用方式	Metatexis way	选择重熔作用方式
047	高级深熔作用方式	Diatexis way	
048	去花岗岩化方式	Degranitization way	
YSW	变质岩的等物理系列		
YSWA	变质相	Metamorphic facies	
YSWB	变质相系	Metamorphic facies series	
YSWC	变质相组(群)	Metamorphic facies group	
YSWD	变质级	Metamorphic grade	
YSWE	变质带	Metamorphic zone	
YSWA	变质相		
01	浊沸石相	Laumonite facies	
02	葡萄石-绿纤石相	Prehnite-pumpellyite facies	
03	绿片岩相	Greenschist facies	

表 1（续）

代码	汉字名	英译名	说明
04	绿帘石-角闪岩相	Epidote-amphibolite facies	
05	角闪岩相	Amphibolite facies	
06	角闪麻粒岩相	Amphibolite granulite facies	
07	麻粒岩相	Granulite facies	
08	榴辉岩相	Eclogite facies	
09	蓝闪石硬柱石片岩相	Glaucophane-lawsonite schist facies	
51	钠长石-绿帘石角岩相	Albite-epidote hornfels facies	
52	绿帘石角闪石角岩相	Epidote-hornblende hornfels facies	
53	角闪角岩相	Hornblende hornfels facies	
54	辉石角岩相	Pyroxene hornfels facies	
55	透长石相	Sanidine facies	
YSWB	变质相系		
01	接触变质相系	Contact metamorphic facies series	
02	低压区域变质相系	Low-pressure regional metamorphic facies series	
03	中压区域变质相系	Medium-pressure regional metamorphic facies series	
04	高压区域变质相系	High-pressure regional metamorphic facies series	
YSWC	变质相组(群)		
01	浊沸石-葡萄石绿纤石-硬柱石相组(群)	Laumonite-prehnite pumpellyite lawsonite facies group	
02	蓝片岩-绿片岩相组(群)	Glaucophane schist-greenschist facies group	
03	斜长角闪岩相组(群)	Plagioclase amphibolite facies group	
04	二辉相组(群)	Orthorhombic and monoclinic pyroxene facies group	
05	榴辉岩相组(群)(C)	Eclogite facies group(C)	
06	榴辉岩相组(群)(B)	Eclogite facies group(B)	
YSWD	变质级		
01	很低级	Very low grade	
02	低级	Low grade	
03	中级	Midium grade	
04	高级	High grade	
YSWE	变质带		
YSWEA	变质带名称	Metamorphic zone name	
YSWEB	变质带类型	Metamorphic zone type	
YSWEC	变质带长度	Metamorphic zone length	
YSWED	变质带宽度	Metamorphic zone width	
YSWEA	变质带名称		
01	浊沸石-绿泥石带	Laumontite-chlorite zone	
02	斜钙沸石-绿泥石带	Wairakite-chlorite zone	
03	葡萄石/绿纤石-绿泥石带	Prehnite/pumpellyite-chlorite zone	
04	绿纤石-阳起石-绿泥石带	Pumpellyite-actinolite-chlorite zone	
05	钠长石-阳起石-绿泥石带	Albite-actinolite-chlorite zone	

表 1（续）

代码	汉字名	英译名	说明
06	钠长石-普通角闪石-绿泥石带	Albite-hornblende-chlorite zone	
07	十字石/堇青石带	Staurolite/cordierite zone	
08	钾长石-Al_2SiO_5 带	Potash-feldspar- Al_2SiO_5 zone	
09	区域紫苏辉石带	Regional hypesthene zone	
10	绿泥石带	Chlorite zone	
11	黑云母带	Biotite zone	
12	铁铝榴石带	Almandina zone	
30	混合岩化带	Migmatization zone	各种混合岩化带
31	局部混合岩化带	Partial migmatization zone	
32	混合花岗岩化带	Migma-granitization zone	
YSX	变质建造		
101	太古旋回中的变质建造	Metamorphic formation in the Archean cycle	
102	变超基性岩基性岩建造	Metamorphic ultrabasite-basite formation	
103	变中—酸性火山岩系	Metamorphic intermediate-acid volcanic series	
104	变浊流岩建造	Metamorphic turbidite formation	
105	变砂砾岩建造	Metamorphic sandstone-conglomerate formation	
106	二辉石型麻粒岩建造	Granulite formation of orthorhombic and monoclinic pyroxene type	
107	二辉石型黑云母变粒岩建造	Biotite leptynite formation of orthorhombic and monoclinic pyroxene type	
108	孔达岩系	Khondalite series	
201	过渡型活动带中的变质建造	Metamorphic formation in the mobile belt of transition type	
202	黑云母角闪质岩石建造	Biotite amphibolic rocks formation	
203	钠长石-黑云母变粒岩(碳酸盐)建造	Albite-biotite leptynite(carbonate) formation	
204	菱镁(白云石)大理岩-碧玉质建造	Magnesite (dolomite) marble-jasperoid rock formation	
205	碧玉质硅铁建造	Jaspilite formation	碧玉铁质岩建造
301	一般活动带中的变质建造	Metamorphic formation in the general mobile belt	
302	黑云变粒岩-斜长角闪岩(碳酸盐)建造	Biotite leptynite-plagioclase amphibolite (carbonate) formation	
303	绿片岩建造	Greenschist formation	
304	变石英角斑岩-细碧岩建造	Metamorphic quartz keratophyre-spilite formation	
305	镁质大理岩-硅质岩建造	Magnesion marble-siliceous rock formation	
306	(千枚岩)板岩-碳酸盐建造	(Phyllite) Slate-carbonate formation	
307	绿片岩相型片岩-碳酸盐建造	Schist-carbonate formation of greenschist facies	
308	带状红柱石/蓝晶石型片岩建造	Schist formation of zonal andalusite/cyanite type	
309	变质碳酸盐建造	Metamorphic carbonate formation	
310	变质砂砾岩建造	Metamorphic glutenite formation	

表 1(续)

代码	汉字名	英译名	说明
311	黑云变粒岩-浅粒岩建造	Biotite leptynite-leptite formation	
312	黑云片麻岩-绿片岩建造	Biotite gneiss-greenschist formation	
313	二云母片岩(变粒岩)-变基性岩建造	Two mica schist(leptynite) metabasite formation	
314	黑云片麻岩建造	Biotite gneiss formation	
401	快速沉降带中的变质建造	Matamorphic formation in the quick settlement belt	
402	蓝闪石型变硬砂岩-变基性岩建造	Metamorphic graywacke-metamorphic basite formation of glaucophane type	
403	浊沸石型变火山岩建造	Metavolcanite formation of laumonite type	
404	蓝闪石型绿岩建造	Greenstone formation of glaucophane type	
405	变蛇绿岩套	Metamorphic ophiolitic suite	

附 录 A
（规范性附录）
关于分类选词范围归属的说明

《地质矿产术语分类代码》各学科大类的选词范围基本参照地质出版社出版的《地质辞典》划分。具体内容如下。

A.1 宇宙地质学(YZ):包括天体地质学,陨石学,天文地质学。月球地质学较详细,包括月球结构、地貌、月球矿物等。陨石学的陨击坑、陨石、陨石矿物等。

A.2 地球物理学(DW):包括地球的各种物理性质、基本物理量及单位,古地磁级、磁场、仪器测量及数据处理等内容。

A.3 火山地质(HS):包括火山机制与构造,火山活动、喷发、喷出物、火山地貌、区域火山地质,近期火山活动。

A.4 地震地质(DZ):包括地震的分类、成因、前兆、灾害、预报及图件资料等。

A.5 外动力地质学(WZ):包括外营力,外力地质作用类型,外力地质作用方式,影响外力地质作用的因素等。

A.6 地貌学(DM):包括由地球内力及各种外力地质作用在地球表面形成的地貌分类、形态、年龄及各种地貌图件等。

A.7 大地构造学(DD):包括各大地构造学派对大地构造的分类、单元划分、构造演化、构造特征,我国及世界主要区域构造,研究和区分各种构造的地质特征、依据和研究方法,以及地壳运动和新构造等。

A.8 构造地质学(GZ):包括成层构造,褶皱、节理、断层、面理、线理、同沉积构造,岩浆岩原生构造,重力、底辟、撞击构造、显微构造、矿田构造、应变分析,构造应力场等。

A.9 矿物学及结晶学(KW):包括矿物的成因、形态、物理性质(侧重肉眼鉴定方面)、化学组成、矿物分类和名称及晶体发生学、几何结晶学和结构结晶学方面的内容。

A.10 岩石学(YS):包括三大类岩石的名称、结构、构造、成分,各种岩相,火成岩产状,岩浆作用,岩石组合,沉积模式,沉积环境,沉积相及变质作用的类型、方式,变质建造等。

A.11 地球化学(DH):包括元素地球化学的化学元素,地球化学参数,元素地球化学分类、分布、作用;放射性同位素地球化学中的同位素表,同位素的类型、分析测量方式、仪器,地质年龄的测量和计算;稳定同位素分析、地质及地球化学特点;实验地球化学中有关包裹体类型、成因、镜下特征和实验技术、设备、参数以及各类地球化学图件等。

A.12 岩矿鉴定(YK):包括各种鉴定方法、鉴定参数、仪器、岩矿物理性质(侧重仪器鉴定方面)。

A.13 化学分析(HX):包括分析类型,分析方法、分析项目、分析误差、样品分解、化学反应,分析结果、分析浓度、测试条件、化学常数及分析仪器、试剂种类等。

A.14 地史学及地层学(DS):包括年代地层学的基本概念以及全国范围内各时代各大区组以上的地层单位名称。

A.15 古地理学(GD):包括古地理事件,古地理单元,古地理特征及古地理图件等。

A.16 矿床学(KC):包括矿产、矿床成因、矿床类型、矿田构造、矿体形状、成矿作用、围岩蚀变、矿石结构、构造、成矿带等。

A.17 煤地质学(MD):包括煤层、聚煤作用、煤变质作用,聚煤盆地分析;煤炭资源勘探有关内容;煤化、煤质、工业分析,煤的气化和液化;煤岩成分分类,煤的物理性质以及煤的各种分类等。

A.18 石油及天然气地质学(SY):包括油气显示和固体沥青,石油分类,石油的物理性质、组成、馏分及简易分析,石油烃类化合物,石油非烃类化合物、天然气、油气田水、储集层、圈闭、油气成因、运移、聚集、油气盆地,石油地球化学分析及同位素地球化学(有机部分),烃原岩及其评价、油气勘探、储量和资源量计算、油气田开发等内容。

A.19　海洋地质学(HY):包括海洋构成,海洋及河口水文要素、海洋地貌、海洋沉积、海洋底构造、海底矿产资源、古海洋及古气候和海洋地质调查等内容。

A.20　水文地质学(SW):包括水文地质学基础内容、各种水文地质调查、水文地质钻探、野外水文地质试验、地下水动态与均衡、水文地球化学、地下水动力学、岩溶水文地质、水资源、矿床水文地质、土壤改良、各项水文调查成果等。

A.21　工程地质学(GC):包括岩土成分与结构、岩土工程性质、岩土工程地质分类、岩土工程改良以及土体工程、岩体工程、区域工程等各种工程地质条件、问题、作用、研究方法和工程地质勘察等内容。

A.22　地热地质学(DR):包括地温调查、热流、地热显示、地球化学调查、地热勘探、地热介质、地热区、地热储、地热田、地热系统、地热开发、地热经济及地热图件等。

A.23　环境地质学(HJ):包括环境地球化学、环境水文地质学、城市地质、医学地质以及环境污染、环境质量和环境保护等内容。

A.24　地质经济(JJ):包括矿产资源形势分析、矿产资源的储备、供需、经济决策各项指标,矿产、矿业和矿产品各项经济指标、矿床经济评价指标、地质工作经济效果及地质工作管理等内容。

A.25　遥感地质(YG):包括遥感技术方法在地质领域的应用、遥感台仪器设备、遥感图像及解释、成果资料等。

A.26　数学地质(SD):包括地质数据统计分析、矿产资源预测及评价、地质过程模拟、用于地质工作中的各种数学方法以及这些方法涉及到的各种参数、变量和计算机处理等方面的内容。

A.27　区域地质调查(QD):包括工作区概况、工作步骤、各种调查方法、野外数据采集及调查成果资料等。

A.28　地球物理勘探(WT):包括重、磁、电、地震、测井各种物探方法用于陆地、空中、海上各方面所涉及的数据采集、各种物性参数、方法手段、仪器设备、资料数据解释及成果图件等内容。

A.29　勘查地球化学(HT):包括勘查地球化学所依据的地球化学背景、异常、分散、元素存在形式等基本原理涉及的各项内容,各种化探方法,野外样品采集、各种参数、数据处理及成果解释等内容。

A.30　矿山地质与采矿(KS):包括矿山设计、基础地质工作、生产勘探、生产指导及矿山储量、矿石贫化、矿石损失方面的内容和有关采矿、通风、排水等内容。

A.31　选矿与冶金(XY):包括选矿产品、选矿技术经济指标、矿石可选性和冶金流程、冶金方法、矿石性质、熔剂、冶金炉、冶金产品及冶金工业指标等内容。

A.32　固体矿产普查与勘探(PK):包括矿产资源分类、地质工作阶段划分、固体矿产普查勘探方法、勘探类型、取样种类和方法、储量计算、矿石类型、地质编录、矿产工业要求等。

A.33　探矿工程(TK):包括陆地钻探、坑探及石油钻井、海上钻探等各种探矿工程的技术方法、工艺要求、工作程序、施工记录、各项技术参数及仪器设备、成果图件等。

A.34　古生物学(GS):包括总论,古无脊椎动物、古脊椎动物、古植物、孢粉及遗迹化石和几丁虫等标准化石。

A.35　测绘学(CH):包括控制测量、摄影测量、普通测量及地质勘探工程测量所涉及到的各有关定量和定性数据、成果资料、各种导航系统等各种空间定位数据、测绘方法、精度、仪器等。

以上是各学科包括的主要内容,详见各学科术语分类代码表。